第二次青藏高原综合科学考察研究项目（2019QZKK0601）：人类活动历史及其影响
国家自然科学基金重点项目（42130715）：黑土年龄与关键成土过程速率 联合资助

释光测年：方法与应用

〔英〕马克·D. 贝特曼（Mark D. Bateman） 编

杨林海 李 琰 张静然 欧先交 隆 浩 译

科 学 出 版 社

北 京

图字：01-2022-2636 号

内 容 简 介

本书是英国谢菲尔德大学马克·贝特曼教授等编著的 *Handbook of Luminescence Dating* 的中译本，内容涵盖释光测年技术的基本原理、发展历程、样品采集、实验流程、数据分析、结果展示及其在风成沉积、水成沉积、冰川和冰缘沉积、活动构造、考古学以及岩石暴露和埋藏方面的应用实践，并探讨了释光测年方法的未来发展趋势。全书结构合理、内容完整、表述清晰、案例生动、图表精美，是释光测年技术及应用方面不可多得的综合性工具书。

本书可供古气候、古环境、地质学、考古学、地理学等相关领域的科研、教学、生产人员及相关专业的学生学习参考。

Originally published under the title
Handbook of Luminescence Dating
Edited by Mark D. Bateman; ISBN 978-184995-395-5

图书在版编目（CIP）数据

释光测年：方法与应用 /（英）马克·D. 贝特曼（Mark D. Bateman）编；杨林海等译. -- 北京 ：科学出版社，2024. 11. -- ISBN 978-7-03-080238-5

Ⅰ. P597

中国国家版本馆 CIP 数据核字第 2024FP2208 号

责任编辑：孟美岑 韩 鹏 柴良木 / 责任校对：何艳萍
责任印制：赵 博 / 封面设计：无极书装

科学出版社出版
北京东黄城根北街 16 号
邮政编码：100717
http://www.sciencep.com
涿州市般润文化传播有限公司印刷
科学出版社发行 各地新华书店经销
*
2024 年 11 月第 一 版 开本：787×1092 1/16
2025 年 1 月第二次印刷 印张：23 1/2
字数：557 000
定价：298.00 元
（如有印装质量问题，我社负责调换）

作 者 简 介

西蒙斯·阿米蒂奇（Simons Armitage）：英国伦敦大学皇家霍洛威学院第四纪科学高级讲师。1998 年在牛津大学获得学士学位，其间，受已故斯蒂芬·斯托克斯（Stephen Stokes）教授启蒙，开始从事释光测年生涯。2003 年在亚伯大学安·温特尔（Ann Wintle）教授和杰夫·杜勒（Geoff Duller）教授的共同指导下获得博士学位，主要研究莫桑比克海岸沙丘，随后回到牛津大学开展深海岩心的释光测年工作。2006 年起负责皇家霍洛威学院释光测年实验室。他目前的研究方向包括干旱区气候变化、环境对古人类迁徙的影响以及非洲中石器时代考古。2017 年起担任挪威卑尔根大学早期智人行为研究中心首席研究员。

伊恩·贝利夫（Ian Bailiff）：英国杜伦大学教授。主要研究方向为考古文物及沉积物释光测年方法的开发和应用以及辐射剂量学。他是一位有着 25 年实验科学经历的跨学科科学家，在方法和应用两个研究领域都有所建树。负责的实验室可以开展沉积物、石器和受热材料的测年工作，并运用替代材料开展放射性突发事件和基础释光研究的剂量学调查。他还是 *Radiation Measurements* 期刊的联合主编。

马克·贝特曼（Mark Bateman）：英国谢菲尔德大学教授、地理系副主任。1995 年筹建并负责谢菲尔德大学释光测年实验室。他的研究工作北至加拿大北极地区，南至南非，发表了大量释光测年方面的论文（160 余篇期刊论文及专著章节），涉及沙丘（海岸和沙漠）、冰缘构造、洪水和海啸、古冰川以及考古遗址年代学。他还特别关注生物扰动对地层保存和释光年龄的影响，曾因在英国约克郡冰川历史方面的杰出研究获得最佳论文奖和索必奖章。贝特曼教授是前国际沉积学家协会主席团成员，目前担任三个期刊的编委，曾负责承办 2007 年和 2018 年的英国释光会议。

莱恩·克拉克-巴尔赞（Laine Clark-Balzan）：美国普林斯顿大学物理学学士、牛津大学考古学博士。专注于释光测年的方法学研究，在攻读博士学位期间，发表了首个成功的石英颗粒紫外释光的超微光成像研究。她还专注于通过贝叶斯建模来提高释光测年的精度和准确度。在牛津大学从事博士后研究工作期间，与牛津大学古沙漠研究团队合作，利用贝叶斯建模和多矿物测年成功测定了大量来自沙特阿拉伯的接近释光测年上限的样品年代。此后，受玛丽-居里个人研究基金的资助，她在德国弗莱堡大学与弗兰克·普雷瑟（Frank Preusser）教授合作从事成像分析软件和方法的研发。如今，她继续致力于图像处理方面的创新研究，将机器学习应用于无人机的商业应用。

阿拉斯泰尔·坎宁安（Alastair Cunningham）：丹麦奥胡斯大学和丹麦技术大学博士后研究员。他曾在英国的普利茅斯和伦敦学习地理学和第四纪科学，2011 年在荷兰代尔夫特理工大学获得博士学位，博士期间的主要工作是荷兰海岸沉积物的释光测年。随后他的研究方向侧重于释光测年技术的开发，特别是剂量率的测量和统计分析。他目前的研究工作包括释光测年在海岸科学、考古学和岩石表面测年中的应用。

雷吉娜·德威特（Regina DeWitt）：美国东卡罗莱纳大学物理系副教授。从事释光相关的研究工作超过 15 年。2009 年她得到美国航空航天局（NASA）的资助，开发一种用于火星沉积物的面板型光释光测年仪。她还开发了一款共聚焦扫描仪，用于测定岩石表面的年龄和剂量制图。她目前的研究方向包括：南极洲卵石和沉积物的光释光测年、沉积物中的微剂量率变化、离子辐照对释光特性的影响以及表征释光应用的新材料等。2014 年起担任期刊 *Ancient TL* 主编。

凯瑟琳·菲茨西蒙斯（Kathryn Fitzsimmons）：德国马普化学研究所陆地古气候研究团队负责人。2007 年在澳大利亚国立大学获得第四纪地质学博士学位（沙漠古环境），2016 年完成德国莱比锡大学自然地理学教授（资格）论文（沙漠边缘地区史前人与环境相互作用）。她管理过澳大利亚和德国的三个释光测年实验室，曾获得 2014 年德国国家阿尔伯特·莫彻地球科学奖，目前发表 80 余篇期刊论文及专著章节，在各种学术会议和特邀研讨会上做报告 85 次，内容聚焦于风沙环境的释光测年。她目前的研究方向是中亚和澳大利亚沙漠边缘地区的古气候定量重建。

马库斯·富克斯（Markus Fuchs）：德国吉森大学地理系教授。地貌学家和第四纪地质学家，研究领域为地表过程、第四纪古环境和地质考古学。攻读博士学位期间，他在德国马普核物理研究所进行沉积物释光测年研究，并于 2001 年在海德堡大学获得博士学位。其后，他的主要研究手段就是释光测年技术。富克斯教授目前是德国地貌学工作组主席和德国第四纪研究协会副主席。

乔治亚娜·金（Georgina King）：瑞士洛桑大学地表动力学研究所助理教授。先后在牛津大学地理系和伦敦大学皇家霍洛威学院获得地理学学士学位和第四纪科学硕士学位，并于 2012 年在圣安德鲁斯大学获得地球科学博士学位；曾在苏格兰、威尔士、瑞士和德国等地区从事博士后研究工作。她的研究重点是开发新的释光方法来限定景观演变历史，近年来一直致力于释光岩石表面暴露测年和释光热年代学。

本杰明·莱曼（Benjamin Lehmann）：瑞士洛桑大学地表动力学研究所博士研究生。在法国约瑟夫·傅里叶大学获得固体地球科学硕士学位之后，他受聘为玻利维亚冰川气候观测台的工程师，管理流域的冰川、水文和气象野外观测站。2014 年他开始攻读地表动力学博士学位，具体研究区域是位于勃朗峰（欧洲阿尔卑斯山）的冰海冰川（Mer de Glace），主要研究内容为重建冰盖范围的变化并测定末次间冰期基岩表面的侵蚀速率。他通过光释光表面暴露测年和陆地宇生核素测年相结合的方法完成了这项工作。

香农·马汉（Shannon Mahan）：美国地质调查局地质研究专家。从事释光测年相关研究工作逾25年，在工作期间完成了150多份出版物、地图、报告和多个联邦机构的合作项目。她是美国地质调查局释光地质年代学实验室主任，工作范围包括基础地质填图，沉积物测年，断层历史和探槽取样，与伽马能谱、ICP-MS、XRF和中子活化法测量元素浓度相关的剂量测定，以及古生物学定年和考古调查。

埃德·罗兹（Ed Rhodes）：毕业于英国牛津大学地质系，1990年在该校获得博士学位，博士期间的研究方向为沉积物的石英释光测年。1992年在牛津大学和剑桥大学完成博士后研究工作之后，晋升为伦敦大学皇家霍洛威学院地理系讲师。从1998开始在牛津大学考古学与艺术史研究实验室工作，2003年之后相继在澳大利亚国立大学和曼彻斯特城市大学任职，2009年在加州大学洛杉矶分校获得教授职位。2013~2014年在曼彻斯特大学完成兼职工作之后，于2014年7月被任命为谢菲尔德大学教授，同时担任加州大学洛杉矶分校地质学兼职教授。

托马斯·史蒂文斯（Thomas Stevens）：瑞典乌普萨拉大学高级讲师。2007年在牛津大学（耶稣学院）获得博士学位，曾先后担任伦敦金斯顿大学和伦敦大学皇家霍洛威学院讲师和高级讲师。他目前的研究方向包括：黄土物源、黄土释光测年、粉尘-气候相互作用以及长尺度地貌演化。他是国际沉积学家协会会刊的主编和协会主席团成员，发表论文70余篇并多次在国际会议上做特邀报告。

田村彻（Toru Tamura）：日本地质调查局和国立先进产业科学技术研究所高级研究员。2004年在日本东京大学获得博士学位，博士论文为基于放射性碳测年的日本东部全新世海岸沙堤沉积学研究。随后在日本地质调查局从事日本和东南亚海岸沉积学研究工作。2009~2011年在马克·贝特曼教授指导下于谢菲尔德大学开展海岸沉积物的释光测年。2013年以来负责由他在日本地质调查局建立的释光测年实验室并测定了日本和国外的多种沉积物样品。

皮埃尔·瓦拉（Pierre Valla）：法国科学研究中心/格勒诺布尔-阿尔卑斯大学地球科学研究所研究员。他的研究结合了地貌学、地表地质年代学和数值模拟，以理解山脉侵蚀和地貌演化过程中构造和气候之间的相互作用。在攻读博士学位和在瑞士从事博士后研究工作期间，他运用多学科方法评估了冰川在地表演化中的作用，并参与了低温热年代学和岩石表面暴露测年方法的开发。他目前的研究依然侧重于第四纪冰川及其对山地地貌演化的影响，同时关注地质年代学中释光方法学的发展。

理查德·沃克（Richard T Walker）：英国牛津大学地球科学系教授。具有近20年的亚洲内陆（现代、历史时期、史前时期）活动构造和大型破坏性地震研究经历。他的研究结合了遥感影像分析、野外考察和测年技术，以确定活动构造的位置、量化其移动速率、揭示地震发生的历史。他还是英国地震火山构造观测与模拟研究中心（COMET）的调查员，该研究中心是全球领先的地震、火山和构造研究机构之一，也是多个地震科学和灾害研究机构联盟的成员。

雅各布·瓦林加（Jakob Wallinga）：荷兰瓦赫宁根大学土壤地理学和景观研究团队主席，荷兰释光测年中心主任。他在释光测年方法和应用领域发表学术论文 100 多篇，研究专注于土壤和景观变化动力学，并探索如何将获得的认识用于土壤、水资源和景观的可持续管理。他对基于自然的解决方案有着浓厚的兴趣，因为这些解决方案可以通过有效利用自然过程，以可持续的方式为人类需求提供服务。

中译本序

释光测年技术自其建立以来，经过了快速的发展，已逐渐成为第四纪地质、地貌演化、古气候和古环境重建、地理环境变化以及考古学研究的重要年代学工具。作为一种独特的测年方法，释光测年能够对环境中普遍存在的石英和长石等多种矿物进行直接定年，其定年范围覆盖了从几十年到数十万年不等的广泛时段。尤其在第四纪地质与考古研究领域，释光测年因其对复杂沉积环境的广泛适用性以及相对较高的精度（通常为±5%～10%），成为学者们深入认识古环境、古气候和人类演化历史的重要手段。

不同于传统的碳-14 测年、铀系测年，释光测年技术涉及地球科学、物理学、化学、剂量学及统计学等多个学科，其复杂性使得这一领域对没有相关专业背景的研究者而言，不单单是获得年代数据，其知识体系也显得晦涩难懂，难以入门。目前出版的这本《释光测年：方法与应用》是 *Handbook of Luminescence Dating* 的中译本，原著是由英国谢菲尔德大学 Mark Bateman 教授领衔、由活跃在学术一线的国际释光测年及应用领域的十余位学者共同编著。该工具书内容涵盖释光测年技术的基本原理、发展历程、样品采集、实验流程、数据分析、结果展示及其在风成沉积、水成沉积、冰川和冰缘沉积、活动构造、考古学以及岩石暴露和埋藏方面的应用实践。全书结构完整、内容丰富、表述清晰，其案例生动、图表精美，是一本释光测年技术及应用方面不可多得的综合性工具书，更是释光测年数十年发展所取得的成果的一次集中总结和展示。全书不但包括了释光测年技术在方法学方面的最新进展，而且涉及到释光测年技术在不同学科和不同沉积环境的应用，以及应用中所面临的挑战及应对方案；同时还从技术和科学两个层面展望了释光测年的未来发展趋势。客观的讲，这不仅是一部帮助初学者入门的工具书，更是帮助研究者克服定年难题的“实战宝典”。

随着我国在第四纪地质、地貌、环境以及环境考古研究领域的快速发展，特别是在我国西北干旱区、青藏高原及其周边地区的古环境重建和环境考古研究中，释光测年技术的应用需求日益增加。同时，随着基础研究投入的增加和科研条件的改善，国内释光测年实验室如雨后春笋般持续发展，据不完全统计，目前已经有 50 多家科研院所建立了释光测年实验室，还成立了几家释光测年公司。但总体来说，专职从事释光测年的技术人员还相对缺乏，往往是由科研教学人员或研究生兼任，其获得的测年数据可靠性还差别较大。在此背景下，将这本极具实用价值的英文著作翻译为中文，显得尤为及时和重要。这不仅是为了消除语言障碍，更是为了让我国广大科研人员能够更高效地掌握这一关键技术，为我们的科研工作注入新的动力。我们深知，科学技术的传播是推动学术进步的重要力量。这本中译本是由释光测年青年学科带头人隆浩研究员牵头，组织了我国释光测年领域的几位一线青年学者共同完成（译者包括一位洪堡学者，一位玛丽·居里学者和两位柏林自由大学博士），希望这本《释光测年：方法与应用》能使国内从事实验室释光测年的科学家和技术人员掌握国际释光测年的最新进展，帮助他们突破技术门槛，更好地将释光测年应用于实际研究工作中，为我国的第四纪研究及考古学发展贡献一些力量。

释光测年作为一种广泛应用的年代学工具，在我国地质、地貌、古环境重建、气候变化与考古研究中的重要性日益凸显。相信该书的出版将有助于学科发展、技术推广和人才培养。随着更多科研人员对该技术的掌握和精确应用，相信会推动相关领域取得更多具有国际影响力的研究成果。

中国科学院院士
中国地理学会理事长
2024 年 11 月 7 日

前　言

释光测年方法目前已经被第四纪地质学家和考古学家广泛应用，以获得过去地震、荒漠化、洞穴占用等各种古环境事件的年龄。利用无处不在的沙子以及更细的沉积物中的石英和长石矿物，释光测年可以测定过去 50 万年至今的样品。然而，该方法却被某些非专业人士称为“黑技术”，这可能源于释光测年样品具有光敏感性因而绝大部分实验工作需要在控制照明的暗室中进行；也可能暗指释光测年的基本原理是基于固体物理学、半导体和剂量学等有时令人费解的学科领域。关于释光测年的书籍、论文和评论在学术文献中比比皆是，测年相关的教科书中也经常有一章用来介绍释光测年。但是，到目前为止还没有人尝试用一种深入浅出的方式向有测年需求或想学习使用释光测年方法的读者详细介绍该方法的原理、实例以及应用潜力。这正是此书的写作意图。

本书由释光测年领域的多位一流专家共同执笔完成。第 1 章概述释光测年方法的背景知识以便大家理解它的应用范围、局限性以及存在的问题。第 2 章介绍释光测年样品采集以及释光年龄的解释和发表的注意事项。第 3 章介绍如何利用释光年龄建立年代框架。第 4~11 章论述释光测年方法在风成、冰川与冰缘、河流与坡地、海岸与海洋、活动构造等环境以及岩石表面测年和考古领域的应用。书中指出了释光测年方法在不同应用背景中存在的挑战和局限，从采样、实验测试及数据分析等方面给出了应对上述挑战和局限的建议，并附有翔实的案例研究。第 12 章介绍了一些新兴的实验方法，这些方法可能有助于扩大释光测年在不久的将来作为常规测年方法的应用范围。

在此，我要向很多人表达我的谢意，是他们让这本书的出版成为可能。感谢我的父母、我的妻子玛丽安（Marion）以及我的孩子丽贝卡（Rebecca）和伊丽莎白（Elizabeth）的支持和宽容。感谢海伦 • 伦德尔（Helen Rendell）教授和彼得 • 汤森（Peter Townsend）教授的指导和培养，是他们让我有信心在 1995 年建立谢菲尔德大学释光测年实验室。感谢众多学术上和专业上的同仁让我有机会将释光测年方法应用到世界各地的不同环境中，跟他们的合作充满乐趣且受益良多。最后，我要感谢本书各章节的作者和审稿人，谢谢他们分享的知识，谢谢他们投入的时间和耐心。

马克 · 贝特曼（Mark Bateman）

目　录

1 释光测年的基本原理与发展历史

香农·马汉[1]，雷吉娜·德威特[2]
1. 美国地质调查局丹佛联邦中心 Email：smahan@usgs.gov
2. 东卡罗莱纳大学物理系 Email：dewittr@ecu.edu

摘要：释光测年促进了考古科学和地质科学的彻底改变。它是唯一一种测年范围跨越了过去数百年尺度的历史时期至中更新世（78 万～12.5 万年前的地质时期）的沉积物测年技术。它也是唯一一种可用于艺术品鉴定、医学剂量测定、放射治疗和示踪、野火分布制图、陶瓷断代、地质单元的热演化以及空间探测的测年技术。本章回顾了释光测年的基本原理，给出了常用术语的定义，并回答了如下问题：释光测年的物理基础是什么？该方法是如何发展起来的？为什么样品分析如此费时费力？“等效剂量”或“古剂量”和“剂量率”等术语是什么意思？释光测年涉及哪些步骤？会用到哪些仪器？如何应用该方法？在哪里可以了解更多有关该方法的信息？

关键词：年龄模型，等效剂量（D_E），（环境）剂量率（D_R），剂量学，红外释光（IRSL），光释光（OSL），热释光（TL）

1.1 引言

测年是回答“何时”这一科学问题的关键。了解塑造我们所处环境的过程的规模和持续时间在几乎任何科学领域都很重要。过去十年中，一系列不同的测年技术得到发展，准确度显著提高，如原位宇宙成因放射性核素、放射性碳、铀系（U 系）、铅 210（^{210}Pb）和铯 137（^{137}Cs）短寿命同位素测年以及释光测年。这些技术可以用于度量不同时间和空间尺度上的地貌过程的演化速率。特别是这些测年技术通常与基于稳定同位素指标的古气候和古环境重建相结合，成为强大的定性和定量工具，彻底改变了我们对第四纪（地球历史的最近 2.57Ma）环境变化的理解和认识。此外，这些方法在新兴的具有全球联系的地质和考古学科中也发挥着重要作用，包括那些旨在关注气候变化、景观演变、人类演化和古生物进化的学科。

“释光测年”一词所指的测年技术已被广泛应用于确定矿物、沉积物或考古制品最后一次曝光或加热事件的时间。释光测年包括热释光（TL）、光释光（OSL）和红外释光（IRSL），它们已被应用于包括第四纪沉积物在内的各种样品类型，如土壤、岩石和岩石表面，以及考古样品，包括砂浆、雕花石块、陶瓷和其他烧制材料。由于该方法基于对石英和钾长石等常见矿物特性的测量，通常很容易获得用于测年的样品（有关采样的更多详细信息请参见第 2 章）。因此，对于从现代到 30 万年前的年龄段，释光测年通常是可供选择甚至必要的测年技术。

释光作为一种与其他测年方法（如宇宙成因核素 ^{3}He、^{10}Be、^{26}Al、^{36}Cl 等）互补（超出同位素方法的时间范围）或可以交叉检验（与时间范围重叠）的方法已被广泛应用，有 4 个重要原因：

（1）释光测年是大多数环境的理想选择，因为它不像放射性碳测年一样需要有机材料，因此可用于释光测年的潜在样品材料的范围要广得多。

（2）释光测年通常能够测定比放射性碳的测年上限（约 4 万年，偶尔更老；Bronk Ramsey et al.，2012）更老的样品，并且在宇宙成因核素（数百年至数百万年；Darville，2013）和铀系（约 5000～50 万年；Dickin，2005）的测年范围内。这是因为在合适的环境中，光释光和红外释光测年可以在 25 年到 30 万年之间得到可靠的年龄（Buylaert et al.，2012；Rittenour，2008），偶尔还可以测得更老（Rhodes et al.，2007）。

（3）尽管设备的维护和运行有其特殊的困难（Yukihara et al.，2014），但是释光信号的测量可以通过相对便宜且广泛使用的仪器完成（Lapp et al.，2012；Richter et al.，2015；Sanderson and Murphy，2010）。

（4）不同测年方法的结合为理解不同时间尺度下沉积物可能经历的复杂地质历史以及颗粒释光信号归零的过程提供了有用的信息。这通常有助于深入了解影响沉积物某些类型的组分的改造问题（例如，沙粒、木炭，或通过生物扰动或成壤过程发生位置变动的人工制品）和污染问题。

随着释光作为测年技术的发展和确立，越来越多的人应用相关的科学原理来解决研究问题。这可以通过报道释光测年结果的文献数量来判断：从早期热释光测年（释光测年技术的起源）到近年来光释光测年中单片和单颗粒方法的发展，与释光测年相关的研究显著增加（图 1.1）。

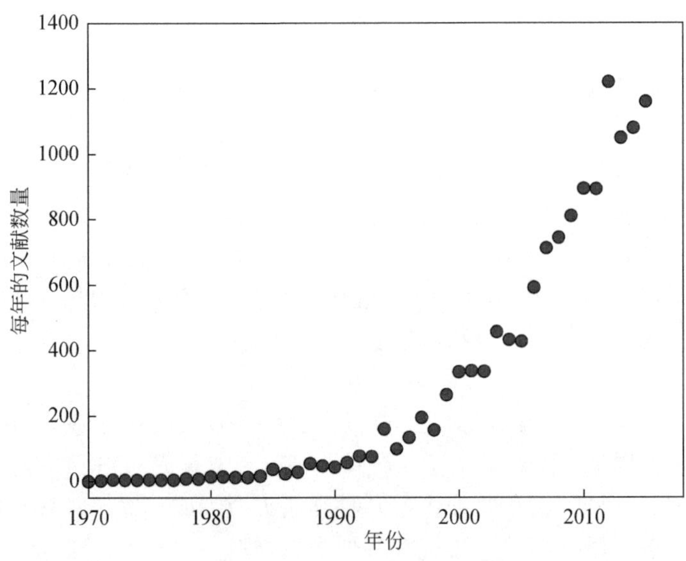

图 1.1 自 1970 年以来每年报道释光测年结果的文献数量。

了解释光技术的发展历史（即已有认识）有助于充分了解该技术的现状和未来（即发

展方向）。本章首先简要总结了释光测年的原理、方法理论以及实验的局限性。然后介绍释光测年技术在各种类型的陆地环境以及河流、湖泊、海洋和其他众多沉积环境中的应用。本书将向读者介绍这些技术手段，告诉读者目前利用释光测年能做什么和不能做什么，阐明将释光测年应用于当前科学研究的最佳方式，并阐述如何从采集的样品中获取最有用的信息。

1.2 释光测年的物理基础

不稳定同位素衰变产生的环境背景辐射可以使矿物中的原子电离。同位素“isotope”一词来源于希腊语，由“isos”（意思是“相同”）和 “topos”（意思是“地点”）两部分组成。原子序数相同（相同的质子数和电子数）但中子数不同的两个或多个原子互称为同位素，因此它们的物理性质略有不同。稳定同位素的原子核只对特定的质子和中子组合是稳定的；而中子的数量并不是随机的。大部分化学元素有几种稳定同位素。放射性同位素或放射性核素，是指具有不同质量的几种相同化学元素中的任何一种，其原子核不稳定，并通过自发地以粒子和射线的形式进行辐射来耗散多余的能量。

矿物接受自然界中来自土壤或沉积物的放射性元素（如铀）或宇宙射线的持续的低水平辐射，这是释光测年的基础。要获得释光年龄，有必要了解两件事：

（1）背景环境辐射，它使沉积物中的颗粒电离或对颗粒“给剂量”。

（2）沉积物和考古文物如何储存这种辐射剂量，并在适当条件下将其作为可测量的光释放。

自地球形成以来，环境背景辐射就一直存在我们周围，人类实际上是在低背景辐射的环境中进化而来的。天然陆生辐射源于铀（U）、钍（Th）及其放射性子体钾（K）和铷（Rb）的低水平排放。在衰变过程中，这些元素会发出α、β和γ辐射。近地表环境中的另一个主要辐射源是宇宙射线。宇宙射线主要由质子、α粒子以及其他来自宇宙和太阳的不太常见的较重原子核组成。当宇宙粒子遇到地球上层大气并与原子核碰撞时，会引起其他较轻粒子的连锁反应，并对沉积物的表面产生辐射（150～500g/cm^2；Burow，2018；Castelvecchi，2017；Ferrari and Szuszkiewicz，2009；Prescott and Hutton，1994；Crookes and Rastin，1972）。

所有这些形式的电离辐射能在任何固态绝缘体或半导体内引发释光现象，而金属不具有释光特性（McKeever，1985）。其基本原理如图 1.2 所示。辐射将能量传递给材料中的电子，但仅传递给围绕原子核最外层运行的电子。这种能量转移将电子从基态（或价带）提升，穿过带隙（或与原子轨道的任何可能组合不对应的禁带），到达电子可以在晶格中物理移动的导带。这些激发的电子中有很大一部分将返回价带（因为导带电子所处的状态是不稳定的），重新组合，并释放无法测量的瞬态能量，如热或光；然而，一小部分电子会遇到晶格缺陷，并停留在缺陷处或被捕获。在地质时间尺度上，被陷阱捕获的电荷不断累积。正是这种缓慢增加的电荷为释光测年提供了计时工具。当然，这些被捕获的电荷也会以热或光的形式释放出来，但如果这种情况发生在受控的实验室条件下，那么这种热和光是可以测量的。

有些陷阱离导带很近，环境温度足以释放捕获的电荷。在埋藏的矿物中，这些陷阱通常是空的，也是“热不稳定”的，不能用于测年过程。在其他陷阱中，电荷会不断累积，直到暴露在热或光下释放出来。此时，它们再次变得可移动，当它们重新结合时，就会发出光即释光。释光强度与捕获电荷的数量直接相关，因此与埋藏时间直接相关。发出释光的波长取决于电子和电子空穴之间的能量差。由于一种矿物可以含有多种杂质，它可以发出不同波长的光，因为杂质的类型决定了释光的颜色。例如，石英中的典型杂质（以百分比递减排序：钛、铝、铁、锰、镁和钙；Gaines et al.，1997）产生紫外光，而长石中的杂质（以百分比递减排序：钡、钛、铁、锂、铷等；Gaines et al.，1997）会发出紫光、黄橙光，有时还发出深红色的光（Berger，2008）。

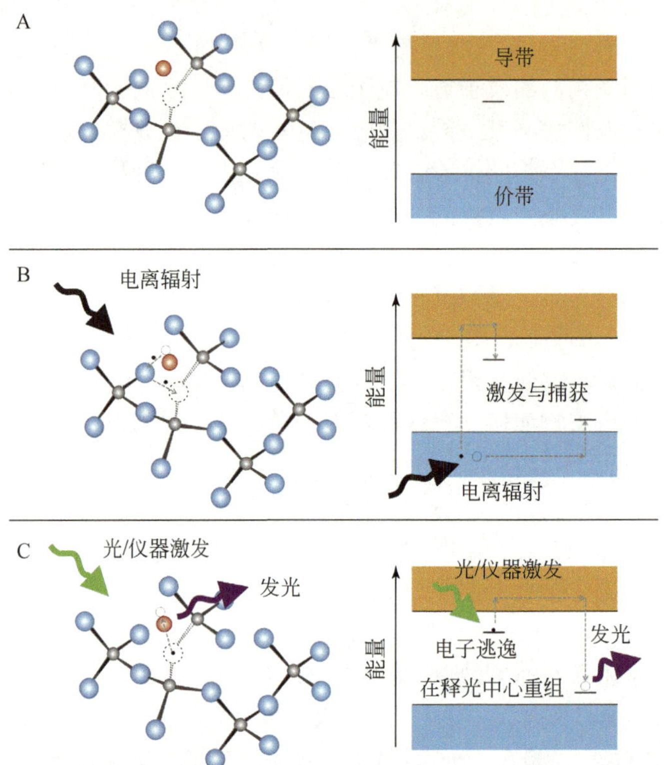

图 1.2 释光过程的基本原理，左图表示晶体，右图表示能带结构。A-晶体的能量图的特征是下方的价带被带隙与上方的导带隔开。作为电子供体的晶体缺陷，在这种情况下为“红色”间隙原子，其能级略高于价带。吸引电子的晶体缺陷，在这种情况下是缺失的原子，其能级略低于导带。B-电离辐射将能量传递给电子（黑点）。一些被激发的电子被吸引到缺失原子的位置并被“捕获”。来自供体原子的电子也会被激发，并留下一个空穴（在可能存在的地方缺少电子；空心圆）。C-在光或热的激发下，电子从陷阱中释放出来，与空穴重新结合，发出释光。

图 1.3 说明了被捕获电荷数随时间的变化。矿物颗粒被埋藏后，晶格缺陷中的电荷数以基于沉积物的地球化学或矿物学特性的速率线性增加。可用于存储电子的陷阱数量有限，这意味着这些陷阱将在某个时间点充满电子，从而导致持续辐射暴露下的饱和效应，也就决定了释光测年的实际上限。从沉积物沉积到释光饱和的时间取决于晶格缺陷的数量和类型以及环境电离辐射的速率。在沉积物搬运过程中被阳光照射，或人工制品被加热的过程

中，捕获的电荷被释放并重新组合。当所有电荷重新组合后，样品被完全重置、归零或晒退。图 1.3 中显示的这一过程的时间长度是可变的。虽然样品需要成千上万年的时间才能达到饱和，但信号从饱和水平归零则仅需要几秒钟到几分钟的阳光照射。在重新埋藏时（图中用 t_0 表示），电荷会再次累积，直到样品被采集进行测年。

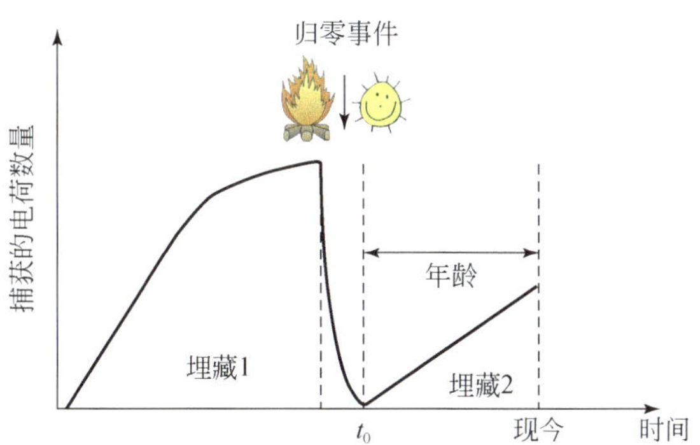

图 1.3　释光样品被采集前，埋藏、重置和再次埋藏期间被陷阱捕获的电荷数量的变化。此图展示了沉积物搬运过程中发生的搬运和沉积循环。t_0 为埋藏期的开始，即需通过测年来确定的时间。

由于释光用于评估随时间累积的捕获电荷数，因此释光年龄反映了自上次归零事件（即上次阳光照射或加热事件）以来经历的时间。要获得一个释光年龄，需要两个单独的步骤：测量等效剂量和确定剂量率。释光测年这一方法的命名正是来自第一步，因为它涉及光的发射。实验室测量模拟了自然过程，只是它是在人类的时间尺度上进行的。样品在受控条件下被加热或暴露于光照，之前捕获的电荷被释放并重新组合。在加热的情况下产生的释光称为热释光（TL），在光照的情况下产生的释光称为红外释光（IRSL）或光释光（OSL）（图 1.4）。

在热释光测量中，温度随时间增加，光子释放（即信号）随激发温度的变化被记录下来。在光释光或红外释光测量中，打开激发光源，通常将样品保持在较高的温度以提供热辅助，并记录随时间变化的信号。滤光片用于将释光与激发光分离。产生的释光信号强度与接收的辐照或者吸收的辐照剂量直接相关（图 1.4B、C）。信号强度可以通过不同的方式确定：热释光发光峰的峰面积或峰高、光释光信号衰减曲线初始部分或选定部分下的面积

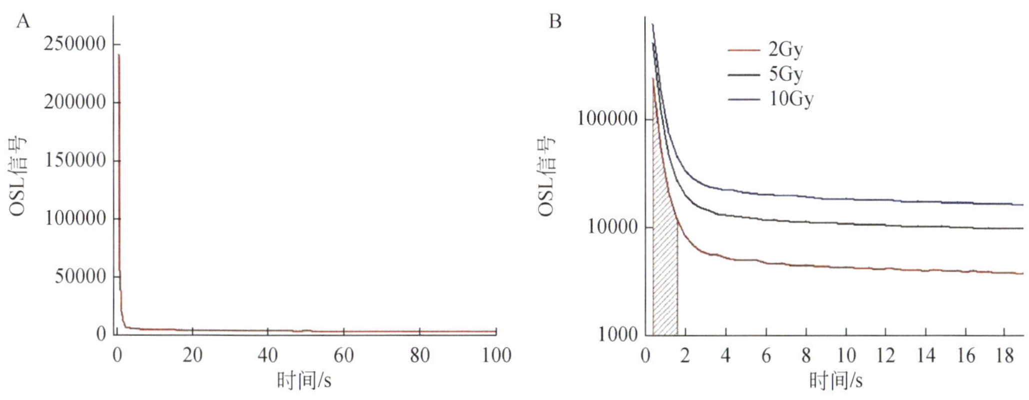

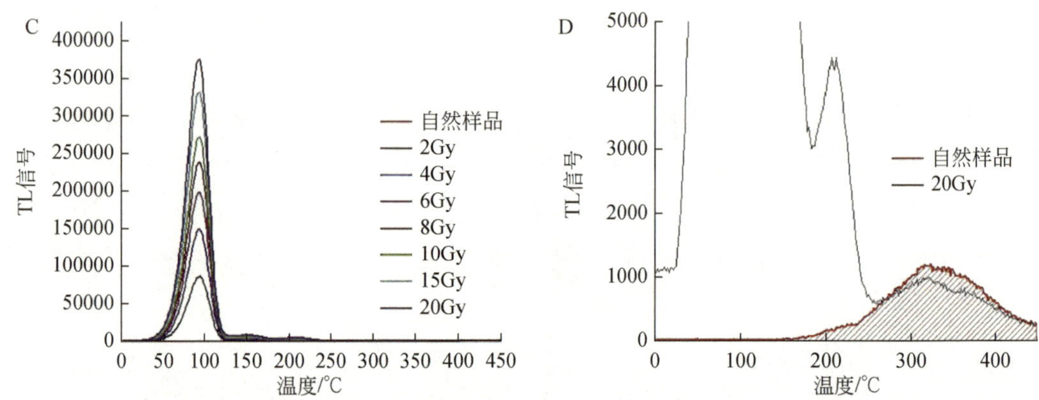

图 1.4 TL 和 OSL 信号示例。A-辐照 2Gy 后某石英样品的 OSL 信号。曝光数秒后信号晒退（重置为零）。B-同一样品按图中剂量辐照后的 OSL 信号，以对数刻度绘制。阴影区域表示可用于测年的 OSL 信号，因为它在数秒后很快达到背景值。OSL 信号强度随着暴露于自然辐照或实验室辐照的增加而增加。C-同一样品按图中剂量辐照后的 TL 曲线。TL 信号的大小也随着辐照的增加而增加。D-自然辐照和实验室辐照 20Gy 后的 TL 信号比较。阴影区域表示可用于测年的 TL 信号。自然样品的热不稳定陷阱（即在低温下清空的陷阱）是空的，但在实验室辐照过程中会充填。只有信号中的热稳定部分才能用于测年。1Gy=1J/kg 的吸收剂量。

（比较图 1.4B、D 中的阴影区域）。在实践中，释光测年使用人工实验室辐照来模拟自然放射性过程，以测量样品对辐照暴露的响应。这些剂量响应测量使计算存储在陷阱里的电荷量成为可能，因为测量的自然信号将与在子样品或测片上经过校准的实验室辐射源辐照的已知剂量产生的释光信号进行比较，从而确定自然信号的大小程度并得到以 Gy 为单位的等效剂量（D_E）（Berger，2008）。等效剂量的测量详见第 1.5 节。

等效剂量的大小取决于环境电离辐射的速率，即背景辐射剂量率（D_R），以及自上次受热或曝光以来经历的时间。剂量率又取决于周围沉积物中 K、U 和 Th 的浓度以及宇宙射线的照射。第 1.6 节概述了确定剂量率的方法。释光年龄，无论是基于 TL、IRSL，还是 OSL 得到的，都是通过等效剂量 D_E 除以剂量率 D_R（单位：Gy/ka）来计算的：

$$\text{年龄（ka）}=\frac{\text{等效剂量（Gy）}}{\text{剂量率（Gy / ka）}}$$

大多数实验室仪器都致力于精确和准确地测量等效剂量。这种测量要求在暗室环境中仔细制备样品，并且大多数释光仪也安装在暗室中，因为样品不能暴露在严格受控（受限波长）的照明之外的任何其他环境中。

1.3 发展历史和早期研究者

了解产生释光的物理现象及其发现过程、准确测量等效剂量（D_E）的方法以及从辐射通量吸收能量的速率（D_R），有助于充分理解释光测年的研究现状。McKeever（1985）曾对释光测年的历史进行了详细回顾，这在 Zöller 和 Wagner（2015）中也可以查到，该文被收录在网络版《大英百科全书》中（Gundermann，2000）。

关于释光的最早历史记录来自英国作家、哲学家和化学家罗伯特·玻意耳（Robert Boyle）（图 1.5）。关于一颗棕色大钻石，他于 1663 年 10 月 28 日向英国皇家学会报告说：

……我把它带到床上，放在我温暖的身体上好一会儿，它发出了某种微弱的光……（引自 Aitken，1985；Boyle，1664）

图 1.5 罗伯特·玻意耳爵士（1627～1691 年），琼·卡西博姆（Johann Kerseboom）作于 1689 年。

这颗钻石的最终命运如何、这么大的钻石从何而来以及为什么它会在如此低的温度下发光已经不得而知了。1676 年在柏林，琼·西格斯蒙德描述了萤石这种更常见、更普通的矿物的类似性质（Elsholtz，1676）。至于更早的关于发光的宝石和见光后在黑暗中闪光的石头，可能是一种光致释光现象导致的（Harvey，1957）。

1888 年，德国物理学家艾尔哈特·维德曼（Eilhardt Wiedemann）在历史上首次使用了“Lumineszenz”一词，他描述了“不完全受温度升高影响的光现象”，即不同于释光或“冷光”的白炽光或“热光”（引自 Harvey，1957；Zöller and Wagner，2015）。维德曼根据激发方法把各种释光分为光致释光、热致释光、摩擦释光和化学释光。当用阴极射线照射各种矿物时，维德曼和他的同事格哈特·施密特（Gerhart Schmidt）（Wiedemann and Schmidt，1895）观察到缓慢加热后的发光，从而首次描述了热释光现象，它是由人工电离辐射引起的受热激发的辐射释光（Zöller and Wagner，2015）。Trowbridge 和 Burbank（1898）通过加热去除萤石中的天然热释光信号，然后将矿物暴露在 X 射线下来重新激发它（McKeever，1985）。

1945 年，Randall 和 Wilkins（1945）通过假设电子一旦从陷阱中释放出来，就会与空穴结合而不会再次被陷阱捕获，从而正式将热释光理论化，这为随后的热释光研究提供了动力。热释光强度和吸收辐照剂量之间的关系建立后不久，法林顿·丹尼尔斯（Farrington Daniels）和威斯康星大学的同事就提议使用热释光法测定地质和考古样品的年龄（Daniels et al.，1953）。伯尔尼大学的诺伯特·格罗格（Norbert Grögler）及其同事（Grögler et al.，1958，1960），以及加利福尼亚大学的 Kennedy 和 Knopff（1960）先后成功地对陶瓷和烧制的砖进行了考古年龄测定。在 20 世纪 60 年代，由于牛津大学的马丁·艾特肯（Martin Aitken）及其团队的努力，释光测年方法逐渐发展成为确定受热考古材料年龄的有力工具（Aitken et al.，1964；Aitken，1968，1985）。陶器热释光测年的两个基本方法是在 20 世纪 60 年代末发展起来的，即石英包裹体技术（Fleming，1966）和细粒技术（Zimmerman，1967）。这些方法发展的一个重要副产品是基于热释光的瓷器真伪鉴定（Fleming et al.，1970）。除了焙烧的陶土外，热释光测年还被应用于受热的石头，尤其是燧石制品（Göksu et al.，1974）。

沉积物的自然热释光强度随着地质年龄的增长而增加，这一观察结果促使苏联的研究人员提出将热释光作为黄土沉积物年代学研究的工具。1965 年，舍尔科普亚斯（Shelkoplyas）和莫罗佐夫（Morozov）在基辅开展了开拓性研究（Dreimanis et al.，1978）。然而，基辅小组的研究结果缺乏可翻译及可通过网络获取的出版物，因此很难完全了解他们的样品制备和测量程序。Wintle 和 Huntley（1979，1980）首次证明了阳光照射会晒退沉积物的热释光信号，从而促进了热释光测年在地质领域的应用。当日光晒退被确定为主要信号归零机制后，后续工作便聚焦于风成沉积物（主要由风搬运的沉积物，如黄土或沙丘）的热释光测年。

在确定风成沉积物的附加和再生“完全晒退”方法之前，热释光信号的测量程序经过了多次改进，如“部分晒退”或 R-γ法（如果使用β源，则为 R-β），以及用于校正难晒退组分的再生技术（Wintle and Huntley，1980）。如果在背景基础上没有可检出的信号，则沉积时（或陶器或烧制物体的生成）热释光信号的重置被称为“完全晒退”。如果信号重置不充分，并且在生成或沉积后仍然存在残余热释光信号，则称为“部分晒退”。

20 世纪 80～90 年代最常用的方法是多片附加剂量法（MAAD）。这种方法的程序最简单，Huntley 等（1985）通过测试对其进行了评估。该方法要求在一个样品的几个子样品（通常为五个，称为测片）上测量其埋藏期间自然累积产生的释光信号（称为自然释光信号，通常用 N 表示）。对其他几组测片分别辐照递增的实验室剂量（N+剂量），并测量相应的释光信号。一般在 24 小时内对所有测片进行预热和测量，然后将释光强度以实验室辐照剂量的函数绘图。利用一个函数拟合这些数据，并将其外推到与剂量轴的交点，则截距即为 D_E（Aitken，1985；Preusser et al.，2008；图 1.6A）。

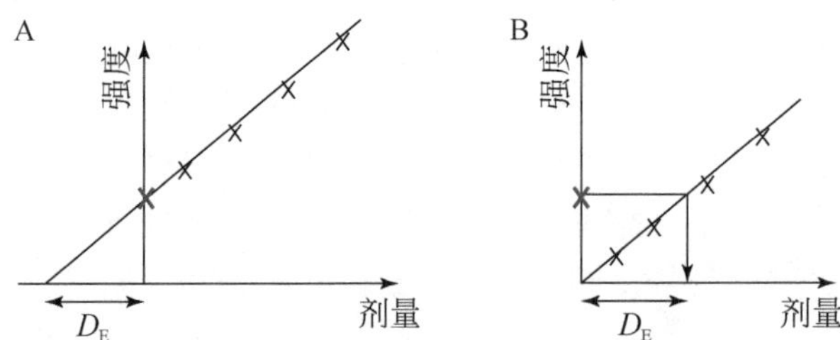

图 1.6 剂量响应曲线。A-附加法：蓝色符号表示自然辐照产生的信号黑色符号表示给自然剂量上附加不同的实验室辐照后的信号。外推剂量响应以获得 D_E。B-再生法：在剂量响应曲线上内插自然信号（蓝色）以获得 D_E。在这种情况下，实验室辐照（或剂量）在测片上矿物颗粒信号被完全重置后进行。

由于实验中的每组测片并不完全相同（包含的颗粒数量不同以及单个颗粒的释光特性不同），因此采用了归一化处理：在预热和附加实验室剂量之前进行短暂的光激发，或者在一次测量后给予小剂量辐照。通过在实验室中暴露于光源，即太阳光模拟器、发光二极管（LED）或激光器，将每个测片曝光以完全消除其光释光信号；加热至 160℃以上并持续 10

秒；然后暴露于已知辐射强度的放射源中，测量该信号，或在测量自然信号后给测片一个小的剂量。然后将这些测量值用于计算平均值或归一化值，并将其与单个测片获得的测量值进行比较。实验室剂量在整个测量过程中是统一的，而光释光响应的差异（即曲线高度）与测片中的颗粒差异有关。有关该方法的局限性和优点的详细讨论，请参见 Lian（2007）。

因为在发表的数据中发现了老于 3 万～10 万年的黄土的热释光年龄被显著低估的情况（Zöller and Wagner，2015），20 世纪 80 年代初（从 1985 年开始）应用热释光的兴奋情绪逐渐缓和。当时人们还知之甚少的长石的“异常衰减”（详见第 1.5.2 节）现象通常被认为是造成低估的原因。但一些研究者认为，尽管存在异常衰减，仍然可以获得高达 30 万年，甚至 80 万年的可靠释光年龄（如 Berger et al.，1992；Singhvi et al.，1989）。在某种程度上，非标准化的实验程序可能会导致这种不确定性，但绝大多数研究人员无法重现如此老的年龄的主要原因是受到物源地质、有限的实验时间和资源，以及对沉积物搬运和沉积后过程的了解不足等因素的影响。Zöller（1988，1991）能够将黄土的可靠热释光年龄范围扩展到至少 10 万年。除异常衰减外，研究人员还用电子陷阱的“有效平均寿命”（Wagner，1998）和“依赖于剂量的灵敏度变化”（Wintle，1985）来解释在较老黄土中观察到的年龄低估。

沉积物中热释光年龄高估的常见原因是搬运过程中的释光信号不完全重置（部分晒退）（Godfrey-Smith et al.，1988；Preusser et al.，2008）。这意味着热释光测年技术一直沿用至今的主要对象还是受热的考古文物（如陶器、烧过的燧石；详见第 10 章）或其他特殊的应用，如火山喷发加热的沉积物和岩石、燧石工具的微剂量学问题以及确定野火温度等（Göksu et al.，1974；Richter，2016；Rengers et al.，2017）。

由于沉积物的热释光测年问题重重，后续研究开始关注光释光测年方法的发展。人们认识到，不仅加热，将沉积物暴露于阳光下也会重置释光信号（包括热释光和光释光；Wintle and Huntley，1979）。这意味着释光测年法适用于曝光沉积物的测年。实验观察到可以将石英置于强烈的绿光下（而不是加热）激发释光（Huntley et al.，1985），因此可以将光释光现象实际用于地质年代学。不久之后，加莱纳·许特（Galena Hütt）发现了长石在红外照射（800～900nm）下的激发释光（IRSL）（Hütt et al.，1988）。20 世纪 90 年代末，细颗粒（4～11μm）混合矿物粉沙的热释光测年基本上被红外释光所取代（Forman et al.，2000；Personius and Mahan，2000；Porat et al.，1997），并在使用粗颗粒（沙粒级）石英绿光/蓝光释光或长石红外释光的过程中逐渐发展为光释光。

1.4　样品制备

为了防止样品曝光和颗粒内释光信号不小心被重置，样品制备要在暗淡的红色或橙色灯光下进行，这种光类似于摄影实验室中使用的灯光，对释光特性的影响最小（Spooner，1992；Lamothe，1995；Spooner and Prescott，1986；Huntley and Baril，2002）。随着廉价且丰富的发光二极管（LED）的出现，当峰值波长为 590～630nm 时，可以为暗室环境提供最佳清晰度，并且被陷阱捕获的电荷损失最少（Sohbati et al.，2017）。建议释光实验室照明光波长峰值为 594nm，因为这对释光样品处理是最有效的：人眼在该波长（橙色）下对亮度的相对感知约为 76%，是在 621nm 下的两倍，但功率密度只有一半（Berger and Kratt，2008；Sobhati et al.，2017）。现在的琥珀色（黄褐色）LED 光学产品也很适用（Berger and

Kratt，2008；2017 年与埃德·罗兹个人交流）。

样品制备的目标是分选出适合释光测年的材料（Wintle，1997），在大多数情况下是石英和长石矿物。只有特定粒度的矿物可用于释光测年：粗颗粒和细颗粒（另见第 1.6.1 节）。粗颗粒通常指粒径在 63～250μm 的颗粒，具体取决于样品的组成；细颗粒的粒径范围通常为 4～11μm。通过筛分法和/或斯托克斯沉降法获得所需粒径的颗粒。为了去除碳酸盐和有机物，样品在筛分前或筛分后用盐酸（HCl）和过氧化氢（H_2O_2）处理，这两种处理方式各有其优点。

粗颗粒的不同矿物可以通过密度分离获得。石英的提取方法有两种：一种是在重液中进行两步提取，分离密度为 2.62～2.75g/cm^3 的矿物（石英的密度为 2.62～2.65g/cm^3）；另一种是通过在磁选机上去除密度更大的磁性和准磁性矿物，然后将石英和长石的混合物浸入密度为 2.58～2.60g/cm^3 的重液中，使钾长石漂浮，石英下沉。最后的制备步骤是用氢氟酸（HF）刻蚀石英，以去除外层约 20μm、受α辐射影响的外壳（一般用高浓度 HF 刻蚀约一小时）。有时留在石英组分中的斜长石（钙长石或钠长石，密度为 2.62～2.76g/cm^3）会在刻蚀过程中优先沿解理面溶解，因此需要重新筛分以去除新形成的粒径变小的颗粒。钾长石的密度在 2.53～2.58g/cm^3 之间，可以采用类似的方法进行分离。细颗粒粒径很小，无法进行矿物分离，通常利用混合矿物进行测量。不过，用氟硅酸（H_2SiF_6）刻蚀样品 1～2 周可以溶解长石以提取石英。刻蚀后，使用温热（50℃）的稀盐酸（HCl）进行清洗，以去除沉淀的氟化物。更详细的信息可参见 Preusser 等（2008）。

最后，将样品粘在测片上用于测量，测片通常为直径 10mm 的不锈钢片或铝片。粗颗粒用硅油固定，颗粒的数量是通过硅油覆盖测片的面积来控制的。对于细颗粒，首先把样品与丙酮或水配制成悬浊液，然后用移液管转移到测片上，形成覆盖整个测片表面的均匀薄层，等液体蒸发后，颗粒会分散到整个测片上。

1.5　等效剂量（D_E）测量

获取释光年龄的大部分时间和精力都与等效剂量（D_E）的测量有关。简单来说，D_E 是通过记录样品发出的释光强度随实验室施加的电离辐射剂量的增加而变化来测量的，通常使用校准的β源（Lian，2007；图 1.6）。D_E 的引入是因为用于建立样品剂量响应的实验室辐照仅由β粒子组成（来自校准的 ^{90}Sr/^{90}Y 的β源；很少来自γ射线或 X 射线），而在自然环境中，样品吸收的辐射来自α粒子和β粒子、γ射线和宇宙射线的混合（Huntley，2001）。等效剂量用符号 D_E、ED、D_{eq} 或 D_e 表示，有时被错误地称为古剂量（Lian，2007）。

到 1985 年，“光释光测年”或“OSL 测年”在科学文献中被确定下来，并继续主导除热释光测年以外的所有释光技术的标题和常见用途。狭义的光释光仅限于可见光激发（即约 385～700nm 波长范围，主要是紫色、蓝色和绿色）。红外范围内的光子激发导致红外释光（IRSL）。因此，科学家最初曾争论该技术是否应被称为“光子激发释光”（Aitken，1998；Berger et al.，2004）。实际中，首选的激发方法取决于所选用的矿物和样品的年龄范围。

1.5.1　仪器

一个基本的释光仪由两个必要元件组成：用于激发释光信号的光源［灯、激光器或发光二极管（LED）］和用于测量发出的释光信号的光探测器［光电倍增管（PMT）或电荷耦合器件（CCD）］（Yukihara and McKeever，2011，及其图 2.23）。释光仪中的其他常见元件包括用于控制样品温度的加热器、用于样品实验室辐照的辐射源（β或 X 射线）以及用于测量多个样品的换样器（转盘或机械臂）。基于目前的仪器和“现成但允许客户修改的”分析软件，1g（甚至可以少至 0.2g）制备好的样品可以有效测定数百个 D_E 值（Lian，2007）。

在光释光测量过程中，用于激发样品使其发光的是光，这就需要能够分离释光和激发光的技术。选择的光源应具有适合被测矿物的最佳波长。不同样品会发出不同波长的释光。探测滤光片放置在光电倍增管和样品之间，以阻挡激发光并分离特定波段的释光。将不同的滤光片组合使用可以优化探测信号的信噪比。Liritzis 等（2013）列出了常用的滤光片组合。光释光技术的性质允许在短于激发光波长的波段检测释光信号。因此，长石释光信号是红外光激发，蓝光探测；而石英是蓝光激发，紫外光探测。

目前有两个主要的商用释光仪供应商。其一是 Risø 国家实验室①（丹麦），该实验室开发和销售释光仪已有近三十年的历史，最新的型号是 Risø TL/OSL-DA-20。其二是弗莱贝格仪器（Freiberg Instruments）公司②（德国），该公司提供几种不同型号和尺寸的 lexsyg 释光仪。Daybreak Nuclear 是一家总部位于美国的公司，在 20 世纪 80 年代初至 21 世纪初生产自动辐照器、α计数器和 TL/OSL 释光仪，但现在已经不再进行商业生产。所有这些公司都销售实验仪器，它们包含精密的电子设备，需要持续供电，并配备放射源。

1.5.2 红外释光、长石及细颗粒混合矿物

钾长石（包括正长石、微斜长石和透长石）以及一些斜长石对红外光（IR，800～900nm）敏感，可以产生红外释光（Hütt et al.，1988；Buylaert et al.，2013）。虽然石英颗粒在受到红外光激发时也可以发出释光信号（Bøtter-Jensen et al.，2003；Li and Li，2011），但在混合的矿物中，钾长石的红外释光信号相对于微弱的石英信号来说占主导地位。

与较低的石英饱和水平相比，长石的饱和剂量较高（使用 IRSL 测量），这意味着测年上限可能达到 20 万～30 万年，甚至更老。然而，长石红外释光的一个限制因素是“异常衰减”现象，即信号会随时间损失，这种现象无法用热影响来解释［Wintle（1973）、Spooner（1992，1994b）先后描述了这种现象］。Huntley 和 Lamothe（2001）以及 Auclair 等（2003）提出了校正异常衰减的方法，但它们仅在剂量响应曲线的线性部分产生可靠的校正结果，即不超过 2 万～5 万年，这大大限制了校正的应用范围（Huntley and Lian，2006）。上述方法通过“g 值”来实现对异常衰减的校正。该方法测量在相同实验室辐照的情况下，经过不同存储时间后 IRSL 信号衰减的百分比。然后将衰减转换为表示每十年信号损失的百分比，即“g 值”，这样就可以对 IRSL 信号异常衰减引起的年龄低估进行校正（Aitken，1985；Huntley and Lamothe，2001）。

IRSL 激发通常在略高于室温（如 50℃或 60℃）的温度下进行，以提供稳定的热环境。近年来，人们采用了一种扩展方法来测量晒退良好的沉积物中的 IRSL 信号。在这种红外后红外释光（pIRIRSL）方法中，首先以接近室温的常规方法进行红外激发，然后在高温

① http://www.nutech.dtu.dk/english/products-and-services/radiation-instruments/tl_osl_reader[2024-8-14]。

② http://www.lexsyg.com[2024-8-14]。

下重复进行红外释激发（如 225℃或 290℃；Buylaert et al.，2009；Thiel et al.，2011；Buyleart et al.，2012；Thomsen et al.，2008）。该 pIRIRSL 信号能显著降低异常衰减的影响，可以可靠地测定几十万年以内的沉积物年龄（如 Li and Li，2012；Li et al.，2013，Guérin et al.，2015；Yi et al.，2016；图 1.7）。研究还发现，在石英灵敏度低（如沉积物刚从基岩上侵蚀下来并沉积在附近）或存在其他问题（如石英颗粒中含有长石包裹体）的地区，这种方法也很有用，如在加利福尼亚州南部（Lawson et al.，2012）。

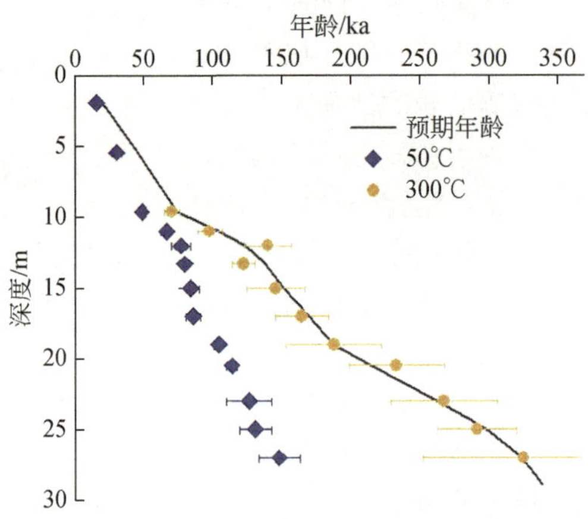

图 1.7　来自中国的一个黄土剖面的红外和红外后红外释光年龄的比较。修改自 Li 和 Li（2012）。红外释光年龄（50℃，蓝色）受异常衰减影响，大大低估了预期年龄；而红外后红外释光年龄（300℃，橙色）与预期年龄一致。

1.5.3　矿物的晒退速率

已发表的研究表明，石英光释光信号和长石红外释光信号的晒退速率不同（如 Godfrey-Smith et al.，1988；Aitken，1998；Thomsen et al.，2008）。Godfrey-Smith 等（1988）研究表明在晒退 90 秒后，石英光释光信号降低至原始信号的 1%。Aitken（1998）研究表明石英光释光信号在 2 秒内达到其原始信号的 10%，而钾长石达到同样的值需要 60～90 秒。Colarossi 等（2015）发现，南非石英在使用 Honle™ SOL2 太阳光模拟器晒退 10 秒后，释光信号减少到原始水平的 5%。长石（IR 50℃）需要大约 24 小时的阳光照射才能达到石英在 10 秒内达到的晒退水平（Colarossi et al.，2015）。pIRIRSL 信号的情况更糟（Buylaert et al.，2013；Colarossi et al.，2015）：曝光 10 秒后，pIRIRSL 信号仅损失 2%；曝光 1000 秒后，仍有 90%的 pIRIRSL 信号，仅损失 10%（Murray et al.，2012），关于当前 IRSL 和 pIRIRSL 晒退的研究进展，请参阅 Smedley 等（2015）。

正如 Murray 等（2012）认识到的，所有数据都是使用全太阳光谱收集的，因此不清楚在太阳光谱的特征和强度发生变化的不同地方，晒退速率的差异有多大。这对在水下、泥浆、泥石流或风成体中搬运的沉积物是个问题，因为光谱的特征会发生变化，强度会降低（Berger，1990）。由于石英和长石的光电离截面取决于激发光波长（Spooner，1994a，1994b；Bøtter-Jensen et al.，1994），因此即使是光谱和强度随时间同时变化的定性影响也很难预测

(Murray et al.，2012)。当考虑样品中长石颗粒的变化时，还必须考虑不同颗粒的晒退速率(Smedley et al.，2015)。在特定地貌环境下，相对长时间暴露于衰减光谱（如进入河流后），较短的搬运距离和/或暴露于相对非衰减光谱（如断层崖上的片状侵蚀或崩积搬运）可能占主导地位。

衰减和非衰减介质中沉积物迁移过程中的释光信号晒退速率是当前的研究热点（Gray and Mahan，2015；Gray et al.，2017）。但令人惊讶的是，关于海拔、云量、阴影、水深、颗粒变化以及浑浊度对沉积物光衰减影响的研究却鲜见发表。表 1.1 列出了石英和长石在释光测年中的优缺点（Lian，2007）。

表 1.1 石英和长石释光测年的优缺点

石英		长石	
优点	缺点	优点	缺点
高度抗风化	释光信号强度相对较低；有些石英没有可测量的释光信号	释光信号的饱和剂量比石英高	比石英更容易风化
释光信号在阳光下的晒退速率比长石快	与长石相比，释光信号的饱和剂量较低	释光信号强度可能比石英高几个数量级	释光信号比石英晒退慢
不受异常衰减的影响	热转移效应比长石显著	IRSL 在石英/长石混合物中可优先被激发	存在信号的异常衰减；必须测量信号衰减速率并进行校正

注：修改自 Lian（2007）一文的图 7。

1.5.4 石英和单片再生法

自 2000 年以来，沉积物年龄测定的首选方法是基于沙粒级石英的光释光技术，特别是年轻沉积物（Zilberman et al.，2000；Arnold et al.，2007）。光释光（即蓝光和绿光激发释光）与晶格中容易晒退的陷阱有关，从而避免了热释光/红外释光信号难以晒退的问题。蓝-绿光（约 470nm）通常用于石英光释光的激发，并测量在紫外波段（300～380nm）产生的释光。

前面提到的 MAAD 法（第 1.3 节）有一个缺点，即必须对测片进行归一化处理，以便进行比较。该方法还需要对剂量响应曲线进行外推，因此会产生较大的不确定性。Duller（1991）首次提出利用单个测片完成确定 D_E 所需的所有测量这一实用方法。Duller（1995）继续发展了长石的各种单片方法，Murray 等（1997）也对石英进行了类似的研究。这促进了单片再生法（single-aliquot regenerative-dose，SAR）的改进，该方法使用单个测片来获得一个 D_E 值。首先测量单个测片的“自然信号”，即自然辐照产生的信号；这一步骤之后，是重复的“增加辐照剂量-测量”循环，以获得单个测片的再生剂量响应曲线（图 1.6B）。

光释光技术的一个主要缺点是，在光释光测量过程中，无法像热释光测试那样只选择热稳定电子陷阱。虽然采集的自然样品的热不稳定陷阱通常是空的，但在实验室辐照期间它们会被充填（图 1.4D）。为了克服这个问题，要在每次重复的测量循环之前对测片进行加热（预热）。预热的目的是清空热不稳定陷阱，这对热稳定陷阱几乎没有影响。

在上述操作后，通过将自然信号插值到剂量响应曲线上来确定等效剂量。虽然该方法不需要对不同的测片进行归一化，但即使测片吸收相同的辐射剂量，释光信号灵敏度也会随测量周期发生变化。单片再生法监测样品每个再生循环结束时给予的小剂量辐照（实验剂量）的释光信号强度（Roberts et al.，1998；Murray and Wintle，2000，2003；Wintle and Murray，2006）。Murray 和 Wintle（2000）的关键进展在于引入了一个步骤，该步骤通过重复生成光释光信号将所有这些测量步骤组合起来（Duller，2015）。单片再生法程序包括各种系统测试，这些测试通常应用于一批样品，以测试程序的适用性。如 Duller（2008）所述，这些常规测试包括：

（1）预热坪试验，确定最合适的预热温度，以避免热不稳定陷阱的影响（Murray and Wintle，2000；图 1.8A）。

（2）剂量恢复试验，评价选定的光释光程序是否可以准确测量已知的实验室给定剂量（Wintle and Murray，2006；图 1.8B）。

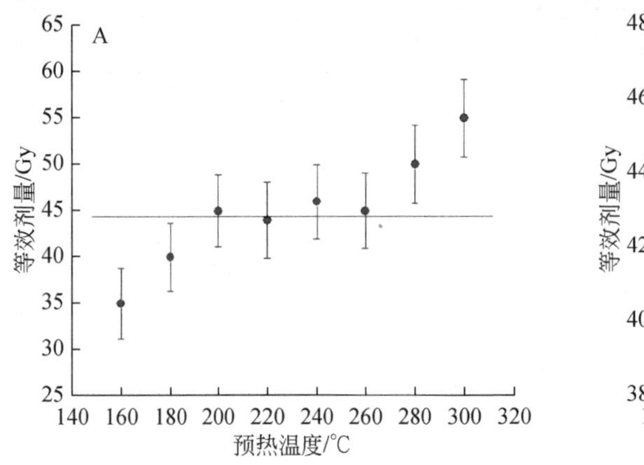

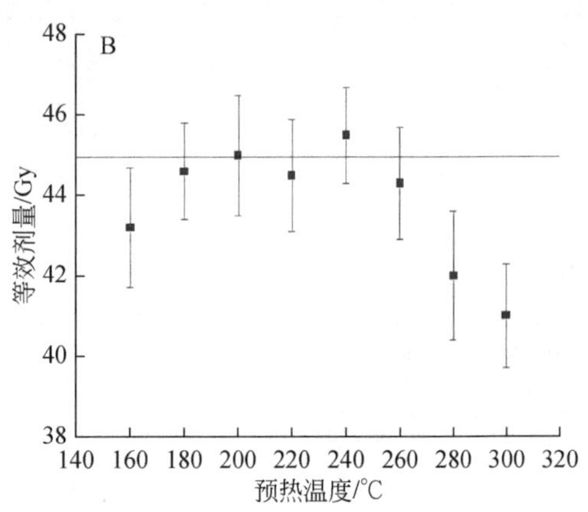

图 1.8 A-预热坪试验。使用不同的预热温度测量 D_E；每个温度下测量几个测片，并计算平均剂量；误差棒表示标准误差；在此示例中，200～260℃温度下测得的剂量是恒定的；实线所示即为预热坪。B-剂量恢复试验。测片被晒退并辐照以已知剂量（此处为 45Gy，用实线表示）。使用不同的预热温度测量剂量；在 180～260℃的温度下，测量剂量与给定剂量在误差范围内一致，因此在这一温度范围内的预热条件都是可接受的。

样品的每一个测片或者颗粒都应通过额外的可信度检验，作为年龄计算可靠的依据（Murray and Wintle，2003；Wintle and Murray，2006）：

（1）循环比：测试测量的可重复性。重复其中一个再生剂量，并测量其信号，两次测量的信号比率的偏差不应超过 10%。

（2）回授比：在没有辐照剂量的情况下测量释光信号。如果能观察到信号，表明测量程序中的加热步骤产生了非预期的结果。这种回授信号应小于自然信号的 5%。

（3）红外耗损：重复其中一个再生剂量，然后先进行红外激发，再测量信号。计算两次测量的信号比率。如果比率小于 0.9，表示红外激发导致信号显著耗损，说明样品受到长石污染。

（4）自然信号必须低于饱和剂量约 20%，否则等效剂量的误差会过大。

如果样品未通过这些测试，则无法用于确定年龄，或表明需要进行特殊统计处理才能获得可靠的年龄（Rhodes，2011）。测片数据不能用于计算年龄的最常见原因是循环比过高或 D_E 值达到或接近饱和。单片再生剂量程序可以通过大量测片对单个样品进行多次 D_E 测量。单片法是目前大多数释光测年从业人员青睐的方法，因为该方法为大量释光测量提供了常规程序（Rhodes，2011）。第 5.6 节介绍的统计方法可以用于获得样品的最终 D_E 值，并区分晒退良好和晒退不好的样品，这使得我们能够从以前无法通过释光来确定年代的沉积物或地貌事件中获得有意义的测年结果，如冰缘坡面沉积物（Hülle et al.，2009；见本书第 6 章）或海啸沉积物（Brill et al.，2012；见本书第 8 章）。在过去几十年里，同时发展的单片（Murray and Wintle，2000；Wallinga et al.，2000）和单颗粒测年方法（第 1.5.5 节），以及商业化的高精度测年仪器，极大地拓展了光释光测年在考古和地质方面的应用，同时快速提高了释光技术的精度、准确度和适用性（Murray and Roberts，1997；Erfurt and Krbetschek，2003；Duller，2008；Wagner et al.，2010；Preusser et al.，2014）。

石英光释光信号的饱和剂量相当低（约 150Gy），根据沉积物的天然放射性强度，其测年上限小于 15 万年。为了将石英光释光的测年上限扩大一个数量级，有研究者提出了一个使用回授光释光信号的“热转移光释光”（TT-OSL）程序（Wang et al.，2006，2007；Porat et al.，2009），但该程序的测试结果仍然存在一些疑点（如 Zander and Hilgers，2013）。这些疑点如果能够得到合理解释，有望将释光测年的年龄上限扩大一个数量级（Duller，2012；Brown and Forman，2012；Duller，2015；见本书第 12 章）。

1.5.5 单颗粒方法

测片的大小可以用颗粒覆盖的圆形区域的直径（如 3mm）或估计的颗粒数（几十到几百；Heer et al.，2012）来表征。从一个测片得到的释光信号是测片上所有颗粒发出的信号的总和，因此，最务实的方法建议测量大约 50 个测片的等效剂量值（Rodnight，2008；Galbraith and Roberts，2012），以便能够可靠地应用平均效应。除非不同的颗粒接受了不同的剂量或被晒退到不同的程度，一个测片上的颗粒越多，测量得到的信号就越强，信噪比也就越高。为了避免颗粒间差异对结果可靠性的影响，研究者引入了单颗粒方法。

石英光释光（Murray and Roberts，1997）和长石红外释光或红外后红外释光（Reimann et al.，2012）的单颗粒方法允许仅分离并统计晒退程度最高的颗粒的释光信号，并在测年有困难的沉积物（如冲积物、崩积物和年轻河流沉积物）中进行更可靠的年龄测定。尽管光释光方法有了很大发展，并引入了专门的测量设备（Duller et al.，1999；Bøtter-Jensen et al.，2000；图 1.9），但在常规年龄测定中，单颗粒光释光的应用仍然有限。其主要原因可能是涉及的测量和数据分析时间大大增加，以及进行单颗粒测试时的设备和数据需要的技术要求更高（Rhodes，2007）。还有一个原因是大多数沉积物中存在很大比例的很少发出释光信号的颗粒，这些颗粒几乎不能提供有用的年龄信息，但却大大延长了测量时间。在大多数单颗粒方法中，测量这些相对不敏感的颗粒是不可避免的（Rhodes，2007）。

1.5.6 图形表示和年龄模型

对一个样品，通过单片法和单颗粒法会得到大量的 D_E 值，对它们取平均值通常会降低用于年龄计算的最终 D_E 值的不确定性。数据分析中最困难的部分是解释 D_E 值分散的原因，

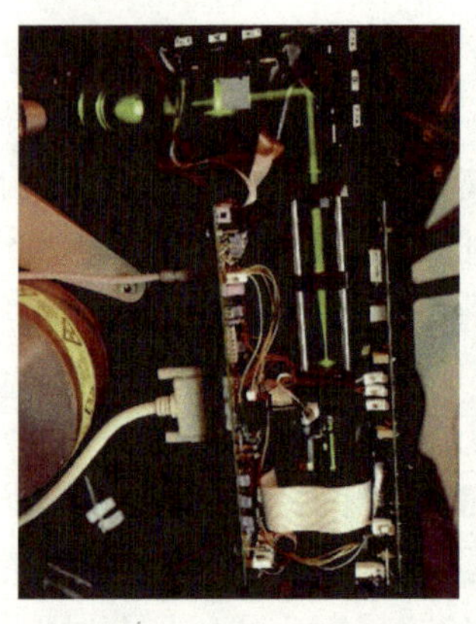
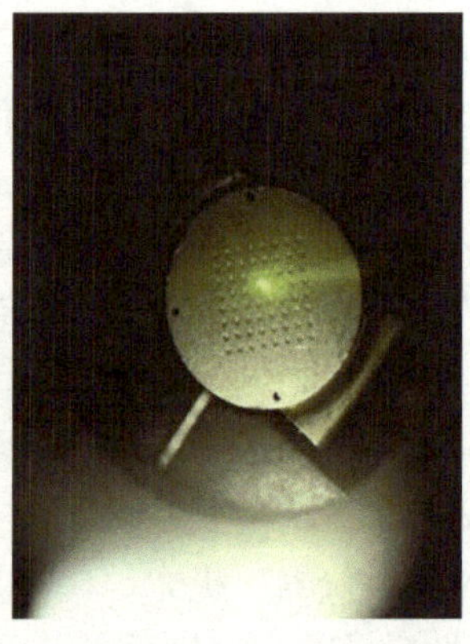

图 1.9　用来激发单个沙粒的聚焦激光（左）和带有激光光斑的样品盘（右）。
图片由 DTU Nutech（Risø）提供。

这往往是由样品晒退历史、沉积过程中局部剂量的差异以及实验室测量导致的矿物颗粒固有灵敏度变化引起的（Duller，2008）。即使是由最初都接受了长时间阳光照射的颗粒组成的样品，其 D_E 值也可能会出现超出测量不确定性范围的分散；这种分散称为过度离散（OD）。较小的 OD 百分比表明 D_E 值在 2σ误差范围内具有较高的内部一致性。已有的单颗粒研究认为 OD 值在 9%～22%之间的沉积物样品可视为在沉积前释光信号已充分晒退（Arnold and Roberts，2009；Jacobs et al.，2008）。而 OD 值大于 20%则可能表明存在不同年龄颗粒的混合，如通过沉积后扰动（Bateman et al.，2003）或颗粒的不完全晒退（Galbraith et al.，1999）。对于单片法，晒退良好样品的 OD 值在 10%～30%之间。由于单片测量中光释光信号来自测片上大量颗粒的平均值，假定颗粒混合或信号不完全晒退程度相同，则单片测量结果的 OD 值应比单颗粒更低。

一旦测量了足够多的可靠单片或单颗粒（根据 D_E 值的分布，数量可以从 20～100 不等），就可以用图形展示 D_E 数据，如径向图、概率图和直方图（图 1.10）。通过这些方法，可以很容易地观察到测量值的分布，并评估信号不完全晒退或沉积后混合的可能性（如 Olley et al.，1999；Bateman et al.，2003；Duller，2008）。图 1.11 显示了沉积后颗粒混合或沉积前颗粒未完全晒退的几种情况下的剂量分布（Bateman et al.，2003）。

Galbraith 和 Roberts（2012）强烈建议使用径向图作为评估 D_E 值的首选方法。径向图由雷克斯·加尔布雷思（Rex Galbraith）（Galbraith，1988a，1988b，1994）引入，是标准化估计值相对于标准误差倒数的 xy 散点图（图 1.10），通常添加“径向”轴以显示实际估计值。这些图的绘制和理解有一定难度，但估计值之间的比较在视觉上更简单、在统计上更可靠。这种图形使用角度和径向范围，以无偏统计方式表达具有不同精度的测量结果。因此，即使几个或多个测量值有不同的标准误差，它们的异质性也可以得到检验（Galbraith and Roberts，2012）。根据 Galbraith 和 Roberts（2012），径向图的几个关键点如下：

（1）水平或 x 轴：精度。D_E 值除以其标准差（即倒数），并根据 x 轴上选定的参考值进行评估。可以在此轴上添加标准误差的比例，以便可以很容易地显示和读取这些误差。x 轴常用对数刻度表示，因为 D_E 值的范围通常很大。相对标准误差用σ/τ 表示，精度用 τ/σ 表示（图 1.10）。

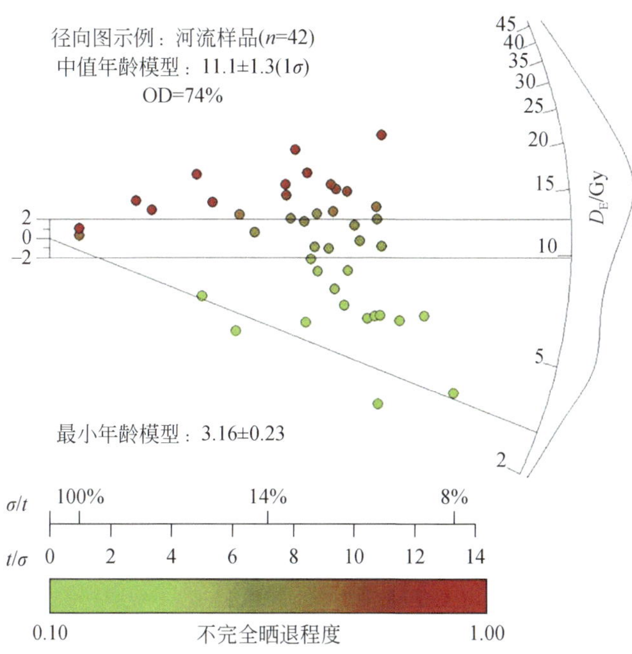

图 1.10 径向图显示了每个 D_E 值在 y 轴上的单位标准偏差（“标准化估计”），以更高精度估计的点在弯曲的（径向）D_E 标度上产生更短的置信区间（即图右侧的值比左侧的值有更高的精度）。在本图中，D_E 为对数刻度，相对标准误差显示在 x 轴上，相对标准误差=σ/τ，精度=τ/σ。点的颜色越深 D_E 值越大（绿色圆点代表的 D_E 值较小）。

（2）垂直或 y 轴：以参考值（Z_0）为中心的“标准化估计值”刻度，每个值都有一个单位标准误差。如果 y 轴从−2 到+2，则其总长度相当于适用每个点的 2σ 或 95%置信水平的误差棒。将左侧原点的 2σ 误差棒沿某个数据点向右侧 D_E 刻度的方向移动，直到与 D_E 刻度相交，即可得到该数据点的 2σ 误差（图 1.10）。如果数据点都与公共真值一致，那么大约 95%的数据点应落在从该轴原点到径向或 z 轴上真实值平行的垂直延伸±2 个单位的范围内。

（3）圆弧、径向或 z 轴：任何特定点的 D_E 值由从原点（0，0）到该点的直线的斜率给出，可以通过将该直线延伸到斜率的刻度上（径向轴，通常绘制为圆弧）来读取。这个刻度可以集中在一些特定值上，如以 Gy 为单位的平均 D_E，如图 1.10 所示。

（4）在径向图中，估计值很容易排序。由于以较高精度估计的点在弯曲的（径向）D_E 轴上产生较短的置信区间，因此最精确的估计值落在右边，精度最差的则落在左边（图 1.10）。

一旦样品的 D_E 数据通过了可靠性测试（见第 1.5.4 节），就需要进行统计分析，以便通过平均值、加权平均值，或 Galbraith 等（1999）定义的“年龄模型”获得最终的 D_E 值。“年龄模型”一词有点误导，因为大多数模型用于计算可靠且可重复的 D_E 值而不是年龄，后者是用模型输出的 D_E 值除以 D_R 来计算的。尽管针对单颗粒 D_E 和 D_R 的计算对这些模型进行了改进，但对特定的单个颗粒 D_R 建模的研究仍有待开展（Roberts and Jacobs，2015）。常用的模型有：普通年龄模型（COM）、中值年龄模型（CAM）、最小年龄模型（MAM）和有限混合模型（FMM）。其中，只有 FMM 可专门用于单颗粒 D_E 计算，因为它允许识别和估计测量数据中每个颗粒的相关参数，而不仅仅是针对单片测试中那种多个颗粒混合的情况。应用年龄模型的实例将在本书后面的章节中介绍。

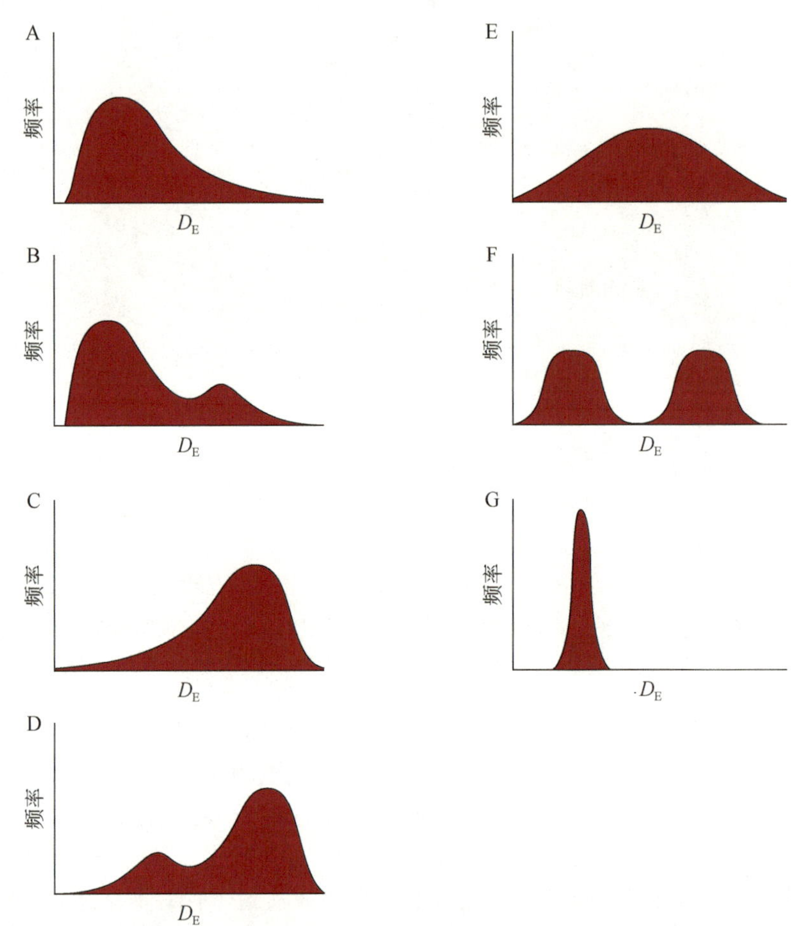

图 1.11 一个样品的等效剂量分布概率图。A、B：混合了较老颗粒的样品，导致偏向 D_E 高值的尾巴或双峰分布；C、D：混合了较年轻颗粒的样品，导致偏向 D_E 低值的尾巴或双峰分布；E、F：不同年龄颗粒混合程度均匀的样品，在任何单一值或两个以上可定义的峰值处具有范围较宽且频率较低的 D_E 分布；G：未扰动的晒退良好的样品，具有分布窄且重复性高的 D_E 分布。修改自 Bateman 等（2003）的图 3。

1.6 剂量率（D_R）确定

释光测年的名称指向矿物的释光过程，这是 D_E 测量的基础，但忽略了每个释光年龄都有一个同等重要的另一部分：剂量率（D_R）。简单地说，D_R 是根据地球环境中自然存在的放射性元素的放射性来计算的。从了解沉积物的元素浓度到计算有效 D_R，这种跨越往往是测年过程中最容易被忽视但却要求最高的部分。了解这一过程与获得 D_E 同样重要。地表以下的辐射环境有多个组成部分，查明并测量可能非常复杂。为了确定 D_R，有很多参数是必须量化的，因为自然存在的放射性核素以不同的速率和能量辐射，放射性元素产生释光的效率不同，水吸收了部分辐射的能量，同时辐射环境几乎肯定会随着时间而变化。

1.6.1 辐射的来源和类型及其对粒度选择的影响

地表以下的辐射主要来源于自然存在的放射性核素，小部分来自宇宙射线（图 1.12）。几种元素具有天然放射性同位素。^{40}K 是钾（K）的放射性同位素，占天然 K 的 0.012%。这种同位素衰变为 ^{40}Ar 时发射出能量为 1.46MeV 的伽马射线。由于 ^{40}K 在自然环境中以固定比例存在，如果知道 ^{40}K 的半衰期为 1.3×10^9 年，则可以使用这些伽马射线来估计 K 的总量。

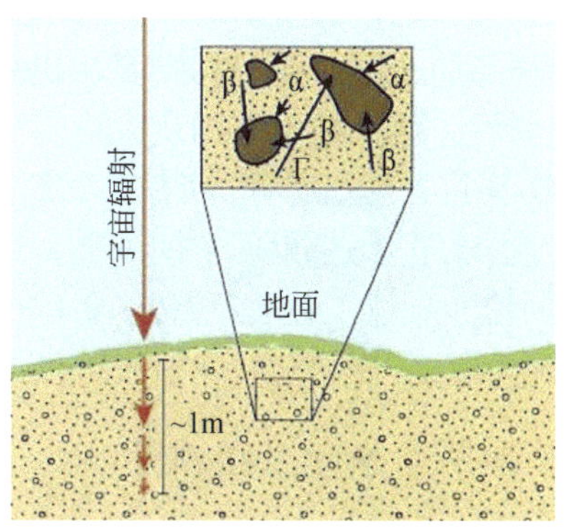

图 1.12 地表以下辐射来源。α 辐射在失去能量之前穿越很短的距离（不超过 20μm）；β 辐射受限较少，可以穿透中等厚度的材料（约 1～3mm）；γ辐射由高能光子组成，可以在沉积物中传播 30～40cm。宇宙射线成分随沉积物密度、位置和海拔以及距现代地表的深度而变化；宇宙辐射剂量随着沉积物埋藏深度的增加而减小，但随着海拔的升高而增加。

铀（U）以放射性同位素 ^{238}U 和 ^{235}U 的形式自然存在，它们会发生一系列衰变，最终产生稳定同位素 ^{206}Pb 和 ^{207}Pb。^{238}U 和 ^{235}U 的半衰期分别为 4.46×10^9 年和 7.13×10^8 年。钍（Th）以放射性同位素 ^{232}Th 的形式自然存在，它也会发生衰变，最终形成稳定同位素 ^{208}Pb。^{232}Th 的半衰期为 1.39×10^{10} 年。^{238}U 和 ^{232}Th 都不发射伽马射线，可以用它们的放射性子产物发射的伽马射线来估算其浓度。文献中引用的 K 元素的平均地壳丰度差异很大，多为 2%～2.5%（Bunker and Bush，1967）、2.8%（Taylor and McLennan，1995）和 3.5%（Wedepohl，1995）。U 和 Th 的地壳丰度分别为 2～3ppm①和 8～12ppm（Aitken，1985，1998；Bunker and Bush，1966，1967；Taylor and McLennan，1995；Wedepohl，1995）。通常，如果放射性元素处于平衡状态，U 与 Th 的比例为 1∶2～1∶5；^{40}K 会发出β和γ辐射，但不发出α辐射；而 U 和 Th 能发出所有三种类型的辐射（Bunker and Bush，1966，1967）。

核素在衰变中发出辐射。辐射能量通常以电子伏（eV）为单位进行测量，这是任何携带单位电荷的带电粒子通过一伏的电位差时所获得的能量。γ射线由 keV 数量级到 MeV 数量级的高能光子组成，因此，其能量远高于 X 射线（Erdi Krausz et al.，2003）。γ射线可以

① $1ppm=10^{-6}$。

穿透约 30～40cm 的沉积物，这意味着每个沉积物颗粒都暴露在该范围内的放射性核素发出的γ辐射下，野外采样时应考虑到这一点。注意地层界线，在不同方向采集所有粒级的样品，仔细拍照并做好记录。

由高能电子组成的β射线可以穿透中等厚度的材料（约 1～3mm），具体取决于其能量。它们在穿过颗粒时会衰减，因此在颗粒的入口侧累积的能量比出口侧的多。由于颗粒受到来自各个方向的β辐射，净效应是颗粒的中心受到的β辐射剂量小于外壳。出于实用性考虑，通常假设β辐射和γ辐射每积累单位能量可以产生相同量的释光（Erdi-Krausz et al.，2003）。

α粒子由两个质子和两个中子组成，其能量为几 MeV。这种辐射在能量耗尽之前只能穿透材料很小的深度（约 20μm）。这意味着α辐射能在相对较小的体积内累积大量能量。电离过程中产生的许多电荷在被捕获之前会重新结合。因此，α辐射产生释光信号的效率没有β辐射或γ辐射高。通过确定样品的α系数可以对α剂量率进行校正（Aitken，1985）。

不同矿物具有不同的释光特性，因此要把它们从大块的混合样品中分离出来。但释光测年仅使用较小的颗粒，因此矿物包裹体很少见，所需矿物的剂量测定也相对比较简单（见第 1.4 节）。粗颗粒的刻蚀过程去除了受α辐射影响的外壳，因此，计算刻蚀颗粒的剂量率时不必考虑α辐射。对未刻蚀的粉沙颗粒，必须考虑α辐射的所有影响。另外，可以假设这些小颗粒的β衰减忽略不计，因为前面已经提到，β射线可以穿透矿物颗粒的中心。

1.6.2 元素浓度的测量和剂量率的直接测量

D_R 计算的是单位质量样品在单位时间内吸收的能量。如第 1.6.1 节所述，所有放射性核素在衰变过程中都会释放出明确数量的能量。核素的半衰期非常准确（Rumble，2017），因此，如果周围环境中的核素浓度已知，则可以计算样品的 D_R。测量沉积物中元素浓度的最常用方法，是将其放置在已知效率的探测器上，计算其发射的粒子的数量和类型。估算 D_R 的一些技术，如β计数，是通过测量样品在固定时间内发出的β射线总数来实现的（Thomsen，2015）。通过将测得的β射线量与已知 D_R 的样品的β射线量进行比较，可以推断出未知的 D_R。该方法假设样品和参考材料中不同核素（K-U-Th/Rb）的相对浓度具有可比性。其他方法则通过从测量数据直接推断核素浓度来克服相关不确定性。

每种放射性核素都会释放γ射线能量。γ能谱仪在指定的能量区间内对γ射线的量进行计数。待测样品在每个能量区间的计数分别与参考材料的已知核素浓度进行比较，通过与标准参考样品进行对比可以确定未知样品中的核素浓度（Knoll，2010）。实验室测量通常使用经液氮冷却的高分辨率锗（Ge）γ能谱仪（图 1.13B）。这些仪器提供精确的能量分辨率，从而可以测量大量不同的核素。这对于需要评估铀系衰变链中的不平衡尤其有利（见第 1.6.5 节）。在测量前通常需要对样品进行干燥，因为水会优先吸收辐射。样品量取决于探测器的几何形状，可以从几克到 1kg 不等。由于γ射线辐射范围较大（30～40cm），如果样品量较小（<20g），则该量必须能够代表影响待测样品的整个环境。有时需要测量多个样品以确定有效核素浓度。

对于非均匀采样点，可以选择便携式γ能谱仪（图 1.13A）。这些γ能谱仪的直径从几厘米到几十厘米不等，可以直接埋在采样地点，在大约一小时内完成现场测量。然而，此类仪器配备的碘化钠（NaI）或溴化镧（LaBr）晶体的能量分辨率比锗（Ge）要低得多。因此，许多核素在单一的能量区间重叠，只有少数选定核素可以在没有重叠的情况下被检测到。因此便携式γ能谱仪可以提供 U、Th 和 K 的有效浓度，但不能提供衰变链中单个核素的信息（Duller，2015）。另外，测量结果还会受到测量当天湿度的影响。

图 1.13　野外使用的配备碘化钠（NaI）探测器的便携式γ能谱仪（A），以及用于更高精度计数的配备 Ge 探测器的实验室γ光谱仪（B）。注意，这些探测器需要用液氮冷却，如果对低放射性水平的沉积物样品进行计数，通常需要铅屏蔽。

释光本身也可以用来测量环境 D_R。石英和长石是吸收环境辐射的天然剂量计，光释光可用于测量吸收的剂量。人工生产的释光剂量计与天然剂量计的工作原理相同。它们可以埋在地下，并在几天（如掺碳氧化铝，Al_2O_3：C；Akselrod et al.，1998；Kalchgruber and Wagner，2006）或几个月（如掺镝硫酸钙，$CaSO_4$：Dy；Aitken，1985）的时间内累积足够强的释光信号。然后使用热释光或光释光测量吸收的剂量。由于埋藏时间已知，因此可以用剂量除以时间来获得 D_R。释光剂量计的优点是直接测量 D_R，不需要通过核素浓度进行间接计算。它们在非均匀环境中特别有用，可以在一个采样点埋设多个剂量计，分别测量β和γ剂量率（Kalchgruber and Wagner，2006）。缺点是它们测量的是有效 D_R，其结果受含水量的影响；同时不能测量α剂量率，并且需要返回采样地点回收埋设的剂量计。

其他实验室方法直接测量样品中的同位素浓度。电感耦合等离子体质谱法（ICP-MS；Sylvester，2015）是一种用于元素测定的分析技术。ICP-MS 结合了高温 ICP 源和质谱仪，ICP 源将样品中元素的原子转换为离子，这些离子随后被质谱仪分离和检测。通常通过抽吸液体、将固体样品溶解到雾化器中，或使用激光将固体样品直接转化为气溶胶，然后以气溶胶的形式将样品引入 ICP 等离子体中。当离子进入质谱仪后，通过其电荷比进行分离（Sylvester，2015）。大多数释光测年实验室使用 ICP-MS 测量与释光样品相关的全样混合沉积物的元素浓度，该方法已商业化，价格低廉、简单、准确、快速。

另一种高分辨率且需要样品量少的测试方法是中子活化分析（NAA；Hancock，2015）。NAA 是一种通过测量中子辐照样品发出的γ射线，从而测量放射性衰变链母体浓度的技术。样品中某元素发射γ射线的速率与该元素的浓度成正比。NAA 的主要优点是：①它是一种多元素测试技术，能够同时测定材料中的约 70 种元素；②它是非破坏性的，因此不会受到与得率测定相关的误差的影响；③它对大多数元素都有很高的灵敏度（检测限在 0.03ng 到 4μg 之间），非常精确和准确（许多元素的总体相对标准偏差可以达到 2%～5%）。当使用 NAA 或 ICP-MS 时，样品必须彻底混合均匀，以提高通过少量样品获得的分析结果的代表性。

1.6.3　含水量

在计算 D_R 时，通常假设沉积物中释放的所有能量被沉积物完全吸收。沉积物是在如水、风、冰或重力等不同沉积环境下沉积的颗粒的集合，但沉积物颗粒之间存在孔隙，因此沉积物不是刚体（Fetter，1988）。埋藏环境中存在的水可以填满这些孔隙并吸收部分辐射，从而“稀释”沉积物颗粒接收的辐射量。样品接收的 D_R 随含水量的增加而减少，反之亦然。因此，必须根据样品含水量校正 D_R。一个有用的经验法是，含水量增加 1%会导致释光年龄增加约 1%（Duller，2015）。

为了计算 D_R，需要埋藏期的平均含水量。考虑到未知的季节性地下水或地下水位波动，实测的含水量一般会使用较大的误差。含水量误差包括了对野外工作期间获知的特殊情况的仔细考量，以及样品的地质背景，如区域相对湿度、沉积物粒度分布或可能已经发生变化的沉积环境和气候条件。在许多情况下，土壤孔隙度约束了可能的含水量范围，这一事实有助于估计不同环境的含水量。在干旱环境中，野外含水量可能反映了全新世期间的含水量。沉积物的典型孔隙度范围为：分选良好的沙砾 25%～50%，混合沙砾 20%～35%，冰碛物 10%～20%，粉沙 35%～50%，黏土 33%～60%（Fetter，1988）。表 1.2 说明了含水量如何影响特定样品的 D_R。

表 1.2　含水量对样品 D_R 的影响

含水量 /%	剂量率 /（Gy/ka）	剂量率 /（Gy/ka）	剂量率 /（Gy/ka）	总剂量率 /（Gy/ka）
1	1.05	1.49	1.23	3.78
5	1.00	1.42	1.16	3.58
10	0.95	1.34	1.08	3.37
20	0.86	1.21	0.96	3.02
50	0.67	0.93	0.71	2.31

注：剂量率对应于 K 含量为 1%、U 和 Th 含量分别为 3ppm 和 10ppm 的平均样品（Aitken，1985）。颗粒尺寸假定为 4～11μm（细颗粒）。此处仅列出外部 D_R 值。用于计算α剂量率的α系数取值为 0.1。含水量指水的重量除以样品的干重。

估计含水量的方法包括测量沉积物饱含水量、通过称重和干燥测量当前含水量，或估算样品的孔隙度并假设一定的含水量。所有这些方法都面临同样的困难：无论测量或计算多么准确，含水量在季节和地质时间尺度上都会发生变化。例如，一个样品可能是在雨天采集于一个平时非常干旱的区域；湖泊可能会在地质时期干涸；当地地下水位可能波动等。现场γ能谱分析法和剂量测定法也面临同样的问题。季节性波动可能意味着冬季的γ测量值与夏季不同。此外，如果在剂量测定之前很久就挖开了剖面，读数可能会受到沉积物干燥（有时称为“表面硬化”）的影响。因此，即使是“现场”测量的剂量率也可能无法准确反映埋藏期间的平均状态。

1.6.4　剂量计算中的转换系数

如上所述（第 1.6.2 节），所有放射性核素都有已知的半衰期，并释放出明确数量的能量。因此，可以使用转换系数将元素浓度直接转换为 D_R 值（Guérin et al.，2011）。α、β和γ辐射的 D_R 值是分别计算的。考虑到水以不同的速率吸收不同类型的辐射，所有三个值都必须通过含水量进行校正。除了元素浓度和含水量外，D_R 计算方程还考虑了之前讨论过的关于不同辐射的释光效率和衰减因子差异性的问题。只有在样品没有被刻蚀的情况下（如细颗粒），才考虑 D_R 的α辐射贡献。应用α系数来校正α辐射的释光效率。β辐射在穿过颗粒时衰减，通过应用粒径相关的校正系数来校正（Mejdahl，1979）。钾长石含有放射性核素 ^{40}K，因此来自内部β辐射的 D_R 也必须考虑。γ辐射范围较大，应考虑采样点地层的总体情况，尤其是当γ辐射范围内的地层不均一时（详见第 2 章）。由于其穿透距离大，γ辐射 D_R 的测量精度在很大程度上决定着总剂量率的误差极限（第 1.7 节）。

宇宙线对总剂量率的贡献，即宇宙射线 D_R，是埋藏深度、海拔和地磁经纬度的函数（Prescott and Hutton，1994，1988；表 1.3）。地球不断受到来自外太空间的高能粒子（主要是质子）的轰击，粒子的来源仍然是个谜。然而，当宇宙射线碰撞到中上层大气中的原子时，会产生大量次级粒子（当它们到达地面时，主要是μ介子和中微子），这些粒子降落在地球表面的过程会持续发生（Griffiths，2008）。由于地球磁场的调节，两极的宇宙射线辐射强度大于赤道（Gosse and Phillips，2001）。宇宙射线成分的变化取决于随沉积物密度、距现代地表的深度和采样点的海拔（图 1.12）。表 1.3 说明了宇宙射线 D_R 随埋藏深度、海拔和纬度的变化。除非样品非常靠近地表、处于高海拔和/或处于天然放射性很低的沉积环境中，宇宙射线 D_R 通常占总 D_R 的 5%～10%。

表 1.3 宇宙射线 D_R 的变化

埋藏深度相关		海拔相关		纬度相关	
埋藏深度 /m	宇宙射线 D_R /（Gy/ka）	海拔 /m	宇宙射线 D_R /（Gy/ka）	纬度	宇宙射线 D_R /（Gy/ka）
0.1	0.205	0	0.192	80° N	0.192
0.2	0.204	100	0.196	60° N	0.192
0.5	0.200	200	0.200	40° N	0.192
1.0	0.192	500	0.212	20° N	0.188
2.0	0.180	1000	0.233	0°	0.154
4.0	0.157	2000	0.285	40° S	0.196

注：当埋藏深度变化时，假定海拔为标准海平面，纬度为 40° N；当海拔变化时，假定埋藏深度为 1m，纬度为 40° N；当纬度变化时，假定海拔为标准海平面，埋藏深度为 1m。在上述所有情况下经度均为 0°，沉积物密度均为 2.0g/cm^3。

表 1.4 为沉积物样品 D_R 的计算示例。细颗粒样品（4～11μm）为石英与长石的混合矿物，其放射性核素浓度为平均水平，埋藏深度为 1m，海拔为 200m。粗颗粒样品（90～125μm）为来自海滩沙的石英颗粒，放射性核素浓度很低，埋藏深度为 0m（海平面）和 0.5m。两个样品的含水量相同，均为 10%。放射性核素浓度通过γ能谱法测得。根据核素浓度和含水量，利用上文讨论过的转换系数计算α、β和γ剂量率。粗颗粒因被刻蚀，受α辐射影响的外层被去除，而细颗粒必须考虑α剂量率。两个样品均为石英，认为其无内部放射性，因此可以忽略内部剂量率。对于细颗粒样品，宇宙射线剂量率仅占总剂量率的 5%。对于低放射性

的粗颗粒，宇宙射线剂量率贡献为25%。

表1.4 细颗粒和粗颗粒石英样品的 D_R 计算示例

样品颗粒大小	U /ppm	Th /ppm	K /%	含水量 /%	宇宙射线剂量率 /（Gy/ka）
细颗粒	3	10	1	10	0.200
粗颗粒	0.5	2	0.4	10	0.200
样品颗粒大小	α系数	α剂量率 /（Gy/ka）	β剂量率 /（Gy//ka）	γ剂量率 /（Gy//ka）	总剂量率 /（Gy//ka）
细颗粒	0.1	1.081	1.339	0.951	3.572
粗颗粒			0.383	0.227	0.810

1.6.5 埋藏期间的放射性不平衡和剂量变化

D_R 是根据埋藏期间的平均含水量值（第1.6.3节）和放射性核素浓度来计算的。核素浓度可能随时间而变化，这通常被称为放射性不平衡。当衰变系列中的一个或多个衰变产物被完全或部分移除或添加到系统中时，就会发生放射性不平衡。如果能避免地球化学活跃环境（即富含有机物的沉积物、有沉积后胶结迹象的样品、咸水和淡水界面以及深海条件；见Duller，2015），则不平衡不是一个严重的问题。自然界中Th很少发生不平衡现象，K也没有不平衡问题。然而，在U衰变序列中，不平衡现象非常普遍，它可能发生在 ^{238}U 衰变过程中的几个位置：相对于 ^{234}U，^{238}U 可以被选择性浸出；^{234}U 相对于 ^{238}U 也可以被选择性浸出；^{230}Th 和 ^{226}Ra 可选择性地从衰变链中移除；^{222}Rn（氡气）是流动的，可以从土壤和岩石中逸出进入大气中（Thomsen，2015）。

根据放射性同位素的半衰期，恢复平衡可能需要几天、几周甚至几年的时间；在极端情况下，甚至可能需要数千至百万年的时间。U衰变序列中的不平衡是计算 D_R 时最重要的误差来源。高分辨率锗γ能谱仪可以探测某些核素的不平衡，如可以通过比较 ^{226}Ra、^{214}Bi 和 ^{214}Pb 的浓度来检测 ^{222}Rn 的损失。如果 ^{230}Th 和 ^{226}Ra 的比值不等于1，则指示U的损失或吸收。而对于其他核素的不平衡，如 ^{238}U 和 ^{234}U，则无法通过该方法直接判断。因此，铀浓度估计值通常报告为"当量铀"(eU)，因为这些估计值是基于放射性平衡的假设。海洋沉积物经常受到放射性不平衡的影响，这将在第8章讨论。

可以用多种方法来校正放射性不平衡，但在每种情况下，都会评估不平衡发生的可能来源（如Guibert et al.，2009）。当沉积物的整个埋藏期都存在不平衡时，可以使用单独测量的放射性核素浓度计算 D_R，即不使用平均U浓度，而是单独确定每个子核素对 D_R 的贡献。在其他情况下，使用平均U浓度的最小值和最大值来扩大核素浓度的误差范围。已经开发的软件包可以对随时间变化的放射性核素浓度进行模拟，并易于修改以供个人使用（如Durcan et al.，2015；Guérin et al.，2012；Grün，2009；Kulig，2005）。这些软件包提供了基于网络的开放获取研究工具，该工具是标准化且不断更新的，能够提供透明的计算，以便用户可以跟踪剂量率的计算方法，促进不同实验室之间的数据比较，并降低错误计算的可能性（Durcan et al.，2015）。

表 1.5 举例说明基于使用高分辨率γ能谱法测得的各种核素浓度计算 D_R 时 U 系列不平衡的影响。对处于平衡状态的样品，U 衰变链中的所有核素都具有相同的活度。表 1.5A 中的示例表明，与子核素 ^{214}Bi 和 ^{214}Pb 相比，U/Th（由 ^{234}Th 测定）的含量升高，^{210}Pb 也升高。可能的情况包括 U 的摄入、子核素损失和 ^{210}Pb 的摄入。表 1.5B 列出了使用给定的 Th 和 K 值以及不同 U 值计算的β和γ剂量率：①忽略不平衡，根据所有子核素计算平均 U 浓度；②考虑单个 U 子核素的剂量率贡献；③根据 ^{234}Th 测定的最大 U 浓度；④根据 ^{214}Bi 和 ^{214}Pb 测定的最小 U 浓度。引用的误差为 1σ。为了获得用于年龄计算的剂量率，必须考虑上述情景（不平衡是否从最初的埋藏就存在，或者是否是随着时间的推移而浸出的结果），并且剂量率的误差范围也会相应增大。

表 1.5　U 系不平衡样品示例：A-用高分辨率γ能谱法测得的 U 衰变系列中 Th、K 和不同核素的浓度；B- 假定 U 浓度不同计算的β和γ剂量率

A

核素	浓度
Th/ppm	0.963±0.060
K/%	0.082±0.004
U 系/ppm	
^{234}Th	1.05±0.11
^{214}Bi 和 ^{214}Pb	0.283±0.02
^{210}Pb	0.50±0.19
平均 U	0.34±0.025

B

	β剂量率 /（Gy/ka）	γ剂量率 /（Gy/ka）
（1）平均 U	0.133±0.005	0.105±0.004
（2）单个 U 核素	0.164±0.008	0.102±0.004
（3）最大 U（^{234}Th）	0.214±0.014	0.184±0.012
（4）最小 U（^{214}Bi 和 ^{214}Pb）	0.125±0.005	0.098±0.004

1.7　释光测年的精度和准确度

释光年龄的不确定性通常以一倍标准偏差表示，也就是 68%的置信区间（1σ）。在开展基于多种测年手段的研究时，或当研究者希望对测年数据运用类似贝叶斯等方法建模时，采用大量的样品或元数据集已成为一种常用的研究范式（见第 3 章）。通常 95%置信水平（2σ）的释光年龄最为有用，因为这是编程或合理评估所有地质年代结果的范围所要求的数据表达形式。光释光年龄的误差通常低于该年龄的 10%（在许多情况下接近 5%；Duller，2007；Murray and Olley，2002），热释光年龄的误差一般接近该年龄的 15%～20%。尽管给出的不确定性应包括随机误差和系统误差，但年龄不确定性通常直接基于 D_E 的误差和 D_R 的误差。随机误差遵循统计分布并影响年龄的精度，即在相同条件下使用相同假设多次测量获得结果的分散程度。系统误差影响年龄的准确度，即测量年龄与样品的“真实”年龄的接近程度。

D_E 的不确定性包括测量信号的统计误差、单片或单颗粒的剂量误差、所有测片或颗粒的剂量分布的分散程度以及β或γ源校准的系统误差。在过去，系统误差引起的不确定性往往被随机误差引起的不确定性所掩盖。单片再生法已将 D_E 不确定性降低至 5%以下，因此人们越来越关注系统效应产生的不确定性，包括单片再生法对所研究沉积物（或材料）的适用性（Duller，2007）。

D_R 的不确定性受随机误差的影响较小，如γ能谱中的计数统计。相反，D_R 由系统误差主导，包括随时间变化的沉积物含水量、变化的宇宙射线剂量率、放射性不平衡、参考材料的浓度误差以及从核素浓度转换为剂量率的转换系数的误差。D_R 的不确定性通常控制着总体误差，从而影响年龄的准确度。因此，在任何有关释光年龄的报告或文章中应尽可能包含更多的剂量测量的信息。

在将释光年龄与其他独立年龄进行比较时，释光年龄的不确定性要包含所有已知组分的贡献（这同样适用于独立年龄，但这些问题不在本书的讨论范围）。很明显，很难获得一个释光年龄，其整体或综合标准误差在 1σ 下远小于 5%，或在 2σ 下远小于 10%（Duller，2007）。

扩展阅读

有关释光的方法、历史和仪器的简要总结，请参阅 *Springer Encyclopedia of Scientific Dating Methods*（Rink and Thompson，2015）中的系列文章。有关释光测年及其在地质学和考古学中的应用与方法学进展的综述文献可参考 Lian（2007）、Duller（2008）、Preusser 等（2008）、Wintle（2008）、Rhodes（2011）和 Duller（2015）。在 *Ancient TL*、*Archaeometry*、*Quaternary Geochronology* 和 *Radiation Measurements* 等期刊上可以找到许多介绍释光测年进展的论文。三年一次的“释光与电子自旋共振测年国际会议”（LED）论文集在 *Quaternary Geochronology* 和 *Radiation Measurements* 以专刊出版。

参考文献

Aitken，M. J.，Tite，M. S.，Reid，J. 1964. Thermoluminescent dating of ancient ceramics. Nature 202，1032-1033.

Aitken，M. J. 1968. Low-level environmental radiation measurements using natural calcium fluoride，Proceedings of the 2nd International Conference on Luminescent Dosimetry，Gatlingburg；edited by J. A. Auxier，K. Becker，and E. M. Robinson，CONF-680920：U. S. National Bureau Standards，Washington，DC，281-290.

Aitken，M. J. 1985. Thermoluminescence Dating. Academic Press，Oxford，359 pp.

Aitken，M. J. 1998. An Introduction to optical dating. The dating of quaternary sediments by the use of photon-stimulated luminescence. Oxford，New York，Tokyo：Oxford University Press.

Akselrod，M. S.，Lucas A. C.，Polf J. C.，McKeever S. W. S. 1998. Optically stimulated luminescence of Al_2O_3. Radiation Measurements 29，391-399.

Arnold，L.，Bailey，R.，Tucker，G. 2007. Statistical treatment of fluvial dose distributions from southern Colorado arroyo deposits. Quaternary Geochronology 2，162-167.

Arnold，L. J. and Roberts，R. G. 2009. Stochastic modelling of multi-grain equivalent dose（DE） distributions: implications for OSL dating of sediment mixtures. Quaternary Geochronology 4，204-230.

Auclair，M.，Lamothe，M.，Huot，S. 2003. Measurement of anomalous fading for feldspar IRSL using SAR. Radiation Measurements 37，487-492.

Bateman，M. D.，Frederick，C. D.，Jaiswal，M. K.，Singhvi，A. K. 2003. Investigations into the potential effects of pedoturbation on luminescence dating. Quaternary Science Reviews 22，1169-1176.

Berger，G. W. 1990. Effectiveness of natural zeroing of the thermoluminescence in sediments. Journal of Geophysical Research 95，12375-12397.

Berger，G. W. 2008. Dating techniques，luminescence. In Gornitz，V（ed）. Encyclopedia of Paleoclimatology and Ancient Environments Springer，Springer Science and Business Media.

Berger，G. W.，Pillans，B. J.，Palmer，A. S. 1992. Dating loess up to 800 ka by thermoluminescence. Geology 20，403-406.

Berger，G. W.，Henderson，K. T.，Banerjee，D.，Nials，F. L. 2004. Photonic dating of prehistoric irrigation canals at Phoenix，Arizona，U. S. A. Geoarcheology 19，1-19.

Berger，G. W.，Kratt，C. 2008. LED laboratory lighting. Ancient TL 26（1），11-14.

Bøtter-Jensen，L. 2000. Development of Optically Stimulated Luminescence Techniques using Natural Mineral and Ceramics，and their Application to Retrospective Dosimetry. Riso-R-1211（EN），DSc Thesis，Riso National Laboratory.

Bøtter-Jensen，L.，Poolton，N. R. J.，Willumsen，F.，Christiansen，H. 1994. A compact design for monochromatic OSL measurements in the wavelength range 380-1020nm. Radiation Measurements 23，519-522.

Bøtter-Jensen，L.，Bulur，E.，Duller，G. A. T.，Murray，A. S. 2000. Advances in luminescence instrument systems. Radiation Measurements 32，523-528.

Bøtter-Jensen，L.，Andersen，C. E.，Duller，G. A. T.，Murray，A. S. 2003. Developments in radiation，stimulation and observation facilities in luminescence measurements. Radiation Measurements 37，535-541.

Bøtter-Jensen，L.，McKeever，S. W. S.，Wintle，A. G. 2003. Optically Stimulated Luminescence Dosimetry. Elsevier，Amsterdam.

Boyle，R. 1664. Experiments and Considerations upon colours with observations on a Diamond that shines in the dark. Henry Herringham，London.

Brill，D.，Klasen，N.，Jankaew，K.，Brückner，H.，Kelletat，D.，Scheffers，A.，Scheffers，S. 2012. Local inundation distances and regional tsunami recurrence in the Indian Ocean inferred from luminescence dating of sandy deposits in Thailand. Natural Hazards and Earth System Science 12，2177-2192.

Bronk Ramsey，C.，Staff，R. A.，Bryant，C. L.，Brock，F.，Kitagawa，H.，van der Plicht，J.，Schlolaut，G.，Marshall，M. H.，Brauer，A.，Lamb，H. F.，Payne，R. L.，Tarasov，P. E.，Haraguchi，T.，Gotanda，K.，Yonenobu，H.，Yokoyama，Y.，Tada，R.，Nakagawa，T.，2012. A complete terrestrial radiocarbon record for 11. 2 to 52. 8 kyr B. P. Science 338，370-374.

Brown，N. D. and Forman，S. L. 2012. Evaluating a SAR TT-OSL protocol for dating fine-grained quartz within

Late Pleistocene loess deposits in the Missouri and Mississippi river valleys，United States. Quaternary Geochronology 12，87-97.

Bunker，C. M. and Bush，C. A. 1966. Uranium，thorium，and radium analyses by gamma-ray spectrometry（0. 184-0. 352 million electron volts） in Geol. Survey Research，1966. U. S. Geological Survey Professional Paper 550-B，p. B176-B181.

Bunker，C. M. and Bush，C. A. 1967. A comparison of potassium analyses by gamma-ray spectrometry and other techniques，in Geol. Survey Research 1967. U. S. Geol. Survey Professional Paper 575-B，pp. B164-B169.

Burow，C. 2018. Calc_CosmicDoseRate()：calculate the cosmic dose rate. Function version 0. 5. 2. In：Kreutzer，S.，Burow，C.，Dietze，M.，Fuchs，M. C.，Schmidt，C.，Fischer，M.，Friedrich，J. Luminescence：Comprehensive Luminescence Dating Data Analysis. R package version 0. 8. 2. https://CRAN. R-project. org/package=Luminescence.

Buylaert，J. P.，Murray，A. S.，Thomsen，K. J.，Jain，M. 2009. Testing the potential of an elevated temperature IRSL signal from K-feldspar. Radiation Measurements 44，560-565.

Buylaert，J. P.，Jain，M.，Murray，A. S.，Thomsen，K. J.，Thiel，C.，Sohbati，R. 2012. A robust feldspar luminescence dating method for Middle and Late Pleistocene sediments. Boreas 41，435-451.

Buylaert，J. P.，Murray，A. S.，Gebhardt，A. C.，Sohbati，R.，Ohlendorg，C.，Thiel，C.，Wastegard，S.，Zolitschka，B. 2013. Luminescence dating of the PASAFO core 5022-1D from Laguna Potrok Aike（Argentina）using IRSL signals from feldspar. Quaternary Science Reviews 7，70-80.

Castelvecchi D. 2017. High-energy cosmic rays come from outside our Galaxy. Nature Sep 21；549（7673），440-441. doi：10. 1038/nature. 2017. 22655.

Colarossi，D.，Duller，G. A. T.，Roberts，H. M.，Tooth，S.，Lyons，R. 2015. Comparison of paired quartz OSL and feldspar post-IR IRSL dose distributions in poorly bleached fluvial sediments from South Africa. Quaternary Geochronology 30（Part B），233-238.

Crookes，J. N.，Rastin，B. C. 1972. An investigation of the absolute intensity of muons at sea-level. Nuclear Physics B 39，493- 508.

Daniels，F.，Boyd，C. A.，Saunders，D. F. 1953. Thermoluminescence as a research tool. Science 117，343-349.

Darville，C. M. 2013. Cosmogenic nuclide analysis. British Society for Geomorphology，Geomorphic Techniques Chapter 4，Sec 2. 10，1-25.

DeBey，T. M.，Roy，B. R.，Brady，S. R. 2012. The U. S. Geological Survey's TRIGA® reactor. U. S. Geological Survey Fact Sheet，2012-3093.

Dickin，A. P. 2005. U-series dating. Radiogenic Isotope Geology，Cambridge University Press，324-352.

Dreimanis，A.，Hütt，G.，Raukas，A.，Whippey，P. W. 1978. Dating methods of Pleistocene deposits：Thermoluminescence. Geoscience Canada 5，55-60.

Duller，G. A. T. 1991. Equivalent dose determination using single aliquots. Nuclear Tracks and Radiation Measurements 18，371-378.

Duller，G. A. T. 1995. Luminescence dating using single aliquots：methods and applications. Radiation Measurements 24，217-226.

Duller，G. A. T. 2007. Assessing the error on equivalent dose estimates derived from single aliquot regenerative dose measurements. Ancient TL 25，15-24.

Duller，G. A. T. 2008. Luminescence Dating：Guidelines on Using Luminescence Dating in Archaeology. English Heritage，Swindon.

Duller，G. A. T. 2008. Single-grain optical dating of Quaternary sediments：why aliquot size matters in luminescence dating. Boreas 37，589-612.

Duller，G. A. T. 2015. Luminescence dating. In Rink，J. W.，Thompson J. W.（eds.），Encyclopedia of Scientific Dating Methods，390-404.

Duller，G.，Bøtter-Jensen，L.，Murray，A.，Truscott，A. 1999. Single grain laser luminescence（SGLL）measurements using a novel automated reader. Nuclear Instruments and Methods in Physics Research Section B：Beam Interactions with Materials and Atoms 155，506-514.

Duller，G. A. T.，and Wintle，A. G. 2012. A review of the thermally transferred optically stimulated luminescence signal from quartz for dating sediments. Quaternary Geochronology 7，6-20.

Durcan，J. A.，King，G. E.，Duller，G. A. T. 2015. DRAC：Dose Rate and Age Calculator for trapped charge dating. Quaternary Geochronology 28，54-61.

Elsholtz，J. S.，1676. De Phosphoris Quatuor Observations.

Erdi-Krausz，G.，Matolin，M.，Minty，B.，Nicolet，J. P.，Reford，W. S.，Schetselaar，E. M. 2003. Guidelines for radioelement mapping using gamma ray spectrometry data：also as open access e-book.（IAEA-TECDOC；Vol. 1363）. Vienna：International Atomic Energy Agency（IAEA）.

Erfurt，G. and Krbetschek，M. R. 2003. IRSAR - A single-aliquot regenerative-dose dating protocol applied to the infrared radiofluorescence（IR-RF）of coarse-grain K-feldspar. Ancient TL 21，35.

Ferrari，F. and Szuszkiewicz，E. 2009. Cosmic rays：a review for astrobiologists. Astrobiology 9（4），413-436. doi：10. 1089/ast. 2007. 0205.

Fetter，C. W. 1988. Applied Hydrogeology（2nd edition）. Merrell Publishing Company.

Fleming，S. J. 1966. Study of thermoluminescence of crystalline extracts from pottery. Archaeometry 9，170-173.

Fleming，S. J.，Moss，H. M.，Joseph，A. 1970. Thermoluminescence authenticity testing of some six dynasties figures. Archaeometry 12，57-68.

Forman，S. L.，Pierson，J.，Lepper，K. 2000. Luminescence Geochronology. In Noller，J. S.，Sowers，J. M.，Lettis，W. R.（eds）Quaternary Geochronology：Methods and Applications. American Geophysical Union，Washington，DC.

Gaines，R. V.，Skinner，H. C. W.，Foord，E. E.，Mason，B.，Rosenzweig，A.，King，V. T.，Dowty，E. 1997. Dana's New Mineralogy，Eighth edition，New York，John Wiley and Sons.

Galbraith，R. F. 1988a. Graphical display of estimates having differing standard errors. Technometrics 30（3），271-281.

Galbraith，R. F. 1988b. A note on graphical presentation of estimated odds ratios from several clinical trials. Statistics in Medicine 7（8），889-894.

Galbraith，R. F. 1994. Some applications of radial plots. Journal of the American Statistical Association 89（428），1232-1242.

Galbraith，R. F.，Roberts，R. G.，Laslett，G. M.，Yoshida，H.，Olley，J. M. 1999. Optical dating of single and multiple grains of quartz from Jinmium rock shelter，northern Australia，Part I：Experimental design and statistical models. Archaeometry 41，339-364.

Galbraith，R. F. and Roberts，R. G. 2012. Statistical aspects of equivalent dose and error calculation and display in OSL dating：an overview and some recommendations. Quaternary Geochronology 11，1-27.

Godfrey-Smith，D. I.，Huntley，D. J.，Chen，W. H. 1988. Optical dating studies of quartz and feldspar sediment extracts. Quaternary Science Reviews 7，373-380.

Göksu，H. Y.，Fremlin，J. H.，Irwin，H. T.，Fryxell，R. 1974. Age determination of burned flint by a thermoluminescence method. Science 183，651-654.

Gosse，J. C. and Phillips，F. M. 2001. Terrestrial in situ cosmogenic nuclides：theory and application. Quaternary Science Reviews 20，1475-1560.

Gray，H. J. and Mahan，S. A. 2015. Variables and potential models for the bleaching of luminescence signals in fluvial environments. Quaternary International 362，42-49. http://dx. doi. org/10. 1016/j. quaint. 2014. 11. 007

Gray，H. J.，Tucker，G. E.，Mahan，S. A.，McGuire，C.，Rhodes，E. J. 2017. On extracting sediment transport information from measurements of luminescence in river sediment. Journal of Geophysical Research-Earth Surface 122，654-677.

Griffiths，D. 2008. Introduction to Elementary Particles，2nd edition，Wiley-VCH，454 pages.

Grögler，N.，Houtermans. F. G.，Stauffer，H. 1958. Radiation damage as a research tool for geology and prehistory. Supplemento agli Atti del Congresso Scientifico，Sezione Nucleare，5a Rassegna Internazionale Elettronica e Nucleare，Roma，275-285.

Grögler，N.，Houtermans，F. G.，Stauffer，H. 1960. Über die Datierung von Keramik und Ziegel durch Thermolumineszenz. Helvetica Physica Acta. 33，595-596.

Grün，R. 2009. The 'AGE' program for the calculation of luminescence age estimates. Ancient TL 27，45-46.

Guérin，G.，Mercier，N.，Adamiec，G. 2011. Dose rate conversion factors：Update. Ancient TL 29，5-8.

Guérin，G.，Mercier，N.，Nathan，R.，Adamiec，G.，Lefrais，Y. 2012. On the use of the infinite matrix assumption and associated concepts：a critical review. Radiation Measurements 47，778-785.

Guérin，G.，Frouin，M.，Talamo，S.，Aldeias，V.，Bruxelles，L.，Chiotti，L.，Dibble，H. L.，Goldberg，P.，Hublin，J.-J.，Jain，M.，Lahaye，C.，Madelaine，S.，Maureille，B.，McPherron，S. J. P.，Mercier，N.，Murray，A. S.，Sandgathe，D.，Steele，T. E.，Thomsen，K. J.，Turq，A. 2015. A multi-method luminescence dating of the Palaeolithic sequence of La Ferrassie based on new excavations adjacent to the La Ferrassie 1 and 2 skeletons. Journal of Archaeological Science 58，147-166.

Guibert，P.，Lahaye，C.，Bechtel，F. 2009. The importance of U-series disequilibrium of sediments in luminescence dating：a case study at the Roc de Marsal cave（Dordogne，France）. Radiation Measurements 44，223-231.

Gundermann，K. D. 2000. Luminescence in the Encyclopaedia Britannica，on-line version. Accessed April 2，2018. https://www. britannica. com/science/luminescence/Luminescence-physics.

Hancock，R. 2015. Neutron activation analysis. In Rink，J. W.，Thompson，J. W.（eds.）Encyclopedia of Scientific Dating Methods，607-608.

Harvey，E. N. 1957. A History of Luminescence from the Earliest Times Until 1900. The American Philosophical

Society. Philadelphia，PA.

Heer，A. J.，Adamiec，G.，Moska，P. 2012. How many grains are there on a single aliquot? Ancient TL 30，9-16.

Hülle，D.，Hilgers，A.，Kühn，P.，Radtke，U. 2009. The potential of optically stimulated luminescence for dating periglacial slope deposits：A case study from the Taunus area，Germany. Geomorphology 109，66-78.

Huntley，D. J. 2001. Some notes on language. Ancient TL 19，27-28.

Huntley，D. J.，Godfrey-Smith，D. I.，Thewalt，M. L. W. 1985. Optical dating of sediments. Nature 313，105-107.

Huntley，D. J. and Lamothe，M. 2001. Ubiquity of anomalous fading in K-feldspars and the measurement and correction for it in optical dating. Canadian Journal of Earth Science 38，1093-1106.

Huntley，D. J. and Baril，M. R. 2002. Yet another note on laboratory lighting. Ancient TL 20，39-40.

Huntley，D. and Lian，O. B. 2006. Some observations on tunneling of trapped electrons in feldspars and their implications for optical dating. Quaternary Science Reviews 25，2503-2512.

Hütt，G.，Jaek，I.，Tchonka，J. 1988. Optical dating：K-feldspars optical response stimulation spectra. Quaternary Science Reviews 7，381-385.

Jacobs，Z.，Wintle，A. G.，Duller，G. A. T.，Roberts，R. G.，Wadley，L. 2008. New ages for the post-Howiesons Poort，late and final Middle Stone Age at Sibudu，South Africa. Journal of Archaeological Science 35，1790-1807.

Kalchgruber，R.，Wagner，G. A. 2006. Separate assessment of natural beta and gamma dose rates with TL from α-Al2O3：C single-crystal chips. Radiation Measurements 41，154-162.

Kennedy，G. C. and Knopff，L. 1960. Dating by thermoluminescence. Archaeology 13，147-148.

Knoll，G. F. 2010. Radiation detection and measurement（4th edition）. John Wiley and Sons，Hoboken.

Kulig，G. 2005. Erstellung einer Auswertesoftware zur Altersbestimmung mittels Lumineszenzverfahren unter spezieller Berücksichtigung des Einflusses radioaktiver Ungleichgewichte in der 238U-Zerfallsreihe［Creation of a software for luminescence dating with special attention to the influence of radioactive disequilibria in the 238U decay chain］（Technische Bergakademie Freiberg，unpublished BSc thesis）.

Lamothe，M. 1995. Using 600-650 nm light for IRSL sample preparation. Ancient TL 13，1-4.

Lapp，T.，Jain，M.，Thomsen，K. J.，Murray，A. S.，Buylaert，J. P. 2012. New luminescence measurement facilities in retrospective dosimetry. Radiation Measurements 47，803-808.

Lawson，M. J.，Roder，B. J.，Stang，D. M.，Rhodes，E. J. 2012. OSL and IRSL characteristics of quartz and feldspar from southern California，USA. Radiation Measurements 47，830-836.

Li，B.，Li，S. -H. 2011. Luminescence dating of K-feldspar from sediments：a protocol without anomalous fading correction. Quaternary Geochronology 6，468-479.

Li，B.，Li S. -H. 2012. Luminescence dating of Chinese loess beyond 130 ka using the non-fading signal from K-feldspar. Quaternary Geochronology 10，24-31.

Li，B.，Jacobs，Z.，Roberts R. G.，Li，S. -H. 2013. Extending the age limit of luminescence dating using the dose-dependent sensitivity of MET-pIRIR signals from K-feldspar. Quaternary Geochronology 17，55-67.

Lian，O. B. 2007. Luminescence dating：optically-stimulated luminescence. In Elias，S. A（ed.） Encyclopedia of Quaternary Science. Elsevier，Amsterdam，1491-1505.

Liritzis，I.，Singhvi，A. K.，Feathers，J. K.，Wagner，G. A.，Kadereit，A.，Zacharias，N.，Li，S. H. 2013. Luminescence Dating in Archaeology，Anthropology，and Geoarchaeology：An Overview. Springer，London，1-70.

McKeever，S. W. S. 1985. Thermoluminescence of Solids. Cambridge University Press，Cambridge.

Mejdahl，V. 1979. Thermoluminescence dating：beta-dose attenuation in quartz grains. Archaeometry 21，61-73.

Murray，A. S. and Roberts，R. G. 1997. Determining the burial time of single grains of quartz using optically stimulated luminescence. Earth Planet. Sci. Lett. 152，163-180.

Murray，A. S.，Roberts，R. G.，Wintle，A. G. 1997. Equivalent dose measurements using a single aliquot of quartz. Radiation Measurements 27，171-184.

Murray，A. S. and Olley J. M. 2002. Precision and accuracy in the optically stimulated luminescence dating of sedimentary quartz：a status review. Geochronometria 21，1-16.

Murray，A. S. and Wintle，A. G. 2000. Luminescence dating of quartz using an improved regenerative-dose protocol. Radiation Measurements 32，57-73.

Murray，A. S. and Wintle，A. G. 2003. The single aliquot regenerative dose protocol：Potential for improvements in reliability. Radiation Measurements 37，377-381.

Murray，A.，Thomsen，K.，Masuda，N.，Buylaert，J.，Jain，M. 2012. Identifying well-bleached quartz using the different bleaching rates of quartz and feldspar luminescence signals. Radiation Measurements 47，688-695.

Olley，J. M.，Caitcheon，G. G.，Roberts，R. G. 1999. The origin of dose distribution in fluvial sediments and the prospect of dating single grains from fluvial deposits using optically stimulated luminescence. Radiation Measurements 30，207-217.

Personius，S. F.，Mahan，S. A. 2000. Paleoearthquake Recurrence on the East Paradise Fault Zone，Metropolitan Albuquerque，New Mexico. Bulletin of the Seismological Society of America 90，357-369.

Porat，N.，Amit，R.，Zilberman，E.，Enzel，Y. 1997. Luminescence dating of fault-related alluvial fan sediments in the southern Arava Valley，Israel. Quaternary Science Reviews 16，397-402.

Porat，N.，Duller，G. A.，Roberts，H.，Wintle，A. 2009. A simplified SAR protocol for TT-OSL. Radiation Measurements 44，538-542.

Prescott J. R. and Hutton，J. T. 1994. Cosmic ray contributions to dose rates for luminescence and ESR dating：large depths and long-term time variations. Radiation Measurements 23，497-500.

Prescott，J. R. and Hutton，J. T. 1988. Cosmic ray and gamma ray dosimetry for TL and ESR. Nuclear Tracks and Radiation Measurements 14，223-227.

Preusser，F.，Degering，D.，Fuchs，M.，Hilgers，A.，Karereit，A.，Klasen，N.，Kbrbetschek，M.，Richter，D.，Spencer，J. Q. G. 2008. Luminescence dating：basics，methods and applications. Eiszeitalter und Gegenwart 57，95-149.

Preusser，F.，Muru，M.，Rosentau，A. 2014. Comparing different post-IR IRSL approaches for the dating of Holocene coastal foredunes from Ruhnu Island，Estonia. Geochronometria 41，342-351.

Randall，J. T.，Wilkins，M. H. F. 1945. Phosphorescence and electron traps. Proceedings of the Royal Society of London A 184，366-407.

Reimann，T.，Thomsen，K. J.，Jain，M.，Murray，A. S.，Frechen，M. 2012. Single-grain dating of young sediments using the pIRIR signal from feldspar. Quaternary Geochronology 11，28-41.

Rengers，F.，Pagonis，V.，Mahan，S. 2017. Can Thermoluminescence be used to determine soil heating from a wildfire? Radiation Measurements，107，119-127.

Rhodes，E. J. 2007. Quartz single grain OSL sensitivity distributions：implications for multiple grain single aliquot dating. Geochronometria 26，19-29.

Rhodes，E. J. 2011. Optically stimulated luminescence dating of sediments over the past 200，000 years. Annual Review of Earth and Planetary Sciences 39，461-488.

Rhodes，E. J.，Singarayer，J. S.，Raynal，J-P.，Westaway，K. E.，Sbihi-Alaoui，F. Z. 2006. New age estimates for the Palaeolithic assemblages and Pleistocene succession of Casablanca，Morocco. Quaternary Science Reviews 25，2569-2585.

Richter，D. 2016. Chronostratigraphy. In Gilbert，A. S. （ed.），Encyclopedia of Geoarchaeology（Encyclopedia of Earth Sciences Series），Springer，Netherlands，139-141.

Richter，D.，Richter，A.，Dornich，K. 2015. Lexsyg smart：a luminescence detection system for dosimetry，material research and dating application. Geochronometria 42，202-209.

Rink，W. J. and Thompson，J. W. 2015. Encyclopedia of scientific dating methods. Springer，Dordecht，p978.

Rittenour，T. M.，2008. Luminescence dating of fluvial deposits：applications to geomorphic，palaeoseismic and archaeological research. Boreas 37，613-635.

Roberts，R.，Yoshida，H.，Galbraith，R.，Laslett，G.，Jones，R.，Smith，M. 1998. Single-aliquot and single-grain optical dating confirm thermoluminescence age estimates at Malakunanja II rock shelter in northern Australia. Ancient TL 16，19-24.

Roberts，R. G. and Jacobs，Z. 2015. Luminescence dating，single-grain dose distribution. In Rink，J. W.，Thompson J. W. （eds.），Encyclopedia of Scientific Dating Methods，435-440.

Rodnight，H. 2008. How many equivalent dose values are needed to obtain a reproducible distribution? Ancient TL 26，3-9.

Rumble，J. R. 2017. Handbook of Chemistry and Physics（98th edition）. CRC Press Sanderson，D. C. W，Murphy，S. 2010. Using simple portable OSL measurements and laboratory characterisation to help understand complex and heterogeneous sediment sequences for luminescence dating. Quaternary Geochronology 5，299-305.

Sanderson，D. C. W.，Murphy，S. 2010. Using simple portable OSL measurements and laboratory characterisation to help understand complex and heterogeneous sediment sequences for luminescence dating. Quaternary Geochronology 5，299-305.

Singhvi，A. K.，Bronger，A.，Sauer，W.，Pant，R. K. 1989. Thermoluminescence dating of loess-paleosol sequences in the Carpathian basin（East-Central Europe）：a suggestion for a revised chronology. Chemical Geology：Isotope Geoscience Section 73，307-317.

Smedley，R. K.，Duller，G. A. T.，Roberts，H. M. 2015. Bleaching of the post-IR IRSL signal from individual grains of K-feldspar：implications for single-grain dating. Radiation Measurements 79，33-42.

Sohbati，R.，Murray，A.，Lindvold，L.，Buylaert，J-P.，Jain，M. 2017. Optimization of laboratory illumination in optical dating. Quaternary Geochronology 39，105-111.

Spooner，N. 1992. Optical dating：preliminary results on the anomalous fading of luminescence from feldspars. Quaternary Science Reviews 11，139-145.

Spooner，N. 1994a. On the optical dating signal from quartz. Radiation Measurements 23，593-600.

Spooner，N. 1994b. The anomalous fading of infrared-stimulated luminescence from feldspars. Radiation Measurements 23，625-632.

Spooner，N. A. and Prescott，J. R. 1986. A caution on laboratory illumination. Ancient TL 4，46-48.

Sylvester，P. J. 2015. Laser ablation inductively coupled mass spectrometer（LA ICP-MS）. In Rink，J. W.，Thompson J. W.（eds.），Encyclopedia of Scientific Dating Methods，1-2.

Taylor，S. R. and McLennan，S. M. 1995. The geochemical evolution of the continental crust. Reviews of Geophysics 33（2），241-265.

Thiel，C.，Buylaert，J.，Murray，A.，Terhorst，B.，Hofer，I.，Tsukamoto，S.，and Frechen，M. 2011. Luminescence dating of the Stratzing loess profile（Austria）：testing the potential of an elevated temperature post-IR IRSL protocol. Quaternary International 234，23-31.

Thomsen，K. J. 2015. Luminescence dating，instrumentation. In Rink，W.，Thompson，J.（eds.），Earth Sciences Series. Encyclopedia of Scientific Dating Methods. Springer-Verlag Berlin Heidelberg.

Thomsen，K. J.，Murray，A. S.，Jain，M.，Bøtter-Jensen，L. 2008. Laboratory fading rates of various luminescence signals from feldspar-rich sediment extracts. Radiation Measurements 43，1474-1486.

Trowbridge，J. and Burbank，J. E. 1898. Phosphorescence produced by electrification. Am J Sci. Series 4（5），55-56.

Wagner，G. A. 1998. Age Determination of Young Rocks and Artifacts. Springer，New York.

Wagner，G. A.，Krbetschek，M.，Degering，D.，Bahain，J-J.，Shao，Q.，Falguères，C.，Voinchet，P.，Dolo，J-M.，Garcia，T.，Rightmire，G. P. 2010. Radiometric dating of the type-site for Homo heidelbergensis at Mauer，Germany. Proceedings of the National Academy of Sciences 107，19726-19730.

Wallinga，J.，Murray，A.，Duller，G. 2000. Underestimation of equivalent dose in single-aliquot optical dating of feldspars caused by preheating. Radiation Measurements 32，691-695.

Wang，X. L.，Lu，Y. C.，Wintle，A. G. 2006. Recuperated OSL dating of fine-grained quartz in Chinese loess. Quaternary Geochronology 1，89-100.

Wang，X. L.，Wintle，A. G.，Lu，Y. C. 2007. Testing a single-aliquot protocol for recuperated OSL dating. Radiation Measurements 42，380-391.

Wedepohl，K. H. 1995. The composition of the continental crust. Geochimica et Cosmochimica Acta 59，1217-1232.

Wiedemann，E.，Schmidt，G. C. 1895. Ueber Luminescenz. Annalen der Physik und Chemie，Berlin 54，604-625.

Wintle，A. G. 1973. Anomalous fading of thermoluminescence in mineral samples. Nature 245，143-144.

Wintle，A. G. 1985. Stability of TL signal in fine grains from loess. Nuclear Tracks 10，725-730.

Wintle，A. G. 1997. Luminescence dating：Laboratory procedures and protocols. Radiation Measurements 27，769-817.

Wintle，A. G. 2008. Fifty years of luminescence dating. Archaeometry 50，276-312.

Wintle，A. G. and Huntley，D. J. 1979. Thermoluminescence dating of a deep-sea core. Nature 279，710-712.

Wintle，A. G. and Huntley，D. J. 1980. Thermoluminescence dating of ocean sediments. Canadian Journal of Earth Sciences 17，348-360.

Wintle，A. G. and Murray，A. S. 2006. A review of quartz optically stimulated luminescence characteristics and their relevance in single-aliquot regeneration dating protocols. Radiation Measurements 41，369-391.

Yi，S.，Buylaert，J. -P.，Murray，A. S.，Lu，H.，Thiel，C.，Zeng，L. 2016. A detailed post-IR IRSL dating study of the Niuyangzigou loess site in northeastern China. Boreas 45，644-657.

Yukihara，E. G. and McKeever，S. W. S. 2011. Optically Stimulated Luminescence：Fundamentals and Applications. Wiley，Sussex.

Yukihara，E. G. McKeever，S. W. S.，Akselrod，M. S. 2014. State of art：optically stimulated dosimetry：frontiers of future research. Radiation Measurements 71，15-24.

Zander，A.，Hilgers，A. 2013. Potential and limits of OSL，TT-OSL，IRSL and pIRIR290 dating methods applied on a Middle Pleistocene sediment record of Lake El'gygytgyn，Russia. Climate of the Past 9，719-733.

Zilberman，E.，Amit，R.，Heimann，A.，Porat，N. 2000. Changes in Holocene Paleoseismic activity in the Hula pull-apart basin，Dead Sea Rift，northern Israel. Tectonophysics 321，237-252.

Zimmerman，D. W. 1967. Thermoluminescence from fine grains from ancient pottery. Archaeometry 10，26-28.

Zöller，L.，Stremme，H. E.，Wagner，G. A. 1988. Thermolumineszenz - Datierung an Löß-Paläoboden-Sequenzen von Nieder-，Mittel- und Oberrhein. Chemical Geology，Isotope Geoscience 73，39-62.

Zöller，L.，Conard，N. J.，Hahn，J. 1991. Thermoluminescence dating of middle Palaeolithic open air sites in the middle Rhine valley/Germany. Naturwissenschaften 78，408-410.

Zöller，L. and Wagner，G. A. 2015. Luminescence Dating，History. In Rink，W.，Thompson，J.（eds.），Earth Sciences Series. Encyclopedia of Scientific Dating Methods. Springer-Verlag Berlin Heidelberg.

2 从采集样品到报告数据

马克·贝特曼

英国谢菲尔德大学地理系　Email：m.d.bateman@sheffield.ac.uk

摘要：如何确保释光测年样品在采集过程中不曝光？什么类型的样品是最佳的测年材料、需要多少样品量？在将释光样品送往实验室进行测试之前，还需要提供哪些信息和材料？获得实验结果后应该如何报告数据？正如本章所述，采样是否规范将会严重影响释光年龄的准确度和精度。本章介绍了采样管采样和钻孔取心采样等方法；探讨了如何选择最佳的采样位置以便最大限度减少测年的复杂性，以及采样时需要进行的其他实地测量；列出了送样的一些注意事项，以及判断年龄可靠性和报告数据需要的关键信息。

关键词：钻孔取心，选点，沉积后扰动，剂量测定

2.1 引言

采样对释光年龄的准确度和精度有潜在的巨大影响。在采样过程中如果不小心发生曝光，可能会导致年龄低估。更严重的是，如果采集的测年材料不合适或者样品量不足，可能就得不到测年结果。在这种问题比较明显的情况下，尽管造成了时间和经济上的浪费，但是我们可以剔除这些有问题的数据。更棘手的是从考虑不周的地点或选取不当的地层中采集的样品，这些样品有可能获得释光年龄，但由于没有满足测年的基本假设，得到的数据意义不明确。在这种情况下，采样时的不当选择可能会给样品测量和数据分析带来额外的困难（原本是可以避免的），并最终降低测年结果的确定性。

在采样之前，首先要知道释光测年有助于回答哪些问题。这听起来似乎是显而易见的，但如果采集沉积物进行释光测年实验并得到年龄，那么了解这个年龄的意义则非常重要。除岩石暴露测年之外（见第 11 章），释光测年提供的是释光信号重置的年龄。对于沉积物而言，这个年龄是埋藏年龄；而对于考古材料，是它们被加热或烧制的年代。明确目标定年事件及其与沉积物埋藏或受热的关系至关重要（图 2.1），然而两者的关系并非总是显而易见的。以沙丘为例，例如，干旱加剧可能会导致沙丘形成和移动，在移动过程中，沙丘内的沉积物会被再次搬运并暴露在阳光下，每次曝光都会使释光信号重置；这种情况会一直持续到沙丘再次固定、沙丘内的沉积物最终被掩埋并保存下来。在这个例子中，虽然我们感兴趣的事件可能是干旱导致的沙漠化，但释光测年只能提供沙丘停止移动的年龄，这一年龄可能更能指示沙漠化结束的时间或后期小规模改造发生的时间。对于短期事件，其开始和稳定的时间差别不大，可能在释光年龄的不确定性范围内；但在某些情况下，开始和埋藏的时间可能有较大的差异。

图 2.1 明确研究问题。在大沙丘的底部采样可以测定其停止移动的时间，并有可能揭示区域干旱程度的变化。对位于坡面上的 S 形沙丘或近处有植被覆盖的小型灌丛沙丘进行采样，可以测定近期小规模风沙活动的年龄。

从上文我们可以看出正确采样的重要性。本章将探讨为了获得最佳释光测年结果应该在哪里采样、采什么样以及如何采样等问题。除此之外，还将介绍采样时需要同时采集的其他样品和数据，并给出了如何将样品及其他相关资料安全送达释光实验室的建议。最后，本章还将介绍收到释光年龄后如何评价结果的可靠性以及发表数据时所需的关键信息。

2.2 采样

我们已经知道，即使是非常轻微的曝光也会导致采样出现问题，这让释光采样听起来令人生畏。尽管有研究人员会选择没有月亮的夜晚，在遮光罩下使用专用照明设备进行采样，但在大多数情况下不必如此。事实上，这种半盲式的采样方法更可能采集到不合适的样品，甚至导致研究人员迷路或发生事故。采样的时候最好是能看清样品，以检查它是否具有合适的粒径和矿物组成（见第 1 章）。采样可以分为四个阶段：接近采样点、选择采样位置、采集样品、收集释光样品所需的其他测量数据和材料。

2.2.1 采样点

采样的第一步是要能接触到测年的材料，无论是石英还是长石、细沙还是粉沙。到目前为止，最好的方法是通过露头剖面来实现。自然形成的悬崖、河岸或沟壁，人工切割和采石活动出露的断面都可以用来采集释光样品（图 2.2）。利用自然剖面有两个主要的优势。第一，这种剖面只需要稍作处理就可以采样了，这对于大规模的采样点来说至关重要，如中国黄土高原的长尺度释光测年剖面（Li et al.，2016；Lu et al.，2004；见第 5 章）。在这种情况下，通常只需要清除植被，并将待取样的沉积物剖面自上而下刮去表层的几厘米即可（这样做可以避免意外采集到不需要的有机物，以及由于沉积物运移或裂缝而受到扰动或曝光的物质）。第二个主要的优势是，此类采样点可以暴露出完整的沉积序列，更容易看到沉积单元的边界以及它们之间的相互关系。还可通过使用标准的野外方法快速地确定每个单元的特征，并对其保存程度和沉积成因做出初步解释，而这两者都会影响剖面中释光测年样品采样位置的选择（见第 2.2 节）。

图 2.2　获取释光测年样品的不同方法。A-美国得克萨斯州沙层中的一个机械挖掘剖面，图中显示了三个释光样品。B-中国黄土高原上的一条天然冲沟，在这里曾采集过大量的释光样品。C-美国佛罗里达州冲积平原中的一个机械挖掘剖面，正在进行释光采样。D-南非的一个海蚀崖剖面，图片左下角显示正在采集释光样品。E-南非一个手工挖掘的贝壳堆剖面，正在从下伏沙层中采集释光样品。

如果没有自然出露的剖面或自然剖面没有完全揭露需要测年的沉积物，可以通过现场挖掘来获得垂直剖面进行采样（图 2.2）。为了尽量节省时间、降低成本或减轻对环境的影响，人们往往倾向于限制挖掘规模，但需要注意的是，了解地层单元的完整信息及其相互关系对采样是有帮助的。这意味着，更广泛的岩心或探坑数据（不论是采样时获得的，还是前期已完成的）可以作为当下为了释光采样所进行的挖掘工作的补充。在考古背景下，对采样地层的充分了解有助于将具有一定破坏性的释光采样侧向移动到不太敏感的区域，同时保持取样点与考古遗存的明确关联。与其他挖掘工作一样，需要通过台阶和支撑等措施，以避免释光采样引起的沉积物滑落和崩塌。在接近天然地下水位的地方进行挖掘时，还应确保采样点下方有足够的额外深度以便形成集水坑，或进行抽水作业。这一点在使用电动伽马能谱仪进行原位剂量测量时尤为重要（见第 2.4 节）。

如果不能通过剖面进行取样，或者地下水位过高，则可以通过钻孔取心的方法进行释光采样。该方法可以应用于湖泊或海洋底部的沉积物采样，或是超出安全挖掘深度的情况。取心的难点在于如何避免曝光，以及取样过程中沉积物向上或向下的迁移。钻孔取心可以选择商用取心设备，如带有释光采样头的多默工程（Dormer Engineering）沙钻（http://dormersoilsamplers.com/［2024.8.15］）（图 2.3；Munyikwa et al.，2011）。该钻具可将钻孔钻到所需的取样深度，然后在岩心底部打入不透光的金属采样管采集释光测年样品。这种方法已经在南非得到了广泛应用（Burrough et al.，2009；Thomas et al.，2009），采样深度可以达到 15m（Telfer and Thomas，2007）。使用这种钻具时，应注意保护钻孔的最上部，因为将取心器取出或放入钻孔时很容易掉落沉积物，从而造成样品污染。而松散的沉积物（可能需要泵入水）或地下水位以下的沉积物则不能通过钻孔的方法采样。这时，可以使用振动取心器驱动金属采样管进行释光样品采集（图 2.3；Rittenour et al.，2003；Carr et al.，2006；Mallinson et al.，2011）。机械冲击取心也可用于释光采样，如使用 Dando Terrier 钻机（图 2.3），它的采样深度可以达到 10～15m，但在地下水位以下，沉积物液化会导致岩心回收很困难。Preusser 等（2002）在阿曼用大型钻孔设备在地表 140m 以下获取了释光样品。对于需要岩心套管的钻孔设备，应使用不透明的黑色套管以避免曝光。在地下水位以下，岩心捕集器的使用可能会导致岩心沉积物的外缘被扰动，因此在进行释光样品分样时，应考虑这一点。当取心系统回收不透明的岩心套管时，评估这个地点是否有适合释光

图 2.3 释光测年样品的多种钻孔取心方法。A-带液压头的多默工程沙钻，适合钻取轻微潮湿的沙子和粉沙，但不适合钻取较粗或黏土粒级的沉积物。B-多默工程沙钻的释光采样头，可从指定深度将沙子采集到直径 80mm 长 250mm 的金属管内；图示正在越南的沙丘中取样。C-使用英国地质调查局的 Dando Terrier 冲击钻在英国东安格利亚地区采样。D-南非一个湖边正在进行沉积物的铝管振动钻孔取样。

测年的材料、其在岩心中出现的位置以及是否有足够的样品可以用来进行释光测年变得很有挑战性。成对取心虽然会增加一倍的工作量，但通常是有用的，其中一组岩心在现场就可以切分并编录，或者收集在透明衬管中再在实验室切分和编录。无论采用哪种取心系统，都应使用 80mm 或更大的取心直径，并将所采用的方法告知进行测年的实验室。这样可以适当清除和丢弃附着在岩心外表面的受到交叉污染和/或扰动的沉积物，而岩心内部保留的材料足够用于释光测年。

如图 2.4 所示，释光测年样品的采样策略在很大程度上取决于是否有出露的剖面、材料的质地及硬度如何。在考古环境中，可能要考虑更多的复杂因素，如对挖掘对象、挖掘地点和取样破坏性等的限制。

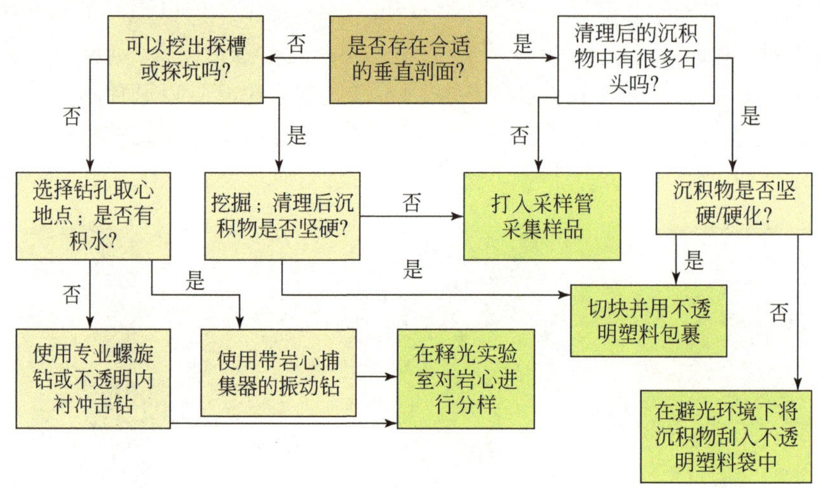

图 2.4 指导沉积物释光样品采样策略的决策树。从橙色方框里的问题开始，最终可以选择四种采样策略中的一种。

2.2.2 采样位置及采样数量

在一个地点的何处取样显然取决于沉积物的性质、厚度及其与兴趣事件之间的关系（图 2.5）。如何在确保不给测试增加不必要的复杂性且不降低测年结果准确度和精度的情况下采集合适的样品呢？以下是一些指导原则。

（1）始终采集释光测年技术测年范围内的样品。通常应该采集年龄在释光测年年龄范围内的沉积物/人工制品（详见第 1 章）。显然，这往往是很难预知的，而且确切的测年上限也会因剂量率或所采取的具体方法而有所不同。接近测年上限的样品也值得一试，但很可能测不出年龄或测得的年龄具有很大的不确定性。

（2）只考虑适合释光测年技术的材料。沉积物样品必须含有适当的矿物（长石/石英），且粒径范围合适。这可以是细粉沙（4～11μm）或更常见的细沙（90～250μm）。人工制品必须经过烧制或加热，厚度必须大于 10mm，宽度最好大于 30mm。对于常规释光测年，最好避免富含碳酸盐、有机物和铁的沉积物，如红土，因为这些材料会大大延长实验室的处理时间。不满足以上条件（粒径、矿物组成）的沉积物也可以采样，但需要更大的样品量，以确保能提取出足够的适当粒径的矿物。

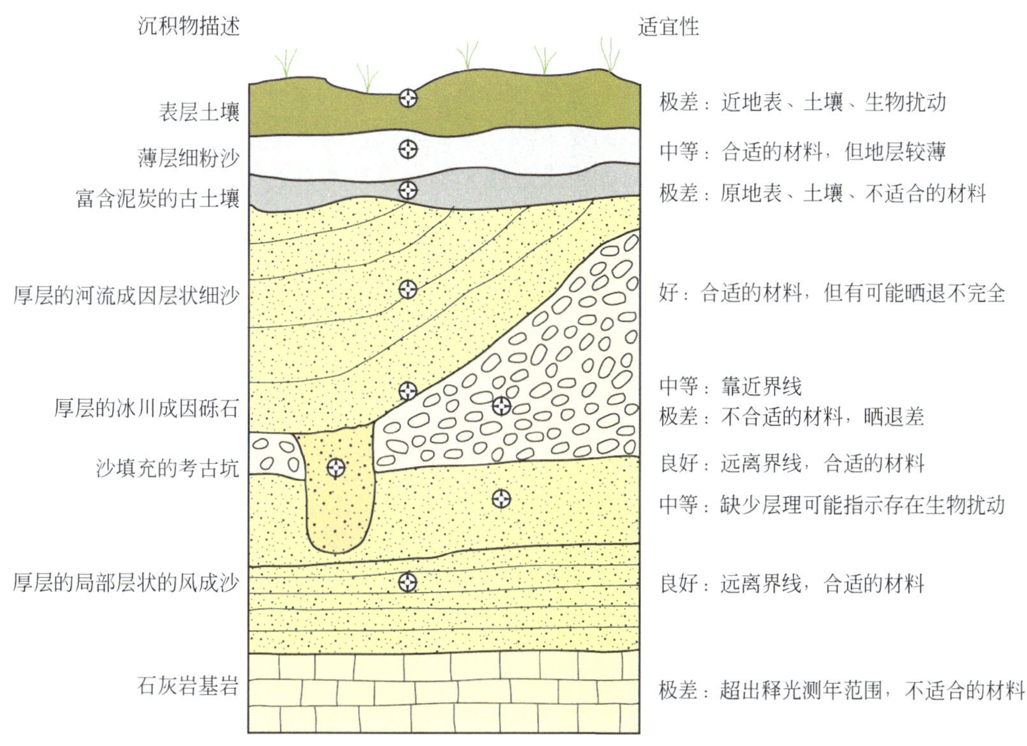

图 2.5 基于位置和沉积物类型的释光样品适宜性评估示例（详见第 1 章）。

（3）采集埋藏前释光信号重置的沉积物样品。采样时应考虑哪些沉积物或人工制品的释光信号最有可能在埋藏前被重置。一个遗址中的人工制品中有哪些是烧制的或经过加热处理的以致释光信号被重置？烧制陶器及火烧过的材料应该都没问题，但砖块等普通建筑材料，在制作过程中大多会残留一定的释光信号（Feathers et al.，2008）。通常，由于扰动及制作方法的原因，考古沉积物的释光信号也不能很好地重置，如桶型器或篮型器等（Frederick and Bateman，1998）。如果一个地点包含多个沉积单元，根据沉积物和层理，哪一种更有可能来自矿物颗粒的释光信号在埋藏前被重置的沉积环境？对于某些地点来说，这是很明确的，如那些含有厚层风成沉积单元的地点，可以在很多位置进行采样。对于其他一些地点来说，形成于沉积单元顶面的沉积物释光信号是否被重置可能就不太清楚了（关于不同沉积环境如何影响释光测年的具体细节，请参见第 4～10 章）。

（4）远离地层界线和薄层沉积物采样。采样应考虑环境放射性水平的均匀性和恒定性，因为这是释光测年的一个基本假设。在现场采样时，这听起来似乎很难做到，然而，如果考虑到环境放射性主要取决于放射性矿物、与放射性物质的距离以及沉积物粒径，那么就可以合理地假设不同的沉积单元可能具有不同的环境放射性强度。理想情况下，所有样品应取自厚层（大于 50cm）且均一的沉积单元中部，并在原位测量环境剂量率。或者，也可以从随着时间而逐渐累积的沉积相相近的连续地层中采样（如 Leighton et al.，2013）。如果是这种情况，那么沉积单元之间的放射性变化就不成问题（见图 2.6A 或图 2.6B 中的样品 3）。

然而，人们通常关心的是某个事件开始或结束的时间。因此，常常倾向于在靠近沉积单元界线的地方采样。由于γ辐射的范围可达到 20cm，且随着距离的增加缓慢衰减（Aitken，1985）。因此，在界线处采集的沉积物不仅会接收采样所在地层单元的γ剂量，还会受到邻近单元γ辐射的影响（见图 2.6 中的样品 2 和 4）。解决该问题的第一种方法是，避免在界线处取样，这可以避免上述环境剂量率的复杂性。在大多数情况下，沉积速率相对较高，因此，除非用于测年的样品非常年轻，如果考虑释光测年方法本身的不确定性，离开地层界线采样不会引起显著的年龄变化。第二种方法是，使用便携式释光读数器来快速评估剖面的相对年龄及沉积间断位置（Bateman et al.，2015）。第三种方法是，如果确实需要在界线附近取样或所涉及的沉积单元很薄，就在原位测量环境γ剂量率，并且仅使用采样的沉积物计算β剂量率（β剂量在约 2mm 内就可以衰减为零）（Aitken，1985）。通过这些方法，在计算释光年龄时相邻地层单元具有不同放射性的情况也就被考虑进去了。

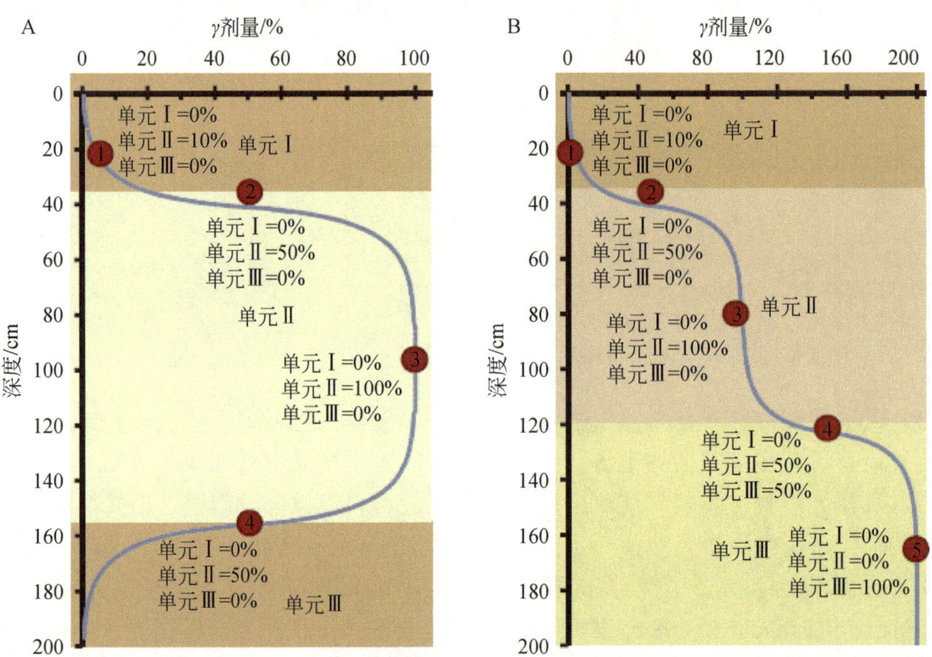

图 2.6　蓝线表示γ剂量在不同沉积单元中的变化情况。A-单元Ⅰ和单元Ⅲ无γ剂量贡献，单元Ⅱ具有平均环境剂量。B-单元Ⅰ无γ剂量贡献，单元Ⅲ的环境剂量是单元Ⅱ的两倍。红色圆圈和其中的数字代表样品及其编号。根据 Aitken（1985）的数据，蓝线代表一个加权平均值，其中 20%的剂量来自钾，50%来自钍，30%来自铀。

（5）采样时远离当前和以前的地表。采样位置与当前和以前地表之间的距离会影响环境剂量率。目前或曾经位于地表约 20cm 范围内的沉积物会接受更多的宇宙辐射（硬介子和软介子），很难准确计算其剂量率（Prescott and Hutton，1994）。除非沉积物处于非常低的剂量率环境和高海拔地区，否则年剂量率的误差可能很小。以前的地表问题更大，因为它们附近的沉积物仅在部分埋藏时间内接受所在沉积单元的环境γ辐射，而在其余的埋藏时间里同时接受所在沉积单元和上覆沉积单元的环境γ辐射。仅基于采样单元或基于采样单元及其上覆单元计算伽马剂量率都可能是错误的，除非知道以前地表的形成时间及其持续时间，否则很难校正剂量率的变化，而如果不加以校正，所得到的释光年龄可能是非常不准确的。

采样前还应考虑的一些其他问题：

沉积后扰动。近地表或以前的近地表松散沉积物缺乏层理结构可能表明发生过沉积后扰动，如昆虫（生物扰动）或冻融（冻融扰动）（如 Bateman et al.，2003，2007）。沉积后沉积物的上下迁移过程以及沉积物的开挖过程都可能造成较老沉积物和年轻沉积物的混合，从而影响释光年龄。如有可能，应避免此类沉积物；如果不能，则应要求测年实验室进行单颗粒释光测年。

土壤。目前活跃的土壤和古土壤也被认为是有问题的。土壤活跃期不仅会发生生物扰动使矿物颗粒移动，而且土壤化学成分也会导致流动性更强的放射性元素的迁移（淋滤或富集）。如第 1 章所述，环境辐射水平随时间的变化可能会影响释光年龄的精确计算。因此，释光年龄可能反映了母质从埋藏到采样之间颗粒的平均停留时间或以上两者的某种组合。

胶结。如果沉积物沉积后，由于碳酸盐、铁或硅酸盐（钙质、铁质或硅质）而发生胶结，则需要在取样前进一步考虑。沉积物胶结在填充孔隙的同时改变了矿物颗粒接收到的环境辐射。胶结将增加穿过它的辐射衰减（与孔隙中的空气相比），如果测量胶结后的环境放射性水平，其剂量率将与未胶结沉积物的剂量率不同。该剂量率的高低取决于胶结物是否具有放射惰性。如果胶结作用在沉积时迅速发生，如南非怀尔德尼斯（Wilderness）的风成岩（Bateman et al.，2011），或胶结作用是近期发生的，那么它对剂量率的影响可以分别通过有胶结或无胶结情况下的测量值来校正。如果不确定在沉积物的埋藏历史中何时形成胶结或胶结是否形成于多个阶段，那么应尽可能避免此类样品。

受水运动影响显著的沉积物。水在沉积物中的渗流会选择性地去除可溶性铀，同时留下更多稳定的钍。在沼泽沉积物中，周期性干湿变化也会导致镭的流动。这两种情况都会造成衰变链的长期不平衡，并且随着时间的推移，环境剂量率也会发生改变。应避免使用泥炭或有机质含量高的样品，因为活性铀可在其中富集（如 Frechen et al.，2007）。同样，也应避免与泥炭直接相邻并在泥炭发出的γ辐射范围内的沉积物。如果有证据表明地下水有显著的运动，那么在计算释光年龄时就更难确定古含水量值。

构造活动区。研究表明，构造活动、火山、热液或微晶源区等区域的石英释光特性较差，会导致年龄的低估（如 Preusser et al.，2006；Steffan et al.，2009）。在火山区，火山玻璃与石英混合，不易分离（密度相同），但它不是晶体，因此在释光方面表现不佳（Fattahi and Stokes，2003）。不过，在这些地区，长石通常是释光测年的良好剂量计（Lawson et al.，2012；第 9 章）。因此，虽然不应排除在此类区域进行采样，但应咨询释光专家，以确保选用适当的矿物进行测年。

采集多少样品，在一定程度上取决于时间、资金预算以及是否有其他独立的年代控制（如放射性碳测年）。还需要考虑采样点的复杂性、目标事件需要的测年精度以及样品对于释光测年的适用性。很少有采集单个释光样品的做法，不完全晒退、接近测年上限或环境剂量率随时间变化等因素可能会引起一系列的问题，因此需要增加采样数量以备不时之需。为什么呢？因为从同一沉积单元或考古事件层位采集的多个样品理论上应该得到相同的释光年龄，如果不同，则可以找出有问题的样品。在剖面上采集多个样品可以发挥地层层序律的作用：剖面下部的样品应该比上部的更老或者在误差范围内一致（在快速堆积的情况下）。年龄倒置可能是由于违反了释光测年的基本原理而产生的问题，如剂量率不平衡、沉积时的晒退不良、沉积后扰动等，这需要进一步的释光数据分析。

以上仅为指导原则，如果样品足够重要，则可以忽略上述原则，但需要将有关样品的沉积环境、组成及潜在问题的关键信息传达给进行释光测年的实验人员。在很多情况下，可以调整样品制备、测量和分析流程，以减轻粒径、矿物等方面的不足或释光信号不完全晒退等因素造成的影响。

2.2.3　采集释光样品

进入并清理采样点之后，最简单的释光采样方法是将不透明采样管插入或打入沉积物中，直至其完全装满（图 2.7A）；然后小心地取出采样管，并用不透光的盖子或胶带密封管的两端（图 2.7D、E）。为了更加安全起见，所有采样管应放入一个厚的不透明黑色塑料袋中，密封并避免阳光直射或靠近辐射源（如便携式 XRF、机场 X 射线扫描仪等）。要保证采样管完全装满，因为采样时其两端的沉积物会受到光照，如果采样管没有装满，在样品运回释光实验室的过程中，可能会导致已曝光沉积物与管内沉积物的混合，从而得到错误的测年结果。如果取出采样管时发现未完全装满，可在密封前用塑料填充，但需要注意的是，大多数塑料垃圾袋太薄，且不能避光，不应用来包裹样品。

采样管材料的选择主要取决于沉积物的硬度。对于松散的沉积物，深色（棕色、灰色或黑色）且管壁足够厚可以防止光线穿透的聚氯乙烯（PVC）管是很好的选择。将一个小手电筒密封在管子中，并将其放在一个完全黑暗的房间里，这样可以快速检查 PVC 材料是否足够厚。这些作为家用水管的 PVC 管在五金店就可以买到。虽然重量轻且造价低，但 PVC 管会变形，因此不应用于太硬的沉积物中。金属管适用于固结沉积物，如果管壁足够厚，还可在其中一端开刃。此类采样管可从五金店或建材商店买到。不过，它们很重，因此将其运回释光实验室的成本可能更高。

无论采样管是什么材料的，其直径和长度都需要与沉积物的粒径粗细相适应。通常，粒径合适的样品需要约 500g。采样管的直径至少为 50mm，长度至少 120mm，但如果待采样材料中的细粉沙或细沙含量有限，则可能需要更大的采样管。所有采样管用大而清晰的字体清楚标记采样信息，需注意，在释光实验室的照明条件下，红色笔迹是看不见的。

如果沉积物太硬或含有石块，可能无法使用采样管进行采样。在这种情况下，一种方法是小心地将未暴露的沉积物直接刮入一个厚的不透明的黑色塑料袋中。此操作应在大的黑色篷布下进行，以避免阳光照射。采样人员应使用弱红光灯（如红光 LED 头灯或自行车尾灯）。LED 的发光波段应为 590～630nm，如果无法确定，或只有白色 LED，则可以用广泛使用的 Lee 106 红色塑料滤光纸进行过滤。以这种方式采集的所有样品都应套两层样品袋，并贴上标签。这种方法在考古环境中也很有用，因为经常需要采集与构筑物直接相关的沉积物，如石质构筑物下方的沉积物（Feathers，2012）。另一种方法是使用冷凿或角磨机（图 2.7A、B）切割出块状沉积物，其大小至少为 1000cm^3（10cm×10cm×10cm）。由于在采样过程中，块状沉积物的外表面将暴露在阳光下，因此应注意确保块状沉积物保持完整且无裂纹。要做到这一点，可在捆扎之前先用厚的黑色不透明塑料和铝箔包裹样品。如果块状沉积物潮湿且松散固结，可以用纸巾包裹后放置在安全的地方使其干燥，这样可增加它的黏结性，然后用不透明塑料打包运输。

图 2.7 不同的采样方法。A-使用冷凿和锤子凿出一块坚硬沉积物。B-一个 10cm×15cm×20cm 大小的释光样品块。C-将一根直径 50mm 的不透明 PVC 管插入软的沉积物中采样。D-如果需要大量样品，可使用多管采样。E-沉积物不均匀或样品层较薄的地方，可使用小直径的采样管；图中采样管直径为 1cm，长度为 12cm。F-对于较硬的沉积物，使用金属管采集。G-使用多默工程沙钻钻孔取心。H、I-将 PVC 管插入多默工程的释光采样头采集深部样品。

如果是钻孔取心，应将岩心交付至释光实验室后再进行切分。如果进行了成对取心或现场编录，应向实验室提供采样位置的详细情况，以便切割出短岩心作为释光测年样品。要切割的确切岩心长度取决于岩心直径和其中包含的沉积物，通常 100mm 比较合理。岩心两头或表面的沉积物可能受到其他层位的污染或曝光，应进行剔除。如果采集释光样品的确切位置未知，则必须纵向切开岩心，以便确定与目标事件相关的最合适的沉积物。由于切开岩心时可能会扰动沉积物，因此采集释光样品时，不仅应避开岩心外侧，还应清洁切面。

在考古环境中，可以使用直径为 50mm 的金刚石钻头对砖块进行采样，确保采样深度至少 100mm（Bailiff，2007；见第 10 章）。在挖掘过程中陶片或加热过的材料暴露在光线下也没关系，只要它们是不透明的就可以。这些材料可以手工收集，并放置在不透明的黑色塑料袋中加以保护。

2.2.4　所需的其他材料

对于每个释光样品，还需要一些其他的附加信息、测量和样品。

（1）信息。为了准确计算每个样品接受的宇宙辐射剂量，还需要采样点的经纬度、海拔及采样深度。对于近地表样品，准确测量埋藏深度（特别是距地表 10cm 以内）非常重要（图 2.8）。如果近期内发生过侵蚀或堆积，如在现场开挖之前清理了土壤或倾倒了采石场废土，在进行深度测量时应忽略这些变化，记录发生侵蚀或堆积之前的深度。如果现场有信息表明，埋藏深度在过去发生了显著变化，也应做好记录。如果采样点部分被山脉遮挡，如在岩石掩蔽处，则应给出该地点的方位和地层被遮挡的百分比，因为这也会影响宇宙辐射剂量率。此外，还应记录沉积物类型、层理和地层的详细信息，并拍摄采样现场的照片。还应特别注意样品当前含水量可能不能代表长期含水量的证据，如潜育化、斑点和流水痕迹。

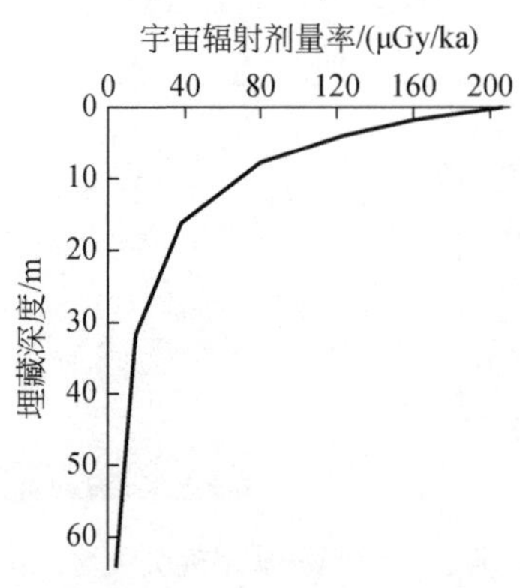

图 2.8　宇宙辐射剂量由于上覆沉积物的遮挡而随着埋藏深度的增加而减小。数据基于 Prescott 和 Hutton（1994）的算法。变化最大的是近地表沉积物，因此准确确定 10cm 以内的埋藏深度非常重要。

（2）测量。对于周围辐射环境比较复杂的样品，应进行环境放射性测量，这可能与样品接近地层界线或其所处环境的异质性有关，如粉沙中的陶片。测量环境放射性有两种方法。一种是在每个采样点埋设由人造磷光体制成的小型（10mm）剂量计（人造磷光体对辐射很敏感，如氟化钙或氧化铝），朗多埃（Landauer）公司有这些产品（http://www.Landauer.co.uk/［2024.8.16］）。剂量计埋深应至少 30cm，以便获得完整的γ辐射场，几个月到一年后回收这些小型剂量计，就可以从中测得环境剂量率。尽管造成的破坏很小（这可能是考古遗址的一个重要考虑因素），但这种方法确实影响了获得释光测年结果的速度，并且需要到采样点去两次。另一种更常见的方法是使用便携式γ能谱仪（如 EG&G micronomad 系统，图 2.9）。该方法使用碘化钠（NaI）晶体的闪烁来检测不同能量的γ射线，然后经过校准，转化为 K、U 和 Th 的浓度来确定剂量率。进行测量时仅需用螺旋钻在采样位置钻孔，以便将探针插入 30cm 的深度。测量时间因环境辐射水平而异，但每个样品的测量时长通常在 20～60 分钟之间。

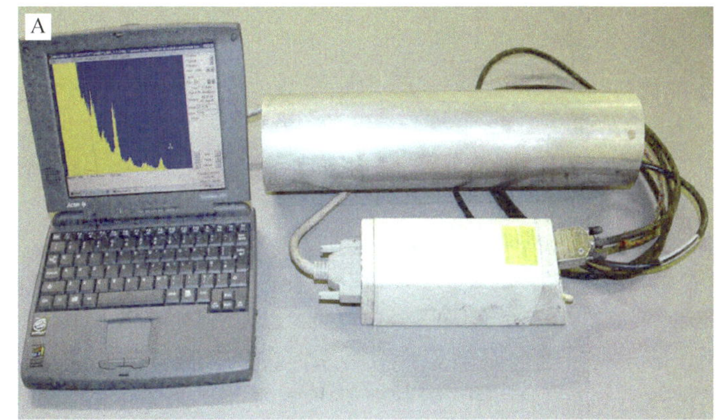

图 2.9 便携式γ能谱仪示例。A-EG&G micronomad 系统，屏幕显示的是一个典型天然沉积物样品的γ能谱。B-现场正在使用的设备，探头被完全插入沉积物中以便获得完整的γ辐射场。

（3）其他样品。如果释光样品不是从厚的均质沉积单元中采集的，那么还需要在同一点采集足量的代表性散样（重量通常为 200～500g），以作为估算γ剂量率的基础。采集之后应将其装袋并贴上标签，注明其与释光样品的对应关系。如果是从岩心中采样，那么不太可能获得大量的样品，这时可以使用电感耦合等离子体质谱法（ICP-MS）通过少量样品确定β剂量率。对于考古器物，通常需要从发现它们的沉积物中采集大量样品。由于邻近沉积物的γ辐射可能对样品接受的辐射剂量有贡献（图 2.6），如果样品来自较薄的沉积单元且未进行现场环境γ剂量测量，那么就需要对邻近沉积物进行进一步采样。所采样品的体量应与β剂量率样品类似，并清楚地记录其与释光样品的地层关系（上覆或下伏）。样品上方和下方 30cm 内所有层位都应该取样并分别装袋。

释光采样所需的工具取决于到达采样点的方式以及沉积物的硬度、粗细和质地等，图 2.10 是一份常用的释光采样工具清单。

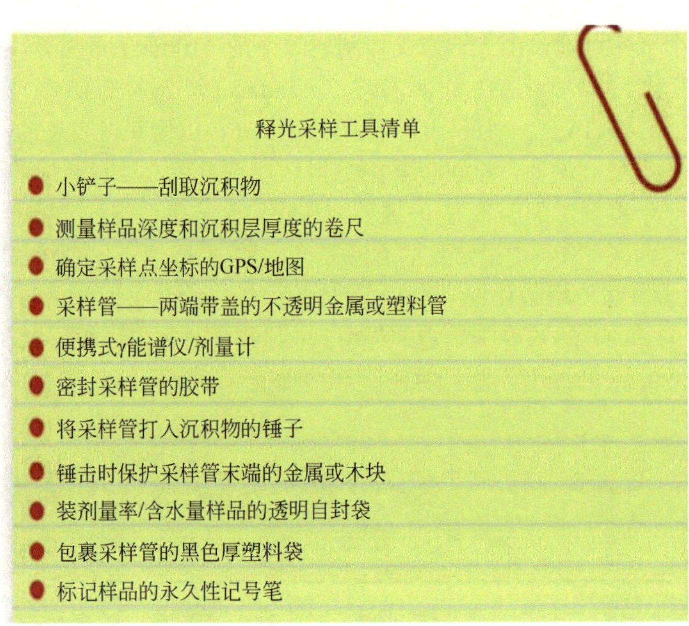

图 2.10 释光采样工具清单。

2.3 寄送样品

在寄送样品进行释光测年之前，应提前与相关实验室联系，确保他们有能力接收样品，并商定寄送内容、时间和费用。在打包样品之前，确保样品具有唯一且清晰的标签（不要用 OSL1、OSL2……这样的编号）；要使用永久性黑色或深色笔（不能是红色）填写标签，以便在释光实验室的暗室照明条件下可以读取。最好在包裹内附上寄送样品的详细列表。所有释光样品用黑色厚塑料袋双层包装，并贴上标签标明内含物因含有光敏物质而不得曝光，其他样品可以放在透明的袋子里便于目视检查。

随样品一起寄送的文字材料，要包含样品沉积物粒径（粉沙或沙等）、是否含有碳酸盐或有机物等信息，以及说明沉积环境和样品间相互关系的注释、照片和图纸等，以便于实验室选择适当的样品制备和测试方法。如果是接近释光测年技术测年上限或下限的样品，也应告知进行测量的释光实验室。通常，实验室提供的送样单（图 2.11）会要求填写所有上述信息。

寄送样品应尽可能采用陆路运输，因为它可以避免机场安检 X 光检查以及空中运输途经高海拔地区所带来的额外宇宙辐射剂量。不过，除了非常年轻的样品外，其余样品飞行期间接收的额外剂量均可忽略不计。考虑到采集样品时投入的时间和金钱，建议使用信誉良好的货运快递。当跨国运送样品时，如果申报了重新采样的成本，收货方可能会被征收进口税。鉴于沉积物的价值往往微不足道，如果不申报商业价值，通关速度会更快。如果要跨国寄送样品，要确保遵守所有进出口法规，并获得相应的许可证。如果有疑问，请与接收样品的释光实验室协调。除非情况确实如此，否则避免使用“土壤”或“人工制品”等术语描述样品，因为这些术语在许多国家具有明确的海关含义。对于大多数不含考古材料或有机物质的沉积物样品，将其标记为“待破坏性测试的地质材料”可能会有所帮助。

释光测年送样单			The University Of Sheffield Sheffield Luminescence Laboratory
联系方式			
姓名：		地址：	
职称：			
电话：			
电子邮件：			
采样点信息			
采样点名称：			
经度（度，分）：		纬度（度，分）：	
释光样品总数：		海拔（米）：	
样品详细信息（每个样品均需填写）			
野外编号：			
沉积物粒级：		沉积物污染情况：	
采样方式：		其他详细信息：	
是否有不使用该样品当前含水量的理由？			
详细信息：			
是否提供了地层细节、照片以及该样品与其他样品的关系等方面的信息？			
备注：			
*深度是从现在的地表算起（10 cm 以内），除非近期有堆积或侵蚀			
经度和纬度不应使用带小数点的度数，应使用度和分			
打印此单并与样品一起寄送			
每个样品填写一份表格			

图 2.11　图示的送样单详细列出了所需的一系列信息。

由于在曝光情况下打开会破坏样品，因此，在封面上附一份包含运送物品、研究内容以及涉及的人员和机构等信息的详细说明是一个好办法。为了防止海关检查时出现问题，可以礼貌地要求在未联系寄件人或接收样品释光实验室的情况下不要打开，这样做不会有什么坏处，因为走私者很少会在货物上写上他们的姓名和联系方式！最后，请接收实验室安全收到样品后给予确认，以便样品丢失时可以及时追查。

2.4　报告数据

完成所有测试和计算后，释光实验室应提供测试结果和释光年龄。通常实验室将提供测试方法和测试数据的详细信息，并基于重复测试对这些数据的可靠性进行评估。这些信息比较全面，不仅包含对发表有用的信息，还包含发表时可能需要也可能不需要的其他补充信息。应仔细阅读实验室提供的所有信息，以了解释光样品是否存在问题，以及做出了哪些假设，即应用于等效剂量计算的统计模型是否合理？这将使我们更好地了解年龄的可靠性。根据最初的采样策略，查看来自同一单元的样品是否具有一致的年龄，或年龄是否随采样深度或地层深度而增加，这是评估释光数据的第一步。报告中还应提供每个样品的相关信息，说明是基于多少次重复测试的年龄，数据是否在平均值附近呈正态分布，进而判断样品在埋藏前释光信号是否完全重置。如果埋藏前释光信号未能完全重置，报告应详细说明如何通过不同的等效剂量测量或分析方法来减小释光信号未完全重置的影响。最后，报告还应指出环境放射性数据中可能影响释光年龄的潜在问题。

就发表内容而言，释光实验细节的多少与发表类型有关，评估报告、博士论文或期刊有所不同，也与在测量和计算年龄时遇到的复杂程度有关。以下内容可以算是基本要求，而且许多释光实验室可以根据需要协助撰写相关内容。任何与释光有关的方法都应说明分析样品的实验室和所用矿物（通常为石英或长石）。在测试方面，应包括释光激发方法（如OSL/IRSL/TL）和测片尺寸（单颗粒、小测片或标准 9.6mm 测片）。对于大多数测试，应简要概述测量等效剂量（D_E）的单片再生法（SAR）（Murray and Wintle，2003），或其他方法。对于 SAR 法，预热温度应针对不同的采样点进行调整优化，这一点应予以说明；也应说明任何剂量恢复实验的结果对所有的样品有效。在剂量率测量方面，要说明测量方法（如野外γ能谱、ICP 分析、厚源β计数），包括用于计算剂量率衰减的含水量的估算方法。对于 D_E 分析，因为每个样品都要进行多次重复测量，因此应说明用于计算年龄的 D_E 值的处理方法（如 CAM，详见第 1 章）。如果 D_E 值比较集中且符合正态分布，则年龄应基于中心值或平均值来计算。对于部分晒退或沉积后扰动的样品，D_E 值会比较分散或具有多个 D_E 组分。在这种情况下，年龄应基于最小年龄模型（MAM）或数据集中的单个组分。对于此类样品，还应给出所采用方法的理由，如 D_E 分布偏斜所以怀疑晒退不完全，因此应基于最小年龄模型（MAM）计算年龄，最终的 D_E 来自晒退最充分的沉积物。与上述相关的数据和年龄都应以表格形式包含在报告或论文中。表 2.1 是此类样品的一个示例，表格中的数据应由释光实验室提供。值得注意的是，虽然目前还没有标准化，但大多数实验室给出的释光年龄的精度实际上体现的是 D_E 的不确定性。如果不确定性较大，则年龄及其不确定性将四舍五入以反映这一点。例如，表 2.1 中柯尔斯滕 • 塔勒肯采石场（Kirsten Tulleken Quarry）的样品年龄较大，D_E 的不确定性超过 1Gy，因此报告为整数；而来自塞奇菲尔德山脉 1 号地点（Sedgefield Ridge 1）的样品比较年轻，D_E 的不确定性较小，因此不确定性保留两位小数。

表 2.1 报告释光年龄的示例表

采样点/实验室编号	距地表深度/m	含水量/%	K/%	U/ppm	Th/ppm	宇宙辐射剂量率/（Gy/ka）	总剂量率/（Gy/ka）	D_E/Gy	N	年龄/ka
Sedgefield Ridge1										
Shfd04277	2.2	4.2	0.12	2.66	3.26	0.155±0.008	1.057±0.050	2.46±0.04	33	2.35±0.13
Shfd04278	4.2	2.8	0.12	2.74	3.02	0.121±0.006	1.038±0.051	3.14±0.08	23	3.02±0.17
Shfd04279	5.2	4.8	0.12	2.41	5.44	0.106±0.005	1.153±0.056	3.36±0.08	23	2.91±0.16
Shfd04280	6.1	3.4	0.10	2.74	3.49	0.096±0.005	0.993±0.048	2.52±0.07	31	2.54±0.14
Shfd04281	7.1	2.8	0.15	1.62	3.19	0.086±0.005	0.830±0.039	2.19±0.08	24	2.64±0.16
Shfd04282	8.1	2.8	0.13	2.70	4.92	0.077±0.004	1.127±0.056	3.05±0.09	31	2.96±0.16
Shfd04283	9.2	2.7	0.14	2.74	5.21	0.069±0.003	1.151±0.058	3.43±0.07	25	3.13±0.17
CastleRock，Brenton-on-the-Sea										
Shfd04275	2.8	4.0	0.11	2.57	2.58	0.142±0.007	1.023±0.044	7.02±0.13	16	6.9±0.4
Kirsten Tulleken Quarry										
Shfd04271	8.1	2.4	0.10	1.97	1.80	0.076±0.004	0.766±0.040	103±3.7	15	133±9
Shfd04259	9.15	3.5	0.12	1.22	1.45	0.069±0.004	0.571±0.027	81.6±1.8	13	142±7
Shfd04258	13.05	5.8	0.12	1.36	1.67	0.048±0.002	0.577±0.029	88.5±3.1	12	149±9
Shfd04257	16.15	4.4	0.14	0.95	1.68	0.037±0.002	0.507±0.024	68.1±1.3	14	129±7

注：N 是测片数或单颗粒测量的颗粒数。数据摘自 Bateman 等（2011）。

一些报告和期刊可能需要包含样品 D_E 分布图，可以是代表性样品的数据也可以是所有样品的数据。如果样品测量比较简单，最好将其放在附录或补充信息中。这些图表的形式取决于释光实验室提供的数据，但一般会采用雷达图或组合概率图的形式（见第 1 章）。

在报告释光年龄时，应同时标明一个标准偏差的误差和实验室编号。释光年龄通常不使用“距今”（before present，BP），因为这是一个以 1950 年为基准的放射性碳年龄的惯用表示方法。释光年龄没有类似基准，所有年龄通常从测试年份开始计算。对于大多数数百年到数千年的释光年龄来说，这不是什么问题，但如果样品年龄小于 100 年，应在方法部分说明测试年份，因为这可能影响后期的数据解释。如果年龄被报告为 BP，则应使用释光测量值与 1950 年之间的时间差来重新调整。解释释光年龄时应明确这些年龄是埋藏年龄。

2.5 小结

像大多数科学研究一样，为过去的事件建立一个释光年表需要时间和经费的投入。如果能仔细确定研究需要的测年问题并找到合适的采样地点，那么就可以使这项投资得到更好的产出。与此同时，也需要选择最佳位置采集最适当的释光样品，以便最大限度地降低测年的复杂性。所有操作都必须在避免样品曝光的情况下进行。遵循本章的指导，可以避免许多问题，如采集晒退不良或受到沉积后扰动的材料、采样过程中样品曝光、运输过程中样品混合或破碎，以及没有在复杂的辐射环境中现场测量或采样等。在大多数情况下，在采样前就请释光专家参与研究工作也会有所帮助。

参 考 文 献

Aitken，M. J. 1985. Thermoluminescence Dating. London：Academic Press.

Bailiff，I. K. 2007. Methodological developments in the luminescence dating of brick from English late-medieval and post-medieval buildings. Archaeometry 49，827-851.

Bateman，M.D.，Frederick，C.D.，Jaiswal，M.K.，Singhvi，A.K. 2003. Investigations into the potential effects of pedoturbation on luminescence dating. Quaternary Science Reviews 22，1169-1176.

Bateman，M.D.，Boulter，C.H.，Carr，A.S.，Frederick，C.D.，Peter，D.，Wilder，M. 2007. Detecting post-depositional sediment disturbance in sandy deposits using optical luminescence. Quaternary Geochronology 2，57-64.

Bateman，M.D.，Carr，A.S.，Dunajko，A.C.，Holmes，P.J.，Roberts，D.L.，McLaren，S. J.，Bryant，R.G.，Marker，M.E.，Murray-Wallace，C.V. 2011. The evolution of coastal barrier systems：a case study of the Middle-Late Pleistocene Wilderness barriers，South Africa. Quaternary Science Reviews 30，63-81.

Bateman，M.D.，Stein，S.，Ashurst，R.A.，Selby，K. 2015. Instant Luminescence Chronologies? High resolution luminescence profiles using a portable luminescence reader. Quaternary Geochronology 30，141-146.

Burrough，S.L.，Thomas，D.S.G.，Bailey，R.M. 2009. A mega-lake in the Kalahari：A late Pleistocene record of the Palaeolake Makgadikgadi system. Quaternary Science Reviews 28，1392-1411.

Carr，A.S.，Thomas，D.S.G.，Bateman，M.D.，Meadows，M.E.，Chase，B. 2006. Late Quaternary palaeoenvironments of the winter-rainfall zone of southern Africa：palynological and sedimentological evidence from the Agulhas Plain. Palaeogeography，Palaeoclimatology，Palaeoecology 239，147-165.

Fattahi，M.，Stokes，S. 2003. Dating volcanic and related sediments by luminescence methods：a review. Earth-Science Reviews 62，229-264.

Feathers，J.K. 2012. Luminescence dating of anthropogenic rock structures in the Northern Rockies and adjacent high plains，North America：A Progress Report. Quaternary Geochronology 10，399-405.

Feathers，J.K.，Johnson，J.，Kembel，S.R. 2008. Luminescence dating of monumental stone architecture at Chavín de Huántar，Perú. Journal of Archaeological Method and Theory 15，266-296.

Frechen，M.，Sierralta，M.，Oezen，D.，Urban，B. 2007.Uranium-series dating of peat from central and Northern Europe Developments. Developments in Quaternary Science 7，93-117.

Frederick，C.D.，Bateman，M.D. 1998. The potential applications of optical dating to the sandy uplands of east Texas and northwest Louisiana. Journal of North-east Texas Archaeology 11，133-147.

Lawson，M.J.，Roder，B.L.，Stang，D.M.，Rhodes，E.J. 2012. OSL and IRSL Characteristics of quartz and feldspar from Southern California，USA. Radiation Measurements 47，830-836.

Leighton，C.L.，Bailey，R.M.，Thomas，D.S.G. 2013. The utility of desert sand dunes as Quaternary chronostratigraphic archives：evidence from the northeast Rub' al Khali. Quaternary Science Reviews 78，303-318.

Li，Y.，Song，Y.，Lai，Z. 2016. Rapid and cyclic dust accumulation during MIS 2 in Central Asia inferred from loess OSL dating and grain-size analysis. Scientific Reports 6，No. 32365.

Lu，H.Y.，Wang，X.Y.，Ma，H.Z.，Tan，H.，Vandenberghe，J.，Miao，X.，Li，Z.，Sun，Y.，An，Z.，Cao. G. 2004. The Plateau Monsoon variation during the past 130 kyr revealed by loess deposit at northeast Qinghai-Tibet（China）. Global and Planetary Change 41，207-214.

Mallinson，D.J.，Smith，C.W，Mahan，S.，Culver，S.J.，McDowell，K. 2011. Barrier Island response to Late Holocene climate events，North Carolina，USA. Quaternary Research 76，46-57.

Munyikwa，K.，Telfer，M.W.，Baker，I.，Knight，C. 2011. Core drilling of Quaternary sediments for luminescence dating using the Dormer Drillmite. Ancient TL 29，15-24.

Murray，A.S.，Wintle，A.G. 2003. The single aliquot regenerative dose protocol：potential for improvements in reliability. Radiation Measurements 37，377-381.

Prescott，J.R.，Hutton，J.T. 1994. Cosmic ray contributions to dose rates for luminescence and ESR dating：large depths and long-term variations. Radiation Measurements 23，497-500.

Preusser，F.，Radies，D. Matter，A. 2002. A 160，000-year record of dune development and atmospheric circulation in southern Arabia. Science 296，2018-2020.

Preusser，F.，Ramseyer，K.，Schlüchter，C. 2006. Characterization of low OSL intensity quartz from the New Zealand Alps. Radiation Measurements 41，871-877.

Rittenour，T.M，Ronald J.，Goble，R.J.，Blum，M.D. 2003. An optical age chronology of late Pleistocene fluvial deposits in the northern lower Mississippi valley. Quaternary Science Reviews 22，1105-1110.

Steffan，D.，Preusser，F.，Schlunegger，F. 2009. OSL quartz age underestimation due to unstable signal components. Quaternary Geochronology 4，353-362.

Telfer，M.W. and Thomas，D.S.G. 2007. Late Quaternary linear dune accumulation and chronostratigraphy of the southwestern Kalahari：implications for aeolian palaeoclimatic reconstructions and predictions of future dynamics. Quaternary Science Reviews 26，2617- 2630.

Thomas，D.S.G.，Bailey，R.，Shaw，P.A.，Durcan，J.A.，Singarayer，J.S. 2009. Late Quaternary highstands at Lake Chilwa，Malawi：frequency，timing and possible forcing mechanisms in the last 44 ka. Quaternary Science Reviews 28，526-539.

3　释光年代框架的建立

莱恩・克拉克-巴尔赞
德国弗莱堡大学地球与环境科学研究所　Email：l.clarkbalzan@gmail.com

摘要：近20年来，随着新的统计方法如贝叶斯推断的应用、年代数据的激增以及用户友好型年龄建模软件的发展，与年代框架相关的研究工作的发表数量显著增加。尽管最初主要限于放射性碳等测年技术，但如今的年龄模型中越来越多地融入了释光年龄，使得不论是单个研究点的原始数据还是区域性的整合分析都能从中受益。本章讨论了贝叶斯统计推断在建立年代框架方面的优势，重点关注在使用释光年龄时可能出现的问题，以及包括框架设计、“遗产”数据质量评估和模型构建等在内的具体实践步骤。

关键词：贝叶斯建模，数据质量，假设检验

3.1　引言

计算机技术的进步和数值模拟的发展使得在各种领域对数据进行越来越复杂的分析成为可能。许多自然科学和社会科学的应用研究受益于这些发展，特别是贝叶斯推断方法的建立。通过一个简单的数学关系（贝叶斯定理），贝叶斯方法对如何依据新证据来更新先验假设给予了明确的表述。因与新兴的实验哲学领域相关，贝叶斯定理于1763年被提交给英国皇家学会（Bayes，1763），不过由于其中涉及的数学模型过于复杂，大部分情况下都无法实现精确计算。第二次世界大战后，随着计算机技术和数值计算方法（如蒙特卡罗模拟）的发展，人们对贝叶斯推断的兴趣日渐高涨（Fienberg，2006）。

在考古学、古生态学和古环境重建等领域，贝叶斯推断在年代分析中具有特别重要的影响力。最初是因为其在放射性碳年龄校正中的应用（Steel，2001），后来在建立年代框架和对推断事件的不确定性进行量化的工作中得到了越来越广泛的应用（Bronk Ramsey，2009a）。贝叶斯推断通常用于将有关事件相对顺序的先验知识（常见的是考古遗址内的地层单元或沉积物岩心的样品深度）与测年技术提供的新信息相结合，从而达到改进某些事件年代结果的目的。这种方法提供了多种好处（Millard，2008；Parnell et al.，2008；Rhodes et al.，2003），包括：

（1）让关于可能的地层年代结果的强制性假设更加明确；

（2）纳入不同测年技术获得的年龄数据；

（3）在年龄数据量充足（从而使不同年龄的误差重叠）的情况下提高年龄的精度；

（4）量化间接定年事件的不确定性，这种事件的发生时间可能被上下层位或所在地层单元的多个年龄限定。

受限于测年精度和年龄获取方式的差异，主要基于释光年龄建立的年代框架目前尚不

能媲美那些完全或主要基于放射性碳年龄的年代框架（Higham et al.，2014）。尽管如此，由于释光测年可测量的时间范围广，测年物质（石英/长石矿物颗粒）容易获取，以及能直接测定沉积事件的年龄，因此研究者对基于贝叶斯统计方法的释光年代框架研究越来越感兴趣。释光年龄数据已经被纳入一些具有重要意义的地方性和区域性年代框架中。当具体到某个地点或区域时，贝叶斯方法可以提高释光年龄的精度，以便在气候驱动的生态变化和人类行为［例如猎物选择（Discamps et al.，2011；Guibert et al.，2008）或海洋资源利用（Veth et al.，2017）］之间进行更好的对比。这些方法还可用于推演人类土地利用与河流演变之间的联系（Brown，2008），或改进具有当前法律影响的历史年表，如美国西部原住民的水权使用历史（Huckleberry et al.，2016）。另外，数据挖掘和整合分析（一种通过分析比较多个原始数据源，实现大型和系统的数据“二次”加工处理的分析方法）（Glass，1976）在建立区域或大陆尺度的年代框架以及检验假设的研究中得到了越来越多的应用。因为需要对所有相关的测年研究结果进行具体且审慎的质量评估，整合分析的数据汇总可能很困难，但这种方法也更有可能揭示出被局部差异所掩盖的潜在趋势（Bailey and Thomas，2014）。例如，在大陆孢粉测年记录数据库和模型中融入具有孢粉指标的马尔湖岩心的释光年代，很可能将显著增强中美洲和南美洲的系统性气候响应比较研究（Flantua et al.，2016）。

本章将讨论在几个不同尺度上建立年代框架的过程，但不涉及通过“集成”实现“年代即数据”的方法，即强调年龄分布直方图或总概率密度图中的峰值。相反，更侧重于使用贝叶斯推断的年代学模型严格评估目标事件最可能的年龄。第 3.2.1 节涵盖了一些重要的背景问题，包括地质历史时期地层年代信息的记录和丢失，以及将释光年龄纳入地层年代框架可能遇到的困难。第 3.2.2 节包括对贝叶斯定理和贝叶斯推断的简要介绍，并讨论在处理释光年龄以建立可靠的统计学年代框架的过程中可能遇到的障碍。虽然现在有诸多无须深入理解贝叶斯统计的数学基础就可以使用的用户友好型贝叶斯模型软件，但了解这些方法的逻辑基础，尤其是可能影响释光年龄在这些方法中使用的一些潜在误区，仍然是有益的。第 3.3 节介绍了模型设计以及已发表数据的汇编和分析方法，第 3.4 节讨论了构建模型的实际过程，包括约束条件、年龄输入、异常值分析和模型检验。第 3.5 节介绍了一些研究案例，强调了在单个地点，如澳大利亚里维（Riwi）洞，进行高精度、高分辨率测年的潜力，对已发表的年龄约束较差但研究价值较高的数据（如非洲和近东古人类化石年龄）进行整合分析的可能性，以及如何设计研究项目以最大化地利用一些新的研究成果，如英国-爱尔兰冰盖年表（BRITICE-CHRONO）项目和英国-爱尔兰冰盖年代学项目。

3.2 年代框架

年龄数据的收集和分析旨在推断某一过去事件的时间和（可能的）空间分布。虽然本章是基于沉积物的释光测年来探讨这一过程的，但信息记录和丢失的一般原则同样适用于其他类型的测年技术。例如，基于博物馆收藏的陶器热释光测年可以得到一系列考古学推断（Zink and Porto，2005）。Bailey 和 Thomas（2014）对干旱区沙丘沉积的年代框架进行了有益的讨论；Parnell 等（2008）则基于岩心的花粉记录进行了环境演变的推断。

首先，目标事件发生在特定时间区间内的特定空间上。这样的事件可能是稳定状态之间的过渡，如旧石器时代中/晚期的考古学转型；或“系统中某个组成部分短暂偏离长期稳态”，如火山灰层（Parnell et al.，2008）。这样的事件往往会发生在多个地点，或者同步，或者事件之间有一定的时间差，并且通过直接的沉积证据（如火山灰层或洪水沉积），或间接通过代用指标/化石/石器/沉积物等综合证据被记录下来。这是“噪声”影响事件“信号”的第一个阶段，即每个地点对潜在事件的响应时间可能存在随机或系统性偏差。而事件证据必须能在地质历史中保存下来才能被发现和研究，但埋藏过程可能引起事件标记物发生变化进而丧失（如花粉腐蚀），或其所在的沉积地层受到干扰（如果适用）。后一种过程可能包括侵蚀和由生物扰动、成壤作用或冻融作用引起的沉积物混合（见第 2 章）。随着时间的推移，这些过程的综合作用可能产生非常复杂的沉积记录，如在被密集和重复使用的考古洞穴遗址中发现的记录（Hunt et al.，2015）。在采样时，可以认为现场记录是确定的，但还必须通过科学分析从样品中提取信息。

实验测试和结果推断涉及两个途径：第一，对事件证据的检测和测试；第二，对研究点年代框架的分析。两种途径都受到研究设计特别是采样策略和测量技术的显著影响。必须先确定一个用于研究目标事件的可测量的量，然后推断该事件发生的年龄。事件和年龄测定的不确定性是测试过程固有的，因此不可避免。最后，应该获取尽可能多的记录以增加样本量，为潜在的事件参数提供更好的估计值。可以通过事件的组合，研究和推断事件同步性、古环境或沉积驱动因素、考古技术组合的传播和采用，或关于过去的许多其他问题。

根据具体情况，释光年龄可能是确定目标事件年代的最佳选择。然而，采样、信号测量和年龄计算可能会导致在推断过程中存在一些与特定方法有关的困难，下面将对此展开讨论。

3.2.1 释光测年应用于年代框架的挑战

3.2.1.1 精度和百分比误差

将释光年龄纳入年代框架通常存在两个问题。最常见的可能是年龄精度相对较低，特别是在放射性碳年龄或纹泥计数可能适用的情况下（Jones et al.，2015；Újvári et al.，2014）。大多数通过释光测年及其应用所确定的年龄误差往往在 5%～10%之间。例如，澳大利亚沙丘样品的 OSL 年龄（n=342）和 TL 年龄（n=312）的误差约为 8%（Hesse，2016），而非洲南部的沙丘 OSL 年龄的误差为 9%（Thomas and Burrough，2016）。Arnold 等（2015）报道的数百个长石红外后红外释光年龄的平均相对误差为 8%～9%。有些研究统计整理的年龄数据分布尾端的不确定性极大，其相对标准误差可以高达 50%以上（Hesse，2016；Thomas and Burrough，2016）。

考虑到剂量率测定中的误差，Guérin 等（2013）认为释光测年可达到的最高精度接近 5%。Murray 和 Olley（2002）通过系统的文献综述得到了类似的结论。他们认为所有样品都有 3%的误差来自放射性核素浓度的转换系数，3%来自放射性浓度测定设备的校准，2%来自β剂量衰减因子，2%来自β放射源校准（与 D_E 测量相关）。含水量和宇宙射线剂量率的测定等重要的系统误差来源可能会影响某些样品的相对精度。释光年龄的精度不太可能显著地高于 5%这个范围。Murray 和 Olley（2002）指出，虽然在 D_E 测量方面的改进（如单片再生剂量法）使 D_E 值的精度有了明显提高，但剂量率计算中不可避免的不确定性将限制释光测年的精度超过特定范围。

此外，释光信号测量的某些特性以及等效剂量（D_E）和剂量率（D_R）的不确定性的传递，使得年龄和误差大小之间存在相关性。Galbraith 和 Roberts（2012）对此作了更全面的描述。然而，简单来说，除了前文描述的百分比误差之外，基于指数曲线插值的数学原理，精度常常随着 D_E 值的增加而降低（Murray and Funder，2003）。如图 3.1 所示，这种效应在释光信号接近饱和水平时尤为显著（Duller et al.，2000；Duller，2012）。通过将年龄限制在某个特定阈值范围内可以降低这种影响，如 $2D_0$（D_0 为特征剂量；Wintle and Murray，2006）。然而，这也会系统地影响那些跨越多个数量级年龄范围的年代框架的精度（图 3.2）。

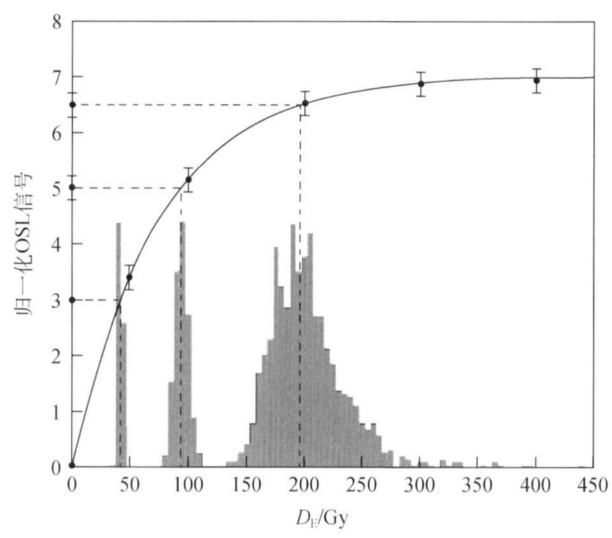

图 3.1　典型的石英 SAR OSL 生长曲线上三个不同区域的 D_E 值的蒙特卡罗（1000 次循环）模拟获得的误差分布；使用了 3、5 和 6.5 的归一化 OSL 信号，误差在 2%～4%之间。为便于比较，误差分布是垂向展示的；显然，受指数曲线插值的影响，D_E 值越大误差越大，且分布越不对称。

3.2.1.2　采样偏差

由于各种原因，样品可能在时间和空间两个维度上都存在偏差。一般来说，为了节省研究的时间和经济成本，需要有针对性地采样（可参见第 3.5.3 节中 BRITICE 的采样策略设计）。认识到这种偏差对于整合分析和数据挖掘很重要，因为准确的统计推断依赖于合理的偏差校正。受控于信号饱和（颗粒/样品之间存在差异）和年龄（取决于剂量率），释光信号特性决定了可获得的最大 D_E 值。造成采样出现偏差的其他重要因素还包括非系统的采样，以及侵蚀事件导致的沉积物的缺失。

非系统的采样可能是由多种因素引起的，包括交通、政治问题、研究兴趣或可达性（潜在的更深、更古老的地层）。INQUA 沙丘地图集项目整理了内陆和大陆沙丘堆积的现有年代数据（Lancaster et al.，2016），几位参与者强调了采样偏差对年龄数据库的影响。受不同地区项目研究兴趣的影响，地域偏差是普遍存在的（Bristow and Armitage，2016；Thomas and Burrough，2016；Tripaldi and Zárate，2016），阿拉伯半岛的释光数据中 67%的年龄来自阿联酋沙丘（Duller，2016）就是比较极端的案例。年龄分布在时间上的偏差也同样明显（Li and Yang，2016；Thomas and Burrough，2016）。尽管这在一定程度上受沉积过程的影响（Lancaster et al.，2016），但 Hesse（2016）通过按沙丘厚度对采样深度进行标准化后发现，澳大利亚沙丘顶部和底部的释光样品采样密度存在系统性偏低的情况。在指定区域内，需要通过多个年代记录来排除沉积物堆积和保存过程的随机性，以进行有效的环境假设检验。任何通过释光年龄来分析沙丘堆积随时间变化的研究都必须认识到并校正这些偏差。

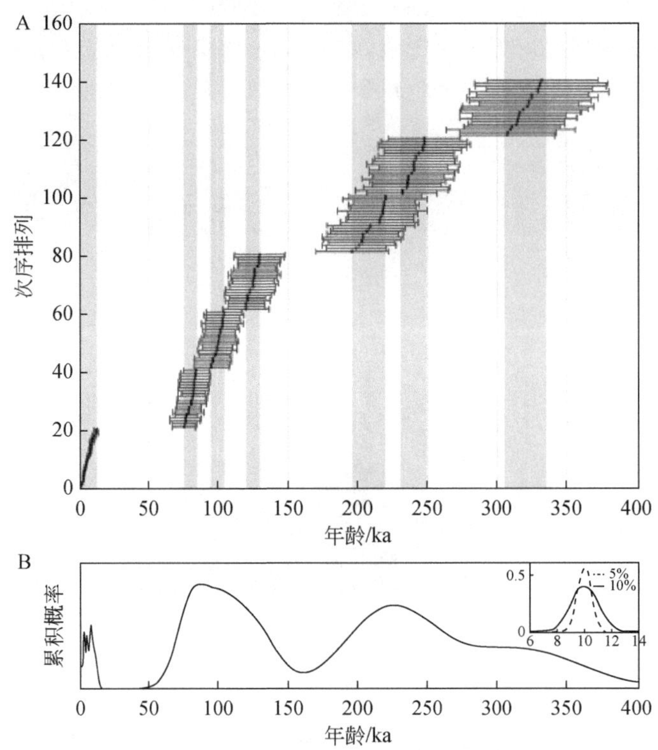

图 3.2　释光年龄误差对事件估计的影响：A-从代表七个时间段（灰色阴影）的均匀分布中随机选择 10 个年龄，年龄误差在 5%～10%之间。B-这些年龄的总概率密度函数（PDF），显示了 10±0.5ka 和 10±1ka 两个年龄的 PDF（误差分别为 5%和 10%）。很明显，随着年龄的增长，年代事件将变得难以用肉眼区分。

沉积过程中的侵蚀事件等也会给测年带来偏差，这是因为越老的沉积物越不容易保存下来。考虑到研究所属的干旱环境，Bailey 和 Thomas（2014）创建了沉积物表面高度的一维模型，以研究风速、降水和沉积物来源等因素对沙丘堆积的影响。他们发现，沉积物的保存潜力可大致表示为沉积年龄平方根的倒数。INQUA 沙丘地图集汇总的年龄频率分布也表明样品年龄的频率分布随年龄增大呈指数降低趋势（Lancaster et al.，2016），较老的样品年龄在数据库中出现的频率要低得多，部分原因可能是沙丘底部普遍采样不足（Hesse，2016）。由这种关系而产生的偏差是可以模拟的。然而，侵蚀事件和特别强烈的环境驱动因素之间的相关性可能使这一过程复杂化（Munyikwa，2005；Leighton et al.，2014）。

3.2.2 “遗产”释光年龄的对比

尽管释光测年能够为相关事件提供最直接的年龄，但由于数据对比和质量评估的复杂性，“遗产”释光年龄往往会被忽视。一般来说，“遗产”数据是指根据已过时的方法收集、测量或计算得到的数据。由于释光测年的快速发展和计算剂量率必须用到的假设，任何包含以前发表的释光年龄的年代框架都需要制定相应的准则重新处理这些数据。方法可能包括明确一致的质量控制标准、异常值评估和数据的重新计算（Small et al.，2017）。

在过去几十年中，石英和长石的 D_E 测量方法、数据处理以及质量控制实验等方面取得了显著进步（详见第 1 章）。光释光（OSL）和红外释光（IRSL）（Huntley et al.，1985；Huntley et al.，1991）以及单片和单颗粒测量技术（Duller et al.，1999；Murray and Wintle，2000，2003）的发展，使得系统研究释光 D_E 分布的影响因素成为可能，这些因素包括不完全晒退、沉积物混合和微剂量变化等（Nathan et al.，2003；Singarayer et al.，2005；Mayya et al.，2006；Bateman et al.，2007；Cunningham et al.，2012）。与此同时，还有学者建立了统计模型（年龄模型）来解释这些影响因素，以便获得更准确的年龄（Galbraith and Green，1990；Galbraith et al.，1999；Roberts et al.，2000；Guérin et al.，2017a）。D_E 数据的质量控制标准（Clarke et al.，1999；Gliganic et al.，2012）以及对释光特性日益深入的了解，如石英 OSL 中的信号组分（Steffen et al.，2009）和长石的异常衰减（Huntley and Lamothe，2001；Auclair et al.，2003；Thomsen et al.，2008），使得多年来释光年龄的计算发生了许多变化。因此，基于老方法计算 D_E 的“遗产”年龄可能不如新方法计算得可靠，从而被完全排除在年代框架之外，或被列入不太可靠的数据。还有一种情况取决于所研究的环境背景。例如，同样基于单片法测量的 D_E 计算的沙丘样品年龄可能比冰水沉积物年龄更可靠，因为冰水沉积物的释光信号出现不完全晒退的可能性更大（见第 6 章）。

多年来，剂量率的计算方法变化不大。然而，计算剂量率所需的各种参数，包括将放射性同位素浓度转换为α、β和γ剂量率的系数、粒度衰减系数和α系数已经过多次修订［见 Durcan 等（2015）的讨论及其参考文献］。不同的衰减和转换系数将使中心年龄偏移几个百分点。“遗产”数据的汇编和对比也因计算剂量率时参数的选择不同而变得复杂，其中最重要的影响因素是埋藏过程中的平均含水量。有人建议在建模前重新计算“遗产”年龄以调和此类差异（Millard，2006b；Small et al.，2017），否则，由于实验室操作导致的系统性年龄差异可能会与潜在的目标事件/过程相混淆。这将在下文进一步讨论。

显然，计算技术和方法的大量涌现使得数据质量的评估变得更加复杂和耗时。然而，鉴于众多环境和考古学假设只能通过大量数据进行测试，因此“遗产”数据是一种非常有价值的资源。此外，正如将要在第 3.3 节中所述的那样，随着年代数据建模的发展，产生了多种合理的融合“遗产”年龄的技术。

3.2.2.1 系统误差与随机误差

计算释光年龄所涉及的每个测量或估计的参数都有相关的误差；这些误差可以分为随机误差和系统误差，这种分类对释光年龄的统计处理具有重要影响。

随机误差是由于测量条件的变化，以及本质上而言测量值的量化导致的，具有不可重复性（Bevington and Robinson，2003）。例如，由于原子跃迁的随机性，释光信号强度本质上是围绕某个平均值变化的。探测器电子器件的测量噪声，以及光电倍增管和测片之间距离的微小变化、光激发功率的差异、测片反射率的波动等，所有这些因素与释光信号测量的随机误差结合起来，可能会在 D_E 的重复测量中产生百分之几的误差（Thomsen et al.，2005；Truscott et al.，2000）。重要的是，随着测量次数的增加，仅受随机误差影响的多次测量将逼近真实值。计算释光年龄所涉及的所有参数都受到随机误差的影响。释光信号、元素浓度、γ能谱仪测量、β计数等产生的计数误差可以通过年龄计算而传递，从而得出仅反映精度的误差（Wood et al.，2016）。

相比之下，系统误差涉及潜在真实值与测量值之间的偏差，它不会随着测量次数的增加而消失（Bevington and Robinson，2003）。Rhodes 等（2003）进一步将这一类误差细分为“非共享”和“共享”系统误差。前者本质上是指某个特定样品的系统误差，而后者指一组样品共有的系统误差。系统误差可能会影响释光年龄计算中涉及的任何变量。不过，释光测年相关的论文中最常提及的影响较大的系统误差来自释光测年仪校准（约 2%～3%）和沉积物平均含水量（Millard，2006b；Murray and Olley，2002）。有时，剂量率计算中的其他参数也会受到系统性偏差的影响，如宇宙射线剂量率；特别是在类似洞穴这种几何形状不规则的特殊环境下（Jacobs et al.，2015），或当总剂量率很低时（如卡拉哈迪沙漠中部纯度较高的石英沙）（Burrough et al.，2009），其影响尤为显著。通常，剂量率计算时会分配足够大的对称误差值，以覆盖系统误差的预期影响范围，但关于这一问题的探讨通常不够透彻。D_E 测量中的系统误差一般是单独评估的，并通过选择合适的年龄模型尽可能对这种误差加以“校正”。然而，大型“遗产”年龄数据库可能包含了根据本身存在系统性误差的 D_E 计算的年龄。例如，早期发表的基于多片或单片再生法（大测片）所测的河流或冰川沉积物的 D_E 数据可能更容易受释光信号不完全晒退的影响而出现系统性偏差（Rodnight et al.，2006；Stokes et al.，2015）。同理，未经异常衰减校正的长石 IRSL 年龄或非常接近饱和的石英 OSL 年龄可能会被系统性低估（Duller，2016；Rosenberg et al.，2011）。Murray 和 Olley（2002）注意到，已发表的年龄通常没有对随机误差和系统误差进行全面分析，而当将这些年龄与独立年代进行比较时，缺失该分析的影响尤为显著。

3.2.2.2 贝叶斯推断的优点

贝叶斯定理最早出现在 1763 年提交给英国皇家学会的一篇题为“试论解决机会学问题”的论文里，作者是已故牧师托马斯 • 贝叶斯（Thomas Bayes），其核心是一个概率定理，即基于一组新的测量值，通过数学方法更新先前的假设。换言之，它准确地描述了如何根据新证据计算假设事件出现的概率的规则。其基本公式可表示为

$$P(\theta|y)=\frac{P(\theta)P(y|\theta)}{P(y)}$$

式中，$P(*)$ 是括号内变量出现的概率；θ 是我们寻求信息的参数，观测值用 y 表示；$P(\theta|y)$ 是在给定的 y 值条件下 θ 出现的概率。分母是事件发生的总概率，为一个常数，因此可以简化和重述此方程为

$$\text{后验} \propto \text{似然} \times \text{先验}$$

后验概率（“后验”）与似然函数和先验概率（“先验”）的乘积成正比。如果概率分布

函数是连续而非离散的，那么这种关系的应用价值与数学复杂性都将大幅增加。

用一个简单的例子可以展示如何计算后验概率并用新获得的信息对它加以更新。假设我们正在挖掘一个考古遗址，发现了一件质地特殊、器表装饰着独特折线图案的陶片。我们没有关于这件陶片的制作日期等信息，但我们想知道，鉴于其质地和纹饰，这件陶片来自某一特定时期（T_i）的可能性有多大。我们知道，所有相同质地的陶器都是在五个时期（T_1～T_5）内制作的，并且其盛行程度随时间而变化。因此，我们可以预计，此种质地的陶器中，有 5%、10%、35%、30%和 20%的概率分别是在 T_1、T_2、T_3、T_4 和 T_5 时期制作的。这些值就是先验概率。我们希望通过应用基于折线设计风格的年代，进一步缩小陶器的年龄范围。最近，我们发现折线图案的盛行程度随时间而变化，因此在 T_1、T_2、T_3 时期制作的陶器中，分别有 40%、20%和 10%出现了折线图案；作为我们的函数年代数据，这些值确定了似然函数（概率如图 3.3A 所示）。如图 3.3C 所示，我们可以通过在方程中插入适当的概率值来应用贝叶斯定理，其中分母就是找到任何时期的这种陶片的全部概率。因此，在案例 A 中（图 3.3C），其具有折线图案装饰，我们可以计算该陶片属于在时期 i（T_i）内制作的陶瓷的后验概率。依次将贝叶斯定理应用于五个可能的时期，我们得到陶片来自时期 T_1 或 T_2 的后验概率为 26.67%，来自时期 T_3 的概率为 46.67%。然后对陶片采样进行释光测年，并获得一个可以用来改进年表的释光年龄（案例 B：图 3.3D）：这一新的测量结果表明，陶片有 60%的概率出现在 T_3 时期，20%的概率出现在 T_2 和 T_4 时期。于是，我们通过再次应用贝叶斯定理来更新我们之前的假设。案例 A 的后验概率现在是先验概率，释光年龄概率作为似然函数。新的后验概率见图 3.3D。综合所有可能的信息推断的陶片年龄比单独考虑陶片风格或测年数据推断的年龄更精确。

贝叶斯定理是贝叶斯推断这种功能强大的统计方法的理论基础，该方法可以描述为一个多步骤的迭代过程（Gelman et al.，2004）：

（1）创建模型，该模型包括所有相关的观测和未观测变量的联合概率分布；

（2）根据由观测数据确定的似然函数更新先验概率，从而计算后验概率分布；

（3）通过模型训练和参数推断评价模型结果，必要时重复所有步骤。

因此，贝叶斯推断将收集到的数据视为一组确定值，然后更新由概率参数描述的关于系统的初步认识。这种统计方法在建立年代框架方面具有显著的优势。基于以上讨论，我们现在可以将贝叶斯框架中的参数解释如下（Millard，2006b）：

将这种统计方法应用于释光年龄和年代框架有诸多好处。用于建立年代框架的年龄数据并不是孤立存在的。如前文案例所示，通常情况下，将测年数据与其他相关信息（如地层顺序、独立的年代数据、器形变化或其他专业信息）相结合时，测年结果将更加可靠和精确。这可以提高基于年代框架得出的结论的准确性。通过使用贝叶斯推断并以特定的方式组合这些数据，实验室和研究人员之间可以通过一种定量的方式来比较不同假设发生的可能性，这使得通常隐含的质量评估过程变得明确且可重复。这对于建立年代框架尤其有用，因为可以将测年样品间所牵涉的复杂关系简化并以一种可重复的方式进行数学描述。

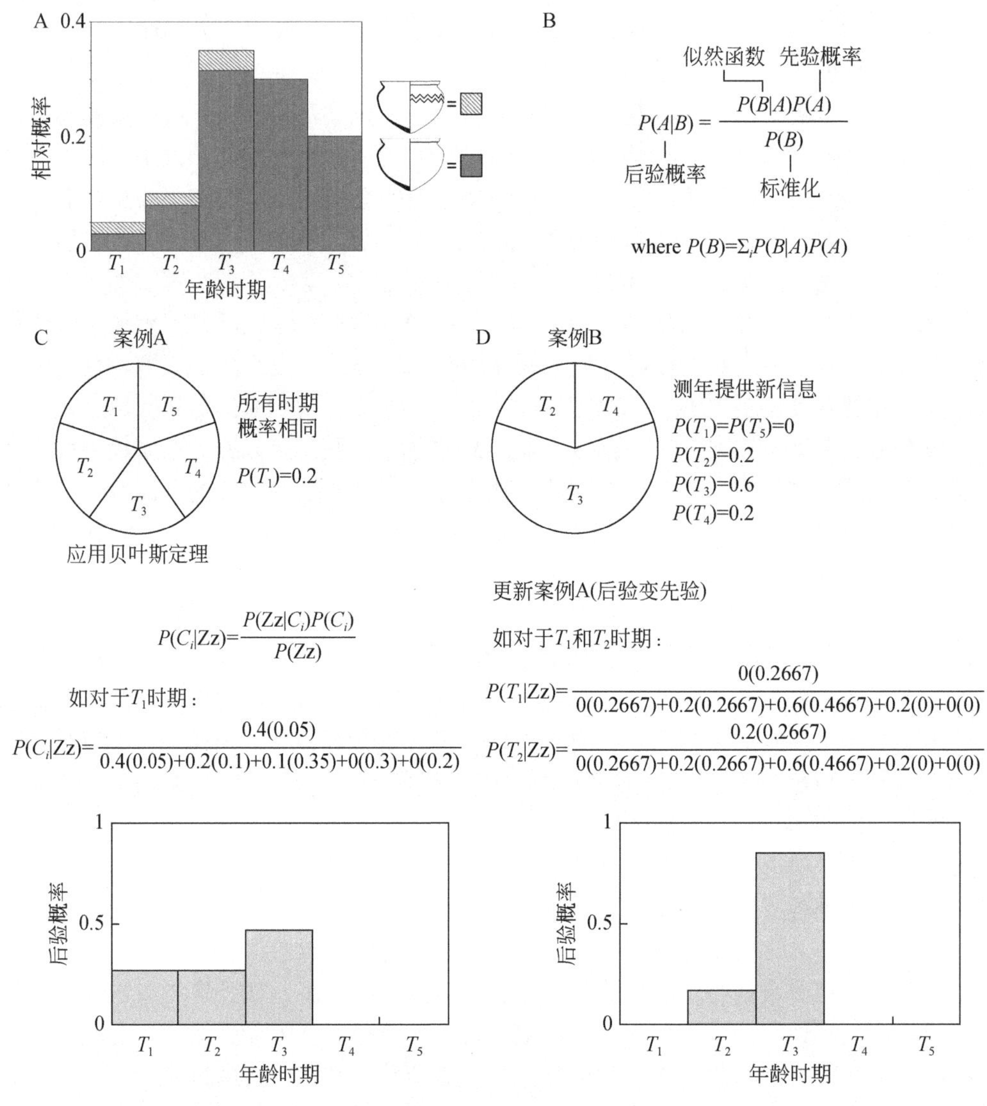

图 3.3　贝叶斯定理和贝叶斯推断在陶器测年中的应用。

3.3　年代框架的建立：准备工作

如果某一大型项目需要建立和使用年代框架，那么在项目开始之初就应考虑模型设计和“遗产”数据的分析，并且贯穿于项目实施的各个阶段（Brauer et al.，2014）。理想情况下，采集任何释光样品都应有明确的目标：采样位置应该有助于约束目标事件，并且将系统误差的影响降至最低[进一步讨论请参见 Combès 和 Philippe（2017）和本书第 3.5.3 节]。减小系统误差的措施包括采集紧密关联且可用于不同独立测年方法的样品（Clark-Balzan et al.，2012）、使用多种矿物或释光信号的半独立释光测年方法（Arnold et al.，2015；Guérin et al.，2017b），或者如果可能的话，从某个确定的地层单元采集多个样品（Alexanderson et al.，2014）。仅使用新收集的数据建立的年代框架将主要关注模型设定，而较少涉及数据库创建和“遗产”数据的质量控制。尽管如此，这类研究应确保它们的数据符合发表的最低要求，以便在将来可以纳入整合分析。

3.3.1 模型设定

复杂的年代模型假设情景可以表示为目标事件、可用的测年数据和时间约束之间的明确关系。在某些情况下，测年数据或分组年龄数据的后验概率可能是研究者期望的结果（Douka et al.，2014），而其他模型可能会将这种后验概率作为更加复杂的模型的基础输入项（Chiverrell et al.，2009；Parnell et al.，2008）。初始模型设定包括目标事件的识别、“遗产”数据和新数据的汇编、数据库创建和迭代建模时质量控制标准的斟酌，以及编码可行性和模型敏感性测试的评估。我们将在下文依次讨论这些问题。

事件，即我们希望定年的稳定状态转换或短期偏移，在许多情况下都是明确的。大多数情况下，事件是某个古生物学、考古学或古环境事件，能够被定位到特定的地层位置，可能存在一定的误差。例如，对于依赖古环境代用指标（如孢粉频率）解译的事件，可以通过对数据的数学解释来定义局部拐点（Parnell et al.，2008）。释光测年可以直接或间接地为目标事件提供年龄。沉积物中矿物颗粒的 OSL、TL 或 IRSL 年龄仅代表碎屑沉积物的埋藏年龄，如古洪水事件、沙丘或黄土的堆积、冰川沉积，或陆相火山岩内矿物的直接结晶年龄。尽管通常认为此类沉积事件与其中包含的石器或化石的最后使用/占用或动物死亡是同时发生的，但值得注意的是，由于再沉积或沉积后混合过程的存在，这种认识也可能是错误的（Bueno et al.，2013）。特别是在不同的独立测年方法获得的结果存在矛盾时，必须仔细考虑具体测年方法所测得的年龄的确切指示意义。

3.3.2 数据库汇编

模型设计直接影响项目数据库中记录的参数的选择，包括任何相关的年龄数据，以及释光年龄记录的详细程度。数据库设计是一项复杂的工作，创建一个有用的、可靠的、信息丰富的数据库来服务于不同专业是一个难题，需要参考大量的文献。Bronk Ramsey 等（2014）概述了为 INTIMATE 项目创建数据库的过程，该研究试图整合过去 6 万年的冰芯、海洋和陆地钻孔的古环境代用指标与地层年代信息及其相关的不确定性。对于更具体的项目，更简单的方法同样有用。然而，重要的是记录所有必要的信息，以便适当处理任何系统误差并调整剂量率计算。全面的数据汇编需要花费大量时间。在有多位专家参与数据输入的项目里，向所有合作者传达明确的指南和定义至关重要（Lancaster et al.，2016）。虽然自动化数据收集工具的开发可能有助于数据的初步汇编，但早期的论文可能没有以正确的格式进行数字化，重要的数据往往分散于文本中而非表格。

大型数据集强调了文献资料中关于样品采集、处理和测年方法等信息的多变性。释光测年的一个常见的问题是发表的释光年龄（单位为“a”或“ka”），常常缺乏具体的数据报告（Brauer et al.，2014；Halfen et al.，2016）。尽管随着时间的推移，质量控制实验和数据报告标准在逐步发展，但大部分论文中很少提供可用于判断年龄质量的具体细节。例如，Thomas 和 Burrough（2016）对来自非洲南部的 30 多篇沙丘测年论文进行了评估，结果发现，这些通过 SAR 获得的年龄数据中，只有 34%的样品提供了剂量恢复实验数据，提供了

OD 值的样品则更少。他们注意到，即使是像测片数量这样的基本信息，也只有 45%的论文报告了相关数据。

有鉴于此，初始阶段应将所有符合标准的数据包含进来，这些标准可以保证足够的基本信息，以便专业人员在使用这些信息时可以根据自己的要求进行质量控制评估，从而对数据质量进行打分（Small et al.，2017）。这也是 INQUA 沙丘地图数据库采取的方法：数据的纳入仅需要满足发表的最低要求（样品位置坐标、沉积物类型和测年方法），但只要有更多重要的数据，就都会被录入。

3.3.3　质量评估

在建立包含“遗产”数据的年代框架时，数据质量至关重要，因为不准确或与目标事件不显著相关的年龄会使模型产生偏差。这个问题必须从几个方面来考虑，包括方法学评估（其中一个方面可能是使用不同的测年技术），年龄与目标事件以及任何其他年龄数据（即约束条件）的关联的可靠性，或“年龄剔除”和“地层剔除”（Millard，2008；Spriggs，1989）。至关重要的是，发表的年龄数据应具有足够的来源方面的信息，以便数据库编制者能够评估年龄和地层的可靠性，否则最好将其从模型中移除。然而，在大多数情况下，最好为年龄信息设置多重可靠性级别，而非简单的保留/删除。这些可靠性级别可用于建立几个不同的模型，并在后期比较后验概率，或者在建模过程中用于更复杂的贝叶斯“异常值分析”（Blaauw and Christen，2011；Bronk Ramsey，2009b）。这将在第 3.4.3 节和第 3.5.3 节中进一步讨论。关于质量控制标准的更多信息也可以参考与考古（Higham et al.，2014）、古环境（Brauer et al.，2014）和古生物（Rodríguez-Rey et al.，2015）相关的研究。

总体来说，对于各种地质环境中可能影响释光数据质量的问题，已基本达成了共识。但对“遗产”数据的可靠性进行排序的明确指导原则取决于具体的应用情景。方法学评估不仅需要评估原始研究的测量程序和年龄计算方法，还需要评估其对目标样品集的适用性。数据质量的首次评估应尽可能独立于对年龄与任何假设的年龄模式的“拟合”评估（Small et al.，2017）。我们无法为所有情景提供一套完整的质量控制标准，但需要考虑的一些重要问题包括：

（1）是否有充分的证据表明该方法适用于所研究的矿物样品？

这在第 3.2.2 节已经提及，第 1 章和其中的参考文献对此进行了全面讨论。因此，不妨简单地考虑以下几个重要问题。由于不完全晒退的存在，通常认为自然沉积物的光释光（OSL）年龄通常比热释光（TL）年龄更准确，而且由于矿物晶体属性的异质性，单片或单粒技术比多片技术更可靠。对于长石年龄，是否考虑和测量了异常衰减（值）？早期的长石年龄可能假设不存在异常衰减，因而没有通过实验测量并校正它。测量的 D_E 是否接近饱和？是否进行了严格且统一的数据处理？也就是说，处理 D_E 数据时是否应用了年龄模型，或者是否在没有明确标准的情况下排除了“异常值”？年龄模型的使用是否恰当？例如，有时会使用一种叫作有限混合模型（Galbraith and Green，1990）的特定年龄模型来计算小测片的 D_E 组分，但模拟表明这可能会导致“虚假”分布（Arnold and Roberts，2009）。另外，最高质量的数据应包括支撑性实验，如剂量恢复，以及详细的数据分析方法（使用的所有测量程序、测片大小以及测片数量等）。

（2）是否存在可能导致年龄不准确的地质因素，这些因素是否被考虑？

年龄的不准确可能是等效剂量测量或剂量率计算造成的，而地质因素对计算这两个量的不利影响的程度取决于样品类型及其环境背景。对于最常见的风险因素的详细评估，请参考本书中应用部分的章节。以下列出了一些主要问题。对于可能出现不完全晒退的情况，是否采用了适当的测量方法和数据处理方法（如第 6、7 章）？样品在埋藏后是否未受扰动，或者沉积后混合是否影响了年龄（如第 1、6、7 章）？此外，也应评估剂量率的可靠性。可能出现的一些问题包括衰变链不平衡，特别是对于水成沉积物和开放系统或存在放射性同位素迁移的情况。如果用γ能谱仪进行原位测量，也可能会检测出γ剂量率的不均匀性（第 2 章）。如果钾长石测年中没有测量钾含量，基于假定的钾含量获得的年龄可能存在偏差。而且，沉积物中的α和β微剂量变化可能导致 D_E 呈现出与不完全晒退或生物扰动相似的分布（见第 4、6、7 章）。由于这个问题比较复杂，最好通过与释光测年人员讨论或查阅文献来确定最有可能影响年龄的因素。至少，应该仔细阅读含有“遗产”年龄数据的文献，并注意作者在论文中强调的任何研究难点。

（3）该地点是否有辅助性的测年数据？

从局地地层序列或更大区域内的同一地理单元收集的测年数据中可以发现在个别样品数据中不一定显著的问题。年龄不准确的证据可能包括年龄-深度关系的倒置和年龄异常值，即与主体数据存在一定偏差的单个数据点。一般而言，一个地点的年龄数据可靠性顺序如下（从最不可靠到最可靠）：单个释光年龄，释光年龄序列（一种矿物和测试方法），释光年龄序列（多种矿物或测试方法：半独立数据），释光年龄和独立测年数据。这里必须指出，这种评价标准并不完全独立于对年龄数据似然概率的评估。通常，在释光年龄计算与基于“专业知识”获得的某个地点的年代学结果之间存在一定程度的循环印证。也就是说，将 D_E 分布归因于不完全晒退而非微剂量分布不均或生物扰动，在某种程度上可能取决于该样品的其他年龄信息的约束。此标准与异常值分析在功能上存在明显重叠，这将在下文进一步讨论。

3.4 构建模型

目前有多个可以在线免费使用的贝叶斯建模软件包，可用于对释光年龄进行建模，可以是简单地将其表示为具有一定误差的日历年龄，也可以更灵活地处理系统误差和非独立变量①。对于有编程经验的用户，还可以采用高度灵活的软件开发包，包括 JAGS（Just Another Gibbs Sampler）（Plummer，2003；参见 Combès et al.，2015 中的模型示例），Stan 开发团队（Stan Development Team，2015），以及基于 R 语言的专门用于释光年龄建模的 BayLum（Christophe et al.，2017；Philippe et al.，2019）。考虑了释光年龄特点且对用户更加友好的软件包有 WinBugs（Lunn et al.，2000，2012；见 Millard，2008 中的模型）、BCal（Buck et al.，1999）和 OxCal（Bronk Ramsey，2009a；见 Chiverrell et al.，2013 中的模型；Douka et

① 此处提到的程序/软件包可从以下站点在线获取：Baylum for R（https://cran.r-project.org/package=Baylum），JAGS（http://mcmc-jags.sourceforge.net/[2024.8.21]）；Stan（http://mc-stan.org/[2024.8.21]）；WinBugs（https://www.mrc-bsu.cam.ac.uk/ software/bugs/[2024.8.21]）；BCal（http://bcal.sheffield.ac.uk/）；OxCal （https://c14.arch.ox.ac.uk/oxcal.html[2024.8.21]）；BPeat and Bacon（http://chrono.qub.ac.uk/blaauw/wiggles/）；BChron （https:// cran.r-project.org/web/packages/Bchron/index.html[2024.8.21]）；Baylum for R、BChron （https://cran.r-project.org[2024.8.21]），Bcal（http://bcal.sheffield.ac.uk[2024.8.21]）

al.，2014）。它们都有一个图形用户界面，旨在简化年龄和约束条件的输入，并且可以对更复杂的输入数据进行编程处理。有些软件是专门为年龄-深度建模而设计的，如 Bpeat（Blaauw and Christen，2005；见 Ampel et al.，2008 中的模型；Wohlfarth et al.，2008），Bacon（Blaauw and Christen，2011，2013）和 BChron（Haslett and Parnell，2008；见 Livsey et al.，2016 中的模型）。

在本节中，为了凸显一些将年代与地层信息联系起来的基本方法，我们使用 OxCal 软件对某些应用实例进行了模拟。图 3.4～图 3.6 展示了为正在发掘和定年的有待考证的洞穴遗址创建的三个不同模型，按照从简单到复杂的顺序呈现。这些图中 A 部分给出的是用于创建不同情景模型的代码，B 部分是模型假设的示意图，C 部分显示的是似然函数和后验概率。表 3.1 列出了 OxCal 软件的年代函数查询表（chronological query language，CQL）（Bronk Ramsey，2009a）中一些常用指令代码。OxCal 还提供了一个非编码用户界面。不过，使用一些非常简单的编码也可以构建出非常复杂的模型（如参数化方法，见第 3.4.2 节）。

3.4.1　组别、约束条件和先验信息

“Groups”（组别）、“Constraints”（约束条件）和“Priors”（先验信息）通过将已测年样品彼此关联及与目标时间相关联，共同构成了模型的总体结构。顾名思义，组别是可以用相同方式处理的年龄集合；约束条件在第 3.1 节中已经提到；而先验信息（第 3.2.2 节）本质上是这些约束条件的数学表达。有关本节所述信息的数学基础的更多细节，请参阅 Bronk Ramsey（2008，2009a）。

在 OxCal 软件中，有四个关键命令用于定义已测年样品与目标事件之间的时间关系（表 3.1）：

（1）Phase（阶段）；

（2）Sequence（序列）；

（3）Boundary（边界）；

（4）Terminus post quem（TPQ，最大年龄）/ terminus ante quem（TAQ，最小年龄）。

阶段是一种创建关联年龄组的方法；在阶段内，对于已测年样品或事件，没有强制设定时间顺序。序列对单个样品或样品组强制设定时间顺序。阶段和序列都必须控制在边界的范围内，确保模型年龄不会过度偏离（与相互关联的样品相比），完全独立的样品在年龄上出现紧密分组的可能性更低。阶段和序列还可以通过引入特定的先验信息进行修改，这些信息反映了已测样品分布频率随时间变化的初步认识有些先验信息也可以通过特定的“边界”命令来规定。标准的“边界”为某个阶段或序列赋予一个均匀一致的先验概率，即意味着样品是从某个给定时间区间内以相同概率均匀随机选择的。当然，除均匀分布以外的其他类型的分布也可以。最后，TPQ 和 TAQ 可以通过定义最大年龄和最小年龄在建模序列中插入年龄数据（Hobo et al.，2014）。也可以通过指定不同边界的相互关系或推断事件，从而建立与多组约束条件之间的联系（图 3.6；第 3.4.4 节）。不同命令的使用示例见表 3.1。

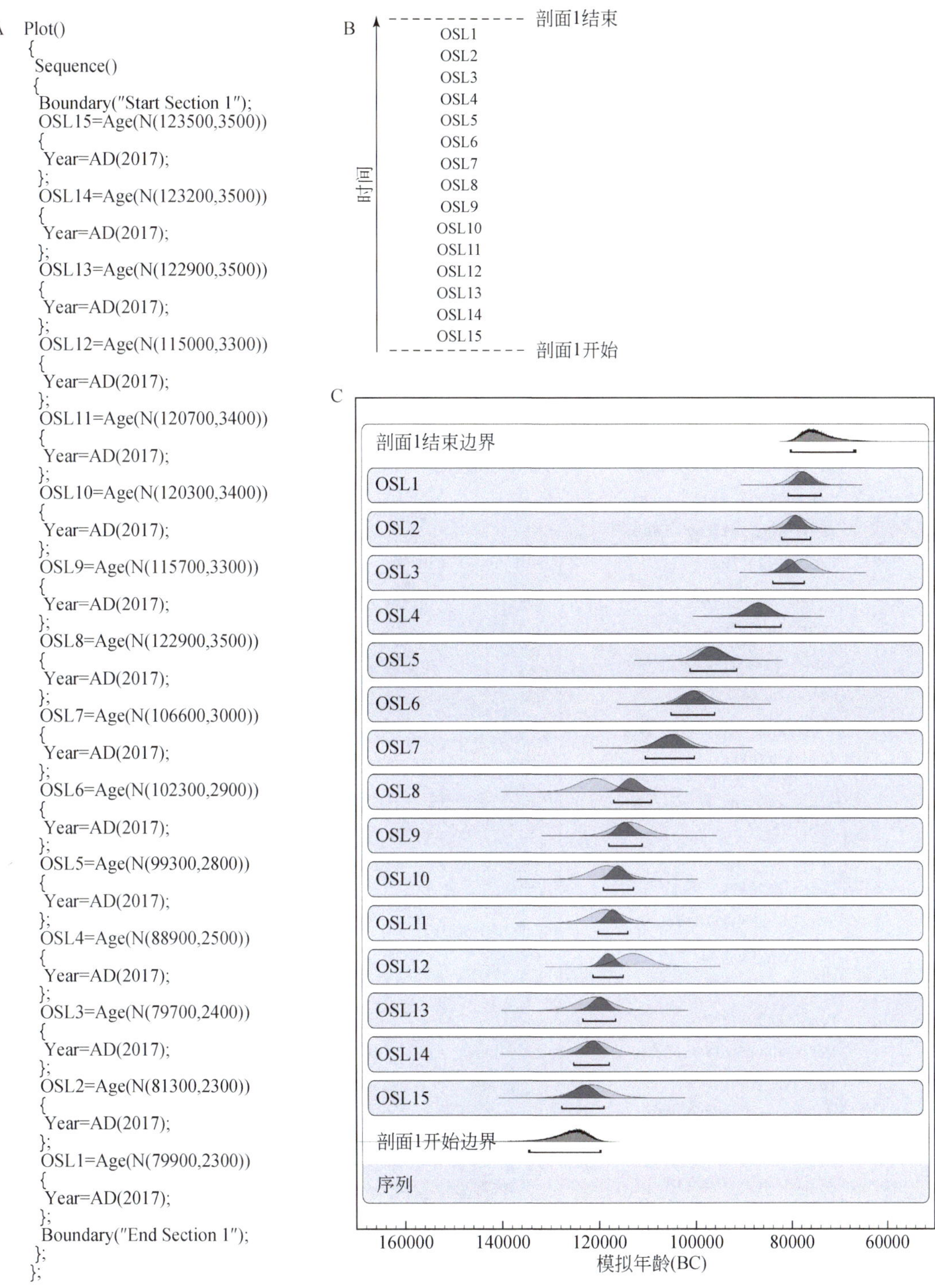

图 3.4 复杂洞穴遗址中的模拟考古剖面构建的一个简单的贝叶斯模型。采集了 15 个与地层序列直接相关的测年样品（OSL1～OSL15）进行 OSL 测年。将这些年龄在 OxCal 软件中建模为一个简单的有界序列：A-CQL 代码。B-模型示意图。单个年龄用无边框的灰色条带表示，边界用虚线表示。C-年龄和边界的建模后验概率（深灰色）和原始年龄信息（浅灰色似然概率）。

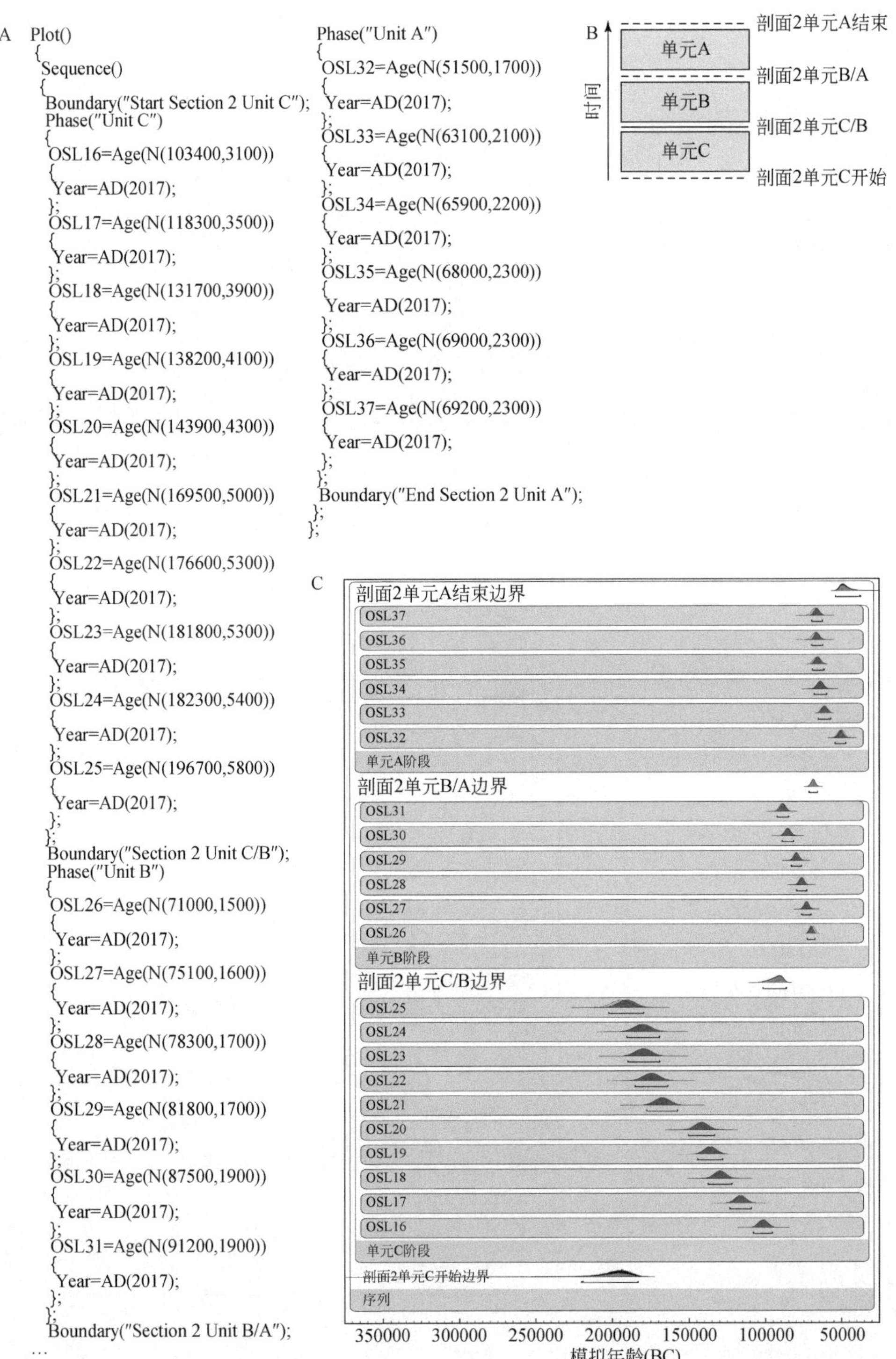

图 3.5　与图 3.4 所示的同一洞穴中的模拟释光年龄样品。这些样品不是按简单的地层顺序采集的，而是遍布于地层单元 A、B 或 C 中，这些地层单元并没有明确可靠的地层顺序。因此，这些年龄被建模为一个有界阶段序列（无序的年龄组别）。A-CQL 代码。B-模型示意图（图例同图 3.4，阶段用有边框的条带表示）。C-模拟结果。

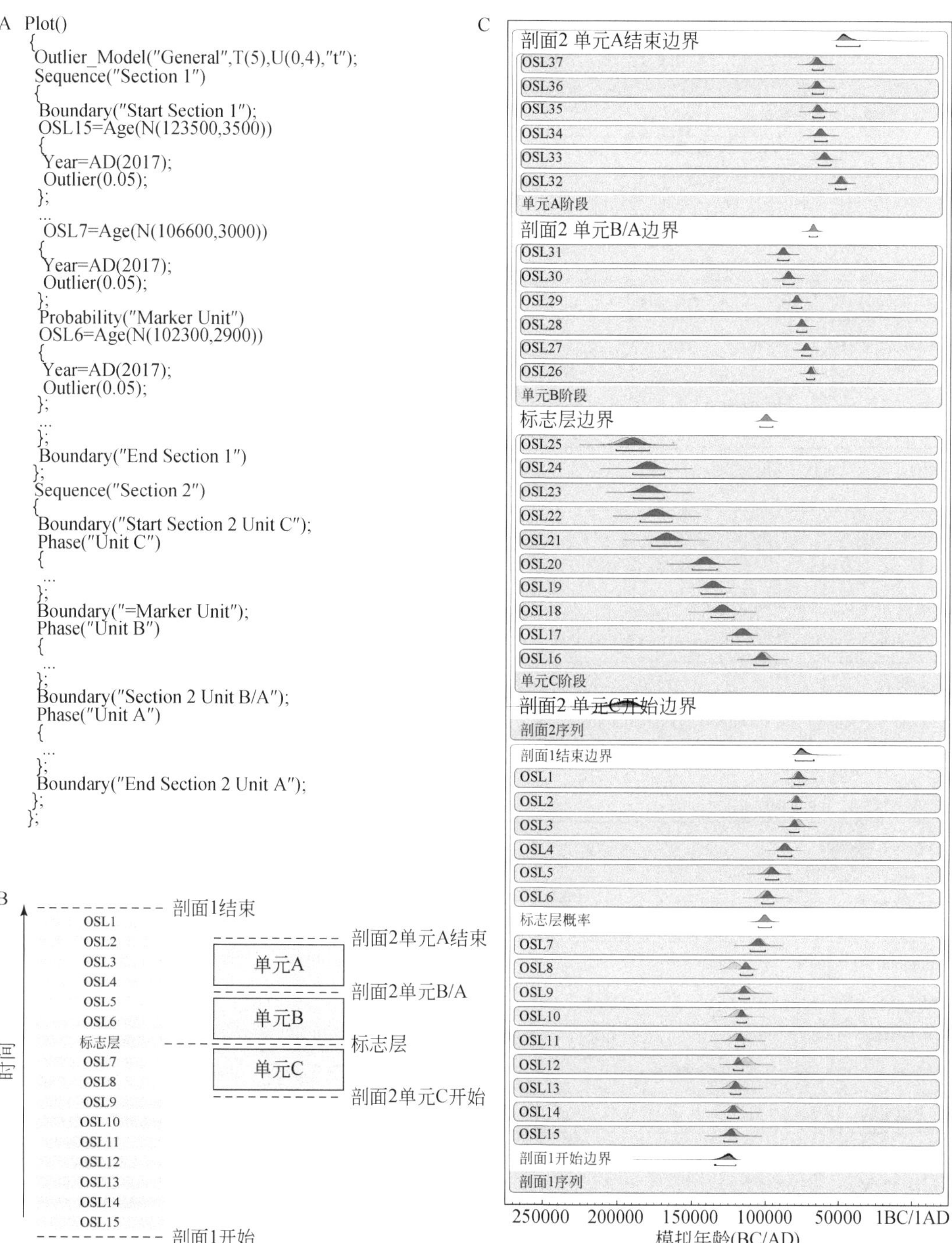

图 3.6 由图 3.4 和图 3.5 中的模拟释光年龄结合而成的一个更复杂的模型。已知在剖面 1 的样品 OSL6 和 OSL7 之间的沉积物中存在一个清晰可识别的火山灰层，该火山灰层也出现在剖面 2 的单元 B 和单元 C 之间。因此，可以通过概率推断（提取火山灰层年龄的概率密度函数）以及单元 A 和单元 B 相互参照，将简单年龄序列（图 3.4）和有序组（图 3.5）联系起来。此外，还使用了一个异常模型，结果所有的样品年龄都通过了检验。C-模拟结果。

表 3.1　OxCal 软件的年代函数查询表中包含的一些命令

命令	用法
组别，约束条件，先验信息	
Sequence（[Name]）{…};	对事件和组别进行排序
Phase（[Name]）{…};	对无序事件进行分组
Boundary（[Name]，[Expression]）;	与序列和沉积序列一起使用；定义一组事件（如果与另一边界结合，则为一致先验信息）
Tau_Boundary（[Name]，[Expression]）;	作为边界，但与边界配对以定义指数分布的事件频率
Sigma_Boundary（[Name]，[Expression]）;	作为边界，但与σ边界配对以定义正态分布的事件频率或与边界配对以定义截尾正态分布
After（[Name]，[Expression]）{…};	最大年龄（在其之后，TPQ）；将事件 PDF 约束为发生在所有分组元素之后
Before（[Name]，[Expression]）{…};	最小年龄（在其之前，TAQ）；将事件 PDF 约束为发生在所有分组元素之前
沉积模式	
P_Sequence（[Name]，k0，[Interpolation]，… [log10（k/k0） expression]）{…};	泊松分布沉积的深度模式
U_Sequence（[Name]，[Interpolation]）{…};	均匀沉积的深度模式
年龄输入	
C_Date（[Name]，Cal Date，Uncertainty）;	定义具有正态分布不确定性的日历年龄
Age（[Name]，Expression）;	将表达式/PDF 转换为年龄
Prior（Name，[Filename]）;	从文件或模型中的其他位置定义 PDF
概率分布和运算	
N（Name，mu，sigma，[Resolution]）;	正态分布（PDF）
U（[Name]，From，To，[Resolution]）;	均匀分布（PDF）
Combine（[Name]）{…};	合并具有独立参数的 PDF
Difference（Name，Parameter1，… Parameter2，[Expression]）;	查找具有独立参数的 PDF 之间的差异
Probability（[Name]，At，Distribution）;	返回概率，可以与序列或阶段一起使用
异常值分析	
Outlier_Model（[Name]，Distribution，… [Magnitude]，[Type（t/r/s）]）;	异常值模型定义（见正文和参考文献）
Outlier（[Name]，[Probability]）;	将异常值的先验概率分配给似然函数

注：修改自 Bronk Ramsey（2009a）和 OxCal v4.3 手册。[Name] 表示参数的指定名称，可用于交叉引用，[Expression] 代表指定的概率密度函数（PDF）或值。

表 3.1 中定义的命令是简单的关联关系，可以通过嵌套来构建复杂的模型，类似于为考古遗址建立众所周知的哈里斯矩阵[①]（Millard，2006b）。最常用的地层学的先验信息是地

① 我国考古学界多使用系络图（译者注）。

层叠覆律，即上覆地层肯定比下伏地层年轻。在复杂的地层中，必须将序列和阶段结合起来进行灵活处理，因为很难对堆积过程的连续性和速率做出假设（Macken et al.，2013）。必要时，这些指令还可以用于创建嵌套约束，如在重新挖掘和重新采样的考古遗址中（Clark-Balzan et al.，2012）。阶段是整合给定沉积单元年龄数据（区别于通过加权平均法计算的权重均值来整合沉积单元年龄数据）的一种有效方法；加权平均值得出的沉积过程往往具有瞬时性（可能是错误的）（Millard，2008）。尽管阶段和序列通常反映地层约束，但一些项目也基于"伪地层"关系（Chiverrell et al.，2009）构建模型，即从其他类型的证据中推断事件的顺序。这类方法已用于评估泰国帕通（Phra Thong）地区一系列有序（地理上）滩脊的沉积期（Bril et al.，2015）和重建冰盖的进退历史（见第 3.5.3 节）。当然，也可以使用其他类型的信息，如考古学上的风格标准，但在使用此类信息时必须谨慎评估其有效性，因为很多的理论年表可能不太可靠。

图 3.4～3.6 展示了基于不同的已知信息各种约束条件可能最适合的情景。在图 3.4 中，测年样品都是从同一个洞穴的同一套连续且缓慢沉积的地层中采集的，样品之间的关系很简单。因此，地层位置和年龄顺序之间有着直接的联系（基于地层叠覆律），所有年龄都可以直接归入一个序列中。与之不同的是，图 3.5 假设我们已经在洞穴中区分出三个沉积单元（单元 A～C），其中单元 A 最年轻，单元 C 最老。由于样品是在整个洞穴中采集的，不能通过地层叠覆律将每个样品直接联系起来，而只能确定每个样品是从哪个沉积单元采集的。在此情景下，如图 3.5 所示的阶段序列是一种很好的方法。基于研究者的专业认知，每一阶段都相当于一个沉积单元被置于地层序列中。图 3.6 显示了这两个不同的模型是如何通过新信息关联起来的，这将在下文进一步讨论。

另一种常用的模型是"沉积模型"，在这种模型中，假设样品深度（而不是简单的地层顺序）可以产生一些年代信息（Blaauw and Christen，2005；Bronk Ramsey，2008）。此类模型已经可以在多个贝叶斯建模程序中实现（如 Bacon、BPeatT 和 OxCal），它们最常用于提高湖泊钻孔记录的精度和建立沉积模型（Ampel et al.，2008；Blockley et al.，2008；Wohlfarth et al.，2008）。一些研究还使用这种模型来计算一些研究较为成熟的沉积环境的沉积速率，如黄土剖面（Li et al.，2015）。然而，应该注意的是，大幅度、阶段性堆积的环境，如沙丘，可能更适合简单序列或阶段建模（Leighton et al.，2013）。Bronk Ramsey（2008）指出，在创建这样的模型时，必须考虑沉积模式以及由于潜在过程导致的沉积速率的变化。表 3.1 中提供了 OxCal 中用于创建此类模型的 CQL 代码示例。

需要注意的是，根据所需的信息，同一情景也可以用不同的方式建模。例如，通过将图 3.4 中的年龄按阶段分组，从而将其纳入一个更大的模型中。通过这种方法，我们选择不在模型中内置它们之间的关系信息。如果我们不需要提取序列中特定年龄或事件的后验概率，这将是一个完全有效的备选方案。

3.4.2 年龄输入

将年龄输入用户友好的贝叶斯建模程序的方法有两种：日历年龄定义和参数化/分层建模（表 3.1，图 3.4）。

其中第一种方法是最常用的，即使用日历年龄及其相关误差（正态分布），因为它简单而且不需要完全公布 D_E 和 D_R 的计算。图 3.4～图 3.6 中给出的代码也说明了这一点。然而，该方法并未对系统误差和非独立变量进行严格处理，因而模拟的年龄误差常常被低估（Millard，2008）。如果希望重新计算 D_R 以协调“遗产”数据，模拟过程必须单独进行。针对该方法的一些缺陷，已发表的文献中提出了两种解决方法。Rhodes 等（2003）提出了一种“实用”的日历年龄输入方法，以减少系统误差的影响。这涉及从释光年龄中去除“共享”系统误差，使模型中使用的误差仅包括随机误差和“非共享”系统误差（有关定义见第 3.2.2.1 节）。可以通过观察不同大小的“非共享”系统误差对模型一致性指数（A 值）的影响，来获得合适的“非共享”系统误差值（见下文）。在模型运行后，共享的系统误差将以平方和的形式重新组合，以获得最终的年龄。这种仅通过精度不确定性建模的简单方法已被多项研究采用（Barton et al.，2009；Feathers et al.，2006；Jacobs et al.，2008），尽管有时并未直接使用“非共享”系统误差这一术语。值得注意的是，许多前人的研究中发表的数据未必区分和公布系统误差和随机误差，因此，在实际应用该方法的过程中也可能存在困难。此外，如果要将这些年龄纳入具有独立年代控制的模型，则必须在贝叶斯模型中包含“共享”系统误差（Cunningham and Wallinga，2012）。

第二种方法涉及定义标准高斯分布（正态分布）之外的似然函数概率分布（参见 Zeeden et al.，2018 的讨论）。Cunningham 和 Wallinga（2012）提出了一种在贝叶斯框架中可靠估算最小年龄模型（MAM）误差的方法。该方法基于 OxCal 抽样对测得的 D_E 值进行重采样，使用随机离散度（OD）计算 MAM，引入“非共享”系统误差，再将获得的 D_E 频率分布进行平滑处理，以生成最终的似然函数分布。Hobo 等（2014）使用该方法对从莱茵河（Rhine River）支流瓦尔河（Waal River）采集的岩心进行了释光年龄建模，并估算了沉积速率及其收支平衡。Cunningham 和 Wallinga（2012）基于重采样的似然函数或其他相关方法也可用于创建反映非对称误差等问题的年龄似然函数，或推广到使用其他年龄模型的情况（如 Christophe et al.，2017）用于不完全晒退样品的贝叶斯-高斯混合模型。

相比之下，参数化方法涉及独立参数的定义，这些参数可以在分层模型中适当地共享，以便在贝叶斯框架中计算年龄（Millard，2006a，2006b）。这种方法的不足之处包括编程的复杂性、模型运算时间，以及“遗产”年龄数据的数量可能无法满足开发完全参数化模型的需求。然而，使用参数化方法可以更严格地处理“共享”系统误差和相关非独立变量。此外，参数化方法还可以为特定参数选择更合适的概率分布。Millard（2008）建议在某些情况下对含水量（可以避免出现不切实际的负值）和元素浓度使用对数正态分布，这在重新计算以色列斯库尔（Skhul）地区燧石 TL 年龄时特别有用。由于参数化并未包含在用户友好的建模程序中，因此在以往发表的文献中并不常见，不过现在 OxCal 提供了参数化的功能（Bronk Ramsey，2017）。确定参数取决于采样点特征（如预期水含量）以及变量测量/年龄计算等，因为这些因素控制了变量之间的相关性。鉴于其更严格的误差处理方式，应尽可能地采用参数化方法。Millard（2006b）将博德（Border）洞的 ESR 年龄数据的完整分层模型与 OxCal 日历年龄模型（该模型将所有值视为独立值）进行了比较，发现两种模型得到的阶段边界的平均年龄相差不到 1000 年。然而，OxCal 日历年龄模型边界年龄的精度高得有点不切实际。

一个值得考虑的问题是重复年龄的处理，这些年龄可能来自密切关联的样品，如采集于同一地层单元且具有相同的晒退情况、混合程度和剂量率，或同一样品的不同测片（单颗粒/多颗粒）或不同信号（TL 和 OSL）的测量结果等。如果从地层学或者方法学的角度，抑或是通过文献中提供的细节信息可以判断其中的某些年龄更为可靠，那么就可以用这些年龄取代模型中其他不太可靠的年龄。例如，对于一个既有多颗粒也有单颗粒年龄的河流沉积序列而言，可能会更倾向于选择单颗粒数据，以降低不完全晒退的影响。相反，如果单颗粒数据表明沉积物未受混合扰动或不完全晒退的影响，那么应该选择多颗粒年龄，因其可能更能代表沉积物的年龄，且与全样剂量率的计算相匹配。布隆博斯（Blombos）洞（Millard，2008）的研究就是一个很好的例子。同样，如果一个序列的石英 OSL 信号接近或者已经饱和，则可以用长石 pIRIR 年龄来代替，从而降低年龄低估的可能性。如果没有合理的理由拒绝一组年龄或样品，则可以使用其加权平均值，如同一个样品的 TL 和 OSL 的 D_E 无明显差异的情况（Millard，2006b）。

OxCal 还提供了一种方法，即使用“combine”指令将多个分布应用于同一参数。该方法已被用于合并洞穴环境中同一沉积单元内平行样品的年龄（Barton et al.，2009）或采集于沙丘中同一地层单元的样品年龄（Leighton et al.，2013）。当同一样品的单颗粒和多颗粒测片获得的 D_E 数据同样有效且彼此一致时，也可以使用“combine”指令（Burrough and Thomas，2013；Clark-Balzan et al.，2012）。Fu 等（2017）还使用该命令合并了同一地层序列的单颗粒 OSL 和 TT-OSL 年龄。进一步研究这种半独立变量作为模型输入项在统计意义上的严谨性对释光年龄模型的发展是有利的。

3.4.3 异常值分析

异常值是指依据某些特定的标准与其他数据明显分离的孤立数据点。在释光测年中，通常通过子样品的重复测量来定义异常值，如单片或单颗粒的 D_E 值。如果某个年龄相对于年龄-深度模型是倒置的（在 1σ或 2σ误差范围内），或者与预期的同一事件的年龄不一致，那么这个年龄也可以被定义为异常值。异常值的识别涉及异常值的定义标准，如定量同质性检验（Galbraith，2003；Ward and Wilson，1978）。

D_E 异常值的识别和处理相当复杂，因为对于一个给定的样品，单颗粒和多颗粒测量结果的离散程度几乎总是超过测量误差所能解释的范围（Galbraith and Roberts，2012）。这种异常的分散，称为过度分散（overdispersion，OD），它是一个重要的参数，通常与沉积环境分析相结合来确定“有问题”的样品。无论是沉积物混合、不完全晒退还是微剂量变化，研究者很可能根据推测的 OD 来源，通过使用适当的年龄模型计算 D_E 来降低过度分散的影响。然而，对于建模者来说，能够判断数据的分散程度对于评估数据质量是很有用的。

对待年龄异常值通常有不同的处理办法。上述同质性检验可用于一组年龄或者 D_E 值。Jacobs 等（2016）将 Galbraith（2003）的同质性检验应用于每个地层单元的年龄，然后仅通过加权方法将自洽年龄与精度误差相结合，得到每个地层单元沉积年龄的最佳估计（见上文关于使用阶段和加权平均值的讨论）。除此之外，OxCal 的一致性指数也可用于判断年龄为异常值的可能性（Bronk Ramsey，2009a）。个体一致性指数是对每个年龄的似然函数和后验概率相似性的度量。根据 Rhodes 等（2003）的建模方法，“非共享”系统误差值可以迭代放大，直到所有年龄的个体一致性指数超过某个理想值，通常为 60%。作者特别指出，通常没有先验理由拒绝这些异常值数据，所以这可能是通过增加单个年龄数据的“非共享”误差从而纳入此类异常值的更好方法。不过，从模型中剔除这个异常年龄可能更好。例如，Feathers 等（2006）使用这种一致性指数对数据集进行迭代剔除，直到计算结果接近某个给定的内部一致性指数。然而，Bronk Ramsey（2009a）指出，在统计上，每 20 个样品年龄中可能就有一个个体一致性指数小于 60%。因此，他建议对整个模型的一致性指数进行检查，如果大于 60%，则无须剔除异常值。

一个新的方法是从统计学上判断模型中的给定年龄或者日期是异常值的可能性（表 3.1，图 3.6）。Christen（1994）首次提出了一种严格的贝叶斯方法来分析放射性碳年龄的异常值，目前有 BPeat（Blaauw et al.，2007）、BChron（Haslett and Parnell，2008）和 OxCal（Bronk Ramsey，2009b）等软件包提供了相关方法，其中一些可应用于释光数据。在 OxCal 中，首先使用异常值分布（通常是 t 分布或正态分布）、异常值大小（可以涵盖几个数量级）和异常值类型三个关键参数（表 3.1）创建一个异常值模型。类型“t”假设计算的样品年龄和真实年龄之间的关联由于某种原因被抵消，它提供了处理异常释光数据的最佳方法。“outlier”命令可用于指定给定年龄为异常值的先验概率；当没有先验信息时（如 0.05），所有样品的概率可以是同一值，或者如果数据具有不同程度的可靠性，则可以定义每个样品是异常值的概率（见第 3.5.3 节）。模型运行后，会生成每个年龄为异常值的百分比概率。多项研究都使用了这种方法，并对由此得到的异常值概率进行了不同程度的分析（Chiverrell et al.，2013；Fu et al.，2017；Leighton et al.，2013；Mischke et al.，2017）。

3.4.4　查询、评估和报告

模型参数有几种用于假设检验的方法。建模边界有时会被当作目标事件（Davies et al.，2016），但除了模拟的年龄概率外，OxCal 还具有提取多种信息的能力，包括推断事件的后验概率（表 3.1，图 3.6）、事件顺序，以及对模型概率分布的进一步运算（请参阅第 3.5.1 节）。这些运算被称为“查询”。在图 3.6 中，该功能已被用于定义一个火山灰标志层的后验概率密度函数，该地层单元的年龄受到剖面 1 中的释光测年样品的约束。这个火山灰层同时也是单元 C 和单元 B 之间的边界，因此为剖面 2 的“阶段”提供了新的年代控制。通过将这些单元阶段之间的边界与从剖面 1 中提取的火山灰概率密度函数相互参照，便可以构建起年龄模型。简单地说，我们为年龄模型中的这两个参数设置了相同的约束条件，从而将两个剖面关联起来。在已发表的模型中，“查询”功能已被用于推断特定考古和古环境事件的持续时间（Douka et al.，2014），或计算事件频率，如 Greenbaum 等（2006）对内盖夫（Negev）沙漠洪水频率的研究。如果仔细检查，一致性指数（见第 3.4.3 节）也可以提供有用的信息。Rhodes 等（2003）指出，模型可用于估计“非共享”系统误差的大小，因为可以通过迭代放大“非共享”系统误差，直到一致性指数达到可以接受的阈值。如果有独立的年代控制，也可以通过类似的方法估计“共享”系统误差。

对于包含不同测年样本和约束条件的模型，进行敏感性测试是有必要的（Bronk Ramsey，2009a）。尽管文献中一般并不呈现关于系统敏感性测试的结果，但在最终发表数据之前，作者通常会对多个模型进行测试。在此过程中，可能会调整输入的年龄和约束条件，也可能会比较不同模型的结果（Kempf et al.，2017；Millard，2008）。模型的年代结果有时会高度依赖于一个或两个测年样品（Millard，2008），在这种情况下，理想的做法是收集更多的新数据；但无论如何，这一信息对于任何基于年代的假设都至关重要。同样需要认识到的是，一个特定的自然情景可以通过不同的模型表达，具体取决于所选择的约束类型。以洞穴遗址中的考古地层为例，其地层信息通常可以通过两种主要方式进行建模。首先，可以使用确定的沉积单元来关联事件和测年数据；这可能会很复杂，因为地层关联的可靠性会受到遗址发掘过程的影响。其次，也可以通过该遗址的文化层序列来对年龄进行分组和排序。这两类模型各有其价值和优点（Aubry et al.，2014），而且经常被用来进行对比（Douka et al.，2014；Millard，2006a）。

最后，在文献中应提供模型的完整信息，包括使用的软件及其版本、样品年龄和年龄输入策略、约束条件、异常值处理、敏感性测试，以及上述所有选择的科学依据（Bayliss，2015）。理想情况下，应该在论文或附录中分享模型代码（如 Higham et al.，2014 提供的补充信息），否则应提供详细完整的描述（Clark-Balzan et al.，2012；Douka et al.，2014）。当出现分歧时，就可以看出在报告中提供所有输入数据以及假设的逻辑依据的重要性，如 Kennett 等（2015a）为有争议的新仙女木事件边界影响理论创建的年代模型，其中对于某些年龄的剔除就存在不同的看法（Boslough et al.，2015；Holliday，2015；Kennett et al.，2015b）。

3.5 案例研究

这里选择了几个案例研究来阐明有关建立和使用年代框架的具体要点。第一个案例是澳大利亚的里维洞，它展示了在单个地点进行贝叶斯建模的潜在优势：既可以提高测年数据的精度，又可以检验是否存在系统误差。第二个案例（古人类化石年代学）和第三个案例（英国-爱尔兰冰盖年代学的重新评估）提供了完全或大部分基于“遗产”年龄数据的项目信息，包括年龄的重新计算、异常值分析和“伪地层”约束的相关实例。

3.5.1 澳大利亚的人类定居史：里维洞

人类最早出现在澳大利亚的时间是一个复杂的研究课题，释光测年结果显示其历史悠久，但略显杂乱（Fullagar et al.，1996；Galbraith et al.，1999；Olley et al.，2006；Roberts et al.，1990，1999）。最近的综述文章表明，其最早的居住面年龄肯定早于 4 万年前（O’Connell and Allen，2004，2015），甚至可能早于 5 万年前（Clarkson et al.，2015），这对认识现代智人的全球迁徙（Groucutt et al.，2015），以及古人类如何适应澳大利亚具有挑战性的环境及其与巨型动物的互动等问题具有重要意义（O'Connell and Allen，2015；Hughes et al.，2017）。由于缺乏早更新世时代的考古遗址，最老的年龄接近放射性碳测年的测年上限（约 50～55ka），并且其他测年方法（如释光）精度较低，使得精确的测年工作困难重重（Balme，2000；O'Connell and Allen，2015）。因此，最近的一些研究使用贝叶斯方法或年龄模型来评估测年数据（Clarkson et al.，2015；Hamm et al.，2016；Veth et al.，2017）。Wood 等（2016）在澳大利亚西部里维洞的研究中使用了一种很有意思的方法，证明了综合运用贝叶斯建模和高分辨率测年研究的潜力。

里维洞（“露营地”）是一个位于劳福德（Lawford）山脉悬崖底部的大型石灰岩洞穴，

该区域历史上由古尼扬迪（Gooniyandi）人控制（图 3.7）。1999 年，在这里挖掘了一个 1m×1m 的探方，揭露了一个 1m 多厚的细颗粒石英沉积物地层，其中的火塘内有石器、贝壳、赭石和骨头等（Balme，2000）。在这次发掘中采集到的 6 块炭屑的放射性碳年龄为全新世和距今 3 万至 4 万多年，展示了该洞穴在高分辨率的更新世考古学研究中的价值。2013 年的二次发掘将原始探方（1 号探方）和另外三个 1m×1m 探方（3 号、4 号、5 号探方）开挖到了基岩，洞穴内部的探方深度＞1m，洞口处深约 0.65m。与最初的发掘一样，2013 年的二次发掘采用四分法和“随机”挖掘法进行发掘（文化层为 2cm，底层沉积物为 3～5cm），而凹坑和火塘等独特地层则作为独立单元进行发掘。发掘出的材料用孔径为 5mm 和 1.5mm 的筛子进行干筛。此次发掘确定了十二个地层单元（“SU”），从上到下：SU1～2 呈灰色/灰白色，SU3～12 为褐色细沙为主的风成沉积物。

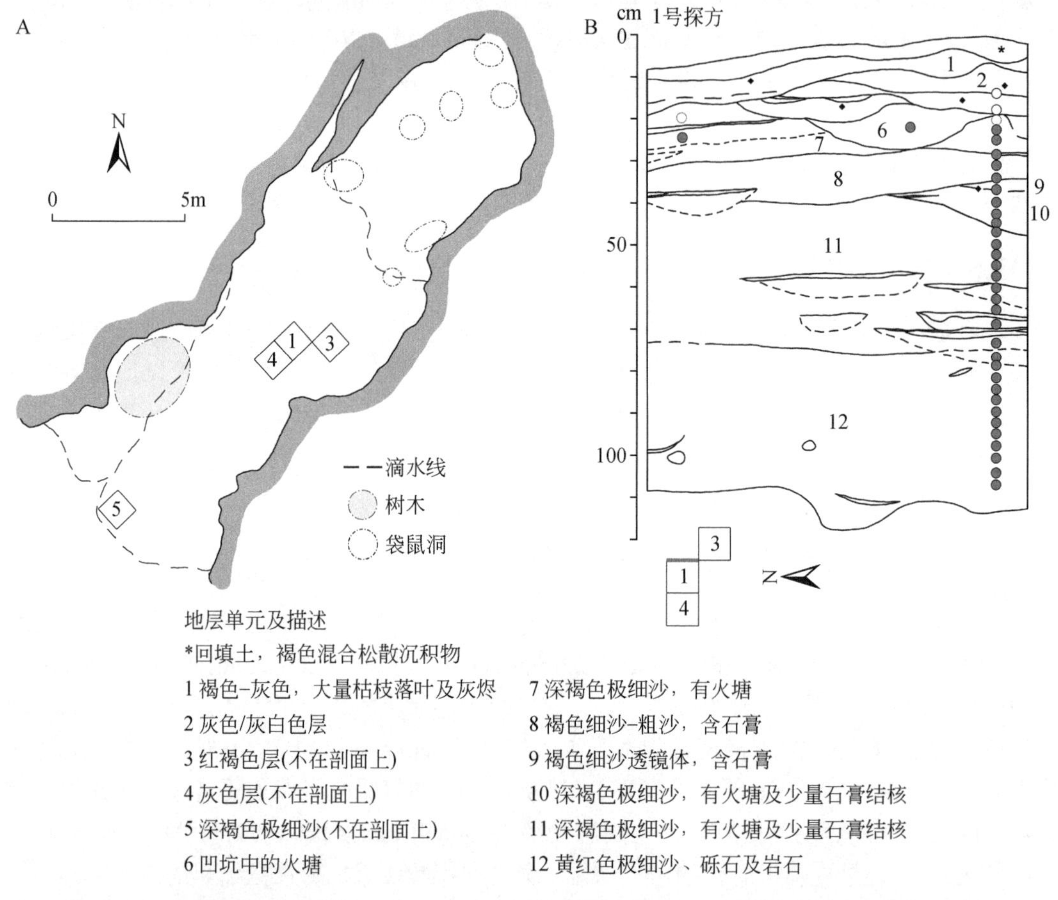

图 3.7　A-洞穴平面图；B-地层剖面图，标注了 OSL 测年样品（圆圈）和放射性碳测年样品（黑色菱形）的位置。遗址模型中用到的 OSL 样品标记为灰色；年龄为全新世的样品标记为白色；圆圈轮廓使用灰色虚线则表明该样品可能发生了混合。修改自 Wood 等（2016）。

在二次发掘中，开展了一项高分辨率的测年研究。获得了 33 个炭屑的放射性碳年龄，其中一些炭屑采集于剖面上（26 个样品），另一些则来自原地挖掘（2 个样品）或过筛的沉积物（5 个样品）。采用严格的前处理方案去除较老样品的现代（碳）污染，同时也采用较为宽松的前处理方案制备和测试重复样品进行对比，用以研究系统偏差。此外，使用小采样管（直径 2cm，长度 10cm）获取了 37 个高分辨率释光样品，其中 34 个取自同一个厚约 1m 的地层单元，另外 3 个样品取自附近的地层单元（图 3.7B）。释光测年采用了广泛报道的单颗粒石英技术。通过剂量恢复实验确定预热温度并明确了数据筛选条件；给出了代表性石英颗粒释光信号的衰减曲线和生长曲线，并通过径向图检验样品的 D_E 分布情况。

由于缺乏“遗产”数据且年代框架较为有限，该遗址的数据汇编相对简单。对早期的 6 个放射性碳年龄进行了与新获得的年龄类似的前处理，作者没有提及方法学上的问题，而且原始文献中给出的深度和发掘单元可以用新定义的地层单元进行识别。在建模之前，从数据库中剔除了四个放射性碳十四年龄数据：一个是来自生物扰动严重单元的“非常明显的异常值”（Wood et al.，2016），一个非限定性（non-finite）年龄，以及两个地层单元界面的样品。在这项研究中，释光数据的处理方法有点不同寻常。有限混合模型的 D_E 分布显示，Riwi-6 和 Riwi-2 两个混合样品可能包含来自两个不同年龄组分的石英颗粒；这一点得到了地层证据的支持，因为这两个样品都是从 SU7 采集的，紧邻不整合面下方，并且被 SU2 覆盖。考虑到矿物颗粒可能经历了沉积后扰动，在对 D_E 数据进行了基于中位数绝对偏差的异常值筛选后认为，有几个样品为“分散”样品。将 D_E 被转换为自然对数，并计算归一化的中位数绝对偏差（nMAD），那些高于 1.48 的值（该值对应正态分布的中位数绝对偏差）被剔除。经过这个过程，每个样品在计算年龄之前已有 3%到 23%的 D_E 被剔除。与原始 D_E 值相比，经过筛选后的 D_E 值变化介于比原始值偏小 3%到偏大 19%之间。这一处理方法并非释光测年研究的常规操作，其对年龄结果的影响有待进一步研究，特别是当 D_E 分布、分散及微剂量测定之间的相互影响逐渐被揭示时，该方法可能会在降低准确度的风险下提高精度。尽管如此，其所构建的年龄模型很有意思且值得关注。

基于洞穴中确定的地层单元，Wood 等（2016）分别针对放射性碳和光释光测年数据构建了两个贝叶斯年龄模型。OxCal 软件中的模型构建反映了两种测年方法的采样策略所提供的不同信息。如图 3.8 所示，放射性碳模型将年龄进行分组，并对应于各个地层单元；因此，这一操作是假定这些年龄的顺序在每个地层单元内不能再进一步细化，也体现了随机挖掘的策略，并考虑到每个考古单元内炭屑发生移动的可能性。相比之下，用于释光测年的样品主要采集于 1 号探方中穿过整个地层的柱状剖面中，还有 3 个样品采自 1 号探方中更西边的具有明显上覆/穿插接触关系的地层中。通过 OxCal 软件中的 R_Date 函数输入放射性碳测年数据，重复测年样品用 R_Combine 函数进行组合。释光测年数据以 1950 年为基准使用 C_Date 函数输入，并且赋予 1σ误差（仅为随机误差）。两个模型均嵌入了异常值模型（一般类型“t”），每个年龄的先验概率为 5%。在这两个模型中，使用两个边界来框定与每个地层单元相关的年龄，为形成目标事件的地层单元提供起止年龄估计。放射性碳年龄模型出现了一个例外，SU12 被分为两个阶段（中部和上部），从而为洞穴中最早的火塘提供了更精确的年龄估计。如第 3.4.1 节所述，最终模型中年龄的分组和排序是以发掘获得的地层先验信息为基础，通过对其进行优化，以提供目标考古事件的年代信息。

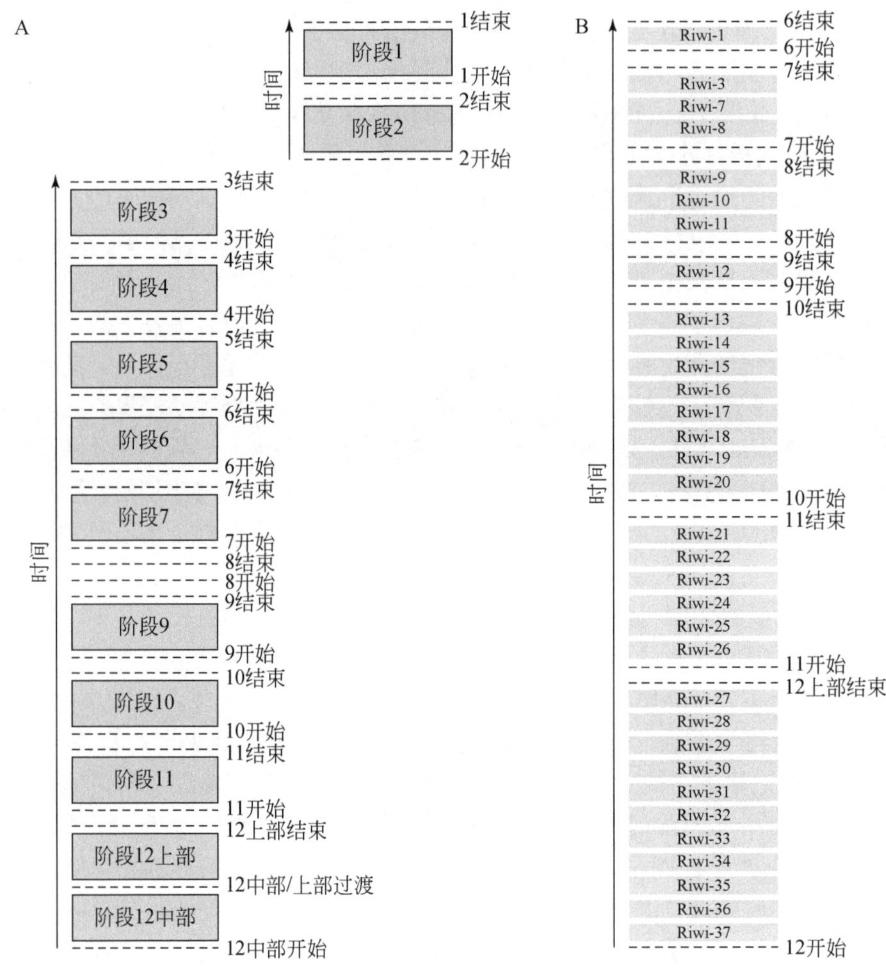

图 3.8　里维洞年龄模型示意图：A-放射性碳年龄模型；B-OSL 年龄模型。
边界、阶段和样品年龄如图 3.4～图 3.6 所示。

从考古学角度来看，SU12 中部/上部边界确定了使用火塘的最早可能年龄为 46.4～44.6cal ka BP，由三个放射性碳年龄直接约束：一个来自 SU12 中部的“遗产”年龄，两个来自 SU12 上部的新的测年数据，其中一个采自火塘本身（图 3.9）。据推测，在首次可靠的考古发现之前，存在距今 5210～920 年（68.2%的置信区间）的风成沉积（底部有孤立出现的石器，但被认为不太可靠）。在约 30～21cal ka BP、21～7cal ka BP 和 7～1cal ka BP 处也出现了沉积间断。然而，一个年龄约为 21cal ka BP 的火塘表明，在这些时期里维洞内也偶尔有古人类居住。

使用 OxCal 软件计算从放射性碳和 OSL 模型得到的地层单元边界建模年龄之间的差异（图 3.10）。这些数据均作为正态分布输入，平均值和标准差由两个独立的年龄模型确定，作者认为这种处理是合理的。使用差异（difference）命令，计算了在为 OSL 边界年龄添加 3.5%的平均系统误差（按平方和）之前和之后，放射性碳和 OSL 边界概率分布之间的差异。如果差异值分布的最高 68.2%或 95.4%的置信区间内包含 0 值，则表明在指定的误差范围内两种模型的结果是一致的。在考虑 OSL 年龄系统误差的情况下，所有差异值分布的 95.4% 的置信区间内都包含了 0 值，仅有两个在更窄的置信区间（68.2%）内未包含 0 值。

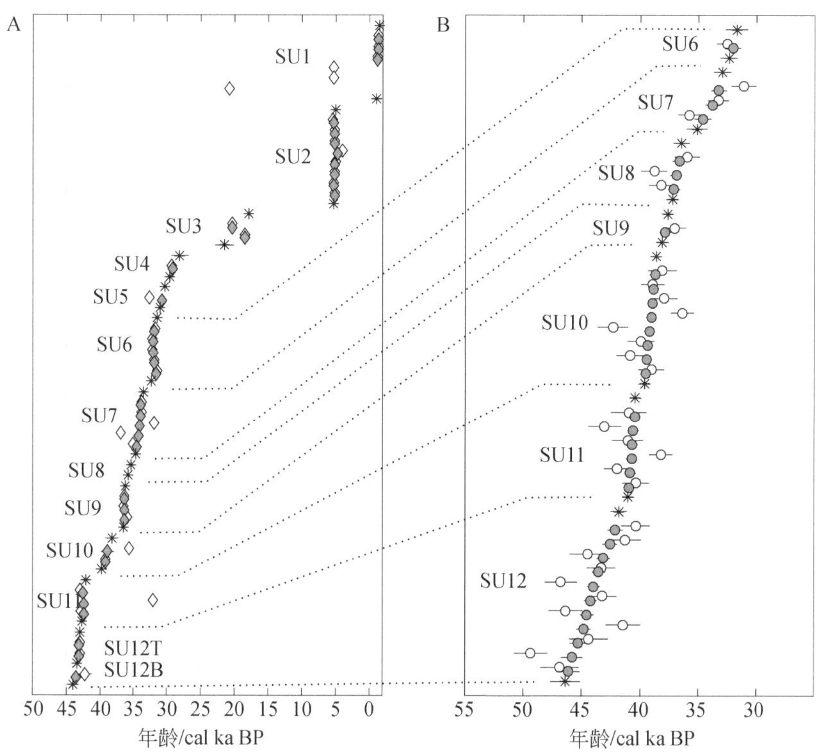

图 3.9 里维洞建模之前（浅灰色）和之后（深灰色）的放射性碳年龄（菱形）（A）和 OSL 年龄（圆圈）（B）。年龄按地层顺序排列；同一阶段内的放射性碳年龄顺序没有实际意义；边界年龄用星号表示。

这一方法的应用让研究人员获得了一些有趣的发现。首先，尽管从图 3.10 可以看出，放射性碳年龄和 OSL 年龄之间的差异的概率在深度上呈现出一定的变化模式，但两种年龄在整个序列中并未显示出系统性差异。通过对后验异常值概率的分析，研究人员识别出 6 个放射性碳年龄为异常值的概率超过 80%，这些异常值主要来自碎屑沉积中的炭屑，而非包含在考古材料中的炭屑。这一相关性的发现，为小炭屑在沉积地层中的迁移提供了证据，尽管以往的研究认为这一过程是存在的，但实际上却很少被证实过。对于 OSL 年龄而言，即使经过上文描述的 D_E 数据筛选，也依然鉴定出了 5 个异常值，其概率在 10%～18%之间。这些异常值不是太老就是太年轻，而且在整个序列中呈随机分布。通过建立并比较两个模型，研究人员调查了两个高分辨率独立测年数据序列的准确性。该方法还解决了通过高精度数据对模型进行“加权”的问题。换句话说，如果一个单一的年代模型包含具有明显不同精度的年龄（如放射性碳和 OSL 年龄），那么模型结果往往会被高精度数据所主导。在这种情况下，很难识别两种测年技术提供的年龄之间存在的微小的系统性偏差。值得注意的是，通过为同一个地层剖面建立两个不同模型，并调用边界概率计算它们之间差异，就可以在 OxCal 中运用这种“比较双重模型”方法。这种方法允许使用差异命令直接访问计算的边界后验概率，而无须通过正态分布进行近似。总之，作者所采用的方法是新颖而有趣的，提供了一个通过模型查询功能（见第 3.4.4 节）进行复杂分析的示例。

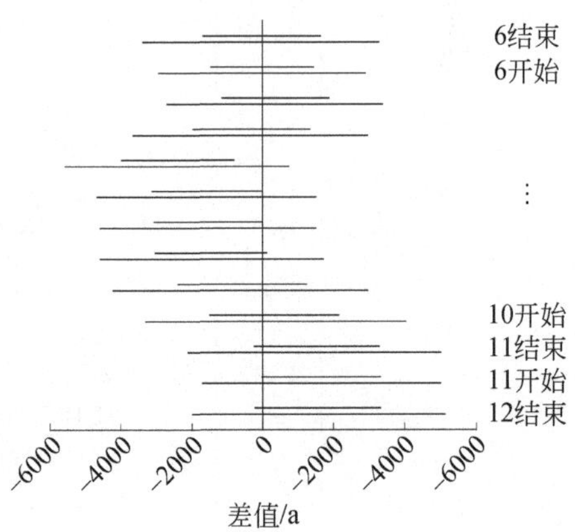

图 3.10　里维洞基于放射性碳年龄和 OSL 年龄（图 3.9）模拟的边界年龄之间的差异，并给出了 1σ和 2σ的误差范围。

3.5.2　古人类化石年代学

古人类化石可以为验证人类演化轨迹、行为适应和古环境驱动因素的假设提供最直接的数据（Blome et al.，2012；Kingston and Harrison，2007；Nespoulet et al.，2008）。然而，由于具有准确年龄的化石相对较少，评估大陆尺度上零星散布的化石之间的关系问题重重（McBrearty and Brooks，2000）。与此同时，相关的年龄可能依赖于早期的测年数据和不够可靠的地层对比，而这在当前文献中并不一定得到明显体现。本节将介绍 Millard（2008）的一项广泛而详尽的批判性研究，内容涉及非洲和近东地区 50 万至 5 万年前之间的人类化石的可用年代学证据。鉴于篇幅所限，本节不涉及对该研究领域新近发表的化石和年代学证据（Dirks et al.，2017；Grine et al.，2007；Richter et al.，2017）的讨论。

这项研究的数据汇编涉及根据明确的标准反复筛选测年数据（见第 3.3 节）。首先，作者（在本小节中指 Millard）排除了没有为遗址本身或相关地点开展测年的论文，包括那些年代数据仅限于一般动物群或考古上相关的论文。其次，剩余遗址的数据通过“年龄剔除”和“地层剔除”进行了严格审查，这两个方面的相关参数都得到了明确讨论。对于 OSL 和 ESR 年龄，作者分析了外部剂量率评估的可靠性，尤其是那些博物馆藏品中的石器和化石样品。基于对不完全晒退问题的考虑，作者提出，未经加热的沉积物的释光测年应优先使用 OSL 而不是 TL 信号，而且应该进行单颗粒或者多个测片的测试，以证明不存在不完全晒退的问题。如果测量的是长石，还必须提供异常衰减实验结果。基于当前的认识，在某些情况下“遗产”数据被认为是完全不可靠的。例如，如果对贝壳摄取铀的历史缺乏了解，作者建议最好避免使用贝壳的铀系年龄。然而，如果对数据的解释略加修正，某些数据仍然可以纳入数据汇编库里。例如，基于目前了解的现代碳污染对接近放射性碳测年上限的年龄的影响，可以将 20 世纪 60 年代初获得的有限的放射性碳年龄解释为最小年龄（Wood，

2015)。同样，地层约束是基于对测年样品和古人类化石的位置与关系的可靠性来判断的。作者指出，如果它们与兴趣点的样品直接相关，那么约束最为可靠；如果使用了区域尺度上的显著标志（如火山灰层)，虽略逊一筹，但它们仍然相对可靠；大陆尺度的约束的可靠性是最低的，如生物地层学等。关于动物区系的相关性往往是以定性的方式逐点进行讨论，但作者指出，在一些情况下已经制定了相关的定量方法，这对非洲的研究将是一种有用的尝试。最后，如果原始论文中提供的关于测年方法或地层关联的信息太少，以至于无法评估测年结果的质量，那么这些数据将会被剔除。

剔除可靠性较低的数据后，作者采用了其中一种方法对每个点的测年数据进行建模。首选方法包括两个步骤。(1)通过数据传递的统计检验，检查年龄是否存在异常值(Ward and Wilson，1978)。在本节中，作者仅将此步骤应用于氩-氩单晶激光熔融数据。当然，这种方法也可用于释光年龄数据。(2) 数据被输入 WinBUGS 软件（v1.3 或 v1.4）编码的分层贝叶斯模型，该模型可以对 TL/OSL、U 系、ESR 的年龄的似然函数进行简化的参数化描述，并输入地层约束条件（Millard，2006a，2006b)。遗憾的是，相关文献经常省略了一些进行重新计算和严格分析所需的信息。作者指出，由于相关文献资料缺乏详细信息，34 个地点中有 6 个无法重新计算释光年龄。在这些情况下，以及当一个地点的年龄误差彼此独立时，在使用 OxCal（v.3.10）创建模型（年龄输入为日历年龄）的过程中应当留意，如果年龄之间存在某种关联，误差将被低估。

作者识别出了 66 个不同的化石群，但仅对其中 38 个的后验概率进行了建模(图 3.11)，其余的大部分在质量控制后并不具备足够的测年数据，或者已发表的年龄数据只提供了部分信息。重新计算年龄主要是为了使一组释光样品或密切相关的释光和 ESR 测年样品之间的含水量和宇宙剂量率保持一致，这在摩洛哥的玛格丽特阿丽亚（Mugharet el Aliya）和南非的达伊基尔德斯（Die Kelders）与西斯（Klasies）河口等的研究中得到了应用。该流程还可以对更加不寻常的情况进行灵活处理，如通过数学方法融合达伊基尔德斯(Feathers and Bush，2000)沉积物样品石英 TL 和 OSL 的 D_E，以及重新评估在以色列斯库尔与塔本(Tabun)发掘记录中的 ESR 样品的剂量率。

作者对已有的更新世古人类化石测年数据进行的严格再分析是目前使用了释光测年数据的贝叶斯年代框架中规模最宏大的研究工作之一。首先，这种再分析为讨论重要的古人类化石年龄提供了更严谨的方法（图 3.11)。有时年代是通过关联几个测年地点的地层关系推断出来的，在复杂的情况下，很难将这些约束有效可靠的地层结合起来以提供“最佳年龄”。贝叶斯推断提供了一种平衡这些关联的量化方法，还提供了评估误差的方法。这项研究还强调了文献中的不足，包括原始文献以及二次引用导致的信息缺失，并明确指出了需要进一步采集测年样品的地点。如图 3.11 所示，有必要开展新的测年工作来加强大多数较老化石（>200ka）的年龄约束。最后，值得强调的是，虽然贝叶斯分析通过对年龄似然函数的模拟能够提高精度，但这并非唯一结果。在某些情况下，对误差进行严格分析后得到的数据精度可能会低于直接引用的原始数据的精度。例如，将从密切相关的环境中获得的若干年龄分段进行建模而不是将它们放在一起平均处理，可能会增加相关化石（测年事件）的年龄误差。不过，在多数情况下，结果的准确度会更高。作者注意到，Vermeersch 等(1998)对取自旧石器时代中晚期燧石采矿坑及其上覆的风成沉积物样品的OSL年龄进行了加权平均，获得了 55.5±3.7 ka 的最佳年龄估计，而基于这些年龄数据的贝叶斯模拟则提供了一个置信区间为 95%的 72.7/72.9～40.7ka 的年龄范围（取决于是使用均匀先验分布还是均匀跨度先验分布）。虽然精度降低了，但模拟的年龄范围更准确地反映了已有的信息，因此在年代框架中将更有用。虽然并没有规定哪个年代框架要求使用与此完全相同的方法，但这篇论文的方法和结果展示了基于“遗产”年龄进行数据再分析的潜力。

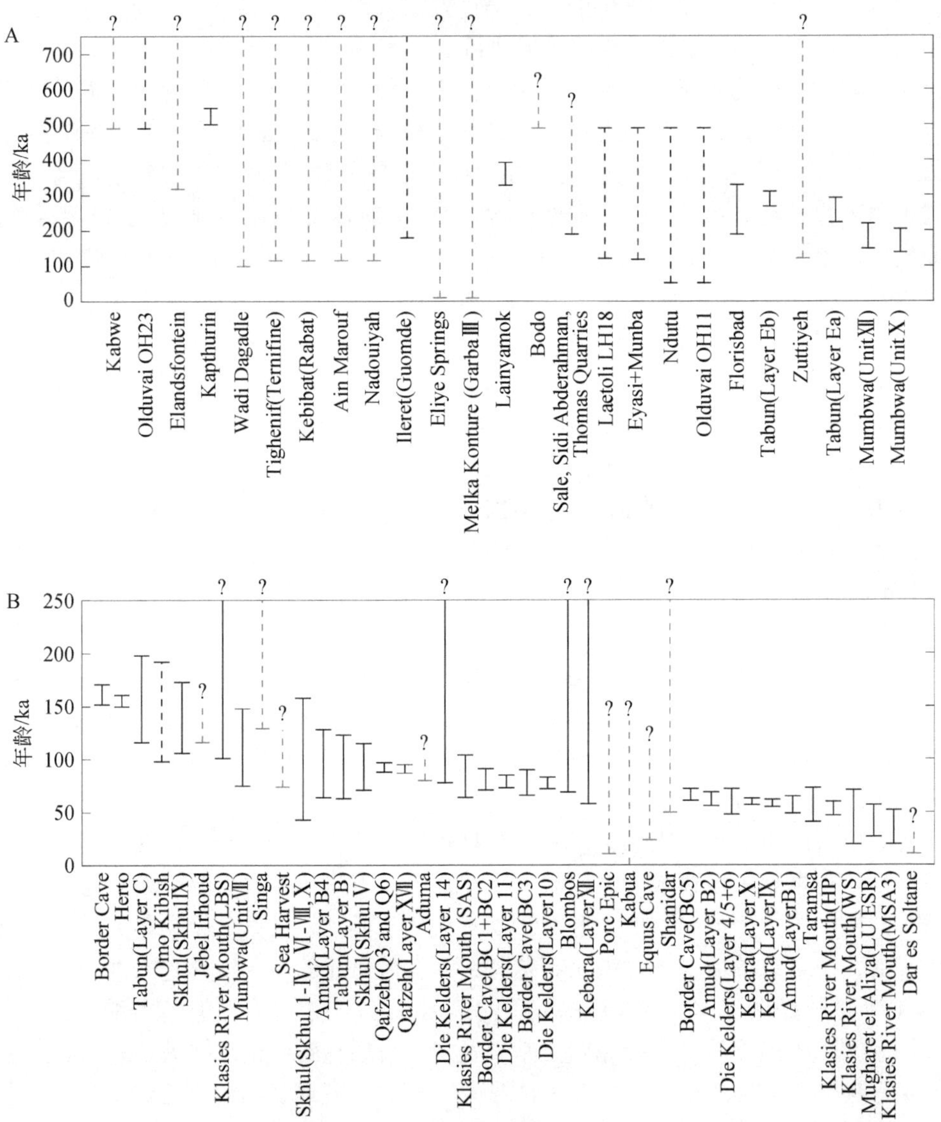

图 3.11　经 Millard（2008）重新评估后的古人类化石年龄（按大致的时间顺序排列）。修改自 Millard（2008）的图 3 和图 4。浅灰色虚线表示未建模的年龄（由于缺少可靠的支持性信息），黑色虚线表示仅被部分信息所支持的年龄，黑色实线表示完全建模的年龄，问号表示年龄约束不明确。图中的英文小地名主要为考古遗址点或样品编号，无法准确翻译，故保留。

3.5.3 英国-爱尔兰冰盖年表（BRITICE-CHRONO）

古冰盖活动历史可用于完善冰盖模型并提供古环境信息。随着遥感技术、测深数据的可用性以及年代学技术的进步，对古冰盖活动模式的约束有了显著的改善。冰盖模型可能包含数百甚至数千个年龄，Stokes 等（2015）在最近的一篇综述文章中指出，当前最大的挑战之一是量化用于约束冰盖边缘形成年代的不确定性。BRITICE-CHRONO 是一个大型的合作研究项目，该项目采用综合方法对“遗产”数据进行收集和分析，并有针对性地获取新数据，以约束英国-爱尔兰冰盖最后一次冰进/冰退事件的年代。作为该项目的一部分，相关研究人员制定了明确而严格的质量控制标准（Small et al.，2017），该标准将应用于由 Hughes 等（2011，2016）编制的包含 1000 多个年龄的数据库，其中有 106 个释光年龄。研究人员将以这个经过质量评估的数据库为基础，创建贝叶斯模型进行假设检验，并实施有针对性的测年研究，以填补在此过程中揭示的认知“盲点”。例如，由 Smedley 等（2017）对锡利（Scilly）群岛的爱尔兰海冰流（Irish Sea Ice Stream，ISIS）证据的重新测年。为了检验“遗产”数据质量控制的效果，我们将讨论两个密切相关的用于约束爱尔兰海冰流进退过程的贝叶斯模型。第一个模型发表于 Chiverrell 等（2013）。Small 等（2017）发表了该模型的更新版本，该版本使用了与 Chiverrell 等（2013）相同的约束条件和整体框架，但采用了 BRITICE-CHRONO 项目的质量控制标准和所谓的“红绿灯”系统。第二个模型充当了该项目预期输出结果的采样器。下文将依次讨论这两个模型。

Chiverrell 等（2013）沿爱尔兰、英格兰、威尔士和锡利群岛海岸线确定了 26 个地点，在这些地点，放射性碳、释光和宇生核素测年数据为识别出的冰川沉积物提供了直接或间接的年龄约束。在这种情况下，一个地点可以被认为是单一的地理位置，也可以是一组相邻的具有相同冰川历史的地貌单元的一部分(例如，可追踪数公里以上的冰碛)(Clark et al.，2012；Hughes et al.，2011)。研究者对每种测年技术及其使用的质量控制标准都有所讨论，但并未明确说明这些标准是什么，也不清楚剔除了多少年龄数据。例如，不完全晒退被认为是影响冰川沉积物释光年龄的一个因素，因此作者指出所有释光年龄均是通过单颗粒或者小测片（＜5 个颗粒）SAR 程序测得的 D_E 计算的。在 1986～2012 年发表的研究中，共得到 56 个年龄数据，其中 13 个是冰水沉积物的释光年龄。

Chiverrell 等（2013）相对复杂的模型是通过结合地貌分析、地理关系（“伪地层”）以及对每种测年技术所确定的具体事件的理解来构建的（图 3.12）。模型的主干包括一系列阶段，这些阶段将与冰川进退密切相关的年龄进行分组，包括受冰川活动侵蚀的石英岩与再沉积的漂砾的宇生核素年龄（Bowen et al.，2002；McCarroll et al.，2010）和冰水沉积物的 OSL 年龄（Ó Cofaigh et al.，2012；Scourse et al.，2006；Thrasher，2009；Thrassher et al.，2009）。根据地理位置、地貌和地层证据把这些阶段（有时是单独的年龄）分为前进阶段、最大阶段和后退阶段。目标事件与分隔这些阶段的边界相关联，而边界与推断出的特定地理位置出现的冰川相对应。其他放射性碳和宇生核素年龄或年龄组分别通过“After”和“Before”命令来区分其是关于事件的最大还是最小年龄约束。ISIS 冰源区域附近的冰川沉积物之下的有机质为冰进提供了初始的最大年龄（TPQ）[苏利（Sourlie）（Bos et al.，2004）和班格拉斯伯恩（Balglass Burn）（Brown et al.，2007）]，而在锡利群岛卡恩莫瓦尔（Carn Morval）的冰川沉积物之下有机质的放射性碳年龄提供了 ISIS 最大范围的 TPQ。基拉德角（Killard Point）和基尔基尔阶（Kilkeel Steps）（McCabe et al.，2007）的海洋沉积物表明当时该地点已经没有冰川，其中所含有孔虫的放射性碳测年提供了冰退的最小年龄（TAQ）。地理位置决定了它们在模型中的位置，基尔基尔阶更靠南，因此为冰退提供了更早的 TAQ 约束。而位于马恩岛（Isle of Man）壶穴中的植物大化石提供了最终的 TAQ 并为模型提供了新的约束（Roberts et al.，2006）。出于方法学的原因，第一个模型中剔除了一些测年数据，如海洋碳酸盐的全样放射性碳年龄、同一环境中样品数量小于 4 个的宇生核素年龄，或者模拟过程中一致性指数较低而被判定为异常值的年龄。最终模型使用了异常值检测，一些一致性指数较低的年龄仍然被包括在内，但对其属于异常值的可能性赋予了较高的先验概率；文中并没有提供如何指定先验概率以及某些年龄没有被剔除的具体原因。

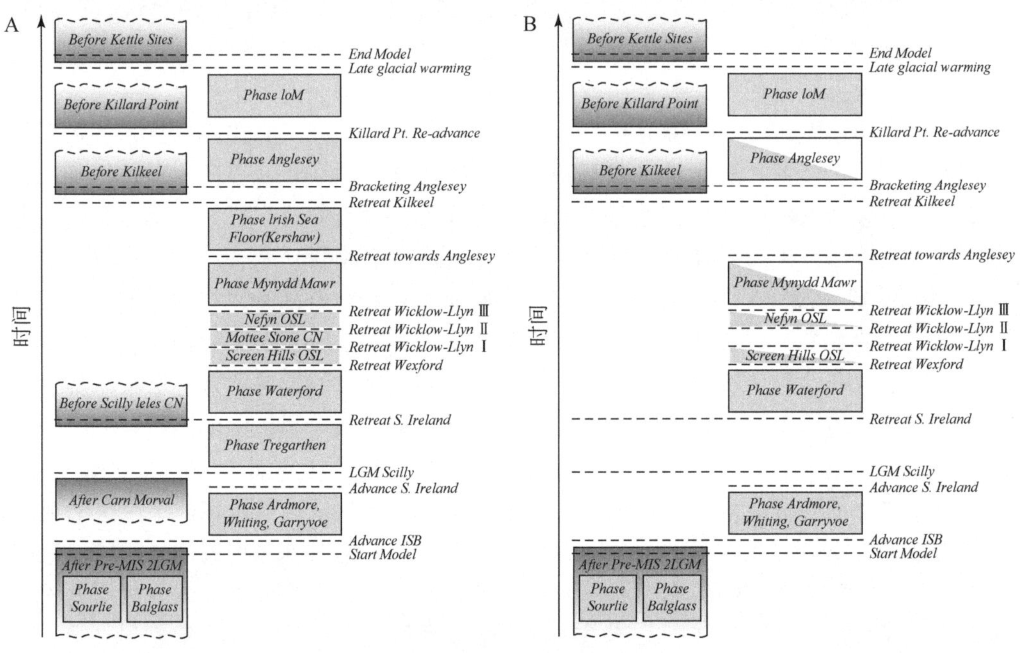

图 3.12　爱尔兰海冰流进退历史的原始贝叶斯模型（A）（Chiverrell et al.，2013）和重新评估的模型（B）（Small et al.，2017）示意图。阶段、边界和年龄如图 3.4～图 3.6 所示；“Before”和“After”约束由渐变填充的色块表示；在图 B 中，红色年龄未显示，黄色年龄用灰-白色填充表示，绿色年龄用灰色填充表示。图中的英文地名多为小地名或缩写，语义不清，无法准确翻译，故保留。

Small 等（2017）通过一个三层式的半定量质量评估“红绿灯”系统（见表 3.2）对上述数据进行了重新分析。基于此方法，他们将原始年龄中的 30 个确定为高质量（绿色），7 个为相对安全（黄色），7 个为不可用（红色）。作者使用异常值模型重新运行了 Chiverrell 等（2013）的模型，但这次为所有年龄分配了异常值先验概率，分别为 0.05（绿色）、0.2（黄色）和 1.0（红色）。由于 Chiverrell 等（2013）的模型中事先降低了异常年龄的权重，因此两个模型的边界分布较为相似。然而，Small 等（2017）指出，数据质量排序策略获得了更高的边界精度，精度至少增加了 0.5ka（图 3.13）。在这种方法中，异常值仅根据方法可靠性、地层/地貌可靠性和地点的其他支撑数据赋予权重，同时在年龄数据与主流假设观点的一致性或不一致性方面保持中立，这体现了该方法较强的实用性。这种方法更有可能排除与年代框架“一致”但相关数据似是而非的年龄，这些年龄可能对最终年龄模型的准确度和精度产生不利影响。

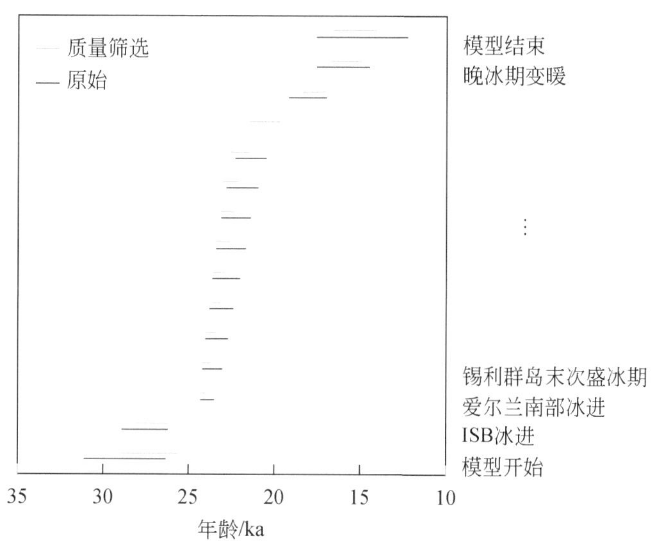

图 3.13 爱尔兰海冰流进退的原始贝叶斯模型（Chiverrell et al.，2013）和质量筛选贝叶斯模型（Small et al.，2017）模拟的边界年龄。

表 3.2 用于筛选“遗产”数据以约束英国-爱尔兰冰盖年表的质量控制标准

测年方法	质量	标准
全部	前提	有足够的数据用于重新计算或重新校正
放射性碳	绿色	多个一致的大化石或微化石年龄； 扣除了碳库效应； 与目标事件的地层关系清晰
	黄色	单个大化石或微化石年龄； 与地层顺序一致的全样年龄； 扣除了碳库效应； 与目标事件的地层关系明确
	红色	单个大化石或微化石年龄； 单个全样年龄； 没有内部一致的年龄； 地层可靠性差
宇生核素	绿色	可接受的简化的卡方检定； 与目标事件直接相关的年龄
	黄色	一个地点只有两个内部一致的年龄； 有超过两个与目标事件不直接相关的年龄
	红色	单个年龄； 没有内部一致的年龄

续表

测年方法	质量	标准
释光	绿色	使用了灵敏度标准化方法（如 SAR）； 使用小测片/单颗粒测量解决不完全晒退问题； 有同一地点的其他测年数据支持（释光或独立年龄）； 与目标事件的地层关系明确
	黄色	可能存在不完全晒退但未评估； 有同一地点的其他测年数据支持（释光或独立年龄）； 与目标事件的地层关系明确
	红色	初步年龄或使用了试验性的方法； 未经衰减实验/校正的长石年龄； 单个年龄，没有同一地点的其他测年数据支持； 沉积环境描述不清楚； 方法学细节陈述不充分； 与目标事件的地层关系不明确

注：修改自 Small 等（2017）的表 3。

基于早期模型，Chiverrell 等（2013）计算出爱尔兰海冰盖在 34ka 前开始从源区扩张，最终在锡利群岛附近达到最大范围，时间为 24.3～23.1ka。作者利用模拟的边界年龄和距离模型，计算了不同地理位置冰盖的扩张和消退速率，并提出了消退速率与地形和 Heinrich 2 事件期间的海平面上升有关的假设。通过改进质量控制评估和实施严格的异常值处理方法来改善模型的精度，应该能显著提高这些假设的有效性。鉴于目前多建模程序中均可进行异常值分析（第 3.4.3 节），该研究中采用的方法为需要纳入重要“遗产”数据的项目提供了有用的基准。

3.6　小结

贝叶斯推断在建立包括释光年龄在内的年代框架方面的作用得到了越来越多的认可。这些方法可能有助于在传统上被认为有问题的领域中（如河流发育和地貌演变）更广泛地使用释光年龄数据（Rixhon et al.，2016）。用户友好的软件和数据挖掘技术的进一步发展将使得更大规模的整合分析成为可能，当然，贝叶斯建模方法在较小的尺度上也很有用。同样，在开发更复杂的用于处理释光年龄的方法方面，还有很大的发展空间。年龄输入方法，如放回抽样法（Cunningham and Wallinga，2012）、参数化法（Millard，2006b）或协方差矩阵（Combès and Philippe，2017）等能够更好地评估 D_E 和 D_R 计算中的“共享”误差和假设。对于融合关联数据的更严格的方法的研究（如单颗粒和多颗粒 D_E 的融合），以及开发更复杂的建模方法［如新的信息先验和模型平均方法的发展（Bronk Ramsey and Lee，2013）］，也是值得期待的。

最后，需要强调的是，正如发表测年数据和地层数据必须具备足够详细的信息，以便进行关键的数据质量重评估一样，发表任何年代框架的质量控制标准、约束条件和模型设计也必须如此。贝叶斯推断的一大优势在于，当提供输入数据并明确假设时，其结果是可重复的。然而，对同一情景进行建模的方式存在多样性，而明确原始数据和结果解释之间的区别至关重要。

参考文献

Alexanderson，H.，Backman，J.，Cronin，T.M.，Funder，S.，Ingólfsson，Ó.，Jakobsson，M.，Landvik，J.Y.，Löwemark，L.，Mangerud，J.，März，C.，Möller，P.，O'Regan，M.，Spielhagen，R.F. 2014. An Arctic perspective on dating Mid-Late Pleistocene environmental history. Quaternary Science Reviews 92，9-31.

Ampel，L.，Wohlfarth，B.，Risberg，J.，Veres，D. 2008. Paleolimnological response to millennial and centennial scale climate variability during MIS 3 and 2 as suggested by the diatom record in Les Echets，France. Quaternary Science Reviews 27，1493-1504.

Arnold，L.J.，Demuro，M.，Parés，J.M.，Pérez-González，A.，Arsuaga，J.L.，Bermúdez de Castro，J.M.，Carbonell，E. 2015. Evaluating the suitability of extended-range luminescence dating techniques over early and Middle Pleistocene timescales：published datasets and case studies from Atapuerca，Spain. Quaternary International 389，167-190.

Arnold，L.J.，Roberts，R.G. 2009. Stochastic modelling of multi-grain equivalent dose（De） distributions：implications for OSL dating of sediment mixtures. Quaternary Geochronology 4，204-230.

Aubry，T.，Dimuccio，L.A.，Buylaert，J.-P.，Liard，M.，Murray，A.S.，Thomsen，K.J.，Walter，B. 2014. Middle-to-Upper Palaeolithic site formation processes at the Bordes-Fitte rockshelter（Central France）. Journal of Archaeological Science 52，436-457.

Auclair，M.，Lamothe，M.，Huot，S. 2003. Measurement of anomalous fading for feldspar IRSL using SAR. Radiation Measurements 37，487-492.

Bailey，R.M.，Thomas，D.S.G. 2014. A quantitative approach to understanding dated dune stratigraphies. Earth Surface Processes and Landforms 39，614-631.

Balme，J. 2000. Excavations revealing 40,000 years of occupation at Mimbi Caves，south central Kimberley，Western Australia. Australian Archaeology 51，1-5.

Barton，R.N.E.，Bouzouggar，A.，Collcutt，S.N.，Schwenninger，J.-L.，Clark-Balzan，L. 2009. OSL dating of the Aterian levels at Dar es-Soltan I（Rabat，Morocco） and implications for the dispersal of modern Homo sapiens. Quaternary Science Reviews 28，1914-1931.

Bateman，M.D.，Boulter，C.H.，Carr，A.S.，Frederick，C.D.，Peter，D.，Wilder，M. 2007. Preserving the palaeoenvironmental record in Drylands：bioturbation and its significance for luminescencederived chronologies. Sedimentary Geology 195，5-19.

Bayes，T. 1763. An essay toward solving a problem in the doctrine of chances. Communicated by R. Price. Philosophical Transactions of the Royal Society of London 53，370-418.

Bayliss，A. 2015. Quality in Bayesian chronological models in archaeology. World Archaeology 47，677-700.

Bevington，P.R.，Robinson，D.K. 2003. Data Reduction and Error Analysis for the Physical Sciences. 3rd edition，McGraw-Hill Higher Education，New York.

Blaauw，M.，Bakker，R.，Christen，J.A.，Hall，V.A.，van der Plicht，J. 2007. A Bayesian framework for age modelling of radiocarbon-dated peat deposits：case studies from the Netherlands. Radiocarbon 49，357-367.

Blaauw，M.，Christen，J.A. 2013. Bacon manual-v2.2. Version 2.2.

Blaauw，M.，Christen，J.A. 2011. Flexible paleoclimate age-depth models using an autoregressive gamma process.

Bayesian Analysis 6，457-474.

Blaauw，M.，Christen，J.A. 2005. Radiocarbon peat chronologies and environmental change. Journal of the Royal Statistical Society，Series C（Applied Statistics） 54，805-816.

Blockley，S.P.E.，Bronk Ramsey，C.，Lane，C.S.，Lotter，A.F. 2008. Improved age modelling approaches as exemplified by the revised chronology for the Central European varved lake Soppensee. Quaternary Science Reviews 27，61-71.

Blome，M.W.，Cohen，A.S.，Tryon，C.A.，Brooks，A.S.，Russell，J. 2012. The environmental context for the origins of modern human diversity：a synthesis of regional variability in African climate 150，000-30，000 years ago. Journal of Human Evolution 62，563-592.

Bos，J.A.A.，Dickson，J.H.，Coope，G.R.，Jardine，W.G. 2004. Flora，fauna and climate of Scotland during the Weichselian Middle Pleniglacial-palynological，macrofossil and coleopteran investigations. Palaeogeography，Palaeoclimatology，Palaeoecology 204，65-100.

Boslough，M.，Nicoll，K.，Daulton，T.L.，Scott，A.C.，Claeys，P.，Gill，J.L.，Marlon，J.R.，Bartlein，P.J. 2015. Incomplete Bayesian model rejects contradictory radiocarbon data for being contradictory. Proceedings of the National Academy of Sciences 112，E6722.

Bowen，D.Q.，Phillips，F.M.，McCabe，A.M.，Knutz，P.C.，Sykes，G.A. 2002. New data for the last Glacial Maximum in Great Britain and Ireland. Quaternary Science Reviews 21，89-101.

Brauer，A.，Hajdas，I.，Blockley，S.P.E.，Bronk Ramsey，C.，Christl，M.，Ivy-Ochs，S.，Moseley，G.E.，Nowaczyk，N.N.，Rasmussen，S.O.，Roberts，H.M.，Spötl，C.，Staff，R.A.，Svensson，A. 2014. The importance of independent chronology in integrating records of past climate change for the 60-8 ka INTIMATE time interval. Quaternary Science Reviews 106，47-66.

Brill，D.，Jankaew，K.，Brückner，H. 2015. Holocene evolution of Phra Thong's beach-ridge plain（Thailand）- Chronology，processes and driving factors. Geomorphology 245，117-134.

Bristow，C.S.，Armitage，S.J. 2016. Dune ages in the sand deserts of the southern Sahara and Sahel. Quaternary International 410，46-57.

Bronk Ramsey，C. 2008. Deposition models for chronological records. Quaternary Science Reviews 27，42-60.

Bronk Ramsey，C. 2009a. Bayesian analysis of radiocarbon dates. Radiocarbon 51，337-360.

Bronk Ramsey，C. 2009b. Dealing with outliers and offsets in radiocarbon dating. Radiocarbon 51，1023-1045.

Bronk Ramsey，C. 2017. OxCal 4.3 Manual. Version 4.3.

Bronk Ramsey，C.，Lee，S. 2013. Recent and planned developments of the program OxCal. Radiocarbon 55，720-730.

Bronk Ramsey，C.，Albert，P.，Blockley，S.，Hardiman，M.，Lane，C.，Macleod，A.，Matthews，I.P.，Muscheler，R.，Palmer，A.，Staff，R.A. 2014. Integrating timescales with time-transfer functions：a practical approach for an INTIMATE database. Quaternary Science Reviews 106，67-80.

Brown，A.G. 2008. Geoarchaeology，the four dimensional（4D） fluvial matrix and climatic causality. Geomorphology 101，278-297.

Brown，E.J.，Rose，J.，Coope，R.G.，Lowe，J.J. 2007. An MIS 3 age organic deposit from Balglass Burn，central Scotland：palaeoenvironmental significance and implications for the timing of the onset of the LGM ice sheet in the vicinity of the British Isles. Journal of Quaternary Science 22，295-308.

Buck，C.E.，Christen，J.A.，James，G.N. 1999. Bcal：an on-line Bayesian radiocarbon calibration tool. Internet Archaeology 7.

Bueno，L.，Feathers，J.，De Blasis，P. 2013. The formation process of a odellingn open-air site in Central Brazil：integrating lithic analysis，radiocarbon and luminescence dating. Journal of Archaeological Science 40，190-203.

Burrough，S.L.，Thomas，D.S.G. 2013. Central southern Africa at the time of the African Humid Period：a new analysis of Holocene palaeoenvironmental and palaeoclimate data. Quaternary Science Reviews 80，29-46.

Burrough，S.L.，Thomas，D.S.G.，Bailey，R.M. 2009. Mega-Lake in the Kalahari：a Late Pleistocene record of the Palaeolake Makgadikgadi system. Quaternary Science Reviews 28，1392-1411.

Chiverrell，R.C.，Foster，G.C.，Thomas，G.S.P.，Marshall，P.，Hamilton，D. 2009. Robust chronologies for landform development. Earth Surface Processes and Landforms 34，319-328.

Chiverrell，R.C.，Thrasher，I.M.，Thomas，G.S.P.，Lang，A.，Scourse，J.D.，van Landeghem，K.J.J.，McCarroll，D.，Clark，C.D.，Ó Cofaigh，C.，Evans，D.J.A.，Ballantyne，C.K. 2013. Bayesian modelling the retreat of the Irish Sea Ice Stream. Journal of Quaternary Science 28，200-209.

Christen，J.A. 1994. Summarizing a set of radiocarbon determinations：a robust approach. Journal of the Royal Statistical Society，Series C（Applied Statistics）43，489-503.

Christophe，C.，Philippe，A.，Guérin，G.，Mercier，N.，Guibert，P. 2018. Bayesian approach to OSL dating of poorly bleached sediment samples：Mixture Distribution Models for Dose（MD2）. Radiation Measurements 108，59-73.

Christophe，C.，Philippe，A.，Kreutzer，S.，Guérin，G. 2017. BayLum：Chronological Bayesian Models Integrating Optically Stimulated Luminescence and Radiocarbon Age Dating. R Package version 0.1.1. https://CRAN.R-project.org/package=BayLum.

Clark，C.D.，Hughes，A.L.C.，Greenwood，S.L.，Jordan，C.，Sejrup，H.P. 2012. Pattern and timing of retreat of the last British-Irish Ice Sheet. Quaternary Science Reviews 44，112-146.

Clark-Balzan，L.A.，Candy，I.，Schwenninger，J.L.，Bouzouggar，A.，Blockley，S.，Nathan，R.，Barton，R.N.E. 2012. Coupled U-series and OSL dating of a Late Pleistocene cave sediment sequence，Morocco，North Africa：Significance for constructing Palaeolithic chronologies. Quaternary Geochronology 12，53-64.

Clarke，M.L.，Rendell，H.M.，Wintle，A.G. 1999. Quality assurance in luminescence dating. Geomorphology 29，173-185.

Clarkson，C.，Smith，M.，Marwick，B.，Fullagar，R.，Wallis，L.A.，Faulkner，P.，Manne，T.，Hayes，E.，Roberts，R.G.，Jacobs，Z.，Carah，X.，Lowe，K.M.，Matthews，J.，Florin，S.A. 2015. The archaeology，chronology and stratigraphy of Madjedbebe（Malakunanja II）：a site in northern Australia with early occupation. Journal of Human Evolution 83，46-64.

Combès，B.，Philippe，A. 2017. Bayesian analysis of individual and systematic multiplicative errors for estimating ages with stratigraphic constraints in optically stimulated luminescence dating. Quaternary Geochronology 39，24-34.

Combès，B.，Philippe，A.，Lanos，P.，Mercier，N.，Tribolo，C.，Guerin，G.，Guibert，P.，Lahaye，C.

2015. A Bayesian central equivalent dose model for optically stimulated luminescence dating. Quaternary Geochronology 28，62-70.

Cunningham，A.C.，DeVries，D.J.，Schaart，D.R. 2012. Experimental and computational simulation of beta-dose heterogeneity in sediment. Radiation Measurements 47，1060-1067.

Cunningham，A.C.，Wallinga，J. 2012. Realizing the potential of fluvial archives using robust OSL chronologies. Quaternary Geochronology 12，98-106.

Davies，L.J.，Jensen，B.J.L.，Froese，D.G.，Wallace，K.L. 2016. Late Pleistocene and Holocene tephrostratigraphy of interior Alaska and Yukon：key beds and chronologies over the past 30,000 years. Quaternary Science Reviews 146，28-53.

Dirks，P.H.G.M.，Roberts，E.M.，Hilbert-Wolf，H.，Kramers，J.D.，Hawks，J.，Dosseto，A.，Duval，M.，Elliott，M.，Evans，M.，Grün，R.，Hellstrom，J.，Herries，A.I.R.，Joannes-Boyau，R.，Makhubela，T.V，Placzek，C.J.，Robbins，J.，Spandler，C.，Wiersma，J.，Woodhead，J.，Berger，L.R. 2017. The age of Homo naledi and associated sediments in the Rising Star Cave，South Africa. eLife 6，e24231.

Discamps，E.，Jaubert，J.，Bachellerie，F. 2011. Human choices and environmental constraints：deciphering the variability of large game procurement from Mousterian to Aurignacian times（MIS 5-3） in southwestern France. Quaternary Science Reviews 30，2755-2775.

Douka，K.，Jacobs，Z.，Lane，C.，Grün，R.，Farr，L.，Hunt，C.，Inglis，R.H.，Reynolds，T.，Albert，P.，Aubert，M.，Cullen，V.，Hill，E.，Kinsley，L.，Roberts，R.G.，Tomlinson，E.L.，Wulf，S.，Barker，G. 2014. The chronostratigraphy of the Haua Fteah cave（Cyrenaica，northeast Libya）. Journal of Human Evolution 66，39-63.

Duller，G.A.T. 2012. Improving the accuracy and precision of equivalent doses determined using the optically stimulated luminescence signal from single grains of quartz. Radiation Measurements 47，770-777.

Duller，G.A.T.，Bøtter-Jensen，L.，Murray，A.S. 2000. Optical dating of single sand-sized grains of quartz：sources of variability. Radiation Measurements 32，453-457.

Duller，G.A.T.，Bøtter-Jensen，L.，Murray，A.S.，Truscott，A.J. 1999. Single grain laser luminescence（SGLL）measurements using a novel automated reader. Nuclear Instruments and Methods in Physics Research B 155，506-514.

Duller，G.A.T. 2016. Challenges involved in obtaining luminescence ages for long records of aridity：examples from the Arabian Peninsula. Quaternary International 410，69-74.

Durcan，J.A.，King，G.E.，Duller，G.A.T. 2015. DRAC：Dose Rate and Age Calculator for trapped charge dating. Quaternary Geochronology 28，54-61.

Feathers，J.K.，Bush，D.A. 2000. Luminescence dating of Middle Stone Age deposits at Die Kelders. Journal of Human Evolution 38，91-119.

Feathers，J.K.，Rhodes，E.J.，Huot，S.，Mcavoy，J.M. 2006. Luminescence dating of sand deposits related to late Pleistocene human occupation at the Cactus Hill Site，Virginia，USA. Quaternary Geochronology 1，167-187.

Fienberg，S.E. 2006. When did Bayesian inference become 'Bayesian'? Bayesian Analysis 1，1-40.

Flantua，S.G.A.，Blaauw，M.，Hooghiemstra，H. 2016. Geochronological database and classification system for age uncertainties in Neotropical pollen records. Climate of the Past 12，387-414.

Fu，X.，Cohen，T.J.，Arnold，L.J. 2017. Extending the record of lacustrine phases beyond the last interglacial for Lake Eyre in central Australia using luminescence dating. Quaternary Science Reviews 162，88-110.

Fullagar，R.L.K.，Price，D.M.，Head，L.M. 1996. Early human occupation of northern Australia：archaeology and thermoluminescence dating of Jinmium rock-shelter，Northern Territory. Antiquity 70，751-773.

Galbraith，R. 2003. A simple homogeneity test for estimates of dose obtained using OSL. Ancient TL 21，75-77.

Galbraith，R.F.，Green，P.F. 1990. Estimating the component ages in a finite mixture. International Journal of Radiation Applications and Instrumentation，Part D. Nuclear Tracks and Radiation Measurements 17，197-206.

Galbraith，R.F.，Roberts，R.G. 2012. Statistical aspects of equivalent dose and error calculation and display in OSL dating：an overview and some recommendations. Quaternary Geochronology 11，1-27.

Galbraith，R.F.，Roberts，R.G.，Laslett，G.M.，Yoshida，H.，Olley，J.M. 1999. Optical dating of single and multiple grains of quartz from Jinmium rock shelter，northern Australia：part I，Experimental design and statistical models. Archaeometry 41，339-364.

Gelman，A.，Carlin，J.B.，Stern，H.S.，Rubin，D.B. 2004. Bayesian Data Analysis. 2nd edition，Chapman and Hall/CRC Press，New York.

Glass，G.V. 1976. Primary，secondary，and meta-analysis of research. Educational Researcher 5（10），3-8.

Gliganic，L.A.，Jacobs，Z.，Roberts，R.G. 2012. Luminescence characteristics and dose distributions for quartz and feldspar grains from Mumba rockshelter，Tanzania. Archaeological and Anthropological Sciences 4，115-135.

Greenbaum，N.，Porat，N.，Rhodes，E.，Enzel，Y. 2006. Large floods during late Oxygen Isotope Stage 3，southern Negev desert，Israel. Quaternary Science Reviews 25，704-719.

Grine，F.E.，Bailey，R.M.，Harvati，K.，Nathan，R.P.，Morris，A.G.，Henderson，G.M.，Ribot，I.，Pike，A.W.G. 2007. Late Pleistocene human skull from Hofmeyr，South Africa，and modern human origins. Science 315，226-229.

Groucutt，H.S.，Petraglia，M.D.，Bailey，G.，Scerri，E.M.L.，Parton，A.，Clark-Balzan，L.，Jennings，R.P.，Lewis，L.，Blinkhorn，J.，Drake，N.A.，Breeze，P.S.，Inglis，R.H.，Devès，M.H.，Meredith-Williams，M.，Boivin，N.，Thomas，M.G.，Scally，A. 2015. Rethinking the dispersal of Homo sapiens out of Africa. Evolutionary Anthropology 24，149-164.

Guérin，G.，Christophe，C.，Philippe，A.，Murray，A.S.，Thomsen，K.J.，Tribolo，C.，Urbanova，P.，Jain，M.，Guibert，P.，Mercier，N.，Kreutzer，S.，Lahaye，C. 2017a. Absorbed dose，equivalent dose，measured dose rates，and implications for OSL age estimates：introducing the Average Dose Model. Quaternary Geochronology 41，163-173.

Guérin，G.，Frouin，M.，Tuquoi，J.，Thomsen，K.J.，Goldberg，P.，Aldeias，V.，Lahaye，C.，Mercier，N.，Guibert，P.，Jain，M.，Sandgathe，D.，McPherron，S.J.P.，Turq，A.，Dibble，H.L. 2017b. The complementarity of luminescence dating methods illustrated on the Mousterian sequence of the Roc de Marsal：a series of reindeer-dominated，Quina Mousterian layers dated to MIS 3. Quaternary International 433，102-115.

Guérin，G.，Murray，A.S.，Jain，M.，Thomsen，K.J.，Mercier，N. 2013. How confident are we in the chronology of the transition between Howieson's Poort and Still Bay? Journal of Human Evolution 64，314-317.

Guibert，P.，Bechtel，F.，Bourguignon，L.，Brenet，M.，Couchoud，I.，Delagnes，A.，Delpech，F.，Detrain，L.，Duttine，M.，Folgado，M.，Jaubert，J.，Lahaye，C.，Lenoir，M.，Maureille，B.，Texier，J.-P.，Turq，A.，Vieillevigne，E.，Villeneuve，G. 2008. Une base de données pour la chronologie du Paléolithique moyen dans le Sud-Ouest de la France. In Jaubert，J.，Bordes，J.-G.，Ortega，I.（eds） Les sociétés du Paléolithique dans un Grand Sud-Ouest de la France：nouveaux gisements，nouveaux résultats，odelling methodes. Société Préhistorique Française，Paris，19-40.

Halfen，A.F.，Lancaster，N.，Wolfe，S. 2016. Interpretations and common challenges of aeolian records from North American dune fields. Quaternary International 410，75-95.

Hamm，G.，Mitchell，P.，Arnold，L.J.，Prideaux，G.J.，Questiaux，D.，Spooner，N.A.，Levchenko，V.A.，Foley，E.C.，Worthy，T.H.，Stephenson，B.，Coulthard，V.，Coulthard，C.，Wilton，S.，Johnston，D. 2016. Cultural innovation and megafauna interaction in the early settlement of arid Australia. Nature 539，280-283.

Haslett，J.，Parnell，A. 2008. A simple monotone process with application to radiocarbon-dated depth chronologies. Journal of the Royal Statistical Society，Series C（Applied Statistics） 57，399-418.

Hesse，P.P. 2016. How do longitudinal dunes respond to climate forcing? Insights from 25 years of luminescence dating of the Australian desert dunefields. Quaternary International 410，11-29.

Higham，T.，Douka，K.，Wood，R.，Bronk Ramsey，C.，Brock，F.，Basell，L.，Camps，M.，Arrizabalaga，A.，Baena，J.，Barroso-Ruíz，C.，Bergman，C.，Boitard，C.，Boscato，P.，Caparrós，M.，Conard，N.J.，Draily，C.，Froment，A.，Galván，B.，Gambassini，P.，Garcia-Moreno，A.，Grimaldi，S.，Haesaerts，P.，Holt，B.，Iriarte-Chiapusso，M.-J.，Jelinek，A.，Jordá Pardo，J.F.，Maíllo-Fernández，J.-M.，Marom，A.，Maroto，J.，Menéndez，M.，Metz，L.，Morin，E.，Moroni，A.，Negrino，F.，Panagopoulou，E.，Peresani，M.，Pirson，S.，de la Rasilla，M.，Riel-Salvatore，J.，Ronchitelli，A.，Santamaria，D.，Semal，P.，Slimak，L.，Soler，J.，Soler，N.，Villaluenga，A.，Pinhasi，R.，Jacobi，R. 2014. The timing and spatiotemporal patterning of Neanderthal disappearance. Nature 512，306-309.

Hobo，N.，Makaske，B.，Wallinga，J.，Middelkoop，H. 2014. Reconstruction of eroded and deposited sediment volumes of the embanked River Waal，the Netherlands，for the period AD 1631-present. Earth Surface Processes and Landforms 39，1301-1318.

Holliday，V.T. 2015. Problematic dating of claimed Younger Dryas boundary impact proxies. Proceedings of the National Academy of Sciences 112，E6721.

Huckleberry，G.，Ferguson，T.J.，Rittenour，T.，Banet，C.，Mahan，S. 2016. Identification and dating of indigenous water storage reservoirs along the Rio San José at Laguna Pueblo，western New Mexico，USA. Journal of Arid Environments 127，171-186.

Hughes，A.L.C.，Greenwood，S.L.，Clark，C.D. 2011. Dating constraints on the last British-Irish Ice Sheet：a map and database. Journal of Maps 7，156-184.

Hughes，A.L.C.，Gyllencreutz，R.，Lohne，Ø.S.，Mangerud，J.，Svendsen，J.I. 2016. The last Eurasian ice sheets - a chronological database and time-slice reconstruction，DATED-1. Boreas 45，1-45.

Hughes，P.J.，Sullivan，M.E.，Hiscock，P. 2017. Palaeoclimate and human occupation in southeastern arid Australia. Quaternary Science Reviews 163，72-83.

Hunt，C.O.，Gilbertson，D.D.，Hill，E.A.，Simpson，D. 2015. Sedimentation，re-sedimentation and chronologies in archaeologically-important caves：problems and prospects. Journal of Archaeological Science 56，109-116.

Huntley，D.J.，Godfrey-Smith，D.I.，Haskell，E.H. 1991. Light-induced emission spectra from some quartz and feldspars. International Journal of Radiation Applications and Instrumentation，Part D. Nuclear Tracks and Radiation Measurements 18，127-131.

Huntley，D.J.，Godfrey-Smith，D.I.，Thewalt，M.L.W. 1985. Optical dating of sediments. Nature 313，105-107.

Huntley，D.J.，Lamothe，M. 2001. Ubiquity of anomalous fading in K-feldspars and the measurement and correction for it in optical dating. Canadian Journal of Earth Sciences 38，1093-1106.

Jacobs，Z.，Jankowski，N.R.，Dibble，H.L.，Goldberg，P.，McPherron，S.J.P.，Sandgathe，D.，Soressi，M. 2016. The age of three Middle Palaeolithic sites：single-grain optically stimulated luminescence chronologies for Pech de l'Azé I，II and IV in France. Journal of Human Evolution 95，80-103.

Jacobs，Z.，Li，B.，Jankowski，N.，Soressi，M. 2015. Testing of a single grain OSL chronology across the Middle to Upper Palaeolithic transition at Les Cottés（France）. Journal of Archaeological Science 54，110-122.

Jacobs，Z.，Wintle，A.G.，Duller，G.A.T.，Roberts，R.G.，Wadley，L. 2008. New ages for the post-Howiesons Poort，late and final Middle Stone Age at Sibudu，South Africa. Journal of Archaeological Science 35，1790-1807.

Jones，A.F.，Macklin，M.G.，Benito，G. 2015. Meta-analysis of Holocene fluvial sedimentary archives：a methodological primer. Catena 130，3-12.

Kempf，P.，Moernaut，J.，Van Daele，M.，Vandoorne，W.，Pino，M.，Urrutia，R.，De Batist，M. 2017. Coastal lake sediments reveal 5500 years of tsunami history in south central Chile. Quaternary Science Reviews 161，99-116.

Kennett，J.P.，Kennett，D.J.，Culleton，B.J.，Tortosa，J.E.A.，Bischoff，J.L.，Bunch，T.E.，Randolph Daniel Jr.，I，Erlandson，J.M.，Ferraro，D.，Firestone，R.B.，Goodyear，A.C.，Israde-Alcántara，I.，Johnson，J.R.，Jordá Pardo，J.F.，Kimbel，D.R.，LeCompte，M.A.，Lopinot，N.H.，Mahaney，W.C.，Moore，A.M.T.，Moore，C.R.，Ray，J.H.，Stafford Jr.，T.W.，Tankersley，K.B.，Wittke，J.H.，Wolbach，W.S.，West，A. 2015a. Bayesian chronological analyses consistent with synchronous age of 12，835-12，735 Cal B.P. for Younger Dryas boundary on four continents. Proceedings of the National Academy of Sciences 112，E4344-E4353.

Kennett，J.P.，Kennett，D.J.，Culleton，B.J.，Tortosa，J.E.A.，Bunch，T.E.，Erlandson，J.M.，Johnson，J.R.，Jordá Pardo，J.F.，LeCompte，M.A.，Mahaney，W.C.，Tankersley，K.B.，Wittke，J.H.，Wolbach，W.S.，West，A. 2015b. Reply to Holliday and Boslough et al.：synchroneity of widespread Bayesian-modeled ages supports Younger Dryas impact hypothesis. Proceedings of the National Academy of Sciences 112，E6723-E6724.

Kingston，J.D.，Harrison，T. 2007. Isotopic dietary reconstructions of Pliocene herbivores at Laetoli：implications for early hominin paleoecology. Palaeogeography，Palaeoclimatology，Palaeoecology 243，272-306.

Lancaster，N.，Wolfe，S.，Thomas，D.，Bristow，C.，Bubenzer，O.，Burrough，S.，Duller，G.，Halfen，A.，Hesse，P.，Roskin，J.，Singhvi，A.，Tsoar，H.，Tripaldi，A.，Yang，X.，Zárate，M. 2016. The INQUA Dunes Atlas chronologic database. Quaternary International 410，3-10.

Leighton，C.L.，Bailey，R.M.，Thomas，D.S.G. 2013. The utility of desert sand dunes as Quaternary chronostratigraphic archives：evidence from the northeast Rub' al Khali. Quaternary Science Reviews 78，303-318.

Leighton，C.L.，Thomas，D.S.G.，Bailey，R.M. 2014. Reproducibility and utility of dune luminescence chronologies. Earth-Science Reviews 129，24-39.

Li，G.，Wen，L.，Xia，D.，Duan，Y.，Rao，Z.，Madsen，D.B.，Wei，H.，Li，F.，Jia，J.，Chen，F. 2015. Quartz OSL and K-feldspar pIRIR dating of a loess/paleosol sequence from arid central Asia，Tianshan Mountains，NW China. Quaternary Geochronology 28，40-53.

Li，H.，Yang，X. 2016. Spatial and temporal patterns of aeolian activities in the desert belt of northern China revealed by dune chronologies. Quaternary International 410，58-68.

Livsey，D.，Simms，A.R.，Hangsterfer，A.，Nisbet，R.A.，DeWitt，R. 2016. Drought modulated by North Atlantic sea surface temperatures for the last 3，000 years along the northwestern Gulf of Mexico. Quaternary Science Reviews 135，54-64.

Lunn，D.J.，Jackson，C.，Best，N.，Thomas，A.，Spiegelhalter，D. 2012. The BUGS Book. Chapman and Hall/CRC Press，New York.

Lunn，D.J.，Thomas，A.，Best，N.，Spiegelhalter，D. 2000. WinBUGS - A Bayesian modelling framework：concepts，structure，and extensibility. Statistics and Computing 10，325-337.

Macken，A.C.，Staff，R.A.，Reed，E.H. 2013. Bayesian age-depth modelling of Late Quaternary deposits from Wet and Blanche Caves，Naracoorte，South Australia：a framework for comparative faunal analyses. Quaternary Geochronology 17，26-43.

Mayya，Y.S.，Morthekai，P.，Murari，M.K.，Singhvi，A.K. 2006. Towards quantifying beta microdosimetric effects in single-grain quartz dose distribution. Radiation Measurements 41，1032-1039.

McBrearty，S.，Brooks，A.S. 2000. The revolution that wasn't：a new interpretation of the origin of modern human odelling. Journal of Human Evolution 39，453-563.

McCabe，A.M.，Clark，P.U.，Clark，J.，Dunlop，P. 2007. Radiocarbon constraints on readvances of the British-Irish Ice Sheet in the northern Irish Sea Basin during the last deglaciation. Quaternary Science Reviews 26，1204-1211.

McCarroll，D.，Stone，J.O.，Ballantyne，C.K.，Scourse，J.D.，Fifield，L.K.，Evans，D.J.A.，Hiemstra，J.F. 2010. Exposure-age constraints on the extent，timing and rate of retreat of the last Irish Sea ice stream. Quaternary Science Reviews 29，1844-1852.

Millard，A.R. 2008. A critique of the chronometric evidence for hominid fossils：I. Africa and the Near East 500-50 ka. Journal of Human Evolution 54，848-874.

Millard，A.R. 2006a. Bayesian analysis of ESR dates，with application to Border Cave. Quaternary Geochronology 1，159-166.

Millard，A.R. 2006b. Bayesian analysis of Pleistocene chronometric methods. Archaeometry 48，359-375.

Mischke，S.，Lai，Z.，Aichner，B.，Heinecke，L.，Mahmoudov，Z.，Kuessner，M.，Herzschuh，U. 2017. Radiocarbon and optically stimulated luminescence dating of sediments from Lake Karakul，Tajikistan. Quaternary Geochronology 41，51-61.

Munyikwa, K. 2005. The role of dune morphogenetic history in the interpretation of linear dune luminescence chronologies: a review of linear dune dynamics. Progress in Physical Geography 29, 317-336.

Murray, A.S., Olley, J.M. 2002. Precision and accuracy in the optically stimulated luminescence dating of sedimentary quartz: a status review. Geochronometria 21, 1-16.

Murray, A.S., Funder, S. 2003. Optically stimulated luminescence dating of a Danish Eemian coastal marine deposit: a test of accuracy. Quaternary Science Reviews 22, 1177-1183.

Murray, A.S., Wintle, A.G. 2003. The single aliquot regenerative dose protocol: potential for improvements in reliability. Radiation Measurements 37, 377-381.

Murray, A.S., Wintle, A.G. 2000. Luminescence dating of quartz using an improved single-aliquot regenerative-dose protocol. Radiation Measurements 32, 57-73.

Nathan, R.P., Thomas, P.J., Jain, M., Murray, A.S., Rhodes, E.J. 2003. Environmental dose rate heterogeneity of beta radiation and its implications for luminescence dating: Monte Carlo modelling and experimental validation. Radiation Measurements 37, 305-313.

Nespoulet, R., El Hajraoui, M.A., Amani, F., Ben Ncer, A., Debénath, A., El Idrissi, A., Lacombe, J.-P., Michel, P., Oujaa, A., Stoetzel, E. 2008. Palaeolithic and Neolithic occupations in the Témara region (Rabat, Morocco): recent data on hominin contexts and odelling. African Archaeological Review 25, 21-39.

O'Connell, J.F., Allen, J. 2015. The process, biotic impact, and global implications of the human colonization of Sahul about 47, 000 years ago. Journal of Archaeological Science 56, 73-84.

O'Connell, J.F., Allen, J. 2004. Dating the colonization of Sahul (Pleistocene Australia-New Guinea): a review of recent research. Journal of Archaeological Science 31, 835-853.

Ó Cofaigh, C., Telfer, M.W., Bailey, R.M., Evans, D.J.A. 2012. Late Pleistocene chronostratigraphy and ice sheet limits, southern Ireland. Quaternary Science Reviews 44, 160-179.

Olley, J.M., Roberts, R.G., Yoshida, H., Bowler, J.M. 2006. Single-grain optical dating of graveinfill associated with human burials at Lake Mungo, Australia. Quaternary Science Reviews 25, 2469-2474.

Parnell, A.C., Haslett, J., Allen, J.R.M., Buck, C.E., Huntley, B. 2008. A flexible approach to assessing synchroneity of past events using Bayesian reconstructions of sedimentation history. Quaternary Science Reviews 27, 1872-1885.

Philippe, A., Guérin, G., Kreutzer, S. 2019. BayLum - An R package for Bayesian analysis of OSL ages: An introduction. Quaternary Geochronology 49, 16-24.

Plummer, M. 2003. JAGS: a program for analysis of Bayesian graphical models using Gibbs sampling. In Hornik, K., Leisch, F., Zeileis, A. (eds) Proceedings of the 3rd International Workshop on Distributed Statistical Computing (DSC 2003). Available online: https://www.r-project.org/conferences/DSC-2003/Proceedings/.

Rhodes, E.J., Bronk Ramsey, C., Outram, Z., Batt, C., Willis, L., Dockrill, S., Bond, J. 2003. Bayesian methods applied to the interpretation of multiple OSL dates: high precision sediment ages from Old Scatness Broch excavations, Shetland Isles. Quaternary Science Reviews 22, 1231-1244.

Richter, D., Grün, R., Joannes-Boyau, R., Steele, T.E., Amani, F., Rué, M., Fernandes, P., Raynal, J.-P., Geraads, D., Ben-Ncer, A., Hublin, J.-J., McPherron, S.P. 2017. The age of the hominin fossils from

Jebel Irhoud, Morocco, and the origins of the Middle Stone Age. Nature 546, 293-296.

Rixhon, G., Briant, R.M., Cordier, S., Duval, M., Jones, A., Scholz, D. 2016. Revealing the pace of river landscape evolution during the Quaternary: recent developments in numerical dating methods. Quaternary Science Reviews 166, 91-113.

Roberts, D.H., Chiverrell, R.C., Innes, J.B., Horton, B.P., Brooks, A.J., Thomas, G.S.P., Turner, S., Gonzalez, S. 2006. Holocene sea levels, Last Glacial Maximum glaciomarine environments and geophysical models in the northern Irish Sea Basin, UK. Marine Geology 231, 113-128.

Roberts, R.G., Galbraith, R.F., Olley, J.M., Yoshida, H., Laslett, G.M. 1999. Optical dating of single and multiple grains of quartz from Jinmium rock shelter, Northern Australia: part II, Results and Implications. Archaeometry 41, 365-395.

Roberts, R.G., Galbraith, R.F., Yoshida, H., Laslett, G.M., Olley, J.M. 2000. Distinguishing dose populations in sediment mixtures: a test of single-grain optical dating procedures using mixtures of laboratory-dosed quartz. Radiation Measurements 32, 459-465.

Roberts, R.G., Jones, R., Smith, M.A. 1990. Thermoluminescence dating of a 50, 000-year-old human occupation site in northern Australia. Nature 345, 153-156.

Rodnight, H., Duller, G.A.T., Wintle, A.G., Tooth, S. 2006. Assessing the reproducibility and accuracy of optical dating of fluvial deposits. Quaternary Geochronology 1, 109-120.

Rodríguez-Rey, M., Herrando-Pérez, S., Gillespie, R., Jacobs, Z., Saltré, F., Brook, B.W., Prideaux, G.J., Roberts, R.G., Cooper, A., Alroy, J., Miller, G.H., Bird, M.I., Johnson, C.N., Beeton, N., Turney, C.S.M., Bradshaw, C.J.A. 2015. Criteria for assessing the quality of Middle Pleistocene to Holocene vertebrate fossil ages. Quaternary Geochronology 30, 69-79.

Rosenberg, T.M., Preusser, F., Wintle, A.G. 2011. A comparison of single and multiple aliquot TT-OSL data sets for sand-sized quartz from the Arabian Peninsula. Radiation Measurements 46, 573-579.

Scourse, J.D., Evans, D.J., Hiemstra, J., McCarroll, D., Rhodes, E.J., Furze, M.F. 2006. Pleistocene stratigraphy, geomorphology and geochronology. In Scourse, J.D. (ed) The Isles of Scilly: Field Guide. Quaternary Research Association, London, 13-22.

Singarayer, J.S., Bailey, R.M., Ward, S., Stokes, S. 2005. Assessing the completeness of optical resetting of quartz OSL in the natural environment. Radiation Measurements 40, 13-25.

Small, D., Clark, C.D., Chiverrell, R.C., Smedley, R.K., Bateman, M.D., Duller, G.A.T., Ely, J.C., Fabel, D., Medialdea, A., Moreton, S.G. 2017. Devising quality assurance procedures for assessment of legacy geochronological data relating to deglaciation of the last British-Irish Ice Sheet. Earth-Science Reviews 164, 232-250.

Smedley, R.K., Scourse, J.D., Small, D., Hiemstra, J.F., Duller, G.A.T., Bateman, M.D., Burke, M.J., Chiverrell, R.C., Clark, C.D., Davies, S.M., Fabel, D., Gheorghiu, D.M., McCarroll, D., Medialdea, A., Xu, S. 2017. New age constraints for the limit of the British-Irish Ice Sheet on the Isles of Scilly. Journal of Quaternary Science 32, 48-62.

Spriggs, M. 1989. The dating of the Island Southeast Asian Neolithic: an attempt at chronometric hygiene and linguistic correlation. Antiquity 63, 587-613.

Stan Development Team. 2015. Stan modelling language：user's guide and reference manual. Version 2.8.0.

Steel，D. 2001. Bayesian statistics in radiocarbon calibration. Philosophy of Science 68，S153-S164.

Steffen，D.，Preusser，F.，Schlunegger，F. 2009. OSL quartz age underestimation due to unstable signal components. Quaternary Geochronology 4，353-362.

Stokes，C.R.，Tarasov，L.，Blomdin，R.，Cronin，T.M.，Fisher，T.G.，Gyllencreutz，R.，Hättestrand，C.，Heyman，J.，Hindmarsh，R.C.A.，Hughes，A.L.C.，Jakobsson，M.，Kirchner，N.，Livingstone，S.J.，Margold，M.，Murton，J.B.，Noormets，R.，Peltier，W.R.，Peteet，D.M.，Piper，D.J.W.，Preusser，F.，Renssen，H.，Roberts，D.H.，Roche，D.M.，Saint-Ange，F.，Stroeven，A.P.，Teller，J.T. 2015. On the reconstruction of palaeo-ice sheets：recent advances and future challenges. Quaternary Science Reviews 125，15-49.

Thomas，D.S.G.，Burrough，S.L. 2016. Luminescence-based dune chronologies in southern Africa：analysis and interpretation of dune database records across the subcontinent. Quaternary International 410，30-45.

Thomsen，K.J.，Murray，A.S.，Bøtter-Jensen，L. 2005. Sources of variability in OSL dose measurements using single grains of quartz. Radiation Measurements 39，47-61.

Thomsen，K.J.，Murray，A.S.，Jain，M.，Bøtter-Jensen，L. 2008. Laboratory fading rates of various luminescence signals from feldspar-rich sediment extracts. Radiation Measurements 43，1474-1486.

Thrasher，I. 2009. Optically stimulated luminescence dating of ice-marginal palaeosandar from the last Irish Sea Ice-Stream. PhD Thesis，Department of Geography，University of Liverpool.

Thrasher，I.M.，Mauz，B.，Chiverrell，R.C.，Lang，A.，Thomas，G.S.P. 2009. Testing an approach to OSL dating of Late Devensian glaciofluvial sediments of the British Isles. Journal of Quaternary Science 24，785-801.

Tripaldi，A.，Zárate，M.A. 2016. A review of Late Quaternary inland dune systems of South America east of the Andes. Quaternary International 410，96-110.

Truscott，A.J.，Duller，G.A.T.，Bøtter-Jensen，L.，Murray，A.S.，Wintle，A.G. 2000. Reproducibility of optically stimulated luminescence measurements from single grains of Al_2O_3：C and annealed quartz. Radiation Measurements 32，447-451.

Újvári，G.，Molnár，M.，Novothny，Á.，Páll-Gergely，B.，Kovács，J.，Várhegyi，A. 2014. AMS ^{14}C and OSL/IRSL dating of the Dunaszekcső loess sequence（Hungary）：chronology for 20 to 150 ka and implications for establishing reliable age-depth models for the last 40 ka. Quaternary Science Reviews 106，140-154.

Vermeersch，P.M.，Paulissen，E.，Stokes，S.，Charlier，C.，van Peer，P.，Stringer，C.，Lindsay，W. 1998. A Middle Palaeolithic burial of a modern human at Taramsa Hill，Egypt. Antiquity 72，475-484.

Veth，P.，Ward，I.，Manne，T.，Ulm，S.，Ditchfield，K.，Dortch，J.，Hook，F.，Petchey，F.，Hogg，A.，Questiaux，D.，Demuro，M.，Arnold，L.，Spooner，N.，Levchenko，V.，Skippington，J.，Byrne，C.，Basgall，M.，Zeanah，D.，Belton，D.，Helmholz，P.，Bajkan，S.，Bailey，R.，Placzek，C.，Kendrick，P. 2017. Early human occupation of a maritime desert，Barrow Island，North-West Australia. Quaternary Science Reviews 168，19-29.

Ward，G.K.，Wilson，S.R. 1978. Procedures for comparing and combining radiocarbon age determinations：a critique. Archaeometry 20，19-31.

Wintle，A.G.，Murray，A.S. 2006. A review of quartz optically stimulated luminescence characteristics and their relevance in single-aliquot regeneration dating protocols. Radiation Measurements 41，369-391.

Wohlfarth，B.，Veres，D.，Ampel，L.，Lacourse，T.，Blaauw，M.，Preusser，F.，Andrieu-Ponel，V.，Kéravis，D.，Lallier-Vergès，E.，Björck，S.，Davies，S.M.，de Beaulieu，J.-L.，Risberg，J.，Hormes，A.，Kasper，H.U.，Possnert，G.，Reille，M.，Thouveny，N.，Zander，A. 2008. Rapid ecosystem response to abrupt climate changes during the last glacial period in western Europe，40-16 ka. Geology 36，407-410.

Wood，R. 2015. From revolution to convention：the past，present and future of radiocarbon dating. Journal of Archaeological Science 56，61-72.

Wood，R.，Jacobs，Z.，Vannieuwenhuyse，D.，Balme，J.，O'Connor，S.，Whitau，R. 2016. Towards an accurate and precise chronology for the colonization of Australia：the example of Riwi，Kimberley，Western Australia. PloS One 11，e0160123.

Zeeden，C.，Dietze，M.，Kreutzer，S. 2018. Discriminating luminescence age uncertainty composition for a robust Bayesian modelling. Quaternary Geochronology 43，30-39.

Zink，A.，Porto，E. 2005. Luminescence dating of the Tanagra terracottas of the Louvre collections. Geochronometria 24，21-26.

4 在风沙环境中的应用

凯瑟琳·菲茨西蒙斯

德国马普化学研究所陆地古环境研究组 Email：k.fitzsimmons@mpic.de

摘要：风成沉积物是最适合释光测年的沉积物类型，并且在该方法的发展中发挥过重要作用。本章讨论了释光测年在除黄土之外的粗粒（>63μm）风沙沉积中的应用（黄土沉积将在第 5 章专门讨论）。风沙沉积物被认为是释光测年的理想对象，因为它们在沉积之前已经充分曝光，并且通常以石英为主。然而，风沙沉积的释光测年并非没有困难。这些困难包括成壤过程中的扰动、剂量率偏低背景下沉积物含水量估算的可靠性、动态环境中的有效埋藏深度难以确定，以及β剂量率不均匀导致的剂量分布离散等问题。尽管如此，大量年代数据结果的集成为我们从风沙沉积中提取有意义的古环境信息提供了极大的帮助。这包括：为线形沙丘建立新的定量积累模型并了解其气候驱动机制，调查大型横向海岸沙丘如何响应不断变化的风况，以及利用平沙地沉积来量化翻转速率和土壤运动速率。

关键词：风沙沉积，线形沙丘，透镜状沙丘，平沙地，沙坡

4.1 引言

风成沙是释光测年的理想材料。——Ann Wintle（1993）

风成沉积是沉积物在风力作用下的堆积。风导致沉积物在地球上不同地区的累积和迁移，形成黄土、沙丘、平沙地和沙坡（McKee，1979）等，尤其是在不同海拔的沙漠和沙漠边缘，以及冰川和冰盖边缘等植被覆盖率低、风力大的地区。在水资源缺乏的沙漠地区，年平均潜在蒸发量大大超过年降水量，风是塑造地貌的主要因子。在沙粒级大小的沉积物供应充足的地方，沙子被风力搬运、堆积形成沙丘（Bagnold，1941）。风成地貌的形态、尺度走向取决于许多因素，包括风的强度、风向的一致性和季节性、沉积物供应、植被覆盖和沉积物类型等（Hesse，2010；Wasson and Hyde，1983）。

本章讨论释光测年在沙粒级大小的风沙沉积中的应用，颗粒较细的黄土沉积将在第 5 章讨论。因此，重点关注风成沙（63μm～2mm，通常在 90～250μm 范围内）（Folk，1968），而非粉沙级的黄土（Folk，1968）。风成沙的测年主要利用石英矿物（Pécsi，1990），因为它在风成沙的释光测年研究中具有绝对优势。

风沙沉积是响应于环境变化的动态地貌档案，因此需要为这种动态变化建立时间框架（Wintle，1993）。过去对风沙活动时间的推测依赖于数值模型，根据模型预测，大陆反照率的增加与第四纪冰期期间气候干旱和沙漠地区沙丘活动的增加有关（CLIMAP，1976；Sarnthein，1978）。但是，由于缺乏合适的测年材料，风成沙的绝对定年受到了限制。例如，

有机质在干旱区不易保存，土壤碳酸盐的放射性碳同位素测年和次生石膏的铀系测年均不可靠（Callen，1984；Callen et al.，1983）。随着释光测年技术的出现，研究者认识到曝光可以有效地重置释光信号（Huntley et al.，1985；Wintle and Huntley，1979），这为首次直接测定风成沙的沉积年代提供了绝佳的机会。

释光测年技术能够测定自沉积物最后一次暴露在阳光下之后经过的时间。由于风成沉积物以石英和长石为主，并表现出一系列适合释光方法的固有特性，因此这类沉积物在释光测年技术的发展中发挥了关键作用。最初，考虑到释光信号可以被光和热有效地重置或归零，石英热释光（TL）（Aitken，1985；Wintle and Huntley，1979）被广泛应用于包括线形沙丘在内的一系列风沙沉积物测年（如 Gardner et al.，1987；Nanson et al.，1992a；Prescott，1983）。然而，由于 TL 信号常常保留了埋藏前的残余信号，从而导致真实埋藏年龄的高估（Stokes，1992，1994），并且测年精度较差（Aitken，1998）。之后，研究者在澳大利亚海岸沙丘开展实验（Huntley et al.，1985），发现光释光（OSL）信号更容易被晒退。基于此发展的测年技术，在北美沙丘中获得了可靠年龄，得到了其他独立年代（有机质放射性碳测年）的验证（Stokes and Gaylord，1993）。与 TL 和 OSL 年代相比，长石的红外释光（IRSL）信号也获得了可靠的结果（Hütt et al.，1988）。不过，长石红外释光测年受到的关注很少，因为石英往往是风成沙的主要成分，而且在实验室中制备更简单，更容易被晒退（第 1 章；Wintle，1993）。

石英的 OSL 测年方法主要是基于澳大利亚的风成样品开发的（Murrayand Roberts，1997b；Murray et al.，1997；Wintle，1997；Wintle and Murray，1997），其中就有来自澳大利亚西北部 Widgingarri I 考古遗址的样品 WIDG8（Veth，1995）。对于石英 OSL 测年而言，目前使用最广泛的可能是基于风成沙样品（包括 WIDG8）开发的单片再生法（SAR）（第 1 章；Murray and Wintle，2000，2003；Wintle and Murray，2000）。除此之外，首次单颗粒测年也是基于风成沙进行的（Murray and Roberts，1997）。

风成沙适合各种释光方法的应用，因此必须小心评估获得的风沙年龄的可靠性，以及所使用方法的适用性。数据报告越透明，就越能更好地评估年龄的可靠性（Hesse，2016；Lancaster et al.，2016），而这在早期的研究中通常被认为是没必要的。尽管如此，对该方法的优势和局限性有一定程度的了解，并开展标准的质量控制检验或进行独立的年代控制，就足以确保测年结果的准确性。尽管 TL 测年存在公认的缺点，但此后各种比较研究都普遍认为风沙沉积中的 TL 信号通常都能够被有效晒退（如 Chase，2009；Cohen et al.，2012b）。使用 SAR 标准（见第 1 章）出现之前的早期测试方法获得的年代结果可能与 SAR 单片或单颗粒测年方法存在明显差异（Duller and Augustinus，2006；Telfer and Thomas，2007；Thomas，2007）。除非与独立年代进行比较或者用 SAR 方法重新测量，否则有些早期的测年结果可能是不可靠的（Hesse，2016）。

风沙沉积的释光测年主要面临两个挑战，这构成了本章的主要内容：

（1）尽管安·温特尔（Ann Wintle）之前做出了乐观的断言，但风成沙的释光测年并非没有挑战。第一个挑战来自方法学。谁也不能保证风成沙在埋藏前完全晒退、保持在同一深度或含有一致的孔隙水分，或者沉积物在沉积后不被扰动。根据地貌和沉积学知识，可以提前确定特定沉积物是否可能存在上述问题，从而制定适当的采样策略，并选择合适的测量方法。本章讨论了可以评估风成沙晒退和沉积后混合程度的各种方法，还讨论了与风成沙的低剂量率特征相关的问题、它们对年代准确性的影响，以及可用于解决这些不确定性的方法。当然，目前仍然存在一些问题尚无简单的解决方案，如β剂量率不均匀导致的剂量分布较离散等问题。

（2）第二个是风沙沉积古环境意义的解释。更准确地说，获得的释光年龄代表什么，以及如何综合年代学和地貌学证据来提取有关过去环境及其变化的有价值的信息。特别是SAR测年方法被广泛采用后，针对世界各地的风沙沉积研究积累了大量释光数据，这大大提高了我们对风沙沉积古环境意义的解译能力。本章介绍了一些案例研究，它们不仅仅是简单的年代对比，而是建设性地融合了两种类型的数据，以便更好地了解古环境和风沙沉积系统。

4.2 风沙沉积

4.2.1 沙漠地区的沙丘

沙漠地区的沙丘是应用释光测年最普遍的风沙沉积类型。沙丘有多种形态，其中最常见的是线形（纵向）沙丘和新月形沙丘。由于这些沙丘是最常开展释光测年的沙丘类型，因此在此对其进行简要定义。

线形沙丘是地球上最规则、分布最广泛的风沙地貌（McKee，1979）。线形或纵向沙丘是细长的沙脊，它们的延伸方向通常与合成起沙风方向大致平行（King，1960）（图4.1）。线形沙丘方向常位于总体风矢量的30°以内（Brookfield，1970）；然而，也可能在方向惯性的影响下保留先前风况的证据（Fitzsimmons，2007）。此类沙丘的纵向延伸可能是其陡峭侧翼的交替移动（也许是季节性）导致的（Bagnold，1941），也可能反映了在大量黏土成分阻止典型滑动面发育的情况下的净积累过程（Hesse，2011；Livingstone et al.，2007）。单个沙粒的长距离纵向迁移可能是有限的。相反，沙子从相邻的丘间洼地直接运移到沙丘上（具有小的纵向分量）似乎是主要过程（Hollands et al.，2006；Telfer，2011）。线形沙丘

图4.1 A-从空中看到的澳大利亚辛普森（Simpson）沙漠平行分布的线形沙丘。B-辛普森沙漠马迪根线（Mdigan Line）（Camp 8）线形沙丘的脊线（顺着风向看）。澳大利亚的线形沙丘通常有部分植被覆盖。照片由保罗·赫西（Paul Hesse）拍摄。

是最有可能在风况相对多变且沉积物物源有限的地区形成的沙丘类型（Wasson and Hyde，1983）。通常有一定的植被覆盖或不存在植被，但常见的生物土壤结皮会增强地表的稳定性（Hesse and Simpson，2006）。

线形沙丘的垂向增高本质上可能是间歇性的，从而形成由多个单元组成的复合地层（Bristow et al.，2007；Fitzsimmons et al.，2007），此类地层的形成常常被用来指示风沙活动的增强（Chase and Thomas，2006，2007；Fitzsimmons et al.，2007；Singhvi et al.，2010；存在 Stokes et al.，1997c；Telfer and Thomas，2007）。沙丘地层单元中也可能存在埋藏土壤（古土壤）夹层，这些土壤形成于沉积物堆积的间断期（Fitzsimmons et al.，2009），而这些沉积间断则与相对湿润的气候阶段风沙输移的减少或沉积物供应的减少有关（Fitzsimmons et al.，2009；Hollands et al.，2006）。在一个地区，并不是所有沙丘会同时处于活动状态（Chase，2009；Hesse，2011，2016），这种部分沙丘活动的状态很可能在过去一直存在。因此，沙丘活动的年代与气候条件的关联究竟有多紧密等问题仍存在争议（Hesse，2016；Thomas and Bailey，2016），这个问题将在第 4.4.1 节中讨论。

横向沙丘是垂直于盛行风形成的风沙地貌（Fryberger，1979）。相比线形沙丘，横向沙丘通常在更单一的风况下形成（Bourke et al.，2010）。月牙形的横向沙脊和单个月牙形沙丘，其两角指向下风向和陡峭的背风坡，因而被称为新月形沙丘（Bagnold，1941）。新月形沙丘通常是高度流动的、动态的地貌，尽管其内部地层可能会保留下来（Wang et al.，2009），但一般比线形沙丘的规模小（Bagnold，1941）。因此，新月形沙丘很少被作为古环境档案从年代学的角度进行研究，尽管在某些情况下新月形沙丘链可能会发育并稳定足够长的时间，进而能够保存风沙活动的片段（Bray and Stokes，2003，2004）。更常见的是，释光测年被用于揭示短时间尺度内沙丘迁移的速率（Wang et al.，2009；Wolfe and Hugenholtz，2009），这将在第 4.3.1 节中讨论。

4.2.2 近源透镜状沙丘

近源沙丘是发育在湖泊或河流附近的横向风沙地貌。富含黏土的透镜状沙丘是一种特殊的类别，可形成于季节性湖泊或干盐湖附近（Bowler，1973，1983）。近源透镜状沙丘常见于半干旱地区沙漠边缘季节性湖泊的下风向（Hesse，2010）。透镜状沙丘因其平面视图中的月牙形态而得名，与新月形沙丘不同的是，它们的两翼向环绕湖泊的逆风方向延伸，而且迎风坡更陡峭（Bowler，1968）。

虽然主要的形成过程是风成的，但透镜状沙丘的形成及其地层在成因上与相关湖泊的水文状况有关——在半干旱地区，湖泊的特征通常是周期性的注水和干涸（Bowler，1983）。透镜状沙丘的典型模式主要涉及两个方面（图 4.2），一是在高水位阶段，分选良好的干净沙子被风力搬运到沙丘上；二是在湖面波动或干涸导致湖底暴露的阶段，容易形成沙粒大小的黏土聚合体，这些聚合体与沙子一起被吹到透镜状沙丘上（Bowler，1973，1983）。景观相对稳定的时期，受区域干旱或湖泊沉积物供应减少的影响，透镜状沙丘表面的成壤作用增强。半干旱区透镜状沙丘内的古土壤以黏土淀积和碳酸盐沉淀为特征（Bowler and Magee，1978）。

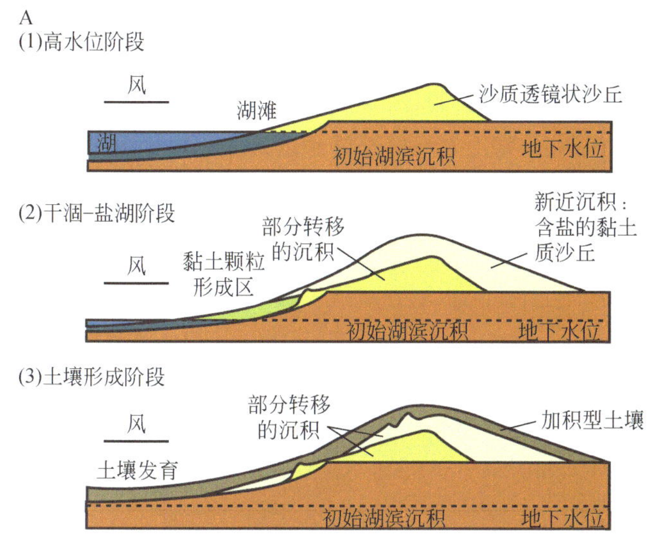

图 4.2 A-透镜状沙丘形成过程与湖泊水文的关系示意图；改绘自 Bowler（1973）和 Fitzsimmons（2017）。B-澳大利亚东南部半干旱区蒙戈（Mungo）湖透镜状沙丘的谷歌地球影像，沿着干涸湖床的东缘（下风向）可以看到白色透镜状沙丘的月牙形态。

理解了湖泊水文与透镜状沙丘地层之间联系，就可以根据这些风成地貌的释光测年结果为湖盆的水文变化提供年代框架（Bowler et al.，2003；Burrough and Thomas，2009）。最近的研究从透镜状沙丘中获得了诸如水文平衡、风况和降水等更详细的古气候信息（Burrough et al.，2009a；Fitzsimmons，2017；Telfer and Thomas，2006），这些内容将在第 4.3.2 和第 4.3.3 节中讨论。

4.2.3 沙坡

沙坡是指倾斜堆积在山前的混合沉积体（Bateman et al.，2012）。它们很少完全是风成的，而是由互层的风成沙和其他成分组成，这些成分可能包括塌砾、坡积物、冲积扇和河流沉积等（Bateman et al.，2012；Lancaster and Tchakerian，1996；Turner and Makhlouf，2002）。因此，沙坡是由上风向（爬升）和下风向（降落）风沙输送（Livingstone and Warren，1996），以及邻近坡地的水文和重力过程共同作用形成的（Bateman et al.，2012）。

根据沙坡的释光年代计算的沉积物堆积速率可以深入了解沉积物堆积的原因，这可能受气候驱动，也可能不受气候驱动（Bateman et al.，2012；Clark and Rendell，1998）。

4.2.4 平沙地（或覆沙）

平沙地（或覆沙）是由分选良好的沙构成的低起伏沙层，厚度可达数米，地形起伏在垂直方向上的变化通常不超过 5m，倾角很少超过 6°（Pye and Tsoar，1990）。平沙地可能出现在寒冷气候或亚热带环境中，并通过多种过程形成（Baillieul，1975；Boulter et al.，2007；Koster，1988）。

寒冷气候区的平沙地广泛分布于欧洲西北部（Koster，1988；Schwan，1988）、美国北部和加拿大（Pye and Tsoar，1990），以及受周期性冰缘活动影响的高海拔地区（Telfer et al.，2014），如非洲南部德拉肯斯堡（Drakensberg）山脉的山麓地带（图 4.3）。这些平沙地与冰盖和冰川的距离很近，这使得研究者认为这些沉积物是冰水沉积物和其他冰川、冰缘沉积物在风力改造作用下形成的（Koster，1988）。寒冷气候区平沙地的形成是多种因素联合作用的结果，这些因素包括：充足的沙粒级物源、低植被覆盖度、有利于风沙流动的低起伏度景观、由于地面季节性潮湿或冻结而导致的沙物质可利用性的周期性降低，以及当地永久冻土的退化和土壤干旱度的增加（Kasse，1997）。平沙地沉积物通常呈水平或小角度的层状，且有时粗细交替，这可能反映了风速和输沙势的变化（Schwan，1988）。

图 4.3　A-非洲南部德拉肯斯堡山脉北缘的沙坡，轮廓如图中所示，右下角的汽车可作为比例尺。B-剖面中的沙坡沉积包含了风成和其他地表过程的证据，可通过沉积结构加以研究。图片改绘自 Telfer 等（2012）。

亚热带和热带地区的平沙地是多种过程的产物，如古沙丘的改造和平整化、就地风化物质和外来风成物质的混合（Boulter et al.，2007），以及下伏砂岩的原位风化等（Baillieul，1975）。干旱区的平沙地在中国北方（Zhou et al.，2009）和博茨瓦纳（Botswana）（Baillieul，1975）的沙漠边缘以及以地表风化过程为主的相对稳定的亚热带地区都有分布（Boulter et al.，2007，2010；Sanderson et al.，2001）。

在欧洲西北部（寒冷气候）（图 4.4）和中国（沙漠边缘）观察了到从平沙地到沙质黄土、再到更细的黄土沉积这一空间分布特征，表明了这几种沉积物在成因上的联系，并可能与距离沙源区的远近有关（Pye and Tsoar，1990）。

图 4.4　荷兰特温特（Twente）附近平沙地中的小角度层理。改绘自 Schwan（1988）。

平沙地的释光测年已被应用于揭示其与冰川扩张及其形成过程的成因联系（Singhvi et al.，2001；Gliganic et al.，2016；Kristensen et al.，2015），并结合附近的其他指标记录来重建过去的环境状况（Boulter et al.，2010）。这些应用的案例研究，以及释光测年技术在此类沉积物中遇到的困难将在第 4.4 节和第 4.5.1 节中介绍。

4.3 风沙环境特有的方法学难点

4.3.1 风成沙的 OSL 特性

由于风成石英的应用促进了释光测年技术的发展，尤其是广泛使用的 SAR 法，因此研究者通常认为此类沉积物的 OSL 特性非常适合该方法（Fitzsimmons et al.，2010）。然而，风成石英对 OSL 测年的适用性是针对于特定样品的，因此常常需要单独评估。

因为只需曝光几秒钟即可重置石英 OSL 的快组分释光信号，所以通常认为风成沙的释光信号在沉积时已完全晒退或归零（第 1 章；Aitken，1998）。不完全晒退情况可以通过剂量分布来进行评估，并且单粒法比单片法的评估效果更佳（Duller，2008）。对于晒退良好、未受扰动的样品，单片法可以得到与单粒法相同的年代（如 Fitzsimmons et al.，2014）。晒退程度测试应该作为常规步骤，特别是在高纬度地区，风沙传输时可能会经历更长时间的黑暗环境（Bristow et al.，2011b）。在被认为经历了充足曝光时间的澳大利亚沙漠沙丘样品中，也观察到了单片和单颗粒剂量分布较宽的情况，因此完全晒退的假设也受到质疑（Lomax et al.，2007）。有人提出澳大利亚沙丘石英上的铁氧化物胶膜可能会影响沙粒晒退，然而，刻蚀石英和未刻蚀石英 OSL 信号衰减的比较表明，尽管带有铁氧化物胶膜的颗粒信号重置较慢（图 4.5），但在 120s 内可完全晒退，这个时间被认为在大多数风成环境中是可能的，因此沙丘沙极有可能完全晒退。剂量分布的离散可能有其他潜在的原因，这将在第 4.3.2 节和第 4.3.3 节中讨论。

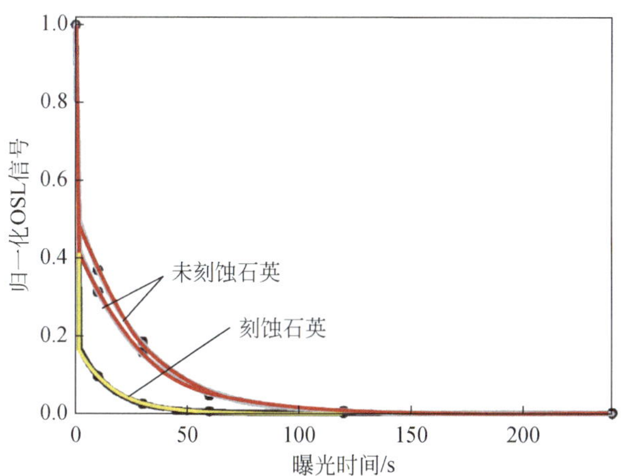

图 4.5 澳大利亚沙漠沙丘刻蚀石英和未刻蚀石英经历不同曝光时间（分别为 10s/30s/60s/120s/240s）后的 OSL 信号衰减曲线（激发条件：蓝光 LED，0.1s/40℃）。图片改绘自 Lomax 等（2007）。

释光信号灵敏度或“亮度”被定义为每单位吸收辐射剂量的释光信号强度，并且与以释光形式传输的吸收辐射的效率有关（Aitken，1998；Zimmerman，1971）。样品释光信号的灵敏度可能随着样品暴露于温度（Rhodes and Bailey，1997）、晒退（McKeever，1991）和辐照（Zimmerman，1971）的次数的增加而增加。理想情况下，样品的 OSL 信号灵敏度高，并且在 SAR 法的再生剂量循环中不会表现出显著的灵敏度变化。这意味着在 SAR 法测试中，每个再生剂量后测量的 T_x/T_n 值将保持不变，即在图 4.6 中纵坐标值等于 1。然而，这种情况比较少见。

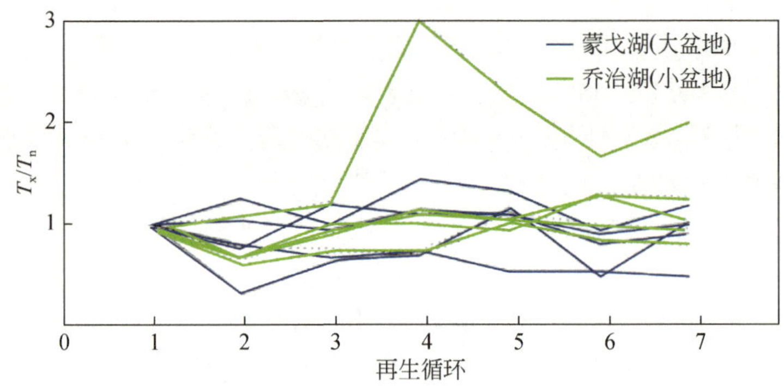

图 4.6　SAR 法的再生剂量循环中实验剂量的敏感性变化，以测量自然信号后的第一个实验剂量响应（T_n）为标准进行了归一化，可以看到同一样品不同颗粒之间的差异（风成沙样品分别来自澳大利亚一大一小两个沉积盆地，每个样品选择五个代表性颗粒）。图片改绘自 Fitzsimmons（2011）。

我们可以合理地预期，在风沙环境中沉积物晒退和改造的可能性较大，从而导致石英颗粒的“敏化”（有效释放释光信号的能力增加）和相应的“明亮”信号。对来自澳大利亚的单片的研究证实了这一假设（Fitzsimmons et al.，2010），即与来自其他沉积环境的样品相比，风沙样品中的高灵敏度颗粒（＞100 cts/s/Gy）的比例通常更高（图 4.7A）。通过比较澳大利亚不同大小的沉积盆地的风沙样品（可以推断沉积物停留时间），发现来自较大流域的石英颗粒在沉积系统中经历了更长的时间，石英“敏化”的比例更大（图 4.7B）。然而，在单颗粒水平上，来自较小盆地的风沙沉积物的敏感性与其他沉积模式的难以区分，这表明相比传输模式，沉积物停留时间在“敏化”过程中起着更重要的作用（Fitzsimmons，2011）。来自世界其他地区具有相对较短沉积历史的风沙沉积物，同样表现出低的释光信号灵敏度（Bristow et al.，2011a，2011b）。

SAR 法可以通过许多内部测试来评估其可靠性，此时可不考虑沉积物类型。这些测试包括：用重复的再生剂量产生的 OSL 信号来检验 OSL 信号的再现性（该重复剂量与其中一个再生剂量相等）；用零剂量产生的 OSL 信号来评估电荷的热转移（详见第 1 章，Murray and Wintle，2000，2003）。在单颗粒研究中，这些测试结果被作为是否进行进一步测试的判断依据（Doerschner et al.，2019；Fitzsimmons et al.，2014；Jacobs et al.，2006；Jacobs and Roberts，2007）。IR 耗损比（Duller，2003）这一指标被用来检测石英中长石污染的程度，高 IR 耗损比说明需要通过刻蚀或密度分离进一步去除石英样品中的长石。有时，即使蚀刻也不能完全去除长石信号，表明样品的颗粒中可能存在长石包裹体（Hülle et al.，2010）。

在这种情况下，最好不要使用石英 OSL 信号测年，可以考虑用长石 IRSL 信号。

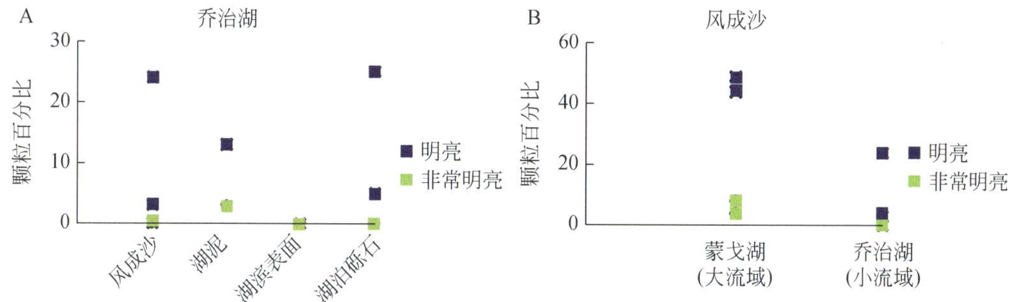

图 4.7 A-澳大利亚东南部乔治湖流域不同沉积环境的石英中明亮和非常明亮颗粒的比例。B-来自一大一小两个沉积盆地的风沙沉积物中明亮和非常明亮颗粒的比例。图片改绘自 Fitzsimmons（2011）。

剂量恢复实验被建议作为石英 SAR 测年法的标准检测实验，这涉及将已知实验室剂量应用于人工晒退样品或现代相似型样品（Murray and Wintle，2003）。剂量恢复率在 10%的误差范围内被认为是可接受的。然而，目前剂量恢复实验的具体方法远未达成一致：很少对一批样品的所有样品进行剂量恢复实验，也很少直接测试相同的颗粒或样片，并且通常测量单片而不是单颗粒（Arnold and Demuro，2015；Jacobs et al.，2008a），这些实验的最佳测量和晒退参数仍在讨论中。剂量恢复已被证明具有剂量依赖性（Thomsen et al.，2012），并且取决于人工晒退样品的方法（Choi et al.，2009；Doerschner et al.，2016；Wang et al.，2011）。一些比较研究表明单片和单颗粒的剂量恢复率没有差异（Thomsen et al.，2016）；也有研究发现一些测量参数的可靠性存在问题（Doerschner et al.，2016）；还有研究认为，对于具有独立年龄控制的样品，剂量恢复率与 OSL 年龄的准确性之间没有相关性（Guérin et al.，2015）。剂量恢复实验中仪器的剂量率比样品在自然界中的实际剂量率要高得多，因而不能完全模拟自然系统，也就不能可靠地评估 OSL 测年方法在自然样品中的适用性。目前，剂量恢复实验作为 OSL 测年适用性的评估手段仍然存在争议。然而，在设计出一套一致的测量参数之前，它仍是推荐的质量控制检测实验之一。

4.3.2 剂量分布的离散

确定等效剂量（D_E）——释光年龄计算方程的分子——需要统计显著数量的样片或颗粒（通常＞50 个；Rodnight，2008）。如果不同测片或颗粒的结果较为离散，则可能由多种原因引起，其中一些原因也适用于风成沙。这些原因包括：

（1）释光灵敏度变化和剂量饱和特征（Duller et al.，2000）；

（2）释光信号的不完全晒退（Olley et al.，1998）；

（3）电荷热转移（Rhodes，2000；Rhodes and Bailey，1997）；

（4）分析仪器一致性和测量过程中光子计数的变化（Thomsen et al.，2005）；

（5）沉积后混合（见第 4.1.4 节；Bateman et al.，2007a，2007b）；

（6）微剂量的变化，特别是β辐射对剂量率贡献的不均匀性（Kalchgruber et al.，2003；Mayya et al.，2006；Thomsen et al.，2005；Vandenberghe et al.，2003）。

对于风成沙这样的高灵敏度样品，系统性的计数统计对不确定性的贡献较小，过度离散（OD）成为不确定性的主要来源（Galbraith et al.，2005）。

在测定澳大利亚东南部半干旱沙漠边缘墨累-达令盆地（Murray-Darling Basin，MDB）的线形沙丘和横向抛物线沙丘的沉积年龄时，Lomax 等（2007）观察到 D_E 较为离散（每个样片含有 50±25 个颗粒；图 4.8A），这对于被认为晒退良好的风成沙来说是出乎意料的。在相同样品的后续单颗粒测量中，OD 甚至更大（超过 70%）（图 4.8B；Lomax et al.，2011）。Lomax 等（2007）在对 OD 的潜在来源进行了系统检查，排除了可能的原因：来自仪器本身的误差最小，即使带有铁氧化物胶膜的未刻蚀颗粒的信号也完全归零（见第 4.3.1 节），因此不完全晒退也被排除在外。最有可能的原因就是成土过程中的扰动（见第 4.3.3 节）或β剂量率不均匀性，后一种现象涉及微剂量学，可能是沉积物分选不良、偶尔存在长石或锆石等高辐射矿物或碳酸盐分布不均匀等原因造成的（Olley et al.，1997；Singhvi et al.，1996）。

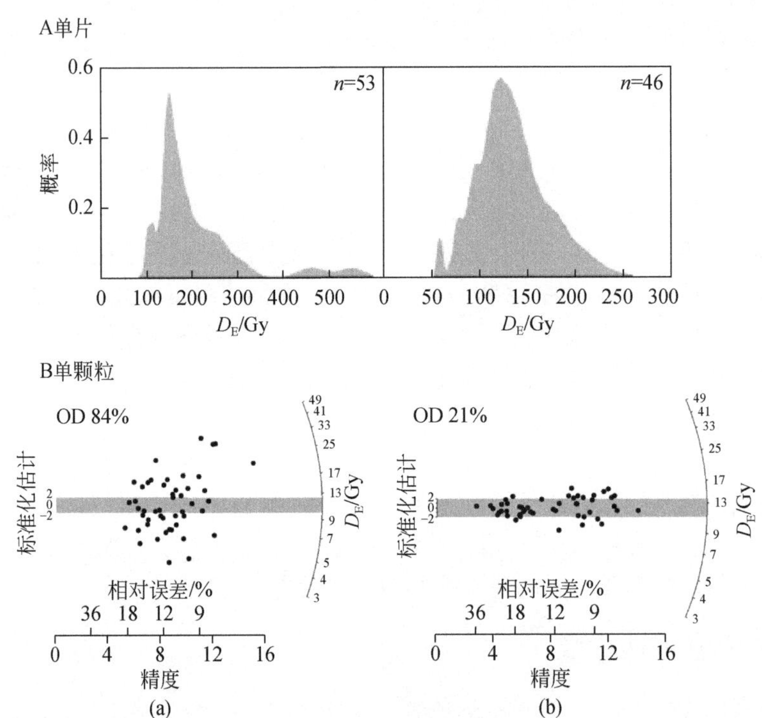

图 4.8　A-来自 MDB 沙丘样品的单片剂量分布加权直方图，表示为每个 D_E 值及其误差的高斯曲线的总和。B-来自 MDB 沙丘样品的单颗粒剂量分布径向图，包括线形沙丘样品（a）和横向抛物线沙丘样品（b）。下方数值轴表示单个颗粒的相对误差和精度，灰色条带表示标准化对数剂量的 2σ 标准偏差。图片改绘自（Lomax et al.，2007，2011）。

微剂量的不均匀性在风沙环境中尤其值得关注，这些环境通常具有低剂量率的特点（见第 4.4 节）。比如 MDB 沙丘的剂量率平均约为 1Gy/ka，总剂量率的约 55%来自β辐射（Lomax et al.，2007）。单个矿物颗粒或成壤碳酸盐最有可能影响微剂量测定。微剂量可以通过放射自显影等方法来确定（Rufer and Preusser，2009），而质谱分析表明，可以出现高达平均值两倍的剂量率“热点”（Schmidt et al.，2012）。如果沉积物基质分选良好，则可以用统计模型重建三维的非均质剂量率（Guérin and Mercier，2012；Guérin et al.，2012）。

Lomax 等（2011）注意到，线形沙丘样品剂量分布的离散最为显著（OD＞30%），而近抛物线（非新月形的、圆形横向的）沙丘样品的离散程度较低（OD 约为 20%）。根据β剂量率非均匀性模型（Mayya et al.，2006），情况应该相反，因为近抛物线沙丘的钾浓度最低。因此作者得出结论，认为不同沙丘类型之间沉积速率的差异，以及土壤扰动效应，最有可能是剂量分布离散的原因。假设土壤扰动速率一致，由于近抛物线沙丘的沉积速率比线形沙丘高，因此与线形沙丘相比，近抛物线沙丘中的沉积物翻转更有可能导致相似年龄的颗粒混合。

不管原因如何，问题仍然是如何在剂量分布离散的情况下更好地计算 D_E。在存在多个剂量组成的情况下，有限混合模型（FMM）（Galbraith and Green，1990）通常被认为是最好的方法，已有研究表明该年龄模型适用于OD值达到20%甚至35%的样品（如Cohen et al.，2012b；Fitzsimmons et al.，2014；Jacobs et al.，2008b）。FMM 也被用来论证剂量率的双峰性（Gliganic et al.，2012；Jacobs et al.，2008b，2012），但这还没有在实际环境中或通过模拟得到证明（Nathan et al.，2003）。在剂量分布较宽但仍然呈现对数正态分布的情况下，建议使用中值年龄模型（CAM）（Galbraith et al.，1999）或中值。而某些 OD 值超过 60%的样品，可能已经不适合测年了（Steel et al.，2016）。

4.3.3 浅层沉积和土壤扰动

有些风成环境，特别是沉积物供应有限的情况下，存在土壤扰动进而导致释光信号混合的可能，此类环境包括低起伏的沙漠地区的沙丘（如 Lomax et al.，2011）和薄层平沙地（如 Bateman et al.，2007a；Boulter et al.，2007；Gliganic et al.，2016）。就这一点来说，对剂量分布的研究，特别是在单颗粒水平上的分析（Gliganic et al.，2016；Kristensen et al.，2015），可以阐明可能存在沉积物混合和土壤扰动的薄层风沙沉积的形成过程。

可以认为混合沉积物样品的剂量分布反映了构成沉积物的各个颗粒的搬运和沉积历史（Gliganic et al.，2015，2016）。图 4.9A 总结了土壤扰动对剂量分布的理论影响（Bateman et al.，2003），如代表一致年龄的晒退良好的沉积物的典型单峰，反映了真实沉积年龄的主峰与少量较老或较年轻颗粒混合而导致的倾斜分布，以及沉积物充分混合导致的宽分布或多峰。基于此，Bateman 等（2003，2007a）认为释光测年最好在单颗粒水平上进行，尤其是对于潜在的混合沉积物，因为单片测量掩盖了真实的沉积年代（Duller，2008）。来自混合沉积物的单颗粒与单片的剂量分布的比较——如零剂量颗粒的比例和偏度——可用于阐明风沙沉积中的土壤扰动过程和混合程度（图 4.9B）。最近基于单颗粒的工作量化了颗粒在沉积物中向上或向下移动的潜在速率（Kristensen et al.，2015；Stockmann et al.，2013），如蚂蚁向上输送沙子（Rink et al.，2013），或基于经验观测和概念模型的向下混合程度（Gliganic et al.，2016）。

亚热带平沙地沉积的研究充分证明了单颗粒测年在研究土壤扰动方面的实用性（如 Bateman et al.，2007a；Boulter et al.，2007；Gliganic et al.，2015，2016）。在亚热带得克萨斯州的薄层平沙地上开展的工作，比较了无内部结构的沉积物和保存了埋藏古土壤的沉积物的单颗粒与单片 OSL 剂量分布，以评估此类沉积物的扰动程度（Bateman et al.，2007b）。对于前者即无内部结构的沉积物，单颗粒和单片的剂量分布均为正态分布，分散最小，说明此类沉积物可能未受干扰，可以获得可靠的年龄。相比之下，含有埋藏古土壤的地点产生了分散的单颗粒剂量分布，这有助于识别剖面上不同类型的土壤扰动。然而，尽管表观沉积年龄随深度增加而增加，但单片的分布与单颗粒的分布不匹配。因此，即使根据有限混合模型计算，OSL 年龄也可能不可靠（Bateman et al.，2007a）。一项同样来自得克萨斯州平沙地的类似研究区分了同一样品中晒退良好的风成颗粒（具有低 OD）与晒退差的崩积物颗粒（具有高 OD）（Boulter et al.，2010）。在最接近现代地表的样品中 OD 最高，表明在该层位发生了最大程度的土壤扰动（Boulter et al.，2010）。

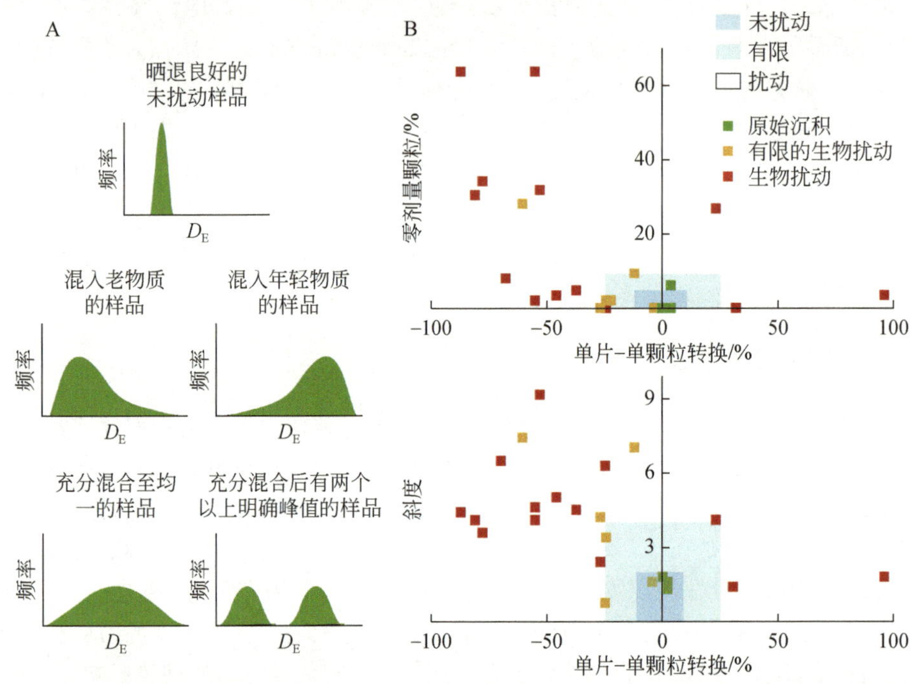

图 4.9　A-土壤扰动对等效剂量（D_E）分布的影响；改绘自 Bateman 等（2003）。B-根据零剂量颗粒的比例（上）和等效剂量分布的偏度（下）绘制的北美平沙地样品的生物扰动图，扰动程度介于未扰动到严重生物扰动之间，显示了单片和单颗粒测量值之间的变化。改绘自 Bateman 等（2007a）。

Kristensen 等（2015）、Stockmann 等（2013）将单颗粒剂量分布与对土壤形成过程的定性理解相结合，使用单粒石英 OSL 来量化土壤翻转和运动的速率。单颗粒 OSL 已被应用于量化因蚂蚁活动而导致的沙子的向上移动（Rink et al.，2013）。如果这是此类土壤形成的主要机制，建议使用最小年龄模型（MAM）计算年龄。在某些情况下，可以识别出沉积物混合增强的阶段（Gliganic et al.，2015），但在其他情况下，混合程度太大以至于完全掩盖了真实的沉积年龄（Chazan et al.，2013）。在混合土壤剖面的单颗粒分析中，应注意区分沉积年龄和加积年龄（Gliganic et al.，2016），后者代表在景观尺度上沉积物累积和向下混合的阶段。

4.4 低剂量率

自然辐射剂量率（D_R）——释光年龄计算方程的分母——源自样品周围沉积物固有的α、β、γ电离辐射以及宇宙射线剂量率的贡献（Aitken，1985，1998）。当前的剂量率被认为代表样品整个埋藏期的剂量率，然而，许多研究基于地貌学认识质疑这一假设，并提出模型来评估剂量率随时间的潜在变化（如 Burrough et al.，2007；Telfer and Thomas，2007；Stone and Thomas，2008）。

与其他类型的沉积物相比，风成沙的剂量率一般较低（Hesse，2016），范围在 0.4～2.5Gy/ka 之间，但通常接近该范围的下限（＜1.2Gy/ka；Hesse，2016；Lomax et al.，2011；Telfer et al.，2017）（图 4.10）。这一特征为所有类型的风沙沉积物所共有，这有可能反映了石英的主导地位，也可能反映了碳酸盐的影响，以及相对较低的黏土和长石含量。线形沙丘沉积物剂量率和细颗粒（＜63μm）之间的正相关性（r^2 =0.79；Telfer 等，2017）支持了这一假设。这种模式的一个值得注意的例外是莫哈韦（Mojave）沙漠沙坡的高剂量率，其范围在 3.0～3.5Gy/ka 之间（Bateman et al.，2012），并且这一地区的矿物组合与本章介绍的大多数案例有所不同。

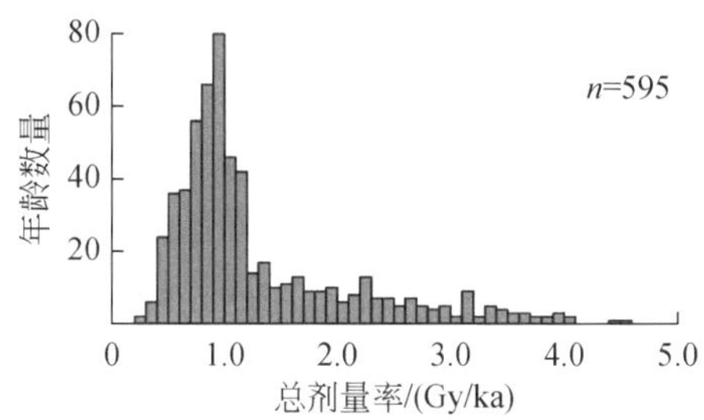

图 4.10 澳大利亚沙丘释光年龄估算中报告的剂量率的频率分布。图片改绘自 Hesse（2016）。

风成石英沙通常具有低剂量率和高饱和特征，这就解释了为何存在许多超过 MIS 6 的非常古老的沙丘年龄（Fitzsimmons et al.，2007；Hesse，2016；Sheard et al.，2006），特别是在澳大利亚，那里的沙丘似乎长期保持稳定。

低的剂量率值可能会使那些通常认为不重要的成分的贡献成比例地增加，进而影响年龄的整体准确性。也许其中最关键的因素有两个，一是含水量，它会衰减剂量率中β的贡献（见第 4.4.1 节）；二是样品埋藏深度的变化，它会影响宇宙射线剂量率（见第 4.4.2 节）。

4.4.1 含水量计算方法

沉积物孔隙中的水分引起的β粒子衰减，会显著影响总剂量率（Mejdahl，1979）。因此，在以低剂量率为特征的风成系统中，含水量在最终年龄计算中起着重要作用。含水量每增加 1%，年龄增加约 1%（Cohen et al.，2012b）。

确定风成沙含水量主要有两种方法：①使用单个样品的野外含水量（如 Fitzsimmons et al.，2014）；②使用一组样品的平均值（如 Chase and Thomas，2007；Lomax et al.，2011；Telfer et al.，2017）。然而，目前尚不清楚这些值对长期平均含水量的代表性如何。

Hesse（2016）整理了澳大利亚沙漠地区所有研究中采用的不同含水量值。在 INQUA 沙丘年代数据库中可以查到澳大利亚已发表的沙丘含水量值（Hesse，2016；Lancaster et al.，2016）。大多数样品的含水量小于 3%，范围在 0.02%～15.5%之间，众数为 1.5%（图 4.11A）。干旱区单个沙丘的含水量和深度之间存在弱相关性（Hesse，2016；Telfer，2011）（图 4.11B）。Hesse（2016）根据这些数据，即 1.5%的众数值和 1.7%±0.5%的对数变换平均值（图 4.11A 插图），认为常用的 5%的含水量值可能会导致 3%的年龄高估。他认为，1.5%±1.5%的长期含水量可能是干旱区风沙沉积物最保守的估算值，而更湿润地区的沙丘通常会有 7.3%±3.0%的平均含水量。

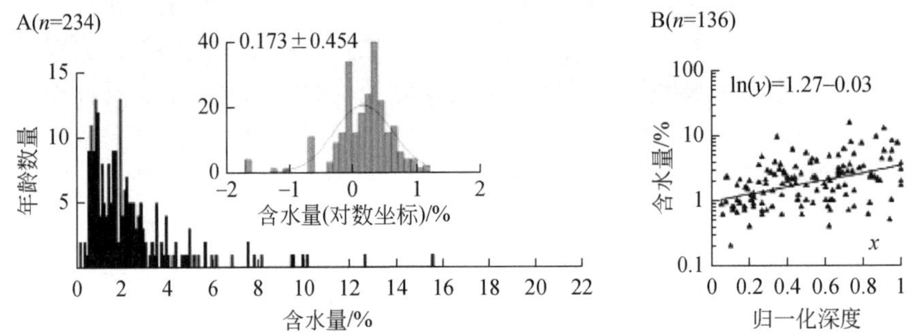

图 4.11　A-已发表的澳大利亚干旱区沙丘含水量频率分布；插图显示了转换为对数刻度并符合高斯分布的干旱区含水量值。B-干旱区沙丘归一化深度（采样深度/沙丘厚度）与实测含水量之间的关系（$r^2=0.19$）。图片改绘自 Hesse（2016）。

靠近湖泊、河流或河漫滩的风沙沉积，如果在其埋藏过程中经历过洪水，则需要调整含水量，以反映周期性洪水的影响。Burrough 等（2007）建议取每个单独样品的野外含水量值，并结合实测的一定时期的饱和含水量，根据样品深度以及潜在洪水高度和沉积物分选程度进行调整，从而反映样品孔隙度的变化。

4.4.2　宇宙射线剂量率计算方法

地表以下的宇宙射线剂量率主要由样品深度决定，是纬度、海拔和埋深的函数（Prescott and Hutton，1994），通常认为其不随时间变化。然而，它在低放射性元素浓度的风成沙的总剂量率中占比可达 60%，因此，宇宙射线剂量率计算中样品深度的变化可能会显著改变最终的年龄计算结果。

由于动态风沙环境中样品的埋藏深度在其整个沉积历史中会发生变化，卡拉哈里（Kalahari）沙漠的几项研究对单个样品的埋藏深度进行了迭代模拟（Burrough et al.，2007；Stone and Thomas，2008；Telfer and Thomas，2007）。根据近地表样品的剂量率对埋藏历史进行建模，然后使用 Prescott 和 Hutton（1994）的算法在剖面的不同深度向下进行迭代计算。此方法意味着覆盖层的渐进沉积，然后与假定瞬时沉积的未调整沉积年龄进行比较，并根据年龄的聚类分析确定沉积序列的最终年龄模型（Burrough et al.，2007）。除非在剖面上相邻样品的年龄之间存在很大差异，表明存在阶段性沉积，否则假定为渐进沉积模式。尽管这种方法比较简单，但比假定瞬时沉积模式更接近实际情况。

4.5 风沙地质记录中释光年龄的解释

4.5.1 风沙沉积气候记录

4.5.1.1 线形沙丘和气候记录

Sarnthein（1978）提出，末次盛冰期（LGM）寒冷、干旱的气候导致了全球沙漠的扩张。根据这一理论假设推测，在全球范围内，沙丘在冰期活动，在间冰期相对稳定（如 Nanson et al.，1992b）。释光测年的出现为验证这一推测提供了理想方法。

许多来自世界各地沙漠沙丘的早期释光数据——测年方法多种多样——都是基于 Sarnthein（1978）的假设进行解释的（如 Nanson et al.，1992a，1992b；Stokes et al.，1997a，1997b，1997c）。由线形沙丘石英 SAR 法得到的新数据（如 Chase and Thomas，2007；Fitzsimmons et al.，2007；Roskin et al.，2011；Stone and Thomas，2008；Yang et al.，2010a）同样假设线形沙丘活动的阶段对应于干旱加剧的时期（如 Chase and Thomas，2007；Fitzsimmons et al.，2007）。尽管许多风沙活动并不一定与独立的古气候框架相对应，但这一假设仍然存在。在某些情况下，地层和沉积学证据支持干旱加剧的论点（如 Fitzsimmons et al.，2009）；但有些地区的数据却表明某些沙丘一直处于部分活动状态（如 Stone and Thomas，2008），或在温带地区有时需要极端的干旱条件才能形成沙丘（Hesse et al.，2003）。上述不一致促使我们重新评估了先前将沙丘活动与干旱直接联系起来的假设（Chase，2009）。

非洲南部卡拉哈里的线形沙丘为检验这一科学假设提供了极好的研究案例。该地区的线形沙丘广泛分布但不连续，总体上它们在北部、东北部和西南部各形成了一个沙丘群，在纳马夸兰（Namaqaland）西部海岸还有一个网状沙区（Chase，2009）。根据第一个基于北部和南部沙区多个采样点的（非 SAR）石英 OSL 年表推断，沙丘在最后一个完整的冰期旋回中有多期活化，指示了相应干旱阶段的存在（Stokes et al.，1997b，1997c）。半干旱的卡拉哈里东北部边缘的风沙活动具有阶段性，而干旱的沙漠西南核心区的风沙活动更为持续（Stokes et al.，1997c）。根据石英 MAAD 法确定的沙丘形成阶段为 115～95ka、46～41ka、26～20ka 和 16～9ka，这被归因于东南大西洋夏季降雨梯度和海面温度的变化（Stokes et al.，1997c）。然而该方法获得的 OSL 年龄具有 15%～20%的不确定性，这在沙丘年龄分期的解释中没有被考虑在内。Munyikwa（2005）重新汇编了沙丘测年数据库，并确定了 60～57ka、46～41ka 和 36～8ka 等不同的沙丘形成高峰期，从而引发了是否应将早期数据集排除在外的争论（Telfer and Thomas，2007）。

单片和单颗粒石英 SAR 法的出现导致了对卡拉哈里沙丘现有年表的重大修订，人们不仅认识到了旧的测年方法可能具有局限性（SAR 和 MAAD 法存在年龄差异；Duller and Augustinus，2006；Thomas，2007），还认识到了早期的研究是从探坑和露头剖面中的沙丘上部进行采样，其代表性受到限制，并且年龄数据集相对较小（Telfer and Thomas，2007）。新一轮研究涉及对整个沙丘岩心进行高频采样，并对代表性样品同时进行单片和单颗粒 SAR 分析（Stone and Thomas，2008；Telfer and Thomas，2007），由此得到的年表以及关于古气候驱动因素的解释因地而异。在非洲南部西海岸，Chase 和 Thomas（2006）确定了 73～

63ka、49～43ka、33～30ka 和 24～16ka 的风沙活动阶段，这与海洋中代用指标反映的风力增强时期相吻合，而不是干旱。全新世的（8～4ka）沙丘活动阶段曾被认为对应于温度升高和干旱增加、但风力减弱的过渡期。这项研究改变了人们对于“沙丘反映干旱”这一简单假设的看法。这得到了卡拉哈里西南核心区威潘（Witpan）地区沙丘年代学的支持（Telfer and Thomas，2007）。这一地区沙丘年龄聚集在 77～76ka、57～52ka、35～27ka 和 15～9ka（与西部海岸沙丘不同步），说明驱动该地区风沙活动的气候机制尚不清楚，并且尽管在这一地区进行了高频采样，但这里的风沙记录可能还是不完整。Stone 和 Thomas（2008）在卡拉哈里南部的工作显示，单个沙丘可以记录多个干旱阶段，但不同沙丘之间几乎没有几个阶段是一致的。这种“人为”的年龄集中可能是沙丘剖面采样不够密集导致的。总体来说，卡拉哈里沙丘似乎在整个末次冰期旋回中一直部分活跃，因此无法对沙丘重新活化的气候驱动因素进行有意义的评估。通过将沙丘活动指数应用于 LGM 时段的气候模型，沙丘活动与气候之间看上去模糊的联系似乎得到了加强，但这与卡拉哈里地区沙丘的实际分布情况并没有相似之处（Chase and Brewer，2009）。

经过努力，研究者已经为整个卡拉哈里创建了一个大型的、高水准的石英 SAR 年代数据集，但在风沙活动的时间和气候条件之间依然无法建立明确的联系（Chase，2009），当然也就不能再简单地假设风沙活动等同于干旱。尽管在整个卡拉哈里地区确定了三个主要的风沙活动阶段（约 60～40ka、35～20ka、17～4ka；Chase，2009），但这些活动阶段既不对应于冰期也不对应于间冰期的气候事件。

很明显，需要重新考虑线形沙丘系统以及我们对驱动其形成和演化的各种影响因素的阈值的理解（Telfer and Hesse，2013；Thomas and Burrough，2016）。根据对目前卡拉哈里部分活动沙丘状态的观察，可以推断，即使在沙丘活化加强期间，此处的风沙沉积也可能与彼处的风沙侵蚀有关。沿着单个线形沙丘长轴的详细 OSL 测年表明，风沙活动本质上是双模态的（Telfer，2011），即沙丘扩展发生在有利于沙子净堆积的环境条件下（如干旱或加强的风况），而沿沙丘长轴方向的改造则发生在局部水平，与当时的气候无关（Telfer，2011）。

由于古气候框架和有年代控制的沙丘地层之间明显缺乏相关性，导致了相关研究的窘境。这主要是缺少恰当的方法来理解沙丘记录本身是如何产生的，并且如何解释沙丘地层。新的定量模型结合了采样和测年方法、地貌过程和潜在外部条件的影响等因素，通过考虑沉积记录的厚度和保存状况以及释光年龄的统计不确定性等方面，试图克服这些问题（Bailey and Thomas，2014）。当应用于卡拉哈里沙丘时，风沙堆积强度峰值（南部的全新世晚期除外）对应于较冷的时期和 25°S 二月太阳辐射减少的阶段（图 4.12），共同指示了干燥的气候（Thomas and Bailey，2017）。根据这种方法，几乎所有线形沙丘在 16～10ka 期间都会产生风沙活动峰值。由于沉积速率在夏季太阳辐射最大值和相应的较高降水期之后达到峰值，并且沙丘位于主要河流系统的下风向，因此研究认为河流的变动和风沙沉积物供应之间似乎存在直接联系（Thomas and Bailey，2017）。不过，沙丘堆积的峰值与输入东南大西洋的粉尘峰值不同步（Stuut et al.，2002），这表明影响海洋粉尘输入的因素可能也需要重新考虑。研究者提出的沉积速率可变性模型，为从大型沙区的沙丘记录中提取沉积速率与古环境相关性等方面的信息提供了可能途径，成为一种更有意义的代用指标

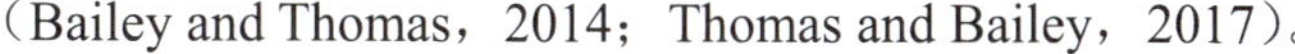

(Bailey and Thomas，2014；Thomas and Bailey，2017)。

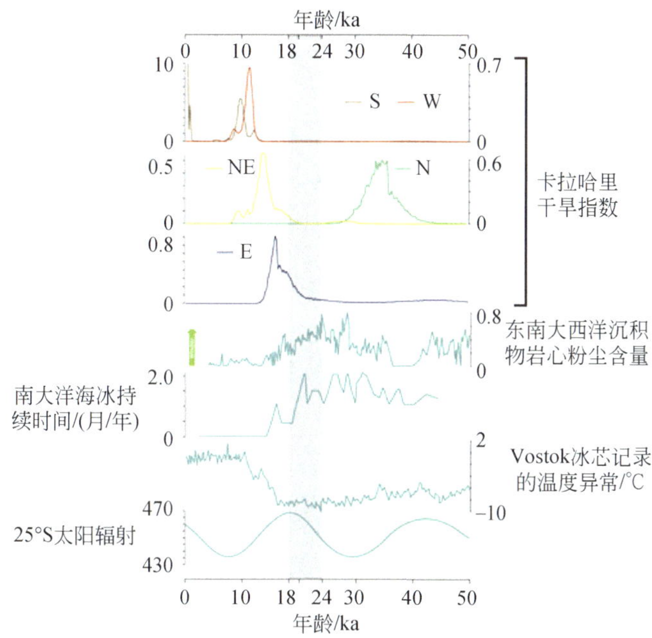

图 4.12 卡拉哈里五个沙区的沙丘堆积强度与其他独立气候指标的对比图，灰色阴影对应于 LGM。图片改绘自 Thomas 和 Bailey（2017）（数据来源于 Petit et al.，1999；Stuut et al.，2002；Thomas and Bailey，2017）。

4.5.1.2 透镜状沙丘和水文记录

透镜状湖岸线和古水文学之间的成因联系已经确立（如 Bowler，1973，1983，1986；Burrough and Thomas，2009；Burrough et al.，2009b）（图 4.2）。风成透镜状湖岸线可以作为湖泊水位在多个水平面上形成的特征（代表可量化的湖泊容积）被保存下来，如澳大利亚中部的弗罗姆-卡拉邦纳（Frome-Callabonna）湖和艾尔（Eyre）湖（图 4.13；DeVogel et al.，2004；Magee et al.，2004）；或者作为同一岸线随着时间的推移多次出现的证据，如澳大利亚东南部半干旱区的韦兰德拉（Willandra）湖（图 4.2；Bowler et al.，2012）。因此，透镜状沙丘的释光测年可以为某个湖泊流域的水文变化提供明确的年代框架（Burrough and Thomas，2008，2009；Burrough et al.，2007；Fitzsimmons et al.，2014）。而且，结合对湖泊系统的认识，释光年代学有助于理解不同气候子系统对流域的影响（如 Cohen et al.，2015）。

澳大利亚中部干旱地区的艾尔-弗罗姆湖泊系统为释光测年应用于透镜状岸线的研究提供了一个很好的案例。该地区的地质年代学研究历史离不开释光测年技术的发展和不断完善的年代学方法。

艾尔湖盆地是一个内流系统，约占澳大利亚大陆面积的 1/6，其流域占据了大陆中心最干旱的部分。一连串目前未连通的尾闾湖（图 4.13）位于盆地的南缘，艾尔湖的汇水源头位于澳大利亚北部季风降水区（Magee et al.，2004）。在目前的气候条件下，艾尔湖仅在季风降雨特别强烈的年份才会被注满，并且与格雷戈里-弗罗姆（Gregory-Frome）干湖盆链不连通。相比之下，弗罗姆-卡拉邦纳（格雷戈里）系统则被西边相邻的弗林德斯（Flinders）山脉和北边的斯切莱茨基（Strzelecki）溪的径流所充填，并且这些河流系统处在南部不受季风影响的地方（Cohen et al.，2012b）。艾尔-弗罗姆湖泊系统内的透镜状岸线形成于多个海拔，反映了过去不同水位高度的湖面情况（May et al.，2015）。在最高水位处，艾尔湖与弗罗姆湖将通过 Warrawoocara 溢流通道相连通（Nanson et al.，1998）。这种气候和水文的共同影响使得该盆地内的透镜状岸线可以很好地用来重建澳大利亚夏季风的长期强度和横跨大陆的中纬度西风（WL）降水带（Magee，2006）。

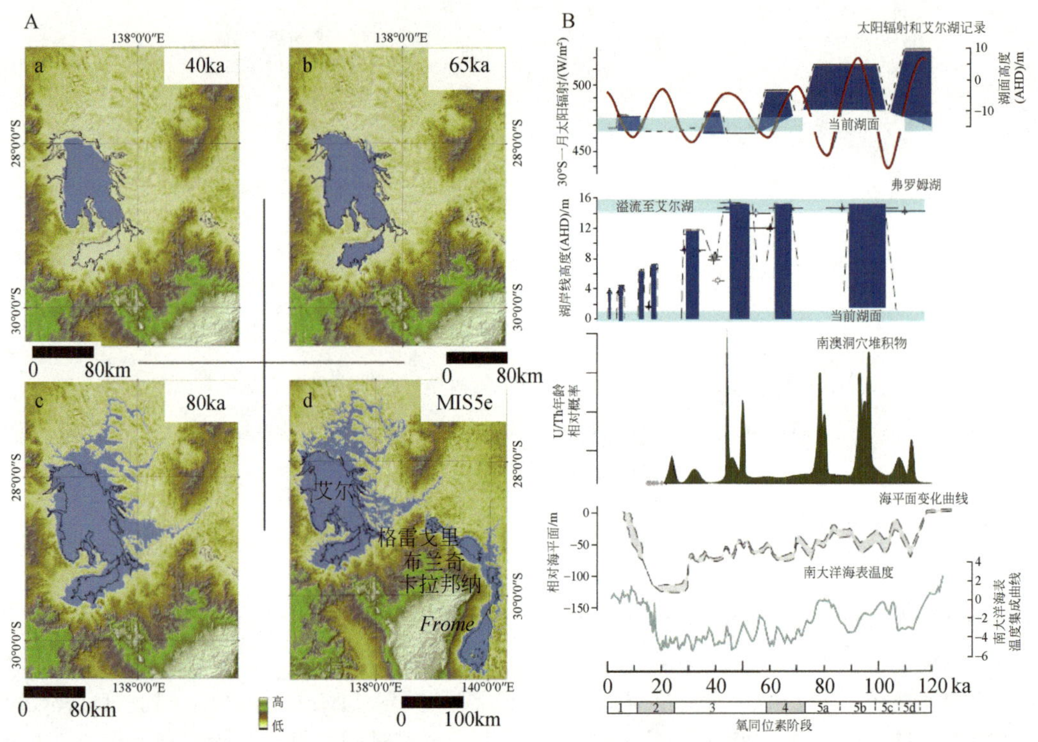

图 4.13　A-澳大利亚中部艾尔-弗罗姆湖泊系统的轮廓（改绘自 DeVogel et al.，2004），古湖面通过释光测年确定（Magee et al.，2004）。B-艾尔湖和弗罗姆湖的充盈和干涸历史及其与其他气候记录（右侧标注）的比较，从上到下依次为：30°S 一月太阳辐射（Berger，1992）与使用石英 OSL 和 TL 测得的五个艾尔湖高湖面事件的不同步（Magee et al.，2004）；结合澳大利亚高度基准（AHD）和单颗粒石英 OSL 和多颗粒 TL 年表（Magee et al.，2004）绘制的弗罗姆湖岸线，并显示与艾尔湖的水文连通时期（Cohen et al.，2012b）；南澳大利亚洞穴堆积物 U/Th 年龄的直方图（Ayliffe et al.，1998）；全球海平面变化曲线（Lambeck and Chappel，2001）；南大洋的海表温度（SST）集成曲线（Barrows et al.，2007）。蓝色阴影区域对应于艾尔湖和弗罗姆湖的高湖面时期。

释光测年在艾尔湖的首次应用是针对主要湖岸线的粗粒石英 TL 测年，并结合了其他测年方法，包括壳体、腐殖质、花粉和木炭的 AMS 放射性碳测年，以及蛋壳的 U/Th 和氨基酸外消旋（AAR）测年（Magee et al.，1995）。然而遗憾的是，这些工作并没有获得相匹配的年龄来验证TL年龄的准确性。后来开展的湖岸线TL测年研究也与早期的工作（Nanson et al.，1998）以及基于AAR的年代学结果相矛盾（Magee and Miller，1998）。

艾尔湖主要湖岸线的第一次石英OSL测年尝试是基于所谓的“澳大利亚测片”（Australian slide）多片法进行的（Prescott et al.，1993），并获得了由30个年龄构成的过去150ka以来五个不同高度湖岸线的年代框架（Magee et al.，2004）。这个年代框架得到了其他独立年龄如石英TL、U/Th和AMS放射性碳年龄的支持，并且确定在透镜状沉积物中没有发现湖泊干涸期的证据。五期湖岸线对应于从MIS 5e到全新世的五个不同阶段（图4.13B），被解释为代表澳大利亚季风加强的时期（Magee et al.，2004）。艾尔湖古季风记录与太阳辐射之间的相关性表明，澳大利亚季风强度与北半球夏季太阳辐射最小值的对应关系比与南半球夏季太阳辐射最大值的对应关系更为密切（图4.13B）。尽管测年的不确定性限制了季风峰值与特定太阳辐射信号的进一步对比，但是这一模式仍然表明北半球对澳大利亚季风的主导作用。最近用石英单颗粒SAR法（Cohen et al.，2015）对艾尔湖湖岸沉积物的重新测年进一步提高了先前石英OSL年代框架的准确性（Magee et al.，2004）。

近期的一项工作针对整个弗罗姆-卡拉邦纳湖泊系统内透镜状湖岸线沉积，使用石英单颗粒SAR、单片SAR和多颗粒TL等方法开展直接测年研究（Cohen et al.，2012b，2015），为相同海拔的湖岸线提供了一致性较好的年代框架（Cohen et al.，2011）。然而，许多样品产生了多个单颗粒年龄组分，这表明存在混合或微剂量学问题。通过与艾尔湖湖岸线的年代框架相比较，发现弗罗姆湖最后一次与艾尔湖连通是在约50～47ka（Cohen et al.，2011）。在此之前，来自北方季风和中纬度西风系统的降雨是弗罗姆湖高水位的原因，47ka后，弗罗姆湖盆的水位变化仅响应于南大洋锋面向北侵入导致的降水增加阶段（Cohen et al.，2011，2012b）（图4.13B）。弗罗姆湖全新世的水文历史表明，过去6ka内有四次明显的高水位（Gliganic et al.，2014），这与石笋记录的西部弗林德斯山脉有效降水的增加相关（Quigley et al.，2010）。

高敏感度的石英颗粒使得对卡拉邦纳湖年轻湖岸线的单颗粒测年成为可能，这一湖岸线被认为与中世纪气候异常期相对应（Cohen et al.，2012a）。根据基于湖岸线高度计算的湖泊容积推断，存在一个短暂的气压槽从印度洋中部和塔斯曼海的海平面高压脊延伸到了澳大利亚中部。这是首次观察到的北半球中世纪气候异常期在澳大利亚的表现，尽管单颗粒OSL年龄确实存在混合现象，而且相关的TL年龄相对于单颗粒年龄有所高估。

迄今为止，艾尔湖盆地透镜体的释光测年工作已经取得了许多重要的发现，为澳大利亚内陆的古气候研究提供了许多信息。同时，单颗粒石英SAR法也为许多科学假设提供了证据，这些假设之前由于普遍缺乏可测年材料和替代性指标而无法得到验证。

4.5.1.3 基于风沙沉积重建风况

横向沙丘是最长轴垂直于合成起沙风的沙丘地貌类型。因此，无论湖泊充盈或干涸，沉积物输移的方向与盛行风况保持一致（Bowler，1968）。一般认为透镜状沙丘形成过程中的最厚沉积物会出现在盛行风方向（Fitzsimmons，2017）。根据地层厚度分布数据，并通过透镜状沙丘周边多个地点地层序列的释光年代学进行验证，可以重建过去的风况。

上述方法在澳大利亚东南部半干旱地区目前干涸的韦兰德拉湖泊群内的蒙戈湖透镜状沙丘的研究中被采用（Fitzsimmons，2017）。早期研究以沉积特征的对比为基础，并用来追踪独特的地层单元（Bowler，1998）。由于透镜状沙丘南半部分的地层看上去一致，因此进行了外推，并将其作为韦兰德拉湖泊群地层的主体框架（Bowler，1998；Bowler et al.，2012），但未测量地层单元的厚度。在最近对该透镜状沙丘中部和北部进行的研究中，发现了一个新的、以前未被确认的地层单元——红色透镜状沙丘（Fitzsimmons et al.，2015）。这个独特的红色单元在透镜状沙丘的北部广泛分布，但没有保存下来，甚至可能在南半部都没有沉积。随后的研究还将相对厚度作为盛行风向随时间变化的代用指标（图 4.14A；Fitzsimmons，2017）。通过空间对比，可以发现在图 4.14B、C 的两个时期，相邻湖泊之间的地层厚度分布模式是一致的。

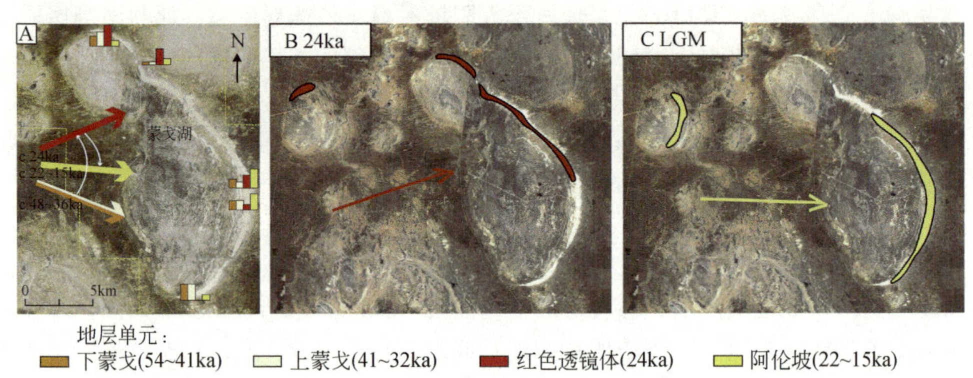

图 4.14　A-蒙戈湖透镜状沙丘沿线主要地层单元的相对厚度和 OSL 年龄，以及随时间变化的盛行风向。B、C-LGM 之前（24ka）和 LGM 期间及之后（22～15ka）蒙戈湖/韦兰德拉湖泊群内的透镜状沙丘。改绘自 Fitzsimmons（2017）。

从约 54～32ka 到 LGM 之前（约 24ka），盛行风向似乎已从西北偏西风转向西南偏西风，然后在 LGM 期间（约 22～15ka）转向西风（Fitzsmmons，2017）。Fitzsimmons（2017）将这些盛行风向外推到气候子系统环流中，提出盛行于约 54～32ka 的西北风表明热带辐合带（ITCZ）向南渗透，导致原先的西风系统的相对减弱。然而，鉴于这一时期现有的年代学控制（Bowler et al.，2003；Fitzsimmons et al.，2017；Fitzsimmons et al.，2014，2015），还不确定这些情况是在这一时期持续存在，还是只在较短的阶段存在（Bayon et al.，2017）。约 24ka 的短暂大湖期受单颗粒石英 OSL 测年（n=5，平均 23.7±1.0ka；Fitzsimmons，2017；Fitzsimmons et al.，2015）的约束要好得多，这为风况变化与大气环流之间的关联提供了更高分辨率的实验证据。更偏南的风沙传输，加上此时由于降水和径流增加，导致流入湖泊的径流存在短暂的高流量时期，这与北斯特拉布罗克岛海岸的情况一致（Petherick et al.，2009）。ITCZ 在千年尺度上的南移，可能导致了中纬度地区南北温度梯度在短时期内的加强以及更强的西风（Whittaker et al.，2011），增加了夏季降雨向墨累-达令流域北部的渗透（Bayon et al.，2017），而韦兰德拉湖泊群就在那里。在这种情况下，与中纬度反气旋相关的风可能会引入偏南分量，这将解释为什么红色透镜状沙丘沉积集中分布在蒙戈湖北端，以及向北东方向北斯特拉布罗克岛的粉尘传输。蒙戈湖和东北部小兰戈思林湖（Shulmeister et al.，2016）的透镜状沙丘具有良好单颗粒石英 OSL 年代学约束（Fitzsimmons et al.，2014，2015；Shulmeister et al.，2016）与独立年龄控制（Bowler et al.，2012），其研究结果表明 LGM 晚期 ITCZ 持续向北移动，西风向北渗透穿过澳大利亚内陆。基于透镜状沙丘的可靠释光年代学重建盛行风况，为世界半干旱地区的大规模环流模式提供了新的认识。

4.5.1.4 沙坡气候档案

本节讨论沙坡，它通常含有可用于释光测年的风成组分（Bateman et al.，2012；Kumar et al.，2017；Livingstone and Warren，1996）。沙坡形成的过程正是其能够成为古气候档案的原因。然而，目前面临的难点是理解沙坡形成的触发因素，并确定不同阶段的累积速率（Bateman et al.，2012）。

沙坡在沙漠地区的山前很常见，在非洲的纳米布（Namib）南部（Bertram，2003）、撒哈拉（Sahara）中部（Busche，1998；Telfer et al.，2014）、南非德拉肯斯堡山前（Telfer et al.，2012），中东与中亚南部的印度西北部的拉达克（Ladakh）（Kumar et al.，2017）、伊朗（Thomas et al.，1997）、约旦（Turner and Makhlouf，2002），以及北美洲的美国加利福尼亚州莫哈韦（Mojave）沙漠（Bateman et al.，2012；Clarke and Rendell，1998；Lancaster and Tchakerian，1996）都有记录。然而，大部分地貌和地质年代学数据来莫哈韦沙漠的沙坡（Bateman et al.，2012 及其参考文献）。因此，我们的案例研究主要来自该地区。

释光测年首次应用于莫哈韦沙漠的沙坡时采用了多种方法（Clarke，1994，1996；Clarke and Rendell，1998；Clarke et al.，1996；Rendell et al.，1994；Rendell and Sheffer，1996）。Rendell 和 Scheffer（1996）将石英 TL、长石 TL 和长石 IRSL 的附加剂量法应用于多个沙坡地层。由此得到的年代框架有很大的不确定性（高达 30%），并且受到样片高离散度、年龄倒置以及不完善的采样策略（包括个别地层年龄限制的缺失）的困扰（Rendell and Sheffer，1996）。这些局限性很大程度上可以归因于现在看来过时的方法，如残余信号（Lian and Roberts，2006）和 IRSL 信号异常衰减的合理估算。尽管如此，石英和长石的热释光年代仍然相当一致，结果表明风沙沉积地层中有两个主要的沉积阶段，分别对应于约 30～20ka 和 15～7ka（Rendell and Sheffer，1996）。在随后的一项研究中，Clarke 和 Rendell（1998）将风沙沉积堆积阶段和极可能与风暴有关的洪积物向湖输送事件相关联，后者为风沙传输提供了物源。

研究沙坡上的风沙堆积与潜在气候驱动因素之间的关系，在很大程度上依赖于可靠的年代测定。为了克服旧方法的缺点，Bateman 等（2012）对位于士兵山（Soldier Mountain）同一沙坡的四个不同剖面进行了石英单片 SAR 测年，其中包括来自各个地层单元的多个样品。该研究旨在量化风沙层的沉积速率，并限定石质夹层的形成时间，这些石质夹层曾被不同研究者解释为塌砾（Lancaster and Tchakerian，1996）、荒漠砾幂或冲积物（Bertram，2003）以及崩积物（Turner and Makhlouf，2002），而每一种都有相应的沉积时间和不同的古环境意义。Bateman 等（2012）认为，单颗粒测量会提供更多信息，观测到的剂量分布规律解决了以往研究的大部分问题，并提供了可靠的年代框架。新的数据具有地层一致性、误差较小，与该地区其他独立的古环境档案的时间框架吻合良好。风沙堆积速率表明，单个地层都是在 5ka 内快速堆积的，在约 13.8ka 和 12.4～7.8ka 形成堆积峰值（Bateman et al.，2012）。这些年龄比之前的年龄要年轻得多，很可能是由于石英 OSL 信号比 TL 信号更容易晒退。

根据士兵山沙坡沉积物的研究结果，Bateman 等（2012）推断附近的马尼克斯（Manix）湖在约 15ka 的干涸与泥石流和冲积扇加积有关。第一次风沙堆积发生在湖泊干涸后的 13.8ka 左右，其沉积物物源来自湖滨和河流三角洲。最后的风沙堆积可能是沙丘在沙坡上自由移动的结果，这是对日益增加的干旱的响应，或者仅仅是沙坡在山前空间上的扩展所造成的。

对莫哈韦沙漠的沙坡进行单颗粒测年，可能有利于证实 Bateman 等（2012）的解释。迄今为止，其他地区的沙坡（南非，Telfer et al.，2012）（拉达克，Kumar et al.，2017）已经成为石英 SAR 测年尝试的重点，但所有的工作都采用单片法，只是样片大小不同。目前还没有单颗粒研究来证实石英颗粒是否经过了完全晒退或没有后期改造，这也是未来工作的一个重点。

4.5.1.5　风成平沙地气候档案

平沙地的释光测年只能提供一些有限的与古环境状况相关的信息。北欧寒冷气候条件下形成的沙带接近末次冰期冰盖的最大范围在低起伏度景观条件下，冰盖扩张、风沙供应和植被盖度减少之间可能存在成因上的联系（Koster，1988）。这一联系似乎在欧洲西北部的平沙地释光年代学研究中得到了证实（Koster，2005；Singhvi et al.，2001），其中平沙地堆积的时间与末次冰期和冰消期一致（图 4.15）。平沙地活化也与局部沙地的活跃同步（图 4.15），如莱茵河河谷中部的美因茨-贡程海姆（Mainz-Gonsenheim）地区（Radtke et al.，2001）。与其他地区一样，这里的平沙地长石 IRSL 年龄相对于石英年龄的低估可高达 25%。

寒冷气候区平沙地沉积物释光测年的一个显著缺点是，其年龄缺乏像格陵兰冰芯那样的高分辨率，也缺少与风成记录相关的古气候档案所具有的精度（Rasmussen et al.，2014）。事实上，以前把平沙地活动性与末次冰期峰值（更老的覆沙）和末次冰消期（更年轻的覆沙）（Koster，2005）相关联，但平沙地年代与北大西洋地区气候变化的最新时间框架之间已经不再精确匹配（Rasmussen et al.，2014）。然而，在平沙地活动性和与冰盖扩张相一致的寒冷气候阶段之间确实存在着联系。更老的平沙地活化可以追溯到 MIS 4 和 MIS 6 的冰盖扩张时期（Frechen et al.，2001；Schokker et al.，2004），以及更早的 MIS 10 阶段（Sitzia et al.，2015）。

虽然释光年代学再次肯定了平沙地活化和冰盖扩张之间的成因联系，但测年精度的限制影响了进一步的解释。当我们关注 LGM 和冰消期的年代学时，这一点变得显而易见（图 4.15）。虽然平沙地的活动性确实有可能在向全新世过渡时期达到高峰（Singhvi et al.，2001），但更有可能的是，这样的结果与所使用的测年方法、精度及其在此类沉积物中的适用性有关。特别是长石 IRSL 年龄产生了多个年龄峰并且比石英年龄偏小；而石英年龄使用大样片测定，没有充分考虑颗粒混合或不完全晒退的情况。应用 SAR 法测定欧洲平沙地的研究相对较少（Murton et al.，2003；Radtke et al.，2001；Sitzia et al.，2015；Vandenberghe et al.，2004）。因此，可以说仅通过更新 SAR 法并使用单颗粒测量，就有可能改进欧洲平沙地活动性的年代框架。

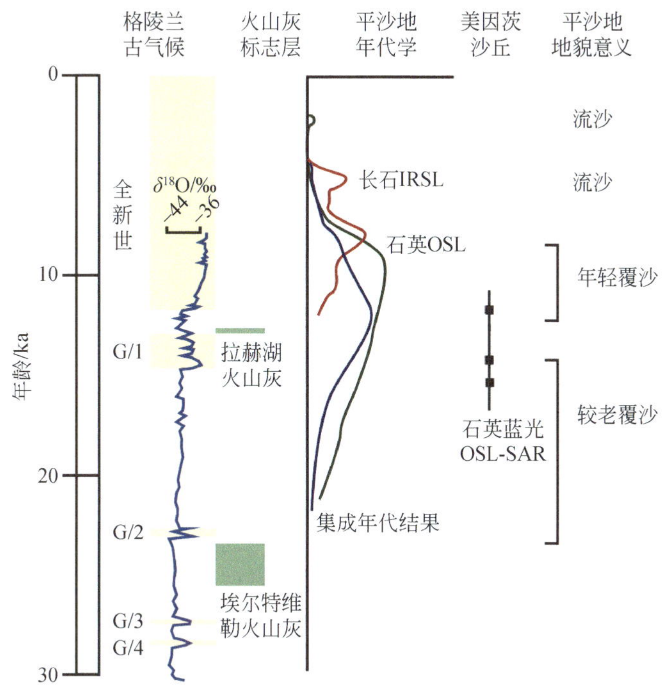

图 4.15 欧洲西北部平沙地活化时间与古气候的相关性。从左至右依次为基于格陵兰冰芯记录的末次冰期气候变化地层框架（Rasmussen et al.，2014）；该地区火山灰标志层的年代：拉赫湖（Laacher See）火山灰（van den Bogaard，1995）和埃尔特维勒（Eltville）火山灰（Zens et al.，2017）；基于长石 IRSL、石英 OSL 和欧洲平沙地集成年代结果的概率密度函数（Singhvi et al.，2001）；美因茨-贡程海姆地区风成沙丘石英蓝光 OSL-SAR 测年结果（BLSL-SAR；Radtke et al.，2001）；欧洲平沙地的地貌解释（Koster，2005）。

4.5.2 风沙过程及其动力学

4.5.2.1 沙丘动力学

释光测年也可以用来阐明与边界条件相关的沙丘动力学过程，以及区域尺度上的地貌动力学（Lancaster，2008；Telfer et al.，2017）。沙丘释光数据集的开发（见 INQUA 沙丘年代学数据地图集；Lancaster et al.，2016 及其参考文献）对理解沙丘动力学的性质有很大的帮助。虽然这些近期研究引发的问题多于答案，但对沙丘形成机制甚至定义的反思（从根本上是以释光测年方法为基础的），有助于构建比以前更加精细的沙丘动力学模型（Lancaster，2008）。

由于不断改造，流动沙丘只能保存较短的风沙活动记录（完全改造所需的时间被称为重建时间，Lancaster，2008），而释光测年为计算重建时间和侧向迁移速率提供可能。在非洲南部纳米布沙海的大型流动沙丘中，重建时间和迁移速率分别约为 6ka 和 0.1m/a（Bristow et al.，2007）。在某些情况下，线形沙丘在多个方向相互叠加，释光测年可用于确定每个方向的沉积时间以及与气候循环的潜在联系（Lancaster et al.，2002）。相反，细粒含量相对较高的线形沙丘长期保持稳定（Hesse，2011）——就澳大利亚辛普森沙漠的沙丘而言，其稳定时间可长达 1Ma（Fujioka et al.，2009）。对线形沙丘而言，观测到的净沉积位于沙丘上风速减小的部位，这意味着释光年龄指示了沙丘活动停止的时间，而不是沙丘活动的峰值（Chase and Thomas，2007）。

大型沙丘年代学数据集的构建（Lancaster et al.，2016）为重新评估单个年代学和区域年代学对沙丘动力学的指示意义提供了可能。这类研究大部分集中在澳大利亚中部广阔的线形沙丘分布区（Hesse，2010，2011，2016；Telfer et al.，2017）。一张新的、详细的按形态排布的澳洲大陆沙漠沙丘地图，突出了线形沙丘形态、分布和下伏地形之间的联系（Hesse，2010）。下伏沉积盆地或低沉积克拉通平原可能为线形沙丘的建立提供了基本的地貌动力学条件（Hesse，2010）。澳大利亚沙丘的稳定性（如 Fujioka et al.，2009）一方面与相对密集的植被覆盖有关，这有别于世界上的其他地区；另一方面与沙丘沉积中独特的细粒成分有关（Fitzsimmons et al.，2009；Hesse，2011），这可能形成于比之前认为的更多样的气候条件。

最近，一项针对澳大利亚中部辛普森沙漠中两对具有不同空间格局的线形沙丘的年代地层和沉积学研究挑战了我们对现有的线形沙丘动力学的理解（Telfer et al.，2017）。基于 OSL 测年，其中一对相邻沙丘表现出相似的演化历史，即在过去的 150～100ka 期间表现出零星的净累积，但另一对却呈现出截然不同的沉积过程（图 4.16）。这项研究的结果表明，小尺度的随机风成体系可以叠加在大尺度的形态动力学控制之上——即景观的年代不能通过模式分析来确定，单个沙丘的历史不能用来代表整个沙区（Telfer et al.，2017）。两个相邻沙丘的沉积历史发生根本差异的机制尚不清楚，不能排除与风向平行或斜交的沙丘延伸（Telfer，2011）、垂直加积（Craddock et al.，2015；Hollands et al.，2006）和横向迁移等过程。线形沙丘的形成很可能是多个过程在不同时间和空间尺度上相互作用并共存的最终结果（Ewing et al.，2015）。极端干旱地区的典型裸露赛夫沙丘可能与半干旱地区的固定线形沙丘在本质上属于不同的地貌类型（Telfer et al.，2017）。

作为活跃的流动类型的沙丘，新月形沙丘保存了相对较短的沉积历史，这限制了它们作为古环境档案的应用。然而，释光测年为了解这些地貌的迁移速率提供了一个有用的工具。释光测年在该应用中的一个局限是必须依赖足够的释光信号来可靠地测定非常年轻的地貌，这取决于用来测定年代的石英或长石的灵敏度。对中国北方河西走廊新月形沙丘的移动速率进行的一次测年尝试在很大程度上是不成功的，因为石英光释光信号太过暗淡，而且只有一个长石样品产生了足够的信号（Wang et al.，2009）。对于这个样品，得到的 28±17a 的年龄有很大的不确定性。而基于有机物的放射性碳测年得到的迁移速率是基于释光的迁移速率的两倍，因此两种测年方法都受到了质疑。相比之下，研究加拿大大草原地区活动的新月形沙丘发展为稳定的抛物线沙丘的工作，更可靠地将新月形沙丘最后一次迁移和固定的时间分别限定在 1810～1880 年之间和 1910 年（Wolfe and Hugenholtz，2009）。这一工作将 OSL 年代学与历史资料和激光雷达遥感数据进行比较，认为活动的新月形沙丘的迁移发生在干燥、凉爽的气候条件和低水位情况下，那时研究区的输沙能力超过了植被覆盖固定地表的能力。

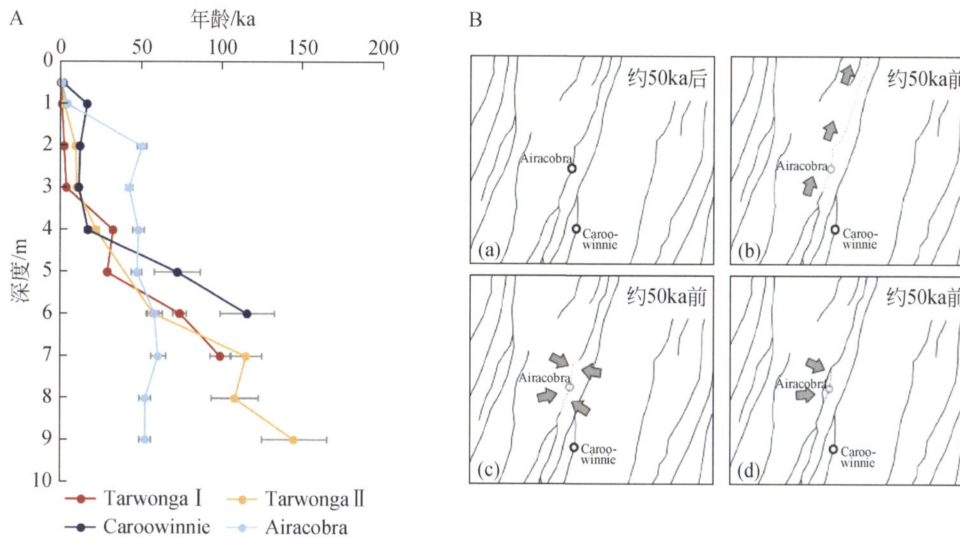

图 4.16 A-澳大利亚辛普森沙漠中四个线形沙丘的年龄-深度剖面，分别用暖色调（Tarwonga Ⅰ和Ⅱ）和冷色调（Caroowinnie 和 Airacobra）表示，其中 Airacobra 剖面明显不同。B-（a）为形成于 50ka 左右的 Airacobra-Caroowinnie 沙丘平面形态；（b）为如果假设单纯的沙丘延伸模式，则会顺风向形成沙丘；（c）为在形态发育中断的情况下，假设有足够深度的沙丘被吹蚀，约 50ka 时被堆积充填；（d）为小沙丘横向迁移超过沙丘宽度的 50%。改绘自 Telfer 等（2017）。

释光信号的特性也被用于湖床上的新月形地貌的差别，如判断非洲南部博茨瓦纳马卡迪卡迪（Makgadikgadi）流域的恩推推盐沼（Ntwetwe Pan），是通过风成还是水下过程沉积的（Burrough et al.，2012）。尽管在形态学和沉积学的基础上最终得出了风成沉积的结论，但光释光结果在该案例中并不能提供确凿的证据。不过，由于信号衰减速率依赖于入射光能量（Spooner，1994），因此，在高紫外线（陆相）条件下，中组分和快组分的晒退速率应该是相似的，而在水下则不太一样，这个有趣的问题值得进一步研究。

4.5.2.2 风成过程与非风成过程的相互作用

复合或互层沉积形成的地貌体的释光测年，可以阐明风成和非风成过程之间的相互作用。此类研究最常见的是对风成和水成互层沉积物的年代测定，比如风成沉积物与河流或湖泊沉积物（Burrough et al.，2007，2012；Hollands et al.，2006；Yang et al.，2010b）。在上述情况下，释光测年与地层学和沉积学相结合，是了解交替进行的沉积的过程的有力工具。

直接确定与风成物质互层的非风成单元的年代有时很难，一个典型的例子是山麓沙坡内的石质夹层。这些石质夹层的来源不明确，曾被描述为塌砾（Lancaster and Tchakerian，1996）、荒漠砾幂或冲积物（Bertram，2003）以及崩积物（Turner and Makhlouf，2002）。由于不能直接确定它们的年代，只能通过上覆和下伏沉积物来推断这些沉积物的性质和时间，比如推断它们是代表风成记录中或长或短的沉积间断，还是成壤或灾害性沉积过程（Bateman et al.，2012）。莫哈韦沙漠士兵山沙坡上详细的石英 OSL 年代学首次探讨了这种相互作用过程（Bateman et al.，2012）。这项研究计算出两个不同阶段的风沙沉积速率分别为 1.74m/ka 和 3.3m/ka。这一沉积序列被石质的表层覆盖，后期又被分离。光释光年代将石质表层最早的形成时间限定在约1.8ka，这表明其形成过程可能是短暂的（Bateman et al.，2012）。

4.6 小结和展望

风沙沉积释光测年的应用对于促进该方法的发展起到了重要的作用。风成沉积物非常适合用这种技术来定年，即确定沉积物最后一次暴露在阳光下的时间。此类沉积物在搬运过程中可能暴露在充足的阳光下，沉积物中石英为主要的矿物成分，在晒退和埋藏的重复过程中容易形成较高的光释光信号灵敏度，并且风成石英有相对高的饱和潜力，这些优势使得风成沉积物有利于释光测年的应用。因此，将释光测年应用于风沙沉积的研究数量庞大且持续增加也就不足为奇了。然而，由于风沙沉积长期参与释光测年方法的开发，因此必须小心评估研究中得到的年龄的可靠性以及所用方法的适用性。报告标准和数据透明度也越来越重要（Hesse，2016；Lancaster et al.，2016）。

尽管方法学的进步正在不断解决研究中出现的问题，但风沙沉积物的释光测年依然面临如下挑战。

（1）不能总是认为风成沙在埋藏之前已经完全晒退，也不能假定沉积物不受土壤扰动的影响。部分或不完全晒退现象可能在任何地方发生，在经历较长时间黑暗的高纬度地区可能性更大（如Bristow et al.，2011a，2011b）。沉积后扰动在沉积物供应有限的风沙沉积中特别受关注。例如，澳大利亚半干旱区的低起伏沙丘（如Fitzsimmons et al.，2007；Lomax et al.，2011）或薄层平沙地（如Bateman et al.，2007a；Boulter et al.，2010）。这些问题虽然不是风沙沉积所独有的，但越来越多的工作试图通过单颗粒测量和统计模型对数据进行解释和量化（Galbraith and Roberts，2012）。

（2）除了获取沉积年龄之外，单颗粒剂量分布还可用于研究土壤扰动。单颗粒石英OSL已被用于量化土壤翻转速率（Kristensen et al.，2015；Stockmann et al.，2013）、沉积剖面内由昆虫引起的颗粒运动（Rink et al.，2013）、约束沉积物加积阶段以及景观尺度上沉积物的向下混合等（Gliganic et al.，2016）。

（3）低剂量率是风沙沉积的显著特征，其矿物组成通常以石英和低放射性含量的碳酸盐为主。在这种情况下，含水量的准确性和真实性可能会在年龄计算中产生几个百分点的差异。一般来说，建议采用一种保守的方法，即将含水量的不确定性纳入沙质沉积物被掩埋期间的饱和含水量范围中，尽管这样会降低精度。一个值得关注的问题是样品埋藏深度的变化对宇宙剂量率计算的影响。特别是在动态沙丘环境中，可能会看到从地表开始的深度变化同样会对年龄产生几个百分点的影响。一系列尝试解决上述问题的方法已被应用于风沙环境，从采用当前深度，到对埋藏深度的变化历史进行简单模拟，进而对沉积物剖面进行迭代调整。

（4）许多风沙沉积产生较宽的剂量分布，这可能是由一系列因素导致的，包括沉积物混合和沉积物中β剂量率的不均匀性。β剂量率的不均匀性问题目前只能部分地通过模型来解决，这些模型还不能完全解释单颗粒水平上的差异。

大型释光年龄数据集的构建，以及对相关沙丘地貌的进一步解读，极大地提高了我们从风沙沉积中提取有意义的古环境信息的能力。近年来的研究亮点包括：

（1）开发了新的累积强度定量模型，解释了线形沙丘与潜在气候驱动因素的相关性

（Bailey and Thomas，2014；Thomas and Bailey，2017）。这种风沙沉积的新指标打破了由于古气候代用指标和沙丘年代地层之间明显缺乏相关性而导致的研究瓶颈，而导致这一瓶颈的主要原因是对沙丘记录本身缺乏足够的理解。

（2）沿着大型横向沙丘的延伸方向获取高分辨率释光年代地层，进而阐明随着风况变化沙丘沉积模式发生的空间变化（Fitzsimmons，2017）。将得到的盛行风矢量外推到气候子系统环流中，有助于通过风成档案重建大陆尺度的气候动力学。

（3）薄层风成平沙地沉积物中的单颗粒剂量分布，可用于量化土壤翻转和蠕动速率（Gliganic et al.，2016；Kristensen et al.，2015），从而使释光方法的应用不仅仅局限于获取沉积年龄，而是成为一种可以量化土壤过程的有效工具。

得益于释光技术的实质性发展以及对这些风沙沉积地貌档案的深刻理解，新的研究从风沙沉积作为古环境记录的角度，提供了比以前更复杂、更精细并且更有意义的认识。

参考文献

Aitken，M.J. 1985. Thermoluminescence Dating. Academic Press，London.

Aitken，M.J. 1998. An Introduction to Optical Dating：The Dating of Quaternary Sediments by the use of Photon-Stimulated Luminescence. Oxford University Press，New York.

Arnold，L.J. Demuro，M. 2015. Insights into TT-OSL signal stability from single-grain analyses of known-age deposits at Atapuerca，Spain. Quaternary Geochronology 30，472-478.

Ayliffe，L.K. Marianelli，P.C.，Moriarty，K.C.，Wells，R.T.，McCulloch，M.T.，Mortimer，G.E.，Hellstrom，J.C. 1998. 500 ka precipitation record from southeastern Australia：Evidence for interglacial relative aridity. Geology 26，147-150.

Bagnold，R.A. 1941. The Physics of Blown Sand and Desert Dunes. Methuen and Co.，London.

Bailey，R.M.，Thomas，D.S.G. 2014. A quantitative approach to understanding dated dune stratigraphies. Earth Surface Processes and Landforms 39，614-631.

Baillieul，T.A. 1975. A Reconnaissance Survey of the Cover Sands in the Republic of Botswana. Journal of Sedimentary Petrology 45，494-503.

Barrows，T.T.，Juggins，S.，De Deckker，P.，Calvo，E.，Pelejero，C. 2007. Long-term sea-surface temperature and climate change in the Australian-New Zealand region. Paleoceanography 22，PA2215.

Bateman，M.D.，Boulter，C.H.，Carr，A.S.，Frederick，C.D.，Peter，D.，Wilder，M. 2007a. Detecting post-depositional sediment disturbance in sandy deposits using optical luminescence. Quaternary Geochronology 2，57-64.

Bateman，M.D. Boulter，C.H.，Carr，A.S.，Frederick，C.D.，Peter，D.，Wilder，M. 2007b. Preserving the palaeoenvironmental record in Drylands：Bioturbation and its significance for luminescence-derived chronologies. Sedimentary Geology 195，5-19.

Bateman，M.D.，Bryant，R.G.，Foster，I.D.L.，Livingstone，I.，Parsons，A.J. 2012. On the formation of sand ramps：A case study from the Mojave Desert. Geomorphology 161-162，93-109.

Bateman，M.D.，Frederick，C.D.，Jaiswal，M.K.，Singhvi，A.K. 2003. Investigations into the potential effects of pedoturbation on luminescence dating. Quaternary Science Reviews 22，1169-1176.

Bayon，G.，De Deckker，P.，Magee，J.W.，Germain，Y.，Bermell，S.，Tachikawa，K.，Norman，M.D. 2017. Extensive wet episodes in Late Glacial Australia resulting from high-latitude forcings. Scientific Reports 7，44054.

Berger，A. 1992. Orbital variations and insolation database，In：Program，N.N.P.（Ed.），IGBP PAGES/World data centre for Paleoclimatologuy Data Contribution Series # 92-007.

Bertram，S. 2003. Late Quaternary Sand Ramps in South-Western Namibia：Nature，Origin and Palaeoclimatological Significance. Universitat Wurzburg，Wurzburg.

Boulter，C.，Bateman，M.D.，Frederick，C.D. 2007. Developing a protocol for selecting and dating sandy sites in East Central Texas：Preliminary results. Quaternary Geochronology 2，45-50.

Boulter，C.，Bateman，M.D.，Frederick，C.D. 2010. Understanding geomorphic responses to environmental change：a 19 000-year case study from semi-arid central Texas，USA. Journal of Quaternary Science 25，889-902.

Bourke，M.，Lancaster，N.，Fenton，L.，Parteli，E.，Zimbelman，J.，Radebaugh，J. 2010. Extraterrestrial dunes：An introduction to the special issue on planetary dune systems. Geomorphology 121，1-14.

Bowler，J.，Gillespie，R.，Johnston，H.，Boljkovac，K. 2012. Wind v water：Glacial maximum records from the Willandra Lakes，in：Haberle，S.，David，B.（Eds.），Peopled Landscapes：Archaeological and Biogeographic Approaches to Landscapes. The Australian National University，Canberra，pp. 271-296.

Bowler，J.M. 1968. Australian landform example no.11：lunette. Australian Geographer 10，402-404.

Bowler，J.M. 1973. Clay dunes：their occurrence，formation and environmental significance. Earth-Science Reviews 9，315-338.

Bowler，J.M. 1983. Lunettes as indices of hydrologic change：A review of the Australian evidence. Proceedings of the Royal Society of Victoria 95，147-168.

Bowler，J.M. 1986. Spatial variability and hydrologic evolution of Australian lake basins：Analogue for Pleistocene hydrologic change and evaporite formation. Palaeogeography，Palaeoclimatology，Palaeoecology 54，21-41.

Bowler，J.M. 1998. Willandra Lakes revisited：environmental framework for human occupation. Archaeology in Oceania 33，120-155.

Bowler，J.M. Magee，J.W.，1978. Geomorphology of the Mallee region in semi-arid northern Victoria and western New South Wales. Proceedings of the Royal Society of Victoria 90，5-25.

Bowler，J.M. Johnston，H.，Olley，J.M.，Prescott，J.R.，Roberts，R.G.，Shawcross，W.，Spooner，N.A.，2003. New ages for human occupation and climatic change at Lake Mungo，Australia. Nature 421，837-840.

Bray，H.E.，Stokes，S. 2003. Chronologies for Late Quaternary barchan dune reactivation in the southeastern Arabian Peninsula. Quaternary Science Reviews 22，1027-1033.

Bray，H.E.，Stokes，S. 2004. Temporal patterns of arid-humid transitions in the south-eastern Arabian Peninsula based on optical dating. Geomorphology 59，271-280.

Bristow，C.S.，Augustinus，P.，Rhodes，E.J.，Wallis，I.C.，Jol，H.M. 2011a. Is climate change affecting rates of dune migration in Antarctica? Geology 39，831-834.

Bristow，C.S.，Augustinus，P.C.，Wallis，I.C.，Jol，H.M.，Rhodes，E.J. 2011b. Investigation of the age and migration of reversing dunes in Antarctica using GPR and OSL，with implications fo GPR on Mars. Earth and Planetary Science Letters 289，30-42.

Bristow，C.S.，Duller，G.A.T.，Lancaster，N. 2007. Age and dynamics of linear dunes in the Namib Desert. Geology 35，555-558.

Brookfield，M. 1970. Dune trends and wind regime in central Australia. Zeitschrift fur Geomorphologie N. F. Supplementband 10，151-153.

Burrough，S.L.，Thomas，D.S.G. 2008. Late Quaternary lake-level fluctuations in the Mababe Depression：Middle Kalahari palaeolakes and the role of Zambezi inflows. Quaternary Research 69，388-403.

Burrough，S.L.，Thomas，D.S.G. 2009. Geomorphological contributions to palaeolimnology on the African continent. Geomorphology 103，285-298.

Burrough，S.L.，Thomas，D.S.G.，Shaw，P.A.，Bailey，R.M. 2007. Multiphase Quaternary highstands at Lake Ngami，Kalahari，northern Botswana. Palaeogeography，Palaeoclimatology，Palaeoecology 253，280-299.

Burrough，S.L.，Thomas，D.S.G.，Bailey，R.M. 2009a. Mega-Lake in the Kalahari：A Late Pleistocene record of the Palaeolake Makgadikgadi system. Quaternary Science Reviews 28，1392-1411.

Burrough，S.L.，Thomas，D.S.G.，Singarayer，J.S. 2009b. Late Quaternary hydrological dynamics in the Middle Kalahari：Forcing and feedbacks. Earth-Science Reviews 96，313-326.

Burrough，S.L.，Thomas，D.S.G.，Bailey，R.M.，Davies，L. 2012. From landform to process：Morphology and formation of lake-bed barchan dunes，Makgadikgadi，Botswana. Geomorphology 161-162，1-14.

Busche，D. 1998. Die zentrale Sahara - Oberflachenformen im Wandel. Perthes Geographie im Bild. Justus Perthes，Gotha.

Callen，R.A. 1984. Quaternary climatic cycles，Lake Millyera region，southern Strzelecki Desert. Transactions of the Royal Society of South Australia 108，163-173.

Callen，R.A.，Wasson，R.J.，Gillespie，R. 1983. Reliability of radiocarbon dating of pedogenic carbonate in the Australian arid zone. Sedimentary Geology 35，1-14.

Chase，B. 2009. Evaluating the use of dune sediments as a proxy for palaeo-aridity：A southern African case study. Earth-Science Reviews 93，31-45.

Chase，B.，Thomas，D.S.G. 2007. Multiphase late Quaternary aeolian sediment accumulation in western South Africa：Timing and relationship to palaeoclimatic changes inferred from the marine record. Quaternary International 166，29-41.

Chase，B.M.，Brewer，S. 2009. Last Glacial Maximum dune activity in the Kalahari Desert of southern Africa：observations and simulations. Quaternary Science Reviews 28，301-307.

Chase，B.M.，Thomas，D.S.G. 2006. Late Quaternary dune accumulation along the western margin of South Africa：distinguishing forcing mechanisms through the analysis of migratory dune forms. Earth and Planetary Science Letters 251，318-333.

Chazan，M.，Porat，N.，Sumner，T.A.，Horwitz，L.K. 2013. The use of OSL dating in unstructured sands：the archaeology and chronology of the Hutton Sands at Canteen Kopje（Northern Cape Province，South Africa）. Archaeological and Anthropological Sciences 5，351-363.

Choi，J.H.，Murray，A.S.，Cheong，C.S.，Hong，S.C. 2009. The dependence of dose recovery experiments on the bleaching of natural quartz OSL using different light sources. Radiation Measurements 44，600-605.

Clarke，M.L. 1994. Infra-red stimulated luminescence ages from aeolian sand and alluvial fan deposits from the eastern Mojave Desert，California. Quaternary Science Reviews 13，533-538.

Clarke，M.L. 1996. IRSL dating of sands：Bleaching characteristics at deposition inferred from the use of single aliquots. Radiation Measurements 26，611-620.

Clarke，M.L.，Rendell，H.M. 1998. Climate change impacts on sand supply and the formation of desert sand dunes in the south-west U.S.A. Journal of Arid Environments 39，517-531.

Clarke，M.L.，Wintle，A.G.，Lancaster，N. 1996. Infra-red stimulated luminescence dating of sands from the Cronese Basins，Mojave Desert. Geomorphology 17，199-205.

CLIMAP. 1976. The surface of the ice-age Earth. Science 191，1131-1137.

Cohen，T.J.，Nanson，G.C.，Jansen，J.D.，Jones，B.G.，Jacobs，Z.，Treble，P.，Price，D.M.，May，J.-H.，Smith，A.M.，Ayliffe，L.K.，Hellstrom，J.C. 2011. Continental aridification and the vanishing of Australia's megalakes. Geology 39，167-170.

Cohen，T.J.，Nanson，G.C.，Jansen，J.D.，Gliganic，L.A.，May，J.H.，Larsen，J.R.，Goodwin，I.D.，Browning，S.，Price，D.M. 2012a. A pluvial episode identified in arid Australia during the Medieval Climatic Anomaly. Quaternary Science Reviews 56，167-171.

Cohen，T.J.，Nanson，G.C.，Jansen，J.D.，Jones，B.G.，Jacobs，Z.，Larsen，J.R.，May，J.-H.，P.Treble，Price，D.M.，Smith，A.M. 2012b. Late Quaternary mega-lakes fed by the northern and southern river systems of central Australia：varying moisture sources and increased continental aridity. Palaeogeography，Palaeoclimatology，Palaeoecology 356-357，89-108.

Cohen，T.J.，Jansen，J.D.，Gliganic，L.A.，Larsen，J.R.，Nanson，G.C.，May，J.-H.，Jones，B.G.，Price，D.M. 2015. Hydrological transformation coincided with megafaunal extinction in central Australia. Geology 43，195-198.

Craddock，R.A.，Tooth，S.，Zimbelman，J.R.，Wilson，S.A.，Maxwell，T.A.，Kling，C. 2015. Temporal observations of a linear sand dune in the Simpson Desert，central Australia：Testing models for dune formation on planetary surfaces. Journal of Geophysical Research：Planets 120，1736-1750.

DeVogel，S.B.，Magee，J.W.，Manley，W.F.，Miller，G.H. 2004. A GIS-based reconstruction of late Quaternary palaeohydrology：Lake Eyre，arid central Australia. Palaeogeography，Palaeoclimatology，Palaeoecology 204，1-13.

Doerschner，N.，Fitzsimmons，K.E.，Blasco，R.，Finlayson，G.，Rodriguez-Vidal，J.，Rosell，J.，Hublin，J.-J.，Finlayson，C. 2019. Chronology of the late Pleistocene archaeological sequence at Vanguard Cave，Gibraltar：Insights from quartz single and multiple grain luminescence dating. Quaternary International.

Doerschner，N.，Hernandez，M.，Fitzsimmons，K.E. 2016. Sources of variability in single grain dose recovery experiments：Insights from Moroccan and Australian samples. Ancient TL 34，14-25.

Duller，G. 2008. Single-grain optical dating of Quaternary sediments：Why aliquot size matters in luminescence dating. Boreas 37，589-612.

Duller，G.A.T. 2003. Distinguishing quartz and feldspar in single grain luminescence measurements. Radiation Measurements 37，161-165.

Duller，G.A.T.，Augustinus，P.C. 2006. Reassessment of the record of linear dune activity in Tasmania using optical dating. Quaternary Science Reviews 25，2608-2618.

Duller，G.A.T.，Botter-Jensen，L.，Murray，A.S. 2000. Optical dating of single sand-sized grains of quartz：sources of variability. Radiation Measurements 32，453-457.

Ewing，R.C.，McDonald，G.D.，Hayes，A.G. 2015. Multi-spatial analysis of aeolian dune-field patterns. Geomorphology 240，44-53.

Fitzsimmons，K.E. 2007. Morphological variability in the linear dunefields of the Strzelecki and Tirari Deserts，Australia. Geomorphology 91，146-160.

Fitzsimmons，K.E. 2011. An assessment of the luminescence sensitivity of Australian quartz with respect to sediment history. Geochronometria 38，199-208.

Fitzsimmons，K.E. 2017. Reconstructing palaeoenvironments on desert margins：New perspectives from Eurasian loess and Australian dry lake shorelines. Quaternary Science Reviews 171，1-19.

Fitzsimmons，K.E.，Rhodes，E.J.，Magee，J.W.，Barrows，T.T. 2007. The timing of linear dune activity in the Strzelecki and Tirari Deserts，Australia. Quaternary Science Reviews 26，2598-2616.

Fitzsimmons，K.E.，Magee，J.W.，Amos，K. 2009. Characterisation of aeolian sediments from theStrzelecki and Tirari Deserts，Australia：Implications for reconstructing palaeoenvironmental conditions. Sedimentary Geology 218，61-73.

Fitzsimmons，K.E.，Rhodes，E.J.，Barrows，T.T. 2010. OSL dating of southeast Australian quartz：A preliminary assessment of luminescence characteristics and behaviour. Quaternary Geochronology 5，91-95.

Fitzsimmons，K.E.，Stern，N.，Murray-Wallace，C.V. 2014. Depositional history and archaeology of the central Lake Mungo lunette，Willandra Lakes，southeast Australia. Journal of Archaeological Science 41，349-364.

Fitzsimmons，K.E.，Stern，N.，Murray-Wallace，C.V.，Truscott，W.，Pop，C. 2015. The Mungo megalake event，semi-arid Australia：Non-linear descent into the last ice age，implications for human behavior. PLoS ONE 10，e0127008.

Folk，R.L. 1968. Petrology of Sedimentary Rocks. Hemphill's，Austin.

Frechen，M.，Vanneste，K.，Verbeeck，K.，Paulissen，E.，Camelbeeck，T. 2001. The deposition history of the coversands along the Bree Fault Escarpment，NE Belgium. Geologie en Mijnbouw/ Netherlands Journal of Geosciences 80，171-186.

Fryberger，S.G. 1979. Dune forms and wind regime，in：McKee，E.D. （Ed.），A Study of Global Sand Seas. United States Government Printing Office，Washington，pp. 137-170.

Fujioka，T.，Chappell，J.，Fifield，L.K.，Rhodes，E.J. 2009. Australian desert dune fields initiated with Pliocene-Pleistocene global climatic shift. Geology 37，51-54.

Galbraith，R.F. and Roberts，R.G. 2012. Statistical aspects of equivalent dose and error calculation and display in OSL dating：an overview and some recommendations. Quaternary Geochronology 11，1-27.

Galbraith，R.F.，Green，P.F. 1990. Estimating the component ages in a finite mixture. Nuclear Tracks and Radiation Measurements 17，197-206.

Galbraith，R.F.，Roberts，R.G.，Laslett，G.M.，Yoshida，H.，Olley，J.M. 1999. Optical dating of single and multiple grains of quartz from Jinmium rock shelter，northern Australia. Part 1，Experimental design and statistical models. Archaeometry 41，339-364.

Galbraith，R.F.，Roberts，R.G.，Yoshida，H. 2005. Error variation in OSL palaeodose estimates from single aliquots of quartz：A factorial experiment. Radiation Measurements 39，289-307.

Gardner，G.J.，Mortlock，A.J.，Price，D.M.，Readhead，M.L.，Wasson，R.J. 1987. Thermoluminescence and radiocarbon dating of Australian desert dunes. Australian Journal of Earth Sciences 34，343-357.

Gliganic，L.A.，Cohen，T.J.，May，J.-H.，Jansen，J.D.，Nanson，G.C.，Dosseto，A.，Larsen，J.R.，Aubert，M. 2014. Late-Holocene climatic variability indicated by three natural archives in arid southern Australia. The Holocene 24，104-117.

Gliganic，L.A.，Cohen，T.J.，Slack，M.，Feathers，J.K. 2016. Sediment mixing in aeolian sandsheets identified and quantified using single-grain optically stimulated luminescence. Quaternary Geochronology 32，53-66.

Gliganic，L.A.，Jacobs，Z.，Roberts，R.G.，Dominguez-Rodrigo，M.，Mabulla，A.Z.P. 2012. New ages for Middle and Later Stone Age deposits at Mumba rockshelter，Tanzania：Optically stimulated luminescence dating of quartz and feldspar grains. Journal of Human Evolution 62，533-547.

Gliganic，L.A.，May，J.H.，Cohen，T.J. 2015. All mixed up：Using single-grain equivalent dose distributions to identify phases of pedogenic mixing on a dryland alluvial fan. Quaternary International 362，23-33.

Guerin，G.，Combes，B.，Lahaye，C.，Thomsen，K.J.，Tribolo，C.，Urbanova，P.，Guibert，P.，Mercier，N.，Valladas，H. 2015. Testing the accuracy of a Bayesian central-dose model for single-grain OSL，using known-age samples. Radiation Measurements 81，62-70.

Guerin，G.，Mercier，N. 2012. Field gamma spectrometry，Monte Carlo simulations and potential of non-invasive measurements. Geochronometria 39，40-47.

Guerin，G.，Mercier，N.，Nathan，R.，Adamiec，G.，Lefrais，Y. 2012. On the use of the infinite matrix assumption and associated concepts：A critical review. Radiation Measurements 47，778-785.

Hesse，P.P. 2010. The Australian desert dunefields：formation and evolution in an old，flat，dry continent，in：Bishop，P.，Pillans，B.（Eds.），Australian Landscapes. Geological Society，London，pp. 141-163.

Hesse，P. 2011. Sticky dunes in a wet desert：Formation，stabilisation and modification of the Australian desert dunefields. Geomorphology 134，309-325.

Hesse，P.P. 2016. How do longitudinal dunes respond to climate forcing? Insights from 25 years of luminescence dating of the Australian desert dunefields. Quaternary International 410，11-29.

Hesse，P.P.，Simpson，R.L. 2006. Variable vegetation cover and episodic sand movement on longitudinal desert sand dunes. Geomorphology 81，276-291.

Hesse，P.P.，Humphreys，G.S.，Selkirk，P.M.，Adamson，D.A.，Gore，G.B.，Nobes，G.C.，Price，D.M.，Schwenninger，J.-L.，Smith，B.，Talau，M.，Hemmings，F. 2003. Late Quaternary aeolian dunes on the presently humid Blue Mountains，Eastern Australia. Quaternary International 108，13-22.

Hollands，C.B.，Nanson，G.C.，Jones，B.G.，Bristow，C.S.，Price，D.M.，Pietsch，T.J. 2006. Aeolian-fluvial interaction：evidence for Late Quaternary channel change and wind-rift linear dune formation in the northwestern Simpson Desert，Australia. Quaternary Science Reviews 25，142-162.

Hulle，D.，Hilgers，A.，Radtke，U.，Stolz，C.，Hempelmann，N.，Grunert，J.，Felauer，T.，Lehmkuhl，F. 2010. OSL dating of sediments from the Gobi desert，Southern Mongolia. Quaternary Geochronology 5，

107-113.

Huntley, D.J., Godfrey-Smith, D.I., Thewalt, M.L.W. 1985. Optical dating of sediments. Nature 313, 105-107.

Hutt, G., Jaek, I., Tchonka, J. 1988. Optical dating: K-feldspars optical response stimulation spectra. Quaternary Science Reviews 7, 381-385.

Jacobs, Z., Duller, G.A.T., Wintle, A.G. 2006. Interpretation of single grain De distributions and calculation of De. Radiation Measurements 41, 264-277.

Jacobs, Z., Roberts, R.G. 2007. Advances in optically stimulated luminescence dating of individual grains of quartz from archeological deposits. Evolutionary Anthropology: Issues, News, and Reviews 16, 210-223.

Jacobs, Z., Roberts, R.G., Galbraith, R.F., Deacon, H.J., Grun, R., Mackay, A., Mitchell, P., Vogelsang, R., Wadley, L. 2008a. Ages for the Middle Stone Age of Southern Africa: Implications for Human Behavior and Dispersal. Science 322, 733-735.

Jacobs, Z., Roberts, R.G., Nespoulet, R., El Hajraoui, M.A., Debenath, A. 2012. Single-grain OSL chronologies for Middle Palaeolithic deposits at El Mnasra and El Harhoura 2, Morocco: Implications for Late Pleistocene human-environment interactions along the Atlantic coast of northwest Africa. Journal of Human Evolution 62, 377-394.

Jacobs, Z., Wintle, A.G., Duller, G.A.T., Roberts, R.G., Wadley, L. 2008b. New ages for the post-Howiesons Poort, late and final Middle Stone Age at Sibudu, South Africa. Journal of Archaeological Science 35, 1790-1807.

Kalchgruber, R., Fuchs, M., Murray, A.S., Wagner, G.A. 2003. Evaluating dose rate distributions in natural sediments using a-Al2O3: C grains. Radiation Measurements 37, 293-297.

Kasse, C. 1997. Cold-Climate Aeolian Sand-Sheet Formation in North-Western Europe (c. 14-12.4 ka); a Response to Permafrost Degradation and Increased Aridity. Permafrost and Periglacial Processes 8, 295-311.

King, D. 1960. The sand ridge deserts of South Australia and related aeolian landforms of the Quaternary arid cycles. Transactions of the Royal Society of South Australia 83, 99-108.

Koster, E.A. 1988. Ancient and modern cold-climate aeolian sand deposition: A review. Journal of Quaternary Science 3, 69-83.

Koster, E.A. 2005. Recent advances in luminescence dating of Late Pleistocene (cold-climate) aeolian sand and loess deposits in western Europe. Permafrost and Periglacial Processes 16, 131-143.

Kristensen, J.A., Thomsen, K.J., Murray, A.S., Buylaert, J.-P., Jain, M., Breuning-Madsen, H. 2015. Quantification of termite bioturbation in a savannah ecosystem: Application of OSL dating. Quaternary Geochronology 30, 334-341.

Kumar, A., Srivastava, P., Meena, N.K. 2017. Late Pleistocene aeolian activity in the cold desert of Ladakh: A record from sand ramps. Quaternary International 443, 13-28.

Lambeck, K., Chappell, J. 2001. Sea level change through the last glacial cycle. Science 292, 679-686.

Lancaster, N. 2008. Desert dune dynamics and development: insights from luminescence dating. Boreas 37, 559-573.

Lancaster, N., Tchakerian, V.P. 1996. Geomorphology and sediments of sand ramps in the Mojave desert. Geomorphology 17, 151-165.

Lancaster，N.，Kocurek，G.，Singhvi，A.，Pandey，V.，Deynoux，M.，Ghienne，J.，Lo，K. 2002. Late Pleistocene and Holocene dune activity and wind regimes in the western Sahara Desert of Mauritania. Geology 30，991-994.

Lancaster，N.，Wolfe，S.，Thomas，D.，Bristow，C.，Bubenzer，O.，Burrough，S.，Duller，G.，Halfen，A.，Hesse，P.，Roskin，J.，Singhvi，A.，Tsoar，H.，Tripaldi，A.，Yang，X.，Zarate，M. 2016. The INQUA Dunes Atlas chronologic database. Quaternary International 410，3-10.

Lian，O.B.，Roberts，R.G. 2006. Dating the Quaternary：Progress in luminescence dating of sediments. Quaternary Science Reviews 25，2449-2468.

Livingstone，I.，Warren，A. 1996. Aeolian Geomorphology：An Introduction. Longman Singapore Publishers，Singapore.

Livingstone，I.，Wiggs，G.F.S.，Weaver，C.M. 2007. Geomorphology of desert sand dunes：A review of recent progress. Earth-Science Reviews 80，239-257.

Lomax，J.，Hilgers，A.，Twidale，C.R.，Bourne，J.A.，Radtke，U. 2007. Treatment of broad palaeodose distributions in OSL dating of dune sands from the western Murray Basin，South Australia. Quaternary Geochronology 2，51-56.

Lomax，J.，Hilgers，A.，Radtke，U. 2011. Palaeoenvironmental change recorded in the palaeodunefields of the western Murray Basin，South Australia - New data from single grain OSL-dating. Quaternary Science Reviews 30，723-736.

Magee，J.W. 2006. Australian lake-level studies，in：Elias，S.A.（Ed.），Encyclopedia of Quaternary Science. Elsevier，Amsterdam，pp. 1359-1365.

Magee，J.W.，Bowler，J.M.，Miller，G.H.，Williams，D.L.G. 1995. Stratigraphy，Sedimentology，Chronology and Paleohydrology of Quaternary Lacustrine Deposits at Madigan Gulf，Lake Eyre，South Australia. Palaeogeography Palaeoclimatology Palaeoecology 113，3-42.

Magee，J.W.，Miller，G.H. 1998. Lake Eyre palaeohydrology from 60 ka to the present：beach ridges and glacial maximum aridity. Palaeogeography Palaeoclimatology Palaeoecology 144，307-329.

Magee，J.W.，Miller，G.H.，Spooner，N.A.，Questiaux，D. 2004. Continuous 150 k.y. monsoon record from Lake Eyre，Australia：Insolation-forcing implications and unexpected Holocene failure. Geology 32，885-888.

May，J.-H.，Wells，S.G.，Cohen，T.J.，Marx，S.K.，Nanson，G.C.，Baker，S.E. 2015. A soil chronosequence on Lake Mega-Frome beach ridges and its implications for late Quaternary pedogenesis and paleoenvironmental conditions in the drylands of southern Australia. Quaternary Research 83，150-165.

Mayya，Y.S.，Morthekai，P.，Murari，M.K.，Singhvi，A.K. 2006. Towards quantifying beta microdosimetric effects in single-grain quartz dose distribution. Radiation Measurements 41，1032-1039.

McKee，E.D. 1979. Introduction to a study of global sand seas，in：McKee，E.D.（Ed.），A Study of Global Sand Seas. United States Government Printing Office，Washington，pp. 1-20.

McKeever，S.W.S. 1991. Mechanisms of thermoluminescence production：some problems and a few answers? Nuclear Tracks and Radiation Measurements 18，5-12.

Mejdahl，V. 1979. Thermoluminescence dating：beta-dose attenuation in quartz grains. Archaeometry 21，61-72.

Munyikwa，K. 2005. Synchrony of Southern Hemisphere Late Pleistocene arid episodes：A review of luminescence chronologies from arid aeolian landscapes south of the Equator. Quaternary Science Reviews 24，2555-2583.

Murray，A.S.，Roberts，R.G. 1997. Determining the burial time of single grains of quartz using optically stimulated luminescence. Earth and Planetary Science Letters 152，163-180.

Murray，A.S.，Roberts，R.G.，Wintle，A.G. 1997. Equivalent dose measurement using a single aliquot of quartz. Radiation Measurements 27，171-184.

Murray，A.S.，Wintle，A.G. 2000. Luminescence dating of quartz using an improved single-aliquot regenerative-dose protocol. Radiation Measurements 32，57-73.

Murray，A.S.，Wintle，A.G. 2003. The single aliquot regenerative dose protocol：potential for improvements in reliability. Radiation Measurements 37，377-381.

Murton，J.B.，Bateman，M.D. Baker，C.A.，Knox，R.，Whiteman，C.A. 2003. The Devensian periglacial record on Thanet，Kent，UK. Permafrost and Periglacial Processes 14，217-246.

Nanson，G.C.，Chen，X.Y.，Price，D.M. 1992a. Lateral migration，thermoluminescence chronology and colour variation of longitudinal dunes near Birdsville in the Simpson Desert，central Australia. Earth Surface Processes and Landforms 17，807-819.

Nanson，G.C.，Price，D.M.，Short，S.A. 1992b. Wetting and drying of Australia over the past 300 ka. Geology 20，791-794.

Nanson，G.C.，Callen，R.A.，Price，D.M. 1998. Hydroclimatic interpretation of Quaternary shorelines on South Australian playas. Palaeogeography，Palaeoclimatology，Palaeoecology 144，281-305.

Nathan，R.P.，Thomas，P.J.，Jain，M.，Murray，A.S.，Rhodes，E.J. 2003. Environmental dose rate heterogeneity of beta radiation and its implications for luminescence dating：Monte Carlo modelling and experimental validation. Radiation Measurements 37，305-313.

Olley，J.M.，Caitcheon，G.G.，Murray，A.S. 1998. The distribution of apparent dose as determined by optically stimulated luminescence in small aliquots of fluvial quartz：Implications for dating young sediments. Quaternary Geochronology 17，1033-1040.

Olley，J.M.，Roberts，R.G.，Murray，A. 1997. Disequilibria in the uranium decay series in sedimentary deposits at Allen's Cave，Nullarbor Plain，Australia：Implications for dose rate determinations. Radiation Measurements 27，433-443.

Pécsi，M. 1990. Loess is not just the accumulation of dust. Quaternary International 7-8，1-21.

Petherick，L.M.，McGowan，H.A.，Kamber，B.S. 2009. Reconstructing transport pathways for late Quaternary dust from eastern Australia using the composition of trace elements of long traveled dusts. Geomorphology 105，67-79.

Petit，J.R.，Jouzel，J.，Raynaud，D.，Baricov，N.I.，Basil，I.，Bender，M.，Chappellaz，J.，Davis，M.，Delaygue，G.，Delmott，M.，Kotlyakov，V.M.，Legrand，M.，Lipenkov，V.Y.，Lorius，C.，Pepin，L.，Ritz，C.，Saltzman，E.，Stievenard，M. 1999. Climate and atmospheric history of the past 420，000 years from the Vostok ice core，Antarctica. Nature 399，429-436.

Prescott，J.R. 1983. Thermoluminescence dating of sand dunes at Roonka，South Australia. PACT 9，505-512.

Prescott，J.R.，Hutton，J.T. 1994. Cosmic ray contributions to dose rates for luminescence and ESR dating：Large depths and long term variations. Radiation Measurements 23，497-500.

Prescott，J.R.，Huntley，D.J.，Hutton，J.T. 1993. Estimation of equivalent dose in thermoluminescence dating - the Australian slide method. Ancient TL 11，1-5.

Pye，K.，Tsoar，H. 1990. Aeolian Sand and Sand Dunes. Unwin Hyman，London.

Quigley，M.C.，Horton，T.，Hellstrom，J.C.，Cupper，M.L.，Sandiford，M. 2010. Holocene climate change in arid Australia from speleothem and alluvial records. The Holocene 20，1093-1104.

Radtke，U.，Janotta，A.，Hilgers，A.，Murray，A.S. 2001. The potential of OSL and TL for dating Lateglacial and Holocene dune sands tested with independent age control of the Laacher See tephra （12880 a） at the section `Mainz-Gonsenheim'. Quaternary Science Reviews 20，719-724.

Rasmussen，S.O.，Bigler，M.，Blockley，S.P.，Blunier，T.，Buchardt，S.L.，Clausen，H.B.，Cvijanovic，I.，Dahl-Jensen，D.，Johnsen，S.J.，Fischer，H.，Gkinis，V.，Guillevic，M.，Hoek，W.Z.，Lowe，J.J.，Pedro，J.B.，Popp，T.，Seierstad，I.K.，Steffensen，J.P.，Svensson，A.M.，Vallelonga，P.，Vinther，B.M.，Walker，M.J.C.，Wheatley，J.J.，Winstrup，M. 2014. A stratigraphic framework for abrupt climatic changes during the Last Glacial period based on three synchronized Greenland icecore records：refining and extending the INTIMATE event stratigraphy. Quaternary Science Reviews 106，14-28.

Rendell，H.M.，Scheffer，N.L. 1996. Luminescence dating of sand ramps in the Eastern Mojave Desert. Geomorphology 17，187-197.

Rendell，H.M.，Lancaster，N.，Tchakerian，V.P. 1994. Luminescence dating of late quaternary aeolian deposits at Dale Lake and Cronese Mountains，Mojave Desert，California. Quaternary Science Reviews 13，417-422.

Rhodes，E.J. 2000. Observations of thermal transfer OSL signals in glacigenic quartz. Radiation Measurements 32，595-602.

Rhodes，E.J.，Bailey，R.M. 1997. The effect of thermal transfer on the zeroing of the luminescence of quartz from recent glaciofluvial sediments. Quaternary Geochronology 16，291-298.

Rink，W.J.，Dunbar，J.S.，Tschinkel，W.R.，Kwapich，C.，Repp，A.，Stanton，W.，Thulman，D.K. 2013. Subterranean transport and deposition of quartz by ants in sandy sites relevant to age overestimation in optical luminescence dating. Journal of Archaeological Science 40，2217-2226.

Rodnight，H. 2008. How many equivalent dose values are needed to obtain a reproducible distribution? Ancient TL 26，3-10.

Roskin，J.，Tsoar，H.，Porat，N.，Blumberg，D.G. 2011. Palaeoclimate interpretations of Late Pleistocene vegetated linear dune mobilization episodes：Evidence from the northwestern Negev dunefield，Israel. Quaternary Science Reviews 30，3364-3380.

Rufer，D.，Preusser，F. 2009. Potential of autoradiography to detect spatially resolved radiation patterns in the context of trapped charge dating. Geochronometria 24，1-13.

Sanderson，D.C.W.，Bishop，P.，Houston，I.，Boonsener，M. 2001. Luminescence characterisation of quartz-rich cover sands from NE Thailand. Quaternary Science Reviews 20，893-900.

Sarnthein，M. 1978. Sand deserts during glacial maximum and climatic optimum. Nature 272，43-44.

Schmidt，C.，Pettke，T.，Preusser，F.，Rufer，D.，Kasper，H.U.，Hilgers，A. 2012. Quantification and spatial distribution of dose rate relevant elements in silex used for luminescence dating. Quaternary Geochronology

12，65-73.

Schokker，J.，Cleveringa，P.，Murray，A.S. 2004. Palaeoenvironmental reconstruction and OSL dating of terrestrial Eemian deposits in the southeastern Netherlands. Journal of Quaternary Science 19，193-202.

Schwan，J. 1988. The structure and genesis of Weichselian to early hologene aeolian sand sheets in western Europe. Sedimentary Geology 55，197-232.

Sheard，M.J.，Lintern，M.J.，Prescott，J.R.，Huntley，D.J. 2006. Great Victoria Desert：New dates for South Australia's ? oldest desert dune system. MESA Journal 42，15-26.

Shulmeister，J.，Kemp，J.，Fitzsimmons，K.E.，Gontz，A. 2016. Constant wind regimes during the Last Glacial Maximum and early Holocene：evidence from Little Llangothlin Lagoon，New England Tablelands，eastern Australia. Clim. Past 12，1435-1444.

Singhvi，A.K.，Banerjee，D.，Ramesh，R.，Rajaguru，S.N.，Gogte，V. 1996. A luminescence method for dating 'dirty' pedogenic carbonates for paleoenvironmental reconstruction. Earth and Planetary Science Letters 139，321-332.

Singhvi，A.K.，Bluszcz，A.，Bateman，M.D.，Rao，M.S. 2001. Luminescence dating of loess-palaeosol sequences and coversands：methodological aspects and palaeoclimatic implications. Earth- Science Reviews 54，193-211.

Singhvi，A.K.，Williams，M.A.J.，Rajaguru，S.N.，Misra，V.N.，Chawla，S.，Stokes，S.，Chauhan，N.，Francis，T.，Ganjoo，R.K.，Humphreys，G.S. 2010. A ～200 ka record of climatic change and dune activity in the Thar Desert，India. Quaternary Science Reviews 29，3095-3105.

Sitzia，L.，Bertran，P.，Bahain，J.-J.，Bateman，M.D.，Hernandez，M.，Garon，H.，de Lafontaine，G.，Mercier，N.，Leroyer，C.，Queffelec，A.，Voinchet，P. 2015. The Quaternary coversands of southwest France. Quaternary Science Reviews 124，84-105.

Spooner，N.A. 1994. On the dating signal from quartz. Radiation Measurements 23，593-600.

Steele，T.E.，Mackay，A.，Fitzsimmons，K.E.，Igreja，M.，Marwick，B.，Orton，J.，Schwortz，S.，Stahlschmidt，M.C. 2016. Varsche Rivier 003：A Middle and Later Stone Age Site with Still Bay and Howieson's Poort Assemblages in Southern Namaqualand，South Africa. PaleoAnthropology 2016，100-163.

Stockmann，U.，Minasny，B.，Pietsch，T.J.，McBratney，A.B. 2013. Quantifying processes of pedogenesis using optically stimulated luminescence. European Journal of Soil Science 64，145-160.

Stokes，S. 1992. Optical dating of young （modern） sediments using quartz：Results from a selection of depositional environments. Quaternary Science Reviews 11，153-159.

Stokes，S. 1994. The timing of OSL sensitivity changes in a natural quartz. Radiation Measurements 23，601-605.

Stokes，S.，Gaylord，D.R. 1993. Optical dating of Holocene dune sands in the Ferris dune field，Wyoming. Quaternary Research 39，274-281.

Stokes，S.，Kocurek，G.，Pye，K.，Winspear，N.R. 1997a. New evidence for the timing of aeolian sand supply to the Algodones dunefield and East Mesa area，southeastern California，USA. Palaeogeography，Palaeoclimatology，Palaeoecology 128，63-75.

Stokes，S.，Thomas，D.S.G.，Shaw，P.A. 1997b. New chronological evidence for the nature and timing of linear dune development in the southwest Kalahari Desert. Geomorphology 20，81-93.

Stokes，S.，Thomas，D.S.G.，Washington，R. 1997c. Multiple episodes of aridity in southern Africa since the last interglacial period. Nature 388，154-158.

Stone，A.E.C.，Thomas，D.S.G. 2008. Linear dune accumulation chronologies from the southwest Kalahari，Namibia：challenges of reconstructing late Quaternary palaeoenvironments from aeolian landforms. Quaternary Science Reviews 27，1667-1681.

Stuut，J.B.W.，Prins，M.A.，Schneider，R.R.，Weltje，G.J.，Jansen，J.H.F.，Postma，G. 2002. A 300 kyr record of aridity and wind strength in southwestern Africa：inferences from grain-size distributions of sediments on Walvis Ridge，SE Atlantic. Marine Geology 180，221-223.

Telfer，M.W. 2011. Growth by extension，and reworking，of a south-western Kalahari linear dune. Earth Surface Processes and Landforms 36，1125-1135.

Telfer，M.W.，Hesse，P.P. 2013. Palaeoenvironmental reconstructions from linear dunefields：recent progress，current challenges and future directions. Quaternary Science Reviews 78，1-21.

Telfer，M.W.，Thomas，D.S.G. 2006. Complex Holocene lunette dune development，South Africa：Implications for paleoclimate and models of pan development in arid regions. Geology 34，853-856.

Telfer，M.，Thomas，D. 2007. Late Quaternary linear dune accumulation and chronostratigraphy of the southwestern Kalahari：implications for aeolian palaeoclimatic reconstructions and predictions of future dynamics. Quaternary Science Reviews 26，2617-2630.

Telfer，M.W.，Thomas，Z.A.，Breman，E. 2012. Sand ramps in the Golden Gate Highlands National Park，South Africa：Evidence of periglacial aeolian activity during the last glacial. Palaeogeography，Palaeoclimatology，Palaeoecology 313-314，59-69.

Telfer，M.W.，Mills，S.C.，Mather，A.E. 2014. Extensive Quaternary aeolian deposits in the Drakensberg foothills，Rooiberge，South Africa. Geomorphology 219，161-175.

Telfer，M.W.，Hesse，P.P.，Perez-Fernandez，M.，Bailey，R.M.，Bajkan，S.，Lancaster，N. 2017. Morphodynamics，boundary conditions and pattern evolution within a vegetated linear dunefield. Geomorphology 290，85-100.

Thomas，D.S.G. 2007. Palaeoenvironmental Potentials of Detailed Late Quaternary Dune Construction Chronologies：Aridity Records or Aeolian Process Archives? INQUA Quaternary International，Cairns，Australia.

Thomas，D.S.G.，Bailey，R.M. 2016. Accumulation rate variability analysis of southern African Late Quaternary desert dune chronologies. Quaternary International 404，Part B，193.

Thomas，D.S.G.，Bailey，R.M. 2017. Is there evidence for global-scale forcing of Southern Hemisphere Quaternary desert dune accumulation? A quantitative method for testing hypotheses of dune system development. Earth Surface Processes and Landforms 42，2284-2294.

Thomas，D.S.G.，Burrough，S.L. 2016. Luminescence-based dune chronologies in southern Africa：Analysis and interpretation of dune database records across the subcontinent. Quaternary International 410，30-45.

Thomas，D.S.G.，Bateman，M.D.，Mehrshahi，D.，O'Hara，S.L. 1997. Development and Environmental Significance of an Eolian Sand Ramp of Last-Glacial Age，Central Iran. Quaternary Research 48，155-161.

Thomsen，K.J.，Murray，A.，Jain，M. 2012. The dose dependency of the over-dispersion of quartz OSL single grain dose distributions. Radiation Measurements 47，732-739.

Thomsen，K.J.，Murray，A.S.，Botter-Jensen，L. 2005. Sources of variability in OSL dose measurements using single grains of quartz. Radiation Measurements 39，47-61.

Thomsen，K.J.，Murray，A.S.，Buylaert，J.P.，Jain，M.，Hansen，J.H.，Aubry，T. 2016. Testing singlegrain quartz OSL methods using sediment samples with independent age control from the Bordes-Fitte rockshelter（Roches d'Abilly site，Central France）. Quaternary Geochronology 31，77-96.

Turner，B.R.，Makhlouf，I. 2002. Recent colluvial sedimentation in Jordan：Fans evolving into sand ramps. Sedimentology 49，1283-1298.

van den Bogaard，P. 1995. 40Ar/39Ar ages of sanidine phenocrysts from Laacher See Tephra （12，900 yr BP）：Chronostratigraphic and petrological significance. Earth and Planetary Science Letters 133，163-174.

Vandenberghe，D.，Hossain，S.M.，De Corte，F.，Van den haute，P. 2003. Investigations on the origin of the equivalent dose distribution in a Dutch coversand. Radiation Measurements 37，433-439.

Vandenberghe，D.，Kasse，C.，Hossain，S.M.，De Corte，F.，Van Den Haute，P.，Fuchs，M.，Murray，A.S. 2004. Exploring the method of optical dating and comparison of optical and 14C ages of Late Weichselian coversands in the southern Netherlands. Journal of Quaternary Science 19，73-86.

Vandenberghe，D.，De Corte，F.，Buylaert，J.P.，Kucera，J.，Van den haute，P. 2008. On the internal radioactivity in quartz. Radiation Measurements 43，771-775.

Veth，P. 1995. Aridity and settlement in northwest Australia. Antiquity 69，733-746.

Wang，X.L.，Wintle，A.G.，Du，J.H.，Kang，S.G.，Lu，Y.C. 2011. Recovering laboratory doses using fine-grained quartz from Chinese loess. Radiation Measurements 46，1073-1081.

Wang，Z.，Zhao，H.，Zhang，K.，Ren，X.，Chen，F.，Wang，T. 2009. Barchans of Minqin：quantifying migration rate of a barchan. Sciences in Cold and Arid Regions 1，0151-0156.

Wasson，R.J.，Hyde，R. 1983. Factors determining desert dune type. Nature 304，337-339.

Whittaker，T.E.，Hendy，C.H.，Hellstrom，J.C. 2011. Abrupt millennial-scale changes in intensity of Southern Hemisphere westerly winds during marine isotope stages 2-4. Geology 39，455-458.

Wintle，A.G. 1993. Luminescence dating of aeolian sands：an overview，In：Pye，K. （Ed.），The Dynamics and Environmental Context of Aeolian Sedimentary Systems. Geological Society Special Publications，London，pp. 49-58.

Wintle，A.G. 1997. Luminescence dating：laboratory procedures and protocols. Radiation Measurements 27，769-817.

Wintle，A.G.，Huntley，D.J. 1979. Thermoluminescence dating of a deep-sea sediment core. Nature 289，710-712.

Wintle，A.G.，Murray，A.S. 1997. The relationship between quartz thermoluminescence，photo-transferred thermoluminescence，and optically stimulated luminescence. Radiation Measurements 27，611-624.

Wintle，A.G.，Murray，A.S. 2000. Quartz OSL：Effects of thermal treatment and their relevance to laboratory dating procedures. Radiation Measurements 32，387-400.

Wolfe，S.A.，Hugenholtz，C.H. 2009. Barchan dunes stabilized under recent climate warming on the northern Great Plains. Geology 37，1039-1042.

Yang，L.，Zhou，J.，Lai，Z.，Long，H.，Zhang，J. 2010a. Lateglacial and Holocene dune evolution in the Horqin dunefield of northeastern China based on luminescence dating. Palaeogeography，Palaeoclimatology，Palaeoecology 296，44-51.

Yang，X.，Ma，N.，Dong，J.，Zhu，B.，Xu，B.，Ma，Z.，Liu，J. 2010b. Recharge to the inter-dune lakes and Holocene climatic changes in the Badain Jaran Desert，western China. Quaternary Research 73，10-19.

Zens，J.，Zeeden，C.，Romer，W.，Fuchs，M.，Klasen，N.，Lehmkuhl，F. 2017. The Eltville Tephra（Western Europe）age revised：Integrating stratigraphic and dating information from different Last Glacial loess localities. Palaeogeography，Palaeoclimatology，Palaeoecology 466，240-251.

Zhou，Y.，Lu，H.，Zhang，J.，Mason，J.A.，Zhou，L. 2009. Luminescence dating of sand-loess sequences and response of Mu Us and Otindag sand fields（north China）to climatic changes. Journal of Quaternary Science 24，336-344.

Zimmerman，J. 1971. The radiation-induced increase of thermoluminescence sensitivity of fired quartz. Journal of Physics C：Solid State Physics 4，3277-3291.

5　在黄土环境中的应用

托马斯·史蒂文斯
瑞典乌普萨拉大学地球科学系　Email：thomas.stevens@geo.uu.se

摘要：黄土是指风力作用下形成的粉沙质陆相碎屑沉积物，在陆地上广泛分布，是过去气候变化和粉尘传输历史的良好记录。黄土主要由石英和长石组成，在风力搬运过程中经历了充分的曝光，因此是理想的释光测年材料。释光测年已经成为许多黄土研究的定年方法。黄土释光测年具有特殊的挑战和机遇，这是因为黄土经常被用来开发和测试新的释光测年方法，所以评估以前发表的年龄和所用的测年方法的可靠性会比较困难。此外，高剂量率、不同粒径石英年龄的差异以及石英的过早饱和使得黄土的石英OSL测年上限通常较小（可能＜30ka）。不过，最近发展起来的长石的红外后红外释光（pIRIRSL）方法能够将黄土沉积物的测年上限拓展至中更新世。识别和解释次生黄土和古土壤是黄土-古土壤序列测年时需要考虑的重要方面，在解释这些沉积物的释光年龄时需要考虑其他相关因素。此外，虽然土壤地层学提供了检验释光测年方法准确度的机会，但有时却会引起误解；而且在黄土中，过去含水量的不确定性及其对剂量率的影响很大。黄土释光测年的一个主要机遇在于高采样分辨率下释光方法的应用。这种方法可以揭示各种同沉积过程和后沉积过程，获得关于过去粉尘堆积速率的丰富信息，这反过来有助于深入了解过去的大气粉尘历史，进而改进古气候和粉尘活动模型。

关键词：黄土，古土壤，粉尘，物质堆积速率（MAR）

5.1　引言

黄土是一种广泛分布的风成陆相沉积物，主要由粉沙级碎屑颗粒组成（图 5.1），覆盖了约 10%的陆地表面（Pye，1987）。黄土通常被认为是气候变化的主要陆地档案之一，它详细记录了第四纪以来数千年至千年尺度的气候变化（Porter，2001），并在某些地区延伸至更老的新生代（如 Guo et al.，2002）。近年来，越来越多的研究认为黄土沉积作用也是大尺度地貌演化（Nie et al.，2015）和大气粉尘历史（Albani et al.，2015）的良好的记录。黄土是由粉尘的风力传输形成的（Smalley and Leach，1978；Smalley et al.，2009），其矿物颗粒在沉积之前可能被很好地晒退，因此黄土沉积应该是应用释光方法进行直接数值定年的理想材料。事实上，释光测年方法通过在黄土中的测试和应用取得了许多进展（Roberts，2008），一些最早的黄土数值定年研究就是使用释光技术进行的（如 Wintle，1981）。黄土与释光技术发展之间的这种联系意味着，已被应用于黄土沉积物的众多释光测年方法可能会让非专业人员感到困惑。下面从应用的角度讨论目前正在使用的一些重要方法，这些方法在第 1 章中进行了概述。在黄土中使用这些方法的优点和缺点也将在下面进行探讨。不过，在探讨黄土释光测年的具体困难和注意事项之前，有必要先详细地了解一下黄土本身所具有的特征。

图 5.1　中国黄土高原典型黄土沉积。左图：洛川标准黄土剖面早第四纪地层。右图：黄土高原西北部北郭塬（环县）最近两个冰期-间冰期旋回的高分辨率黄土剖面。注意：两张照片中的人可作为比例尺。

虽然“风成的、碎屑状的、以粉沙级物质为主的独特沉积物”这一黄土的一般定义相对简单，但也掩盖了沉积后改造导致的一定程度的复杂性（Muhs，2013）。这些沉积后作用对释光测年在黄土沉积中的应用有重要影响。黄土在沉积学方面的某些特征被认为是普遍的，如黄土主要由粉沙级（4～63μm）石英和长石组成，并含有次生碳酸盐、黏土矿物、云母和重矿物等（Pye，1995）。黄土中还不同程度地含有沙（>63μm）和黏土（<4μm）颗粒，尽管其比例存在较大的地理差异（如离物源越近沙含量较高）。黄土的模态粒径在约20～60μm之间变化（图 5.2），往往在源区的下风向逐渐减小（Yang and Ding，2004）。典型的黄土粒度分布呈明显的单一粉沙模式，为负偏态分布，因此，可以利用不同的粒度组分进行释光测年（图 5.2）。这种偏态分布有时被解释为短期（中粉沙和粗粉沙）和长期（细粉沙和黏土）悬浮粉尘对黄土成分的共同影响（图 5.2），当然，颗粒团聚体和沉积后风化作用对这种分布的影响可能也很重要（Újvári et al.，2016）。无论如何，考虑到大部分黄土由中-粗粉沙组成，一般可以认为该沉积物主要是近源的风成粉尘形成的。

黄土沉积分布广泛，覆盖在下伏地形之上，厚度可以从厘米到米，甚至到数百米不等，并且相对均匀。大多数沉积物为块状浅黄色黄土单元（L）和不同颜色的土壤/古土壤单元（S）的典型交替，表现出不同程度和类型的风化和蚀变（图 5.1）。黄土沉积中形成的土壤类型及其强度会对这些土壤单元的释光测年产生影响，本章稍后将再次讨论这个问题。有时黄土和土壤单元中可能夹杂其他沉积物，如海洋或河流沉积物(如伏尔加河下游的黄土)。虽然黄土沉积普遍缺乏原生结构，但风化黄土和土壤层会表现出一些次生结构，包括洞（填土动物洞穴）、根（植物根管）、假菌丝体印模、碳酸盐结核、氧化还原条纹和土壤团聚体等。黄土剖面中的黄土和土壤单元的交替，被认为分别代表了寒冷和温暖的气候背景，记录了冰期-间冰期气候的波动，在一些地区的整个第四纪地层中都可以见到（图 5.3）。

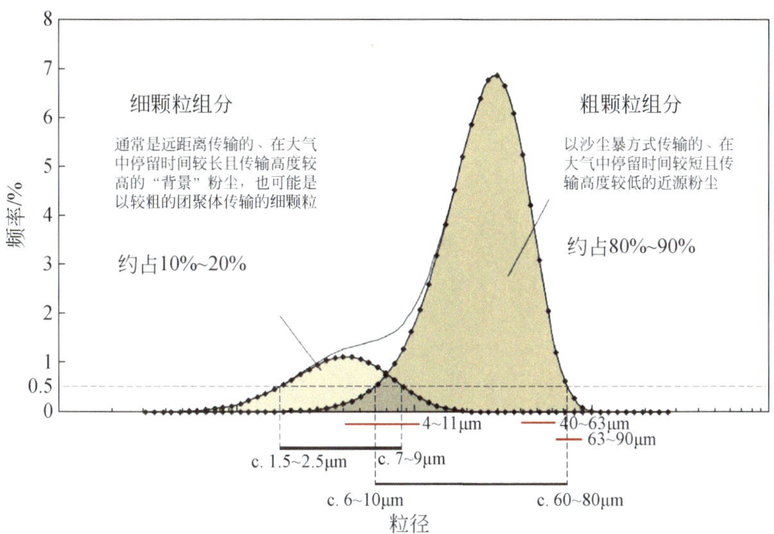

图 5.2 典型黄土的粒度分布，以匈牙利喀尔巴阡（Carpathian）盆地黄土为例。典型黄土的负偏态分布带有指示细粉沙到黏土级颗粒的"尾巴"，这些颗粒通常被认为经历了与主要粗粉沙组分不同的、远距离的传输历史。图中还显示了黄土释光测年使用的典型粒度范围（红色）。请注意粒度为对数刻度。图片改绘自 Varga 等（2012）。

虽然上述方面表明黄土在很多地区是相对一致的，但其他方面却很不同，这可能会影响到释光测年样品的采集和解释。成壤作用的程度和类型有很大的时空差异，有些黄土沉积物在间冰期仅表现为弱成壤，在间冰阶几乎没有成壤的迹象（如中国黄土高原西北部；Jeong et al.，2008），而有些地方则表现出极其复杂的土壤地层，在单个黄土单元内发育多个土壤层，这可能反映了千年尺度的气候波动（如西欧；Haesaerts et al.，2016）。土壤类型也有很大差异，特别是欧洲的黄土沉积物表现出一系列反映气候梯度的土壤类型，从西部潮湿的海洋性气候到半干旱区的大陆性气候，甚至东部和南部的地中海气候。这种多样性使得基于土壤地层对比的传统年龄模型难以应用（Marković et et al.，2015），因此，有必要对此类沉积物应用释光测年等方法进行独立年龄的测定。事实上，新的大陆尺度的欧洲黄土对比在很大程度上是以释光测年为基础的。土壤风化的这种多样性也反映在化学蚀变指数等地球化学指标的多样性上（Obreht et al.，2015）。

在一定程度上，沉积后的改造可以被认为是所有黄土沉积形成的先决条件，因为沉积后形成的黏土和碳酸盐胶结作用使得黄土-土壤沉积物在被地表径流切割时形成垂直的陡崖（图 5.1）。一些研究者认为上述过程是黄土沉积所特有的，并称之为"黄土化"（Pécsi，1995）。然而，黄土在多大程度上可以被认为是一种沉积物、土壤或岩石，这取决于研究者的学术背景和研究重点（Sprafke and Obreht，2016），许多人主张黄土本质上可以简单地被认为是在陆地上堆积的风成粉尘（Muhs，2013；Smalley et al.，2011）。也许从释光测年从业者的角度来看，更重要的是必须考虑黄土和黄土衍生物之间的区别。这种区别并不总是一致的，尽管后者大体上可以被认为是在沉积过程中或沉积后经过改造的风成粉尘沉积（通

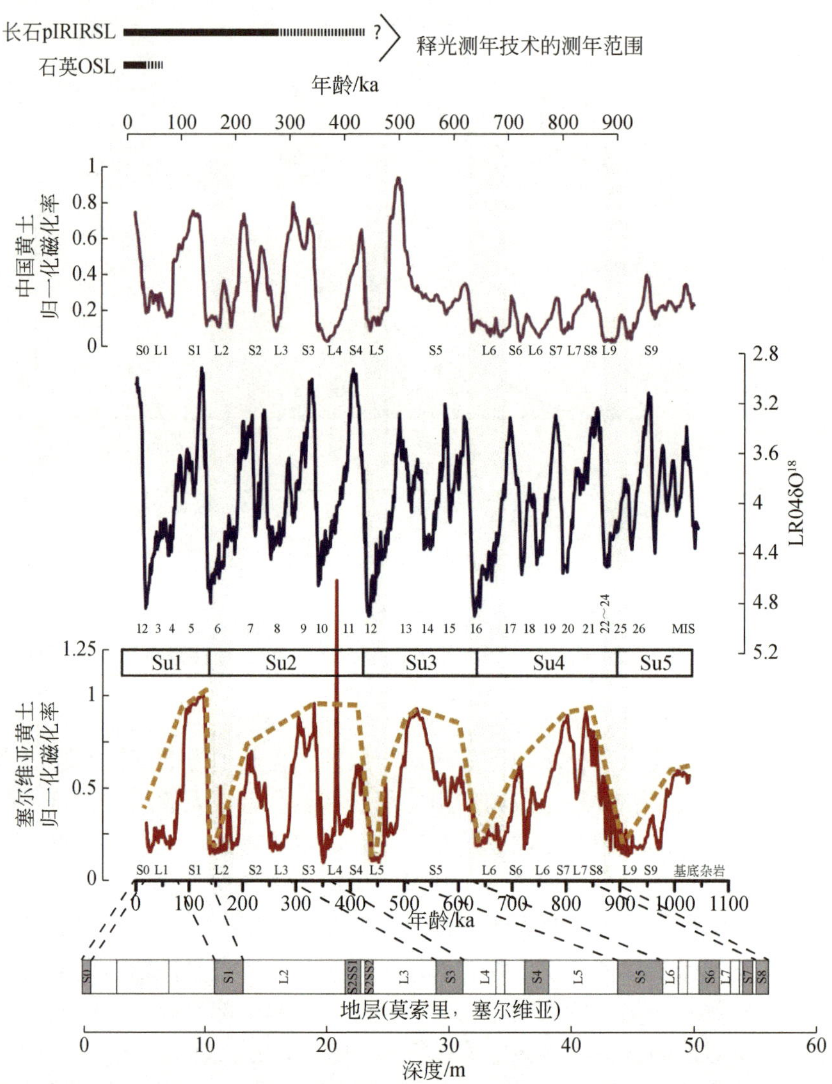

图 5.3　塞尔维亚和中国黄土序列的标准地层和年龄，以及典型黄土的石英 OSL 和长石 pIRIRSL 的大致测年范围。塞尔维亚和中国黄土复合剖面的标准化磁化率曲线与通过和深海氧同位素记录（Lisiecki and Raymo，2005）对比获得的年龄一起显示，氧同位素阶段和黄土（L）与土壤（S）单元做了标记，磁化率的峰值代表土壤单元。塞尔维亚复合剖面与塞尔维亚莫索里（Mosorin）的土壤地层对比，土壤和黄土单元做了标记，Su 和橙色虚线显示了 Marković 等（2015）的所谓“超级单元”，其中高阶地层单元被特殊冰期（灰色）终止。图片改绘自 Marković 等（2015）。

常称为次生黄土或“黄土状土”)。这种改造可以通过许多过程来实现，包括溶蚀、坡面冲刷、冻融泥流、崩塌或坡面过程、冰缘过程或地下水的潜在变化（如 Lehmkuhl et al.，2016；Sprafke and Obreht，2016)。这些过程会对从黄土衍生物中获得的释光年龄产生影响，也会对它们在粉尘沉积时间方面的解释产生影响。因此，在野外和采样过程中识别黄土衍生物是很重要的。此外，虽然通常认为黄土的地球化学和矿物学在全球范围内相当均一，近似于上地壳平均地球化学组成（Taylor et al.，1983），但在源区和传输路径上有很大的差异（Crouvi et al.，2008；Smalley and Leach，1978；Smalley et al.，2009），因此其源岩类型也不同（Stevens et al.，2013）。这种差异会影响矿物和化学成分（Obreht et al.，2016），也会显著影响石英和长石的释光特性（Schatz et al.，2012；Stevens et al.，2013）。沉积物来源和黄土同沉积和沉积后作用对释光测年的影响将在以下部分进行论述。

尽管存在这些复杂性，黄土通常被认为是应用释光测年方法的理想沉积物（Roberts，2008）。虽然黄土剖面中也有腹足类动物化石、木炭和其他适合 ^{14}C 测年的材料（Pigati et al.，2013；Újvári et al.，2015，2017），但它们通常只是偶尔出现甚至在某些地区没有，得到的年龄也可能相互不一致（Novothny et al.，2009），并且测年上限不超过约 40ka。相比之下，最新的释光测年方法（主要基于黄土进行开发和测试）可以将其测年范围延伸到中更新世（约 250～300ka；Buylaert et al.，2012；Li and Li，2012；Stevens et al.，2018），而且释光技术在测定组成黄土的矿物颗粒本身的沉积时间方面是独一无二的。由于非独立的地层/指标对比或调谐方法（Stevens et al.，2008）得到的年龄模型存在固有假设和不准确性，因此释光测年技术已成为许多黄土研究必不可少的重要工具。

黄土研究的许多重要进展来自释光测年的应用，而且在今后的应用中依然具有广阔的前景。下面几节将讨论一些大家感兴趣的研究。黄土的土壤地层与深海氧同位素地层具有普遍的相关性，根据这些相关性的可靠程度，黄土的释光测年结果可以与这些预期年龄进行对比；反过来，可以用来检测两种地层之间的相关性。然而，如果不仔细考虑，这种方法可能会陷入循环论证，独立的年龄控制可能并不总是像预期的那样准确（如中亚黄土的 ^{14}C 年龄；Li et al.，2016）。最后，除了为气候指标或粉尘来源的重建提供年龄信息外，黄土的释光测年是估算过去粉尘物质堆积速率的重要工具（Kang et al.，2015；Kohfeld and Harrison，2003；Perić et al.，2018；Roberts and Wintle ，2003；Stevens et al.，2016；Újvári et al.，2010）。考虑到大气粉尘在气候系统中的重要作用，释光测年在黄土沉积中的良好实践显得至关重要，因为这使得粉尘 MAR 数据能够更合理地纳入粉尘或气候模拟（Albani et al.，2015）。上述内容和其他一些注意事项将在第 5.2 节中论述。下文将首先讨论黄土释光测年方法的具体选择；然后在黄土沉积背景下，探讨了一些普遍的释光测年难题；接着，探讨了黄土释光测年中的一些特殊情况；最后，概述了高采样分辨率释光测年在精细年龄模型和物质堆积速率研究中的重要性。我们尽可能采用实践而非理论的方法论述以上问题，以便让大家了解那些将释光测年应用于黄土环境的优秀研究案例。

5.2 黄土沉积释光测年方法的选择

利用黄土沉积测试和开发释光方法的悠久历史，加上在标准单片再生法（SAR）中使用石英和长石时遇到的问题（下文详述），使得多种释光测年技术在黄土沉积中被广泛应用。尽管许多早期的黄土研究使用了多片附加 OSL、IRSL 和 TL 技术（如 Singhvi et al.，1989；Watanuki and Tsukamoto，2001），但是正如第 1 章所述，人们普遍认为 SAR-OSL（Murray and Wintle，2000）或 SAR-IRSL 方法是目前常规黄土释光测年的标准方法。然而，在该框架内具体选择哪种方法还需要进一步考虑。

对于预期为全新世或末次冰期中晚期的黄土样品，首选石英 SAR-OSL 法进行测年。

建议选择多个样品应用标准内部测试来检验每个黄土剖面的测试方法的有效性，包括剂量恢复实验和预热坪实验（Murray and Wintle，2000，2003）。关于测年矿物粒径的选择将在下文讨论（Timar-Gabor et al.，2011），但从研究历史来看，黄土沉积中用于石英 OSL 测年的组分有细粉沙（“细颗粒”，4～11μm，Schmidt et al.，2010）、粗粉沙（40～63μm，Stevens et al.，2008）或细沙（63～90 μm；Timar-Gabor and Wintle，2013）。此外，必须通过分离其他矿物提取纯净的石英。众所周知，长石会出现异常衰减，即释光信号在实验室时间尺度上的衰减（Wintle，1973），所以石英中的长石污染可能会导致年龄低估（如 Little et al.，2002）。使用 H_2SiF_6 或 HF 对矿物颗粒进行化学处理是去除长石的首选方法。通过 Duller（2003）提出的方法，即使用红外二极管激发样品来检测 IRSL 信号，可以评估长石去除是否彻底。如果仍然检测到长石污染，则应重复处理。然而，一些黄土研究报告了无法去除 IRSL 信号（可能是长石污染）的样品，而且从 4～11μm 的组分中完全去除长石比较困难。在这种情况下，可以使用改进的“双激发 SAR”法进行测年（Roberts and Wintle，2001，2003；Zhang and Zhou，2007）。目前已经提出了对该方法的各种修订版本，但归根结底，这种方法是利用了石英对红外激发不响应的特点，在使用蓝光二极管测量石英光释光信号之前增加一个红外激发步骤，该步骤可以减少或去除测片中的长石信号，但不影响石英光释光信号。这样会得到两个等效剂量（D_E）值，一个来自 IRSL 激发，一个来自“post-IR OSL”激发，后者应该与纯石英的 D_E 值接近。然而，Roberts（2007）在内布拉斯加（Nebraskan）黄土的研究中发现，即使使用该方法，长石信号仍然可能掩盖石英信号而成为主导信号，因此，对于常规测年来说，该方法可以作为化学分离纯石英颗粒失败后的最后尝试。

黄土沉积石英释光测年的一个限制因素是多数黄土的剂量率相对较高，而石英颗粒的饱和等效剂量相对较低，且随着剂量增长信号增长有限。在典型黄土中，石英的剂量率在 3～5Gy/ka 之间变化，其中中国黄土的平均剂量率约为 3.5Gy/ka（Lai et al.，2006）。这一相对较高的剂量率是黄土的矿物学和粒度组成引起的，进而导致相对于富含低剂量率石英的风沙沉积而言，黄土具有较低的释光测年上限。此外，石英 OSL 信号随剂量增长的上限相对较低，这进一步阻碍了利用石英对黄土进行释光测年的尝试（图 5.4）。尽管研究者对

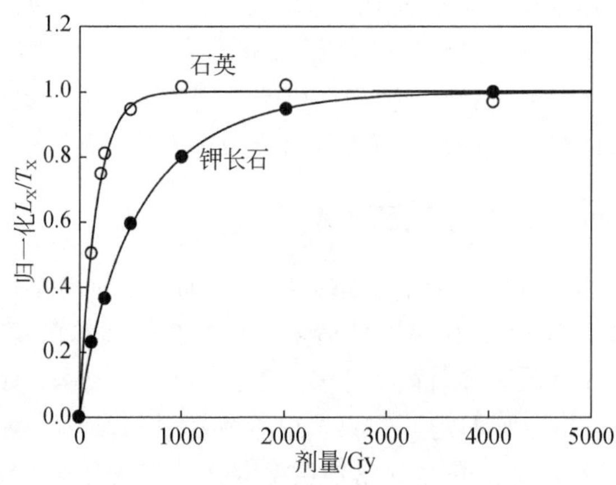

图 5.4　中国东北牛样子沟（Niuyangzigou）黄土样品粗颗粒石英 OSL 和 290 ℃钾长石 pIRIRSL 的剂量响应曲线。数据用双饱和指数函数拟合。图片改绘自由 Yi 等（2016）。

石英测年上限对应的等效剂量（D_E）值的估算不尽不同，但在中国黄土中该值可能低至120～150Gy（Buylaert et al.，2007）。可以肯定的是，对于中国黄土（Lai，2010；Yi et al.，2015；Zhang et al.，2015；Stevens et al.，2016）和欧洲黄土（Moska et al.，2015；Stevens et al.，2011；Timar et al.，2010）而言，在等效剂量超过180～200Gy（约60～70ka）时，石英释光测年的适用性似乎值得怀疑，预计在其他地方也会出现类似情况。

检测上述年龄低估的一种方法是将石英OSL年龄与其他测年结果进行比较，如长石测年、基于预期年龄的土壤地层学或放射性碳测年法等。但是，有时不同测年结果之间存在无法解释的差异，如在新西兰（Grapes et al.，2010）或中亚（Li et al.，2016）黄土的放射性碳测年和释光方测年之间。如果是这种情况，或者没有其他测年方法可用并且土壤地层学的约束很差，那么可以通过检查释光生长曲线或时深关系的变化趋势来估计信号是否饱和。尽管实验室石英OSL生长曲线的最佳数学描述方式存在不确定性（更多详细信息，请参见Timar-Gabor and Wintle，2013），但如果自然D_E值超出了生长曲线的第一个指数部分，那么得到的D_E可能会被低估。此外，如果D_E值没有随深度的增加而增加或离散度变大，也可能表明石英OSL的D_E 被低估了（Stevens et al.，2016）。然而，罗马尼亚黄土和中国黄土的研究结果均表明，自然剂量响应曲线与实验室剂量响应曲线之间存在显著差异（Chapot et al.，2012；Timar-Gabor and Wintle，2013）。这种偏差也会导致年龄低估，因此Chapot等（2012）建议洛川黄土的等效剂量上限为150Gy。Timar-Gabor和Wintle（2013）指出，尽管石英再生剂量在300Gy以上继续增长，但其自然剂量响应曲线在100～200Gy（63～90μm）和200～300Gy（4～11μm）之间开始饱和。最近，Timar-Gabor等（2017）提出，在黄土沉积中，生长曲线的这种差异意味着，在生长曲线上接近饱和的位置获得的D_E值，也可能并不能代表石英OSL年龄开始低估真实年龄的点。因此，除非对实验室再生与自然剂量响应曲线进行仔细分析并获得多个独立年龄，否则即使通过了标准SAR法的内部测试，也应该认为黄土中所有超过150Gy的石英SAR-OSL年龄有低估的可能性。这是石英OSL测年的一大局限。

除了较低的测年上限，在一些黄土地区石英OSL信号可能很弱，或者表现出非快组分主导的衰减，或者始终未能通过内部测试。例如，来自火山物质贡献很大的黄土地区（如日本）的石英，可能表现出较强的回授或非快组分占优势（快组分最适合测年）（Tsukamoto et al.，2003）。即使在通常以快组分石英信号为主的中国黄土高原，也可能存在标准方法无法通过内部测试（如剂量恢复实验）的剖面［如中国北郭塬（Beiguoyuan）剖面的部分样品；Stevens et al.，2013］。在这种情况下，或在石英被认为处于饱和状态的老黄土中，最好使用长石为主的多矿物测片或长石测片的IRSL信号。虽然钾长石应该是首选测年矿物，但是如果使用4～11μm的细颗粒组分，分离出长石类矿物都比较难，更不用说特定类型的长石了。不过，考虑到石英对IRSL没有响应（Banerjee et al.，2001），多矿物测片也可以用于IRSL测年。然而一个主要的问题是，在50℃信号的常规测试中，长石IRSL信号会出现异常衰减。尽管一些关于欧洲黄土的研究没有检测到显著的衰减（Frechen et al.，2001），但这一现象通常被认为是普遍存在的（Little et al.，2002）。这种明显的矛盾可能是由于在如何监测和校正这种异常衰减方面缺乏一致意见（Auclair et al.，2003；Huntley and Lamothe，2001；Kars et al.，2008）。此外，鉴于许多针对异常衰减的校正方法仅适用于IRSL生长曲线的线性（年轻）部分，在超过常规石英 OSL 测年上限的黄土测年中，如何合理使用 IRSL 测年还具有争议。

解决此问题的一种潜在方法是尝试分离出没有异常衰减的长石信号。近年来，这一信号的获得是通过在黄土中开发和测试的 pIRIRSL 法来实现的（Buylaert et al.，2009，2012；Murray et al.，2014；Thiel et al.，2011；Thomsen et al.，2008）（详见第 1 章）。该方法已成功应用于阿拉斯加、欧洲、中亚和中国等地区的黄土（Buylaert et al.，2015；Fitzsimmons et al.，2018；Klasen et al.，2017；Lauer et al.，2017；Li et al.，2016；Roberts，2012；Stevens，2011，2018）。Li 和 Li（2012）还基于黄土样品开发了一个改进的方法（多步升温红外后红外法，MET-post-IRIRSL 或 MET-pIRIRSL），Chen 等（2015）将该方法的多片再生法（MAR）应用到了中国黄土高原样品的研究中。一般来说，长石的 SAR 法在黄土沉积中的测年上限为 250～300ka（Buylaert et al.，2012；Murray et al.，2014；Schmidt et al.，2014；Stevens et al.，2018），而 Chen 等（2015）认为他们的 MAR 法可以测到约 480ka（图 5.3）。

尽管 pIRIRSL 法在许多地区仍处于测试和发展中，但它们在利用没有异常衰减的长石信号扩展黄土的释光测年范围方面显示出相当大的潜力。然而，该方法目前还不能作为黄土测年的“常规”方法，在使用 pIRIRSL 法测年之前，除了用于监测回授比、循环比和剂量恢复情况的通用标准 SAR 测试外（Wintle and Murray，2006），还必须进行各种特定的测试。其中一个关键问题就是预热、第一次和后红外激发温度的选择。虽然在较低的后红外激发温度下残余剂量（见下文）降低，但衰减系数却在较高的后红外激发温度下明显降低，从而产生更稳定的信号（Buylaert et al.，2012；Roberts，2012）。这导致在 pIRIRSL 框架下的具体测年方法种类繁多，让非专业人士感到困惑。例如，对于阿拉斯加黄土，Roberts（2012）发现在 225～270℃的激发温度下 pIRIRSL 年龄与独立的火山灰年龄一致，但在 290℃激发温度下不一致；然而，在许多关于黄土的研究中，经常使用 290℃的 pIRIRSL 激发温度，并且得到的年龄与独立年龄控制和石英 OSL 年龄一致（Buylaert et al.，2012）。

选择温度的一种方法是通过改变首次红外激发温度（范围为 50～270℃，即所谓的“首次红外激发坪”），对多组测片进行实验，并测量这些测片组的 D_E 值，该方法由 Buylaert 等（2012）提出。理想情况下，用这种方法得到的 D_E 值应该不会随首次红外激发温度的变化而变化（图 5.5），或者在给定的温度范围内 D_E 值有一个坪区。这样的结果使我们相信 pIRIRSL 信号在给定的首次红外激发温度范围内是稳定的（没有明显的衰减），并且可以判断激发温度的选择是否会导致 D_E 发生任何系统性的变化。许多研究报告了明确的宽坪区，表明首次红外激发温度在 50～250℃之间是合适的（Buylaer et al.，2015；Yi et al.，2015），尽管来自 MET-pIRIRSL 法的证据表明，较高的首次激发温度（>200℃）可能更适合较老的样品（>500Gy）。然而，这是有代价的，因为较高的首次红外激发温度可能会降低 pIRIRSL 的信号强度。不过，对许多样品来说，这不是一个普遍的问题，所以通常选择首次红外激发温度为 200℃（Buylaert et al.，2015；Yi et al.，2015）。如果时间或仪器允许，可以通过使用 Li 和 Li（2012）的 MET-pIRIRSL 法对 pIRIRSL 信号进行详细分析。这一方法的优点是能够测试各种首次激发温度和后红外激发温度的组合，并识别出具有最大信号稳定性和强度的最佳温度组合，以及 D_E 的任何系统性差异。总体来说，对于较老样品，较高的首次红外激发温度和后红外激发温度（后者高达 300℃）可以保证最大的信号稳定性。这与用较低的温度测量被辐照并储存不同时间的实验测片，结果得到较高的衰退系数的情况是一致的（测量 g 值；Buylaert et al.，2009；Thomsen et al.，2008）。然而，MET-pIRIRSL 法非常耗时，并且在大多数情况下，用于确定首次红外激发坪的时间足以用来进行常规测年。相关研究也普遍认为，将预热温度提高到 300℃以上会使得 pIRIRSL 信号的损失很小，并且极有可能提高 pIRIRSL 信号的稳定性（Li and Li，2012；Murray et al.，2009）。因此，许多研究现在使用 320℃预热，例如 Thiel 等（2011）在奥地利黄土中的工作。

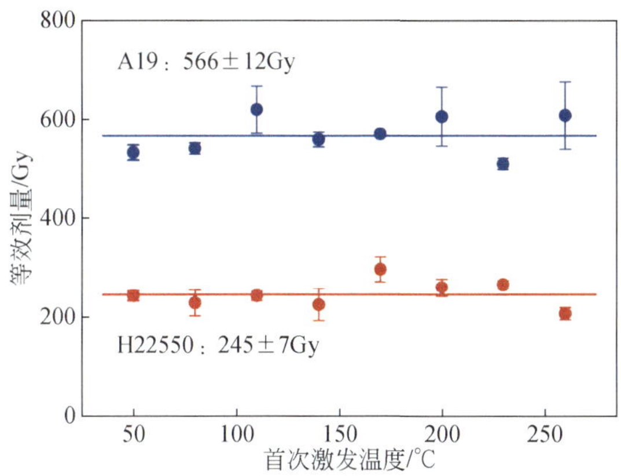

图 5.5 pIRIRSL 法中两个样品的 D_E 对首次红外激发温度的响应，后红外激发温度为 290℃，每个激发温度测量三个测片。样品 A19 来自中国黄土高原的洛川剖面。改绘自 Buylaert 等（2012）。

一个可能使红外激发温度的选择复杂化的关键是 pIRIRSL 信号的可晒退性。在较高的温度下，pIRIRSL 信号往往难以晒退，即使在长期的实验室或阳光晒退后，也会存在不同的残余剂量，有时甚至很大（Buylaer et al.，2012）。残余剂量的大小在几个 Gy（Li and Li，2011；Yi et al.，2015）到几十个 Gy 之间变化（Buylaert et al.，2012；Steven et al.，2011），并依赖于晒退时间（Kars et al.，2014），同时与埋藏剂量密切相关（Buylaert et al.，2012）。Yi 等（2015）提出了一种实用的方法，他们利用中国东北三把火（Sanbahuo）黄土，使用 SOL2 太阳模拟器对样品进行了一系列晒退实验。结果发现，在大约 300 小时的照射后，残余剂量变得稳定（约为 6.2±0.7Gy）。另外，尽管这种方法的实验参数较难控制，Stevens 等（2011）对塞尔维亚黄土也进行了日光晒退实验。如果时间或资源不足以支持通过长时间的晒退实验确定残余剂量，则可以通过在恒定的曝光时间内晒退不同 D_E 的多个测片来获得阳光照射下的真实残余剂量，然后绘制 D_E 与残余剂量关系图，并用 y 轴的截距（图 5.6）来估算难以晒退的残余剂量（Buylaert et al.，2012）。令人欣慰的是，在大多数情况下，通过上述实验得到的残余剂量值接近来自中国的现代粉尘中多矿物细颗粒 pIRIRSL 的 D_E 值（Buylaert et al.，2011）。然而，Kars 等（2014）指出，许多样品的残余剂量的大小与晒退方法密切相关，也就是说，应该在不影响信号稳定性的基础上，尽一切努力使残余剂量的贡献最小化（如降低 pIRIRSL 的激发温度）。鉴于此，研究者普遍认为，样品 pIRIRSL 的 D_E 值应减去残余剂量值。然而，即使这样，对于残余剂量在 D_E 中占比很大的样品，校正后的 pIRIRSL 年龄的可靠性仍存在一些不确定性。在此类样品中，校正后的 pIRIRSL 的

D_E 值可能仍会高估预期年龄（如全新世样品；Stevens et al.，2011）。因此，石英 OSL 测年仍然是较年轻的全新世至最近冰期样品的首选。考虑到这种顽固的信号，有必要在每个 SAR 循环结束时进行相对较长时间的高温 IRSL 激发清除（如 325℃持续 200 秒；Thiel et al.，2011）。

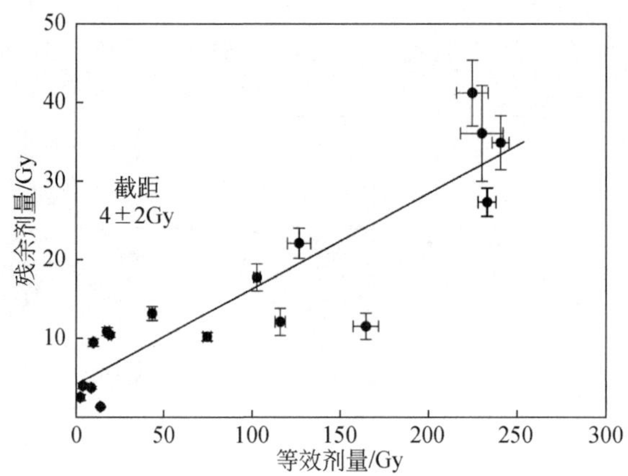

图 5.6 在 Hönle SOL2 太阳光模拟器中晒退 4 小时后观察到的 15 个样品的残余剂量及其 pIRIRSL（第二次激发温度为 290℃）等效剂量关系图。改绘自 Buylaert 等（2012）。

黄土 pIRIRSL 测年还有一个需要注意的问题是实验剂量的大小。Yi 等（2016）将 290℃的 pIRIRSL 信号应用于从中国东北牛样子沟黄土细沙粒级的钾长石颗粒时发现，D_E 与实验剂量存在相关性。基于不同实验剂量的 D_E 坪实验（图 5.7）和剂量恢复实验，他们建议应避免使用非常小（$<D_E$ 值的 15%）或非常大（$>D_E$ 值的 60%）的实验剂量，推荐使用相当于约 30%的 D_E 值的实验剂量值（Yi et al.，2016）。D_E 与实验剂量的相关性可能与 pIRIRSL 测年法中 SAR 循环之间难以清除的陷阱电子残留有关，这一发现强调了在黄土或其他沉积物中应用 pIRIRSL 信号进行测年时，需要通过实验剂量 D_E 坪实验（图 5.7）来确定实验剂量的大小。

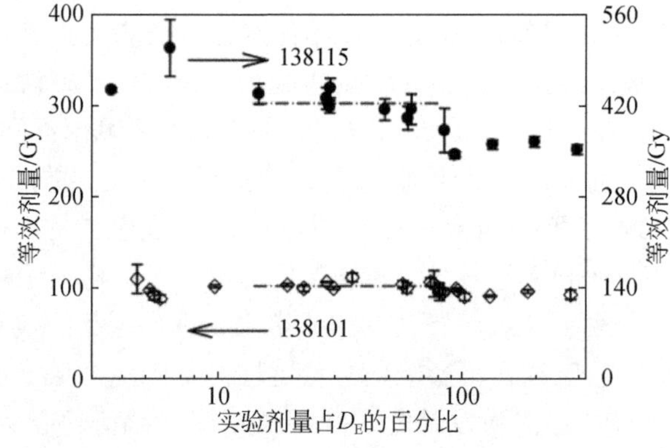

图 5.7 中国东北两个黄土样品的 D_E 与实验剂量大小的相关性。点划线是实验剂量在总剂量（自然+附加）的 15%～80%之间时对应的 D_E 平均值。改绘自 Yi 等（2016）。

对于超过标准石英 SAR-OSL 测年上限的黄土，可以替代 pIRIRSL 法的另外一个方法是石英的热转移光释光（TT-OSL）（见第 1 章）。该方法是在中国的洛川剖面发展起来的（Wang et al.，2006），最初显示出极大潜力，甚至可以测到 800ka（2000Gy）。然而，在去除 TT-OSL 信号方面存在明显困难（Stevens et al.，2009），导致关于实验剂量灵敏度变化校正的最佳程序仍然存在问题，并且大量研究对信号的热稳定性提出了质疑（Adamiec et al.，2010；Brown and Forman，2012；Chapot et al.，2016）。石英的紫光释光（VSL）也被建议作为扩展释光测年上限的一种手段（Jain，2009），并在中国的洛川剖面进行了测试（Ankjargaard et al.，2016），显示出可测到 600ka 的潜力。然而，鉴于 TT-OSL 的不确定性和 VSL 还处于发展的早期阶段，建议对这些方法开展进一步的研究，而不是作为常规方法去应用。目前，pIRIRSL 法在超过石英 OSL 测年范围的黄土沉积的常规测年方面潜力最大。然而，对于较年轻的黄土，标准石英 SAR-OSL 仍然是最稳健的方法。值得注意的是，这一研究领域正在迅速发展，在不久的将来无疑会有重大进展，从而有助于进一步改进老黄土的释光测年。就目前而言，在可能的情况下，最好能获得可靠的独立年龄控制（如阿拉斯加黄土中的火山灰；Roberts，2012）。如果不能，则应开展相应的适用性测试（见上文有关 pIRIRSL 的内容），并同时获取相应的石英 SAR-OSL 年龄（如塞尔维亚黄土；Stevens et al.，2011；中国黄土，Yi et al.，2015）。

5.3 黄土沉积释光测年的难点

5.3.1 用黄土地层模型检验释光年龄的准确性

黄土沉积释光测年的主要优势之一是，世界上的许多黄土分布区（但不是全部）具有可与深海氧同位素相对比的且发展成熟的黄土地层学（Porter，2001）。尽管在此年龄模型下，黄土中亚轨道时间尺度气候代用指标的变化（1 万～10 万年频率）没有得到很好地解释（Stevens et al.，2007），但在某些情况下，数千年时间尺度上的黄土地层学受到了很好的约束，如中国（Ding et al.，2002）、欧洲（Marković et al.，2015）和美国的一些地区（Rutledge et al.，1996）。这为检验具有“已知年龄”标志层（如土壤地层界线）的黄土剖面释光年龄的大体准确度提供了机会。这方面的例子不胜枚举，并帮助开发和测试了释光测年的新方法（Roberts，2008；Buylaert et al.，2012）。正如 Roberts（2008）所指出的，在黄土沉积中测试新方法和开发新技术的一个不可避免的连带结果是，在这些发展阶段获得的许多年龄应该谨慎对待。然而，对非专业人士来说，对所应用的一系列释光技术和方法的可靠性做出评估相当棘手。本章涵盖了上述问题的某些方面，若要更详细的讨论，读者可以参考 Roberts（2008）和 Buylaert 等（2012）。

这里还需要注意一点：通过与非数值方法（如地层对比）确定的年龄模型进行比较来检验绝对数值释光年龄的有效性时，显然存在一个循环因素。正如 Muhs（2013）强调的那样，虽然黄土地层学的概念往往被简单化，但实际上相当复杂，特别是在气候梯度较大的黄土地区，或受到不同气候模式影响的地区。黄土地层学在欧洲尤其复杂，存在大量由于错误的土壤年龄分配［Marković 等（2015）曾试图解决这一问题］而导致的错误对比的例子，而错误的年龄分配主要是土壤地层单元缺失、局部地形或土壤形成条件导致的土壤空间变化，或在强的环境梯度下主要成壤过程的变化等因素所致。例如，Obreht 等（2016）发现，在中晚更新世期间，大陆气候和地中海气候对多瑙河流域中下游黄土的影响发生了相当大的变化，而且这种影响的变化具有空间差异。但实际上，仅基于土壤类型相似性的对比可能是错误的。这方面的一个经典例子是欧洲黄土地层的跨国对比，这是一个高度复杂的问题，涉及跨越国界的众多且不断变化的土壤地层命名系统（Marković et al.，2015）。1961 年在波兰华沙举行的第六届 INQUA 大会提出土壤地层对比标准后，黄土地层中出露的最年轻的棕色森林土壤型古土壤被认为是末间冰期的产物（Fink，1962）。这使得末次间冰期土壤（如奥地利 Stillfried A 土壤）与我们现在所知道的（由于多项独立的测年研究）深海氧同位素 11 阶段（MIS 11）形成的土壤［如匈牙利 Mende Base 土壤（Bronger，1976；Oches and McCoy，1995）］的对比成为现实。因此，虽然将黄土地层与深海氧同位素阶段相关联有助于释光方法的发展和检验，但在许多可能存在上述错误关联的地区，使用该方法作为年龄可靠性的检验手段时应谨慎。

5.3.2　黄土剖面的含水量

释光测年的主要不确定性之一是对过去含水量的估计（见第 1 章；Aitken，1985）。黄土沉积存在于广泛的地貌和气候环境中，从半干旱和干旱的高原环境到湿润的河谷和洼地，以及浸水区或永久冻土区，这意味着黄土孔隙中的历史含水量会有很大差异。此外，实测的现代含水量并不能代表过去埋藏期间的综合含水量。土壤类型的变化（从浸水潜育土到开阔的草原土）以及土壤和黄土地层单元的交替说明，当前的环境状况不太可能完全指示过去的情况。在任何一个黄土区，即使是地形（距离地下水位的远近）也可能随着时间的推移而变化，在非高原黄土地貌中尤其如此，如在欧洲发现的各种黄土地貌（Lehmkuhl et al.，2016）。而且在经典的稳定黄土台地上也存在这种情况，如在中国的黄土高原，研究表明许多地方的侵蚀和充填历史非常悠久（Porter and An，2005）。由于沟壑的形成可能会降低当地的地下水位并使露头变干，与不受此过程影响的相邻沉积物相比，含水量将降低。由于没有考虑过去的变化或实际上不准确的现代估计而低估或高估埋藏期间的综合含水量，将分别导致错误地年龄低估和高估。Stevens 等（2013）发现，对于“典型的”（如中国黄土高原）U、Th 和 K 含量分别为 3～4ppm、9～11ppm 和 1.5%～2%的黄土，如果含水量在 2.5%～13%之间变化，将会导致约 8ka 的样品产生约 1ka 的年龄差异（约 6%的年龄变化）。虽然这一差异可能在许多释光年龄的误差范围内，但不同文献中选择的黄土含水量差异很大。仅就中国黄土高原而言，文献中的数值范围从百分之几（Roberts et al.，2001）到 25%或更多（Lu et al.，2007）。这在一定程度上反映了该地区气候梯度导致的实际含水量的变化，但如此大的差异会导致释光年龄的显著差异。此外，含水量误差的估计从百分之几到 10%以上（Stevens et al.，2013），一些研究强调了单个地点含水量的显著变化（12%～25%；Lu et al.，2007），这可能反映了黄土和土壤地层之间的变化。尽管实测含水量随着地层深度和地层类型有所变化，但 Stevens 等（2013）的研究表明，含水量和粒度之间没有明显的相关性。在美国大陆的皮奥里亚（Peoria）黄土样品中，估算的含水量也有很大差异，范围为 10%～20%（Muhs et al.，2013；Roberts et al.，2003；Rousseau et al.，2007）；而在阿拉斯加的黄土中发现了高达 61%的含水量，这可能是受永久冻土环境中形成的冰透镜的影响（Auclair et al.，2007）。在可能经历过或正在经历永久冻土条件的地区，如阿拉斯加和西伯利亚黄土区，需要格外注意识别黄土剖面中的冰冻特征，因为这些特征可能指示了过去的永久冻土情况。

考虑到上述的这些不确定性，我们有如下建议：

（1）如果可能，从黄土岩心或远离老露头新开挖的露头中获取原位含水量值（参见第2章采样的相关内容）。如果做不到这样并且只有老的露头可用，则当前的原位含水量可能不能代表最近埋藏期的含水量。

（2）在实验室中测量每个样品的饱和含水量。

在最坏的情况下，应根据假定的埋藏历史、地形和接近地下水位的程度来估计样品低于地下水位并因此饱和的时间比例。由于土壤单元的含水量可能高于黄土单元（Stevens et al.，2013），因此同时从黄土和土壤单元获得含水量估计值很重要，而不是假设一个单元的值代表两者。一个常规的方法是测量每个样品的原位含水量和饱和含水量，如果没有看到明显的变化趋势，则取所有样品原位含水量的平均值加减标准偏差；如果认为原位含水量具有代表性，则取原位值，否则按饱和含水量的某个比例取值（Stevens et al.，2008，2018）。如果含水量在某个地层单元内有差异，则计算多个测量值的平均值或使用具体样品的测量值（如 Lu et al.，2007）。在任何情况下，都有必要赋予较大的误差，以便解释过去含水量估算的内在不确定性，并且误差的大小可以部分基于样品含水量随深度的变化情况来分配。即便如此，即在新鲜剖面或岩心中进行仔细测量，黄土中过去含水量的准确估计仍然很困难，这是年龄不确定性的主要来源之一。

5.3.3 测年粒径的选择

测年矿物粒径的选择是最基本的问题之一（图 5.2）。黄土沉积物的粒径范围较广，因此黄土为测量细颗粒组分（4～11μm）和较粗组分（40～63μm 或 63～90μm）的释光信号提供了机会。选择何种测年粒径在一定程度上取决于黄土的组成，较细的黄土（如中国黄土高原南部）更适合细颗粒测年，而较粗的黄土（如俄罗斯伏尔加河下游）为粗颗粒测年提供了充足的测年材料。许多黄土研究都使用细颗粒组分进行年龄测定（如 Watanuki and Tsukamoto，2001），这主要是因为该粒径组分容易获取，也因为每个测片上的颗粒超过100万个，比粗颗粒测片多出 3～5 倍（Duller，2008；Roberts，2008），因而显著降低了测片之间的差异，在测试更少测片的同时可以降低不确定性，缩短测试时间。然而，对于细颗粒石英，不可能去除外部约 20μm 经α粒子辐射的部分。这使得剂量率的计算复杂化并引入了关于α粒子辐射“效率”的假设，因为与每单位吸收的β粒子剂量相比，较大的α粒子引起的单位轨道长度的释光信号较低（Aitken，1985）。对这一α粒子辐射效率的系数（a 系数）的估算有所不同，但许多人采用了 Rees-Jones（1995）根据河流沉积物的研究得到的 a 系数——0.04。Lai 等（2008）根据从中国黄土中提取的细颗粒石英计算的平均 a 系数为 0.035±0.003。尽管在上述范围内选择的 a 系数不会导致年龄的太大变化，但假设一个从黄土沉积中获得的值是合理的（Lai et al.，2008）。

最近，使用 SAR-OSL 对罗马尼亚（Timar-Gabor，2011）、塞尔维亚（Timar-Gabo et al.，2015）和中国黄土（Timar-Gabor et al.，2017）中不同粒径的石英进行的测年工作强调了测

年粒径选择的重要性。这些研究表明，尽管两种粒径组分在 SAR 法中都表现良好，但对于年龄大于 40ka 的黄土，粗颗粒石英（63～90μm）的 D_E 值系统地高于细颗粒石英（4～11μm）。令人欣慰的是，年轻一点的年龄是一致的，并且与独立年龄控制相匹配（Anechitei-Deacu et al.，2014；Constantin et al.，2012；Trandafir et al.，2015）。虽然这进一步增强了我们对标准石英 SAR-OSL 法的信心，但同时也提醒我们，在 40ka 以上应用石英 SAR-OSL 法时应谨慎（图 5.3）。目前，对于测年粒径导致的测年结果差异的机制尚不清楚，但似乎细颗粒石英比粗颗粒石英更有可能低估真实年龄，这可能是全球范围内的现象（Timar-Gabor et al.，2017）。无论如何，这表明实验室 SAR 剂量响应曲线的持续增长不一定能够准确记录同等水平的等效剂量，因而，基于剂量响应曲线的形状估计石英 SAR-OSL 测年上限的传统方法可能是无效的（Timar-Gabor et al.，2017）。如上所述，这进一步说明，我们只能认为黄土的石英 SAR-OSL 测年在 30～40ka 以内是准确的。

5.4 黄土沉积释光测年的注意事项

5.4.1 黄土、黄土状土及原位扰动

尽管黄土通常被认为是相对均质的且晒退良好，并且释光年龄代表了风成物质的沉积时间，但在某些地层深度和地点，有一些复杂的因素可能会使情况变得复杂，特别是对于次生黄土或黄土状土。下面是一些实用的注意事项。

在许多典型的黄土地区，如中国的黄土高原，黄土通常是在平原环境中沉积的，覆盖在原有的较大范围且相对稳定的下伏地形之上（Pye，1987，1995）。然而，尽管平原地区的黄土沉积受到的同沉积或沉积后的侵蚀/再沉积的影响较小，但当前的地形并不一定与粉尘沉积时的地形一样（Lehmkuhl et al.，2016）。此外，在其他黄土分布区，如北美洲和欧洲，可能形成与盛行风特征一致的独特地形，如密西西比河（Mason et al.，1999）或莱茵河（Antoine et al.，2009）河谷的沙丘、低丘或白垩（一种碳酸盐沉积物）。释光测年是了解这些地形形成过程的极好工具，但这种地形异质性会影响其附近土壤发育的程度和类型，并增加黄土通过坡面过程或其他过程而发生后期改造的可能性。对于后者，虽然原生黄土很可能在沉积时被晒退，其年龄代表粉尘沉降年龄，但次生黄土或黄土衍生物的释光年龄可能会受到后期过程的强烈影响而导致低估。由于某些颗粒被重新改造或曝光，其年龄可能代表了改造黄土的次生过程，也可能代表了混合年龄。一个很好的例子是来自英格兰西北部曾被认为是原生黄土的沉积物的释光测年工作（Wilson et al.，2008）。细粉沙和细沙石英 OSL 测年结果表明，这些沉积物的沉积时代为全新世，然而事实上在全新世不存在这些沉积物的物源，而且其他地方的黄土沉积早在全新世之前就停止了。因此，这被解释为黄土的沉积后改造。基于粉沙年龄和沙年龄的比较以及非正态的剂量分布，Wilson 等（2008）指出，沉积后改造包括了风成传输、地表径流和土壤管涌等多个过程。在这种大多数样品缺乏明确的地层证据的情况下，释光测年有助于证明次生黄土沉积的存在。然而，在其他背景信息较少的情况下，这种异常年轻的年龄可能会被忽视并导致错误的解释。因此，在测定黄土年龄时，应尽可能确认沉积物确实是原生黄土，尤其是在非平原沉积环境中，这一点很重要。详细的地层学、沉积学和/或微形态分析是非常有必要的。例如，黄土中的砾

石层或模糊的带状结构的存在可能表明沉积物不是原生黄土（图 5.8；Sprafke and Obreht，2016）。次生黄土明显的标志还包括细纹理、明显的微观或宏观结构、有机物质或陶瓷碎片的掺入、除粉沙以外的粒径组分占主导地位，以及较粗（粗沙到砾石）物质的混入等。然而，这些标志在野外可能并不十分清楚，特别是在区分次生土壤和原生土壤时更不容易判断（Lang，2003）。因此，在采集释光样品时，最好同时进行详细的地层学和沉积学分析。

图 5.8　下奥地利克雷姆斯（Krems）地区的黄土和次生黄土照片。A-该地点的地貌位置（克雷姆斯 Schießstätte，白色矩形）；B-露头照片；C-露头北部出露的次生黄土呈现部分不连续的砾石层和零星的砾石（小孔）。图片改绘自 Sprafke 和 Obreht（2016）。译者说明：原书正文中提到图 5.8，但图缺失。故译稿中删掉了原书正文中引用的图 5.8，并将原图 5.9 调整为图 5.8，后面依此类推……

与此相关的另一点需要注意的是，位于古沟壑附近的黄土可能容易开裂，而且在冻融扰动过程中也可能经历强烈的开裂和/或翻转（Velichko et al.，2006）。这些裂隙将被较年轻的物质填充（图 5.9），因此，如果研究目的是确定黄土沉积的时间而不是后期的开裂或冻

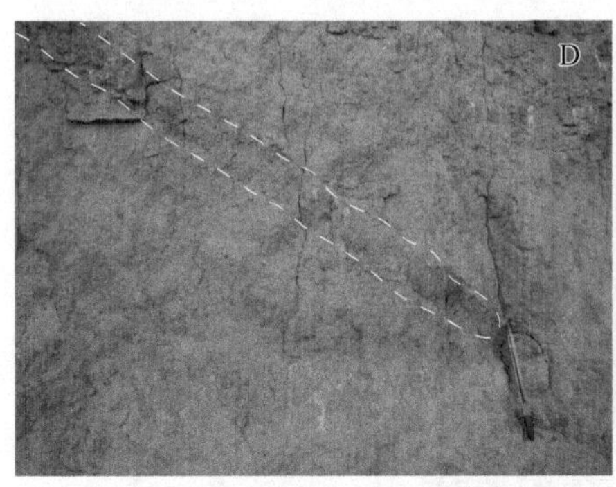

图 5.9　俄罗斯伏尔加河下游黄土的扰动现象。A-黄土中的填充张裂隙；B-黄土中的填充冻融裂隙；C-黄土中冻融裂隙的特写；D-黄土中填土动物穴的截面；E-黄土-土壤边界附近的填土动物穴（虚线方框）。

融的时间，则应在采样时避免采到有裂隙的样品。动物的洞穴也可能引起类似的问题（图 5.9）。在现在或以前被草地或草原植被覆盖地区的许多黄土沉积中，穴居动物很常见。正如 Bateman 等（2003）的研究所显示的那样，对动物洞穴的意外采样将导致所测沉积物年龄的低估。打洞和扰动在土壤地层中可能更常见，这将在下文继续讨论（本书第 2 章也有相关论述）。为了避免无意中在这些位置采样，必须彻底清理剖面并检查是否有扰动的迹象。

5.4.2　土壤单元测年的特殊考虑

还有一个需要重点考虑的问题是黄土沉积中的土壤/古土壤单元的采样。由于土壤形成过程中沉积物改造的可能性很大，因此很难从沉积物沉积的角度解释释光年龄。然而，许多研究者普遍认为黄土也是一种土壤，因为在某种程度上，成壤过程几乎影响所有的黄土沉积物（Sprafke and Obreht，2016）。简化的黄土地层学——黄土和古土壤单元的交替（图 5.3）——虽然对一般对比和地层解释非常有用，但也可能引起误解，因为许多黄土单元受到成壤作用的显著影响（如在湿润地区）（图 5.10）。这一特点在地理上具有高度的多样性，如常见的黄土类土壤，包括了从高度红化的地中海型土壤，到棕色、潮湿的森林土壤、初成雏形土、浅棕色到黑色的草原土壤（黑钙土）等多种类型，它们代表的是干燥的大陆性气候；而苔原潜育土则代表与永久冻土的季节性活动相关的寒冷条件。在中国黄土高原，高原南部的黄土单元比高原西北部的土壤单元风化更严重（Yang and Ding，2003）。虽然可以想办法避开洞穴和冰楔等明显的特征，但在黄土沉积中采样时避免土壤则是不太现实的。因此，识别可能影响黄土沉积物的土壤过程，以帮助解释释光年代数据就显得至关重要。

黄土中的成壤过程是如何影响释光年龄的呢？如何识别呢？土壤形成过程对释光年龄的影响主要包括先前沉积颗粒的再曝光或生物扰动导致的不同年龄的颗粒在土壤剖面上的混合。如果土壤形成过程仅涉及物质的小规模移动（如几厘米），则可能对释光年龄几乎没有明显影响。但是，如果混合过程比较强烈，则可能会导致年龄离散、倒置或低估（Bateman et al.，2003）。Stevens 等（2007）认为，晚第四纪中国黄土高原黄土剖面的详细石英 SAR-OSL 测年清楚地显示了这种效应（图 5.11A）。该研究的采样分辨率为 10～20cm，结果发现全

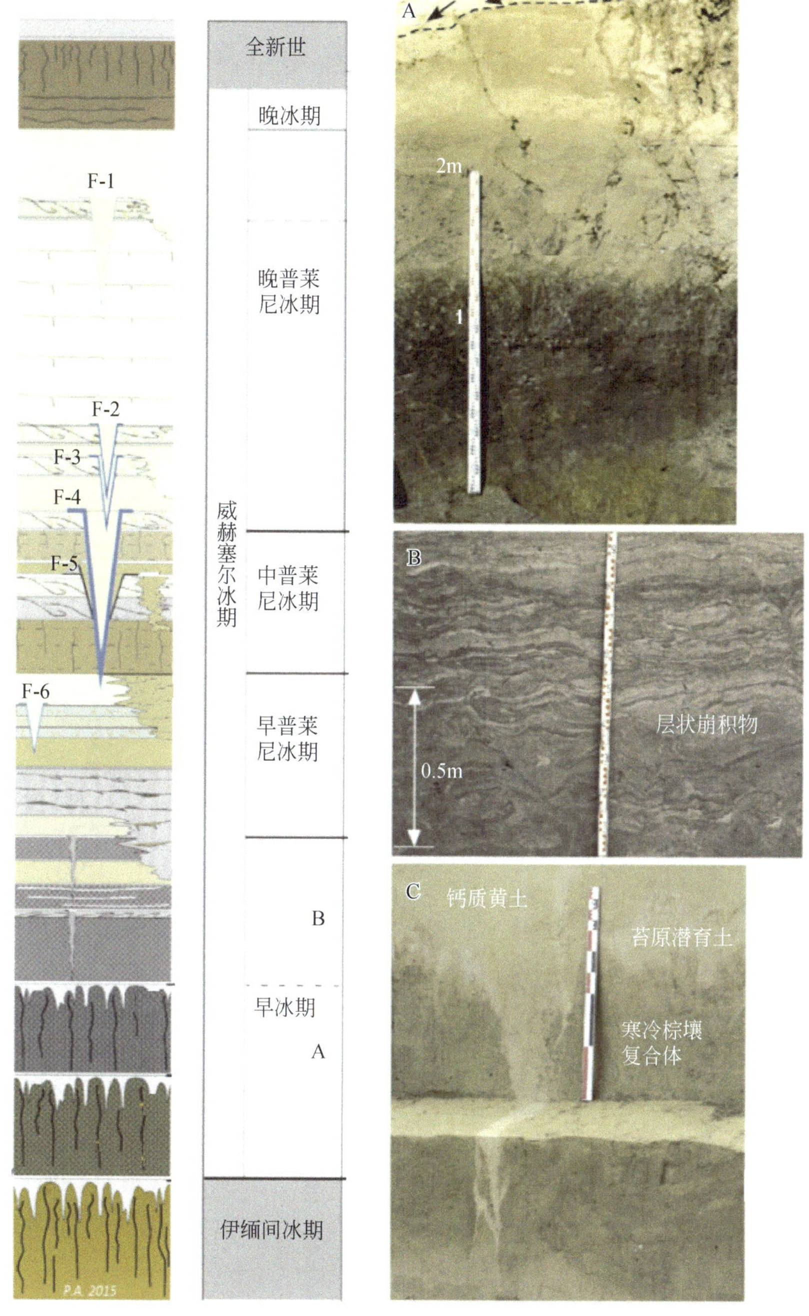

图 5.10 法国北部强风化/改造黄土岩性地层序列，F 表示冰楔。右边的照片显示：A-位于索姆省（Somme）圣索夫略（Saint-Sauflieu）的威赫塞尔冰期早期黄土剖面；B-层状崩积物的详细视图，包括来自早期冰川腐殖土的次生透镜体和结核，以及埃尔米（Hermies）北部的冰缘变形（裂隙和断裂）；C-保存于法国北部阿夫兰库尔（Havrincourt）中普莱尼（Pleni）冰期的棕壤复合体和晚普莱尼冰期钙质黄土边界的大型冰楔铸模。图片改绘自 Antoine 等（2016）。

新世早期和末次冰期晚期的大部分沉积物的测年结果是不准确的，因为多个年龄出现了倒置和离散。有趣的是，这种效应影响到了末次冰期黄土和全新世土壤，而且根据当时的气候，不同地点的影响也不同。在降雨量更高的偏南地区，从约 7～20ka 之间的大部分年龄无法准确测定（图 5.11A），由此推断，该地区黄土剖面的指标记录可能是不可靠的。剖面中受扰动部分的最小年龄可能标志着这种强烈的成壤作用停止的最大年龄。这项研究使用了 40～60μm 的颗粒测年，这使得单颗粒分析难以实现。如果可以使用较粗的颗粒，就有可能在单颗粒水平上检验这种影响，进而计算沉积年龄。Stevens 等（2007）认为，如果以较低的分辨率进行采样，则不会发现这种影响（图 5.11A）（下文讨论了黄土详细的高采样分辨率测年的利弊）。这一认识得到了来自中国黄土高原不同地点年龄集成所提供的最新证据的支持（Stevens et al.，2016）。然而，并非所有研究剖面在土壤底部都表现出这种变化的、相互不一致的年龄（Kang et al.，2015；Stevens et al.，2016），因此，重要的是要考虑这种效应是否以及如何影响所研究的剖面。

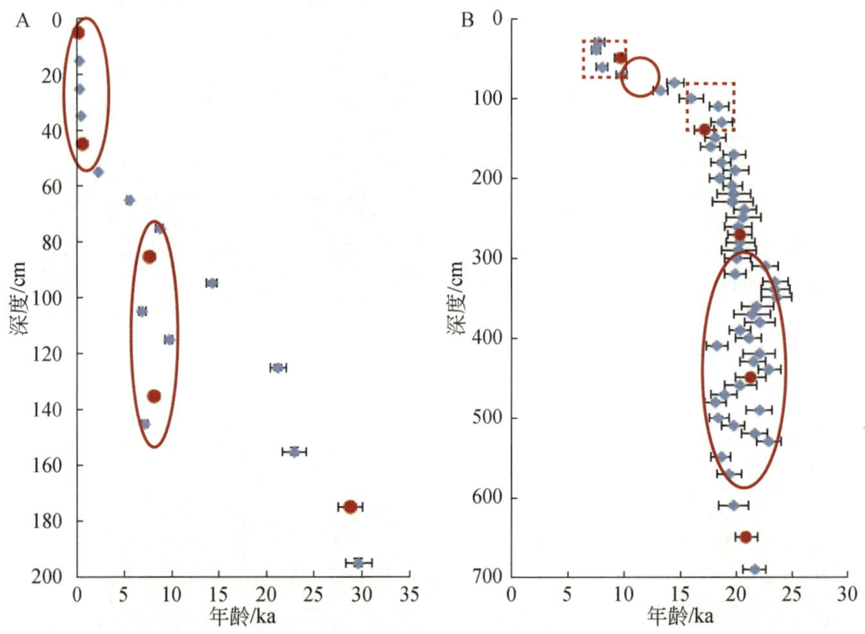

图 5.11　中国黄土高原两个地点的高采样分辨率石英 OSL 年龄。A-农业干扰和土壤形成对黄土高原南部蓝田石官寨（Shiguanzhai）剖面释光年龄的影响（以椭圆突出显示）；B-黄土高原西北部环县北郭塬剖面释光测年显示的沉积速率变化、沉积间断和异常老年龄（椭圆指示间断和年龄高估，虚线方框指示沉积速率变化）。用红色表示的释光年龄是为了说明低采样分辨率可能会掩盖这里显示的许多变化，导致对年龄-深度变化的错误评估。数据来自 Stevens 等（2008）。

一个潜在的复杂问题是土壤形成过程对剂量率的影响，但这一问题在黄土中很少被研究。黄土中土壤的形成可能涉及碳酸盐的溶解和再沉淀、铁氧化物的再分配（Kemp et al.，1995）、土壤-沉积物水分条件的改变，以及黏土的形成及其淋滤、淀积和迁移（He et al.，2008），所有这些都可能影响土壤的剂量率。Kemp 等（2006）在阿根廷潘帕（Pampa）北部黄土的研究中发现，上述的这些成壤过程可能会引起放射性核素组成的变化，从而改变黄土母质的表观释光年龄。鉴于这些问题，Singhvi 等（2001）认为，土壤地层学知识对于解释黄土的释光年龄至关重要，并建议最好能通过微形态分析加以补充。他们还认为，由于黄土中古土壤 A 层的生物扰动和搅拌，释光年龄更可能反映土壤形成年龄；而土壤 B 层和 C 层的释光年龄可能反映黄土沉积的年龄。然而，由于后者将受到黏土和碳酸盐迁移的影响，因此必须谨慎考虑这些影响是否会显著改变剂量率。他们还建议将原始黄土的剂量率与土壤 B 层和 C 层的剂量率进行比较。如果存在显著差异，可能表明剂量率在沉积后发生了变化，这就违背了用当前剂量率代表整个埋藏期剂量率的原则。如果这些剂量率变化在粉尘沉积后迅速发生，则这些过程可能不会在综合埋藏剂量率计算中造成误差。但是，如果它们变化较慢，或总埋藏时间的很大一部分处于剂量率发生变化之前，那么通过现场和实验室方法测量的现代剂量率将不能代表埋藏剂量率。同样，高分辨率采样可能会显示出受这些过程影响的潜在异常年龄，但如果可能的话，建议避免在碳酸盐层或强烈风化的地层单元采样。同样值得注意的是，如果黄土单元和土壤单元的剂量率存在较大差异，那么在这些界限附近采集的样品的剂量率的计算就需要考虑更多的细节，因为γ剂量将受到附近具有不同剂量率的沉积物的影响。

与上述问题相关的另一个棘手的问题是，在土壤底部或土壤与黄土的界限上测定的年龄反映的是什么过程？在大多数黄土区，土壤形成期间的粉尘沉积将大大减少甚至停止，这意味着土壤是直接在之前的寒冷阶段沉积的黄土上发育的。即使在土壤形成期间粉尘继续沉积的地区，如中国黄土高原，沉积速率在这些时期也大大降低（但也有例外；Roberts et al.，2001）。在中国黄土高原，这实际上导致了土壤类型的转变，即从黄土高原西北部接近粉尘源区的加积型土壤逐渐转变为东南部几乎完全形成于之前沉积的黄土之上的土壤（土壤-黄土边界叠加于古老的下伏黄土之中）。这从根本上改变了对这些地层单元的释光年龄的解释：加积型土壤可能（但不一定）产生粉尘沉积年龄，而在下伏黄土沉积上形成的土壤可能产生土壤形成年龄、下伏黄土母质的沉积年龄（可能大大早于土壤形成）或混合年龄，这取决于土壤的类型、成壤强度和具体的土壤层位。这种影响可能很难在野外或仅仅通过考察释光年龄来衡量。仔细考虑风化指标（如红化作用、化学风化/蚀变指数）、土壤微观和宏观形态或详细的高采样分辨率释光测年可能对此类释光年龄的解释有所帮助。

这些与“测定的究竟是什么年龄”相关的问题也与黄土剖面中黄土和土壤单元界限的确定比较困难有关。Lai 和 Wintle（2006）利用石英 SAR-OSL 法详细研究了中国黄土高原塬堡（Yuanbao）剖面末次冰期黄土（L_1）与全新世土壤（S_0）之间的过渡层，对剖面年龄进行的线性回归分析表明，沉积速率在 13.5ka 左右下降，因而认为这是全新世-末次冰期的主要界限。然而，如果使用颜色或磁化率的变化来定义界限（在没有独立年龄的情况下经常使用这两种方法），则边界年龄将分别为 15.1ka 或 9.8ka。这种差异非常重要，因为土壤-黄土界限通常被用作“已知年龄”的控制点，进而将黄土与其他记录进行关联以构建年龄模型，前提是这些界限在年龄上对应于深海氧同位素地层中的地层界限（见 Stevens et al.，2007 中的讨论）。然而，上述结果（边界认定的不确定性＞5ka）使该方法受到质疑，并强调了详细的黄土沉积测年的必要性，以了解黄土-土壤界限的性质以及黄土的堆积过程。因此，尽管存在一定的复杂性，但对于黄土-土壤单元的界限这一重要问题，可以尝试通过释光测年来解决。

5.4.3　黄土的异质性与同质性

黄土对释光测年具有重要意义的其中一个原因是，其组成物质（至少是未风化的）通常被认为在空间和时间上都是均匀的，化学成分与上地壳的平均成分非常接近（Taylor et al.，1983）。这意味着，全球范围内的黄土是由各种大陆岩石的侵蚀物质混合而成的，因此在空间和时间上其地球化学特征应该是相似的。从释光测年的角度来看，这将是一个优势，因为石英和长石应该因此表现出一致性和可预测性，这意味着标准的测年方法将很容易开发和广泛应用。通过采用标准剂量响应/生长曲线（standardised dose response/growth curve，SGC）来加快测试速度和缩短测试时间的想法已被付诸实践，实际上，该技术是基于风成沉积物开发的（Roberts and Duller，2004）。SGC 法依据石英释光信号强度对剂量的响应相似的原理，至少当释光信号来自大量颗粒时是这样。Roberts 和 Duller（2004）建议，理想情况下应构建具体地点的剂量响应曲线，Stevens 等（2006，2008）在中国黄土的高采样分辨率（10～20cm）研究中采用了这种方法。该研究是首次对黄土沉积进行如此高采样分辨率的释光测年（下文将讨论这种方法），这正是通过使用 SGC 法实现的。Lai 等（2007a）也证明了黄土石英存在通用的释光剂量响应曲线的可能性，尽管 Stevens 等（2006）认为不同地点之间的生长曲线有一定差异。无论如何，该方法在提高测年效率，实现黄土的高采样分辨率释光测年方面具有很大的潜力。

然而，尽管石英颗粒的释光信号随剂量的增长似乎普遍相似，但在关键方面可能有所不同。黄土总体上确实很好地反映了上地壳的平均组成，但全球各地的黄土地球化学依然存在着一定的差异（Gallet et al.，1998；Újvári et al.，2015）。黄土地球化学在局部，甚至在同一地点内可能发生显著变化。例如，塞尔维亚老山山脉（Balkan）附近的黄土（Obreht et al.，2016 年）由多个流域的沉积物贡献了不同比例的物源。虽然这通常反映在重矿物或黏土矿物的变化上（可能影响剂量率），但有理由提出这样一个问题：这可能在多大程度上影响石英和长石的释光特征？火山地区的石英已被证明存在高比例的回授和相对较弱的快组分信号（Tsukamoto et al.，2003），在日本和阿根廷等黄土沉积受火山物质强烈影响的地区，这可能需要特殊的分析方法。然而，即使是在火山物质输入很少的黄土地区，标准 SAR 法和相关测试也可能需要改进，以便获得令人满意的石英 OSL 测年结果。例如，Schatz 等（2012）发现，匈牙利托考伊（Tokaj）剖面的样品是适合石英光释光测年的，但只有在光或热预处理之前对样品施加额外剂量，才能获得满意的剂量恢复实验结果。此外，一些黄土地区，如中国新疆，石英释光信号相对较弱，D_E 值离散（Yang et al.，2014），这导致了在该地区使用此技术的争议，而 OSL 年龄和腹足动物 ^{14}C 年龄之间的不匹配加剧了这一争议（Feng et al.，2011）。然而，最近的研究表明，63～90μm 的石英 OSL 测年结果与地层和钾长石的 pIRIRSL 年龄一致，并且这些结果也通过了内部测试（Li et al.，2015）。现代碳对腹足动物的污染可能会导致严重的 ^{14}C 年龄低估，这可能是造成上述差异的部分原因。这似乎是一个提醒：也许不能过于相信独立的年龄控制。

即使在具有很长的释光研究历史，并且通常可以通过标准石英 SAR-OSL 方法获得可靠测年结果的黄土地区，也不能总是期望所有样品都会表现一致。在中国黄土高原西北部的北郭塬剖面，Stevens 等（2013）发现，虽然剖面的大部分样品可以使用标准石英 SAR-OSL

方法进行测年，且预热组合产生了良好的剂量恢复结果，但具有高沉积速率和较粗粒度的部分样品始终未能通过剂量恢复实验，且产生了年龄高估。对释光信号积分区间和释光信号衰减曲线的进一步分析表明，来自这些样品的石英测片具有显著的不稳定超快组分，从而导致内部测试失败和不准确的年龄。这个问题只有通过高分辨率采样才能发现，此外，结合释光年龄、矿物学和地球化学证据发现，这一时期的粉尘物源发生了变化。因此，即使是在石英表现良好、可以使用常规方法进行测年的黄土高原地区，物源变化也可能引起石英特性的变化，导致标准释光测年方法出现问题。因此，必须对 SAR 方法进行常规的监测，并对整个黄土剖面中的多个代表性样品进行剂量恢复实验，而不是每个剖面只测试一两个样品。而且，即使可以获得通用的石英生长曲线，SGC 最初也应该在剖面上逐段构建和检验，并使用整个剖面中具有足够代表性的样品。就长石而言，衰退速率的变化和 pIRIRSL 激发温度的最佳选择也表明，物源的变化对黄土测年的适用性有着重要的影响。最好的解决方案是进行上述基本测试，为有关样品确定最佳的 SAR-pIRIRSL 参数。

5.4.4 黄土高采样分辨率测年及粉尘堆积速率

黄土释光测年的一个最有潜力的方面是应用高采样分辨率（采样间隔 10cm 到几十厘米）释光测年方法测定黄土剖面的年龄，以得到详细的年龄模式。如上所述，高采样分辨率测年可以深入了解物源变化、错误年龄和成壤过程的影响，由此产生的详细年龄模型还带来了许多好处。黄土沉积被认为是陆地上最好的古气候档案之一，有可能获得不同时间尺度的高分辨率气候记录（Porter，2001）。采用高采样分辨率释光测年，可以为这些宝贵的气候档案建立详细、独立的年龄模型（Stevens et al.，2018；Sun et al.，2012）。基于高采样分辨率测年的详细年龄模型，还可以将黄土沉积的年代地层对比拓展至中更新世（Marković et al.，2015），以获得大陆尺度气候动力学的关键认识。此外，黄土也是地球上分布最广的粉尘沉积记录之一，是一个极好但尚未得到充分利用的大气粉尘沉积档案（Kohfeld and Harrison，2003）。大气矿物粉尘是气候系统的基本组成部分（Knippertz and Stuut，2014），粉尘通过影响大气辐射强迫和海洋生产力等多个过程驱动气候变化（Tegen，2013）。粉尘还通过其产出变化对粉尘源区的气候变化做出响应（Stevens et al.，2013），因而构成了一个复杂的反馈系统，但人们对触发粉尘和气候变化的原因知之甚少。除了作为区域古气候档案外，黄土沉积还可以作为近源粉尘档案，释光测年通过直接约束黄土埋藏的时间，可以确定粉尘沉积的时间。

在高采样分辨率下，可以建立释光年龄模型，以获得非常详细的粉尘沉积记录，进而揭示粉尘动力学的多变性特征。这些可能与区域尺度冰盖源区的波动（如美国威斯康星黄土；Schaetzl et al.，2014）或更大范围的大尺度大气粉尘波动（如中国黄土；Stevens and Lu，2009；Kang et al.，2015）有关。解决上述问题的主要方法之一是计算黄土沉积的物质堆积速率（MAR，Kohfeld and Harrison，2003）。当与粒度分布数据相结合时，这些 MAR 记录对于获取过去大气中粉尘荷载的信息至关重要（Albani et al.，2015），这是理解粉尘-气候相互作用的重要一步。粉尘 MAR 记录表现出相当大的变化（Újvári et al.，2010，2017），需要精细的基于独立测年的年龄-深度模型来进一步量化，因为独立和非独立记录之间的 MAR 值差异非常明显（Kohfeld and Harrison，2003）。释光测年是实现这一目标的理想方法，特别是高采样分辨率测年可用于了解粉尘沉积的短期波动（Roberts et al.，2003；Stevens and Lu，2009；Kang et al.，2015；Stevens et al.，2016）。下面列出了进行此类研究时的一些注意事项。

应用释光测年时的采样分辨率差异很大，从几米几个样品到每 10～20cm 一个样品不等。Stevens 等（2006，2007，2008）最先使用石英 OSL 的 SGC 法（Roberts and Duller，2004）进行了高采样分辨率释光测年。这些研究和随后的石英 OSL 与长石 pIRIRSL 的工作，尤其关注中国黄土（Buylaert，2008，2015；Kang et al.，2015；Lai，2010；Lai et al.，2007b；Stevens et al.，2016，2018；Sun et al.，2012），但也兼顾了欧洲（Constantin et al.，2014；Stevens et al.，2011；Újvári et al.，2014）和美国（Muhs et al.，2013）黄土。他们对黄土地层及其沉积的性质提出了批判性认识。Stevens 等（2007，2018）和 Buylaert 等（2008）认为，在中国黄土高原的经典黄土剖面中存在亚轨道时间尺度上黄土记录的缺失，并且在先前沉积的冰期黄土中的土壤形成过程掩盖了气候信号，使得土壤层位底界失去了作为已知年龄标志层的作用。然而，其他研究还没有在别的地点发现类似的缺失（Kang et al.，2015，Stevens et al.，2016），究竟是由于沉积缺失本身很少还是许多研究中使用的采样分辨率太低，这是未来的一个研究焦点。根据中国黄土高采样分辨率测年研究中年龄随深度的变化以及释光年龄误差的大小，Stevens 等（2016）认为，沉积间断和成壤扰动比报道的更为常见。这些缺失或干扰的发现是非常重要的，因为它们将极大地影响从黄土沉积中重建过去气候变化和粉尘沉积历史的可靠性，并且会使人质疑黄土的非独立年代模型。位于中国靖边沙漠边缘的一个黄土剖面就是一个很好的例子，该剖面是国际地层委员会第四纪气候变化的层型剖面之一（Cohen et al.，2013）。最近开展的高采样分辨率 pIRIRSL 测年工作，对原来的年代框架进行了重要修订，并在该剖面发现了明显的沉积间断（Steven et al.，2018）。新的年龄模型还可以用来详细重建这个地区沙漠边缘的变化过程以及季风演化历史。

在不考虑沉积间断的情况下，黄土的释光测年凸显了黄土在不同地点和不同时期粉尘堆积的显著变化，这是黄土释光测年未来的一个重要机遇。Újvári 等（2010）对欧洲的粉尘 MAR 值进行了评估，Kang 等（2015）最近对中国黄土高原最后一次冰期的 MAR 值也进行了评估。虽然发表的欧洲黄土的独立粉尘 MAR 值仍然很少，但现有研究表明，尽管在末次盛冰期可能出现沉积速率峰值（Fuchs et al.，2008；Stevens et al.，2011；Újvári et al.，2014），但在匈牙利和塞尔维亚两个地点之间存在显著差异。在中国，黄土的 MAR 数据要丰富得多。Stevens 和 Lu（2009）发现，使用石英 OSL 测年的地点之间黄土沉积速率存在很大差异，而 Kang 等（2015）在汇编大量剖面的释光测年数据时指出，中国黄土高原在约 23～19ka 出现了 MAR 峰值。有趣的是，尽管所有这些记录都存在年龄不确定性和误差，但这一峰值似乎是出现在海洋和冰芯中记录的粉尘沉积峰值（26～23ka）之后。然而，最近在西峰黄土剖面的石英 OSL 测年表明，粉尘 MAR 峰值与冰芯和海洋的记录更一致（Stevens et al.，2016）。Perić 等（2018）最近发现，最后一次冰期粉尘峰值的时间在塞尔维亚和中国的一个地点之间一致，这暗示了欧亚大陆粉尘沉积的大范围模式。因此，黄土中粉尘峰值的时间是一个不容忽视的研究热点，释光测年可以发挥重要作用。在中国的黄土剖面上，粉尘 MAR 值为 200～300g/m^2a 或更高的情况并不少见。然而，在美国大陆，这一值在内布拉斯加州和艾奥瓦州的密苏里河和密西西比河沿岸末次冰期晚期的皮奥里亚黄土中可以高达 10～16000g/m^2a（Roberts et al.，2003；Muhs et al.，2013）。这代表了黄土在很短时间内的异常堆积速率，很可能与劳伦泰冰盖的变化和主要河流系统的外流有关。然而，这使得通过释光测年计算 MAR 出现了问题，因为黄土沉积速率变得如此之大，以至于释光年龄在误差范围内不随深度的增加而增加。Muhs 等（2013）利用贝叶斯建模来细化他们的年表，是减少不确定性和获得连续的年龄-深度函数的一个有希望的途径。然而，迄今为止的许多研究大多依赖回归分析和置信区间来获得年龄-深度函数和对释光年龄不确定性的度量（Stevens et al.，2016）。Perić 等（2018）更详细地讨论了黄土释光测年用于 MAR 计算的年龄模型的选择。

将具有较大误差范围的零散年龄以及混合的系统误差和随机误差信息转化为年龄-深度模型的问题仍有待解决（Perić et al.，2018；Zeeden et al.，2018）。然而，一旦建立了年龄模型，该模型首先就可以用于计算黄土序列的沉积速率。为了得到粉尘估算的 MAR 值，从而更好地表示沉积物质的量，应该测量黄土的容重。容重在文献中的数值相差很大（1.3～17g/cm^3），因此，理想情况下这些数值不应该是估计的，而应该直接从每个黄土序列中的每个采样点上测定。迄今为止，黄土中的此类研究相对较少，对来自在全球范围内的多个粉尘记录的全新世 MAR 数据的汇编中，Albani 等（2015）强调了目前从黄土沉积中获得的容重数据的匮乏。鉴于黄土 MAR 估算在重建过去粉尘通量方面的重要性，开展详细的、高采样分辨率的黄土释光测年具有巨大的潜力，这有助于在理解过去粉尘活动方面取得重要突破，特别是解决 MAR 计算中的不确定性。需要注意的是，为了确保这些数据对粉尘和气候模拟有用，除了释光年龄和容重外，确定粒度分布数据也很重要，因为有了粒度数据就可以计算不同粒径的 MAR 值。此外，如果研究的问题涉及根据黄土重建粉尘浓度，那么采样位置也很重要，因为粉尘 MAR 随地形的变化很大（Újvári et al.，2010）。如果接近大型河流系统，黄土 MAR 值可能会异常偏高，此时 MAR 的波动可能更能代表河流系统的变化，而不是更广泛的大气粉尘。某些地貌（如白垩）也可能表现出更高的黄土 MAR 值，局地条件可能会导致粉尘 MAR 产生相当大的变化，这反映在中国黄土高原变化很大且不同的黄土沉积速率上（Stevens and Lu，2009）。不言而喻，如果目标是通过黄土测年了解粉尘沉积，那么避免黄土衍生物成为研究对象是至关重要的。最近的集成研究（如 Kang et al.，2015）通过确定更广泛、更具代表性的趋势在一定程度上解决了上述问题，但理想情况下还是应在多个地点开展研究。不管怎样，由于释光方法在中更新世的应用中也具有越来越大的可信度，这使得我们能够在比以前更长的时间尺度上洞察黄土的沉积、保存，以及粉尘活动的本质（Buylaert et al.，2015）。

至关重要的是，这些信息大部分只能通过高采样分辨率分析获得。以图 5.11B 所示的情况为例：蓝色数据为中国黄土高原西北部北郭塬剖面 10～20cm 间距的粗粉沙石英 SAR-OSL 年龄，来源于 Stevens 等（2008）；红色的点是在常规但较低的采样间距（约 2～3m）下采集的数据，这是许多黄土释光研究常用的采样分辨率。原来在高采样间距数据中的许多特征在较低的采样分辨率数据中消失了，14～10ka 左右的记录出现明显的间断，20～7ka 之间的沉积速率有较大的波动，一组约 3～5.3m 之间的年龄高估了表观真实年龄。上文中在讨论石英释光特性的可变性时（Stevens et al.，2013）曾提到，后面的这些样品未能通过剂量恢复实验。如果没有详细的高采样分辨率测年，这些问题和特征将被掩盖，并且该地点的黄土堆积模式将表现为随着时间的推移逐渐减少。因此，高采样分辨率测年对于研究黄土地区粉尘堆积和气候的短期、千年尺度变化至关重要。然而，同样值得注意的是，许多年龄点并没有明确地为这张图提供任何额外信息（图 5.11B）。正如 Roberts（2008）提出的那样，这就引出了一个问题，即提高采样分辨率到什么程度会导致产生不必要的年龄信息？这不是一个小问题，因为测年的资源通常是有限的。遗憾的是，在研究人员获得大量数据之前，这不是一个容易回答的问题，因为在通过释光方法确定年龄之前，黄土沉积速率的短期变化是不容易知道的。如果考虑到序列的大致年龄和厚度，以及平均释光年龄可能存在6%～10%的误差，则可以对一些细节做出粗略的估计。显然，如果对过去 50～40ka 前后沉积的 10m 厚的黄土以 10cm 间距进行测年，这将导致平均年龄随着深度每 10cm 增加 100 年，这远低于测年方法本身 1σ的年龄不确定性。因此，平均而言，大多数年龄不会产生任何额外信息。然而，考虑到黄土沉积在这 1 万年内可能不是均匀分布的，因此过多地减小采样间距也可能会导致关于沉积速率突变的信息丢失。因此，一种可能的方法是在进行更详细的分析之前，以相对较高的分辨率采集样本，然后每二、三或四个样品进行分析，以检查序列中的总体趋势。幸运的是，从这个初始年龄框架得到的生长曲线信息可以用于石英 SGC 的构建，这将大大加快测试速度，只要在实验一开始计划好就行（Roberts and Duller，2004）。

高采样分辨率释光测年还有其他好处。最近，Stevens 等（2018）在中国北方的靖边剖面使用高采样分辨率的 pIRIRSL 测年，证明了季风驱动的磁化率变化在多个岁差周期内系统性地滞后于轨道强迫。这为关于东亚季风气候强迫本质的重要争论提供了至关重要的认识。此外，许多关于黄土沉积（如中国黄土高原；Porter，2001）的研究表明，黄土气候指标（如粒度）的变化可能与短期气候波动有关，如 Heinrich 事件和 D-O 旋回。然而，尽管一些释光测年研究支持了这一说法（Sun et al.，2012），但其他研究表明，黄土沉积或气候指标波动并不总是与此类突发气候事件相匹配，反之亦然（Steven et al.，2008）。这是未来在高采样分辨率下对黄土沉积进行释光测年的一个很好的研究思路（至少在末次冰期晚期），并且可以检验这些提出的气候联系是否有效。由于这些序列中包含大量的气候和粉尘信息，人们很容易过度解释黄土沉积，当没有构建独立的年龄模型时尤其如此，即便有了详细的释光年龄模型也是如此。与全球气候事件相匹配的短期气候指标振荡的存在或不存在可能仅仅是释光年龄和任何由此产生的年龄模型误差的不确定性引起的。

高采样分辨率测年的最后一个重要方面是可以从黄土记录中检测出粉尘来源的短期变化。Stevens 等（2013）将中国黄土高原北郭塬剖面 3～5.3m 深度的样品中石英 SAR 释光表现不佳的问题转化成了它们的优势，证明了这一段沉积记录了粉尘来源的变化。包括重矿物分析在内的各种物源指标以及随后的锆石 U-Pb 测年（Fenn et al.，2018）也证实了这一点，表明在末次盛冰期的干旱和多风时段，当地粉尘来源发生了突变。有趣的是，这种来源变化在剂量率数据中很明显，主要是因为放射性同位素含量的变化，包括 Th 与 U 的比值，这是源岩类型的一个关键指标。因此，高采样分辨率释光测年附带的一些数据可用于确定粉尘来源的变化，这是释光测年的一个重要的意外收获。石英灵敏度水平也被用于识别粉尘来源的变化，这一工作主要还是在中国黄土高原开展的。Lai 和 Wintle（2006）的研究认为黄土高原塬堡剖面 S_0-L_1 界限上下的粉尘来源发生了转变，而 Lu 和 Sun（2011）的研究则表明，在中国黄土的许多可能源区中，石英灵敏度差异很大。总之，在资源允许的情况下，应该对黄土沉积进行高采样分辨率的释光测年，以最大限度地从黄土序列中获取信息。

5.5 小结和方法推荐

利用释光测年为黄土沉积建立年代标尺或使用黄土作为介质来发展和测试释光技术的研究浩如烟海，有时甚至令人无所适从。很明显，黄土是应用释光方法的理想沉积物，过去的许多测年研究已经获得了准确的结果，这些结果有时会导致对以前不正确的年代地层学进行重大修正。然而，过去对黄土的大量释光研究也可能使用了不准确的方法得出年龄。在黄土中应用释光方法具有很大的潜力，尤其是利用高采样分辨率的释光测年来揭示气候或粉尘沉积速率的突变。然而，黄土的释光研究必须注意：①黄土沉积后期改造的可能性；②土壤形成过程对释光年龄的可能影响；③含水量随地层、时间以及暴露和埋藏情况的变化；④粉尘来源变化对释光特性的可能影响。测年粒径的选择现在也被认为是一个重要的考虑因素，特别是对石英 SAR-OSL 的测年上限而言。建议对黄土中年龄超过石英 OSL 年龄进行解释时要谨慎。然而，尽管石英 SAR-OSL 仍然是年龄在 30～40ka 以内黄土测年的首选技术，但现在可以使用 pIRIRSL 技术获得中更新世黄土的年龄，这为未来的工作创造了巨大的潜力。

由于黄土释光测年研究的目标多种多样，如可能涉及大范围的近似测年、用于粉尘堆积速率计算的高采样分辨率测年、中更新世沉积物分析，甚至是识别物源变化，因此不能推荐单一的实验或分析技术作为黄土的一般测年方法。但是，这里可以列出一份关键注意事项清单：

（1）应仔细考虑露头位置和采样位置的选择。黄土沉积可以形成多种地貌类型，某些地貌位置的沉积物可能更容易被改造。要始终考虑选择受到改造尽可能少的黄土地点/剖面。即使在黄土高原地区，过去的间歇性沟谷发育也会破坏经典地层，因此最好选择受到的影响最小的位置。此外，为了更准确地估计含水量，应尽可能在新鲜的剖面上进行采样。

（2）清理剖面（详见第 2 章）后，应对现场地层进行全面评估。应该评估现场与区域地层学的匹配程度（据此确定最佳的释光测年方法），并识别次生黄土和土壤单元的标志（在分析测年结果时可能需要额外考虑）。此外，还需要利用其他地层工具测量剖面或获取气候代用指标（如磁化率）数据。理想情况下，这些工作最好在现场进行，以便更好地识别土壤层、火山灰层或可能被改造的沉积物。指标测量可以指导采样，还可以提醒研究人员在采样时注意可能存在的次生黄土，并有助于分析和解释释光年龄。

（3）通过一些“范围探测年龄”获得沉积物的大致年龄范围，至少确定样品是否处于饱和状态和超过释光测年上限，或需要更适合的方法来测量等效剂量。此外，考虑到可能存在的地层上的不确定性和不同方法的结果差异，最好能提前计划使用多种技术进行测年（如不同粒径的石英 OSL 和长石 pIRIRSL）。

（4）尽管 pIRIRSL 技术在测定较老黄土沉积的年代方面显示出巨大的潜力，但它还不能被视为测定黄土年代的常规方法，而石英 SAR-OSL 技术的测年范围有限，应牢记这一点。

（5）剂量率数据不应仅仅作为事后的考虑。在利用释光方法测定黄土年龄时，地质历史时期的综合含水量是一个主要的不确定性因素，应尽一切努力同时测量原位含水量和饱和含水量。含水量的选择应反映这些测量结果，并充分考虑黄土露头中地下水位的可能变化。需要获取每个释光样品的剂量率数据。

（6）如有可能，应进行高采样分辨率分析。低采样分辨率分析无法识别错误的年龄或改造/间断，可能会提供误导性结果。理想情况下，应以 10～50cm 间距采样，但应考虑不必要的高分辨率这一复杂问题。如果能够正确地构建和测试标准生长曲线，那么高采样分辨率的测年将会更加容易，这对于提高对黄土地层学、气候记录、粉尘来源，尤其是粉尘堆积速率的理解有很大帮助，而粉尘堆积速率正成为黄土研究的一个重要方向。如果要研究后者，则应进行容重测量以便计算物质堆积速率（MAR），并进行粒度分布分析，以确保数据可用于粉尘-气候模拟（Albani et al.，2015）。正因如此，黄土的释光测年正在对全球范围内粉尘循环历史的研究产生重大影响。

参考文献

Adamiec，G.，Duller，G.A.T.，Roberts，H.M.，Wintle，A.G. 2010. Improving the TT-OSL SAR protocol through source trap characterization. Radiation Measurements 4，768-777.

Aitken，M.J. 1985. Thermoluminescence dating. Academic Press，London.

Albani，S.，Mahowald，N.M.，Winckler，G.，Anderson，R.F.，Bradtmillers，L.I.，Delmonte，B.，Franscois，R.，Goman，M.，Heavens，N.G.，Hesse，P.P.，Hovan，S.A.，Kang，S.G.，Kohfeld，K.E.，Lu，H.，Maggi，V.，Mason，J.A.，Mayewski，P.A.，McGee，D.，Miao，X.，Otto-Bliesner，B.L.，Perry，A.T.，Pourmand，A.，Roberts，H.M.，Rosenbloom，N.，Stevens，T.，Sun，J. 2015. Twelve thousand years of dust：the Holocene global dust cycle constrained by natural archives. Climate of the Past 11，869-903.

Anechitei-Deacu，V.，Timar-Gabor，A.，Fitzsimmons，K.E.，Veres，D.，Hambach，U. 2014. Multimethod luminescence investigations on quartz grains of different sizes extracted from a loess section in southeast Romania interbedding the Campanian Ignimbrite ash layer. Geochronometria 41，1-14.

Ankjargaard，C.，Guralnik，B.，Buylaert，J.-P.，Reimann，T.，Yi，S.W.，Wallinga，J. 2016. Violet stimulated luminescence dating of quartz from Luochuan （Chinese loess plateau）：Agreement with independent chronology up to ～600 ka. Quaternary Geochronology 34，33-46.

Antoine，P.，Rousseau，D-D.，Moine，O.，Kunesch，S.，Hatte，C.，Lang，A.，Tissoux，H.，Zoller，L. 2009. Rapid and cyclic aeolian deposition during the Last Glacial in European loess：a high resolution record from Nussloch，Germany. Quaternary Science Reviews 28，2955-2973.

Antoine，P.，Coutard，S.，Guerin，G.，Deschodt，L.，Goval，E.，Locht，J-L.，Paris，C. 2016. Upper Pleistocene loess-palaeosol records from Northern France in the European context：Environmental background and dating of the Middle Palaeolithic. Quaternary International 411，4-24.

Auclair，M.，Lamothe，M.，Huot，S. 2003. Measurement of anomalous fading for feldspar IRSL using SAR. Radiation Measurements 377，487-492.

Auclair，M.，Lamothe，M.，Lagroix，F.，Banerjee，S.K. 2007. Luminescence investigation of loess and tephra from Halfway House section，Central Alaska. Quaternary Geochronology 2，34-38.

Banerjee，D.，Murray，A.S.，Botter-Jensen，L.，Lang，A. 2001. Equivalent dose estimation using a single aliquot of polymineral fine grains. Radiation Measurements 33，73-94.

Bateman，M.D.，Frederick，C.D.，Jaiswal，M.K.，Singhvi，A.K. 2003. Investigations into the potential effects of pedogensis on luminescence dating. Quaternary Science Reviews 22，1169-1176.

Bronger，A. 1976. Zur quararen Klima- und Landschaftsentwicklung des Karpatenbeckens auf （palao-） pedologisher und bodengeogra- phischer Grundlage. Kieler Geographische Schriften - Band 45. Selbstverlag，Geographisches Institut der Universitat Kiel. In German.

Brown，N.D.，Forman，S.L. 2012. Evaluating a SAR TT-OSL protocol for dating fine-grained quartz within Late Pleistocene loess deposits in the Missouri and Mississippi river valleys，United States. Quaternary Geochronology，12，87-97.

Buylaert，J-P.，Vandenberghe，D.，Murray，A.S.，Huot，S.，Van den Haute，P. 2007. Luminescence dating of old （>70 ka） Chinese loess：A comparison of single-aliquot OSL and IRSL techniques. Quaternary Geochronology 2，9-14.

Buylaert，J.P.，Murray，A.S.，Vandenberghe，D.，Vriend，M.，De Corte，F.，Van den haute，P. 2008. Optical dating of Chinese loess using sand-sized quartz：Establishing a time frame for Late Pleistocene climate changes in the western part of the Chinese Loess Plateau. Quaternary Geochronology 3，99-113.

Buylaert，J.P.，Murray，A.S.，Thomsen，K.J.，Jain，M. 2009. Testing the potential of an elevated temperature IRSL signal from K-feldspar. Radiation Measurements 44，560-565.

Buylaert，J.P.，Thiel，C.，Murray，A.S.，Vandenberghe，D.，Yi，S.，Lu，H. 2011. IRSL and post-IR IRSL residual doses recorded in modern dust samples from the Chinese Loess Plateau. Geochronometria 38，432-440.

Buylaert J-P.，Jain，M.，Murray，A.S.，Thomsen，K.J.，Thiel，C.，Sohbati，R. 2012. A robust feldspar luminescence dating method for Middle and Late Pleistocene sediments. Boreas 41，435-451.

Buylaert，J.P.，Yeo，E-Y.，Thiel，C.，Yi，S.，Stevens，T.，Thompson，W.，Frechen，M.，Murray，A.S.，Lu，H. 2015. A detailed post-IR IRSL chronology for the last glacial interglacial soil at the Jingbian loess site （northern China）. Quaternary Geochronology 30，194-199.

Chapot，M.，Roberts，H.M.，Duller，G.A.T.，Lai，Z.P. 2012. A comparison of natural- and laboratory generated dose response curves for quartz optically stimulated luminescence signals from Chinese Loess. Radiation Measurements 47，1045-1052.

Chapot，M.S.，Roberts，H.M.，Duller，G.A.T.，Lai，Z.P. 2016. Natural and laboratory TT-OSL dose response curves：Testing the lifetime of the TT-OSL signal in nature. Radiation Measurements 85，41-50.

Chen，Y.，Li，S.-H.，Li，B.，Hao，Q.，Sun，J. 2015. Maximum age limitation in luminescence dating of Chinese loess using the multiple-aliquot MET-pIRIR signals from K-feldspar. Quaternary Geochronology 30，207-212.

Cohen，K.M.，Finney，S.C.，Gibbard，P.L.，Fan，J-X. 2013. The ICS international chronostratigraphic chart. Episodes 36，199-204.

Constantin，D.，Timar-Gabor，A.，Veres，D.，Begy，R.，Cosma，C. 2012. SAR-OSL dating of different grain-sized quartz from a sedimentary section in southern Romania interbedding the Campanian Ignimbrite/Y5 ash layer. Quaternary Geochronology 10，81-86.

Constantin，D.，Begy，R.，Vasiliniuc，S.，Panaiotu，C.，Necula，C.，Codrea，V.，Timar-Gabor，A. 2014. High-resolution OSL dating of the Costineşti section （Dobrogea，SE Romania） using fine and coarse quartz. Quaternary International 334-335，20-29.

Crouvi，O.，Amit，R.，Enzel，Y.，Porat，N.，Sandler，A. 2008. Sand dunes as a major proximal dust source for late Pleistocene loess in the Negev desert，Israel. Quaternary Research 70，275-282.

Ding，Z.L.，Derbyshire，E.，Yang，S.L.，Yu，Z.W.，Xiong，S.F.，Liu，T.S. 2002. Stacked 2.6-Ma grain size record from the Chinese Loess based on five sections and correlation with deep-sea δ18O record. Paleoceanography 17，PA000725.

Duller，G.A.T. 2003. Distinguishing quartz and feldspar in single-grain luminescence measurements. Radiation Measurements 37，161-165.

Duller，G.A.T. 2008. Single-grain optical dating of Quaternary sediments：why aliquot size matters in luminescence dating. Boreas 37，589-612.

Feng，Z.D.，Ran，M.，Yang，Q.L.，Zhai，X.W.，Wang，W.，Zhang，X.S.，Huang，C.Q. 2011. Stratigraphies and chronologies of late Quaternary loess-paleosol sequences in the core of the central Asian arid zone. Quaternary International 240，156-166.

Fenn，K.，Stevens，T.，Bird，A.，Limonta，M.，Rittner，M.，Vermeesch，P.，Ando，S.，Garzanti，E.，Lu，H.，Zhang，H.，Lin，Z. 2018. Insights into the provenance of the Chinese Loess Plateau from joint zircon U-Pb and garnet geochemical analysis of last glacial loess. Quaternary Research 89，645-659.

Fink，J. 1962. Studien zur absoluten und relativen chronologie der fossilen Boden in Osterreich，II Wetzleinsdorf und Stillfried. Archaeol. Austriaca 31，1-18.

Fitzsimmons，K.E.，Sprafke，T.，Zielhofer，C.，Gunter，C.，Deom，J-M.，Sala，R.，Iovita，R. 2018. Loess accumulation in the Tian Shan piedmont：implications for palaeoenvironmental change in arid Central Asia. Quaternary International 469，3043.

Frechen，M.，van Vliet-Lanoe，B.，van den Haute，P. 2001. The Upper Pleistocene loess record at Harmignies/Belgium - high resolution terrestrial archive of climate forcing. Palaeoceanography，Palaeoclimatology，Palaeoecology 173，175-195.

Fuchs，M.，Rousseau，D.D.，Antoine，P.，Hatte，C.，Gauthier，C. 2008. Chronology of the Last Climatic Cycle（Upper Pleistocene） of the Surduk loess sequence，Vojvodina，Serbia. Boreas 37，66-73.

Gallet，S.，Jahn，B.，Van Vliet Lanoe，B.，Dia，A.，Rossello，E. 1998. Loess geochemistry and its implications for particle origin and composition of the upper continental crust. Earth and Planetary Science Letters 156，157-172.

Grapes，R.，Rieser，U.，Wang，N. 2010. Optical luminescence dating of a loess section containing a critical tephra marker horizon，SW North Island of New Zealand. Quaternary Geochronology 5，164-169.

Guo，Z.T.，Ruddiman，W.F.，Hao，Q.Z.，Wu，H.B.，Qiao，Y.S.，Zhu，R.X.，Peng，S.Z.，Wei，J.J.，Yuan，B.Y.，Liu，T.S. 2002. Onset of Asian desertification by 22 Myr ago inferred from loess deposits in China. Nature 416，159-163.

Haesaerts，P.，Damblon，F.，Gerasimenko，N.，Spagna，P.，Pirson，S. 2016. The Late Pleistocene loess-palaeosol sequence of Middle Belgium. Quaternary International 411，25-43.

He，X.，Bao，Y.，Hua，L.，Tang，K. 2008. Clay illuviation in a Holocene palaeosol sequence in the Chinese Loess Plateau. In：New Trends in Soil Micromorphology （Eds. Kapur，S.，Mermut，A.，Stoops，G.），Springer，Berlin，pp. 237-252.

Huntley，D.J.，Lamothe，M. 2001. Ubiquity of anomalous fading in K-feldspars and the measurement and correction for it in optical dating. Canadian Journal of Earth Sciences 38, 1093-1106.

Jain, M. 2009. Extending the dose range: probing deep traps in quartz with 3.06 eV photons. Radiation Measurements 44, 445-452.

Jeong, G.Y., Hiller, S., Kemo, R.A. 2008. Quantitative bulk and single-partucle mineralogy of a thick Chinese loess-paleosol section: implications for loess provenance and weathering. Quaternary Science Reviews 27, 1271-1287.

Kang, S., Roberts, H.M., Wang, X., An, Z., Wang, M. 2015. Mass accumulation rate changes in Chinese loess during MIS 2, and asynchrony with records from Greenland ice cores and North Pacific Ocean sediments during the Last Glacial Maximum. Aeolian Research 19, 251-258.

Kars, R.H., Wallinga, J., Cohen, K.M. 2008. A new approach towards anomalous fading correction for feldspar IRSL dating - tests on samples in field saturation. Radiation Measurements 43, 786-790.

Kars, R.H., Reimann, T.R., Ankjargaard, K., Wallinga, J. 2014. Bleaching of the post-IR IRSL signal: new insights for feldspar luminescence dating. Boreas 43, 780-791.

Kemp, R.A., Derbyshire, E., Meng, X., Chen, F., Pan, B. 1995. Pedosedimentary reconstruction of a thick loess-paleosol sequence near Lanzhou in north-central China. Quaternary Research 43, 30-45.

Kemp, R.H., Zarete, M., Toms, P., King, M., Sanabria, J., Arguello, G. 2006. Late Quaternary paleosols, stratigraphy and landscape evolution in the Northern Pampa, Argentina. Quaternary Research 66, 119-132.

Klasen, N., Loibl, C., Rethemeyer, J., Lehmkuhl, F. 2017. Testing feldspar and quartz luminescence dating of sandy loess sediments from the Doroshivsty site (Ukraine) against radiocarbon dating. Quaternary International 432, 13-19.

Knippertz, P., Stuut, J-B. 2014. Mineral Dust. Springer.

Kohfeld, K.E., Harrison, S.P. 2003. Glacial-interglacial changes in dust deposition on the Chinese Loess Plateau. Quaternary Science Reviews 22, 1859-1878.

Lai, Z. 2010. Chronology and the upper dating limit for loess samples from Luochuan section in the Chinese Loess Plateau using quartz OSL SAR protocol. Journal of Asian Earth Sciences 37, 176-185.

Lai, Z., Wintle, A, .G. 2006. Locating the boundary between the Pleistocene and the Holocene in Chinese loess using luminescence. The Holocene 16, 893-899.

Lai, Z.P., Murray, A.S., Bailey, R.M., Huot, S., Botter-Jensen, L. 2006. Quartz red TL SAR equivalent dose overestimation for Chinese loess. Radiation Measurements 41, 114-119.

Lai, Z.P., Bruckner, H., Zoller, L., Fulling, A. 2007a. Existance of a common growth curve for siltsized quartz OSL of loess from different continents. Radiation Measurements 42, 1432-1440.

Lai Z.P., Wintle A.G., Thomas D.S.G. 2007b. Rates of dust deposition between 50 ka and 20 ka revealed by OSL dating at Yuanbo on the Chinese Loess Plateau. Palaeogeography, Palaeoclimatology, Palaeoecology 248, 431-439.

Lai, Z.P., Zoller, L., Fuchs, M., Bruckner, H. 2008. Alpha efficiency determination for OSL of quartz extracted from Chinese Loess. Radiation Measurements 43, 767-770.

Lang, A. 2003. Phases of soil erosion-derived colluviation in the loess hills of South Germany. Catena 51, 209-221.

Lauer，T.，Frechen，M.，Vlaminck，S.，Kehl，M.，Lehndorff，E.，Shahriari，A.，Khormali，F. 2017. Luminescence-chronology of the loess palaeosol sequence Toshan，Northern Iran - A highly resolved climate archive for the last glacial-interglacial cycle. Quaternary International 429，3-12.

Lehmkuhl，F.，Zens，J.，Krauβ，L.，Schulte，P.，Kels，H. 2016. Loess-paleosol sequences at the northern European loess belt in Germany：Distribution，geomorphology and stratigraphy. Quaternary Science Reviews 153，11-30.

Li，B.，Li，S.H. 2011. Luminescence dating of K-feldspar from sediments：A protocol without anomalous fading correction. Quaternary Geochronology 6，468-479.

Li，B.，Li，S-H. 2012. Luminescence dating of Chinese loess beyond 130 ka using the non-fading signal from K-feldspar. Quaternary Geochronology 10，24-31.

Li，G.，Wen，L.，Duan，Y.，Xia，D.，Rao，Z.，Madsen，D.B.，Wei，H.，Li，F.，Jia，J.，Chen，F. 2015. Quartz OSL and K-feldspar pIRIR dating of a loess/paleosol sequence from arid central Asia，Tianshan Mountains，NW China. Quaternary Geochronology 28，40-53.

Li，G.，Rao，Z.，Duan，Y.，Xia，D.，Wang，L.，Madsen，D.B.，Jia，J.，Wei，H.，Qiang，M.，Chen，J.，Chen，F. 2016. Paleoenvironmental changes recorded in a luminescence dated loess/paleosol sequence from the Tianshan Mountains，arid central Asia，since the penultimate glaciation. Earth and Planetary Science Letters 448，1-12.

Lisiecki，L.E.，Raymo，M.E. 2005. A Plio-Pleistocene stack of 57 globally distributed benthic δ^{18}O records. Paleoceanography 20，PA1003.

Little，E.C.，Lian，O.B.，Velichko，A.A.，Morozova，T.D.，Nechaev，V.P.，Dlussky，K.G.，Rutterm N. 2002. Quaternary stratigraphy and optical dating of loess from the east European Plain（Russia）. Quaternary Science Reviews 21，1745-1762.

Lu，Y.C.，Wang，X.L.，Wintle，A.G. 2007. A new OSL chronology for dust accumulation in the last 130，000 yr for the Chinese Loess Plateau. Quaternary Research 67，152-160.

Lu，T.，Sun，J. 2011. Luminescence sensitivities of quartz grains from eolian deposits in northern China and their implications for provenance. Quaternary Research 76，181-189.

Marković，S.B.，Stevens，T.，Kukla，G.J.，Hambach，U.，Fitzsimmons，K.E.，Gibbard，P.，Buggle，B.，Zech，M.，Guo，Z.，Hao，Q.，Wu，H.，O'Hara Dhand，K.，Smalley，I.J.，Ujvari，G.，Sumegi，P.，Timar-Gabor，A.，Veres，D.，Sirocko，F.，Vasiljević，D.A.，Jary，Z.，Svensson，A.，Jović，V.，Lehmkuhl，F.，Kovacs，J.，Svirčev，Z. 2015. Danube loess stratigraphy-towards a pan-European loess stratographic model. Earth-Science Reviews 148，228-258.

Mason，J.A.，Natter，E.A.，Zanner，C.W.，Bell，J.C. 1999. A new model of topographic effects on the distribution of loess. Geomorphology 28，223-236.

Moska，P.，Jary，Z.，Adamiec，G.，Bluszcz，A. 2015. OSL chronostratigraphy of a loess-palaeosol sequence in Zlota using quartz and polymineral fine grains. Radiation Measurements 81，23-31.

Muhs，D.R. 2013. Loess deposits：Origins and properties. In：Encyclopedia of Quaternary Sciences，3rd edition（S. Ellias，Ed.）. Elsevier，Amsterdam，pp. 573-584.

Muhs，D.R.，Bettis III，E.A.，Roberts，H.M.，Harlan，S.S.，Pace，J.B.，Reynolds，R.L. 2013. Chronology and provenance of last-glacial （Peoria） loess in western Iowa and paleoclimatic implications. Quaternary

Research 80，468-481.

Murray，A.S.，Wintle，A.G. 2000. Luminescence dating of quartz using an improved single-aliquot regenerative-dose protocol. Radiation Measurements 32，57-73.

Murray，A.S.，Wintle，A.G. 2003. The single aliquot regenerative dose protocol：potential for improvements in reliability. Radiation Measurements 37，377-381.

Murray，A.S.，Buylaert，J.P.，Thomsen，K.J.，Jain，M. 2009. The effect of preheating on the IRSL signal from feldspar. Radiation Measurements 44，554-559.

Murray，A.S.，Schmidt，E.D.，Stevens，T.，Buylaert，J.-P.，Marković，S.B.，Tsukamoto，S.，Frechen，M. 2014. Dating middle Pleistocene loess from Stari Slankamen （Vojvodina，Serbia） - limitations imposed by the saturation behaviour of an elevated temperature IRSL signal. Catena 117，34-42.

Nie，J.，Stevens，T.，Rittner，M.，Stockli，D.，Garzanti，E.，Limonta，M.，Bird，A.，Ando，S.，Vermeesch，P.，Saylor，J.，Lu，H.，Breecker，D.，Hu，X.，Liu，S.，Resentini，A.，Vezzoli，G.，Peng，W.，Carter，A.，Ji，S.，Pan，B. 2015. Loess Plateau storage of Northeastern Tibetan Plateau-derived Yellow River sediment. Nature Communications 6，8511.

Novothny，A.，Frechen，M.，Horvath，E.，Balaz，B.，Oches，E.A.，McCoy，W.D.，Stevens，T. 2009. Luminescence and amino acid racemization chronology of the loess-paleosol sequence at Süttő，Hungary. Quaternary International 198，62-76.

Obreht，I.，Zeeden，C.，Schulte，P.，Hambach，U.，Eckmeier，E.，Tima-Gabor，A.，Lehmkuhl，F. 2015. Aeolian dynamics of the Orlovat loess-palaeosol sequence，northern Serbia，based on detailed textural and geochemical evidence. Aeolian Research 18，69-81.

Obreht，I.，Zeeden，C.，Hambach，U.，Veres，D.，Marković，S.B.，Bosken，J.，Svirčev，Z.，Bačević，N.，Gavrilov，M.B.，Lehmkuhl，F. 2016. Tracing the influence of Mediterranean climate on Southeastern Europe during the past 350，000 years. Scientific Reports 6，36334.

Oches，E.A.，McCoy，W.D. 1995. Aminostratigraphic evaluation of conflicting age estimates for the'Young Loess' of Hungary. Quaternary Research 43，160-170.

Pecsi，M. 1995. The role of principles and methods in loess-paleosol investigations. GeoJournal 36，117-131.

Perić，Z.，Lagerback Adolphi，E.，Stevens，T.，Ujvari，G.，Zeeden，C.，Buylaert，J-P.，Marković，S.B.，Hambach，U.，Fischer，P.，Schmidt，C.，Schulte，P.，Lu，H.，Yi，S.，Lehmkuhl，F.，Obreht，I.，Veres，D.，Thiel，C.，Frechen，M.，Jain，M.，Vott，A.，Zoller，L.，Gavrilov，M.B. 2018. Quartz OSL dating of late Quaternary Chinese and Serbian loess：A cross Eurasian comparison of dust mass accumulation rates. Quaternary International 502，30-44.

Pigati，J.S.，McGeehin，J.P.，Muhs，D.R.，Bettis III，E.A. 2013. Radiocarbon dating late Quaternary loess deposits using small terrestrial gastropod shells. Quaternary Science Reviews 76，114-128.

Porter，S.C. 2001. Chinese loess record of monsoon climate during the last glacial-interglacial cycle. Earth-Science Reviews 54，115-128.

Porter，S.C.，An，Z.S. 2005. Episodic gullying and paleomonsoon cycles on the Chinese Loess Plateau. Quaternary Research 64，234-241.

Pye，K. 1987. Aeolian Dust and Dust Deposits. Academic Press，London，312 pp.

Pye，K. 1995. The nature，origin and accumulation of loess. Quaternary Science Reviews 14，653-667.

Rees-Jones，J. 1995. Optical dating of young sediments using fine-grain quartz. Ancient TL 13，9-14.

Roberts，H.M. 2007. Assessing the effectiveness of the double-SAR protocol in isolating a luminescence signal dominated by quartz. Radiation Measurements 42，1627-1636.

Roberts，H.M. 2008. The development and application of luminescence dating to loess deposits：a perspective on the past，present and future. Boreas 37，483-507.

Roberts，H.M. 2012. Testing Post-IR IRSL protocols for minimizing fading in feldspars，using Alaskan loess with independent chronological control. Radiation Measurements 47，716-724.

Roberts，H.M.，Duller，G.A.T. 2004. Standardized growth curves for optical dating of sediment using multiple-grain aliquots . Radiation Measurements 38，241-252.

Roberts，H.M.，Wintle，A.G. 2001. Equivalent dose determinations for polymineralic fine-grains using the SAR protocol：Application to a Holocene sequence of the Chinese Loess Plateau. Quaternary Science Reviews 20，859-863.

Roberts，H.M.，Wintle，A.G. 2003. Luminescence sensitivity changes of polymineral fine grains during IRSL and ［post-IR］ OSL measurements. Radiation Measurements 37，661-671.

Roberts，H.M.，Wintle，A.G.，Mahar，B.A.，Hu，M. 2001. Holocene sediment accumulation rates in the western Loess Plateau，China，and a 2500-year record of agricultural activity，revealed by OSL dating. The Holocene 11，477-483.

Roberts，H.M.，Muhs，D.M.，Wintle，A.G.，Duller，G.A.T.，Bettis III，E.A. 2003. Unprecedented last-glacial mass accumulation rates determined by luminescence dating of loess from western Nebraska. Quaternary Research 59，411-419.

Rousseau，D-D.，Antoine，P.，Kunesch，S.，Hatte，C.，Rossignol，J.，Packman，S.，Lang，A.，Gauthier，C. 2007. Evidence of cyclic dust deposition in the US Great plains during the last deglaciation from the high-resolution analysis of the Peoria loess in the Eustis sequence （Nebraska，USA）. Earth and Planetary Science Letters 262，159-174.

Rutledge，E.M.，Guccione，M.J.，Markewich，H.W.，Wysocki，D.A.，Ward，L.B. 1996. Loess stratigraphy of the Lower Mississippi Valley. Engineering Geology 45，167-183.

Schaetzl，R.J.，Forman，S.L.，Attig，J.W. 2014. Loess accumulation in the Tian Shan piedmont：Implications for palaeoenvironmental changes in arid Central Asia. Quaternary Research 81，318-329.

Schatz，A-K.，Buylaert，J-P.，Murray，A.，Stevens，T.，Scholten，T. 2012. Establishing a luminescence chronology for a palaeosol-loess profile at Tokaj （Hungary）：A comparison of quartz OSL and polymineral IRSL signals. Quaternary Geochronology 10，68-74.

Schmidt，E.，Machalett，B.，Marković，S.B.，Tsukamoto，S.，Frechen，M. 2010. Luminescence chronology of the upper part of the Stari Slankamen loess sequence （Vojvodina，Serbia）. Quaternary Geochronology 5，137-142.

Schmidt，E.D.，Tsukamoto，S.，Frechen，M.，Murray，A.S. 2014. Elevated temperature IRSL dating of loess sections in the East Eifel region of Germany. Quaternary International 334-335，141-154.

Singhvi，A.K.，Bronger，A.，Sauer，W.，Pant，R.K. 1989. Thermoluminescence dating of loess- paleosol sequences in the Carpathian basin （East-Central Europe）：a suggestion for a revised chronology. Chemical Geology：Isotope Geoscience Section 73，307-317.

Singhvi，A.，Bluszcz，A.，Bateman，M.D.，Someshwar Rao，M. 2001. Luminescence dating of loess-palaeosol sequences and coversands：methodological aspects and palaeoclimatic implications. Earth-Science Reviews 54，193-211.

Smalley，I.J.，Leach，J.A. 1978. The origin and distribution of loess in the Danube Basin and associated regions of East-Central Europe：a review. Sedimentary Geology 21，1-26.

Smalley，I.，O'Hara-Dhand，K.，Wint，J.，Machaelett，B.，Jary，Z.，Jefferson，I. 2009. Rivers and loess：The significance of long river transportation in the complex event-sequence approach to loess deposit formation. Quaternary International 198，7-18.

Smalley，I.，Marković，S.，Svirčev，Z. 2011. Loess is （almost totally formed by） the accumulation of dust. Quaternary International 240，4-11.

Sprafke，T.，Obreht，I. 2016. Loess：Rock，sediment or soil - What is missing for its definition? Aeolian Research 399，198-207.

Stevens T，Lu H. 2009. Optical dating as a tool for calculating sedimentation rates in Chinese loess：comparisons to grain-size records. Sedimentology 56，911-934.

Stevens，T.，Armitage，S.J.，Lu，H.，Thomas，D.S.G. 2006. Sedimentation and diagenesis of Chinese loess：implications for the preservation of continuous，high-resolution climate records. Geology 34，849-852.

Stevens，T.，Thomas，D.S.G.，Armitage，S.J.，Lunn，H.R.，Lu，H. 2007. Reinterpreting climate proxy records from late Quaternary Chinese loess：A detailed OSL investigation. Earth-Science Reviews 80，111-136.

Stevens T.，Lu，H.，Thomas，D.S.G.，Armitage，S.J. 2008. Optical dating of abrupt shifts in the Late Pleistocene East Asian monsoon. Geology 36，415-418.

Stevens，T.，Buylaert，J.P.，Murray，A. 2009. Towards development of a broadly-applicable SAR TTOSL dating protocol for quartz. Radiation Measurements 44，639-645.

Stevens T.，Marković S.B.，Zech M.，Hambach H.，Sumegi P. 2011. Dust deposition and climate in the Carpathian Basin over an independently dated last glacial-interglacial cycle. Quaternary Science Reviews 30，662-681.

Stevens，T.，Adamiec，G.，Bird，A.F.，Lu，H. 2013. An abrupt shift in dust source on the Chinese Loess Plateau revealed through high sampling resolution OSL dating. Quaternary Science Reviews 82，121-132.

Stevens，T.，Buylaert，J-P.，Lu，H.，Thiel，C.，Murray，A.，Frechen，M.，Yi，S.，Zeng，Z. 2016. Mass accumulation rate and monsoon records from Xifeng，Chinese Loess Plateau，based on a luminescence age model. Journal of Quaternary Science 31，391-405.

Stevens，T.，Buylaert，J-P.，Thiel，C.，ujvari，G.，Yi，S.，Murray，A.S.，Frechen，M.，Lu，H. 2018. Icevolume-forced erosion of the Chinese Loess Plateau global Quaternary stratotype. Nature Communications 9 art. No. 983.

Sun Y.B.，Clemens S.C.，Morrill C.，Lin，X.，Wang，X.，An，Z. 2012. Influence of Atlantic meridional overturning circulation on the East Asian winter monsoon. Nature Geosciences 5，50-54.

Taylor，S.R.，McLennan，S.M.，McCulloch，M.T. 1983. Geochemistry of loess，continental crustal composition and crustal model ages. Geochimica et Cosmochimica Acta 47，1897-1905.

Tegen，I. 2013. Glacial Climates：Effects of atmospheric dust. Encyclopedia of Quaternary Science，2nd edition （ed. Elias），729-736.

Thiel C.，Buylaert J.P.，Murray A.S.，Terhorst B.，Hofer I.，Tsukamoto S.，Frechen M. 2011. Luminescence dating of the Stratzing loess profile （Austria） - testing the potential of an elevated temperature post-IR IRSL protocol. Quaternary International 234，23-31.

Thomsen，K.J.，Murray，A.S.，Jain，M.，Botter-Jensen，L. 2008. Laboratory fading rates of various luminescence signals from feldspar-rich sediment extracts. Radiation Measurements 32，1474-1486.

Timar，A.，Vandenberghe，D.，Panaiotu，E.C.，Panaiotu，C.G.，Necula，C.，Cosma，C.，van den Haute，P. 2010. Optical dating of Romanian loess using fine-grained quartz. Quaternary Geochronology 5，143-148.

Timar-Gabor，A.，Wintle，A.G. 2013. On natural and laboratory generated dose response curves for quartz of different grain sizes for Romanian loess. Quaternary Geochronology 18，34-40.

Timar-Gabor，A.，Vandenberghe，D.A.G.，Vasiliniuc，S.，Panaoitu，C.E.，Panaiotu，C.G.，Dimofte，D.，Cosma，C. 2011. Optical dating of Romanian loess：A comparison between silt-sized and sandsized quartz. Quaternary International 240，62-70.

Timar-Gabor，A.，Constantin，D.，Marković，S.B.，Jain，M. 2015. Extending the area of investigation of fine versus coarse quartz optical ages from the Lower Danube to the Carpathian Basin. Quaternary International 388，168-176.

Timar-Gabor，A.，Buylaert，J-P.，Guralnik，B.，Trandafir-Antohi，O.，Constantin，D.，Anechitei-Deacu，V.，Jain，M.，Murray，A.S.，Porat，N.，Hao，Q.，Wintle，A.G. 2017. On the importance of grain size in luminescence dating using quartz. Radiation Measurements 106，464-471.

Trandafir，O.，Timar-Gabor，A.，Schmidt，C.，Veres，D.，Anghelinu，M.，Hambach，U.，Simon，S. 2015. OSL dating of fine and coarse quartz from a Palaeolithic sequence on the Bistriţa Valley （Northeastern Romania）. Quaternary Geochronology 30，487-492.

Tsukamoto，S.，Rink，W.J.，Watanuki，T. 2003. OSL of tephric loess and volcanic quartz in Japan and an alternative procedure for estimating De from a fast OSL component. Radiation Measurements 37，459-465.

Újvári，G.，Kovacs，J.，Varga，G.，Raucsik，G.，Marković，S.B. 2010. Dust flux estimates for the Last Glacial Period in East Central Europe based on terrestrial records of loess deposits：a review. Quaternary Science Reviews 29，3157-3166.

Újvári，G.，Molnar，D.，Novothny，A.，Pall-Gergely，B.，Kovacs，J.，Varhegyi，A. 2014. AMS ^{14}C and OSL/IRSL dating of the Dunaszekcs loess sequence （Hungary）：chronology for 20 to 150 ka and implications for establishing reliable age-depth models for the last 40 ka. Quaternary Science Reviews 106，140-154.

Újvári，G.，Stevens，T.，Svensson，A.，Klotzli，U.S.，Manning，C.，Nemeth，T.，Kovacs，J.，Sweeney，M.R.，Gocke，M.，Wiesenberg，G.L.B.，Markovic，S.B.，Zech，M. 2015. Two possible source regions for central Greenland last glacial dust. Geophysical Research Letters 42，10，399-10，408.

Újvári，G.，Kok，J.F.，Varga，G.，Kovacs，J. 2016. The physics of wind-blown loess：implications for grain-size proxy interpretation in Quaternary paleoclimate studies. Earth-Science Reviews 154，247-278.

Újvári，G.，Stevens，T.，Molnar，M.，Demeny，A.，Lambert，F.，Varga，G.，Jull，A.J.T.，Pall-Gergely，B.，Bulaert，J-P.，Kovacs，J. 2017. Coupled European and Greenland last glacial dust activity driven by North Atlantic climate. Proceedings of the National Academy of Sciences 114，E10632-E10638.

Varga，G.，Kovacs，J.，Ujvari，G. 2012. Late Pleistocene variations of the background aeolian dust concentration in the Carpathian Basin：an estimate using decomposition of grain-size distribution curves of loess deposits. Netherlands Journal of Geosciences - Geologie en Mijnbouw 91，159-171.

Velichko，AA.，Morozova，T.D.，Nechaev，V.P.，Rutter，N.W.，Dlusskii，K.G.，Little，E.C.，Catto，N.R.，Semenov，V.V.，Evans，M.E. 2006. Loess/paleosol/cryogenic formation and structure near the northern limit of loess deposition，East European Plain，Russia. Quaternary International 152-153，14-30.

Wang，X.L.，Wintle，A.G.，Lu，Y.C. 2006. Thermally transferred luminescence in fine-grained quartz from Chinese loess：Basic observations. Radiation Measurements 41，649-658.

Watanuki，T.，Tsukamoto，S. 2001. A comparison of GLSL，IRSL and TL dating methods using loess deposits from Japan and China. Quaternary Science Reviews 20，847-851.

Wilson，P.，Vincent，P.J.，Telfer，M.W.，Lord，T.C. 2008. Optically Stimulated Luminescence （OSL） dating of loessic sediments and cemented scree in northwest England. The Holocene 18，1101-1112.

Wintle，A.G. 1973. Anomalous fading of thermo-luminescence in mineral samples. Nature 245，143-144.

Wintle，A.G. 1981. Thermoluminescence dating of late Devensian loesses in Southern England. Nature 289，479-480.

Wintle，A.G.，Murray，A.S. 2006. A review of quartz optically stimulated luminescence characteristics and their relevance in single aliquot regeneration dating protocols. Radiation Measurements 41，369-391.

Yang，S.，Ding，Z.L. 2003. Color reflectance of Chinese loess and its implications for climate gradient changes during the last two glacial-interglacial cycles. Geophysical Research Letters 30，2058.

Yang，S.，Ding，Z.L. 2004. Comparison of particle size characteristics of Teriary 'red clay' and Pleistocene loess in the Chinese Loess Plateau：implications for origin and sources of 'red clay'. Sedimentology 51，77-93.

Yang，S.L.，Forman，L.S.，Song，Y.G.，Pierson，J.，Mazzacco，J.，Li，X.X.，Shi，Z.T.，Fang，X.M. 2014. Evaluating OSL-SAR protocols for dating quartz grains from the loess in Ili Basin，Central Asia. Quaternary Geochronology 20，78-88.

Yi，S.，Buylaert，J-P.，Murray，A.S.，Thiel，C.，Zeng，L.，Lu，H. 2015. High resolution OSL and post-IR IRSL dating of the last interglacial cycle at the Sanbahuo loess site （northeastern China）. Quaternary Geochronology 30，200-206.

Yi，S.，Buylaert，J.-P.，Murray，A.S.，Lu，H.，Thiel，C.，Zeng，L. 2016. A detailed post-IR IRSL dating study of the Niuyangziguo loess site in northeastern China. Boreas 45，644-657.

Zeeden，C.，Dietz，M.，Kreutzer，S. 2018. Discriminating luminescence age uncertainty composition for a robust Bayesian modelling. Quaternary Geochronology 43，30-39.

Zhang，J.F.，Zhou，L.P. 2007. Optimization of the 'double SAR' procedure for polymineral fine grains. Radiation Measurements 42，1475-1482.

Zhang，J.，Nottebaum，V.，Tsukamoto，S.，Lehmkuhl，F.，Frechen，M. 2015. Late Pleistocene and Holocene loess sedimentation in central and western Qilian Shan （China） revealed by OSL dating. Quaternary International 372，120-129.

6　在冰川与冰缘环境中的应用

马克·贝特曼
英国谢菲尔德大学地理系　Email: m.d.bateman@sheffield.ac.uk

摘要：冰川和冰缘沉积物中普遍存在石英和长石矿物。因此，理论上释光测年方法非常适合这些沉积物的测年，但其应用也面临诸多困难。例如，冰川沉积物可能存在释光特性较差或不完全晒退等情况。该难点可以通过野外仔细挑选晒退最好的沉积物进行采样、测试时采用最优的释光信号，并使用单颗粒或小测片测量等效剂量等方法来克服。此外，针对不完全晒退的情况，还可以使用统计模型挑选出其中晒退完全的组分。在冰川和冰缘环境中，了解沉积过程和沉积环境，有助于认识沉积物埋藏和沉积后混合过程对测年样品晒退程度的影响。

关键词：不完全晒退，冰碛物，沙楔，单颗粒

6.1　引言

第四纪是地质历史中最新的一个纪，在此期间全球各地的冰盖和山岳冰川发生了多次大规模的扩张和退缩。因此，科学家理所当然地希望重建古冰川的时空特征，以及它们与气候变化之间的关系（如 Clark et al.，2012；Dyke et al.，2001；Hughes et al.，2016；Toucanne et al.，2015）。不过该工作困难重重、面临诸多挑战，其中一个方面就是冰川和冰缘环境中的年代学问题（图 6.1）。例如，冰川沉积物中有机物质较少且难以保存，因此很难找到适用于放射性碳、氨基酸外消旋或铀系测年等测年方法的材料。单就放射性碳测年而言，即便能成功应用，其测年范围也仅能覆盖末次冰期-间冰期旋回的一部分。此外，冰川和冰缘环境是一个冰冻的封闭环境，这导致有机物中老碳二次搬运/污染的概率非常高（Briant and Bateman，2009）。冰缘和冰川沉积物也罕有同期形成的碳酸盐或动物壳体，因而铀系和氨基酸外消旋测年的适用性也有限。虽然近年宇宙成因核素测年在冰川沉积物中的应用越来越多，但其仅限于暴露在地表的漂砾或基岩面，只能测量岩石首次暴露以来的时间；而冰川的动力过程以及部分地区的多期冰川发育限制了该方法的应用。相比之下，释光测年理论上能覆盖过去两个冰期-间冰期旋回（Bateman et al.，2011），在低剂量率环境下甚至可以测得更老（Pawley et al.，2008）。如第 1 章所述，该方法所需的石英和长石在冰川沉积物中普遍存在。因此，释光测年方法在建立冰川和冰缘沉积物的年代框架方面具有非常大的潜力。然而，早期的研究结果并不乐观，主要原因是沉积物埋藏前的不完全晒退常常导致年龄高估（Lamothe，1988；Duller et al.，1995）。不过，随着测量技术、石英/长石特性的认识以及数据分析等诸多方面的进展，越来越多的第四纪科学家发表了经独立验证的冰缘和冰川沉积物的准确释光年龄（Evans et al.，2017；Houmark-Nielsen and Kjær，2003；Meyer et al.，2009；Smedley et al.，2016；Wysota et al.，2009）。

图 6.1 如南美巴塔哥尼亚（Patagonia）的 Spegegazzini 冰川的照片所示，现代冰川和古冰川的地貌特征导致我们在获取适合释光测年的沉积物并通过释光测年反映其真实埋藏年龄方面都面临诸多挑战。照片拍摄者：卢卡·加卢齐（Luca Galuzzi）（www.galuzzi.it［2024.8.28］）。

本章将概述释光测年技术在冰川和冰缘环境应用中的困难，以及技术的发展如何部分或完全克服这些困难。此外，就如何从这些环境中最大限度地获得高质量的释光年代给出了建议，并提供了一些应用释光测年的成功研究案例。

6.2 释光测年的主要困难

冰川和冰缘沉积物释光测年的主要困难是信号未归零（也称为不完全晒退）。应用释光技术测年的前提假设是沉积物在侵蚀、搬运或沉积的过程中暴露在阳光下足够长的时间，以清除先前累积的释光信号（第1章）。如果不满足该前提条件，所测量的释光信号就不能仅归因于埋藏时间。研究表明，石英暴露于阳光下仅10s，其光释光（OSL）信号就可以降低到初始水平的1%以下（Godfrey-Smith et al.，1988）。理论上，这一标准在大多数沉积环境中均有可能满足，即使在输沙量高的冰川环境中同样可能。King等（2014a）研究发现，二次搬运的冰前环境中的沉积物有很多机会使其释光信号归零。不过冰川沉积物在侵蚀和最终堆积期间会多次搬运，其中很多环节可能会导致沉积物的释光信号不同程度地晒退或者完全未晒退。例如，沉积物在数百米厚的冰盖之下会被重新沉积成为底碛，该过程中没有机会曝光，其释光信号将与最终埋藏时间无关。另一种情况是，冰川在整体运动的过程中，冰川表面的沉积物可以首先曝光，因此表碛可以部分晒退。此外，表碛中的颗粒会在其从冰面掉落的过程中晒退，并且在其搬运至冰舌末端沉积的过程中进一步晒退。在此情景中，一些颗粒的释光信号可以在埋藏前晒退，一些不完全晒退，一些则完全不能晒退，因而保留了上一次埋藏过程乃至初始沉积物的大部分释光信号。可惜的是，在第四纪研究中，许多需要定年的地质事件/沉积物都与冰下过程有关，而这个过程中不太可能见光（如Lamothe，1988）。在冰缘环境中，不完全晒退的情况更复杂一些，尽管沉积物在沉积时其信号可能会归零，但在埋藏过程中受到冻融作用的扰动可能会导致新老沉积物的混合，致使样品等效剂量的分布范围较宽或离散。

因此，冰川和冰缘沉积物释光测年的主要难点在于如何测量或者挑选由晒退完全的颗粒贡献的信号，进而避免年龄高估、等效剂量饱和或者离散（如 Houmark-Nielsen，2009；Thrasher et al.，2009）。冰川和冰缘沉积物释光测年的另一难点在于该沉积环境中矿物的释光特性一般较差，（如在瑞士、新西兰和智利），这些信号暗淡的石英难以满足释光测年的一个基本前提——矿物是可靠的天然剂量计（见第 1 章）。对沉积物而言，基本假设是实验室测量的释光信号与其埋藏期间吸收的环境辐射成比例。暗淡的石英释光信号微弱且难以探测，而且这种信号与其吸收的环境辐射不成比例。

6.3　冰川环境

冰川环境中通常保留了冰川侵蚀、搬运、形变、堆积等作用形成的丰富的地貌类型。就堆积地貌而言，冰盖和冰川可以形成冰碛垄、蛇形丘和槽碛等大量其他冰川沉积物。后者包括一系列沉积类型，从冰碛（混杂堆积）到冰河沉积、冰湖沉积和块体运动产生的沉积物。冰川沉积环境复杂，如冰碛可以有很多种形态，这取决于它是沉积在冰川底部（底碛）、冰川内部（中碛）还是冰川表面（表碛）。此外，冰碛的形态还与输沙量、粒径、水压、水文以及沉积时的冰层厚度等因素相关。冰碛物的物源可能来自冰川直接侵蚀基岩或更老的松散堆积，或掉落到冰面的碎屑物，以及水冲或风吹到冰面的物质。更为复杂的情况为沉积物有可能被冻结为整块冰筏搬运，如在英国东安格利亚（East Anglia）的黑斯堡（Happisburgh）冰碛中发现的白垩冰筏（Vaughan-Hirsch et al.，2013）。最后，冰川和冰盖还经常会通过加积、侵蚀、搬运和再沉积来改造原有的冰碛物。读者可以参考 Evans 和 Benn（2004）的相关内容，详细了解冰川环境中各种方式形成的沉积和分层特征（岩相）。从释光测年的角度来看，冰川沉积物通常是以团块快速堆积，并在冰川内部或底部搬运，或者由冰川底部的磨蚀而成。因此，之前累积的释光信号可能很难在最终埋藏之前完全归零（晒退），即使在冰缘地带，沉积物信号归零也可能会有难度。例如，冰水沉积物的信号归零受输沙量和浑浊度的显著影响，因为阳光在水中会快速衰减，导致晒退效率较低（Berger，1990）。不过，冰水沉积物在最终埋藏之前通常会经历一系列的侵蚀-搬运-沉积过程，因此其晒退的机会比原来预想的要多（King et al.，2014a，2014b）。

正如 Lüthgens 和 Böse（2010）所述，可以通过以下四种主要方法来改进冰川沉积物的释光测年，并解决上述信号晒退方面的难题。

（1）信号最优化，选择最容易晒退的剂量计中的快组分信号。

（2）避免平均效应，避免在一个测片上测量大量颗粒。

（3）运用统计方法提取晒退的 D_E 组分。

（4）精准采样，重点关注更有可能在埋藏前被晒退的冰川沉积物。

6.3.1　信号最优化

一些早期研究发现，将热释光（TL）和光释光（OSL）应用于冰川沉积物测年时，前者所得年龄更老。这是由于足够的光照能清空 OSL 陷阱，但不足以清空 TL 陷阱。如图 6.2 所示，TL 信号比 OSL 信号归零慢，需要约 1000s 的光照才能将其降低到初始信号的 10% 以下，而 OSL 信号仅需 2s 曝光即可达到同样的效果。如上文所述，考虑到冰川沉积物在埋藏前可能经历的光照非常短暂，这种差异就至关重要。例如，Berger 和 Doran（2001）报道了南极霍尔湖（Lake Hoare）冰湖沉积物的 IRSL 和 TL 年龄，两者相差 2ka。瑞士冰河沉积物的释光测年结果同样显示，TL 比 IRSL 年龄老五倍（Preusser，1999）。因此，现今大多数冰川沉积释光测年选择使用 OSL，而非 TL。

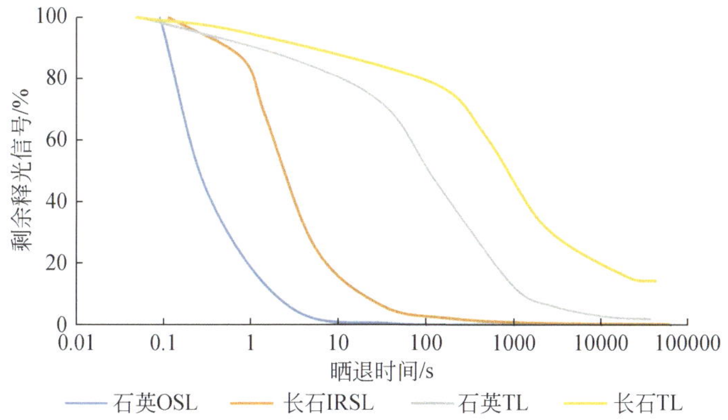

图 6.2　沉积物受光照时不同矿物和释光信号的相对晒退效率。石英 OSL 信号晒退最快，使其在冰川环境中信号归零概率最高。数据来源：Godfrey-Smith 等（1988）。

同样如图 6.2 所示，石英和长石颗粒释光信号归零的速度不同。石英通常更容易晒退，在曝光约 10s 后信号可衰减至初始强度的 1%，而长石信号衰减至同样水平需要约 15min。这两种矿物都需要约 60min 的光照才能达到样品的晒退极限，但阳光如需先穿过水体，则情况会有所不同（Klasen et al.，2006）。Spencer 和 Owen（2004）、Owen 等（2002）分别对比了巴基斯坦喀喇昆仑山冰川沉积物中石英 OSL 和长石 IRSL 的测年结果，由于 IRSL 信号的晒退较差，两项研究均显示 IRSL 年龄比 OSL 大得多。正如 Bickel 等（2015）在阿尔卑斯山冰川沉积物的测年研究中所报道的那样，虽然石英通常比长石晒退更好，但如果二者年龄一致，则可以更有把握地认为沉积物在埋藏前晒退比较彻底。

信号优化的最后一个途径是确保从石英释放并被测量到的释光信号是地质过程稳定且易于晒退的组分，即文献中所谓的快组分。通常，石英 OSL 信号由快、中、慢三个组分构成（图 6.3；Bailey et al.，2011；Singarayer et al.，2005）。中、慢组分如其名称所示，不仅需要更长的晒退时间，而且被认为在地质过程中可能是不稳定的，这会导致错误的年龄结果。例如，Lukas 等（2007）认为苏格兰冰川沉积物的年龄高估是由于石英 OSL 信号以晒退较慢的中、慢组分为主，快组分占比较低。图 6.4 是一个以中-慢组分 OSL 信号为主的石英的示例。一旦发现了石英 OSL 信号以中-慢组分为主，改用长石将是一个不错的选择，但这又可能会产生其他问题（见下文）。此外，还有一种方法是采用早背景减除法（如 Ballarini et al.，2007）。通常，OSL 测年采用前几秒信号扣除最后几秒背景信号的晚背景减除法，而早背景减除法采取初始信号扣除紧随其后的早背景信号的方法，能够更多地去除其中的中、慢组分信号。

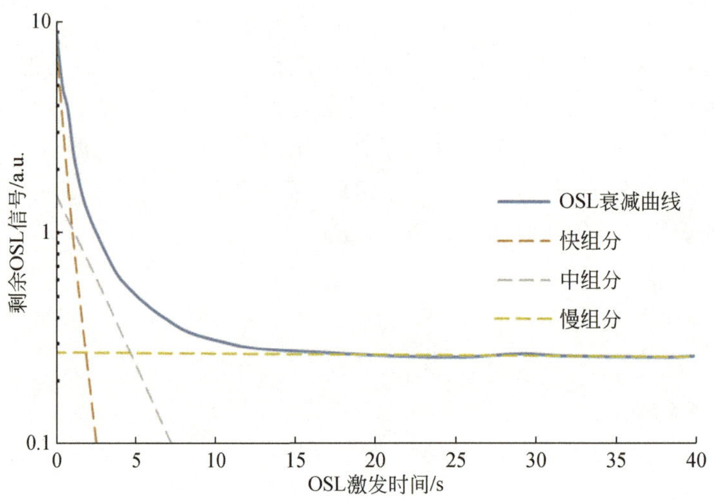

图 6.3　石英 OSL 信号随激发时间变化的衰减曲线示例。构成衰减曲线的不同组分如图所示，快组分信号在地质过程中稳定且易于晒退，是确定埋藏前经历有限曝光时间的冰川沉积物年龄的最佳选择。数据来源：Bailey 等（2011）。

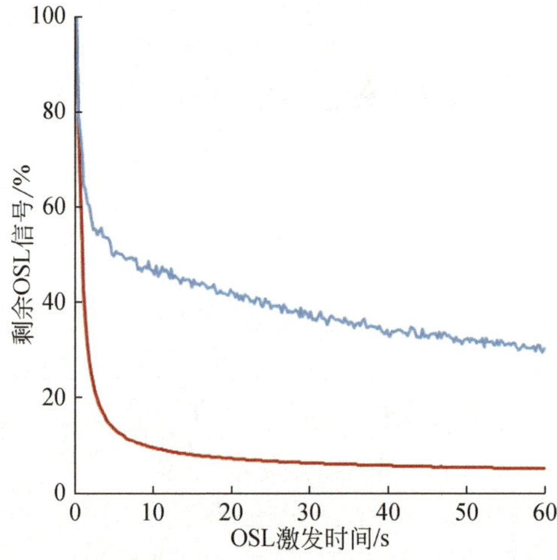

图 6.4　快组分（红色）主导和中-慢组分（蓝色）主导的石英 OSL 衰减曲线对比图。后者是 OSL 测年的次佳选择，尤其是在埋藏前经历有限曝光时间的沉积环境中。

另外 OSL 衰减曲线中的不同组分还可以使用线性调制释光技术进行直接测量和分离（如 Singarayer et al.，2005）。尽管该技术可以分离出稳定的快组分 OSL 信号进行年代计算，但测量非常耗时，因此不能作为常规测量手段。研究还发现，许多冰川地区的石英接受单位剂量辐照时释放的 OSL 信号有限，即样品灵敏度很低，这种情况会导致年龄低估（Preusser et al.，2006）。Duller（2006）在对智利巴塔哥尼亚北部的冰河沉积开展测年研究时就遇到了这种情况，其中一些样品没有办法得到任何单颗粒测试结果。因此，Smedley 等（2016）选择使用长石 pIRIRSL 法对类似沉积物进行测年（详见第 1 章）。

6.3.2 避免 D_E 平均效应

随着单片再生剂量（SAR）法的发展（Murray and Wintle，2000），基于单个测片即可完成确定 D_E 所需的所有测量。因此，现在释光年龄通常基于单个样品开展大量重复 D_E 测量来计算，而通过比较样品不同测片或单个颗粒之间 D_E 值的差异可以判断样品在埋藏前是否完全晒退。完全晒退样品的 D_E 分布呈集中的正态分布，而不完全晒退样品则呈较宽的偏峰甚至多峰分布（图 6.5）。在 D_E 分布图中，样品不完全晒退情况的明显程度，部分取决于测片的大小（因此也取决于单个测片上的颗粒数量）。由于平均效应，单个测片上同时测量的颗粒越多，不同测片的 D_E 值差异就越小（图 6.6；例如 Wallinga，2002）。用细颗粒进行释光测年时，标准的 9.6mm 直径测片上的颗粒可能超过 100000 个，这代表了平均效应的极端情况。而且，分离少量的细颗粒比较困难。因此，无法根据细颗粒（直径 4～11μm）沉积物 D_E 的离散程度评估样品的晒退程度。

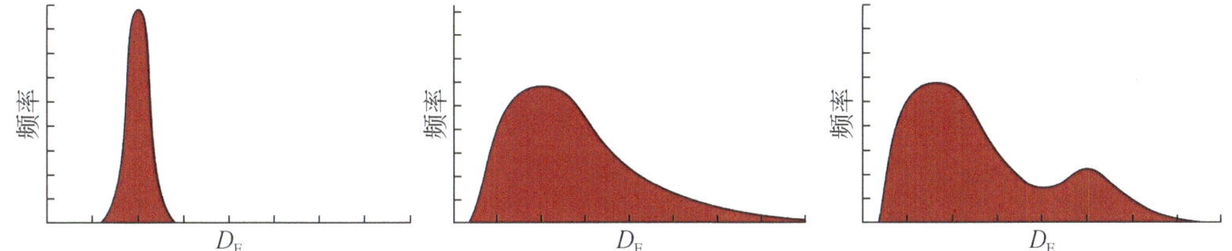

图 6.5 概率密度图显示晒退良好样品（左）和晒退不良样品（中和右）的 D_E 分布。图中后两种情景下，偏峰表明大多数测片完全晒退，但也有一些测片的 D_E 值较大。改绘自 Bateman 等（2003）。

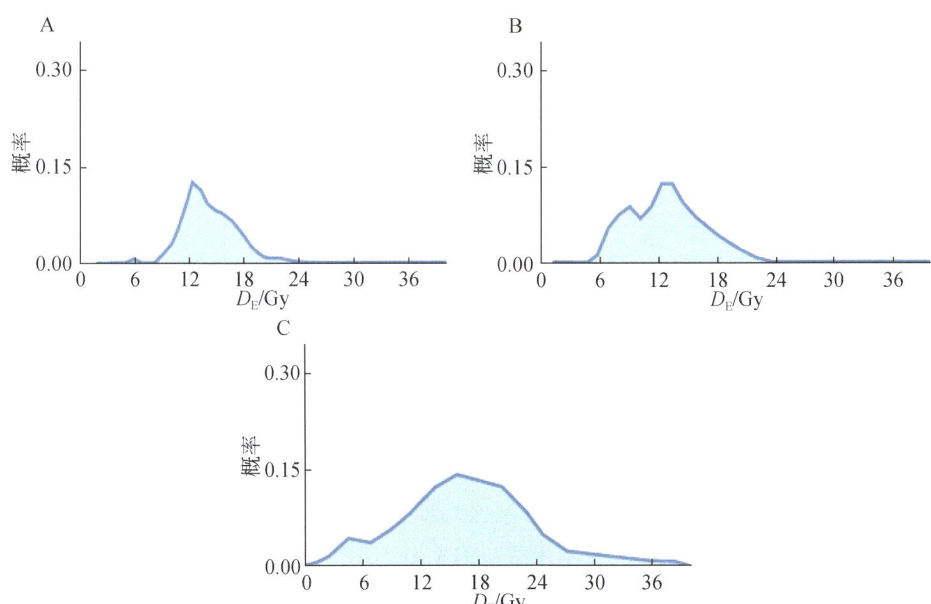

图 6.6 石英 OSL 等效剂量分布和测片尺寸的关系。A-直径为 9.6mm 的标准测片，含有约 2000 个颗粒，平均效应较强；B-直径为 2mm 的小测片，含有约 100 个颗粒，D_E 分布中出现了标准测片中未见的 D_E 组分；C-单颗粒测量结果显示的样品真实的 D_E 分布。该样品来自英国东安格利亚的冰缘沉积物。图片改绘自 Bateman 等（2014）。

对于粗颗粒样品，可以通过减少单个测片上的颗粒数来减小平均效应。使用不同尺寸的盖模可以限制标准测片（直径 9.6mm）上样品的表面积。通常，如果一个“标准”测片的整个表面覆盖单层颗粒，其数量约为 2300 个；而将其覆盖 5mm 所获得的“中”测片的颗粒数将减少至约 600 个；将其覆盖 2mm 或 1mm 时颗粒数分别减少至约 100 个和 25 个，从而得到“小”和“超小”测片。在冰川环境中，可能存在不完全晒退的情况，建议使用“小”或“超小”测片，在许多情况下甚至需要采用单颗粒。为什么要使用单颗粒呢？这是因为即便采用“小”或“超小”测片，如果所有的颗粒释光灵敏度相似，平均效应将掩盖真实的 D_E 分布，导致无法检测出不完全晒退情况（Duller，2008）。在更糟糕的情况下，D_E 分布中还会出现假的 D_E 组分（Roberts et al.，2000）。不过，大量研究表明，对于多数沉积物而言，测得的释光信号 90%以上由 5%～10%的颗粒所释放（Duller，2008）。在实践中，含有 25 个颗粒的“超小”测片的大部分信号可能只由其中一个颗粒贡献，因此，单片测量结果有时可以视为单颗粒结果。Evans 等（2017）对英国皮克林谷（Vale of Pickering）的冰湖沉积物中提取的石英进行的 OSL 测年工作就是这样。如图 6.7 所示，单颗粒与“小”测片的平均 D_E 和 D_E 分布没有明显差异。尽管单颗粒测量是确定样品晒退情况的最佳方法，但在遇到“暗淡”石英时，样品中往往没有满足测试条件的颗粒。在这种情况下，需要增加测片的大小。Preusser 等（2007）在对瑞士的冰前沉积物进行测年时就遇到了这种情况，迫使作者采用“小”测片进行测量。

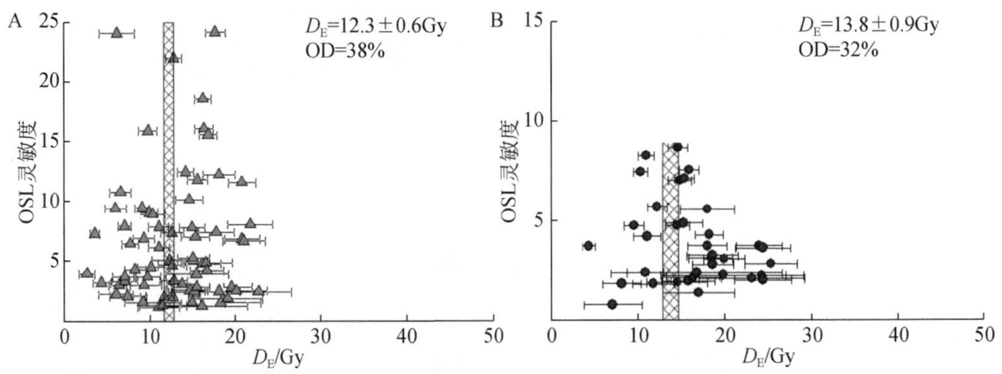

图 6.7　典型冰湖沉积物石英小测片（A）和单颗粒（B）D_E 数据对比。由于少数颗粒贡献了大部分信号，所以无论是从平均值（红色柱）还是离散度来看，两种方法之间都没有明显的差异。图片改绘自 Evans 等（2017）。

冰川沉积物测年的关键在于无论采用“小”测片或单颗粒，都必须要测量足够数量的 D_E 值。对于晒退良好的样品所有测片的 D_E 值均非常接近，因此测量 10 个或 50 个测片，对 D_E 分布或平均 D_E 影响不大。但如果样品存在不完全晒退的可能，看到样品真实的 D_E 分布并采用相应的分析方法（见第 6.3.3 节）就至关重要。Rodnight（2008）研究了该问题，并建议每个样品需至少测试 50 个 D_E 值。

Bøe 等（2007）使用单颗粒和“超小”测片对挪威冰河沉积物的石英样品开展了大量的（大部分样品测片数＞100 个）重复测量，发现单颗粒和“超小”测片的 D_E 值结果相似，且均呈正态分布，因此认为沉积物在埋藏前已被完全晒退。瑞典南部的冰河沉积物也是如此（Alexanderson and Murray，2007）。Alexanderson 和 Murray（2012）基于大测片、小测片和单颗粒的 D_E 分布的对比，进一步证明冰川近端的沉积物也可以很好地晒退。需要注意的是，在某些情况下 D_E 分布对称或不对称不能作为完全晒退或部分晒退的确凿证据（Fuchs and Owen，2008），建议结合剂量恢复实验结果加以判断，即在进行 D_E 测试前，先将天然信号晒退，再给其一个已知的人工剂量（如 Fuchs et al.，2007）。

6.3.3 提取晒退的 D_E 组分

目前可以在单颗粒水平（或接近单颗粒水平）上测量单个样品的多个 D_E 值，这对于晒退不良的沉积物，是确定样品等效剂量真实变化的好办法。不过，尽管这有助于识别样品的晒退不良问题，但对年龄计算不一定有帮助。计算年龄需要一个单一的 D_E 值，这就引出了一个关键问题：应该使用哪个 D_E 值？对于晒退良好的样品（图 6.5，左图），D_E 的平均值和标准偏差很好地描述了该数据，可以直接计算出样品的代表性年龄。但在偏峰或多峰 D_E 分布的情况下（图 6.5，中图和右图），这种方法不能反映 D_E 的变化，这种情况下的平均值往往会高估真实埋藏年龄，因为它包含了埋藏时未完全归零的数据，既先前埋藏过程中的残留信号。更复杂的情况是，并非所有 D_E 的变化都是晒退不良造成的，有些可能是由于沉积后的扰动，如蚂蚁或冻融作用。如果沉积物在沉积后受到扰动，那么较老的沉积物可能上移，或者较年轻的物质下移，从而导致复杂的 D_E 分布（详见 Bateman et al.，2007）。这就对用于数据分析的统计模型的选择带来了挑战，因为在样品中测得的 D_E 低值可能代表晒退最好的组分，所以最接近埋藏年龄，但也可能是与埋藏事件无关的后期扰动的结果。另外，有些 D_E 变化可能源于环境β剂量率（或称为β微剂量）和释光特性的不均匀性（如 Murray and Roberts，1997；Thomsen et al.，2005；Chauhan and Singhvi，2011）。当沉积物中钾长石和锆石颗粒的数量不断减少时，单颗粒测试数据会越来越趋于正偏态（Mayya et al.，2006）。锆石颗粒可能致使邻近的石英颗粒 D_E 值极高，而远离它的石英颗粒 D_E 值非常低。为此，Chauhan 和 Singhvi（2011）开发了一种数学分析方法来评估某个已知的 D_E 分布是否受到了微剂量的显著影响。

在晒退不完全的冰川沉积物中，经常遇到 D_E 变化较大的情况，使得很难客观地评估这些 D_E 值是否适用于年龄计算（Duller，2008）。对于那些根据 D_E 分布可以看出晒退不好的样品，基于 D_E 中值计算的年龄实际上是最老年龄，而不是真正的埋藏年龄。要得到真实的沉积物埋藏年龄，可以尝试使用多种统计方法来遴选出那些在埋藏之前释光信号已经归零的颗粒或测片。所有这些方法的基本假设是，D_E 值的一个组分已经完全归零，因此大多数统计模型都会选择 D_E 分布的低值端（详见第 1 章）。评估 D_E 分布的常用统计模型有：①最小年龄模型（MAM；Galbraith et al.，1999）；②有限混合模型（FMM；Galbraith and Green，1990；Roberts et al.，2000）；③内-外不确定性标准模型（IEU；Medialdea et al.，2014；Thomsen et al.，2007）。Bailey 和 Arnold（2006）、Boulter 等（2007）都曾试图建立一个决策树来判断哪种模型最适合哪种类型的 D_E 分布。然而，两者都不能囊括所有的情况，而且都需要基于经验的阈值（如离散度和偏态）来支持数据的解释（如离散度和偏态），因此并不是绝对可靠的。

模型的选择及其如何应用在很大程度上是释光实验室通过对数据的分析和研究来决定的。MAM 的目标是选取晒退最好的 D_E 最小的颗粒/测片，其成功应用的关键是确定正确的晒退良好样品的预期离散度值（OD）。文献中报告了不同的 OD 值，在单片测量的 0.1 到单颗粒测量的 0.3 之间变化。有的值是通过对样品进行剂量恢复实验或基于现代充分晒退的相似型样品来估算的。例如，Rittenour 等（2015）对美国本森湖（Lake Benson）冰川附近晒退不良的沉积物进行了 OSL 测年，根据剂量恢复实验确定了 15%的离散度值，并在 MAM 中使用该值提取用于计算年龄的最终 D_E 值。FMM 的优势在于能够识别和排除任何 D_E 异常低值，这些异常值是测量假象或β异质性的结果，如果包含在年龄计算中，将导致年龄低估（图 6.8；Smedley et al.，2017）。FMM 的缺点是，根据确切的 D_E 分布（以及模型中使用的离散度σ_b组分）提取的最低值组分可能包括一些未完全晒退的测片/颗粒。Duller（2006）在将单颗粒 OSL 应用于苏格兰和智利的冰河沉积时，遇到了一些晒退不良的样品，但是利用 FMM，他获得了与独立年代一致的年龄。同样，Bateman 等（2015）将 FMM 应用于残留冰碛中砂透镜体的单颗粒 OSL 数据，获取了英国巴姆斯顿末次冰期冰碛的第一个直接年龄。IEU 也仅针对 D_E 最低值，但与 MAM 不同的是，它的起始参数是通过对沉积物样品进行人工晒退并给予若干不同的辐射剂量来确定的。最后，离散度与剂量的关系被用来定义什么才是晒退良好的样品（Medialdea et al.，2014）。Bateman 等（2018a）将 IEU 方法应用于英国费里比（Ferriby）的英国-爱尔兰冰盖最近一次形成的冰碛垄的超小测片 OSL 测量。从图 6.9 中可以看出，IEU 仅使用低值端的 D_E，得到了 19.4±1.8ka、21.7±2.0ka 和 22.5±1.6ka 的年龄，根据邻近的独立年代判断，这些年龄都符合预期。

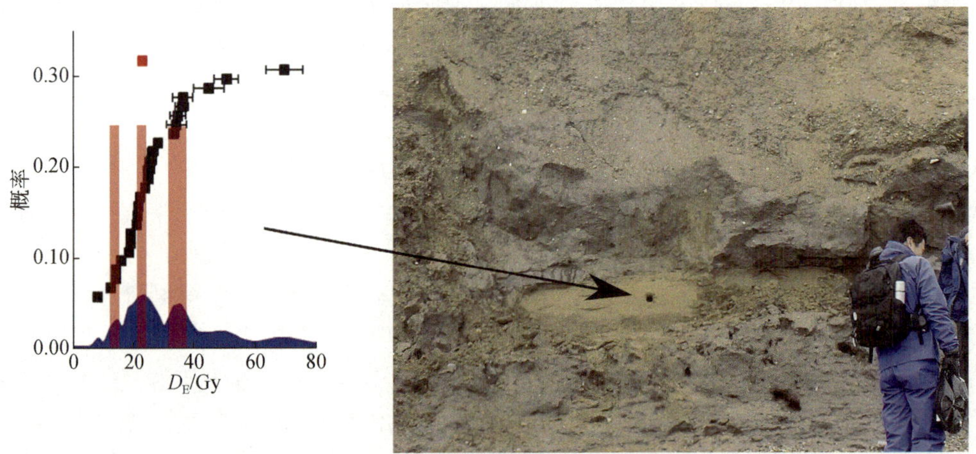

图 6.8　英国巴姆斯顿（Barmston）冰碛物中晒退不良的沙子。图中所示为所有测量的单颗粒 OSL 的 D_E 值的组合概率（蓝色阴影）、单个 D_E 结果（黑点）以及平均值（红点）。红色柱表示使用有限混合模型（FMM）提取的 D_E 组分。在本研究中，D_E 的主导组分（中间）被用于年龄计算，结果为 21500±1100a（Bateman et al.，2015）。

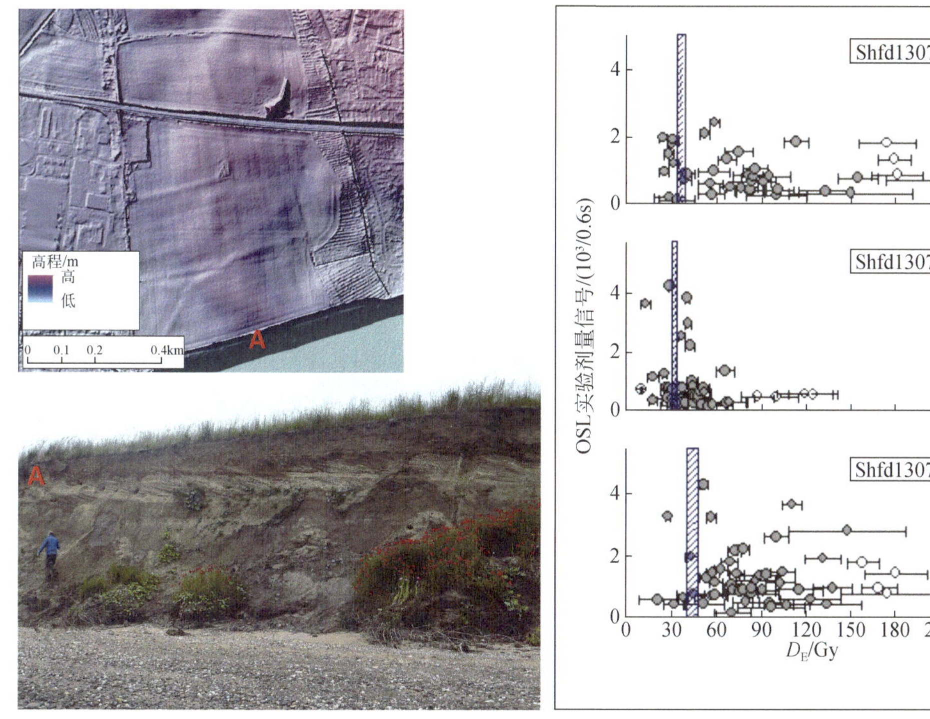

图 6.9 英国费里比冰碛的 OSL 测年。左上：冰碛垄的数字高程模型，A 为采样点。左下：采样露头由一系列复杂的冰碛物、冰湖沉积物和冰河沉积物组成。右：根据超小测片确定的 D_E 值及其敏感性，蓝色柱表示通过 IEU 方法提取的用于计算年龄的最终 D_E 值。图片改绘制自 Bateman 等（2018a）。

6.3.4 精准采样

正如 Fuchs 和 Owen（2008）的综述所言，在冰川环境中，不同地貌和沉积物在埋藏之前晒退的概率可能不同（图 6.10 和图 6.11）。侧碛、冰下湖沉积和底碛的晒退概率低，终碛和冰水扇具有中/低水平的晒退概率，冰水沉积具有中等的晒退概率，而冰前湖沉积和更远的冰川-风成沉积的晒退概率很大（Thrasher et al.，2009；图 6.11）。在上述地貌内部，不同沉积相/沉积类型的晒退概率有高有低。混合程度低的沉积物通常指示块体运动或冰川的直接堆积，其中的每个颗粒暴露在阳光下的概率很低（有些会，但可能不是全都这样）。碎屑大小也经常被用作搬运能量大小的指标：对于冰前河流来说，搬运大的卵石比沙子需要更大的水流速度；与此相关的是，高能量环境具有较大的动力，可以快速搬运各种尺寸的沉积物，并有可能沉积大量沉积物从而形成较厚的块体。然而，根据流速预测沉积物的晒退情况是困难的。Rendell 等（1994）表明，三小时的光照足以将水下 10m 的 IRSL 信号和水下 12～14m 的 OSL 信号归零。在快速流动的深水中，较高的输沙量可能会将光的穿透和晒退限制在水体的顶部几十厘米，但是在湍流作用下到达水面的沉积物仍可能有一些晒退。在低能深水环境中，颗粒主要在水体底部移动（如作为底流或推移质），只有最细的颗粒能到达水面并被晒退。在冰川环境中，水流状况往往变化很大，沉积物可能经历多次搬运、沉积以及水流停止后暴露地表的循环。沉积物的晒退可能发生在这些循环中的任何一点，尽管在较厚的沉积块体中，只有表面的沉积物在沉积时可能受到光照。

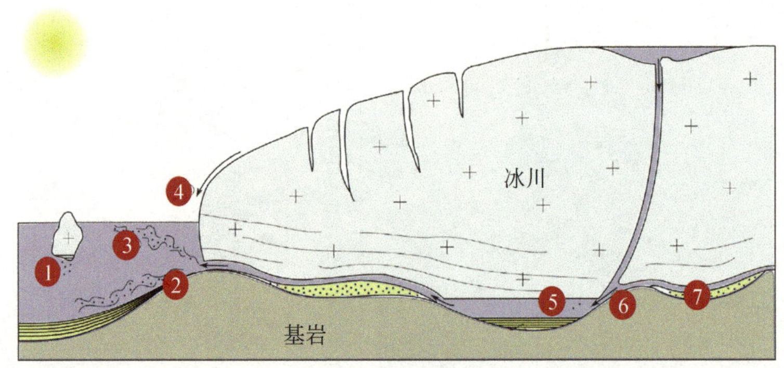

图 6.10　形成冰下和冰前沉积的沉积路径示意图。冰前沉积物比冰下沉积物更有可能被晒退。①沉积物从冰山融出；②浊流；③羽状漂浮沉积；④冰面排水；⑤富含碎屑的冰融出；⑥基岩侵蚀；⑦先成沉积物的改造。改绘自 Livingstone 等（2015）。

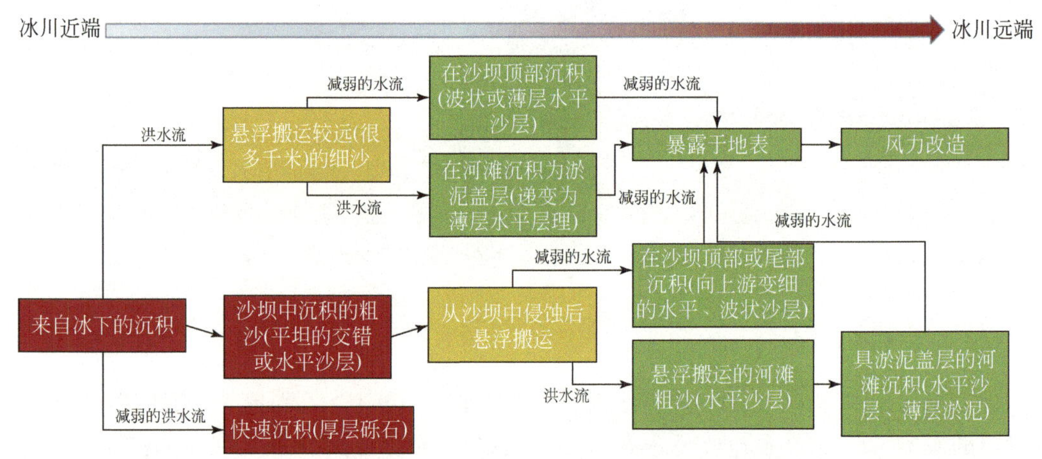

图 6.11　冰川前方冰水平原内主要的冰前沉积路径以及沉积物晒退潜力示意图。红色表示晒退不良，橙色表示晒退中等，绿色表示晒退较好。改绘自 Thrasher 等（2009）。

有鉴于此，人们采取了两种策略来尝试提高从冰川环境中获得可靠的释光年代学的概率，一种策略是研究现代冰川沉积的释光特性，二是通过对沉积环境（沉积相）的详细了解来决定采样点。Bøe 等（2007）沿挪威一条冰川融水补给的河流采集现代样品，并将其与类似地貌背景的较老沉积物进行了比较，他们发现现代冰河沉积的残留剂量低（D_E=0.6Gy），认为这表明末次盛冰期（LGM）的冰前沉积也应该可以归零。瑞典的现代河流沉积物也没有显示出明显的不完全晒退（D_E=0.5～2Gy；Alexanderson and Murray，2007）。King 等（2013）采用了类似的方法研究了挪威南部现代冰川和川沉积物，发现虽然冰下沉积物具有较大的继承年龄（0.81±0.39ka 和 1.7±0.77ka），但并没有像预期的完全未晒退的沉积物那么大。Bateman 等（2012，2018b）的工作表明，即使在没有阳光的情况下，冰下的冰川研磨也可能导致一些 OSL 信号重置，尽管这一过程不能使冰下沉积物完全归零。令人惊讶的是，冰消后各种沉积的残余剂量小于大多数冰水浅滩沉积样品，如雪崩沉积样品的年龄为 0.2±0.07ka，片流冲积物样品的年龄为 0.89±0.63ka（King et al.，2013）。他们解释说，这表明冰消后的改造在重置 OSL 信号方面可能比以前认为的更有效。在冰舌下游 900m 范围内采集的冰河沉积样品显示，晒退程度随距离增加降低，且保持了约 2.8±1.1ka 的继承年龄。这项研究还有一个值得注意的事实是，D_E 的变化（由离散度衡量）一开始会随晒退程度的增加而增加，这说明完全未归零的样品可能具有较低的离散度；当开始有阳光照射时，一些颗粒被归零，一些部分归零，而还有一些保持完全未归零，由此导致较高的不均一性。在一项后续研究中（King et al.，2014a），他们使用便携式释光仪测量冰河沉积物，结果表明，高频-低幅事件的沉积物更有可能被晒退。他们还发现，在同一地形内部，如辫状沙洲，晒退程度也有所不同，沙洲尾端和与河岸相连的沙洲的沉积物晒退最好。由此得出的结论是，这些沉积物是在冰河沉积环境中采样的最佳选择。需要注意的是，沙洲顶端的沉积物似乎不能晒退。Alexanderson 和 Murray（2012）对瑞典现代冰下至远端冰河沉积物的研究证实，尽管沉积物仍未完全归零，但在冰川前方 1km 范围内存在明显的晒退。他们提出，3～5km 远的冰水样品应该可以很好地归零；然而，扩展到其他地区时发现，残留 D_E 水平因地而异，因此不能认为所有冰川前方 3～5km 处的沉积物都能归零（King et al.，2014b）。即使在那些一般情况下晒退良好的环境中，某些具体的沉积特征仍可能引起晒退问题（King et al.，2014b）。

另一种策略是 Thrasher 等（2009）倡导的方法，即只选择埋藏前晒退概率较高的沉积相进行采样（图 6.11）。他们在马恩岛的研究通过调查古冰河沉积物的粒径、床面形态和构造来确定它们相关的亚环境（如冰河环境中的沙洲）。他们发现，识别出具有远端水流沉积特征的以沙为主的沉积物是有可能的，其中包括在沙坝顶部沉积的薄层沙层，这种沙层更有可能在流量减弱期间暴露在水面外或不太浑浊的浅水中。冰水平原上的沙洲顶部的曝光可以日或年为周期发生。一旦流量进一步下降，暴露的沙洲顶部也有可能被风力改造，从而提高颗粒晒退的可能性。他们还识别出在浅水中形成的波状沙层沉积，穿过这种水体的光线可能足以晒退沉积物。在这两种情况下，尽管样品仍具有正偏态分布，表明晒退不均匀，但还是有足够的晒退石英颗粒可用于 OSL 测年，获得的年龄也符合预期。相比之下，冰水平原深部河道的沉积物样品获得的年龄比预期值老约 10ka，这说明在深的、高能的、高沉积物含量的河道中，沉积物往往晒退不良。值得注意的是，低离散度表明，河道中的沉积物在侵蚀、搬运和沉积过程中，可能完全没有被晒退，也没有与其他年龄的沉积物混合。由于采取了上述的精准采样策略，Thrasher 等（2009）基于 OSL 年代学将沉积物的年龄限定在了 17～14ka 之间，这与预期的英国-爱尔兰冰盖在这一地区的退缩模式吻合。

6.4　冰缘环境

冰缘环境是在寒冷但无冰川的条件下形成的（French，2007）。也有一些地区是在扩张和收缩的冰川和冰盖的前方形成（如阿尔卑斯山），其他没有冰川活动的地区，如果气候寒冷到足以让冰缘过程占据主导地位（如末次盛冰期约 21ka 期间的欧洲西北部），也可以形成冰缘环境。在第四纪中晚期，全球气候和冰量经历了多次变暖/变冷和扩张/收缩的循环，因此受冰缘活动影响的土地面积也相应地扩张和收缩。由于目前的全球气候较温和，中纬度许多以前的冰缘环境现在已经发生变化，如果能够建立可靠的年代，第四纪科学家对此是很感兴趣的。

冰缘环境中的许多过程都涉及沉积物的生成和运动（图 6.12）。冰缘活动与黄土的产生和沉积密切相关（详见第 5 章）。许多冰缘沉积物含沙或以沙为特征（如沙楔），因此有可能对它们进行释光测年。此外，仍然冻结的冰缘沉积物的潜在优势是可以非常准确和精确地评估其历史时期的水分、钾和铀含量。冻结沉积物中的钾和铀不能像在其他环境条件下那样通过水的运动而被淋滤或富集，而如果所有孔隙都冻结，能削弱环境辐射的含水量就不太可能发生变化。因此，目前测量的剂量率更有可能反映埋藏以来的平均剂量率，且这个值很有可能不随时间的推移而改变。

图 6.12　有可能进行释光测年的冰缘作用的沉积物及其特征的例子。A-英国肯特郡佩格韦尔湾（Pegwell Bay）角砾状白垩上覆盖的黄土；B-英国肯特郡格雷纳姆湾（Grenham Bay）的填沙冻融褶皱；C-荷兰赫吕本福斯特（Grubbenvorst）的老覆沙；D-英国格赖姆斯墓地（Grimes Graves）遗址出露的覆沙填充的冰缘条带；E-加拿大北极地区利物浦湾（Liverpool Bay）的同生沙楔；F-加拿大北极地区利物浦湾内部有深色脉束的反同生砂楔；G-沉积物落入英国巴姆斯顿的古冰楔中。

然而，就像冰川沉积物一样，理解冰缘地貌的形成过程对于判断相关沉积物的释光信号是否可能在埋藏时被归零至关重要。人们也许会认为，在经历季节性冬季黑暗的高纬地区，沉积物暴露在阳光下的时间有限，释光测年的应用可能有问题。然而，由于夏季日照时间延长，而且冰缘环境中的大多数沉积物迁移发生在从春季融化到秋季冻结之间，上述问题完全可以被抵消甚至变得更有利。Bateman 和 Murton（2006）证明了这一点，他们报道了加拿大北极地区一个崖顶沙丘上年龄为 9±3a 的风成沙被完全晒退的情况，该沙丘表面具有新鲜的沙波纹和最近重新生长的植被（图 6.13）。所有残留的冰缘沉积物都是活动层的一部分，因为它们靠近地表，或者在冰缘期结束时的永久冻土退化期间会变为活动层。因此，所有这些都会在不同程度上被冰融化和季节性冻融所扰乱和混合。粉沙级的物质具有最大的冻胀敏感性，因此预计其受到的影响比沙子更大，甚至比砾石（其冻胀敏感性低）更大。Vandenberghe 等（2009）通过对残遗近地表冰缘地貌的研究表明了这一点，这些地貌可能经历了沉积后改造，导致了错误的年轻年龄。还有人报道了反复的冻融循环造成石英颗粒崩解，从而导致沉积后释光信号丢失的现象（Dobrowolski and Fedorowicz，2007）。此外，冰缘地貌的多成因和多旋回性也是需要了解的，以便在研究中采用最合适的释光测量方法和分析方法。

图 6.13　A-加拿大北极地区现代冰缘环境中的崖顶沙丘，滑动面和沙波纹指示了最近的风沙运动；B-从此类沙丘采集的释光样品表明，在这种环境中释光信号晒退良好。改绘自 Bateman 和 Murton（2006）。

正如 Bateman（2008）所综述的那样，从应用释光测年的容易程度或复杂程度的角度来看，冰缘沉积可以分为四类。本书采用了这种分类方法，并提供了一些案例研究来说明其中存在问题，以及在可能的情况下，如何克服或化解这些问题。

（1）寒冷气候下的风成沉积，如沙丘、覆沙、同生沙楔、雪地沉积，在风力搬运过程中应充分暴露于阳光之下，因此释光信号应该可以在埋藏前归零。此类沉积物通常在没有沉积后扰动（如活动层冻融扰动）的情况下得以保存，并且不会受多期活动或再活化的影响（图 6.12）。一般来说，这些沉积物具有很好的释光测年潜力，没有什么特别的挑战，因此这里不再进一步讨论（更多细节详见第 4 章）。有一种特殊的情况是，沉积物和有机质层沉积并保存在同一个地点的多个薄层中。Kolstrup 等（2007）报道了在丹麦日德兰半岛（Jutland）的寒冷气候下形成的风成沙（覆沙）中采集的连续样品的 OSL 年龄和相关有机质层的放射性碳年龄。总体来说，OSL 年龄与预期的一样随着深度的增加而增加，但与放射性碳相比，明显低估了约 10%。问题出在矿物层和有机质层的饱和古含水量和密度（与沉积物压实程度有关）的准确确定，这些参数影响了宇宙射线剂量率和沉积物本身的 β 和 γ 剂量率的衰减（见第 2 章）。这项研究说明，即使在晒退很好的风成沉积物中，也需要很好地了解冰缘沉积物的沉积过程及其对释光测年的潜在影响（在这里主要指剂量率）。

（2）地表附近沉积物的季节性融化和冻结导致的开裂过程形成的多边形土、沉积物填充的楔体和冻融褶皱。这些裂隙中通常含有沙质沉积物（通常为风成），这提供了可能适合释光测年的晒退物质（图 6.12）。然而，这些地貌特征可能是长期发育的结果和/或可能与多次冰缘事件有关，这就给确定它们的真实年龄带来了困难。保存完好的沙楔可能仍然保留了与冷缩事件相关的垂直排列的沉积脉（Murton and Bateman，2007）。不过，有研究分辨出了单个残余楔体中多个阶段的开裂（形成脉束；图 6.12）和楔体的再生事件（基于楔体几何形状的变化）（如 Kolstrup，2004；Murton et al.，2000；Murton and Bateman，2007），这与目前对楔体的研究相一致，即在沙楔内的任何地方都可能形成裂缝（Mackay，1992），因此，相邻的沉积脉可能是完全不同时期的产物。此外，作为近地表地貌，它们可能经历了沉积后的活动层扰动，导致沙粒横向和纵向移动（如 Hallet and Waddington，1992；Peterson and Krantz，2003），在此期间可能会出露地表和进一步暴露在阳光下，在这种情况下，释光年龄可能指示冰缘地貌最后一次活跃的时间，而不是它开始形成的时间。

释光测年在沙楔上的一个早期应用是利用热释光（TL）来测定丹麦日德兰半岛三个冰冻楔假型里填充沙的年代（Kolstrup and Mejdahl，1986）。三个中的两个是没问题的，但是一个楔体得到了 39±5ka 的年龄，远高于约 20ka 的预期年龄。不过，该楔体被解释为复合楔（其他楔体均有一次填充的证据），因此明显的年龄高估可能既反映了二次填充期间的沉积物混合，也反映了 TL 信号较难归零且是多颗粒测量的结果。TL 也被应用于波兰威尔西斯（Wilczyce）的冰楔填充沉积物测年，结果为 47±5.5ka（转引自 Kolstrup et al.，2007）；在该研究中，对楔体形成的黄土母质也做了测年，年龄为 41±3.5ka 和 40±4ka。由于母质肯定老于楔体，因此怀疑楔体填充物晒退不良。上述问题不仅限于 TL。来自丹麦切勒堡（Tjæreborg）的大型（8m 深，顶部 2m 宽）复合楔体的 OSL 结果也显示，楔体填充物年龄（290±20～230±18ka）明显比母质更老（133±12ka 和 176±16ka；Kolstrup，2004）。不过，这项研究采用了单片法进行多个测片的测量，结果发现等效剂量的重复性较差，这表明了填充沙的不完全晒退；或者，考虑到其年代久远，楔体可能经历了多个生长阶段。来自蒙古国戈壁沙漠冰楔假型的细粒填充物和来自青藏高原北部柴达木盆地的冰楔假型的沙子，尽管使用了更容易归零的光释光，也表现出比晒退良好的风成沉积物较差的 D_E 重复性（Owen et al.，1998）。Bateman（2008）据此推测，当冰楔融化时，沉积物坍落会导致不同年龄沉积物的混合。最近，Rémillard 等（2015）对加拿大东部马格达伦群岛（Megdalen Islands）的冰楔假型和复合楔体假型开展了多颗粒单片 OSL 测年，保存在楔体中的有机质的放射性碳年龄证实了 OSL 年代是准确的，根据年龄结果，他们确定冷缩开裂发生在寒冷的新仙女木（YD）时期（12.9～11.5cal. ka BP）。

然而，冷缩开裂也可能在冬季发生，导致在北极高纬环境下晒退不完全。此外，沙楔内的裂缝位置可能变化很大，因此 OSL 样品可能包含来自不同时期开裂事件的沉积物。单颗粒测量提供了观察样品中真实的 D_E 分布的可能，并评估其分散是否是自然过程如生物扰动（如 Bateman et al.，2007）或冻融扰动（如 Arnold et al.，2008）造成的。首个将单颗粒

OSL 测量广泛应用于沙楔的研究是 Buylaert 等（2009）在比利时佛兰德斯（Flanders）的工作。这项研究对母质和楔体均进行了取样，并通过单颗粒测量发现楔体填充物晒退良好，且母质沉积较老；他们在地层中发现了多个沙楔发育阶段，其 OSL 年龄也表现出相应的阶段性增长；所得年龄集中在 21.8±1.2～13.8±1ka 之间，处于众所周知的西北欧冰缘环境期。

Bateman 等（2010）在将释光测年应用于加拿大北极地区的一个反同生沙楔时遇到了更复杂的沉积物（图 6.12 和图 6.14）。单颗粒测量显示楔体中的 3 个样品具有较差的 D_E 重现性，导致较高的年龄不确定性，楔体年龄比母质更老，并且不符合地层顺序。研究发现，这种样品内的 D_E 分散仅在很小程度上归因于信号回授、一些暗淡的石英颗粒无法恢复已知剂量以及用单片再生剂量法测量时部分灵敏度变化没有得到校正等与 OSL 测量相关的问题；而大部分的 D_E 分散被认为与数千年来形成沙楔过程中的冷缩开裂有关。将 FMM（详见第 1 章）应用于数据分析时，发现所有样品都含有多个 D_E 组分，根据这些组分计算的年龄显示了来自楔体的 3 个样品之间的相似性：所有 3 个样品都有一个组分年龄约为 4.9ka，2 个样品都有一个组分年龄约为 8.5ka；较老的组分只出现在楔体的边缘，其年龄与大多数颗粒来自较老的母质有关。如图 6.15 所示，从样品中的不同组分得到的年龄也与过去 18ka 以来的冷事件有很好的相关性。因此，Bateman 等（2010）的研究不仅论证了对母质和楔体沉积都进行采样的必要性，而且如果要获得准确的年代，需要对包含多阶段活动信息的 D_E 数据进行仔细的分析。

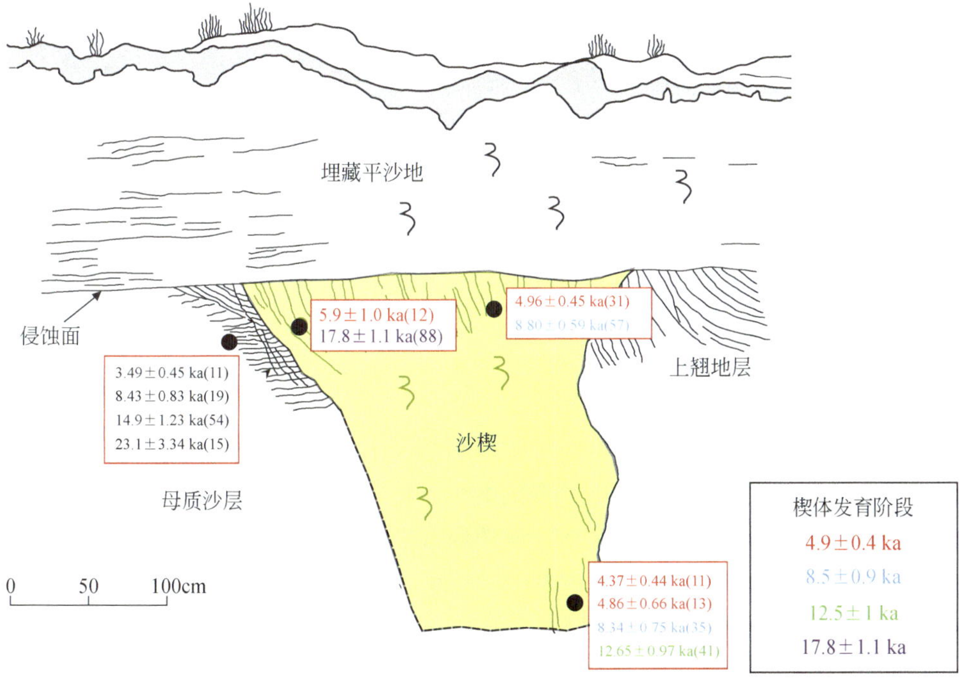

图 6.14 Bateman 等（2010）测定的加拿大北极地区一个反同生沙楔的释光年龄。它形成于达尔豪斯角沙滩（Cape Dalhousie Sands），上面覆有风成平沙地。图中显示了用 FMM 从单颗粒 D_E 中提取的不同组分计算的释光年龄，括号中为每个组分的数据量。年龄数据进行了彩色标记以显示不同样品的相似年龄组分。图片改绘自 Bateman 等（2010）。

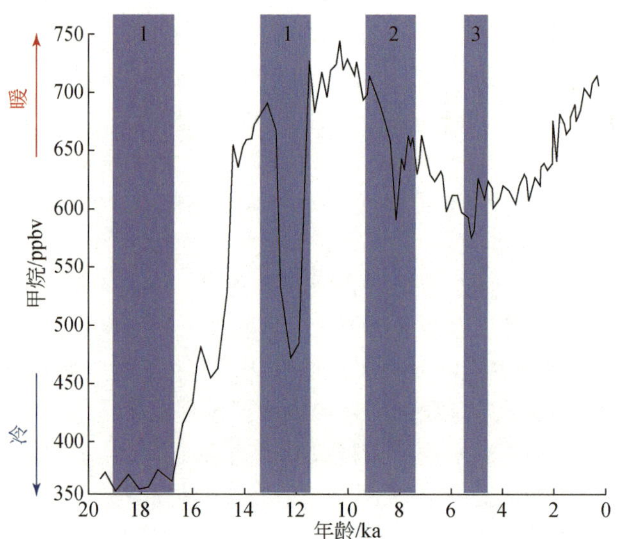

图 6.15　加拿大北极地区一个反同生沙楔内三个样品单颗粒 D_E 的不同组分获得的释光年龄与气候冷阶段的一致性（Bateman et al.，2010）。气候代用指标为 GRIP 甲烷记录（据 Blunier et al.，1995）。蓝色柱中的数字表示该阶段出现的年龄组分的数量。图片改绘自 Bateman 等（2010）。1ppbv=10^{-9}。

释光测年已经应用于软沉积物或冻融褶皱中（图 6.12），但仍有问题需要解决。在大多数情况下，在冻融褶皱形成期间，即使有曝光也很有限，因此只能从母质沉积物中获得最大年龄。如果发生了多个周期的冻融褶皱，确定最小年龄可能会很困难。Owen 等（1998）报道了蒙古国戈壁沙漠冻融褶皱的变形母质沉积的细粒多矿物的最大 IRSL 和 OSL 年龄，在该研究中，只能从冻融褶皱退化后和冰缘活动停止后沉积的沉积物中得到最小年龄。由此得到的冻融褶皱形成时间是 22～15ka 和 13～10ka。同样，英国林肯郡（Lincolnshire）软沉积物变形冻融褶皱的形成时间被确定在 23～18ka（Bateman et al.，2000）。这两项研究都使用了多颗粒测片且没有重复 D_E，因此无法确定这些样品的晒退程度。Murton 等（2003）将多颗粒测片 OSL 应用于英国肯特郡软沉积物变形冻融褶皱中提取的石英（图 6.12），基于填充冻融褶皱的母质沉积和上覆未扰动的黄土的测年结果，他们将冻融褶皱的发育时间限定在了约 21～18ka。

在一项研究中，Bateman 等（2014）将 OSL 测年应用于东安格利亚地区，该地区包含丰富的近地表残留冰缘地貌，如发育良好的多边形土、条带和至少两期冻融褶皱。考虑到彼此非常接近的沙粒都极可能具有完全不同的埋藏年龄，使用细管（直径 10mm）采样，提取了较容易归零的石英并进行单颗粒测量，以获得样品真实的 D_E 值范围。为了解冰缘沉积物在地貌体中的运动情况，还提高了采样密度。Bateman 等（2010）对基于 OSL 获得的重复 D_E 进行了详细的统计分析，成功地使用 FMM 从每个样品中提取了多个 D_E 组分。上述采样、测量和分析方法得到了非常理想的结果，这些结果表明，相对于深部样品，最上层的样品通常包含更年轻的年龄组分，并且在同一地点的不同样品中发现高度相似的年龄组分（图 6.16）。研究发现，东安格利亚的多边形土在过去的 90～10ka 内经历了四个主要阶段，这些阶段与寒冷气候条件相吻合，但没有测到更早的冰缘旋回（图 6.17）；大多数地点在末次盛冰期约 21ka 的冷期和 12～11ka 的新仙女木寒冷气候波动期是活跃的；与冰缘条带相比，多边形土的形成似乎具有更长的但时空上变化更大的记录。

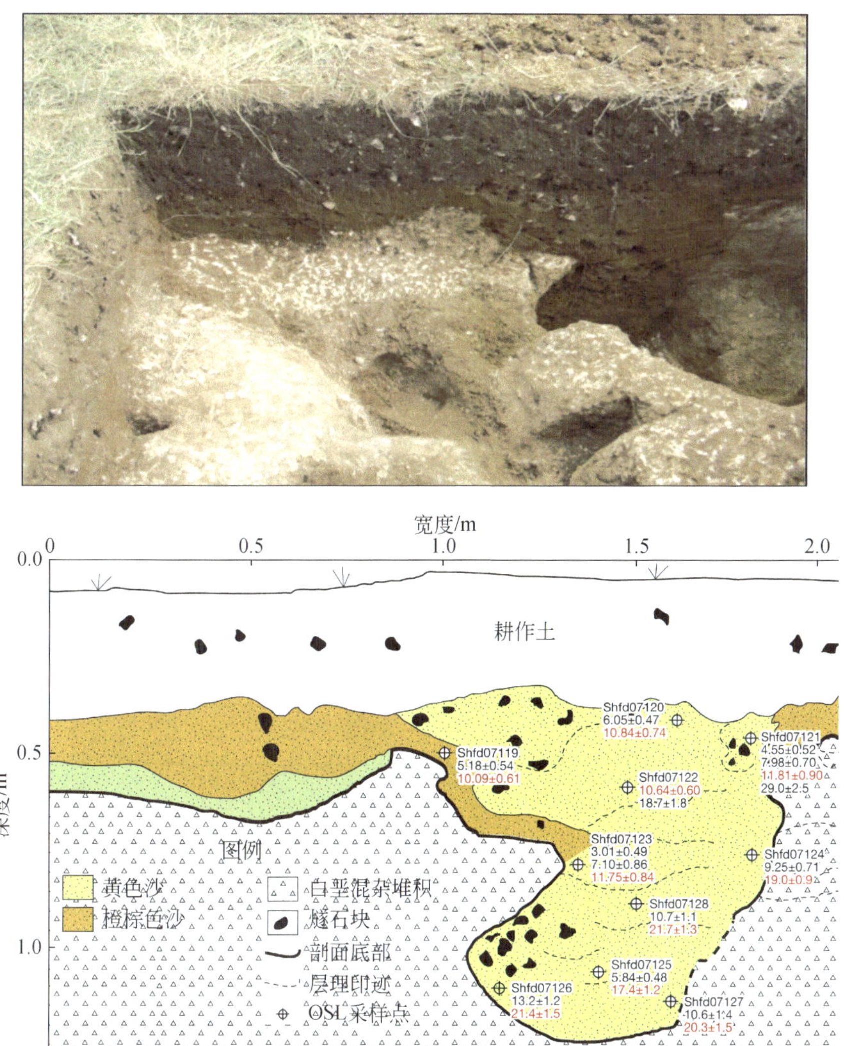

图 6.16 东安格利亚的东巴纳姆（East Barnham）发现的多边形土露头。上图：沉积物照片。下图：地层、释光样品的位置以及通过使用 FMM 获得的石英单颗粒 OSL 年龄。注意：占最大比例的年龄组分以红色突出显示，样品中占比<10%的年龄组分在图中未显示。图片改绘自 Bateman 等（2014）。

（3）永久冻土、富含冰的块状透镜体和冻胀丘基本上是水的富集和冻结的产物。在它们的形成过程中，沉积物的移动很有限，不太可能获得足够的阳光照射使释光信号归零。到目前为止，尚未对永久冻土中孔隙和分凝冰的压力效应对释光的影响进行研究，也未对地面冰和其中的有机物如何影响放射性化合物的富集或滤出进行过研究（Schirrmeister et al., 2016）。同样，对于残留的地貌体，在其形成之后也可能发生一些扰动，如冰楔融化过程中的沉积物滑塌，如果发生这种情况，不同年龄的晒退不良物质可能会混合在一起，导致获得错误的年龄。在这种情况下，另一种策略是对下伏和上覆沉积进行采样并测年，以获得该地貌的最大和最小年龄。Murton 等（2003）采用了这种方法，他们将释光应用于冻融褶皱（见上文），并将它们的形成与永久冻土加积和与格陵兰冰阶（Greenland Stadial）2c 相关的气候变冷联系起来。French 等（2007）报道了美国新泽西（New Jersey）州南部的 OSL 年龄，他们也用该年龄来推断永久冻土的发育阶段。后生沙楔的最小年龄为 147～55ka，指示的是冷缩开裂的第一阶段。随后是河流侵蚀和冲沟地貌（由气候变暖引起），其年龄介于 34.8±2.8～29.8±2.9ka 之间。最后，冷缩开裂的第二阶段和沙楔发育的年龄为 16.8±1.7ka 和 13.7±1.6ka。

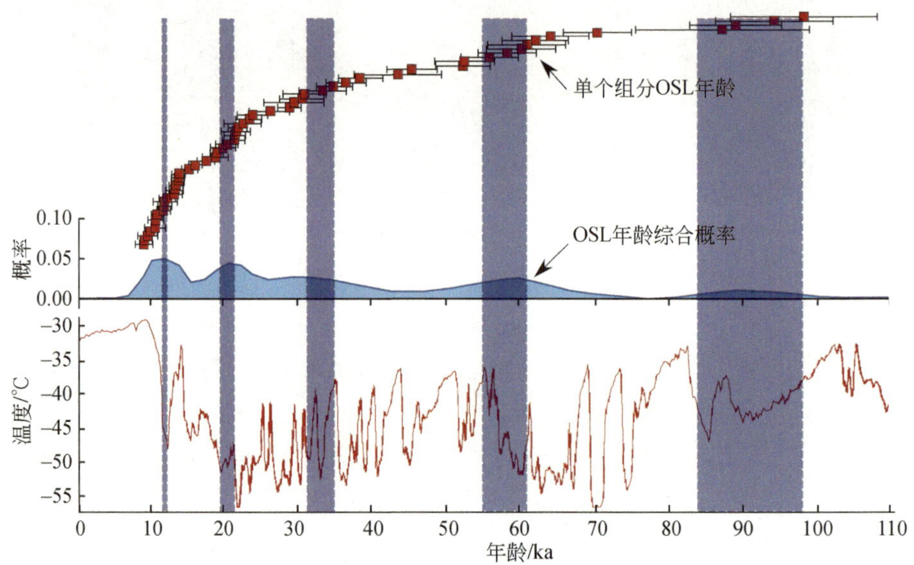

图 6.17　Bateman 等（2014）报道的东安格利亚冰缘沉积物的单颗粒 OSL 年龄，这些年龄基于通过 FMM 提取的所有 D_E 组分获得。红色曲线为格陵兰岛的综合温度记录，据 Johnsen 等（2001）重绘，蓝色矩形表示冰缘活动的阶段。图片改绘自 Bateman 等（2014）。

（4）从释光测年的角度来看，后退型热融滑塌、冻融土流舌、石冰川、岩屑堆和石海是最具挑战性的。它们通常没有大小合适的沉积物，并且/或者像许多坡地沉积一样，在埋藏之前沉积物暴露于阳光下的概率很低（Fuchs and Owen，2008）。Christiansen（1998）应用 OSL 和 TL 对丹麦日德兰半岛积雪融水沉积的非均质河流沉积物进行了测年，得到的年龄为 91±10ka 和 75±7ka。然而，当时进行的测量（多颗粒测片，无重复 D_E 值）使我们无法评估这些是真实埋藏年龄还是沉积物不良晒退的结果，因此，应谨慎对待由此产生的年龄。释光测年也曾被应用于格陵兰岛东北部的积雪融水河流沉积物（Christiansen et al.，2002）。从呈偏态的 D_E 分布来看，沉积物在埋藏前晒退较差，只有最小年龄接近独立年代控制。尽管采样沉积物分选良好，但冬季黑暗期间雪的重新分布和春季融雪期间的混合被认为是晒退不良的原因。马尔维纳斯群岛（又称福克兰群岛，Falkland Islands）的冰缘石海也有释光年龄的报道（Hansom et al.，2008）。在这项研究中，样品采自下伏沙质混杂堆积，并使用 IRSL、OSL 和 TL 测量了其中的多矿物组分。尽管只进行了有限的重复测量，但一些样品的测量结果是可重复的，结果显示，石海形成于32～27ka之后。

Hülle等（2009）曾试图将多颗粒长石/石英小测片释光测年应用于德国塔努斯（Tanus）的冰缘冻融坡地沉积。当测量样品的D_E时，他们遇到了晒退不良和沉积后混合等问题，进一步的单颗粒工作可能有助于解决这些问题。混合可能与采集表层沉积物样品有关，这些沉积物沉积之后经历了随后的活动层活动过程，但也受到成壤作用和可能的人为扰动。这项研究遇到的另一个问题是环境剂量率的准确测定。沉积物的空间异质性包括了放射性核素组成的巨大差异，及其导致的辐射通量衰减的差异性，这需要基于精细采样矩阵对样品的α和β剂量率进行测量，以及野外现场测量γ剂量率。即便这样，他们也意识到这仍然可能存在问题，并建议对于冻融沉积，要在采样点使用原位剂量计，长时间放置以累积剂量。

也有研究试图评估将释光测年应用于石冰川的可能性（Fuchs et al.，2013）。在这项对阿尔卑斯山石冰川的研究中，由于晒退更快的石英（见第6.3.1节）比较暗淡且释光特性较差，因此没有用来测年，而是使用了晒退效果不太好但更有潜力的单颗粒长石。使用FMM得到的年龄被认为反映了自颗粒进入石冰川以来所经过的时间，因此也反映了石冰川本身的最小年龄。所得年龄在8～3ka之间，不同采样点之间一致，但不同石冰川之间有差别。虽然这一结果令人兴奋，但还需要进一步的工作对此进行跟踪研究，并进一步研究石冰川中含量高且变率大的冰如何影响剂量率。

如上所述，到目前为止，对冰缘地貌开展的释光测年研究还很有限；释光热年代学和岩石暴露测年技术的新发展（见第11章）可能很快就能对冰缘沉积物的某些类型进行准确而可靠的常规测年。

6.5 小结

对于冰川环境，尽管埋藏前沉积物晒退的概率低、晒退差异大，但释光测年已经在很多研究中证实了其可行性，如果样品来自远端沉积物而不是近端沉积物或冰下沉积物，情况就更乐观。在测量方面，要求采取措施证明样品不存在晒退问题，或如果存在晒退问题，则要求采用大小适当的测片并进行D_E分布分析。

对于冰缘环境，从热释光到光释光的发展、从石英或长石的选择以及从单片到单颗粒的测量，已经克服了Kolstrup等（2007）提出的冰缘沉积测年的许多缺点。话虽如此，和冰川沉积物一样，仍需要对冰缘过程和沉积背景有一个深刻的理解，以便认识这些过程和背景如何影响埋藏时和沉积后混合时沉积物的晒退水平。

对于这两种沉积环境，应遵循以下几点要求：

（1）在大多数情况下，要仔细考虑在哪里采样、采什么样，不仅要确保采集的释光测年材料的量要合适，还要确保采集到的沉积物是最有可能在埋藏前晒退的，并且没有受到扰动。

（2）在寄送释光测年样品时，应说明它们来自冰川/冰缘环境，并且应随样品一起提供有关采样点地层和沉积相的详细且清晰的信息。

（3）考虑到晒退不良的可能性，应要求实验室进行光释光测量而非热释光，这些测量应在超小测片或最好在单颗粒水平上进行，并开展足够的重复测试，以确定D_E分布是否为偏态。

（4）在容易出现石英特性不佳的区域，应使用长石 IRSL 进行测量，或者进行额外测试以确保石英可用。

（5）如果通过 D_E 分布发现样品晒退不良，应进行适当的统计分析，以减小晒退对年龄计算的影响。

显然，上述的一些要求是针对用户的，如（1）～（3），其他的则需要释光实验室来完成，但是用户应按要求完成前期工作，这样对测年结果才会更有信心。

参考文献

Alexanderson，H. and Murray，A. S. 2007. Was southern Sweden ice free at 19-25ka，or were the post LGM glacifluvial sediments incompletely bleached? Quaternary Geochronology 2，229-236.

Alexanderson，H. and Murray，A.S. 2012. Problems and potential of OSL dating Weichselian and Holocene sediments in Sweden. Quaternary Science Reviews，44，37-60.

Arnold，L.J.，Roberts，R.G.，MacPhee，R.D.E.，Willerslev，E.，Tikhonov，A.N.，Brock，F. 2008. Optical dating of perennially frozen deposits associated with preserved ancient plant and animal DNA in north-central Siberia. Quaternary Geochronology 3，114-136.

Bailey，R.M. and Arnold，L.J. 2006. Statistical modelling of single grain quartz D_E distributions and an assessment of procedures for estimating burial dose. Quaternary Science Reviews 25，2475-2502.

Bailey，R.M.，Yukihara，E. G.，McKeever，S.W.S. 2011. Separation of quartz optically stimulated luminescence components using green（525nm）stimulation. Radiation Measurements 46，643-648.

Ballarini，M.，Wallinga，J.，Wintle，A.G.，Bos，A.J.J. 2007. A modified SAR protocol for optical dating of individual grains from young quartz samples. Radiation Measurements 42，360-369.

Bateman，M.D.，Murton，J.B. 2006. Late Pleistocene glacial and periglacial aeolian activity in the Tuktoyaktuk Coastlands，NWT，Canada. Quaternary Science Reviews 25，2552-2568.

Bateman，M.D. 2008. Luminescence dating of periglacial sediments and structures: A Review. Boreas 37，574-588.

Bateman，M.D.，Murton，J.B.，Crowe，W. 2000. Reconstruction of the depositional environments associated with the Late Devensian and Holocene cover sand around Caistor，N. Lincolnshire，UK. Boreas 16，1-16.

Bateman，M.D.，Frederick，C.D.，Jaiswal，M.K.，Singhvi，A.K. 2003. Investigations into the potential effects of pedoturbation on luminescence dating. Quaternary Science Reviews 22，1169-1176.

Bateman，M.D.，Boulter，C.H.，Carr，A.S.，Frederick，C.D.，Peter，D.，Wilder，M. 2007. Detecting post-depositional sediment disturbance in sandy deposits using optical luminescence. Quaternary Geochronology 2，57-64.

Bateman，M.D.，Murton，J.B.，Boulter，C.，2010. The source of De variability in periglacial sand wedges: depositional processes versus measurement issues. Quaternary Geochronology 5，250-256.

Bateman，M.D.，Carr，A.S.，Dunajko，A.C.，Holmes，P.J.，Roberts，D.L.，McLaren，S.J.，Bryant，R.G.，Marker，M.E.，Murray-Wallace，C.V. 2011. The evolution of coastal barrier systems: a case study of the Middle-Late Pleistocene Wilderness barriers，South Africa. Quaternary Science Reviews 30，63-81.

Bateman，M.D.，Swift，D.A.，Piotrowski，J.A. and Sanderson，D.C.W. 2012. Investigating the effects of glacial shearing of sediment on luminescence. Quaternary Geochronology，10，230-236.

Bateman，M.D.，Hitchens，S.，Murton，J.B.，Lee，J.R. and Gibbard，P.L. 2014. The evolution of periglacial patterned ground in East Anglia，UK. Journal of Quaternary Science 29，301-317.

Bateman，M.D.，Evans，D.J.A.，Buckland，P.C.，Connell，E.R.，Friend，R.J.，Hartmann，D.，Moxon，H.，Fairburn,W .A.，Panagiotakopulu，E.，Ashurst,R.A. 2015:Last Glacial dynamicsof theVale of York and North Sea Lobes of the British and Irish Ice Sheet. Proceedings of the Geologists' Association 126，712-730.

Bateman，M.D.，Evans，D.J.A.，Roberts，D.H.，Medialdea，A.，Ely，J.C. and Clark，C.D. 2018a. The timing and consequences of the blockage of the Humber Gap by the last British-Irish Ice Sheet. Boreas 47，41-61.

Bateman，M.D.，Swift，A.，Piotrowski，J.A.，Rhodes，E.J.，Damsgaard，A. 2018b. Can glacial shearing of sediment reset the signal used for luminescence dating? Geomorphology 306，90-101.

Berger，G.W. 1990. Effectiveness of natural zeroing of the thermoluminescence in sediments. Journal of Geophysical Research 95，12375-12397.

Berger，G.W.，Doran，P.T. 2001. Luminescence-dating zeroing tests in Lake Hoare，Taylor Valley，Antarctica. Journal of Paleolimnology 25，519-529.

Bickel，L.，Lüthgens，C.，Lomax，J.，Fiebig，M. 2015. Luminescence dating of glaciofluvial deposits linked to the penultimate glaciation in the Eastern Alps. Quaternary International 357，110-124.

Bøe，A. -G.，Murray，A. and Dahl，S.O. 2007. Resetting of sediments mobilised by the LGM ice-sheet in southern Norway. Quaternary Geochronology 2，222-228.

Boulter，C.，Bateman，M.D. and Frederick，C.D. 2007. Developing a protocol for selecting and dating sandy sites in East Central Texas: Preliminary results Quaternary Geochronology 2，45-50.

Briant，R.M. and Bateman，M.D. 2009. Luminescence dating indicates radiocarbon age underestimation in Late Pleistocene fluvial deposits from eastern England. Journal of Quaternary Science 24，916-927.

Blunier，T.，Chappellaz，J.A.，Schwander，J.，Stauffer，B.，Raynaud，D. 1995. Variations in atmospheric methane concentration during the Holocene epoch. Nature 374，46-49.

Buylaert，J-P.，Ghysels，G.，Murray，A.S.，Thomsen，K.J.，Vandenberghe，D. de Corte，F.，Heyse，I/，van den Haute，P . 2009 Optical dating of relict sand wedges and composite-wedge pseudomorphs in Flanders（Belgium）. Boreas 36，160-175.

Chauhan，N. and Singhvi，A.K. 2011. Distribution in SAR palaeodoses due to spatial heterogeniety of natural beta dose. Geochronometria 38，190-198.

Christiansen，H.H. 1998. Periglacial sediments in an Eemian–Weichselian succession at Emmerlev Klev，southwestern Jutland，Denmark. Palaeogeography，Palaeoclimatology，Palaeoecology 138，245-258.

Christiansen，H.H.，Bennike，O.，Bocher，J.，Elberling，B.，Humlum，O. and Jakobsen，B.H. 2002. Holocene environmental reconstruction from deltaic deposits in northeast Greenland. Journal of Quaternary Science 17，145-160.

Clark，C.D.，Hughes，A.L.C.，Greenwood，S.L.，Jordan，C.，Sejrup，H.S. 2012. Pattern and timing of retreat of the last British–Irish Ice Sheet. Quaternary Science Reviews 44，112-146.

Dobrowolski，R.，Fedorowicz，S. 2007. Glacial and periglacial transformation of palaeokarst in the Lublin–Volhynia region (se Poland，nw Ukraine) on the base of TL dating. Geochronometria 27，41-46.

Duller，G.A.T. 2006. Single grain optical dating of glacigenic sediments. Quaternary Geochronology 1，296-304.

Duller，G.A.T. 2008. Single-grain optical dating of Quaternary sediments: why aliquot size matters in luminescence dating. Boreas 37，589-612.

Duller，G.A.T.，Wintle，A.G.，Hall，A.M.，1995. Luminescence dating and its application to key pre-late Devensian sites in Scotland. Quaternary Science Reviews 14，495-519.

Duller，G.A.T.，Bøtter-Jensen，L.，Kohsiek，P.，Murray，A.S. 1999. A high-sensitivity optically stimulated luminescence scanning system for measurement of single sand-sized grains. Radiation Protection Dosimetry 84，325-330.

Dyke，A.S.，Andrews，J.T.，Clark，P.U.，England，J.H.，Miller，G.H.，Shaw，J.，Veillette，J.J. 2001. The Laurentide and Innuitian ice sheets during the Last Glacial Maximum. Quaternary Science Reviews 21，9-31.

Evans D.J.A. and Benn，D.I. 2004. A Practical Guide to the Study of Glacial Sediments. Routledge，London.

Evans，D.J.A.，Bateman，M.D.，Roberts，R.H.，Medialdea，A.，Hayes，L.，Duller，G.A.T.，Fabel D. and Clark，C.D. 2017. Glacial Lake Pickering: stratigraphy and chronology of a proglacial lake dammed by the North Sea Lobe of the British–Irish Ice Sheet Journal of Quaternary Science 32，295-310.

French，H.M. Demitroff，M.，Forman，S.L.，Newell，W.L. 2007. A Chronology of Late-Pleistocene Permafrost Events in Southern New Jersey，Eastern USA Permafrost and Periglacial Processes 18，49-59.

French，H.M. 2007. The Periglacial Environment (3rd edition). Wiley，London. Fuchs，M.，and Lang A. 2008. Luminescence dating of hillslope deposits-A review. Boreas 37，636-659.

Fuchs，M. and Owen，L.A. 2008. Luminescence dating of glacial and associated sediments: review，recommendations and future directions. Boreas 37，636-659.

Fuchs，M.，Woda，C. and Bürkert，A. 2007. Chronostratigraphy of a sedimentary record from the Hajar mountain range in north Oman: Implications for optical dating of insufficiently bleached sediments. Quaternary Geochronology 2，202-207.

Fuchs，M.C. Böhlert，R.，Krbetschek，M.，Preusser，F.，Egli，M. 2013. Exploring the potential of luminescence methods for dating Alpine rock glaciers. Quaternary Geochronology 18，17-33.

Galbraith，R.F. and Green，P.F. 1990. Estimating the component ages in a finite mixture. Radiation Measurements 17,197-206.

Galbraith，R.F.，Roberts，R.G.，Laslett，G.M.，Y oshida，H.，Olley，J.M. 1999. Optical dating of single and multiple grains of quartz from Jinmium rock shelter，northern Australia，Part I: Experimental design and statistical models. Archaeometry 41，339-364.

Godfrey-Smith，D.I.，Huntley，D.J. and Chen，W.H. 1988. Optical dating studies of quartz and feldspar sediment extracts. Quaternary Science Reviews 7，373-380.

Hallet B.，Waddington E.D. 1992. Buoyancy forces induced by freeze-thaw in the active layer: implications for diapirism and soil circulation. In Periglacial Geomorphology，Dixon J.C. and Abrahams A.D. (eds.). John Wiley and Sons: Chichester，251-279.

Hansom，J.D.，Evans，D.A.，Sanderson，C.，Bingham，R.G.，Bentley，M.J. 2008. Constraining the age and formation of stone runs in the Falkland Islands using optically stimulated luminescence. Geomorphology 94，117-130.

Houmark-Nielsen，M. 2009. Testing OSL failures against a regional Weichselian glaciation chronology from southern Scandinavia. Boreas，37，660-677.

Houmark-Nielsen，M. and Kjær，K. H. 2003. Southwest Scandinavia，40-15 ka BP: palaeogeography and environmental change. Journal of Quaternary Science 18，769-786.

Hughes，A.L.C.，Gyllencreutz，R.，Lohne，O.S.，Mangerud，J.，Svendsen，J.I. 2016. The last Eurasian ice sheets-a chronological database and time-slice reconstruction，DATED-1. Boreas 45，1-45.

Hülle，D.，Hilgers，A.，Kühn，P.，Radtke，U. 2009. The potential of optically stimulated luminescence for dating periglacial slope deposits-A case study from the Taunus area，Germany. Geomorphology 109，66-78.

Johnsen，S.J.，Dahl-Jensen，D.，Gundestrup，N.，Steffensen，J.P.，Clausen，H.P.，Miller，H.，Masson-Delmotte，V.，Sveinbjörnsdottir,，A.M. and White，J. 2001. Oxygen isotope and palaeotemperature records from six Greenland ice-core stations: Camp Century，Dye-3，GRIP，GISP2，Renland and NorthGRIP. Journal of Quaternary Science 16，299-307.

King，G.E.，Robinson R.A.J. and Finch，A.A. 2013. Apparent OSL ages of modern deposits from Fåbergstølsdalen，Norway: implications for sampling glacial sediments. Journal of Quaternary Science 28，673-682.

King，G.E.，Sanderson，D.C.W.，Robinson R.A.J. and Finch，A.A. (2014a). Understanding processes of sediment bleaching in glacial settings using a portable OSL reader. Boreas 43，955-972.

King，G.E.，Robinson R.A.J. and Finch，A.A. (2014b). Towards successful OSL sampling strategies in glacial environments: deciphering the influence of depositional processes on bleaching of modern glacial sediments from Jostedalen，Southern Norway. Quaternary Science Reviews 89，94-107.

Klasen，N.，Fiebig，M.，Preusser，F. and Radtke，U. 2006. Luminescence properties of glaciofluvial sediments from the Bavarian Alpine Foreland. Radiation Measurements 41，866-870.

Kolstrup，E. 2004. Stratigraphic and environmental implications of a large ice-wedge cast at Tjaereborg，Denmark. Permafrost and Periglacial Processes 15，31-40.

Kolstrup E.，Mejdahl V.，1986. Three frost wedge casts from Jutland（Denmark）and TL dating of their infill. Boreas 15，311-321.

Kolstrup，E.，Murray，A.，Possnert，G. 2007. Luminescence and radiocarbon ages from laminated Lateglacial aeolian sediments in western Jutland，Denmark. Boreas 36，314-325.

Lamothe，M. 1988. Dating till using thermoluminescence. Quaternary Science Reviews 7，273-276.

Livingstone，S.J.，Piotrowski，J.P.，Bateman，m.D.，Ely，J.C.，Clark，C.D. 2015. Discriminating between subglacial and proglacial lake sediments: an example from the D€anischer Wohld Peninsula，northern Germany. Quaternary Science Reviews 112，86-108.

Lukas，S.，Spencer，J.Q.G.，Robinson，R.A.J. and Benn，D.I. 2007. Problems associated with luminescence dating of Late Quaternary glacial sediments in the NW Scottish Highlands. Quaternary Geochronology 2，243-248.

Lüthgens C.，Böse，M. 2010. From morphostratigraphy to geochronology e on the dating of ice marginal positions. Quaternary Science Reviews 44，26-36.

Mackay，J.R. 1992. The frequency of ice-wedge cracking（1967-1987）at Garry Island，western Arctic coast，Canada. Canadian Journal of Earth Sciences 29，236-248.

Mayya，Y.S.，Morthekai，P.，Murari，M.K.，Singhvi，A.K. 2006. Towards quantifying beta microdosimetric effects in single-grain quartz dose distribution. Radiation Measurements 41，1032-1039.

Medialdea，A.，Thomsen，K.J.，Murray，A.S.G.，Benito，G，2014. Reliability of equivalent-dose determination and age-models in the OSL dating of historical and modern palaeoflood sediments. Quaternary Geochronology 22，11-24.

Meyer，M.C.，Hofmann ch.-ch.，Gemmell，A.M.D.，Haslinger，E. Häusler，H.，Wangda，D. 2009. Holocene glacier fluctuations and migration of Neolithic yak pastoralists into the high valleys of northwest Bhutan. Quaternary Science Reviews 28，1217-1237.

Murray，A S. and Roberts，R.G. 1997 Determining the burial time of single grains of quartz using optically stimulated luminescence. Earth and Planetary Science Letters 152，163-180.

Murray，A.S. and Wintle，A.G. 2000. Luminescence dating of quartz using an improved single-aliquot regenerative-dose protocol. Radiation Measurements 32，57-73.

Murton，J.B.，Worsley，P. and Gozdzik，J. 2000. Sand veins and wedges in cold aeolian environments. Quaternary Science Reviews 19，899-922.

Murton，J.B.，Bateman，M.D.，Baker，C.A.，Knox，R.，Whiteman，C.A. 2003. The Devensian periglacial record on Thanet，Kent，UK. Permafrost and Periglacial Processes 14，217-246.

Murton，J.B. and Bateman，M.D. 2007. Syngenetic sand veins and anti-syngenetic sand wedges，Tuktoyaktuk Coastlands，western Arctic Canada. Permafrost and Periglacial Processes 18，33-47.

Owen，L.A.，Richards，B.，Rhodes，E.J.，Cunningham，W.D.，Windley，B.F.，Badamgarav，J.，Dorjnamjaa，D. 1998. Relic permafrost structures in the Gobi of Mongolia: age and significance. Journal of Quaternary Science 13，539-547.

Owen，L.A.，Kamp，U.，Spencer，J.Q. and Haserodt，K. 2002. Timing and style of Late Quaternary glaciation in the eastern Hindu Kush，Chitral，northern Pakistan: A review and revision of the glacial chronology based on new optically stimulated luminescence dating. Quaternary International 97-98，41-55.

Pawley，S.M.，Bailey，R.M.，Rose，J.，Moorlock，B.S.P.，Hamblin，R.J.O.，Booth，S.J.，Lee，J.R. 2008. Age limits on Middle Pleistocene glacial sediments from OSL dating，north Norfolk，UK. Quaternary Science Reviews 27，1363-1377.

Peterson，R.A.，Krantz，W.B. 2003. A mechanism for differential frost heave and its implications for patterned-ground formation. Journal of Glaciology 49，69-80.

Preusser，F. 1999. Luminescence dating of fluvial sediments and overbank deposits from Gossau，Switzerland: Fine grain dating. Quaternary Geochronology 18，217-222.

Preusser，F.，Ramseyer，K.，Schlüchter，C. 2006. Characterization of low OSL intensity quartz from the New Zealand Alps. Radiation Measurements 41，871-877.

Preusser，F.，Blei，A.，Graf，H.R. and Schlüchter，C. 2007. Luminescence dating of Wu¨ rmian (Weichselian) proglacial sediments from Switzerland: Methodological aspects and stratigraphical conclusions. Boreas 36，130-142.

Rémillard，A. M.，Hétu，B.，Bernatchez，P.，Buylaert，J. -P.，Murray，A. S.，St-Onge，G. and Geach，M. 2015. Chronology and palaeoenvironmental implications of the ice-wedge pseudomorphs and composit-wedge casts on the Magdalen Islands (eastern Canada). Boreas 44，658-675.

Rendell，H.M.，Webster，S.E.，Sheffer，N.L. 1994. Underwater bleaching of signals from sediment grains：new experimental data. Quaternary Geochronology 13，433-435.l 13

Rittenour，T.M.，Cotter，J.F.P. and Arends，H.E 2015. Application of single-grain OSL dating to ice-proximal deposits，glacial Lake Benson，west-central Minnesota，USA. Quaternary Geochronology 30，306-313.

Roberts，R.G.，Galbraith，R.F.，Y oshida，H.，Laslett，G.M.，Olley，J.M. 2000. Distinguishing dose populations in sediment mixtures: A test of single-grain optical dating procedures using mixtures of laboratory-dosed quartz. Radiation Measurements 32，459-465.

Rodnight，H. 2008. How many equivalent dose values are needed to obtain a reproducible distribution? Ancient TL 26，3-9.

Schirrmeister，L.，Meyer，H.，Andreev，A.，Wetterich，S.，Kienast，F.，Bobrov，A.，Fuchs，M.，Sierralta，M.，Herzschuh，U. 2016. Late Quaternary paleoenvironmental records from the Chatanika River valley near Fairbanks（Alaska）. Quaternary Science Reviews 147，259-278.

Singarayer，J.S.，Bailey，R.M.，Ward，S. and Stokes，S. 2005. Assessing the completeness of optical resetting of quartz OSL in the natural environment. Radiation Measurements 40，13-25.

Smedley，R.K.，Glasser，N.F. and Duller，G.A.T. 2016. Luminescence dating of glacial advances at Lago Buenos Aires（similar to 46 degrees S），Patagonia. Quaternary Science Reviews 134，59-73.

Smedley，R.K.，Scourse，J.D.，Small，D.，Hiemstra，J.F.，Duller，G.A.T.，Bateman，M.D.，Burke，M.J.，Chiverrell，R.C.，Clark，C.D.，Davies，S.M.，Fabel，D.，Gheorghiu，D.M.，McCarroll，D.，Medialdea，A.，Xu，S 2017. New age constraints for the limit of the British-Irish Ice Sheet on the Isles of Scilly. Journal of Quaternary Science 32，48-62.

Spencer，J.Q. and Owen，L.A. 2004. Optically stimulated luminescence dating of Late Quaternary glaciogenic sediments in the upper Hunza valley: Validating the timing of glaciation and assessing dating methods. Quaternary Science Reviews 23，175-191.

Thomsen，K.J.，Murray，A.S.，Bøtter-Jensen，L. 2005. Sources of variability in OSL dose measurements using single grains of quartz. Radiation Measurements 39，47-61.

Thomsen，K.J.，Murray，A.S.，Bøtter-Jensen，L. and Kinahan，J. 2007. Determination of burial dose in incompletely bleached fluvial samples using single grains of quartz. Radiation Measurements，42，370-379.

Thrasher，I.M.，Mauz，B.，Chiverrell，R.C.，Lang，A. and Thomas，G.S.P 2009. Testing an approach to OSL dating of Late Devensian glaciofluvial sediments of the British Isles. Journal of Quaternary Science 24，785-801.

Toucanne，S.，Soulet，G.，Freslon，N.，Silva Jacinto，R.，Dennielou，B.，Zaragosi，S.，Eynaud，F.，Bourillet，J.-F.，Bayon，G. 2015. Millennial-scale fluctuations of the European Ice Sheet at the end of the last glacial，and their potential impact on global climate. Quaternary Science Reviews 123，113-133.

Vandenberghe，D.，Vanneste，K.，Verbeeck，K.，Paulissen，E.，Buylaert，J-P. De Corte，F.，van den Haute，P. 2009. Late Weichselian and Holocene earthquake events along the Geleen fault in NE Belgium: OSL age constraints. Quaternary International 199，56-74.

Vaughan-Hirsch，D.P.，Phillips，E.，Lee，J.R. and Hart，J.K. 2013. Micromorphological analysis of poly-phase deformation associated with the transport and emplacement of glaciotectonic rafts at West Runton，north Norfolk，UK. Boreas 42，376-394.

Wallinga，J. 2002. On the detection of OSL age overestimation using single-aliquot techniques. Geochronometria 21，17-26.

Wysota，W.，Molewski，P.，Sokolowski，R.J. 2009. Record of the Vistula ice lobe advances in the Late Weichselian glacial sequence in north-central Poland. Quaternary International 207，26-41，pp 433-435.

7　在河流与坡地环境中的应用

马库斯·富克斯
德国吉森尤斯图斯-李比希大学地理学系　Email: Markus.Fuchs@geogr.uni-giessen.de

摘要：河流和坡地环境相关的地貌和沉积物是重建古环境和古气候、确定地貌演化特征和规模的最重要的自然档案之一。释光测年与放射性碳测年等其他测年方法不同，它直接对沉积物进行测年，提供必要、准确的时间框架。释光测年所用的石英和长石矿物在粉沙和沙粒中广泛存在，因此可以用于多种河流和坡地环境。此外，释光测年可潜在覆盖 10 年～100 万年的测年范围，涵盖第四纪科学家和考古学家最感兴趣的全新世至中晚更新世时段。本章介绍了释光测年在河流和坡地环境下的地貌和沉积物中的应用，并讨论了曝光不充分和剂量率变化等释光测年中所遇到的具体难题。为解决这些难题，野外采样时需仔细，并翔实记录采样点的信息。

关键词：坡地，河流，河流的，冲积物，坡积物

7.1　引言

河流和坡地环境——尤其是它们的地貌过程、地貌形态和相关的沉积物——是地球科学相关领域的基础研究内容。在大多数环境中，河流过程都是塑造地表形态的一大主要动力因素，即便是降雨和地表径流稀少的地区也不例外。自人类出现以来，与河流相关的环境就是人类定居和开展社会经济活动的重要区域，河流也往往构成了主要的交通路线。与此同时，河流和坡地环境受气候变化和构造活动的持续影响（正如不同的地貌和沉积物所记录的那样），这为重建古环境和古气候变化提供了宝贵的信息，这些信息可用于深入理解地貌演化过程。

由于河流和坡地环境的总体重要性，有必要对这些地貌系统有一个基本的了解，包括它们的组成、相互作用、与其他系统的关系，以及它们对内部扰动（例如风化作用导致的风化层增厚）或外部扰动（例如气候变化）的响应。河流和坡地环境具有丰富的地貌和沉积物记录，它们是由不同幅度、不同频率的多种地貌过程产生的，这些地貌过程通常取决于气候和构造活动。图 7.1 是与此类环境相关的各类地形地貌和沉积物的示意图。

坡地上有多种类型的地貌过程，其中流水过程、土壤蠕动和块体运动是塑造坡面形态的主要方式，它们侵蚀沉积物并将其搬运到坡下，从而影响着坡地地貌的发育（图 7.2）。坡地上的主要流水过程包括片流、细沟和冲沟侵蚀，它们控制着流向谷底和河流系统的沉积物通量。其中，冲沟侵蚀可能在一次事件中将坡地上的物质直接搬运到谷底或河流中；而片流和细沟侵蚀通常是更加缓慢的、渐进的搬运过程，被搬运的物质可能会在坡地上作短暂沉积，也可能被直接搬运到坡脚堆积，形成楔状坡积物。

图 7.1　坡地和河流环境及其相关的地貌和沉积物。在河流系统中，释光测年的适用性随沉积物搬运距离的增加而增强。

谷底和河流既接收来自临近坡地的沉积物，也接收来自上游河段的沉积物。沉积物是被侵蚀、搬运走，还是沉积下来，则取决于河流的搬运能力。河流系统中的流水作用类型复杂多样，且作用在不同的时空尺度，因此河流环境拥有种类繁多的沉积和侵蚀地貌单元（图 7.1），这些地貌单元沉积结构复杂。

要提取有关过去河流和坡地系统的不同信息，一个可靠的时间框架至关重要。地貌和岩石地层学等相对测年方法可以提供关于沉积物和地貌时间序列的初步信息，但要建立可靠的定量年代框架，数值测年方法就必不可少。根据沉积物类型、物质组成以及所需准确性的不同，有多种数值测年方法可用于坡地和河流环境，但这些方法各有利弊。若需要开展从几天到几年的短时间尺度定年，可选用核爆生成的放射性核素 ^{7}Be、^{137}Cs 和 ^{210}Pb$_{ex}$，其中 ^{210}Pb$_{ex}$ 可追溯到约 100 年前（如 Mabit et al.，2008）。若要在河流和坡地环境中开展更长时间尺度的研究，应用最广泛的方法包括放射性碳同位素、树轮年代学、^{230}Th/U、陆地宇生核素（TCN）、电子自旋共振（ESR）和释光测年等（Rixhon et al.，2016；Wagner，1998；Walker，2005）。

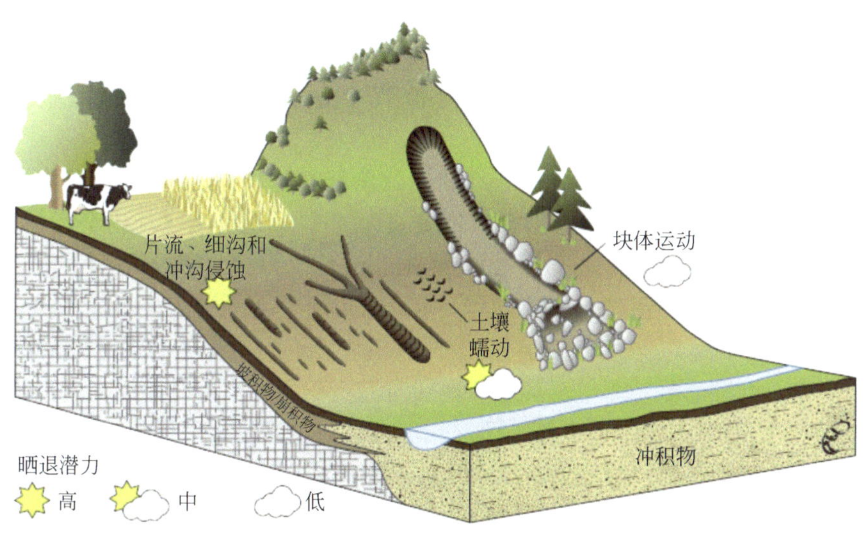

图 7.2 作用于坡地上的土壤蠕动、块体运动和流水过程（片流、细沟和冲沟侵蚀）将沉积物向坡下搬运，在山脚位置形成坡积物。土壤蠕动和块体运动作用下的沉积物因为它们的晒退潜力较低，所以不太适用于释光测年。

放射性碳同位素测年是一种精确且应用广泛的数值测年方法。因为 ^{14}C 的半衰期为 5730±40a，所以该方法适用于最近大约 50ka（Hajdas，2008）的定年。放射性碳同位素测年常用有机物作为测年材料，但因为有机物含量并不总是充足，其在河流和坡地环境中的应用受到了限制。还需注意的是，放射性碳同位素测年并非直接测定沉积物本身，而是测定混入沉积物中的可能更老的有机质。因此，放射性碳同位素年龄常表现出对真实沉积年龄的明显高估（Fuchs and Wagner，2005；Lang and Hönscheidt，1999）。树轮年代学是一种比放射性碳同位素测年更精确的测年方法。然而，由于其依赖具有年际生长树轮的树木，树轮年代学的应用在空间上主要限于中纬度地区，而在时间上仅适用于最近约 12ka（Friedrich et al.，2004）。在全新世河流环境中，树轮年代学的测年材料通常主要来源于埋藏在阶地中的古树干（Radoane et al.，2015）。因此，树轮年代学也只是一种间接的方法，它测得的是混入其中的木材的年代，而非沉积物本身的年代，因此通常会导致对沉积年龄的高估。河流沉积物中有时会含有次生碳酸盐，如钙质结砾岩，这时可以用 ^{230}Th/U 测年。在有利条件下，该方法大约可以测到 600ka（Bourdon et al.，2003）。但由于碳酸盐只能在河流物质沉积后开始形成，^{230}Th/U 测年只能提供河流沉积的最小年龄。^{10}Be、^{26}Al 和 ^{36}Cl 等 TCN 经常被用于如河流阶地或冲积扇等的表面暴露测年（SED）（Fuchs et al.，2015；Rixhon et al.，2011）。SED 的测年范围在很大程度上取决于所使用的核素和采样地点的环境，不过它是有可能测定全新世至中更新世的年代的（Gosse and Phillips，2001；Ivy-Ochs and Kober，2008）。然而，由于侵蚀速率的测定或先前积累核素的继承等各种不确定性因素的存在，SED 年龄通常有较大的误差或较分散。相比之下，ESR 在河流沉积物定年中越来越重要，因为它可以使用自然界广泛存在的石英作为测年矿物，直接确定沉积物的年代（Tissoux et al.，2007；Toyoda，2015）。石英 ESR 的测年范围取决于所使用的 ESR 信号类型和沉积物的矿物学特征，但它最适用的年代范围可能是中更新世至早更新世。石英 ESR 测年的一个不足之处在于石英信号在日光下难以晒退，这会导致 ESR 信号在沉积物搬运和沉积过程中的不完全晒退，并最终导致年龄的高估（Toyoda et al.，2000）。因此，ESR 年龄通常只能被解释为最大年龄。

如第 1 章所述，Wintle 和 Huntley（1979）首次将释光测年方法应用到沉积物中，自此，释光测年在坡地和河流系统中的应用极大地促进了人们对地貌演化和古环境的深入理解（如 Fuchs and Lang，2009；Rittenour，2008；Wallinga，2002）。由于释光测年通常使用广泛存在的粉沙和沙粒级石英和长石矿物，因此可以应用于多数坡地和河流沉积物中。此外，与 ESR 相比，释光年龄更准确，因为释光信号在沉积物改造过程中的晒退要快得多。

接下来，我们将讨论释光测年及其在坡地和河流沉积物中应用时所面临的具体问题（第 7.2 节）。而后介绍研究案例，借以深入了解在坡地和河流环境中开展释光测年的可能性和面临的挑战（第 7.3 节）。结论部分是本章关于释光测年在河流和坡地环境中应用的总结（第 7.4 节）。

7.2　河流和坡地环境中的释光测年

Fuchs 和 Lang（2009）综述了释光测年方法在坡地环境中的应用；Wallinga（2002）、Rittenour（2008）以及 Rixhon 等（2016）综述了释光测年方法在河流环境中的应用。下文将讨论释光测年方法在河流和坡地环境中的应用，并力求阐明具体应考虑哪些因素以确保选择合适的矿物和测试方法。

7.2.1　*矿物特征*

石英和长石都是天然剂量计，但由于可用于储存电子的陷阱数量不同，二者的释光信号饱和上限有所差异，直接影响了各自的测年上限（见第 1 章）。尽管在合适条件下（如环境剂量率较低时）石英可以测到 200ka 以上（如 Wallinga et al.，2004），但一般而言，石英光释光（OSL）的测年上限大约为 150ka，这一点已为一些河流阶地的研究所证实（如 Cordier et al.，2012；Olszak and Adamiec，2016）。对于更老的沉积物，应选择长石红外释光（IRSL）测年，因为长石具有更高的饱和上限。应用于河流沉积物时，长石 IRSL 的测年上限大约为 300ka（如 Cordier et al.，2012），但也有报道称在合适条件下，长石 IRSL 可以测到 400ka 左右（如 Lowick et al.，2012；Roskosch et al.，2014）。

释光测年的测年下限直接受释光信号亮度的影响，而这又取决于剂量计的灵敏度和剂量率大小。河流沉积物的测年下限一般在 1000a 范围内（Fuchs et al.，2010；Preusser et al.，2016），并且可以低至 10a 以内（Olley et al.，1998；Wallinga et al.，2010）。长石 IRSL 信号比石英 OSL 信号更亮，但是当沉积物在其地貌历史中经历了多次侵蚀、搬运和沉积的改造循环时，石英 OSL 信号的灵敏度通常会增加（Pietsch et al.，2008）。来自流域中下游的沉积物，或坡地上逐渐向坡下搬运的沉积物（包括坡面临时沉积在内）就具有这种特征。相反，对于近期才从基岩剥蚀下来的沉积物，其改造循环次数非常有限，石英 OSL 灵敏度通常非常低，因此很难用其进行释光测年。这种情况在地貌过程活跃的高山地区或过去冰川发育地区的河流和坡地环境中尤其常见。在这些区域，新近暴露出的基岩被剥蚀后首次加入侵蚀过程之中。来自喜马拉雅山（(Blöthe et al.，2014；Jaiswal et al.，2008；Spencer and Owen，2004)、欧洲阿尔卑斯山（Klasen et al.，2016）或曾为冰川所覆盖的芬诺斯堪迪亚（Fennoscandia，芬兰、挪威、瑞典、丹麦的总称）（Alexanderson and Murray，2011；Bøe et al.，2007）的研究表明，这些地区的石英 OSL 的灵敏度很低，用其进行释光测年充满挑战（另见第 6 章）。

如第 1 章所述，石英和长石的矿物特征之间的一个显著差异是释光信号的异常衰减现象，即由于释光信号不稳定造成信号丢失，从而使年龄被低估的现象，这种现象常在长石中观察到（Wintle，1973）。异常衰减现象与沉积物的地貌历史无关，因此，河流和坡地过程对该现象没有什么影响。目前已经有一些方法可以用来校正异常衰减，只是这些方法仍存在争议。

7.2.2 信号重置

释光信号在沉积物改造过程中被日光照射重置是 OSL 和 IRSL 测年的一个基本前提。如果没有充分暴露在日光下，石英和长石颗粒中的“释光时钟”将不会归零，沉积物的年龄也会因此被高估（详见第 1 章）。

在有利的条件下，石英和长石矿物的释光信号经过几秒或几分钟的日光照射就可以被充分晒退，而且石英 OSL 信号比长石 IRSL 信号晒退更快（Godfrey-Smith et al.，1988；见第 1.3.2 节），这一点也为现代河流沉积物和其残余剂量所证实（Fuchs et al.，2005；Vandenberghe et al.，2007）。

来自坡地和河流环境的沉积物通常容易出现晒退不充分的情况（Jain et al.，2004），因为沉积物改造过程中的多种因素常常会阻碍长时间的日光直射：

（1）块体运动、土壤蠕动和流水过程是坡地中沉积物改造的主要动力。块体运动（如坠落和滑动）通常以刚性块体（如滑坡）的形式向坡下搬运坡地上的物质，这就使得只有块体的表层能暴露在日光下，而块体内部的沉积物则不能接受光照。在土壤蠕动（如土流）过程中，向坡下搬运的物质也仅限表层可以受到光照，表层以下的大部分沉积物都不能接受光照。相反，片流侵蚀、细沟侵蚀和冲沟侵蚀——包括前期的雨水洗刷侵蚀——通常将沉积物以分散态向坡下搬运，因此单个矿物颗粒也有机会暴露在阳光下。尤其是片流侵蚀和细沟侵蚀向坡下搬运沉积物通常较缓慢，经历多次侵蚀、搬运和沉积循环，而每次改造过程都增加了接受日光照射的概率。相比之下，冲沟侵蚀通常都是在短时间内一次性完成对沉积物向坡下的搬运以及在坡脚的堆积，因此会限制沉积物暴露于日光下的时长。

（2）河流搬运沉积物的上方水柱会削弱入射光线的强度并改变其光谱组成，从而降低日光照射的晒退效率（Berger，1990；Berger and Luternauer，1987）。除了水柱深度以外，由水体扰动搅动起来的悬浮物也会降低晒退效率（Ditlefsen，1992；图 7.3）。因此，河流沉积物的搬运方式以及被搬运颗粒的粒度都会影响矿物颗粒的晒退。粒级较小的颗粒（如粉沙）通常以悬移的方式被搬运，因而更靠近水面；而粒级较大的颗粒（如沙）则更可能在厚层水柱下以推移或跃移的方式被搬运。然而，实证研究表明，沙组分通常比粉沙组分晒退得更好（Fu et al.，2015；Schielein and Lomax，2013；Vandenberghe et al.，2007），并且在沙组分中，粗沙通常比细沙晒退得更好（Olley et al.，1998；Truelsen and Wallinga，2003；Wallinga，2002）。晒退效果存在这种粒度效应的原因尚不清楚，但兴许可以这样解释：沙粒往往以单颗粒的形式被搬运，而更细的颗粒则易凝聚为团聚体，团聚体内部的颗粒难以受到日光照射。例如，铁、锰或碳酸盐等矿物涂层也会阻碍颗粒的晒退，而这与粒径无关。

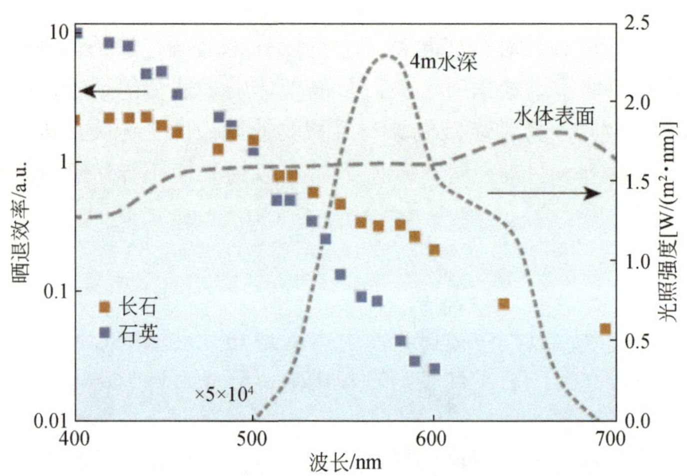

图 7.3　石英和长石在浑浊水体中的晒退效率（a.u.为无量纲单位）。点线表示水体表面的光谱，虚线表示 4m 水深度处的光谱（由于缩放的原因，后者的数据乘以 5×10^4）。数据显示长石在小于 4m 水深的浑浊水柱下晒退得更好，但是由于浑浊水体 4m 水深处的光线强度弱，两种矿物都不会有明显的晒退。改绘自 Wallinga（2002）。

（3）长时间的搬运增加了沉积物接受多次改造和日光照射的可能性。对河流系统而言，沉积物的晒退效率与搬运距离呈正相关关系（图 7.4），表现为河流上游的沉积物最可能晒退不充分，而越向下游，沉积物的晒退程度越高（如 Schielein and Lomax，2013；Stokes et al.，2001）。然而，在河流交汇处，支流会将短途搬运的未充分晒退的沉积物汇入载有长距离搬运的充分晒退为主的沉积物的干流中。对于搬运距离普遍较短的坡地环境，沉积物容易晒退不充分。但向坡下缓慢地搬运以及多次侵蚀、搬运和沉积循环，使得坡地沉积物也有机会接受日光照射，弥补了短距离搬运的不足。对于所有短距离搬运的情况而言，仅在不利条件下（例如夜间）搬运的可能性都会增加。

（4）河流作用的方式、幅度和频率千差万别，显著影响着沉积物搬运过程中矿物颗粒被晒退的概率。坡地上的冲沟侵蚀和流域上游的突发洪水等高能事件在短时间内将大量沉积物在浑浊的水体中搬运，致使日光照射受限。在洪水期间，河流的侧蚀和下蚀作用会破坏河岸的稳定性，导致大规模坍塌，如滑塌。崩塌下来的沉积物块体的内部被遮光，阻碍了释光信号的重置。在冰缘条件下，当冻结的大块沉积物作为整体被侵蚀和搬运时，也是如此。

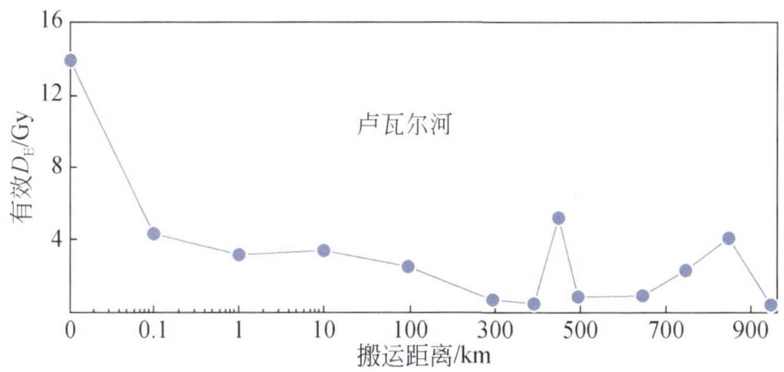

图 7.4 法国卢瓦尔河（Loire）河道沉积物晒退效率图。随着沉积物搬运距离的增加，残余释光信号变小，因此未晒退释光信号贡献的有效等效剂量值随之减小。改绘自 Stokes 等（2001）。

尽管坡地和河流环境的沉积物容易因上述原因导致晒退不充分，但释光测年已在许多案例中成功应用于这些沉积物。OSL 信号本身能够快速晒退，多个沉积物改造循环也会增加日光照射的可能性；此外，矿物颗粒从沉积后到被后来的沉积物完全覆盖的时期内，常在生物扰动和土壤物理过程的影响下暴露于日光中，也会增加晒退的可能性（Berger and Mahaney，1990；Fuchs and Lang，2009）。即便如此，为了将释光测年成功地应用到坡地和河流环境中的沉积物，有必要检测晒退情况并尽可能校正晒退不充分所引起的偏差，否则可能会导致数百或数千年的年龄高估（Jain et al.，2004；Wallinga，2002）。

7.2.2.1 晒退不充分沉积物的检测

由于单个矿物颗粒在最后一次沉积物改造过程中的晒退情况不尽相同，晒退不充分的沉积物通常混合了晒退良好和具有不同残余释光信号的晒退较差的颗粒。理论上，借助独立年龄控制可以识别出未充分晒退的沉积物，但前提是独立年龄控制可用且正确。另外，还能测量现代类似环境下的沉积物残余释光信号，借以为特定环境中是否存在晒退不充分的情况提供第一手信息。然而，现代沉积物与历史沉积物在矿物特征和晒退历史上是否真的相同是值得怀疑的。检测晒退不充分更直接的方法是分析比较不同的释光信号或单个矿物颗粒的晒退程度。

（1）由于石英 OSL 比长石 IRSL 晒退更快，两种矿物测出的年龄不一致就指示着沉积物晒退不充分（Murray et al.，2012）。德国易北（Elbe）流域现代洪水沉积物的一项研究证明了这一点，在该研究中，长石 IRSL 的 D_E 值比石英 OSL 的 D_E 值高出一个数量级（Fuchs et al.，2005）。尽管该研究中石英 OSL 信号也并未完全归零，但低残余释光信号只会对年轻的河流沉积物造成影响。沉积物未充分晒退的另一个迹象表现为同一个样品中不同粒度的颗粒测得的年龄不一致。澳大利亚马兰比吉河（Murrumbidgee）河流沉积物中不同粒度的沙就测出了不同的 D_E 值（Olley et al.，1998）。无独有偶，上述德国易北河的研究中，粉沙和沙组分也测出了不同的 D_E 值，指示洪水事件中的沉积物未被充分晒退（Fuchs et al.，2005）。但同样，残余释光信号也明显指示出粗颗粒组分晒退更好。对于来自罗马尼亚一处坡地的坡积物，Kadereit 等（2006a）通过沙粒级石英和粉沙级长石 D_E 结果的不一致判断样品晒退不充分，但这种差异也可能是由石英和长石两种矿物的晒退特性不同所引起的。释光信号的不同组分具有各自特定的晒退特性，这也可被用于识别晒退不充分的沉积物（见

第 1 章）。对石英 OSL 而言，释光信号由一个快组分、一个中组分和几个慢组分组成，其中快组分晒退最快（Bailey，2000；Bailey et al.，1997；Bulur，1996）。因此，不同释光组分测得的年龄不一致指示了样品晒退不充分，这种现象见于英国牛津郡（Oxfordshire）坡积物中的沙粒级石英和欧洲多条河流的河流沉积物（Singarayer et al.，2005）。长石 IRSL 的不同信号组分也具有不同的晒退特性。Kadereit 等（2010）利用这一事实检测了德国西南部坡积物中粉沙组分的不完全晒退情况。

（2）晒退不充分的沉积物通常是具有不同晒退程度的矿物颗粒的混合物，每个颗粒显示不同的 D_E 值，从而形成分散且通常为正偏的 D_E 分布。相较而言，对于晒退良好的沉积物，几乎所有矿物颗粒的释光信号都在最后一次沉积物改造过程中归零，从而形成集中的 D_E 分布。图 7.5 中，来自印度恒河（Ganga River）现代边滩的河流沉积物表现为集中的 D_E 分布，说明晒退充分（Jain et al.，2004）；而美国大平原的一条季节性河流的沉积物 D_E 分布分散，说明晒退不充分（据 Hanson，2006）。

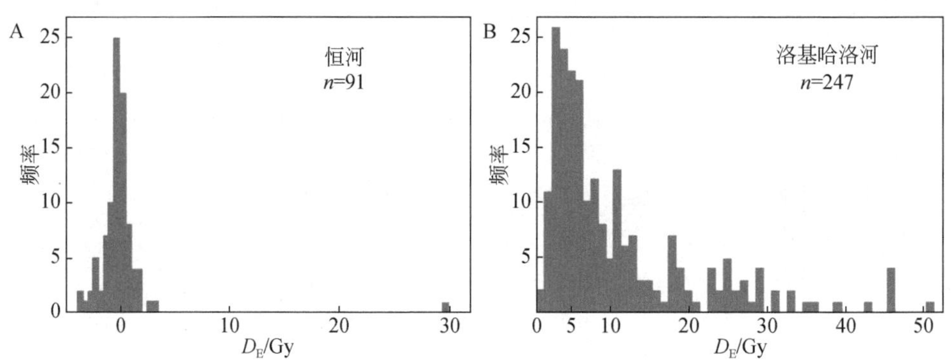

图 7.5　来自印度恒河（A）以及美国内布拉斯加州（B）的一条季节性河流洛基哈洛河（Rocky Hollow）的现代河流沉积物石英单颗粒的 D_E 值。恒河样品的 D_E 分布集中表明该样品晒退良好，而来自洛基哈洛河的样品 D_E 分布分散，表明晒退不充分。改绘自 Jain 等（2004）和 Rittenour（2008），数据来自 Hanson（2006）。

通过测量单颗粒的 D_E 来检测晒退不充分非常耗时，并且需要特定的释光设备（Duller et al.，1999）。还有一种检测晒退不充分的方法，就是测量包含少量矿物颗粒（通常每个测片不超过 100～200 个颗粒）的小测片。这是因为对于石英 OSL 而言，只有少数颗粒（0.5%～20%）能发出足够用于测定 D_E 的光，因此测量载有约 100～200 个颗粒的小测片几乎相当于测量单颗粒。但需要注意的是，利用测量单颗粒或小测片来检测晒退不充分的方法仅限于沙组分（Duller 2008）。尽管分散的 D_E 分布常指示着晒退不充分（Fuchs et al.，2007），但土壤扰动和微剂量学问题也可能是 D_E 分散的原因（如 Bateman et al.，2003；Kalchgruber et al.，2003；Murray and Roberts，1997）。因此，要准确识别不完全晒退，可能还要综合考虑其他统计参数，如 D_E 分布的偏度和峰度（如 Bailey and Arnold，2006）。

由晒退不充分的沉积物测得的释光年龄高估了最后一次释光信号重置过程发生的年龄，因此必须理解为最大沉积年龄。如果计算 D_E 时仅考虑晒退充分的颗粒，则可以得出真实的沉积年龄。

7.2.2.2　确定晒退不充分沉积物的等效剂量

晒退不充分的沉积物常常以分散且正偏的 D_E 分布为特征（图 7.5B），其中最小的 D_E 值代表晒退最充分的颗粒。有多种统计方法可用于提取真实的 D_E 值，这些方法的核心都是从由单颗粒或小测片测得的 D_E 分布的低值段分离出晒退最充分的 D_E 组分（见第 1.3.7 节）。

Olley 等（1998）分析了澳大利亚马兰比吉河年龄为 70a 的河流沉积物的 D_E 分布，利用 D_E 中最小的 5%的 D_E 值得出年龄大约为 66±7.5a。尽管 5%的阈值适用于他们在澳大利亚的特定研究点，但很难照搬到其他研究区。相比之下，Fuchs 和 Lang（2001）提出了一个样品特定阈值来区分晒退良好和晒退不充分的 D_E 值。他们成功地将该技术应用于希腊阿萨巴斯河（Assoposs）的全新世河流沉积物，以及同一地区邻近坡地的坡积物（Fuchs et al., 2004）。按照这一方法，先从经过晒退和辐照的样品中获得可达到的最高 D_E 精度，然后用该样品的特定值来区分晒退良好和晒退不充分的自然 D_E 值。

如第 1 章所述，Galbraith（1999）、Galbraith 和 Green（1990）提出的最小年龄模型（MAM）与有限混合模型（FMM）是被广泛使用的统计方法，用于确定晒退不完全的沉积物的 D_E 值，且经常被应用于坡地和河流环境中的沉积物（如 Bartz et al., 2017; Colarossi et al., 2015; Fuchs et al., 2014）。Rodnight 等（2006）将 MAM 和 FMM 应用于南非克勒普（Klip）河古河道中未充分晒退的沉积物。他们认为 FMM 更可靠，因为 MAM 对低 D_E 异常值更敏感，经常低估真实的 D_E 值。此外，与放射性碳同位素年龄相比，FMM 给出了更准确的结果。Arnold 等（2009）针对非常年轻的样品和现代样品提出了一种改进的不取对数的 MAM，并成功地将其应用于美国西南部一处河谷系统中的年轻河流沉积物。为了进一步提高释光年代学的精确度和准确度，贝叶斯建模（详见第 3 章）正越来越多地被用来为河流沉积建立可靠的年龄-深度剖面（Arnold and Roberts, 2009; Guerin et al., 2015）。Cunningham 和 Wallinga（2012）进一步结合放回抽样法，将未充分晒退样品的 OSL 数据纳入贝叶斯建模中，使得他们为荷兰瓦尔河河漫滩沉积物建立的年代框架的内部一致性得到了提高。

7.2.3　剂量率的确定

源自自然界低水平放射性的剂量率 D_R 使矿物颗粒累积释光信号（详见第 1 章）。在沉积物埋藏期间，剂量率 D_R 一般被认为是恒定不变的，但这通常只是一种简化。实际上，剂量率会随时间发生变化，尤其受到含水量变化的影响，这是因为：①水会削弱辐射；②水可以改变沉积物的化学成分，从而改变放射性核素的浓度；③水可能会导致放射性不平衡，特别是对于坡地和河流环境而言，水是主要的地貌因子，需要考虑水文条件的变化及其对剂量率的影响。

（1）沉积物本身的含水量会直接影响剂量率：含水量结果 1%的差异会造成释光年龄约 1%的差异。因此，准确估计沉积物整个埋藏期间的含水量至关重要。需要注意的是，当前的含水量不一定能代表过去的含水量状况。坡积物和河流沉积物尤其如此，因为在坡地和河流环境中，频繁波动的地下水位以及变化的河流活动直接影响着沉积物的含水量。因此，深入理解所研究沉积物的地貌背景和古环境历史，充分考虑其沉积学和土壤学特征（如氧化还原形态特征、擦痕面，对于正确估计过去的含水量至关重要。基于沉积物粒度特征，Nelson 和 Rittenour（2015）提出了一个适用于半干旱环境的平均土壤含水量计算模型。他们的模型将粒度相关的保水曲线与土壤水分状况图相结合，用以模拟平均含水量。将该模型应用于美国犹他州卡纳布河（Kanab）的河流沉积物时，得到的光释光年龄与放射性碳同位素年龄一致。然而，该模型只适用于可以获得上述数据和地图的地区。对于富含碳酸盐的沉积物，Nathan 和 Mauz（2008）提出了一种估算剂量率随时间变化的数值模型，它考虑了碳酸盐胶结作用及其对沉积物孔隙大小的影响，后者直接影响着潜在含水量。该剂量率模型假设孔隙中碳酸盐质量线性增加而水的质量线性减少，用该模型得出的光释光年龄和传统方法得出的光释光年龄相差高达 15%。

（2）众所周知，^{238}U 衰变链存在不平衡。Krbetschek 等（1994）曾描述过河流沉积物和坡积物中的 ^{238}U 系不平衡，他们当时使用了α和γ光谱法来检测不平衡，并通过从 ^{238}U 衰变链中浸出和去除易移动的核素 ^{234}U、^{226}Ra 和 ^{222}Rn 来解释这一现象。Olley 等（1996）通过测量澳大利亚新南威尔士州（New South Wales）东南部现代河流沉积物的核素浓度，阐明了 ^{238}U 衰变系列中放射性不平衡对河流沉积物剂量率的影响。尽管在大部分沉积物的 ^{238}U 衰变链中都表现出放射性不平衡，但计算得出的剂量率与真实剂量率之间的偏差小于 3%，相对来说偏差较小。针对富含碳酸盐的沉积物，Nathan 和 Mauz（2008）提出了一个估算剂量率的数值模型，其中考虑了沉积物的地球化学变化和碳酸盐胶结引起的相关放射性不平衡。即便对于目前处于放射性平衡的沉积物，也需要考虑过去放射性不平衡的影响，因为在封闭的地球化学系统中，先前存在的放射性不平衡会在一定时间后恢复平衡，而恢复平衡具体所需的时间取决于相关核素的初始放射性特征和半衰期。Olley 等（1996）用一种典型的情景阐释了放射性不平衡以及重新达到平衡所需的时间。在他们的例子中，在初始不平衡大约 11ka 之后便检测不到以前不平衡的证据，由此使得基于平衡条件得出的剂量率计算的释光年龄被高估了约 12%。因此，在估算 D_R 时，应考虑并充分模拟过去可能存在过的放射性不平衡（Preusser and Degering，2007）。

除了主要受沉积物和土壤水分条件变化控制的剂量率 D_R 随时间的变化之外，由于沉积体的沉积学和矿物学不均一性，以及相关放射性核素浓度的变化，D_R 也常存在空间上的变化。在这种情况下，考虑α（约 20μm）、β（约 2mm）和γ（约 30cm）辐射的穿透范围，对于理解与剂量学和微剂量学相关的挑战至关重要（Wagner，1998）。对于河流环境中常见的分层沉积体尤其如此（图 7.6）。在这种环境中，大约 30cm 半径的范围可以包含具有不同矿物学和放射性核素浓度的沉积层，从而产生不均匀的γ辐射场（Kenworthy et al.，2014；见第 2.2 节）。在较短的穿透尺度上，β辐射的不均一性则经常导致微剂量学的变化（Kalchgruber et al.，2003；Mayya et al.，2006），这在进行单颗粒 D_E 分析时尤其重要（Duller，2008；Mayya et al.，2006）。

除了低水平的环境放射性外，宇宙辐射对总剂量率也有贡献。对于来自像喜马拉雅山脉或阿曼的哈贾尔（Hajar）山脉这样的高山地区的河流沉积物，总剂量率中有高达 11%来自宇宙辐射剂量率（Fuchs and Bürkert，2008；Owen et al.，2009）。在陆地放射性水平较低的情况下，如在碳酸盐为主的环境中，这个比例会更高。Fuchs 等（2004）曾报道宇宙辐射剂量率对希腊坡积物总剂量率的贡献高达 15%。在估算坡地或河流环境中的加积型沉积物的宇宙辐射剂量率时，由于沉积物的埋藏深度可以发生显著变化，需要考虑沉积物埋藏期间的平均深度，而非使用采样时的埋藏深度。在实践中，假设沉积速率恒定，考虑到采样点上覆层不断累积，采样时的埋藏深度应除以二。如果有线性沉积以外的模型可用或更符合实际，则需要调整宇宙辐射剂量率的计算以便将这一点考虑进去。

图 7.6 由砾石、沙和土壤交替组成的层状河流沉积物示例。沉积体的沉积学和矿物学不均一性与放射性核素浓度的变化有关，使得每个沉积层的剂量率（DR）都不同。为避免剂量率分布不均对释光测年造成不利影响，释光样品应取自均匀沉积层的中心。照片为德国艾费尔（Eifel）山脉的一个溪岸。改绘自 Stolz 等（2012）。

如前所述，估算坡地和河流环境中的剂量率具有挑战性，因为这些环境中的地貌和水文过程尤为活跃，会对剂量率的估算造成直接影响，所以放射性不平衡、含水量波动或沉积物覆盖层的变化都需要考虑。对于含水量、放射性不平衡或沉积物覆盖层等单个剂量率因子难以估计的样品，可以使用耗时的等时线方法。Li 等（2008）提出的这种等时线方法通过从多种不同粒级中提取钾长石来解决剂量率随时间的变化的问题。这种方法的事实依据在于，钾长石具有显著的内部剂量率，并且该内部剂量率不受外部剂量率潜在变化的影响。将该方法应用于中国毛乌素沙漠萨拉乌苏河的全新世河流沉积物时，获得了与地层层序吻合、与独立年龄一致的年龄结果，尽管这些沉积物的剂量率在其沉积历史中是不断变化的。不过，使用这种方法的前提条件是每个矿物颗粒中钾的浓度近似，否则就需要单独测量每个颗粒的钾浓度。异常衰减也是如此，长石矿物颗粒之间的衰减速率必须相同，否则就需要单独测量单个矿物颗粒的异常衰减速率。

7.2.4 采样策略

在野外采样时，识别适用于释光测年的沉积物需要有丰富的地球科学知识，包括坡地和河流环境中不同的地貌景观、沉积物以及地貌过程等。在这方面，关键是识别出最可能经过长时间日光照射的沉积物，以确保释光信号得到充分重置。图 7.1 和图 7.2 显示了坡地和河流环境中的不同地貌及其相关沉积物的晒退潜力。如图 7.1、图 7.2 所示，经历过多次改造循环和更远距离搬运的沉积物具有最高的晒退潜力；而对于在沉积物含量很高的浑浊水体中搬运的沉积物，如静水沉积，采样时应注意避免。此外，需要通过土壤扰动特征等来检查沉积物是否存在沉积后的扰动和混合，并详细记录由化学沉积物的变化（如氧化还原形态特征）所指示的含水量波动情况。

在制定采样策略时，需要考虑上文和第 2 章中所描述的河流和坡地沉积物定年时面临的挑战：

（1）测定 D_E 时，石英优于长石，因为石英的释光信号比长石的晒退更快。此外，石英不存在长石中常见的异常衰减问题。当石英信号较暗以及沉积物年龄超过石英 100～150ka 左右的测年范围时，则优先选择长石。

（2）对于坡积物和河流沉积物，沙粒级矿物颗粒的晒退效率高于粉沙粒级的颗粒，因此较大的颗粒优于较小的颗粒。但出于剂量学的考虑，应尽量减小粒径范围（如 90～125μm），并应避免使用大于 300μm 的颗粒。

（3）为避免层状河流沉积物中常出现的剂量率不均匀问题，释光样品应从约 60cm 厚的均质沉积层的中心采集。基于这种考虑，应避免在地表 30cm 内采样，因为这个范围的γ辐射场不均匀（见第 7.2.3 节），而且容易存在由土壤扰动引起的沉积物混合问题。在沉积物极不均匀的情况下，建议使用便携式γ谱仪等开展原位剂量率测量。

7.3 释光测年在河流和坡地环境中的应用

释光测年已被广泛应用于不同地理背景和不同气候区的坡地和河流环境（如 Fuchs and Lang，2009；Rittenour，2008）。这些在多种空间和时间尺度上的应用极大地增加了我们对古环境和地貌演化的理解，回答了有关地貌、气候和人类影响等问题。以下案例研究展现了释光测年如何被应用于不同的坡地和河流环境，并着重强调了该技术在河流研究中的应用潜力和所面临的挑战。

7.3.1 坡地环境（坡积物）

坡地沉积物称为坡积物，指在坡地地貌过程中产生的沉积物。由块体运动和土壤蠕动产生的沉积物通常不适用于释光测年，因为它们以未晒退的沉积物为主。与之相比，片流、细沟和冲沟沉积物通常以分散的沉积物和单个矿物颗粒的形式被搬运，因而容易晒退得更好。此外，由片流、细沟和冲沟侵蚀搬运的坡积物在向坡下搬运时较缓慢，并且会在斜坡上发生短暂的沉积，这增加了日光照射晒退的概率，往往使得这些沉积物适用于释光测年（Fuchs and Lang，2009）。

7.3.1.1 过去气候变化

过去气候变化及其对坡地过程和坡积物的影响是早期释光测年研究的主题（Botha et al.，1994；Wintle et al.，1993，1995a，1995b）。在对南非坡积物最早的一些研究中，研究者通过测量长石 IRSL，发现更新世时期的土壤形成和坡积过程与最近 110ka 的深海氧同位素阶段相对应。由于细颗粒测量不能检测出晒退不充分的存在，Wintle 等（1995b）测量了粗颗粒长石，并通过分散的 D_E 分布识别出了样品晒退不充分的情况，成功解释了某些样品的 IRSL 年龄被高估的原因。

Clarke 等（2003）研究了南非夸祖鲁-纳塔尔省（KwaZulu-Natal）一套夹有古土壤层的更新世沙质坡积物序列，借以探究坡地地貌的稳定期和不稳定期与最近 100ka 气候波动的关系。年龄框架是通过一系列粗颗粒长石 IRSL 测量建立的，并且其近 40ka 以来的正确性得到了古土壤有机质 ^{14}C 年龄的验证。由此说明，坡积物可以用长石颗粒进行测年，而且在这些沉积物中，并不总是存在晒退不充分的问题。

Eriksson 等（2000）也利用严重退化的坡地上侵蚀下来的坡积物研究了热带坦桑尼亚的片流、细沟和冲沟侵蚀发生的时间。基于粗颗粒石英组分的 OSL 测量和 D_E 分布，他们发现所有的样品都没有被充分晒退。为了避免年龄高估，他们依据 Galbraith 和 Laslett（1993）提出的 MAM 模型（见第 1 章），挑选了 D_E 分布的低值端中晒退最好的组分。这些测量都是在含少量颗粒的小测片上进行的，避免了充分晒退和未充分晒退颗粒之间强烈的平均效应。最终，他们识别出了两个主要侵蚀时期，一个是在晚更新世，其特征是气候由干转湿，另一个更近的时期是过去数百年，此时的强烈侵蚀很可能是人类活动和自然植被覆盖的破坏引起的。

因为坡地环境的沉积物容易晒退不充分，所以测片的大小和每个测片上的矿物颗粒数量就至关重要。Duller（2004）利用塔斯马尼亚的坡积物研究了测片大小对 D_E 值的影响。结果表明，随着测片的减小，由粗颗粒石英测得的 D_E 分散程度和偏度增加，并且可以检测到晒退不充分（图 7.7）。这对于大测片（每个测片上约有 1000 个颗粒）是不可能的，因为晒退充分和晒退不充分的颗粒间有平均效应。当用于测量 D_E 的颗粒数目减少到单颗粒时，晒退充分和晒退不充分的颗粒间的平均效应便可以被排除，而 D_E 分布中最小的组分可能代表晒退最好的石英颗粒。然而，单颗粒测量非常耗时，并且需要测量大量颗粒，因为单个石英颗粒的亮度通常很低。澳大利亚的沉积物非常适合用单颗粒测量，因为它们的释光信号普遍很亮，但世界其他地区的沉积物释光信号通常较暗，所以不太适合用单颗粒测量。在大多数情况下，测量的颗粒中仅有 5%～10%能达到足以用于确定 D_E 的亮度。在这种情况下，含少量颗粒的小测片测量可以近似于单颗粒测量。

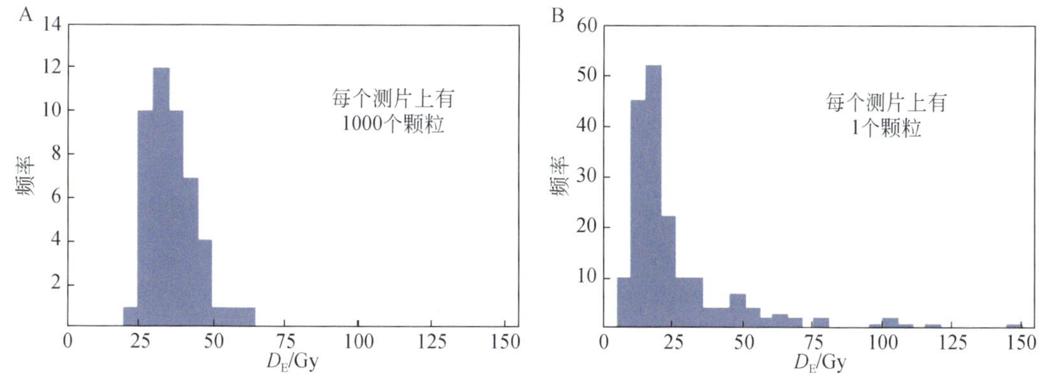

图 7.7 利用塔斯马尼亚坡积物中的石英测得的等效剂量（D_E）。A-每个测片上有 1000 个颗粒；B-每个测片上有 1 个颗粒。随着测片的减小，D_E 的分散程度和偏度增加，并且可以检测到晒退不充分，这对于大测片是不可能的，因为晒退充分和晒退不充分的颗粒信号会被平均。D_E 分布中最小的组分可能代表晒退最好的石英颗粒。改绘自据 Duller（2004）。

尽管坡地沉积物可能存在晒退不充分，但在多数情况下，坡积过程可以使释光信号归零。一项关于过去坡地过程及其对早全新世气候振荡敏感性的研究展现了这一点，该研究以德国东北部小规模坡地环境的坡积物为研究对象（Dreibrodt et al.，2010），基于粗颗粒石英的小测片 OSL 获得 D_E，并且根据 D_E 分布的偏度和峰度确认这些坡积物晒退充分。研究结果得到了地层信息和独立年龄控制的证实，表明长度小于 100m 的斜坡上的坡积过程能够将释光信号归零。

Vincent 等（2011）研究英格兰西北部黄土衍生坡积物后，也得出气候恶化触发早全新世的坡积过程的结论。尽管该研究用难以检测晒退不充分的细颗粒石英（4～11μm）测定 D_E，但地层证据和某些样品的粗颗粒石英 OSL 的 D_E 结果表明样品晒退充分。此外，该研究还发现，尽管野外观察显示沉积物特征均一，剂量率可能相似，但实测的剂量率却变化较大（1～3Gy/ka），这表明单独对每个释光样品进行准确的剂量率测量很重要。

7.3.1.2　过去人类活动导致的土壤侵蚀

全新世土壤侵蚀的一个主要诱发因素是农业的发展以及为获得可耕地而进行的森林砍伐。在欧洲，这一过程始于人类开始建造永久性定居点、种植庄稼和驯养动物的新石器时代。大范围的森林砍伐引发了土壤侵蚀，并在山脚形成厚层的坡积体。这些沉积物是地质考古研究中重建过去人类农业活动的重要沉积档案。在该研究领域，释光测年已被广泛用于建立高分辨率年表，以更好地了解人类对环境影响的时间演变特征（如 Fuchs et al.，2004，2010；Gerlach et al.，2012；Houben et al.，2012；Kadereit et al.，2006b；Lang，2003；Notebaert et al.，2011）。

人为导致的土壤侵蚀产生的坡积物与自然过程产的坡积物很难区分。尽管坡积物中经常发现夹杂的陶片或其他人工制品可以指示人为成因，但仍需要详细的年代地层信息来将已知的文化活动与坡积时期联系起来。在对希腊全新世土壤侵蚀历史的详细研究中，Fuchs 等（2004）调查了坡脚位置的几个坡积剖面，并为其建立了高分辨率的光释光年表。考虑到沉积物搬运距离短，加之地中海地区存在典型的极端降雨事件，他们通过测量粗颗粒石英小测片和分析 D_E 分布来检测光释光样品是否晒退不充分（Fuchs and Wagner，2003）。由此得到的释光年表表明，坡积与农业活动时期之间的紧密联系在公元前 7ka 的新石器时代早期就已经开始了（图 7.8）。人为诱发的土壤侵蚀和坡积过程对成壤作用和地形有很大的影响，特别是在具有悠久农业历史的欧洲黄土地貌区。Kühn 等（2017）在对德国法兰克福（Frankfurt）北部黄土地貌的研究中展示了成壤作用是如何先受气候控制，然后随着农业的开始，转为主要受人类活动控制，并引起土壤剥蚀和坡积作用。根据光释光测年结果，这次成土过程的转变发生在 4.7ka，并伴有上坡侵蚀和坡脚堆积造成的地形平整化（图 7.9），这种现象在其他存在早期人类居住的黄土地貌区也有报道（如 Kadereit et al.，2010）。综合粗颗粒石英光释光年龄和 ^{14}C 年龄，Kühn 等（2017）确定了坡积过程随时间的演化，结果显示，与光释光年龄相比，^{14}C 年龄被严重高估了 2～4ka（图 7.9）。这突显了沉积物 ^{14}C 测年中的一个普遍问题，即更老的有机质被掺进了沉积体，因此并不能代表沉积时间（如 Lang and Hönscheidt，1999）。在 Kühn 等（2017）的研究中，火山灰层的独立年龄支持光释光年龄的正确性。此外，微形态学分析表明没有沉积后土壤扰动的迹象（Bateman et al.，2003），这进一步支持了光释光年龄的准确性。这个例子表明，将微形态学、光释光测年等多种分析工具相结合对识别沉积（后）过程非常重要，甚至可能影响释光测年结果及其解译。

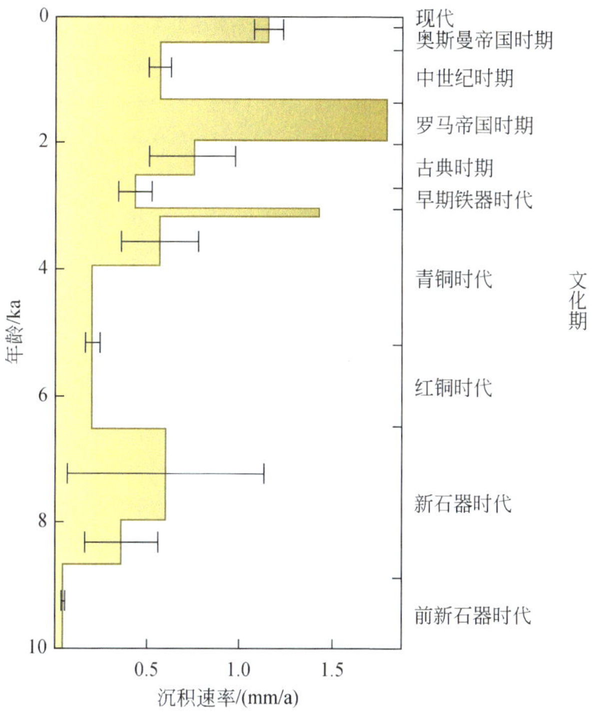

图 7.8 基于高分辨率光释光年代学的希腊坡积物的沉积速率。高沉积速率与农业活跃期呈正相关关系，后者导致了土壤侵蚀和坡积。这些农业活跃时期始于公元前 7ka 的新石器时代早期。改绘自 Fuchs 等（2004）。

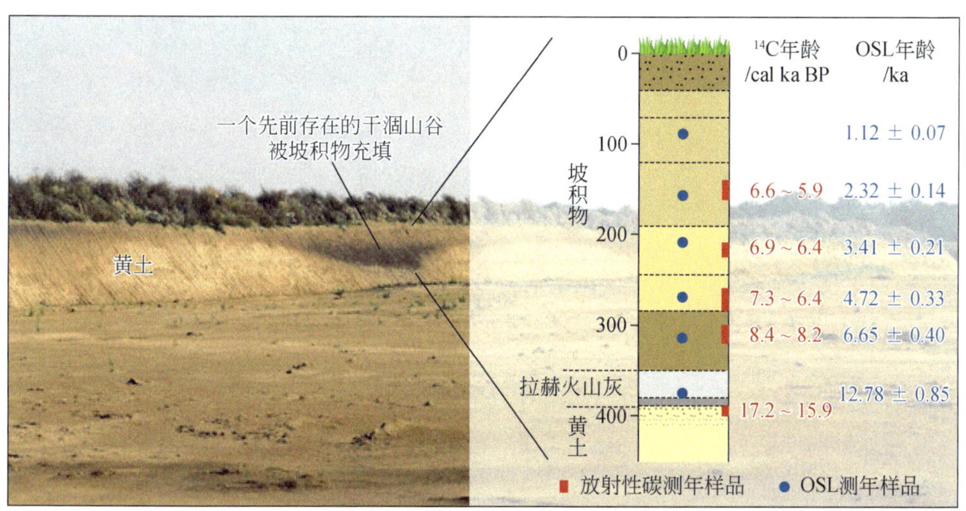

图 7.9 人为诱发的土壤侵蚀导致之前干涸的河谷被坡积物充填，致使德国法兰克福北部一处黄土地貌的地形变平。OSL 和 ^{14}C 年龄共同确定了坡积过程随时间的演化，由于老的有机物掺入再改造的沉积物中，导致 ^{14}C 年龄高估了坡积过程的年代，这是 ^{14}C 测年中的常见问题。改绘自 Kühn 等（2017）。底部 OSL 年龄（12.78±0.85ka）的正确性得到了火山灰独立年龄的支持，这次火山灰来自约 13ka cal BP 的拉赫火山喷发（Laacher See eruption，LST）。

7.3.1.3　与土壤蠕动、落石和断层活动相关的坡积物

如前所述，与块体运动和土壤蠕动有关的沉积物通常不适用于释光测年，因为这些地貌过程通常会阻碍沉积物颗粒接受充足的日光照射。岩石表面释光测年近期的进展使其从理论上讲可以直接测定巨砾的年代（见第 11 章；Greilich and Wagner，2006；Sohbati et al.，2012），但这些方法目前仍处于实验研究阶段。到目前为止，通过测定与巨砾沉积相关的沉积物的年代，已经可以间接确定落石的年代。Sohbati 等（2016）采用这种方法，对新西兰克赖斯特彻奇（Christchurch）附近坡地上的巨砾进行间接测年，以讨论这些落石事件可能的地震或人为成因。在这种情况下，巨砾下伏的坡积物早于巨砾的堆积，而上坡的坡积楔则晚于落石事件（图 7.10）。坡积物的年代是用 40～63μm 粒度组分的石英 OSL 和长石 IRSL 测定的。由于每个测片上有大量颗粒，因此无法通过统计分析来检测晒退不充分。取而代之的，是利用不同类型的释光信号（石英 OSL、长石 $pIRIR_{150}$ 和 $pIRIR_{290}$）的不同晒退特性来检测晒退不充分。最后，OSL 和 IRSL 的结果，以及两种 IRSL 信号的结果都非常一致

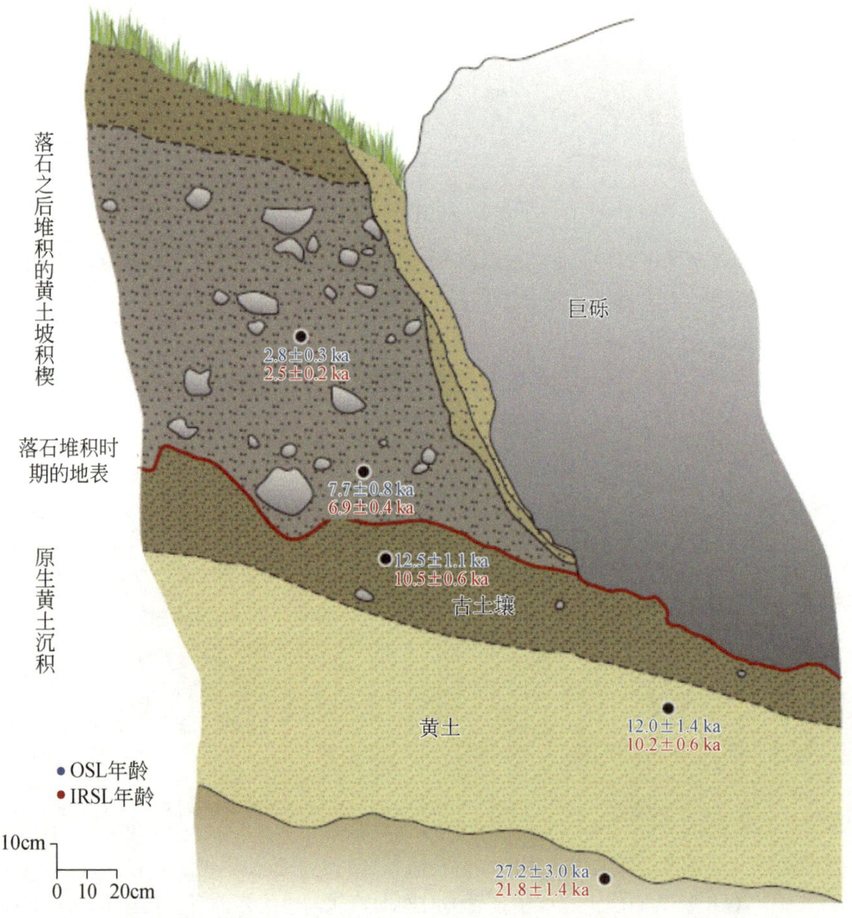

图 7.10　新西兰克赖斯特彻奇附近一处坡地坡积物的 OSL 和 IRSL 测年。巨砾下方的坡积物早于巨砾的堆积，但上坡的坡积楔晚于落石事件。OSL 和 IRSL 年龄在误差范围内非常一致，并且与地层层序吻合，表明沉积物在沉积前已充分晒退。改绘自 Sohbati 等（2016）。

并且与地层层序吻合，表明沉积物在沉积前接受了足够的日光照射。本研究表明，在有利的条件下，有可能借助与落石相关的沉积物确定落石的时间，然而，这需要对不同矿物和不同信号的释光特性以及坡地上的地层和地貌过程有深入的认识。

冰缘斜坡沉积物及其相关的土壤蠕动过程产生的沉积物是坡地沉积物中难以进行释光测年的代表，因为它们很难接受日光照射。这类沉积物性质普遍不均匀，而这可能导致剂量率不均匀。尽管每个冰缘环境都发育冰缘斜坡沉积物，但其沉积结构因地区而异，受控于当地岩性等多种因素。Hülle 等（2009）研究了德国法兰克福附近的一个低山陶努斯山（Taunus）的冰缘斜坡沉积物，从三个不同剖面的不同深度采集了样品。测定 D_E 时，他们分析了石英和长石的两种不同粒级组分。出乎意料的是，D_E 的分散程度相对较低，并且偏度以及不同矿物、不同粒径和不同大小测片之间的比较也未显示样品存在晒退不充分。相比之下，从砾石到黏土的不同粒度的混合沉积物结构以及矿物学上的不均匀性，导致相邻样品之间在小尺度上存在剂量率差异。在这种情况下，采集少量样品作为代表进行剂量率测量是有问题的，因此建议将原位γ谱仪测量作为确定剂量率的另一种手段，这种方法可以更好地解决小尺度剂量率不均匀的问题（图 7.11）。Hülle 等（2009）也对斜坡沉积物进行了微观形态分析，结果表明存在沉积后的沉积物混合，这一点在解译获得的释光结果时必须要给予考虑。总之，尽管在某些情况下，确定冰缘斜坡沉积物的年代也是有可能的（如当释光信号较明亮时），但需要尽量获取详细的、高空间分辨率的剂量率。然而，如果考虑了所有的不确定性，冰缘斜坡沉积物释光年龄的准确性通常会降低。

图 7.11 德国法兰克福附近陶努斯山的冰缘斜坡沉积物。它们的特点是沉积物结构不均匀，粒度大小从砾石变化到黏土，且包含多种矿物。考虑到存在小尺度剂量率差异，建议将原位γ谱仪测量作为确定剂量率的补充手段。改绘自 Hülle 等（2009）。

与过去断层活动相关的坡积物是重建古地震的重要档案。地形的垂直位移导致了短距离的坡地过程，由此产生了可用释光技术定年的坡积楔，其年代晚于断层活动事件。来自伊朗（Fattahi et al.，2010）、以色列（Porat et al.，2009）、希腊（Tsodoulos et al.，2016）和比利时（Vandenberghe et al.，2009）等地的大量研究对这些沉积物成功地开展了释光测年，尽管这些沉积物搬运距离较短，但至少有一些矿物颗粒曾被日光充分照射。关于释光测年在构造环境中应用的更多详细信息，参见第 9 章。

7.3.2 河流环境（冲积物）

与河流和溪流相关的流水沉积物被称为冲积物，是指由流水搬运和堆积的沉积物。流域内存在类型多样的河流沉积物和地貌（图 7.1），每种沉积物或地貌都代表了特定的河流过程，因而影响着光释光测年的适用性。对河流沉积物开展释光测年时需要考虑的一个重要方面是它们的晒退特征。另一个重要方面是河流沉积物通常是由不同粒度和混合矿物组成的非均质沉积体，这就会对剂量率以及沉积物的水文状况有很大影响，随着时间的推移，沉积物还可能会发生强烈的化学变化。然而，尽管对河流沉积物开展释光测年具有挑战性，但该方法已广泛且成功地应用于河流环境中的沉积物（如 Rittenour，2008；Rixhon et al.，2016；Wallinga，2002），并且其可靠性已多次得到独立年龄控制的验证（图 7.12）。

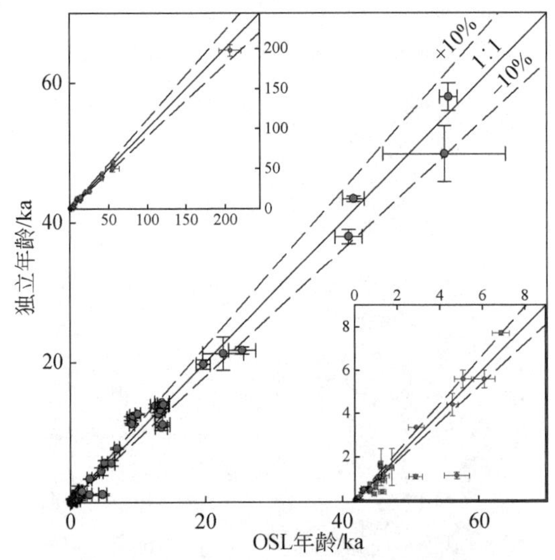

图 7.12 河流沉积物的 OSL 年龄与独立年龄控制的比较。误差表示为 1σ，实线表示 OSL 年龄和独立年龄控制结果一致。数据来自 Rittenour（2008）。

7.3.2.1 河道

河道沉积物通常用 ^{14}C 定年，但用 ^{14}C 确定准确的沉积年龄和地貌变化速率是有问题的。这可能是因为老的有机物质混入沉积物，导致 ^{14}C 年龄高估，还可能是因为其易受 ^{14}C 污染，尤其是对于接近 ^{14}C 测年上限的样品，会导致年龄高估或低估。在一项关于英格兰东部宁河（Nene）和韦兰河（Welland）河道充填物的研究中，Briant 和 Bateman（2009）对比了一组沙质和富有机质的沉积物的成对 AMS ^{14}C 和 OSL 年龄，来检验它们的可靠性。

在这项研究中，测得的 ^{14}C 年龄比粗颗粒（90～125μm）石英 OSL 年龄年轻得多，而 OSL 用了小测片测量以解决晒退不充分的问题。从释光测年的角度解释年龄差异，如果 OSL 年龄被高估，可能有两种原因，要么是由于晒退不足导致 D_E 被高估，或者是由于剂量率被低估。然而，由于释光特征普遍良好，并且 D_E 分布集中不偏斜，没有任何迹象表明晒退不充分，因此 D_E 被高估似乎不太可能。剂量率也是如此，因为只有将测得的剂量率值翻倍才能将 OSL 年龄和 ^{14}C 年龄相匹配，这对于本研究来说是不太可能的。此外，OSL 年龄与地层非常吻合，由此可以认为不是 OSL 测年高估了，而是由于年轻有机物质污染而导致 ^{14}C 测年低估了河道充填物的沉积年龄。相比之下，可以通过对沙质河道填充物进行释光测年来建立末次冰期以来可靠的 OSL 年代。

Rittenour 等（2005）利用光释光对美国密西西比河下游河谷的河道沉积物进行了测年，以阐明其在末次冰期的河流地貌演化过程。总共 69 个来自沙组分石英的 OSL 年龄，几乎都没有显示出晒退不充分的情况，因为其经历了长达 1000km 的长距离搬运以及多次沉积物改造。因此，光释光 OSL 年龄高估对这些样品来说是一个微不足道问题，这也得到了已有 ^{14}C 年代框架的支持。

为了更好地理解河流系统动力学，Rodnight 等（2005）调查了南非克勒普河河道变化和迁移的时间和速率。他们对一条废弃河曲的一系列涡形沙脊进行采样，以获得最近约 1ka 的侧向迁移速率（图 7.13）。用于石英 OSL 测年的沙洋取自涡形沙脊，并用小测片进行 D_E 测量以检测晒退不充分。D_E 分布的分散度和偏度特征表明样品确实存在晒退不充分，因此该研究使用了 FMM 模型（见第 1 章），利用晒退最好的石英颗粒计算年龄。所获得的 OSL 年龄与涡形沙脊序列的时间顺序吻合，并且计算出最近约 1ka 的平均侧向迁移速率为 0.16m/a。

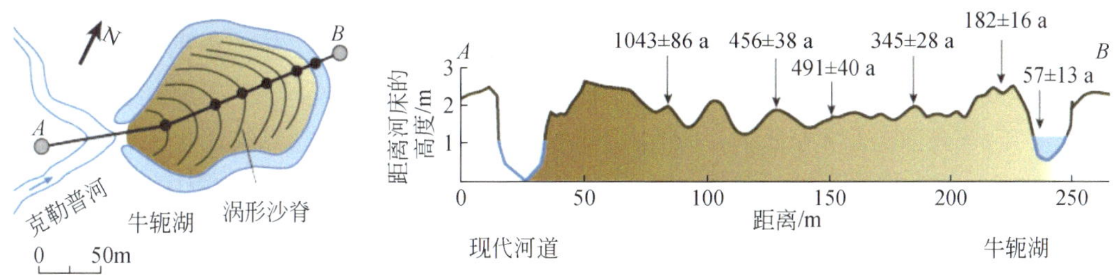

图 7.13 南非克勒普河的废弃河曲及与其相关的涡形沙脊，以及标注 OSL 年龄的滚动条脊序列的横切面。改绘自 Rodnight 等（2005）。

河道沉积物及其释光测年在重建断层活动及与之相关的地震上也发挥着重要作用。Rockwell 等（2009）在葡萄牙北部的走滑断层的研究就是一个典型案例。为了量化过去断层活动的时间和幅度，他们研究了第四纪河道的偏转和偏移。这项研究使用河道沉积物沙组分的石英对地震引发的河道偏转和偏移进行光释光测年。研究观测到单次破裂事件的位移量可达数米，相应的晚第四纪的平均滑移率为 0.3～0.5mm/a，地震震级高达 7 级。该研究中河道沉积物的沉积结构不均匀，对光释光测年形成挑战，即便间隔很近的样品，其剂量率值也有很大差异。为了解决小尺度剂量率变化的问题，该研究对相邻样品的剂量率进行平均，所得到的光释光年龄与地层层序相吻合，表明这种方法对于该沉积环境是奏效的。

7.3.2.2 漫滩和阶地

漫滩和河流阶地都是重要的河流地貌，二者的形成主要受构造或气候控制。大量研究表明这些地貌对于地貌学和第四纪研究非常重要，而释光测年是为其建立可靠年代的重要工具（如 Blöthe et al.，2014；Cordier et al.，2012；Fuchset al.，2015；Keen-Zebert et al.，2013；Kolb et al.，2016，2017；Kolb and Fuchs，2018；Pederson et al.，2006；Winsemann et al.，2015）。

Hobo 等（2010）重建了荷兰莱茵河下游支流漫滩沉积物过去几十年的沉积速率，以便更好地了解该地区漫滩的动力学机制。释光测年样品取自沙质漫滩层，用小测片测量沙组分的石英 OSL 来确定 D_E。为解决晒退不充分及其可能造成的年龄高估问题，该研究应用了 Wallinga 等（2010）的测量方法。测得的最小年龄值可以达到 8±6a，而最大年龄是在 1.7m 深度处的 565±30a。沉积速率随着与河道距离的增加而降低，远离河道区域的沉积速率为 2～7mm/a，近河道区域为 3～9mm/a，沿天然堤分布的沙坝为 9～25mm/a。这些年龄和沉积速率与独立年龄控制的结果非常吻合，表明光释光测年是重建十年时间尺度上漫滩沉积动力机制的可靠测年方法。这也适用于远离河道的黏土质区中沉积的沙组分，尽管在该区中，沉积时水体浑浊和颗粒团聚有可能会阻碍充足的日光照射，从而影响释光信号的重置。然而，对于非常年轻的光释光年龄，需要考虑相对较大的年龄误差。

尽管漫滩沉积物可以被晒退得很好，但在很多情况下，这些沉积物显示出晒退不充分，对于近几十年内的年轻沉积物，这一点尤其不容忽视。Sim 等（2014）的一项研究突出展现了这一点，他们用单颗粒和多颗粒石英 OSL 研究澳大利亚悉尼附近一处漫滩的沉积物。结果表明，与充分晒退的样品相比，未充分晒退的沉积物显示出不同程度的晒退，因此存在大小不同的残余剂量。对于超过几千年的样品，不完全晒退引起的年龄高估可以忽略不计，但对于年轻的漫滩沉积物，则需要应用最小年龄模型。最后，使用最小年龄模型获得的单颗粒 OSL 测量结果与独立年龄以及地层层序非常吻合。不过，在对非常年轻的沉积物使用最小年龄模型时应格外谨慎，因为沉积后的沉积物混合也可能导致较大的 D_E 分散。

与漫滩沉积物相比，河流阶地的冲积物则较老。因为与年轻沉积物相比，老沉积物中残余释光信号的占比更小，所以晒退不充分的影响不大。尽管如此，河流阶地的样品仍需要检查是否存在晒退不充分，尤其是在应用测年上限更高但晒退速度更慢的长石测量 D_E 时。Cordier 等（2014）的一项研究证实了这一点，他们调查了德国和法国摩泽尔（Moselle）河流域的河流阶地，以更好地了解河流对气候变化的响应。为了给中晚更新世的阶地建立可靠的年代，他们从沙层中采样，并利用沙组分的石英测量光释光年龄。由于 D_E 分布分散度低，他们认为样品晒退充分，因而不需要应用最小年龄模型，得到的石英 OSL 年龄高达 120±10ka。由于这些石英 OSL 年龄已经达到其测年上限，他们使用长石对更老的沉积物进行测年，尽管长石的应用经常被异常衰减导致的年龄低估所困扰（见第 1 章）。因此，Cordier 等（2014）应用了一种被称为 pIRIRSL 的测量程序，它可以更好地解决异常衰减问题，但缺点是其释光信号比传统 IRSL 信号更难晒退，因此，必须额外测试其残余释光信号。最终，在校正了异常衰减和确定残余释光信号后，摩泽尔河的阶地测到了高达 155±15ka 的 pIRIRSL 年龄，而在摩泽尔河的支流萨尔河（Sarre）的阶地，则测到了 329±35ka。

基于帕米尔山脉喷赤河（Panj）的晚更新世河流阶地，Fuchs 等（2014）使用沙粒级的石英 OSL 计算了河流下切速率。正如对高山环境中的河流沉积物所预期的那样，沉积物没有被充分晒退，表现为 D_E 分布偏斜且分散，因此需要应用 MAM（见第 1 章）。由于此环境下的剂量率较难计算，该研究特别强调了它的确定方法。他们应用了γ能谱法来检查可能存在的放射性不平衡，并且为了避免剂量率分布不均匀的影响，光释光样品都是从远离沉积层界线以及现代地表以下 50cm 处采集的。为了解决过去含水量变化的问题，并为该参数估计出较实际的误差，该研究除了原位含水量测量外，还分析了饱和含水量。这对于像帕米尔山脉这样的降水季节差异较大的地区以及区域古气候存在差异的地区尤为重要。根据对光释光年龄计算中最敏感参数的详细分析，该研究估计喷赤河的平均下切速率为 5.6mm/a，具体数值因帕米尔山脉构造背景上的不同，在 1.4～7.3mm/a 之间变化。

7.3.2.3 冲积扇

冲积扇主要由分选差、碎屑含量高的沉积物组成，属于高能河流搬运系统。因此，这些沉积物的释光测年具有挑战性，因为分选差的沉积物结构会导致小尺度剂量率变化。此外，搬运历史导致这些沉积物容易晒退不充分。然而，来自不同环境的大量研究直面这些挑战，成功将释光测年应用到这些重要的河流地貌中（如 Andreucci et al.，2014；Pope et al.，2008；Porat et al.，2010；Walker and Fattahi，2011）。

Kenworthy 等（2014）调查了美国洛斯特里弗（Lost River）山脉西侧前缘的几个冲积扇，这些冲积扇主要由未分选的砾石和沙的混合物组成，粒径和岩性变化大，仅发育薄层沙质透镜体甚至不发育。由于在这种情况下不可能使用采样管取样，所以研究人员选择在夜间或在不透明防水油布的遮盖下，去除露头表层曝光过的沉积物后，直接采集释光测年样品装入不透明塑料袋中。以这种方式采样时，需要小心避免样品被从采样层上方落下的、松散的、曝光过的沉积物污染。利用小测片对提取的沙粒级石英进行光释光测年，几乎没有观察到晒退不充分的证据，D_E 值的变化也被归因于微剂量学问题，这是处理岩性和粒度分布不均匀的沉积物时常见的一个难题。在分析剂量率时，不得不考虑沉积体的不均匀性，而且由于在该研究中无法使用原位γ能谱仪，因此需要利用代表性的样品测量剂量率。在分别测量了沙组分（＜2mm）和卵石组分（1～5cm）的剂量率后发现，上面提到的这一点确实很重要。结果表明：剂量率与粒度有关，沙组分的剂量率高于卵石组分，后者主要由低剂量的碳酸盐组成（图 7.14）。最后，用各粒度组分比例适当的全样来估计剂量率，正如预期的那样，全样的剂量率在沙组分和卵石组分的数值之间变化（图 7.14）。测得的光释光 OSL 年龄处于 120～4ka 之间，其正确性得到了铀系测年、一层已知年龄的火山灰层以及地层证据的支持。然而，因为所研究沉积体不均匀造成剂量率和 D_E 的估算不够精确，所以 OSL 年龄的精度也较低。

7.3.2.4 季节性河流沉积物

低降水量和低频率地表径流是干旱和半干旱环境的特征，这造就了河流的季节性及相关沉积物。对这些沉积物开展释光测年有时比较棘手，因为与高沉积物含量和频繁的短距离搬运相关的高幅低频的沉积物搬运可能导致晒退不充分。此外，确定干旱环境中的剂量率也具有挑战性，因为像钙质结砾岩这样的蒸发盐或盐湖中不断波动的水位会随着时间的推移影响剂量率。尽管存在这些困难，研究者还是对来自干旱环境和相关盐湖的河流沉积

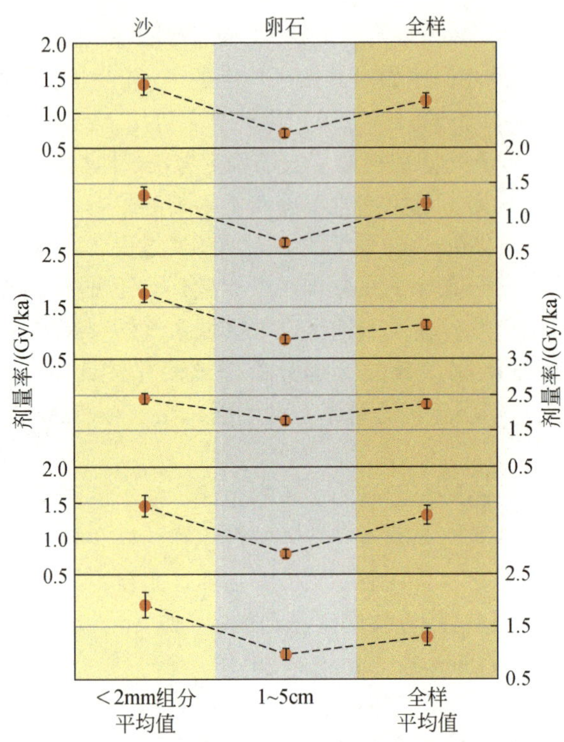

图 7.14　从美国洛斯特里弗山脉的冲积扇采集的样品所展示的剂量率与粒度的关系。结果表明，沙组分的剂量率高于卵石组分，而全样的剂量率则处于二者之间。改绘自 Kenworthy（2014）。

物（如 Bubenzer and Hilgers，2003；Fuchs and Bürkert，2008；May et al.，2015；Telfer et al.，2009）、河流末端沉积物（如 Eitel et al.，2006；Srivastava et al.，2006）、旱谷（wadis）（如 Bartz et al.，2017）和干涸沟壑等（如 Arnold et al.，2007；Summa-Nelson and Rittenour，2012）成功进行了释光测年。

在 Fuchs 和 Bürkert（2008）的一项古环境研究中，他们调查了阿曼哈贾尔山脉厚层的盐湖状沉积物，并基于粗颗粒石英 OSL 测年，建立了过去 20ka 的高分辨率年表。由于小流域以石灰岩为主，沙组分中的石英矿物很少，因而必须采集大量沉积物（每份样品约 1.5kg），以弥补低石英含量的不足。采样是在晚上进行的，在仔细清理了剖面上曝光过的沉积物后，将样品直接装入不透明的塑料袋中。对粗颗粒组分开展的小测片 OSL 测量显示 D_E 存在较大的分散，表明所有样品都晒退不充分。这被归因于低频高幅的降水事件所导致的极浑浊的短期地表径流。因此，研究者使用 MAM 选择晒退最好的测片计算 D_E 值（Fuchs et al.，2007）。由于采样是在非常潮湿的时期进行的，所以用于估计剂量率的实测含水量不能代表自沉积物沉积以来的平均含水量。因此，该研究估算了每个沉积物样品的孔隙度，以此得出可能的含水量范围，并将该范围的平均值作为平均含水量，其中也包括一个代表潜在含水量范围的误差。最后，计算出的光释光年龄与地层层序相吻合，得到的沉积速率被用作古降雨的代用指标，而这一指标所指示的高降水和低降水时期与热带辐合带（ITCZ）的位置及相应的西南季风模式相关（图 7.15）。

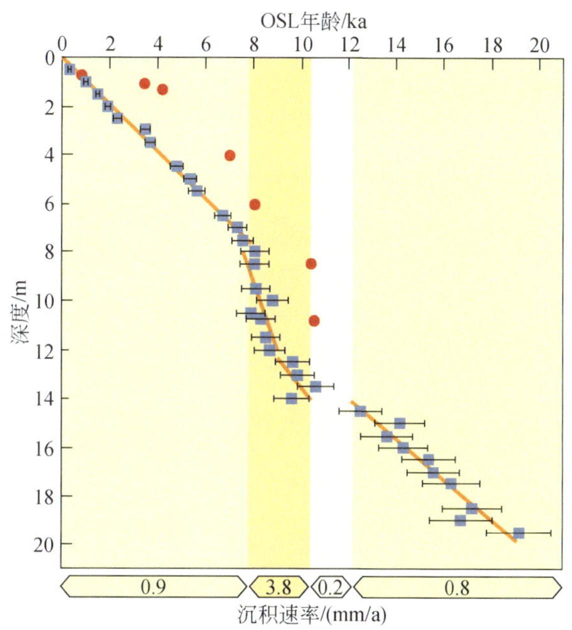

图 7.15　阿曼哈贾尔山脉盐湖状沉积物的 OSL 年龄与采样深度关系图。图中给出了 ^{14}C 年龄（红点），表明硬水效应使该方法明显高估了年龄。根据 OSL 年龄，由于降水增加，在大约 10～8ka 时沉积速率明显增加。据 Fuchs 和 Bürkert（2008）修改。

在中国中北部的毛乌素沙漠，Li 等（2008）计算了全新世河流沉积物的石英 OSL 年龄。在所研究的沉积剖面中，他们观察到了显著的年龄低估以及一个年龄倒置。这些不可靠的年龄是现代放射性核素浓度和含水量测量得出的不切实际的剂量率值造成的。这些剂量率值并不能代表自沉积物沉积以来整个时期的剂量率情况，因为过去波动的含水条件以及沉积物地球化学成分的变化会导致剂量率随时间变化。为了解决剂量率随时间变化的问题，Li 等（2008）提出了一种使用钾长石颗粒的等时线方法，利用这种方法，他们能够计算出符合地层层序的年龄，因而强调了考虑剂量率变化的重要性。

7.3.2.5　流域

流域是重要的水文单元，可以帮助我们更深入地理解沉积物动力学和地貌演化等科学问题。要回答这些问题，对相关地貌及其沉积物进行测年是关键，而释光测年在建立年表方面扮演着重要角色，这在许多小尺度（如 Dreibrodt et al.，2010；Fuchs et al.，2004；Rommens et al.，2007）、中尺度（如 Fuchs et al.，2011；Houben et al.，2012；Notebaert et al.，2011；Verstraeten et al.，2009）以及大尺度（如 Hoffmann et al.，2009）的流域研究中得到了体现。

在比利时的一个中尺度流域，Notebaert 等（2011）调查了全新世漫滩沉积物和坡积物，以更好地了解地貌过程及其驱动力，并重建流域范围的沉积历史。该研究建立了可靠的石英 OSL 年表，由此得出了沉积物的物质堆积速率以及沉积物通量随时间的变化，并用其识别出地貌的稳定期和不稳定期。他们注意到自新石器时代以来，沉积动力机制发生了一次转变，并将此归因于农业活动的增加：农业活动导致土壤侵蚀加剧，并在大约公元前 1000 年达到顶点（图 7.16）。气候因素是否作为全新世沉积物动力机制转变的来源则无法确定。

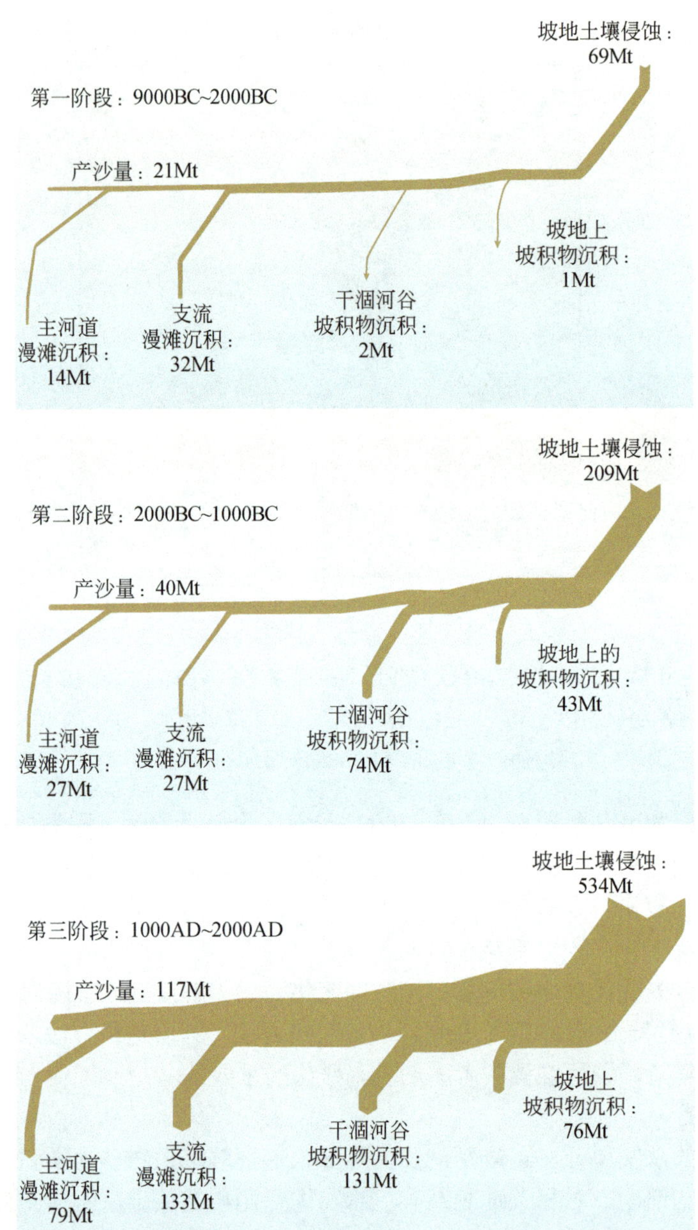

图 7.16 基于坡积物和冲积物的 OSL 年龄，为比利时的一个中尺度流域（758km^2）所建立的不同时期的沉积物收支平衡图。改绘自 Notebaert 等（2011）。

Fuchs 等（2010）研究了德国拜恩州（Bavaria）一个中尺度流域（97km^2）的沉积物动力机制和沉积通量。在他们的研究中，取自不同坡积物和冲积物的 70 多个 OSL 年龄表明，单个沉积物档案及其相互作用的演化存在异质性，并展现了高分辨率 OSL 年表的重要性（Fuchs et al.，2011）。总之，调查流域范围内的沉积物动力机制需要一种综合的 OSL 测年方法，包括使用不同的沉积档案。

7.4 小结

正如多种气候区的大量研究所展示的那样，河流和坡地环境中的沉积物可以通过释光技术成功地确定年代。对于水成沉积物，小测片或单颗粒石英 OSL 是应用最广泛的释光测年技术，因为它能更好地解决晒退不充分的问题，而且石英残余信号小至可忽略不计，也无异常衰减的问题，因而该技术相对准确。对于超出石英测年范围的测年需求，以及对于释光特性较差（如信号亮度不足）的石英样品，长石矿物是一种可靠的替代选择。

要成功地将释光测年应用于河流和坡地环境中的沉积物，需要考虑晒退不充分和剂量率变化等方面的问题，这些问题可以通过仔细采样以及对采样地点进行详细描述来解决。因此，全面了解河流和坡地环境及其相关沉积物的特征对于遴选出最合适的测年样品至关重要。

参 考 文 献

Alexanderson，H.，Murray，A. 2011. Problems and potential of OSL dating Weichselian and Holocene sediments in Sweden. Quaternary Science Reviews 44，37-50.

Andreucci，S.，Panzeri，L.，Martini，I.P.，Maspero，F.，Martini，M.，Pascucci，V. 2014. Evolution and architecture of a West Mediterranean Upper Pleistocene to Holocene coastal apron-fan system. Sedimentology 61，333-361.

Arnold，L. J.，Roberts，R.G. 2009. Stochastic modelling of multi-grain equivalent dose（DE）distributions: implications for OSL dating of mixed sediment samples. Quaternary Geochronology 4，204-230.

Arnold，L.J.，Bailey，R.M.，Tucker，G.E. 2007. Statistical treatment of fluvial dose distributions from southern Colorado arroyo deposits. Quaternary Geochronology 2，162-167.

Arnold，L.J.，Roberts，R.G.，Galbraith，R.F.，DeLong，S.B. 2009. A revised burial dose estimation procedure for optical dating of young and modern-age sediments. Quaternary Geochronology 4，306-325.

Bailey，R.M. 2000. The interpretation of quartz optically stimulated luminescence equivalent dose versus time plots. Radiation Measurements 32，129-140.

Bailey，R.M.，Arnold，L.J. 2006. Statistical modelling of single grain quartz DE distributions and an assessment of procedures for estimating burial dose. Quaternary Science Reviews 25，2475-2502.

Bailey，R.M.，Smith，B.W.，Rhodes，E.J. 1997. Partial bleaching and the decay form characteristics of quartz OSL. Radiation Measurements 27，123-136.

Bartz，M.，Rixhon，G.，Kehl，M.，El Ouahabi，M.，Klasen，N.，Brill，D.，Weniger，G.C.，Mikdad，A.，Brückner，H. 2017. Unravelling fluvial deposition and pedogenesis in ephemeral stream deposits in the vicinity of the prehistoric rock shelter of Ifri n'Ammar（NE Morocco）during the last 100 ka. Catena 152，115-134.

Bateman，M.D.，Frederick，C.D.，Jaiswal，M.K.，Singhvi，A.K. 2003. Investigations into the potential effects of pedoturbation on luminescence dating. Quaternary Science Reviews 22，1169-1176.

Berger，G.W. 1990. Effectiveness of natural zeroing of the thermoluminescence in sediments. Journal of Geophysical Research 95，12375-12397.

Berger，G.W.，Luternauer，J.J. 1987. Preliminary fieldwork for thermoluminescence dating studies at the Fraser

River delta，British Columbia. Geological Survey of Canada 87/IA，901-904.

Berger，G.W.，Mahaney，W.C. 1990. Test of thermoluminescence dating of buried soils from Mt. Kenya，Kenya. Sedimentary Geology 66，45-56.

Blöthe，J.H.，Munack，H.，Korup，O.，Fülling，A.，Garzanti，E.，Resentini，A.，Kubik，P.W. 2014. Late Quaternary valley infill and dissection in the Indus River，western Tibetan Plateau margin. Quaternary Science Reviews 94，102-119.

Bøe，A.-G.，Murray，A.，Dahl，S.O. 2007. Resetting of sediments mobilised by the LGM ice-sheet in southern Norway. Quaternary Geochronology 2，222-228.

Botha，G.A.，Wintle，A G.，Vogel，J.C. 1994. Episodic late Quaternary paleogully erosion in northern KwaZulu-Natal，South Africa. Catena 23，327-340.

Bourdon，B.，Henderson，G.M.，Lundstrom，C.C.，Turner，S.P. 2003. Uranium-Series Geochemistry. Mineralogical Society of America. Washington DC.

Briant，R.M.，Bateman，M.D. 2009. Luminescence dating indicates radiocarbon age underestimation in late Pleistocene fluvial deposits from eastern England. Journal of Quaternary Science 24，916-927.

Bubenzer，O.，Hilgers，A. 2003. Luminescence dating of Holocene playa sediments of the Egyptian Plateau Western Desert，Egypt. Quaternary Science Reviews 22，1077-1084.

Bulur，E. 1996. An alternative technique for optically stimulated luminescence（OSL）experiment. Radiation Measurements 26，701-709.

Clarke，M.L.，Vogel，J.C.，Botha，G.A.，Wintle，A.G. 2003. Late Quaternary hillslope evolution recorded in eastern South African colluvial badlands. Palaeogeography，Palaeoclimatology，Palaeoecology 197，199-212.

Colarossi，D.，Duller，G.A.T.，Roberts，H.M.，Tooth，S.，Lyons，R. 2015. Comparison of paired quartz OSL and feldspar post-IR IRSL dose distributions in poorly bleached fluvial sediments from South Africa. Quaternary Geochronology 30，233-238.

Cordier，S.，Frechen，M.，Harmand，D. 2014. Dating fluvial erosion: fluvial response to climate change in the Moselle catchment（France，Germany）since the Late Saalian. Boreas 43，450-468.

Cordier，S.，Harmand，D.，Lauer，T.，Voinchet，P.，Bahain，J.-J.，Frechen，M. 2012. Geochronological reconstruction of the Pleistocene evolution of the Sarre valley（France and Germany）using OSL and ESR dating techniques. Geomorphology 165-166，91-106.

Cunningham，A.C.，Wallinga，J. 2012. Realizing the potential of fluvial archives using robust OSL chronologies. Quaternary Geochronology 12，98-106.

Ditlefsen，C. 1992. Bleaching of K-feldspars in turbid water suspensions: A comparison of photoand thermoluminescence signals. Quaternary Science Reviews 11，33-38.

Dreibrodt，S.，Lomax，J.，Nelle，O.，Lubos，C.，Fischer，P.，Mitusov，A.，Reiss，S.，Radtke，U.，Nadeau，M.，Grootes，P.M.，Bork，H.-R. 2010. Are mid-latitude slopes sensitive to climatic oscillations? Implications from an Early Holocene sequence of slope deposits and buried soils from eastern Germany. Geomorphology 122，351-369.

Duller，G.A.T. 2004. Luminescence dating of Quaternary sediments: recent developments. Journal of Quaternary Science 19，183-192.

Duller，G.A.T. 2008. Single-grain optical dating of Quaternary sediments: why aliquot size matters in luminescence dating. Boreas 37，589-612.

Duller，G.A.T.，Bøtter-Jensen，L.，Kohsiek，P.，Murray，A.S. 1999. A high-sensitivity optically stimulated luminescence scanning system for measurement of single sand-sized grains. Radiation Protection Dosimetry 84，325-330.

Eitel，B.，Kadereit，A.，Blümel，W.D.，Hüser，K.，Lomax，J.，Hilgers，A. 2006. Environmental changes at the eastern Namib Desert margin before and after the Last Glacial Maximum: New evidence from fluvial deposits in the upper Hoanib River catchment，northwestern Namibia. Palaeogeography，Palaeoclimatology，Palaeoecology 234，201-222.

Eriksson，M.G.，Olley，J.R.，Payton，R.W. 2000. Soil erosion history in central Tanzania based on OSL dating of colluvial and alluvial hillslope deposits. Geomorphology 36，107-128.

Fattahi，M.，Nazari，H.，Bateman，M.D.，Meyer，B.，Sébrier，M.，Talebian，M.，Dortz，K. Le，Foroutan，M.，Ahmadi Givi，F.，Ghorashi，M. 2010. Refining the OSL age of the last earthquake on the Dheshir fault，Central Iran. Quaternary Geochronology 5，286-292.

Friedrich，M.，Remmele，S.，Kromer，B.，Hofmann，J.，Spurk，M.，Kaiser，K.F.，Orcel，C. and Küppers，M. 2004. The 12,460-year Hohenheim oak and pine tree-ring chronology from central Europe-a unique annual record for radiocarbon calibration and paleoenvironmental reconstructions. Radiocarbon 46，1111-1122.

Fu，X.，Li，S.-H.，Li，B. 2015. Optical dating of aeolian and fluvial sediments in north Tian Shan range，China: Luminescence characteristics and methodological aspects. Quaternary Geochronology 30，161-167.

Fuchs，M.，Lang，A. 2001. OSL dating of coarse-grain fluvial quartz using single-aliquot protocols on sediments from NE Peloponnese，Greece. Quaternary Science Reviews 20，783-787.

Fuchs，M.，Lang，A. 2009. Luminescence dating of hillslope deposits-a review. Geomorphology 109，17-26.

Fuchs，M.，Wagner，G.A. 2003. Optical dating of sediments: Recognition of insufficient bleaching by small aliquots of quartz for reconstructing soil erosion in Greece. Quaternary Science Reviews 22，1161-1167.

Fuchs，M.，Wagner，G.A. 2005. Chronostratigraphy and geoarchaeological significance of an alluvial geoarchive: comparative OSL and AMS 14C dating from Greece. Archaeometry 47，849-860.

Fuchs，M.，Lang，A.，Wagner，G.A. 2004. The History of Holocene soil erosion in the Phlious Basin，NE-Peloponnese，Greece，provided by optical dating. The Holocene 14，334-345.

Fuchs，M.，Straub，J.，Zöller，L. 2005. Residual Luminescence signals of recent river flood sediments: A Comparison between quartz and feldspar of fine- and coarse-grain sediments. Ancient TL 23（1），25-30.

Fuchs，M.，Woda，C.，Bürkert，A. 2007. Chronostratigraphy of a sedimentary record from the Hajar mountain range，N-Oman. Quaternary Geochronology 2，202-207.

Fuchs，M.，Bürkert，A. 2008. A 20 ka fluvial sediment record from the Hajar Mountain range，N-Oman，and its implication for detecting arid-humid periods on the southeastern Arabian Peninsula. Earth and Planetary Science Letters 265，546-558.

Fuchs，M.，Fischer，M.，Reverman，R. 2010. Colluvial and alluvial sediment archives temporally resolved by OSL dating: Implications for reconstructing soil erosion. Quaternary Geochronology 5，269-273.

Fuchs，M.，Will，M.，Kunert，E.，Kreutzer，S.，Fischer，M.，Reverman，R. 2011. The temporal and spatial quantification of Holocene sediment dynamics in a meso-scale catchment in northern Bavaria/Germany. The Holocene 21，1093-1104.

Fuchs，M. C.，Gloaguen，R.，Krbetschek，M.，Szulc，A. 2014. Rates of river incision across the main tectonic units of the Pamir identified using optically stimulated luminescence dating of fluvial terraces. Geomorphology 216，79-92.

Fuchs，M.，Reverman，R.，Owen，L.A.，Frankel，K. 2015. Reconstructing the timing of flash floods using terrestrial cosmogenic nuclide 10Be surface exposure dating: A case study from the Leidy Creek alluvial fan and valley，White Mountains，CaliforniaNevada，USA. Quaternary Research 83，178-187.

Galbraith，R.F.，Green，P.F. 1990. Estimating the component ages in a finite mixture. Nuclear Tracks and Radiation Measurements 17，197-206.

Galbraith，R.，Laslett，G. 1993. Statistical models for mixed fission track ages. Radiation Measurements 21，459-470.

Galbraith，R.F.，Roberts，R.G.，Laslett，G.M.，Yoshida，H.，Olley，J.M. 1999 Optical dating of single and multiple grains of quartz from Jinmium Rock Shelter，Northern Australia: Part I，Experimental design and statistical models. Archaeometry 41，339-364.

Gerlach，R.，Fischer，P.，Eckmeier，E.，Hilgers，A. 2012. Buried dark soil horizons and archaeological features in the Neolithic settlement region of the Lower Rhine area，NW Germany: Formation，geochemistry and chronostratigraphy. Quaternary International 265，191-204.

Godfrey-Smith D.I.，Huntley，D.J.，Chen，W.-H. 1988. Optical dating studies of quartz and feldspar sediment extracts. Quaternary Science Reviews 7，373-380.

Gosse，J. C.，Phillips，F.M. 2001. Terrestrial in situ cosmogenic nuclides: theory and application. Quaternary Science Reviews 20，1475-1560.

Greilich，S.，Wagner，G.A. 2006. Development of a spatially resolved dating technique using HROSLOriginal Research Article. Radiation Measurements 41，738-743.

Guerin，G.，Combès，B.，Lahaye，C.，Thomsen，K.J.，Tribolo，C.，Urbanova，P.，Guibert，P.，Mercier，N.，Valladas，H. 2015. Testing the accuracy of a Bayesian central-dose model for single-grain OSL，using known-age samples. Radiation Measurements 81，62-70.

Hajdas，I. 2008. Radiocarbon dating and its applications in Quaternary studies. Quaternary Science Journal 57，2-24.

Hanson，P.R. 2006. Dating ephemeral stream and alluvial fan deposits on the central Great Plains: Comparing multiple-grain OSL，single-grain OSL，and radiocarbon ages. United States Geological Survey Open File Report 2006-1351，p. 14. Available at: http://pub- s.usgs.gov/of/2006/1351/pdf/of06-1351_508.pdf.

Hobo，N.，Makaske，B.，Middelkoop，H.，Wallinga，J. 2010. Reconstruction of floodplain sedimentation rates: a combination of methods to optimize estimates. Earth Surface Processes and Landforms 35，1499-1515.

Hoffmann，T.，Erkens，G.，Gerlach，R.，Löostermann，J.，Lang，A. 2009. Trends and controls of Holocene floodplain sedimentation in the Rhine catchment. Catena 77，96-106.

Houben，P.，Schmidt，M.，Mauz，B.，Stobbe，A.，Lang，A. 2012. Asynchronous Holocene colluvial and alluvial aggradation: A matter of hydrosedimentary connectivity. The Holocene 23，544-555.

Hülle，D.，Hilgers，A.，Kühn，P.，Radtke，U. 2009. The potential of optically stimulated luminescence for dating periglacial slope deposits-A case study from the Taunus area，Germany. Geomorphology 109，66-78.

Ivy-Ochs，S.，Kober，F. 2008. Surface exposure dating with cosmogenic nuclides. Quaternary Science Journal 57，179-209.

Jain，M.，Murray，A. S.，Bøtter-Jensen，L. 2004. Optically stimulated luminescence dating: How significant is incomplete light exposure in fluvial environments? Quaternaire 15，143-157.

Jaiswal，M.，Srivastava，P.，Tripathi，J.，Islam，R. 2008. Feasibility of the SAR technique on quartz sand of terraces of NW Himalaya: A Case Study from Devprayag. Geochronometria 31，45-52.

Kadereit，A.，Sponholz，B.，Rösch，M.，Schier，W.，Kromer，B.，Wagner，G.A. 2006a. Chronology of Holocene environmental changes at the tell site of Uivar，Romania，and its significance for late Neolithic tell evolution in the temperate Balkans. Zeitschrift für Geomorphologie N.F. 142，19-45.

Kadereit，A.，Dehner，U.，Hansen，L.，Pare，Ch.，Wagner，G. A. 2006b. Geoarchaeological studies of man-environment interaction at the Glauberg，Wetterau，Germany. Zeitschrift für Geomorphologie N.F. 142，109-133.

Kadereit，A.，Kühn，P.，Wagner，G.A. 2010. Holocene relief and soil changes in loess-covered areas of south-western Germany: The pedosedimentary archives of Bretten-Bauerbach（Kraichgau）. Quaternary International 222，96-119.

Kalchgruber，R.，Fuchs，M.，Murray，A.S.，Wagner，G.A. 2003. Evaluating dose rate distributions in natural sediments using a-Al2O3:C. Radiation Measurements 37，293-297.

Keen-Zebert，A.，Tooth，S.，Rodnight，H.，Duller，G.A.T.，Roberts，H.M.，Grenfell，M. 2013. Late Quaternary floodplain reworking and the preservation of alluvial sedimentary archives in unconfined and confined river valleys in the eastern interior of South Africa. Geomorphology 185，54-66.

Kenworthy，M.K.，Rittenour，T.M.，Pierce，J.L.，Sutfin，N.A.，Sharp W.D. 2014. Luminescence dating without sand lenses: An application of OSL to coarse-grained alluvial fan deposits of the Lost River Range，Idaho，USA. Quaternary Geochronology 23，9-25.

Klasen，N.，Fiebig，M.，Preusser，F. 2016. Applying luminescence methodology to key sites of Alpine glaciations in Southern Germany. Quaternary International 420，249-258.

Kolb，T. and Fuchs，M. 2018. Luminescence dating of pre-Eemian（pre-MIS 5e）fluvial terraces in Northern Bavaria（Germany）-Benefits and limitations of applying a pIRIR225-approach. Geomorphology 321，16-32.

Kolb，T.，Fuchs，M.，Zöller，L. 2016. Deciphering fluvial landscape evolution by luminescence dating of river terrace formation: a case study from Northern Bavaria，Germany. Z. Geomorph. Suppl. N.F. 60，29-48.

Kolb，T.，Fuchs，M.，Moine，O.，Zöller，L. 2017. Quaternary river terraces as archives for paleoenvironmental reconstruction: new insights from the headwaters of the Main River，Germany. Z. Geomorph. Suppl. N.F. 61，53-76.

Krbetschek，M.R.，Rieser，U.，Zöller，L.，Heinicke，J. 1994. Radioactive disequilibria in palaeodosimetric dating of sediments. Radiation Measurements 23，485-489.

Kühn，M.，Lehndorff，E.，Fuchs，M. 2017. A type locality for Late Pleniglacial to Holocene pedogenesis and colluviation in Central European Loess（Gambach，Germany）. Catena 154，118-135.

Lang，A. 2003. Phases of soil erosion-derived colluviation in the loess hills of Southern Germany. Catena 51，209-221.

Lang，A.，Hönscheidt，S. 1999. Age and source of colluvial sediments at Vaihingen-Enz，Germany. Catena 38，

89-107.

Li，B.，Li，S.-H.，Wintle，A.G. 2008. Overcoming environmental dose rate changes in luminescence dating of waterlain deposits. Geochronometria 30，33-40.

Lowick，S.E.，Trauerstein，M.，Preusser，F. 2012. Testing the application of post IR-IRSL dating to fine grain waterlain sediments. Quaternary Geochronology 8，33-40.

Mabit，L.，Benmansour，M.，Walling，D.E. 2008. Comparative advantages and limitations of the fallout radionuclides 137Cs，210Pbex，and 7Be for assessing soil erosion and sedimentation. Journal of Environmental Radioactivity 99，1799-1807.

May，J.-H.，Barrett，A.，Cohen，T.J.，Jones，B.G.，Price，D.，Gliganic，L.A. 2015. Late Quaternary evolution of a playa margin at Lake Frome，South Australia. Journal of Arid Environments 122，93-108.

Mayya，Y.S.，Morthekai，P.，Murari，M.K.，Singhvi，A.K. 2006. Towards quantifying beta microdosimetric effects in single-grain quartz dose distribution. Radiation Measurements 41，1032-1039.

Murray，A.S.，Roberts，G.R. 1997. Determining the burial time of single grains of quartz using optically stimulated luminescence. Earth and Planetary Science Letters 152，163-180.

Murray，A.S.，Thomsen，K.J.，Masuda，N.，Buylaert，J. P.，Jain，M. 2012. Identifying well-bleached quartz using the different bleaching rates of quartz and feldspar luminescence signals. Radiation Measurements 47，688-695.

Nathan，R. P.，Mauz，B. 2008. On the dose rate estimate of carbonate-rich sediments for trapped charge dating. Radiation Measurement 43，14-25.

Nelson，M. S.，Rittenour，T.M. 2015. Using grain-size characteristics to model soil water content: Application to dose rate calculation for luminescence dating. Radiation Measurements 81，142-149.

Notebaert，B.，Verstraeten，G.，Vandenberghe，D.，Marinova，E.，Poesen，J.，Govers，G. 2011. Changing hillslope and fluvial Holocene sediment dynamics in a Belgian loess catchment. Journal of Quaternary Science 26，44-58.

Olley，J.M.，Murray，A.，Roberts，R. 1996. The effects of disequilibria in the uranium and thorium decay chains on burial dose rates in fluvial sediments. Quaternary Science Reviews 15，751-760.

Olley，J.M.，Caitcheon，G.，Murray，A. 1998. The distribution of apparent dose determined by optically stimulated luminescence in small aliquots of fluvial quartz: implications for dating young sediments. Quaternary Geochronology 17，1033-1040.

Olszak，J.，Adamiec，G. 2016. OSL-based chronostratigraphy of river terraces in mountainous areas，Dunajec basin，West Carpathians: A revision of the climatostratigraphical approach. Boreas 45，483-493.

Owen，L.A.，Robinson，R.，Benn，D.I.，Finkel，R.C.，Davis，N.K.，Yi，C.，Putkonen，J.，Li，D.，Murray，A.S. 2009. Quaternary glaciation of Mount Everest. Quaternary Science Reviews 28，1412-1433.

Pederson，J.L.，Anders，M.D.，Rittenhour，T.M.，Sharp，W.D.，Gosse，J.C. and Karlstrom，K.E. 2006. Using fill terraces to understand incision rates and evolution of the Colorado River in eastern Grand Canyon，Arizona. Journal of Geophysical Research 111，1-10.

Pietsch，T.J.，Olley，J.M.，Nanson，G.C. 2008. Fluvial transport as a natural luminescence sensitiser of quartz. Quaternary Geochronology 3，365-376.

Pope，R.，Wilkinson，K.，Skourtsos，E.，Triantaphyllou，M.，Ferrier，G. 2008. Clarifying stages of alluvial fan evolution along the Sfakian piedmont，southern Crete: New evidence from analysis of post-incisive soils and OSL dating. Geomorphology 94，206-225.

Porat，N.，Duller，G.A.T.，Amit，R.，Zilberman，E.，Enzel，Y. 2009. Recent faulting in the southern Arava，Dead Sea Transform: Evidence from single grain luminescence dating. Quaternary International 199，34-44.

Porat，N.，Amit，R.，Enzel，Y.，Zilberman，E.，Avni，Y.，Ginat，H.，Gluck，D. 2010. Abandonment ages of alluvial landforms in the hyperarid Negev determined by luminescence dating. Journal of Arid Environments 74，861-869.

Preusser，F.，Degering，D. 2007. Luminescence dating of the Niederweningen mammoth site，Switzerland. Quaternary International 164-165，106-112.

Preusser，F.，May，J.-H.，Eschbach，D.，Trauerstein，M.，Schmitt，L. 2016. Infrared Stimulated Luminescence dating of 19th century fluvial deposits from the Upper Rhine River. Geochronometria 43，131-142.

Radoane，M.，Nechita，C.，Chiriloaei，F.，Radoane，N.，Popa，I.，Roibu，C.，Robu，D. 2015. Late Holocene fluvial activity and correlations with dendrochronology of subfossil trunks: Case study of northeastern Romania. Geomorphology 239，142-159.

Rittenour，T.M. 2008. Luminescence dating of fluvial deposits: application to geomorphic，palaeoseismic and archaeological research. Boreas 37，613-635.

Rittenour，T.M.，Goble，R.J.，Blum，M.D. 2005. Development of an OSL chronology for Late Pleistocene channel belts in the lower Mississippi valley，USA. Quaternary Science Reviews 24，2539-2554.

Rixhon，G.，Braucher，R.，Bourlès，D.，Siame，L.，Bovy，B.，Demoulin，A. 2011. Quaternary river incision in NE Ardennes（Belgium）-insight from 10Be/26Al dating of river terraces. Quaternary Geochronology 6，273-284.

Rixhon，G.，Briant，R.M.，Cordier，S.，Duval，M.，Jones，A.，Scholz，D. 2016. Revealing the pace of river landscape evolution during the Quaternary: recent developments in numerical dating methods. Quaternary Science Reviews 116，91-113.

Rockwell，T.，Fonseca，J.，Madden，C.，Dawson，T.，Owen，L.A.，Vilanova，S.，Figueiredo，P. 2009. Palaeoseismology of the Vilariça Segment of the Manteigas-Bragança Fault in northeastern Portugal. In Reicherter，K.，Michetti，A.M.，Silva，P.G. (eds) Palaeoseismology: Historical and Prehistorical Records of Earthquake Ground Effects for Seismic Hazard Assessment. The Geological Society，London，Special Publications 316，237-258.

Rodnight，H.，Duller，G.A.T.，Tooth，S.，Wintle，A.G. 2005. Optical dating of a scroll-bar sequence on the Klip River，South Africa，to derive the lateral migration rate of a meander bend. The Holocene，15，802-811.

Rodnight，H.，Duller，G.A.T.，Wintle，A.G. and Tooth，S. 2006. Assessing the reproducibility and accuracy of optical dating of fluvial deposits. Quaternary Geochronology 1，109-120.

Rommens，T.，Verstraeten，G.，Peeters，I.，Poesen，J.，Govers，G.，Van Rompaey，A.，Mauz，B.，Packman，S.，Lang，A. 2007 Reconstruction of late-Holocene slope and dry valley sediment dynamics in a Belgian loess environment. The Holocene 17，777-788.

Roskosch，J.，Winsemann，J.，Polom，U.，Brandes，C.，Tsukamoto，S.，Weitkamp，A.，Bartholomäus，

W. A.,Henningsen，D.，Frechen，M. 2014. Luminescence dating of ice-marginal deposits in northern Germany: evidence for repeated glaciations during the Middle Pleistocene（MIS 12 to MIS 6）. Boreas 44，103-126.

Schielein，P.，Lomax，J. 2013. The effect of fluvial environments on sediment bleaching and Holocene luminescence ages-A case study from the German Alpine Foreland. Geochronometria 40，283-293.

Sim，A.K.，Thomsen，K.J.，Murray，A.S.，Jacobsen，G.，Drysdale，R.，Erskine，W. 2014. Dating recent floodplain sediments in the Hawkesbury–Nepean River system，eastern Australia using singlegrain quartz OSL. Boreas 43，1-21.

Singarayer，J.S.，Bailey，R.M.，Ward，S.，Stokes，S. 2005. Assessing the completeness of optical resetting of quartz OSL in the natural environment. Radiation Measurements 40，13-25.

Sohbati，R.，Murray，A.，Chapot，M.S.，Jain，M.，Pederson，J. 2012. Optically stimulated luminescence (OSL) as a chronometer for surface exposure dating. Journal of Geophysical Research 117，1-7.

Sohbati，R.，Borella，J.，Murray，A.，Quigley，M.，Buylaert，J.-P. 2016. Optical dating of loessic hillslope sediments constrains timing of prehistoric rockfalls，Christchurch，New Zealand. Journal of Quaternary Science 31，678-690.

Spencer，J. Q.，Owen，L.A. 2004. Optically stimulated luminescence dating of Late Quaternary glaciogenic sediments in the upper Hunza valley: validating the timing of glaciation and assessing dating methods. Quaternary Science Reviews 23，175-191.

Srivastava，P.，Brook，G.A.，Marais，E.，Morthekai，P.，Singhvi，A.K. 2006. Depositional environment and OSL chronology of the Homeb silt deposits，Kuiseb River，Namibia. Quaternary Research 65，478-491.

Stokes，S.，Bray，H.E.，Blum，M.D. 2001. Optical resetting in large drainage basins: tests of zeroing assumptions using single-aliquot procedures. Quaternary Science Reviews 20，879-885.

Stolz，C.，Grunert，J. and Fülling，A. 2012. The formation of alluvial fans and young floodplain deposits in the Lieser catchment，Eifel Mountains，western German Uplands: A study of soil erosion budgeting. The Holocene 22，267-280.

Summa-Nelson，M.C.，Rittenour，T.M. 2012. Application of OSL dating to middle to late Holocene arroyo sediments in Kanab Creek，southern Utah，USA. Quaternary Geochronology 10，167-174.

Telfer，M.W.，Thomas，D.S G.，Parker，A.G.，Walkington，H.，Finch，A.A. 2009. Optically Stimulated Luminescence (OSL) dating and palaeoenvironmental studies of pan（playa）sediment from Witpan，South Africa. Palaeogeography，Palaeoclimatology，Palaeoecology 273，50-60.

Tissoux，H.，Falguères，C.，Voinchet，P.，Toyoda，S.，Bahain，J.-J.，Despriée，J. 2007. Potential use of Ti-center in ESR dating of fluvial sediment. Quaternary Geochronology 2，367-372.

Toyoda，S. 2015. Paramagnetic lattice defects in quartz for applications to ESR dating. Quaternary Geochronology 30，498-505.

Toyoda，S.，Voinchet，P.，Falguères，C.，Dolo，J.M.，Laurent，M. 2000. Bleaching of ESR signals by the sunlight: a laboratory experiment for establishing the ESR dating of sediment. Applied Radiation Isotopes 52，1357-1362.

Truelsen，J. L.，Wallinga，J. 2003. Zeroing of the OSL signal as a function of grain size: Investigating bleaching and thermal transfer for a young fluvial sample. Geochronometria 22，1-8.

Tsodoulos，I.M.，Stamoulis，K.，Caputo，R.，Koukouvelas，I.，Chatzipetros，A.，Pavlides，S.，Gallousi，

C.，Papachristodoulou，C.，Ioannides，K. 2016. Middle–Late Holocene earthquake history of the Gyrtoni Fault，Central Greece: Insight from optically stimulated luminescence（OSL）dating and paleoseismology. Tectonophysics 687，14-27.

Vandenberghe，D.，Derese，C.，Houbrechts，G. 2007. Residual doses in recent alluvial sediments from the Ardenne（S Belgium）. Geochronometria 28，1-8.

Vandenberghe，D.，Vanneste，K.，Verbeeck，K.，Paulissen，E.，Buylaert，J.-P.，Corte，F. De，Van den Haute，P. 2009. Late Weichselian and Holocene earthquake events along the Geleen fault in NE Belgium: OSL age constraints. Quaternary International 199，56-74.

Verstraeten，G.，Rommens，T.，Peeters，I.，Poesen，J.，Govers，G.，Lang，A. 2009. A temporarily changing Holocene sediment budget for a loess-covered catchment (central Belgium). Geomorphology 108，24-34.

Vincent，P.J.，Lord，T.C.，Telfer，M.W. and Wilson，P. 2011. Early Holocene loessic colluviation in northwest England: new evidence for the 8.2 ka event in the terrestrial record? Boreas 40，105-115.

Wagner，G.A. 1998. Age Determination of Young Rocks and Artefacts. Springer，Heidelberg.

Walker，M. 2005. Quaternary dating methods. Wiley.

Walker，R.T.，Fattahi，M. 2011. A framework of Holocene and Late Pleistocene environmental change in eastern Iran inferred from the dating of periods of alluvial fan abandonment，river terracing，and lake deposition. Quaternary Science Reviews 30，1256-1271.

Wallinga，J. 2002. Optically stimulated luminescence dating of fluvial deposits: a review. Boreas 31，303-322.

Wallinga，J.，Törnqvist，T.，Busschers，F.，Weerts，H. 2004. Allogenic forcing of the late Quaternary Rhine-Meuse fluvial record: the interplay of sea-level change，climate change and crustal movements. Basin Research 16，535-547.

Wallinga，J.，Hobo，N.，Cunningham，A.C.，Versendaal，A.J.，Makaske，B.，Middelkoop，H. 2010. Sedimentation rates on embanked floodplains determined through quartz optical dating. Quaternary Geochronology 5，170-175.

Winsemann，J.，Lang，J.，Roskosch，J.，Polom，U.，Böhner，U.，Brandes，C.，Glotzbach，C.，and Frechen，M. 2015. Terrace styles and timing of terrace formation in the Weser and Leine valleys，northern Germany: Response of a fluvial system to climate change and glaciation. Quaternary Science Reviews 123，31-57.

Wintle，A.G. 1973. Anomalous fading of thermoluminescence in mineral samples. Nature 245，143-44.

Wintle，A.G.，Huntley，D. 1979. Thermoluminescence dating of a deep-sea sediment core. Nature 279，710-712.

Wintle，A.G.，Li，S.H.，Botha，G.A. 1993. Luminescence dating of colluvial deposits. South African Journal of Science 89，77-82.

Wintle，A.G.，Botha，G.A.，Li，S.H.，Vogel，J.C. 1995a. A chronological framework for colluviation during the last 110 kyr in KwaZulu/Natal. South African Journal of Science 91，134-139.

Wintle，A.G.，Li，S.H.，Botha，G.A.，Vogel，J.C. 1995b. Evaluation of luminescence dating applied to Late Holocene colluvium near St Paul's Mission，Natal，South Africa. The Holocene 5，97-102.

8 在海岸与海洋环境中的应用

阿拉斯泰尔·坎宁安[1]，田村彻[2]，西蒙斯·阿米蒂奇[3]

1. 丹麦奥胡斯大学地球科学系北欧释光测年实验室，丹麦技术大学核技术中心

Email: alacun@dtu.dk

2. 日本地质调查局

3. 英国伦敦大学皇家霍洛威学院地理系第四纪研究中心，挪威卑尔根大学早期智人行为研究中心

摘要：海岸沉积环境非常适合释光测年技术的应用。碎屑沉积物中高的石英颗粒含量和海岸环境中高的释光信号晒退程度为释光测年提供了非常理想的条件。这种理想的条件也促进了可以扩展释光测年范围的相关应用。石英中低水平的残留（未晒退）信号使我们能够对过去几十年沉积的海岸沉积物进行测年，从而使释光测年方法能够应用于现代海岸地貌问题的研究。在测年范围的上限方面，生物碎屑质的海岸沙堤和上升海滩为矿物颗粒提供了低剂量率环境，从而可以对末次冰期甚至更早的海岸沙堤沉积物进行年代测定。浅海和三角洲沉积物的释光测年更具挑战性。在此环境下，不可避免地要使用较细颗粒的矿物进行测年，但这也使得识别晒退良好的信号更加困难，并且含水量估算的误差会对剂量率的计算产生很大影响。深海沉积物的剂量率计算更加复杂，因为水体中产生的不溶性铀系放射性核素含量会导致沉积物剂量率随时间变化。然而，这些挑战并非不可逾越，特别是浅海环境，为未来的研究提供了一个很有前景的应用领域。

关键词：滩脊，海啸，三角洲沉积物，深海沉积物，不平衡，碳酸盐

8.1 引言

海岸环境特别适合于释光测年，在过去 30 年中已经开展了大量海岸环境的释光研究。尽管海洋沉积物释光测年更具挑战性，但一直是热释光和光释光研究的重点（Stokes et al.，2003；Wintle and Huntley，1979）。从最初 Huntley 等（1985）的研究，到最近测试常用技术的准确性和实验室间的可重复性（Buylaert et al.，2008；Murray et al.，2015），海岸沉积物对光释光测年的适用性被用于光释光方法的开发和测试中已有很长的历史。

海岸沉积物释光测年的主要优势在于海岸环境中的晒退情况。沉积物沉积时或沉积前的信号晒退是光释光测年方法的基本要求（见第 1 章）。海滩和海岸沙丘上的沉积物改造为石英快组分（即最常用于测年的光释光信号）的晒退提供了充足的机会。此外，海岸沉积物在沉积前通常会经历多次地表暴露循环，如入海河流冲积物，可能在到达海岸之前就已经被晒退。由于潮滩沉积物的地表暴露和潮汐通道的侧向迁移（Fruergaard et al.，2015a，2015b），即使是潮间沉积物也可能具有晒退良好的石英信号（Madsen et al.，2005）。

除了良好的晒退优势之外，来自海岸带的石英往往比其他环境中的石英更灵敏。在实验室测量和模拟中，石英信号会随着反复辐照、加热和晒退而增强（“灵敏度”）（McKeever et al.，1996）。搬运过程中的辐照和晒退循环可能也具有类似的效果（Pietsch et al.，2008）。海岸和海洋沉积物通常经历了长距离搬运，因此石英应该更灵敏；来自天然沉积物的一些有限证据与这一观点一致（Sawakuchi et al.，2011）。沙质海岸沉积物也有利于剂量率的估算。沙丘的粒度和放射性核素分布（在光释光采样尺度下）通常是均匀的，因此剂量率计算的标准假设成立。此外，沙质沉积物中的饱和含水量受到孔隙度的严格限制，约为干重的 25%，这意味着含水量在地质历史中的任何不确定性对年龄估计的影响有限。

海岸沉积物良好的晒退条件还促进了扩展光释光测年范围的研究。自 21 世纪初以来，一个重要的研究方向是试图确定过去几十年至几百年来海岸沉积物的年代。相关应用包括对海岸沙堤进积（Ballarini et al.，2003；Nielsen et al.，2006）、风暴潮和海平面的沙丘崖记录（Buynevich et al.，2007；van Heteren et al.，2000）以及风暴潮和海啸造成的堤后冲刷沉积物等进行的研究（如 Tamura et al.，2015）。将这个研究方向扩展到非常年轻的沉积物，使海岸科学家、规划师和工程师意识到释光测年的意义。如今释光测年是了解几十年来现代海岸过程的有力工具，弥补了过去环境变化记录和现代器测记录之间的空缺。

然而，海岸和海洋环境沉积物释光测年也存在一些潜在的问题。在晒退良好的情况下，最大的误差来源是放射性核素含量的测量和剂量率的计算。在第 8.2 节介绍了剂量率计算中面临的主要挑战。随后探讨了释光测年在海岸和海洋环境中的一系列应用——全新世沙堤、事件记录、三角洲和潮间带沉积物、海洋沉积物岩心和更新世海岸线遗迹等。大多数关于海岸和海洋沉积物的释光研究都可归于上述类别之一，每类研究所特有的问题将在本章中介绍。对于普遍性的问题，如采样策略和晒退不良的剂量分布的处理，请参见第 1 章和第 2 章。

8.2 主要挑战

8.2.1 年轻沉积物

海岸沉积物释光信号的高度晒退使得释光测年可以应用于非常年轻的沉积物（即几百年或更年轻的沉积物），特别是应用于研究现代海岸过程的相关问题，如海岸沙堤和河口的沉积动力过程，或海岸沉积事件发生的频率。对于年轻沉积物的年龄测定，提取晒退良好的释光信号至关重要，因为任何残余剂量都可能比自然信号强得多。因此，对非常年轻的沉积物的测年几乎总是使用石英——因为长石信号更难晒退，即使在理想的晒退条件下也可能有较大的残余剂量（Reimann et al.，2011）。即便如此，对年轻样品的单片再生剂量法（SAR）测量程序进行一些修正是有必要的，这样可以最大限度地减少不完全晒退、热转移和弱信号的负面影响。

所有用于释光测年的样品在每次光释光测量之前必须预热以清空不稳定的电子陷阱，尤其是 110℃的 TL 陷阱（见第 1 章）。然而，过度预热可诱发与埋藏剂量无关的光释光信号；当其与测量时产生的热转移信号相结合时，可能无法与不完全晒退的情况区分，和/或导致年龄高估。在测试过程中发现，对年轻沉积物的预热应保持相对较低的温度，这样热转移就不会成为光释光信号的重要来源（Madsen and Murray，2009）。光释光信号的预热温度实验是每个样品或采样点释光测试质量控制过程的一部分；对于年轻样品，由于不完全晒退可能造成的混淆，更有效的做法是进行热转移实验（图 8.1）。热转移实验的具体方法是：首先对自然信号进行晒退，然后逐步增加预热温度并测量光释光信号（Truelsen and Wallinga，2003；Nielsen et al.，2006）。通常，年轻样品的预热温度保持在 180～200°C。

对于非常年轻的样品，等效剂量（D_E）重建必须使用石英光释光信号中最易晒退的部分——快组分。人们尝试通过曲线拟合来分离快组分，但这对于较弱的信号并不实用（Cunningham and Wallinga，2010；Tamura et al.，2015）。因此，可以通过信号和背景积分的选择来尽可能地提高净信号中快组分的比例。Ballarini 等（2007）认为“早背景”积分更适合上述目的，但这降低了信噪比。然而，通过增加初始信号的长度，并使用约 2.5 倍的早背景，可以在最大化快组分信号比例的同时保持高信噪比（图 8.1；Cunningham and Wallinga，2010）。也可以通过减小探测器滤波片的厚度来提高信噪比（Ballarini et al.，2005）。

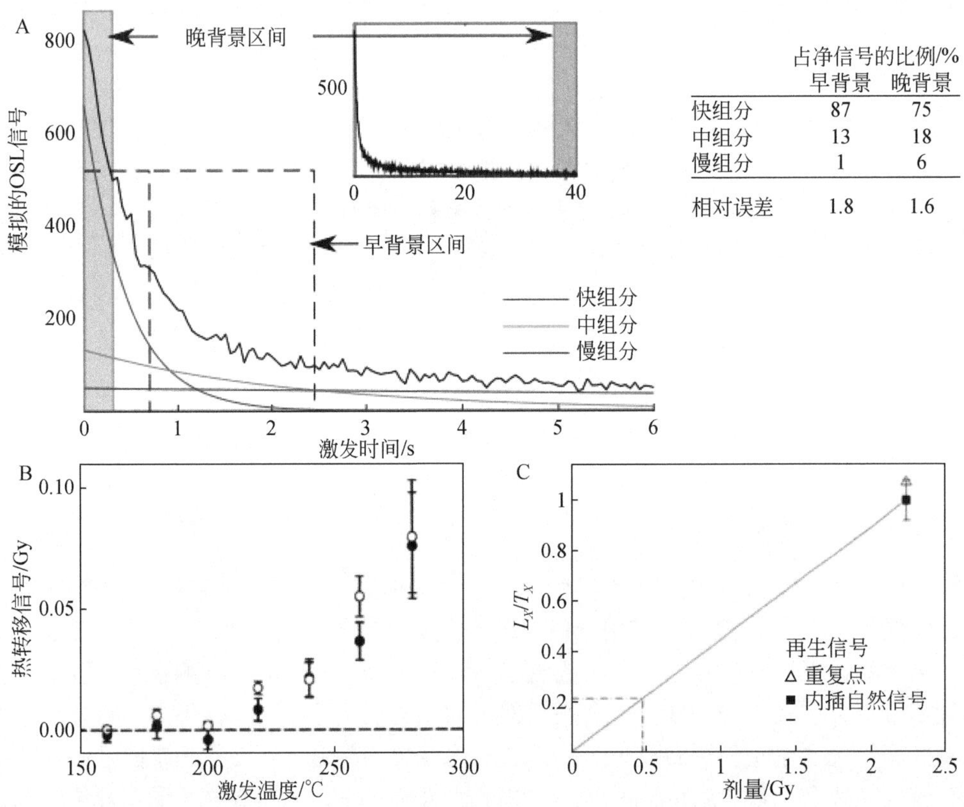

图 8.1　年轻海岸沉积物的石英光释光测年测量和分析方案。A-从 OSL 衰减曲线中选择净信号时使用“早背景”扣除，以增加净信号中快组分的比例（Cunningham and Wallinga，2010）。不同背景区间下净信号的组成如图中右上表所示。B-使用约 200℃的较低预热温度以避免来自深陷阱的热转移信号，可以通过热转移实验来选择适当的预热温度。这里显示的两个样品来自 Rømø 堰洲岛的年轻海岸沉积物(Madsen et al.，2007a)。C-使用单个再生剂量（实验剂量相对较高）来建立剂量响应，这样可以减少测量时间以便测量更多的测片。修改自 Cunningham 和 Wallinga（2010）。

年轻样品对晒退程度的敏感性也要求测片尽可能小，即每个测片中颗粒很少，但仍能提供可测量的信号（见第 1 章）。这种策略意味着必须测量许多测片以产生统计上可靠的等效剂量分布。然而，由于年轻样品的埋藏剂量非常低（<1Gy），因此也不需要对每个测片测量完整的剂量响应曲线，单个再生剂量点就足够了。零剂量和再生剂量点之间的线性拟合足以确定剂量响应函数，因此可以在有限的实验时间内测量更多测片。最好使用相对较高的实验剂量（如和再生剂量一样大），以免影响实验剂量释光信号的信噪比（Ballarini et al.，2007）。

当自然光释光信号非常弱或没有时，背景扣除有时会导致等效剂量为负值。由于这是一个随机过程，而剂量模型需要考虑随机过程，因此在利用剂量模型进行数据拟合时必须包括这些值。然而，广泛使用的中值年龄模型和最小年龄模型（CAM 和 MAM，Galbraith et al.，1999）需要进行对数变换，因此不能用于此类数据集。也可以用“无对数变换”版本的模型，或者使用无须对数变换的贝叶斯剂量模型（如 Guérin et al.，2017）。需要注意的是，尽管等效剂量可能为负值，但真实的埋藏剂量仍必须为正值。因此，埋藏剂量估算的概率分布可能在零值处被截断（图 8.2），并且不能以通常的方式用“中值±不确定性”简单表示。

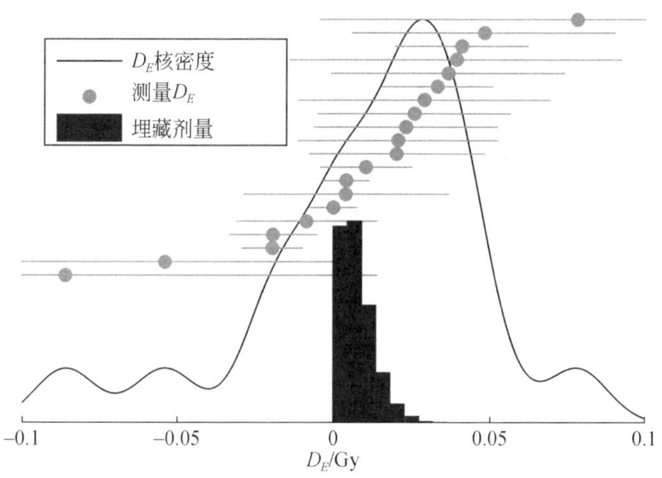

图 8.2　极年轻沉积物的模拟等效剂量分布和埋藏剂量分析，其中一些测片的等效剂量为负值。等效剂量分布按升序和核密度估计绘制。此处使用贝叶斯模型估算埋藏剂量的中值（Tamura et al.，2019）。注意：负的等效剂量值必须包括在剂量模型中，但埋藏剂量估算被严格限制为大于 0Gy，因此其概率分布可能是非高斯分布。

目前，极年轻沉积物的测年已经是很常规的事情，通常可以与独立年龄控制进行良好的对比（Ballarini et al.，2003；Madsen et al.，2005；Tamura et al.，2015）。然而，有人指出，年龄为 0 的沉积物可以显示出大于 0Gy 的残余剂量，相当于至少几年的年龄（Madsen and Murray，2009）。因此，在对年轻沉积物进行采样时，建议采集目标沉积物的现代类似物，并测量其释光信号，以便估算测年方法的实际下限。

8.2.2　剂量率

8.2.2.1　测量和不确定性

剂量率主要由外部β和γ辐射的贡献决定（详见第 1 章）。这些是通过光谱法从沉积物中测得的 K、U 和 Th 的浓度进行计算，或通过粒子、光子计数仪器（如厚源β计数和野外γ能谱）对每种成分的整体估计得出的。上述测量可以在某个释光实验室进行，或在其他实验室完成。但现有的证据表明，这些测试的准确性通常很差。Murray 等（2015）开展的实验室间的比较研究发现世界各地的多个实验室测量的剂量率的相对标准偏差为 12%。考虑到所涉及的实验室可能是比较严格的实验室，因此这一偏差实际可能更大。对于大多数沉积物来说，测年的最大单一误差来源很可能在于剂量率的估计。

为了避免在剂量率估算中出现重大误差，需要提供证据证明涉及的仪器和方法可以获得准确的测量结果。这些证据可以是参考样品的测量结果（如当使用外部 ICP-MS 实验室时），或释光实验室公布的内部可靠性的验证。参考样品应为具有典型放射性核素浓度的天然沉积物，而非高放射性的标准物质。对随机测量不确定性的估计可以通过单个样本的重复测量获得。通常，在 K、U 和 Th 的质量或活性测量较准确的情况下，剂量率的随机不确定性约为 6%。整体计数方法可以提供更高的精度（Cunningham et al.，2018），但尚未广泛使用。

8.2.2.2　非均匀辐射场

标准的剂量率计算要求沉积物是均匀的，并向所有方向无限延伸，这被称为“无限矩阵”（infinite matrix，IM）假设。如果颗粒粒径远小于沉积物中β辐射的范围（约 2mm），且沉积物组成在γ辐射范围（约 30cm）内保持一致，则 IM 假设基本满足。当以远离地层边界的沙质沉积物作为目标，或通过测量或模拟不同沉积层中的γ剂量率时，海岸沉积物通常满足这些假设（第 2 章）。然而，当不同矿物的含量在毫米尺度上不均匀时，不同颗粒接收的β剂量率可能与沉积物的平均剂量率不同。海岸沉积物的微层理就是这种情况，即通过海滩沙丘沉积物中的重矿物浓度（滞差）影响β剂量率。潮汐的涨落也会形成明显的沙-粉沙微地层结构，如果微地层信息没有被随后的生物扰动所消除，则可以保存在潮间沉积物中（图 8.3A）。沙组分往往富含石英，具有相对较低的放射性核素浓度和较多剂量计（石英颗粒），而粉沙层的放射性核素浓度较高但剂量计较少。由于石英颗粒主要位于低剂量率区，因此利用沉积物全样测试获得的β剂量率会高估石英颗粒接收的剂量率（图 8.3B；Martin et al.，2015）。更为复杂的是，沙层中的饱和含水量较低，因此估算的沉积物全样的含水量在计算β剂量率时可能不是最合适的。β剂量率可能需要使用蒙特卡罗传输模型，并结合不同层位的放射性核素测量来计算。值得庆幸的是，Dosivox 界面（Martin et al.，2015）为地学界提供了此类模型，使用户不用再花费大量时间去学习蒙特卡罗传输代码。

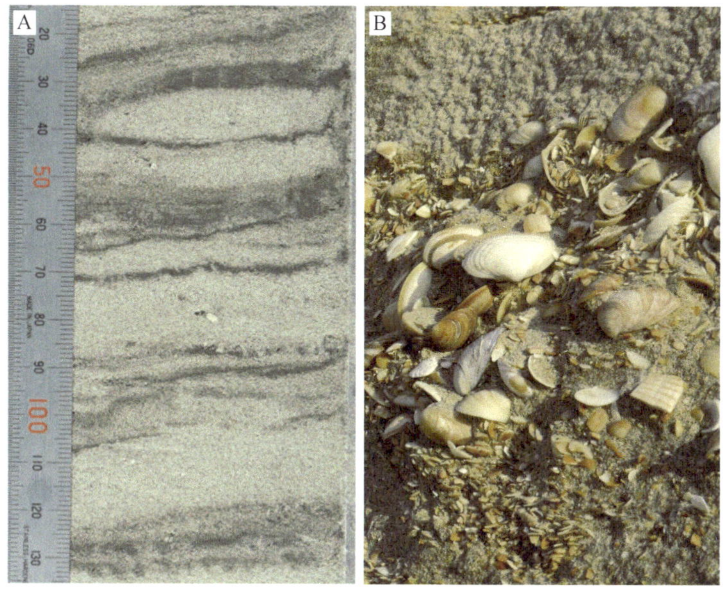

图 8.3 剂量计颗粒的平均β剂量率与沉积物全样的平均β剂量率不同的沉积物实例。A-岩心照片显示由细沙和泥质条带组成的脉状层理（修改自 Fruergaard et al.，2015a）。B-海岸沙丘内富含贝壳的风暴潮沉积物（照片来自 M. Frvergaard 和 A. Cunningham）。

贝壳给β剂量率计算带来了类似的困难。贝壳碳酸盐因为没有孔隙，比沉积物密度大，因此贝壳在单位体积上更能吸收辐射。贝壳的放射性核素含量也可能比沉积物低得多（主要是因为缺乏 K）。根据沉积物全样估算的无限矩阵β剂量率不再适用于石英颗粒，因为颗粒此时位于较高剂量率的沉积物基质中。这个问题的一个简单解决方案是在测量放射性核素之前去除贝壳，然后使用纯基质的β剂量率。然而，石英颗粒的剂量率也受到与贝壳之间距离的影响：靠近贝壳的颗粒接收的β剂量率更低（图 8.4）。以上这两种效应的强度取决于贝壳的大小和形状。Cunningham（2016）使用蒙特卡罗传输代码对这种效应进行了建模，并设计了一种简单的策略，一旦测量了贝壳的大小和质量，就可以按照该策略处置：当贝壳较大时，可以将其移除，并根据对基质材料的测量计算β剂量率；沉积物中含有细小的贝壳碎片时，放射性核素测量应包括这些碎片，正常计算总体β剂量率正；中等大小的贝壳、小贝壳和混杂贝壳的情况是最难处理的，无论是沉积物全样还是仅基质的剂量率都不准确，必须基于模型进行校正。

更常见的是，海岸沉积物中的碳酸盐是间质的（间隙性的），以海滩岩或风成岩的形式存在。海滩岩通过盐和淡水的混合以及微生物活动形成于潮间带（Mauz et al.，2015）。海岸风积岩在温暖气候中也很常见，通过生物碎屑与含碳酸盐的沙质骨架的胶结形成，并导致海岸沙堤沙丘的长期保存（见第 8.7 节）。间质碳酸盐会吸收辐射，降低矿物颗粒的剂量率（通过缩短β粒子的辐射范围，可能也会增加β剂量率的异质性）。然而，由于碳酸盐分布均匀，无限矩阵假设仍然成立，并且沉积物全样可用于计算β和γ剂量率。这一推断假定碳酸盐沉降实际上与沉积物沉积同时发生（相对于埋藏年龄）。如果胶结过程更为缓慢，那么随着碳酸盐填充可用孔隙，剂量率与矿物颗粒的比率会随着时间的推移而降低。在这种情况下，必须通过建模来计算剂量率（β和γ），此时剂量率是埋藏时间和胶结过程持续时间的函数（Mauz and Hoffmann，2014；Nathan and Mauz，2008）。

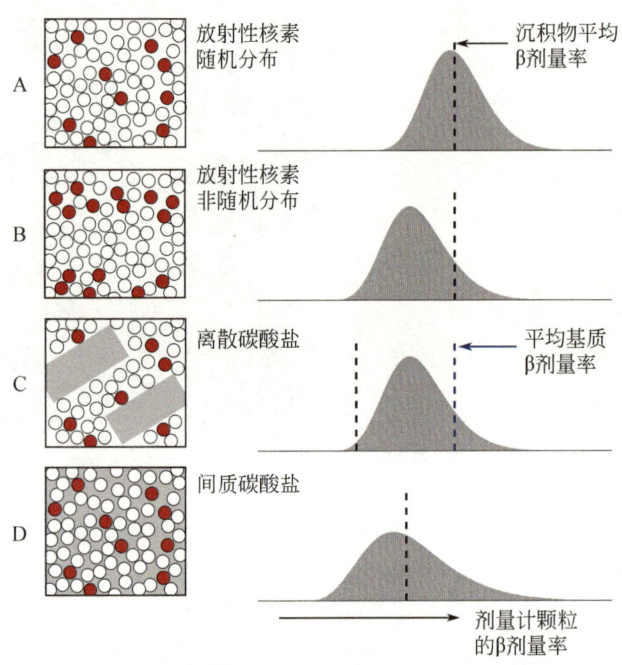

图 8.4　沙质沉积物中石英颗粒β剂量率分布示意图。A-在放射源（如钾长石、锆石、独居石等）颗粒随机分布的情况下，β剂量率分布近似为对数正态分布，石英颗粒的平均剂量率等于沉积物的平均剂量率。B-沉积物的微层理导致放射源颗粒非随机分布，石英颗粒的平均β剂量率小于沉积物的平均剂量率。C-具有离散碳酸盐带（贝壳或贝屑，放射性核素浓度极低）的沉积物，石英颗粒的平均β剂量率大于沉积物的平均剂量率，但小于非碳酸盐基质的平均剂量率。D-间质碳酸盐的存在降低了平均β剂量率，增加了变率。

8.2.2.3　铀系不平衡

计算剂量率需要对铀系放射性核素活动的当前和以前的平衡状态进行假设。对于 U 相对 K 和 Th 浓度较高的样品，如果这些假设不成立，则估算的剂量率（和年龄）可能存在重大误差。假定 U 和 Th 的衰变链处于长期平衡状态，利用转换系数可以根据 K、U 和 Th 的链顶质量浓度估算剂量率，也就是说，系列中所有子体放射性同位素的活性与母体放射性同位素相同。这与没有放射性子体的 K 无关，也与没有长寿命的子体同位素且没有检测到明显不平衡的 ^{232}Th 系列无关（Olley et al.，1996）。对于 ^{238}U 系列，同位素的不同化学和物理性质提供了几种可以产生不平衡的机制。通过岩石和土壤的风化，相对于母体 ^{238}U，河水富集 ^{234}U，沉积物相应地亏损 ^{234}U。此外，^{238}U 和 ^{235}U 系列都含有不溶性同位素，它们在海水中产生后，在海洋沉积物中沉积的同位素含量超过其母体（见第 8.6 节）。地下水和海水中的 U 和 Ra 也可以被生物成因方解石和无机方解石吸附，而气态和非反应性的 Rn 容易逸出或富集在陆地沉积物中。

当前的不平衡状态只能通过光谱方法［主要是高分辨率锗晶体γ能谱法（high-resolution Ge-crystal gamma spectrometry，HRGS）］检测。然而，在封闭系统中（即铀系同位素不迁移），沉积时的初始不平衡将随时间推移而平衡，因此，即使通过 HRGS 确定样品处于长期平衡状态，也不能保证整个埋藏期都是如此。在碳酸盐吸收铀元素的情况下，吸收的速率和时间只能猜测，因此尝试解释所有吸收情况可能会导致剂量率估算产生很大的不确定性（Zander et al.，2007）。

幸运的是，对于陆地沉积物，由于铀系不平衡导致的潜在剂量率误差是有限的，因为铀系对总剂量率贡献的比例通常很低。一般情况下，对剂量率的最大贡献来自 ^{40}K，因为它富集在钾长石和一些有机物中。例如，Murray 等（2015）在丹麦斯卡恩（Skagen）半岛的滩脊采集的样品中，K、U 和 Th 对剂量率贡献分别约为 86%、8%和 6%。如果我们假设 Rn 在整个埋藏期内损失 50%，那么基于铀系平衡的假设将导致总剂量率产生不到 3%的误差。考虑到其他不确定性来源，上述误差几乎无法被检测到。对于 K 含量较低的沉积物，如在澳大利亚和南非的海岸地区，沉积物颗粒来源于古老沉积岩的风化，其潜在误差更大。在这种情况下，可以通过假设当前不平衡状态在整个埋藏期持续存在来将误差最小化（Olley et al.，1996）。

8.3 滩脊系统

滩脊系统一般形成于沉积海岸。当海岸线向海推进时，海滩到海岸前丘靠近陆地的一侧逐渐被废弃，形成一个细长的丘，即滩脊（Hesp，1984；Tamura，2012；Taylor and Stone，1996）。滩脊系统保留了沉积事件的时间序列，但通常缺乏可以用于放射性碳测年的材料，这促进了释光测年在滩脊系统中的应用（Huntley et al.，1993；Isla and Bujalesky，2000）。滩脊主要是由波浪和风作用于海滩面和海岸前丘上形成的，那里的矿物颗粒的释光信号被阳光充分晒退。因此，它们是释光测年理想的沉积地貌。在早期将单片再生法应用于年轻海岸沉积物的过程中，Ballarini 等（2003）对泰瑟尔岛（Texel）上一系列滩脊的研究发现，这些由沙滩向海岸迁移形成的滩脊的光释光年龄小于 250 年；在 20 个测年样品中，18 个样品的光释光年龄与历史地图一致。由于最年轻的样品年龄为 7 年，Ballarini 等（2003）认为，不完全晒退导致的潜在年龄高估通常小于 5 年，只有少数样品会达到几十年（Ballarini et al.，2007）。没有异常衰减的钾长石红外后红外信号虽然较难晒退，但也已成功应用于全新世滩脊系统的测年。Reimann 和 Tsukamoto（2012）评估了年轻海岸样品的红外后红外测年方案，发现需要 150℃的相对较低的激发温度来限制无法晒退的残余信号。爱沙尼亚鲁赫努（Ruhnu）岛的一个滩脊序列显示，红外后红外释光年龄与零星的几个放射性碳年龄以及区域海平面变化历史一致（Preusser et al.，2014）。

对于沙质滩脊，可以从风成沙和海滩上采集释光测年样品（图 8.5）。严格来说，对于风成沙和海滩沙的释光年龄有不同的解释：海滩沙的年龄表示海岸线最后一次出现在该位置的时间，而海岸前丘的年龄则表示海岸线进一步向海推进的时间，很有可能是在下一个滩脊处（Lopez and Rink，2007）。然而，在大多数情况下，单个滩脊中的风成沙年龄和海滩沙年龄之间的差异可以忽略不计，因为滩脊形成的时间间隔通常为几十年（Tamura，2012），这在大于 1ka 样品的测年不确定性范围内。相反，如果滩脊形成过程相对缓慢，则在年轻（＜0.5ka）的滩脊内部也可以识别出内部详细的年代序列（图 8.6；Tamura et al.，2018）。即使是在单个滩脊中或相邻滩脊之间，风暴侵蚀（Buynevich et al.，2007）和海岸线重新定向（Rodriguez and Meyer，2006）也可能会导致数十年至上千年的沉积间断。

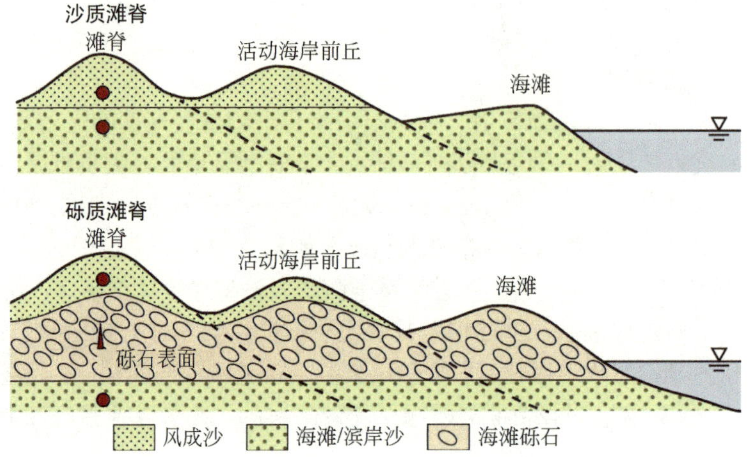

图 8.5 沙质和砾质滩脊的简化地层剖面图（修改自 Tamura，2012）及采样策略。红点表示 OSL 样品的位置。如果避光采集砾石样品，那么也可以对砾石表面进行光释光测年。虚线代表等时线，大致显示了滩脊的连续向海加积——根据形成过程的不同，详细的年代地层可能更复杂。

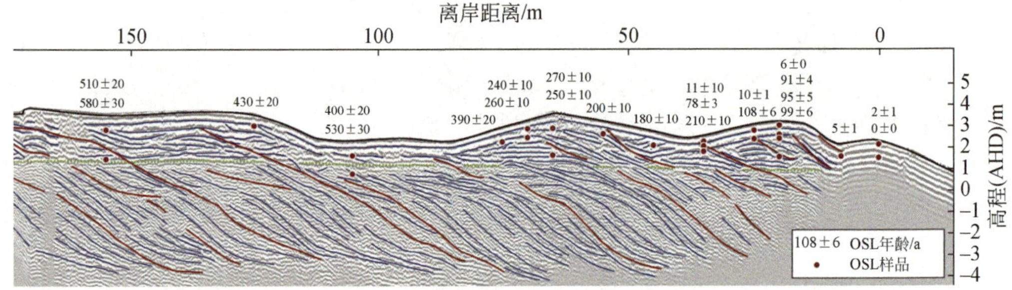

图 8.6 澳大利亚东北部考利（Cowley）海滩滩脊的探地雷达剖面图和 OSL 年代。蓝线和红线分别表示反射面和截断面，绿色虚线表示地下水位，红点表示 OSL 样品的位置。OSL 年龄是相对于 2015 年的年龄。Cowley 海滩的滩脊平均时间间隔为 250～270 年，从海岸开始的第一个和第二个滩脊可以识别出年代际尺度的内部结构。修改自 Tamura 等（2018）。

由砾石或沙和砾石组成的滩脊的释光采样策略是不同的（图 8.5）。释光样品可以在海滩砾石上覆或下伏的风成相（如 Orford et al.，2003；van Heteren et al.，2000）或潮下滨岸相（Roberts and Plater，2007）沉积中采集；如果要尝试岩石表面测年，还可以采集砾石和鹅卵石样品。砾石海滩沉积物通常被风成沙覆盖，导致滩脊起伏更加明显。释光样品可以从风成沙中采集，其年龄可以指示砾石海滩的废弃时间。由于海水强烈吸收阳光的紫外线成分，因此无法保证潮下带沙的晒退程度。例如，Rink 和 Pieper（2001）在水下沙滩沙中检测到明显的热释光残余信号，尽管其热释光信号需要几个小时即能被完全晒退（Rink，1999）。相比之下，Roberts 和 Plater（2007）证实，两个来自滨岸上部的现代沙样的石英光释光残余剂量可以忽略——其大小相当于 15 年或 40 年。因此，他们应用石英的单片再生法对英格兰南部邓杰内斯角（Dungeness）前陆砾石滩脊下的滨岸沙进行了系统地测年。与滩脊间洼地的放射性碳测年相结合，滩脊序列的年代学可用于表征全新世中期之后海岸的阶段性变化（Plater et al.，2009）。海滩鹅卵石表面的矿物颗粒可以很好地晒退，岩石表面测年方法的发展使此类鹅卵石的测年变得可行（见第 11 章）。Simms 等（2011）将单片再生法应用于从南极洲上升滩脊的鹅卵石中分离出的石英颗粒，获得了与放射性碳测年一致的年龄。

滩脊沙通常是均一的，因此剂量率计算相对简单。但是，重矿物滞留或碳酸盐岩的存在也需要考虑（见第 8.2 节）。计算宇宙辐射剂量率还需要一定时间内的平均覆盖厚度。对于滩脊，通常可以假定覆盖层厚度与采样深度相同，因为滩脊地形一旦脱离海岸作用，就会保存下来。然而，如果上覆沉积物受到风蚀坑、海侵沙丘沉积或人为因素的影响，那么当前样品深度可能并不能代表整个埋藏期的平均深度。如果样品深度非常接近地表（＜1.5m）或沉积物的放射性特别低，则释光年龄对假定的覆盖层厚度的误差会特别敏感。含水量也是需要考虑的因素，在风成相和海滩相的边界附近可能会形成一个清晰的地下水位（Bristow and Pucillo，2006），该水位的季节变化可能会影响在其波动范围内采集的样品的含水量。对含水量的一种切实可行的假设是以雨季和旱季的测量值或假设值的平均值为基础，并添加适当的不确定性。

尽管滩脊序列的释光测年通常能提供可靠的结果，但序列中可能存在明显的年龄倒置或异常值，这极有可能是由剂量率的随机误差引起的。然而，滩脊序列是一个地层序列，沉积年龄向陆增大。如果以此认识用作贝叶斯年代模型的先验信息，则可以减少释光年龄的随机不确定性，并识别出异常值。Brill 等（2015）使用 OxCal 软件创建了海岸常规断面的年龄距-离模型，并用该方法估算了泰国帕通（Phra Thong）岛滩脊平原的加积速率变化。如果在多个深度对每个滩脊采样，则可以使用类似的原理创建沉积年龄的二维剖面（Tamura et al.，2019）。当然，异常值也可以通过滩脊的形成过程（如坍塌）来解释。在湄公河三角洲上，Tamura 等（2010）利用滩脊系列内的一些矛盾的年龄对其进行了层级分组。在对滩脊结构进行研究后推断，这些年龄倒置是滩脊局部改造的结果（Tamura et al.，2012a）。

8.4 风暴潮和海啸沉积物

风暴潮和海啸可能通过冲刷过程形成沉积物层，并保存在堤后沼泽中（图 8.7）。冲刷沉积物可能含有可用于放射性碳测年的植物碎片和贝壳，但由于这些材料被重新搬运过，它们可能无法提供事件的准确年龄。通常首选介于中间的沼泽沉积物夹层作为冲刷事件放射性碳测的来源材料（Donnelly et al.，2001；Sawai et al.，2012）。释光用于冲刷沉积物测年的主要优势在于直接使用事件沉积物——特别是在上覆沉积物和下伏沉积物年龄相差很大的情况下。此外，最近几百年的时间尺度在事件年代学中最受关注，但由于这一时段校正坪区很大，因而很难用放射性碳确定年龄。通过释光一种方法可以得到几十年到几百年甚至更老的测年数据，否则就需要综合运用放射性碳、^{210}Pb 和 ^{137}Cs 等多种测年手段。在世界各地的许多地方，释光测年在冲刷沉积物中已经得到了相当成功的应用（Madsen et al.，2009; Davids et al.，2010a；Brill et al.，2012，2017；Prendergast et al.，2012；Nentwig et al.，2015；May et al.，2017）。

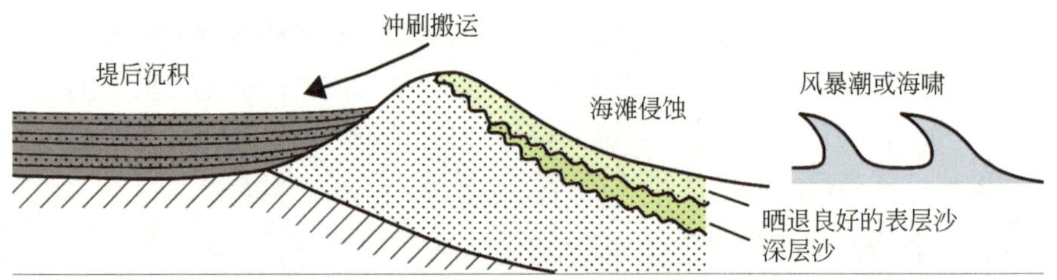

图 8.7 冲刷沉积阶段横剖面示意图，包括海滩沙的侵蚀、搬运和堤后沉积。被侵蚀的海滩表面沙通常经历了很好的晒退，但未经晒退的较深和较老的沙也可能被侵蚀和搬运，这取决于侵蚀深度。较短冲刷阶段的晒退可能是非常有限的，因而在堤后沼泽沉积物中沉积的冲刷沙可能包括晒退良好和未晒退的颗粒。

海啸和风暴在短时间内（从几秒到几小时）将浑浊的水中的沉积物搬运过来。颗粒在搬运过程中的晒退程度远远不能保证，因此释光测年显然有可能高估沉积年龄。然而，与历史事件（Banerjee et al.，2001；Cunningham et al.，2011; Tamura et al.，2015）和其他绝对年代学结果（Davids et al.，2010a；Huntley and Clague，1996；Madsen et al.，2009；Nentwig et al.，2015；Spiske et al.，2013）的对比表明，冲刷沉积物的释光年龄很少出现明显的高估。其主要原因是，源于冲刷沙的海滩表层沙在冲刷事件之前已被阳光晒退（图 8.6）。几项研究明确评估了现代海滩沙和现代海岸冲刷沉积物的残余剂量。Banerjee 等（2001）在英国的锡利群岛观察到海滩表层沙子的石英光释光残余剂量非常低，相当于 6±3 年。Davids 等（2010a）确定了新英格兰海滩沙中石英光释光和钾长石红外释光的残余剂量分别为 0.036±0.016Gy 和 0.068±0.026Gy，相当于 20～40 年的自然辐射，支持了 Madsen 等（2009）在同一地区的观察结果。Davids 等（2010a）推断，海滩表层沙可以忽略不计的残余剂量是全新世堤后冲刷沉积物的光释光和红外释光年龄与放射性碳年龄一致的原因。

2004 年印度洋海啸为评估现代海啸沉积物的残余剂量提供了机会（Bishop et al.，2005）。Sanderson 和 Murphy（2010）使用便携式释光剂量仪测量了从海啸沉积物中采集的 250 个样品的残余剂量，并评估了其与沉积物来源的关系。近岸来源样品的残余剂量相当于不到几十年，而来自陆源或人为成因的沉积物的残余剂量则相当于数百年至上千年。对于近岸来源的海啸沉积物，完整的石英测量也得到了相当于 10～100 年的残余剂量（Brill et al.，2012；Murari et al.，2007；Prendergast et al.，2012）。无论沉积背景如何，这种水平的残余剂量对于几千年的沉积物而言是微不足道的（如 Cunha et al.，2010）。相比之下，对于较年轻的沉积物，残余信号不可忽视。有研究指出，一些冲刷事件可能会更深地侵蚀海滩和海岸前丘，并搬运有较高残余信号的颗粒（Brill et al.，2017；Madsen et al.，2009；Ollerhead et al.，2001）。然而，如果至少有一些颗粒的残余信号可忽略，则应使用适当的统计模型在（单个颗粒的）等效剂量分布中识别晒退良好的颗粒。Brill 等（2012）和 Prendergast 等（2012）测定了泰国帕通岛上印度洋海啸沉积物的残余剂量，并使用 Galbraith 等（1999）的最小年龄模型（MAM）发现三层海啸沉积物具有接近的光释光年龄。Nentwig 等（2015）对智利中部过去 1000 年沉积的一组海啸沉积层的研究获得了类似的结果。他们发现了晒退不完全的证据，并将 MAM 应用于多颗粒测片得到了合理的年龄。

堤后环境中的冲刷沙夹层通常保存在沼泽泥炭中。沙层往往只有几厘米到几十厘米厚，很可能会受到来自沼泽沉积物上下的γ射线的辐照。因此对冲刷层γ剂量率的准确估计需要包含沼泽沉积物的伽马剂量贡献。例如，Madsen 等（2009）研究了美国马萨诸塞一个 1.2m 厚的冲刷沙-盐沼泥炭序列（图 8.8）。他们通过高分辨率采样，测量了整个剖面中放射性核素浓度和含量水的变化。通过构建基于七个单元的简化γ剂量率模型，他们使用 Aitken（1985）附录 H 中给出的方程估算了每个样品的γ剂量率。由此得到的γ剂量率与直接使用每个样品的元素组成计算的剂量相差−20%～10%，总剂量率相差−7%～3%。用上述方法模拟γ剂量率的重要性将取决于研究点位的特征：沙和泥炭层的厚度、各层之间放射性核素浓度的差异，以及γ剂量与剂量率其他组成部分（α、β和宇宙辐射）的相对贡献。

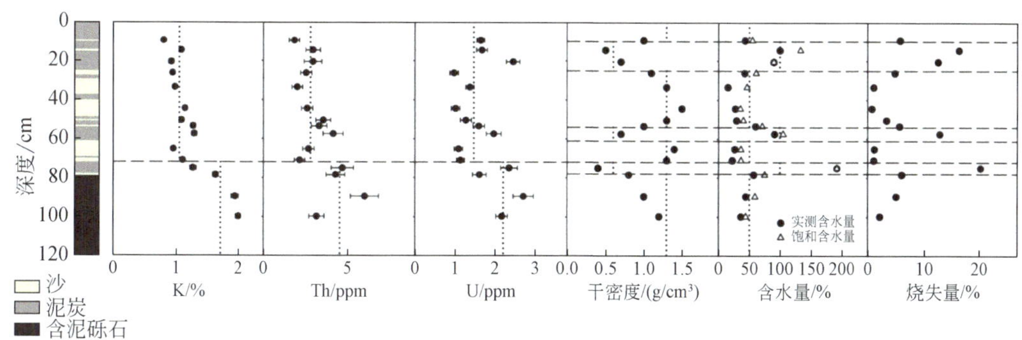

图 8.8 美国马萨诸塞州（Massachusetts）Little Sippewisset 沼泽岩心中放射性核素浓度、体积密度、含水量和烧失量随深度的变化（修改自 Madsen et al.，2009）。沉积序列由冲刷沙和沼泽泥炭交替组成，上覆含泥砾石层。虚线表示为单个样品的γ剂量率多层建模所定义的单元边界。1ppm=10^{-6}。

除堤后沉积物外，还可以在沙堤沉积物中发现过去风暴的证据，主要包括侵蚀风暴陡坎、沙堤决口沉积物和回流沉积物等（Chaumillon et al.，2017）。这些记录保存了有关事件规模的信息，而这些信息无法从堤后沉积物中获得。例如，Clemmensen 等（2016）发现，2013 年丹麦风暴期间形成的砾石坝顶高程与风暴洪水位密切相关，这一关系可作为微潮海岸风暴强度的替代指标。Nichol 等（2003）在新西兰的旺格普阿（Whangapoua）海岸沙堤前丘发现了一处高出海面 14.3m 的砾质海啸沉积，通过测定其下伏沉积物的年龄，确定该沉积不老于 4.7ka。同样，苏格兰北部的崖顶巨石被认为是高能风暴带来的，其年龄是通过其中包含的风成沉积物的石英光释光测年确定的（Hall et al.，2006；Sommerville et al.，2003）。

从释光的角度来看，使用沙堤（而非堤后）沉积物具有明显的优势。由于晒退和剂量率估算的有利条件，全新世沙堤沉积物是常规石英光释光测年的最理想材料。沙堤沉积物也非常适合用探地雷达（GPR）进行剖面测量，而 GPR 剖面测量和释光测年相结合可以从沙堤沉积物中获得风暴潮记录。在新英格兰海岸，Buynevich 等（2007）根据探地雷达剖面和沉积物岩心中的重矿物滞后，确定了推进沙堤中由飓风引发的风暴陡坎。他们的光释光年龄是基于紧贴在陡坎上的埋藏海滩沉积物获得的，推测这些沉积物是在风暴后的晴朗天气里堆积起来的（因此晒退情况良好）。Cunningham 等（2011）在荷兰一个临时暴露的沙堤中发现了一处高出海平面 6.5m 的风暴潮沉积。通过探地雷达从海滩暴露到内陆约 1km

处追踪到一个突起的贝壳层，该贝壳层向陆地缓慢倾斜。贝壳层被解释为一个栖息扇，即在风暴潮越过低矮沙丘或冲破第一道沙堤时沉积。贝壳层和周围沉积物的大量光释光测年将风暴潮的年龄限定在了 18 世纪末，这与公元 1775 年和公元 1776 年大规模风暴潮的文献证据一致。

一项通过沙堤-岛屿系统光释光测年的研究评估了公元 1634 年丹麦瓦登海（Wadden）的一场灾难性风暴对地貌的影响（Fruergaard et al.，2013；Frurgaard and Kron，2016）。从风暴前后绘制的历史地图中可以看出沙堤形态的明显变化。Fruergaard 等（2013）汇总结了从斯凯灵恩半岛（Skallingen）喷口提取的多个沉积物岩心的光释光年龄（图 8.9）。通过高分辨率采样，他们发现风暴期间或风暴后不久，约有 7m 的潮下浅滩沉积物沉积。根据地图证据进行评估，风暴浅滩被认为代表了沙堤破裂后海岸在 30～40 年内的快速恢复（滨岸恢复）。当前沙堤-岛屿系统的格局受到 1634 年风暴和长期恢复的强烈影响。

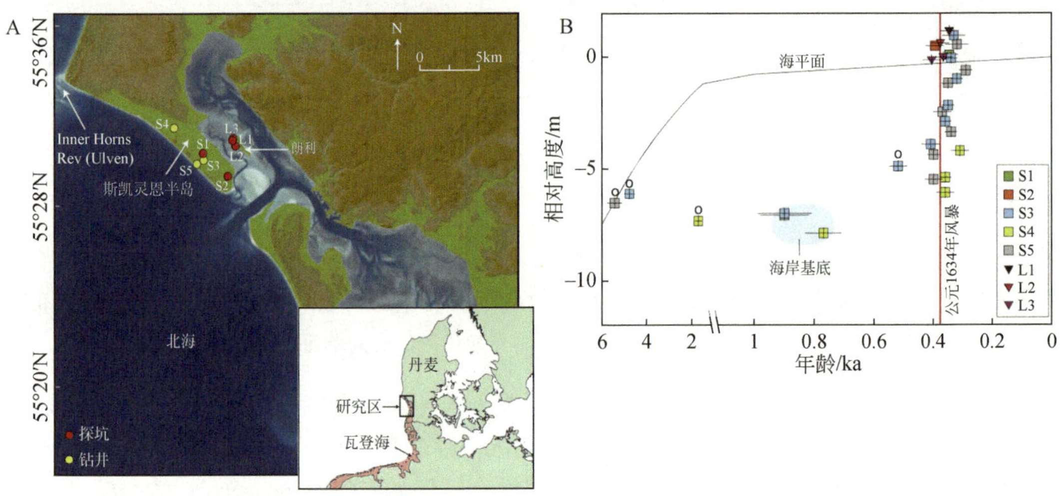

图 8.9 A-丹麦瓦登海沿岸的斯凯灵恩半岛堰沙嘴，以及 Fruergaard 等（2013）提取的沉积物岩心的位置。B-几个沉积物岩心的 OSL 年龄。大约 7m 厚的潮下沉积物是在公元 1634 年的一场灾难性风暴前后或在随后几十年的恢复阶段沉积的。在风暴之前，历史地图显示海岸线在其当前位置向陆地方向 3～4km 处。修改自 Fruergaard 等（2013）。

8.5 河口和三角洲沉积物

与其他海岸碎屑沉积物一样，释光测年技术在三角洲和潮间带沉积物中得以应用是由于缺少其他适用的测年方法。潮间带沉积物释光测年长期面临的一个问题是其释光信号在沉积前被晒退的可能性。光强度会随水深迅速下降，而河口和三角洲高含量的悬浮泥沙进一步降低了光照强度。Sanderson 等（2007）测量了湄公河三角洲相对静止水域的光强度和光谱。水深 1.5m 时，总光强度降低到其表面水平的 5%；更重要的是，紫外-蓝色部分——对释光信号晒退最有效的光谱范围的衰减最严重。由于沙粒大小的颗粒主要通过滚动或跳跃搬运，其在水下的曝光程度可能受到限制。

另外，潮间带沉积物通过潮汐通道的迁移不断被改造，泥滩和沙滩的陆上暴露可以为晒退提供充足的机会。对瓦登海微潮差海岸水底的测量结果表明，沉积物的总移动量远远超过净累积量（Andersen et al.，2006；Fruergaard et al.，2015a，2015b），证实了沉积物的再搬运是显著的。由于潮汐通道沉积物主要沉积在其两侧，因此即使是较深的通道也可能沉积晒退良好的沉积物（Fruergaard et al.，2015a，2015b）。然而，这些过程可能在一定程度上取决于具体地点一些特定的因素，如沉积速率和悬浮泥沙含量，这意味着不同地点之间的晒退程度会有差异（Mauz et al.，2010）。

安妮·马森（Anni Madsen）及其同事的工作全面检验了石英光释光测年在丹麦斯凯灵恩半岛堤后河口潮滩中的适用性。Madsen 等（2005）对从潮滩岩心中提取的 90～180μm 的沙粒进行了年代测定，获得了小于 80 年的非常年轻的年龄，与 ^{210}Pb 和 ^{137}Cs 的年龄一致；他们还发现表面样品中可忽略的参与剂量相当于 7 年。Madsen 等（2007a）检验了另外三个岩心的测年结果，发现在 1000 年范围内，从潮上到潮下的一系列河口环境的光释光测年结果是可以重复的。Madsen 等（2007b）研究了在盐沼陡坎剖面中发现的更厚和更古老的沉积物序列，他们获得的光释光年龄小于 2000 年，与放射性碳年龄一致；该序列中最上面的两个样品未完全晒退，可能是受到了附近建筑工程的污染。最近，Chamberlain 等（2017）调查了恒河-布拉马普特拉-梅格纳三角洲的潮汐沉积物，发现细颗粒石英信号的不完全晒退很有限，并且可以使用埋藏剂量模型来解释。这些令人鼓舞的结果表明，释光测年总体来说适合于河口、盐沼和陆上三角洲沉积物的测年，应鼓励未来在更多方面的应用。

三角洲系统包括河口和潮滩等亚环境，如果受到波浪的影响，通常会发育海滩和滩脊征（图 8.10）。三角洲平原上发育的滩脊一直是释光测年的对象，可用于重建三角洲的海岸线变化（Tamura et al.，2012b；Maselli and Trincardi，2013；Vespremeanu-Stroe et al.，2017）和海平面变化（Giosan et al.，2006），它们的优势是与海岸沙堤类似的良好晒退条件。相比之下，水下三角洲环境（如三角洲前缘和前三角洲）中的晒退条件不太明确，这些环境中的释光测年尚未得到充分的测试。可用于测年的颗粒通常为细粉沙和粗粉沙，每个测片上都含有数千个颗粒，等效剂量分布提供不了太多关于晒退程度的信息，因为不同测片等效剂量的差异被测片内的信号平均所掩盖。评估晒退的一种方法是利用不同释光信号之间晒退速率的差异。在测年使用的主要信号中，石英 OSL 快组分最容易被阳光晒退，其次是长石 $IRSL_{50}$（在 50℃下测量的红外释光信号）和 pIRIRSL（红外后红外释光信号，如 Kars et al.，2014）。如果用长石测得的年龄（衰减校正的红外释光信号或稳定的红外后红外释光信号）与石英年龄一致，则意味着释光信号晒退良好；如果长石年龄稍老，也可以推断石英信号晒退良好（Murray et al.，2012）。

东亚地区的一些研究表明使用上述方法评估了相关样品的晒退情况，结果令人鼓舞。Sugisaki 等（2015）评估了在长江口附近 36m 和 38m 水深处获得的两个沉积物岩心中 40 个样品的细颗粒（4～11μm）的晒退情况。除少数样品外，石英年龄和长石年龄基本一致，表明大多数样品在沉积到水下三角洲之前已充分晒退。Sugisaki 等（2015）还测量了浑浊的长江中现代悬浮细颗粒的残余剂量。尽管他们发现钾长石有明显的红外后红外释光信号残余，但石英的残余剂量仅为 0.1～0.2Gy。Gao 等（2017）比较了长江三角洲平原北部 40m 厚的全新世水下三角洲序列的细颗粒的石英光释光和钾长石红外后红外释光的等效剂量。他们发现石英和长石的年龄差别很小，这很好地表明晒退是充分的。基于此，他们确定了沉积序列的光释光年代框架，并推断下切河谷充填和进积三角洲楔状体是冰期后海平面上升和随后的高水位形成的。Kim 等（2015）也对从韩国东南部洛东江（Nakdong）三角洲平原采集的 55m 厚的沉积物岩心中提取的细颗粒和粗颗粒石英进行了测年，得到了类似的石英光释光年代学结果。

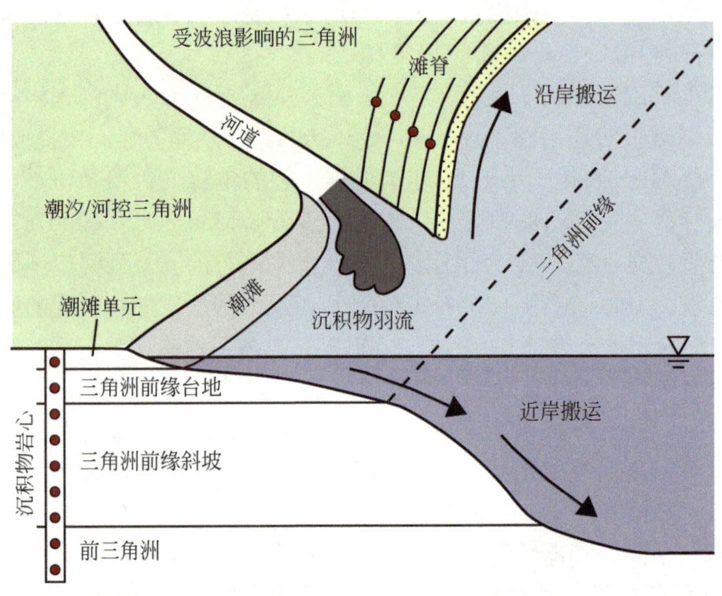

图 8.10　两种类型的三角洲：潮汐或河流控制的三角洲和受波浪影响的三角洲，具有典型的三角洲进积沉积序列。在潮汐控制的三角洲中，来自河流的沉积物在悬浮搬运和/或暂时储存在潮滩时被阳光晒退；沉积物最终沉积在三角洲的水下部分，如三角洲前缘和前三角洲。受海浪影响的三角洲通常有沙质海滩和相关的滩脊。对三角洲滩脊的释光测年与其他滩脊系统的测年一样是可行的。红点表示典型采样策略的光释光采样点。

尽管这些尝试仅限于东亚地区的三角洲，但表明释光测年在水下三角洲沉积物中是可行的——至少在数百年至数千年的年龄范围内是可行的。对于此类沉积物，选择可靠的释光测年程序很重要。目前，浅海沉积物岩心通常使用放射性碳进行年代测定，但零星的测年材料使得识别沉积速率的变化很困难。释光测年的优点是可以随意选择采样间隔，从而使沉积速率的变化更明显（Kim et al.，2015；Sugisaki et al.，2015）。在这种情况下，释光测年和放射性碳测年的结合就特别有用。尽管如此，对于沉积速率的明显变化是否反映了陆源沉积物供应或水下沉积物再搬运，或是测年误差的产物，仍有讨论的余地（Sugisaki et al.，2015）。

8.6　深海沉积物

深海沉积物的释光测年由来已久，1979 年首次报道了热释光年龄（Wintle and Huntley，1979），2003 年首次报道了光释光年龄（Jakobsson et al.，2003；Stokes et al.，2003）。然而，由于环境剂量率和等效剂量的精确测定通常存在问题，深海沉积物的释光年代学研究相对较少。尽管如此，建立深海沉积物年代学的传统方法，如轨道调谐（Lisiecki and Raymo，

2005）、已知年龄事件层位的识别（Collins et al.，2012；Matthews et al.，2015）以及放射性碳测年法等并不普遍适用，这意味着释光测年在深海沉积物中可能具有相当重要的科学价值。本节概述了与深海沉积物的释光测年有关的注意事项，但需要说明的是，陆地沉积物释光测年中的一些复杂情况在深海沉积物中也适用。此处“深海”一词是指沉积在大于100m 的海水下的沉积物，以便区别于第 8.5 节中讨论的沉积物。

8.6.1 环境剂量率

上覆水体的存在使得深海沉积物环境剂量率的计算既得到了简化又变得复杂。由于宇宙辐射剂量率在达到 100m 水深时降至很低（0.006Gy/ka），因此简化了剂量率的计算，并且可以在不引入显著误差的情况下忽略不计。此外，深海沉积物的含水量已达到饱和，这意味着气候因素不会改变平均埋藏水含量。在没有观察到含水量随深度系统性降低的情况下（Sugisaki et al.，2010），在计算剂量率时可使用当前测量的含水量。当沉积物被上覆材料的压实时，有些岩心有可能发生脱水，在这种情况下，可能需要通过模拟脱水情况（Sugisaki et al.，2012）或赋予含水量较大的不确定性（Armitage，2015）。然而，在大多数情况下，深海沉积物的环境剂量率计算比陆地沉积物更复杂，因为两种铀衰变系列中都存在明显的不平衡。这种不平衡的产生是由于长寿命不溶性同位素的存在，以及铀本身在缺氧或低氧条件下的不溶性（Henderson and Anderson，2003）。这两种形式的不平衡相互独立，下面将分别讨论。

8.6.1.1 长寿命不溶性同位素

当考虑放射性不平衡对剂量率的影响时，只有每个衰变系列中的长寿命同位素（半衰期＞1000 年）才是重要的：只有当这些同位素存在足够长的时间，其化学行为才会导致其与母同位素或子同位素的物理分离。对于 ^{238}U 衰变系列，长寿命同位素为 ^{238}U、^{234}U、^{230}Th 和 ^{226}Ra，而对于 ^{235}U 衰变序列，长寿命同位素为 ^{235}U 和 ^{231}Pa。其中，只有 ^{230}Th 和 ^{231}Pa 不溶于典型的海水氧化条件（Henderson and Anderson，2003）。一旦产生，不溶性同位素就会附着在水中的颗粒上，并在数年内沉降到海底，导致“过量”的 ^{230}Th 和 ^{231}Pa 一起进入深海沉积物。这里，术语“过量”用于表示子同位素的活度高于母同位素的活度，即在沉积体中与无衰变体系支撑同位素相关的额外活度。由于这些过量同位素（下文中表示为 $^{230}Th_{xs}$ 和 $^{231}Pa_{xs}$）不是其各自母同位素提供，因此其活度会随时间降低，从而在剂量率计算中产生了随时间变化的组分。这两种同位素的半衰期与释光测年的时间范围相似，因此通常需要对其进行测量和解释，以免影响年龄计算的准确性（Stokes et al.，2003；Wintle and Huntley，1979）。在剂量率计算中不考虑 $^{230}Th_{xs}$ 和 $^{231}Pa_{xs}$ 将会导致年龄高估，尽管这一误差的大小取决于剂量率确定所用的方法，以及过量同位素的浓度。后者受采样点上覆的水深、颗粒通量和沉积速率控制，这意味着过量同位素对剂量率的影响在空间和时间上都是可变的。来自大洋钻探计划（Ocean Drilling Program，ODP）658B 孔的数据说明了校正过量不溶性同位素的重要性。在该孔中，18.5～2ka 期间的 $^{230}Th_{xs}$ 浓度平均为 36.6±9.3Bq/kg（相当于约 0.4Gy/ka），如果认为铀衰变序列长期平衡，将导致 22±2%的年龄高估（Adkins et al.，2006；Armitage，2015）。

$^{230}Th_{xs}$ 的测量比 $^{231}Pa_{xs}$ 更直接，因为前者含量更高。早期 $^{230}Th_{xs}$ 是使用厚源α计数法测

量的（Huntley and Wintle，1981；Wintle and Huntley，1979），并且该技术现在仍然是确定是否存在可观的 $^{230}Th_{xss}$ 的简便方法（Berger，2006）。在最近的研究中，首选更精确的α光谱法（Stokes et al.，2003）和质谱法（Armitage，2015）。在确定了 $^{230}Th_{xs}$ 的活度后，通过活度比 $^{231}Pa/^{230}Th=0.093$ 来计算 $^{231}Pa_{xs}$（Armitage，2015；Henderson and Anderson，2003）。然而，在过量同位素对总剂量率贡献较大的情况下，建议直接测量 $^{231}Pa_{xs}$，因为现代深海沉积物中的 $^{231}Pa/^{230}Th$ 活度比在 0.03～0.30 之间变化（Henderson and Anderson，2003）。

由于传统的年龄计算方程假定铀和钍衰变系列中长期平衡，因此必须对其进行修正，以考虑两个铀衰变系列中随着过量放射性活度降低而发生的随时间变化的剂量率变化。Stokes 等（2003）对此计算进行了详细描述。简而言之，使用迭代模型计算平衡衰变序列和 $^{230}Th_{xs}$、$^{231}Pa_{xs}$ 及其子同位素在多个时间段内贡献给样品的累积剂量；然后通过计算这两种剂量之和与测得的等效剂量相等时的时间来确定样品的年龄。在应用此模型时，需要考虑许多重要的因素。首先，它假设 ^{232}Th 衰变系列处于平衡状态，因为母同位素是唯一存在的长寿命同位素。其次，深海沉积物的碎屑矿物颗粒中可能含有大量的铀，这些铀将与其所有的子同位素保持平衡。在极端情况下，当深海沉积物接受大量陆源输入时，可能不需要考虑 $^{230}Th_{xs}$ 和 $^{231}Pa_{xs}$（Jakobsson et al.，2003）。然后，^{230}Th 和 ^{231}Pa 都是其衰变系列中最后一个长寿命同位素，这意味着它们与其衰变产物在地质历史上可能存在瞬间平衡。这大大简化了它们对总剂量率的贡献的计算。最后，Stokes 等（2003）的计算方法的应用需要两个铀衰变系列的部分剂量率（如用 ^{230}Th-^{206}Pb 来计算 $^{230}Th_{xs}$ 的累积剂量），而不是通常的整个衰变系列。Stokes 等（2003）基于剂量率转换系数（Adamiec and Aitken，1998）提供了相关的计算参数，不过这些系数现在已经过时。现在应使用 Armitage 和 Pinder（2017）基于新的剂量率转换系数（Guérin et al.，2011）提出的更新后的计算参数。

8.6.1.2 自生铀

尽管缺氧和低氧沉积物是已知最大的海洋铀库（Henderson and Anderson，2003），但这对深海沉积物释光定年的影响直到最近才被确认。在 ODP 658B 孔的材料中，Armitage（2015）观察到，由于缺氧/低氧沉积物中海水铀的掺入而导致的年龄低估可达 27±5%。在大多数海水的典型含氧条件下，铀以可溶的六价态存在，而在缺氧和低氧条件下，它被还原为不可溶的六价态。由于有机质的分解，在沉积物-水界面及其下方经常出现缺氧和低氧条件，深海沉积物中含有来自海水的铀同位素。这种自生铀（下文中表示为 U_{auth}）不含衰变产物。在 ^{238}U 衰变系列中，自生的 ^{238}U 和 ^{234}U（下文中表示为 $^{238}U_{auth}$ 和 $^{234}U_{auth}$）将进入沉积物中；但由于中间的同位素寿命很短，^{238}U-^{234}U 部分立即达到长期平衡。^{234}U 的直接衰变产物是 ^{230}Th，它在沉积物中的累积速率受控于 ^{230}Th 的半衰期。更为复杂的是，U_{auth} 将以 $^{234}U/^{238}U=1.14$ 的海水活度比在深海沉积物中聚集（Robinson et al.，2004 年），但幸运的是 ^{234}U 的半衰期足够长（245ka），因此该比值在计算剂量率时被视为常数。需要注意的是，$^{234}U/^{238}U=1.14$ 这一海水活度比仅适用于 U_{auth}，而不适用于碎屑铀。然而，将测得的总铀划分为自生组分和碎屑组分并不简单。由于 ^{232}Th 完全是碎屑来源，因此可以将其用作碎屑铀输入的替代指标。假设地壳岩石和远洋海洋沉积物的 $^{238}U/^{232}Th$ 活度比 0.8±0.2（Anderson et al.，1989）适用于深海沉积物，则 $^{238}U_{auth}$ 的含量可根据样品中 ^{238}U 和 ^{232}Th 的测量值确定（Armitage，2015）。尽管由于 $^{238}U/^{232}Th$ 活度比的巨大不确定性会影响到释光年龄的计算，但使用该方法得到的结果也差强人意（Armitage，2015；Armitage and Pinder，2017）。如果能找到更精确的方法来确定 U_{auth} 含量，将有利于获得更可靠的年龄。

深海沉积物中 U_{auth} 的存在需要对 Stokes 等（2003）给出的剂量率计算方法进行两个方面的修正。首先，需要把 ^{238}U 的总含量划分为碎屑组分和自生组分。碎屑 ^{238}U 与其衰变产物处于平衡状态，可使用标准换算系数计算该成分的剂量率（Guérin et al.，2011）。$^{238}U_{auth}$ 与接下来的两个衰变产物平衡，并且在海水 $^{234}U/^{238}U$ 活度比为 1.14 时与 $^{234}U_{auth}$ 平衡。实际上，^{238}U-^{234}U 衰变系列产生的剂量率与时间无关，可以使用 Armitage 和 Pinder（2017）的转换系数进行计算。其次，必须计算 ^{230}Th 及其 $^{234}U_{auth}$ 衰变产物的剂量率，该剂量率随时间变化，必须迭代计算（Armitage and Pinder，2017）。这一点应该注意的是，还没有已发表的释光测年研究提供了直接测量的 U_{auth} 含量。深海沉积物中 U_{auth} 的存在在地球化学上是合理的，在应用了上述校正方法的两项研究中，释光年龄和独立年龄之间的一致性更好（Armitage，2015；Armitage and Pinder，2017）。尽管如此，U_{auth} 对剂量率影响的证据还不够系统，目前对 U_{auth} 在释光测年中的重要性的认识还远不如对 $^{230}Th_{xs}$ 和 $231Pa_{xs}$ 的认识那么清楚。

8.6.2 等效剂量

深海沉积物等效剂量测量的具体注意事项与所用钻孔设备（影响样品量）、岩心保存与分析以及水下沉积物的运移有关。尽管深海沉积物可以通过挖泥船或遥控设备收集，但这些可用于研究的材料大多数来自科学钻探项目。此类岩心的直径相对较小，如 ODP 的高级活塞取心器（内径 62mm），通常只有在岩心对半切开描述后才可供地质年代学家使用。此外，岩心管在钻入软的沉积物的过程中往往会将上部年轻的沉积物带到较深位置的岩心边缘，这一现象被称为“筒状涂抹”。因此，地质年代学家可获得的样品量通常较少。例如，Armitage 和 Pinder（2017）曾计算过，去除曝光以及“筒状涂抹”污损的部分，插入 ODP 一半岩心的直径为 20mm 的采样管可能会得到约 2.5cm^3 的可以用于测年的样品。受沉积物来源的影响，这些样品中有相当一部分是生物碳酸盐、蛋白石和有机质。因此，在许多情况下，测量等效剂量的主要障碍可能是缺乏可用于测试的矿物颗粒。

岩心分析和保存过程可能会改变深海沉积物的释光特性。一些常规岩心扫描方法涉及辐照。例如，ODP 及其后续的综合大洋钻探计划（IODP）通常使用γ射线衰减测量来评估岩心密度的变化（Blum，1997），而剖开的岩心通常使用 X 射线岩心扫描方法进行分析。Couapel 和 Bowles（2006）的研究表明，γ射线衰减测量过程中的辐射暴露对测试样品的等效剂量没有明显影响，并且未观察到经过该测量的岩心有被严重错估的年龄（如 Armitage，2015）。但是，研究发现 X 射线扫描会在岩心表面产生可测量到的辐射剂量（Davids et al.，2010a）。不同机构的岩心保存过程各不相同，但除非是专门为了释光测年而采集的岩心（如 Jakobsson et al.，2003），否则一般不会在后续的岩心处理中采取避光措施。但是，如果岩心在防止干燥或收缩的凉爽潮湿条件下储存，则只有剖开岩心的切面会暴露在实验室光线下。对于一个在 ODP 658B 航次中采集并储存了 16 年的岩心，Armitage 和 Pinder（2017）的检测并未发现距切面 2mm 以下的样品有晒退情况（图 8.11）。然而，由于通过沉积物的光透射在很大程度上受粒度控制（Ollerhead，2001），因此最好对需要分析的每个岩心进行检测。

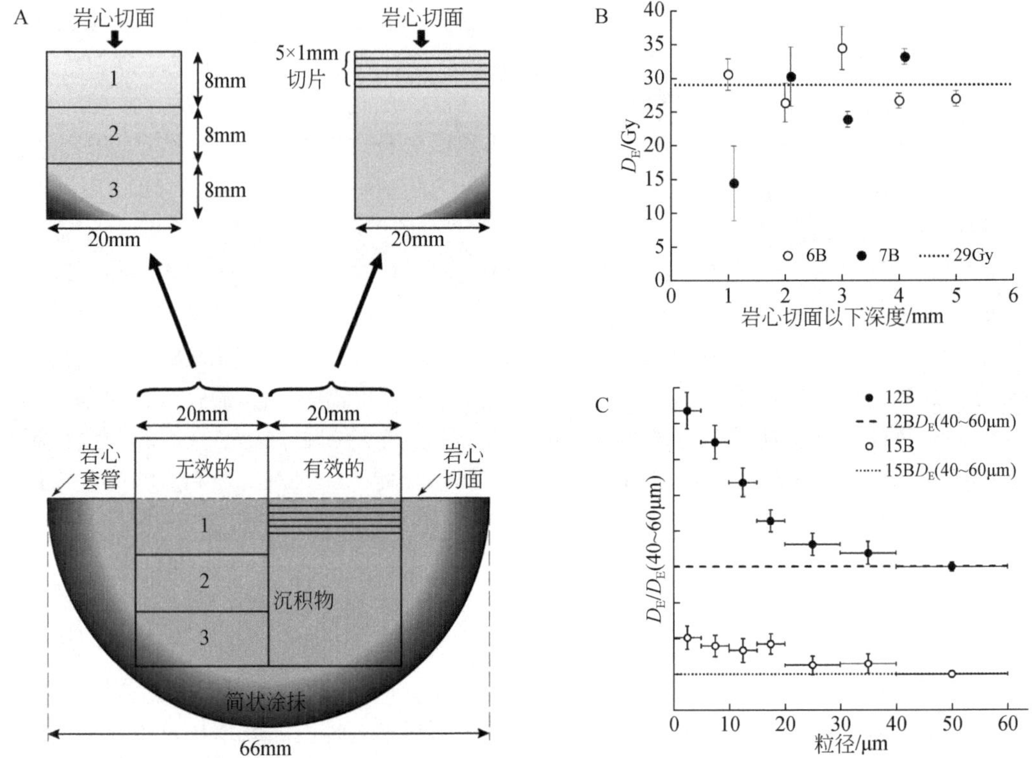

图 8.11　深海 ODP 658B 岩心的采样策略（修改自 Armitage and Pinder，2017）。A-通过将不透光采样管插入剖开岩心的切面进行采样。部分 1 和部分 3 分别因储存过程中的曝光和“筒状涂抹”导致的污染而被丢弃。B-两个样品的等效剂量随岩心切面以下深度的变化。据此可以推断从＞1mm 深度采集的沉积物在岩心采样和储存过程中是避光的。C-两个样品的等效剂量随测年矿物粒径的变化。较粗的颗粒不太可能在海底被重新搬运，因此它们提供了更小更准确的等效剂量。

在从远洋环境中采集的深海沉积物中，主要的（可能是唯一的）矿物成分可能来自长距离搬运的由细粉沙组成的大气粉尘。然而，如果有足够多的更粗的组分可以用来测年，那么使用粗颗粒测年可能更有利。这是因为粗颗粒更容易用来测试样品在沉积前的晒退情况（Berger，2011；Olley et al.，2004），而细粉沙更容易活动和重新沉积（Armitage 2015；Berger，2009）。许多作者（Stokes et al.，2003）认为，由于深海沉积物的矿物成分通常是风成来源的，因此不太可能存在不完全晒退。然而，Olley 等（2004）将单颗粒光释光技术应用于从澳大利亚海岸 60km 处采集的 Fr10/95-GC1 岩心 7，在测量的七个样品中有两个样品存在不完全晒退。尽管这个岩心离陆地相对较近，但很明显，深海环境中也可能存在晒退不完全的问题，需要使用单颗粒技术对更粗的颗粒进行检测。如果深海沉积物中只有细颗粒可用，则可以通过对石英和长石两种组分进行测年来判断是否存在不完全晒退（Yang et al.，2015）：由于长石信号的晒退速度比石英信号慢，两个剂量计测年结果之间的一致性可以表明沉积前两个信号都完全晒退（见第 8.5 节）。

到达海底的沉积物也容易在浊流中向坡下或在等深流中沿坡面再移动。由于这两个过程发生在水下，释光信号在颗粒搬运过程中不会晒退，颗粒会带着与之前埋藏期有关的古剂量重新沉积。因为细颗粒的沉降速度较慢，这些颗粒悬浮停留的时间更长，并且比由相同水流挟带的较粗颗粒搬运得更远。因此，预计细粉沙比更粗颗粒更可能产生高估的年龄（Berger，2006，2009）。沉积物在海底的再搬运已被用于解释阿拉斯加边缘海沉积物岩心顶部的年龄高估（Berger，2009），以及北非边缘海岩心细粉沙（4～11μm）和粗粉沙（40～63μm）年龄之间存在的较大且随时间变化的差异（Armitage，2015）。尽管有这些考虑，但在大多数深海环境中，地质年代学家需要利用可用的各种粒级的矿物开展测年；而在远洋环境中，可能主要是细粉沙。

8.7 更新世海岸沙堤

上升海滩和石化沙堤系统在许多地区都是可识别的，并且在理解中晚期更新世海平面变化和冰川旋回方面发挥着至关重要的作用。与其他海岸沉积物一样，任何其他方法都很难确定它们的年代，因此近几十年来不断发展的释光测年方法已反复应用于沙堤系统。根据研究地点的不同，可能涉及海平面变化、冰川均衡、形成过程和沉积物来源以及构造抬升速率等诸多科学（Murray-Wallace and Woodroffe，2014）。更新世海岸线也可能具有考古意义，结合释光测年有助于回答人类演化的相关问题。英格兰南部萨塞克斯郡（Sussex）的一组大规模的上升海滩与更新世中期的间冰期高海平面有关，其中最古老的海滩中包含丰富的旧石器文物和海德堡人遗骸（Bates et al.，2010）。而在南非东伦敦附近海岸沉积物中发现的化石足迹经石英光释光测年，确定其年代为末次间冰期（Jacobs and Roberts，2009）。

在温暖的气候条件下，富含碳酸盐的沙地可以保存以前高海平面的证据。暖而浅的沿海水域有利于海洋无脊椎动物的生长，它们的贝壳会分解成沙粒大小的颗粒，并被海水推到岸上（Bourman et al.，2016）。碳酸盐与大气降水接触后会溶解并重新沉淀，因此由碳酸钙和硅屑沙的混合物形成的沙丘会随着时间的推移而固化。沙堤的胶结增强了它们的保存潜力，在某些情况下防止了其在随后的海侵中被侵蚀。碳酸盐的放射性核素含量较低，这意味着富含碳酸盐的沙堤为矿物颗粒提供了非常低的环境剂量率——大约 0.5Gy/ka（如 Huntley et al.，1994）。这对于释光测年非常有利，因为它增加了所有释光测年方案的测年上限，而且沙堤的保留意味着样品深度的不确定性随时间的变化（影响宇宙辐射剂量率）是有限的。

石英的释光测年对于确定与全球海平面变化有关的富含碳酸盐的沙堤的形成年代至关重要。在南澳大利亚东南部，缓慢隆起的库龙（Coorong）海岸平原上存在着一长串的海岸沙堤。在间冰期高海平面时期形成的沙堤，每个都有约 1～3km，而抬升确保了障壁是互相分开的。热释光和早期光释光以及氨基酸测年等表明许多沙堤的发育可以与深海氧同位素记录相关联，从而获得了更新世海平面变化的一些关键证据（Banerjee et al.，2003；Huntley and Prescott，2001；Murray-Wallace et al.，2002）。在澳大利亚西部（Brooke et al.，2014）和南非（Bateman et al.，2011），第四纪时期几乎没有抬升，在多个间冰期高海平面时期可能形成单独的碳酸盐沙堤。如果缺乏地层证据，复合沙堤的识别可能要依赖于释光测年。

假设自然剂量率小于 1.5Gy/ka，末次间冰期应在石英光释光的测年范围内，并在红外和红外后红外释光的测年范围内。然而，长期以来人们一直担心光释光测年在 100ka 或更老的样品中的表现不如预期的准确。Murray 和 Olley（2002）在一篇综述文章中指出石英单片再生法有低估年龄的趋势，其他人也观察到了这一趋势（如 Stokes et al.，2003）。Murray 等（2007）选择了俄罗斯北部 MIS 5e 时期的样品来测试石英光释光测年方法。由于在大部分埋藏期都存在永久冻土，因此对该地点含水量的估计是可靠的。使用 HRGS 进行剂量率估算，用多颗粒石英光释光进行等效剂量测量，从该地点得到的 16 个年龄与已知年龄相比低估了约 14%。

等效剂量被低估的一些可能来源很容易被避免：首先，确保净光释光信号只反映石英快组分，热稳定性较差的中组分或慢组分不会参与等效剂量的计算；其次，使用饱和特征阈值（D_0）作为接受标准，确保剂量响应曲线增长到足够高的值，从而可以将自然信号投影到曲线上。尽管这些检验相当普遍，但很明显可能的间冰期沉积物的光释光年龄仍然过于分散。Lamothe（2016）对已发表数据的集成显示，MIS 5e 的石英光释光年龄集中在 100～130ka 之间，这表明轻微低估是常态，在南非和澳大利亚富含碳酸盐且具有良好的光释光特性的沙堤中很明显（Bateman et al.，2011；Brooke et al.，2014；Carr et al.，2010）。上升海岸线的光释光年龄可能与海平面变化的其他地质证据冲突（参见 Lamothe，2016 及其参考文献）因此地质年代学家要确保考虑到所有已知的误来源，并已采取措施检查所有测量的准确性。

当自然剂量接近饱和时，对等效剂量的评估会变得困难。对于一个测片或颗粒，再生剂量点灵敏度校正的微小误差可能导致等效剂量的显著误差。一些测片或颗粒可能出现“过饱和”——其自然光释光信号无法投影到剂量响应曲线上。然而，排除这类测片又会导致年龄低估。当用中值年龄模型估算埋藏剂量时，会进一步引入偏差。中值年龄模型倾向于低估平均埋藏剂量，最严重的情况是等效剂量分布高度分散，且等效剂量值来自剂量响应曲线的非线性部分（Guérin et al.，2017）。因此，在对晒退良好的老样品进行释光测年时，单颗粒与小测片相比并没有什么优势。

间冰期样品的剂量率估算可能会存在问题，需要特别考虑含水量和埋藏深度的不确定性。在冰期-间冰期旋回中，湿度可能发生剧烈变化，样品的当前深度可能受到近期侵蚀或沉积的影响。在低剂量率沉积物中，剂量率的估算可能对深度和含水量假设非常敏感。同时还应考虑碳酸盐沉积的可能时间（第 8.2.2 节）。这些问题涉及过去未知的情况，需要做出合理的假设（并评估其不确定性）。然而，测量当前剂量率也存在一些基本问题。碳酸钙的存在可能会影响一些测量方法得出的剂量率估计值：由于自衰减的差异，依赖于γ光子（γ能谱）或β粒子（β计数）发射的辐射探测器对样品的成分很敏感。原子序数较高的元素可以更有效地阻止电离辐射，这意味着在到达探测器之前，更多的γ光子或β粒子会被材料吸收。如果使用具有类似基质材料的标准对探测器进行校准，则对富含石英的样品的影响较小。然而，对于富含其他材料的样品，如碳酸钙或氧化铁，则需要特别考虑。

估算剂量率的一个好的策略是使用不同的方法采集数据，并根据每种方法的优缺点评估数据质量。例如，厚源α计数是一种根据 U 和 Th 估算β和γ组合剂量率的精确方法，但却不能精确地单独评估 U 和 Th 的浓度。这一策略可以通过所用仪器的质量控制过程来辅助实施。例如，Carr 等（2007）在确定南非怀尔德尼斯（Wilderness）沙堤的年代时使用了多种测量方法来。他们采用厚源α计数、ICP-MS 和场γ能谱法，提供了 U 和 Th 浓度的三个独立估计值。通过比较这三种测量结果，他们可以确定 ICP-MS 测量的 U 浓度存在问题。然而，需要注意的是，应根据单一光谱法（如 HRGS、α光谱法）的数据来判断 U 系的平衡状态，而不是根据不相关方法之间的差异来推断。

以上讨论的重点是等效剂量和剂量率的系统误差。还应认识到，年龄上的随机误差以及样品间的不确定性对于较老的样品来说可能也很重要，并且相比通常标明的不确定值更大。研究人员利用丹麦甘梅尔马克（Gammelmark）的 MIS 5e 时期的样品测试了石英光释光测年的可重复性（图 8.12；Buylaert et al.，2011；Murray and Funder，2003）。来自 10m 厚的海沙剖面的 20 个样品的平均石英光释光年龄为 114±4ka（仅随机不确定性），略微低估了 133～125ka 的预期年龄。不过，年龄的标准偏差为 13ka，单个样品的随机不确定性约为 11%。因此，通过测定同一地层单元的多个样品的光释光年龄，可以减少随机误差。

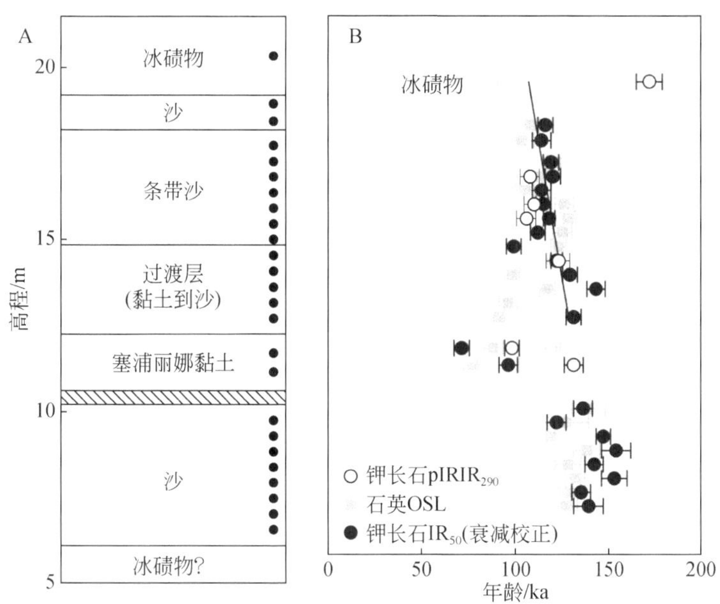

图 8.12 丹麦甘梅尔马克沿岸 MIS 5e 地点的测年结果（修改自 Buylaert et al.，2011，2012；Murray and Funder，2003）。A-主要的沉积单元：浅海相沙和夹在冰碛物中间的黏土。B-石英光释光年龄以及钾长石红外和红外后红外释光年龄。

Buylaert 等（2011）还测试了甘梅尔马克的长石红外释光测年方法。长石红外释光的剂量响应曲线在远高于石英光释光的剂量下饱和，可以对中更新世沉积物进行常规测年。尽管必须对大于 50ka 的样品进行相对严格的校正，但甘梅尔马克的经过异常衰退校正的红外释光年龄与石英年龄一致。Balescu 等（2015）报道了突尼斯 MIS 7 时期海岸线类似的红外释光测年的成功应用。然而，红外后红外释光测年方法的发展允许在几乎不需要衰减校正的情况下获得基于长石的释光年龄（Thomsen et al.，2008），并且该方法针对独立年龄控的测试已被证明是成功的（Buylaert et al.，2012；Kars et al.，2012）。该方法在比 MIS 5 更老的间冰期海岸沉积物的初步应用中也取得了令人鼓舞的结果（Thiel et al.，2012）。

上述注意事项不应影响释光测年在间冰期沙堤或海岸沉积物测年中的应用。如果自然剂量率相对较低，则可以使用以快组分为主的石英的标准单片再生法来确定 MIS 5 时期沉积物的年龄。同时也应适当考虑年龄方程中的剂量率项，因为这与等效剂量同等重要。更重要的是，长石的红外后红外释光测年方法的发展为大于 500ka 甚至更老沉积物的测年提供了可能。该方法得到了理论模型的支持，并使用具有独立年龄控制的样品进行了很好的测试，其确定中更新世海岸沉积物年代的潜力是显而易见的。

8.8　小结和展望

释光测年已成功地应用于海岸沉积物，现在已成为海岸地球科学家的宝贵工具。海岸碎屑沉积物非常适合释光方法，同时又缺少适合其他放射性测年方法的测年材料。海滩和沙丘沉积物在埋藏前很可能已接受了足够的阳光照射从而重置了其石英光释光信号，因此释光方法是年轻沉积物（如 10～300 年）的常规测年方法。全新世材料在光释光测年的适用年龄范围内，光释光测年现在普遍应用于海滩-沙堤系统，以及风暴潮和海啸的堤后冲刷记录。在环境剂量率相对较低的地方，光释光测年的应用有助于将上升海滩和沙堤沉积与全球海平面变化记录进行对比。

仪器、测量程序和分析方法的发展正在扩展可应用释光测年的沉积物范围。在三角洲和浅海沉积物中的应用已取得了令人鼓舞的结果，对于此类沉积物，某些晒退质量下降的情况可以通过统计方法或信号处理方法加以控制。在这种情况下，高分辨率采样可以增加年代框架的细节，否则，年代框架可能仅取决于零星出现的可用于放射性碳测年的测年物质。深海沉积物岩心的释光测年充满希望，因为超出放射性碳测年范围的绝对测年方法很少；尽管对其剂量率的估算仍然是一个棘手的问题，但并非无法克服。

目前红外后红外释光测年方法的发展使得长石的测年几乎无须异常衰减校正。与石英相比，长石的剂量饱和水平要高得多，这使其测年上限可以达到约 500ka 甚至更老，也让一些中更新世高海平面的测年成为可能。

参考文献

Adamiec，G.，Aitken，M.J. 1998. Dose rate conversion factors: update. Ancient TL 16，37-50.

Adkins，J.，deMenocal，P.，Eshel，G. 2006. The‘African humid period’ and the record of marine upwelling from excess 230Th in Ocean Drilling Program Hole 658C. Paleoceanography 21，PA4203.

Aitken，M.J. 1985. Thermoluminescence Dating. Academic Press.

Andersen，T.J.，Pejrup，M.，Nielsen，A.A. 2006. Long-term and high-resolution measurements of bed level changes in a temperate，microtidal coastal lagoon. Marine Geology 226，115-125.

Anderson，R.F.，LeHuray，A.P.，Fleisher，M.Q.，Murray，J.W. 1989. Uranium deposition in saanich inlet sediments，vancouver island. Geochimica et Cosmochimica Acta 53，2205-2213.

Armitage，S.J. 2015. Optically stimulated luminescence dating of Ocean Drilling Program core 658B: Complications arising from authigenic uranium uptake and lateral sediment movement. Quaternary Geochronology 30，270-274.

Armitage，S.J.，Pinder，R.C. 2017. Testing the applicability of optically stimulated luminescence dating to Ocean

Drilling Program cores. Quaternary Geochronology 39，124-130.

Balescu，S.，Huot，S.，Mejri，H.，Barre，M.，Forget Brisson，L.，Lamothe，M.，Oueslati，A. 2015. Luminescence dating of Middle Pleistocene（MIS 7）marine shoreline deposits along the eastern coast of Tunisia: A comparison of K-feldspar and Na-feldspar IRSL ages. Quaternary Geochronology，LED14 Proceedings 30，288-293.

Ballarini，M.，Wallinga，J.，Murray，A.S.，van Heteren，S.，Oost，A.P.，Bos，A.J.J.，Van Eijk，C.W.E. 2003. Optical dating of young coastal dunes on a decadal time scale. Quaternary Science Reviews 22，1011-1017.

Ballarini，M.，Wallinga，J.，Duller，G.A.T.，Brouwer，J.C.，Bos，A.J.J.，Van Eijk，C.W.E. 2005. Optimizing detection filters for single-grain optical dating of quartz. Radiation Measurements 40，5-12.

Ballarini，M.，Wallinga，J.，Wintle，A.G.，Bos，A.J.J. 2007. A modified SAR protocol for optical dating of individual grains from young quartz samples. Radiation Measurements 42，360-369.

Banerjee，D.，Murray，A.S.，Foster，I.D.L. 2001. Scilly Isles，UK: optical dating of a possible tsunami deposit from the 1755 Lisbon earthquake. Quaternary Science Reviews 20，715-718.

Banerjee，D.，Hildebrand，A.N.，Murray-Wallace，C.V.，Bourman，R.P.，Brooke，B.P.，Blair，M. 2003. New quartz SAR-OSL ages from the stranded beach dune sequence in south-east South Australia. Quaternary Science Reviews 22，1019-1025.

Bateman，M.D.，Carr，A.S.，Dunajko，A.C.，Holmes，P.J.，Roberts，D.L.，McLaren，S.J.，Bryant，R.G.，Marker，M.E.，Murray-Wallace，C.V. 2011. The evolution of coastal barrier systems: A case study of the Middle－Late Pleistocene Wilderness barriers，South Africa. Quaternary Science Reviews 30，63-81.

Bates，M.R.，Briant，R.M.，Rhodes，E.J.，Schwenninger，J.-L.，Whittaker，J.E. 2010. A new chronological framework for Middle and Upper Pleistocene landscape evolution in the Sussex/Hampshire Coastal Corridor，UK. Proceedings of the Geologists’ Association 121，369-392.

Berger，G.W. 2006. Trans-arctic-ocean tests of fine-silt luminescence sediment dating provide a basis for an additional geochronometer for this region. Quaternary Science Reviews 25，2529-2551.

Berger，G.W. 2009. Zeroing tests of luminescence sediment dating in the Arctic Ocean: Review and new results from Alaska-margin core tops and central-ocean dirty sea ice. Global and Planetary Change 68，48-57.

Berger，G.W. 2011. Surmounting luminescence age overestimation in Alaska-margin Arctic Ocean sediments by use of ‘micro-hole’ quartz dating. Quaternary Science Reviews 30，1750-1769.

Bishop，P.，Sanderson，D.，Hansom，J.I.M.，Chaimanee，N. 2005. Age-dating of tsunami deposits: lessons from the 26 December 2004 tsunami in Thailand. The Geographical Journal 171，379-384.

Blum，P. 1997. Physical properties handbook: a guide to the shipboard measurement of physical properties of deep-sea cores. ODP Tech. Note 26.

Bourman，R.P.，Murray-Wallace，C.V.，Harvey，N. 2016. Coastal Landscapes of South Australia. University of Adelaide Press.

Brill，D.，Klasen，N.，Bruckner，H.，Jankaew，K.，Scheffers，A.，Kelletat，D.，Scheffers，S. 2012. OSL dating of tsunami deposits from Phra Thong Island，Thailand. Quaternary Geochronology 10，224-229.

Brill，D.，Jankaew，K.，Bruckner，H. 2015. Holocene evolution of Phra Thong’s beach-ridge plain（Thailand）

-chronology，processes and driving factors. Geomorphology 245，117-134.

Brill，D.，May，S.M.，Shah-Hosseini，M.，Rufer，D.，Schmidt，C.，Engel，M. 2017. Luminescence dating of cyclone-induced washover fans at Point Lefroy（NW Australia）. Quaternary Geochronology 41，134-150.

Bristow，C.S.，Pucillo，K. 2006. Quantifying rates of coastal progradation from sediment volume using GPR and OSL: the Holocene fill of Guichen Bay，south-east South Australia. Sedimentology 53，769-788.

Brooke，B.P.，Olley，J.M.，Pietsch，T.，Playford，P.E.，Haines，P.W.，Murray-Wallace，C.V.，Woodroffe，C.D. 2014. Chronology of Quaternary coastal aeolianite deposition and the drowned shorelines of southwestern Western Australia-a reappraisal. Quaternary Science Reviews 93，106-124.

Buylaert，J.P.，Murray，A.S.，Vandenberghe，D.，Vriend，M.，De Corte，F.，Van den haute，P. 2008. Optical dating of Chinese loess using sand-sized quartz: Establishing a time frame for Late Pleistocene climate changes in the western part of the Chinese Loess Plateau. Quaternary Geochronology 3，99-113.

Buylaert，J.-P.，Huot，S.，Murray，A.S.，Van Den Haute，P. 2011. Infrared stimulated luminescence dating of an Eemian（MIS 5e）site in Denmark using K-feldspar. Boreas 40，46-56.

Buylaert，J.-P.，Jain，M.，Murray，A.S.，Thomsen，K.J.，Thiel，C.，Sohbati，R. 2012. A robust feldspar luminescence dating method for Middle and Late Pleistocene sediments. Boreas 41，435-451.

Buynevich，I.V.，FitzGerald，D.M.，Goble，R.J. 2007. A 1500 yr record of North Atlantic storm activity based on optically dated relict beach scarps. Geology 35，543-546.

Carr，A.S.，Bateman，M.D.，Holmes，P.J. 2007. Developing a 150 ka luminescence chronology for the barrier dunes of the southern Cape，South Africa. Quaternary Geochronology，LED 2005 2，110-116.

Carr，A.S.，Bateman，M.D.，Roberts，D.L.，Murray-Wallace，C.V.，Jacobs，Z.，Holmes，P.J. 2010. The last interglacial sea-level high stand on the southern Cape coastline of South Africa. Quaternary Research 73，351-363.

Chamberlain，E.L.，Wallinga，J.，Reimann，T.，Goodbred，S.L.，Steckler，M.S.，Shen，Z.，Sincavage，R. 2017. Luminescence dating of delta sediments: Novel approaches explored for the Ganges-Brahmaputra-Meghna Delta. Quaternary Geochronology 41，97-111.

Chaumillon，E.，Bertin，X.，Fortunato，A.B.，Bajo，M.，Schneider，J.-L.，Dezileau，L.，Walsh，J.P.，Michelot，A.，Chauveau，E.，Creach，A.，Henaff，A.，Sauzeau，T.，Waeles，B.，Gervais，B.，Jan，G.，Baumann，J.，Breilh，J.-F.，Pedreros，R. 2017. Storm-induced marine flooding: Lessons from a multidisciplinary approach. Earth-Science Reviews 165，151-184.

Clemmensen，L.B.，Glad，A.C.，Kroon，A. 2016. Storm flood impacts along the shores of micro-tidal inland seas: A morphological and sedimentological study of the Vesterlyng beach，the Belt Sea，Denmark. Geomorphology 253，251-261.

Collins，L.G.，Hounslow，M.W.，Allen，C.S.，Hodgson，D.A.，Pike，J.，Karloukovski，V.V. 2012. Palaeomagnetic and biostratigraphic dating of marine sediments from the Scotia Sea，Antarctica: First identification of the Laschamp excursion in the Southern Ocean. Quaternary Geochronology 7，67-75.

Couapel，M.J.，Bowles，C.J. 2006. Impact of gamma densitometry on the luminescence signal of quartz grains. Geo-Marine Letters 26，1-5.

Cunha，P.P.，Buylaert，J.-P.，Murray，A.S.，Andrade，C.，Freitas，M.C.，Fatela，F.，Munha，J.M.，

Martins，A.A.，Sugisaki，S. 2010. Optical dating of clastic deposits generated by an extreme marine coastal flood: The 1755 tsunami deposits in the Algarve（Portugal）. Quaternary Geochronology 5，329-335.

Cunningham，A.C. 2016. External beta dose rates to mineral grains in shell-rich sediment. Ancient TL 34，1-5.

Cunningham，A.C.，Wallinga，J. 2009. Optically stimulated luminescence dating of young quartz using the fast component. Radiation Measurements，Proceedings of the 12th International Conference on Luminescence and Electron Spin Resonance Dating（LED 2008）44，423-428.

Cunningham，A.C.，Wallinga，J. 2010. Selection of integration time intervals for quartz OSL decay curves. Quaternary Geochronology 5，657-666.

Cunningham，A.C.，Bakker，M.A.，van Heteren，S.，van der Valk，B.，van der Spek，A.J.，Schaart，D.R.，Wallinga，J. 2011. Extracting storm-surge data from coastal dunes for improved assessment of flood risk. Geology 39，1063-1066.

Cunningham. A.C.，Murray，A.S.，Armitage，S.J.，Autzen，M. 2018. High-precision natural dose rate estimates through beta counting. Radiation Measurements，in press.

Davids，F.，Duller，G.A.，Roberts，H.M. 2010a. Testing the use of feldspars for optical dating of hurricane overwash deposits. Quaternary Geochronology 5，125-130.

Davids，F.，Roberts，H.M.，Duller，G.A. 2010b. Is X-ray core scanning non-destructive? Assessing the implications for optically stimulated luminescence（OSL）dating of sediments. Journal of Quaternary Science 25，348-353.

Donnelly，J.P.，Roll，S.，Wengren，M.，Butler，J.，Lederer，R.，Webb，T. 2001. Sedimentary evidence of intense hurricane strikes from New Jersey. Geology 29，615-618.

Fruergaard，M.，Kroon，A. 2016. Morphological response of a barrier island system on a catastrophic event: the AD 1634 North Sea storm. Earth Surface Processes and Landforms 41，420-426.

Fruergaard，M.，Andersen，T.J.，Johannessen，P.N.，Nielsen，L.H.，Pejrup，M. 2013. Major coastal impact induced by a 1000-year storm event. Sci Rep 3，1051.

Fruergaard，M.，Andersen，T.J.，Nielsen，L.H.，Johannessen，P.N.，Aagaard，T.，Pejrup，M. 2015a. High-resolution reconstruction of a coastal barrier system: Impact of Holocene sea-level change. Sedimentology 62，928-969.

Fruergaard，M.，Pejrup，M.，Murray，A.S.，Andersen，T.J. 2015b. On luminescence bleaching of tidal channel sediments. Geografisk Tidsskrift-Danish Journal of Geography 115，57-65.

Galbraith，R.F.，Roberts，R.G.，Laslett，G.M.，Yoshida，H.，Olley，J.M. 1999. Optical dating of single and multiple grains of quartz from Jinmium rock shelter，northern Australia: Part I，experimental design and statistical models. Archaeometry 41，339-364.

Gao，L.，Long，H.，Shen，J.，Yu，G.，Liao，M.，Yin，Y. 2017. Optical dating of Holocene tidal deposits from the southwestern coast of the South Yellow Sea using different grain-size quartz fractions. Journal of Asian Earth Sciences 135，155-165.

Giosan，L.，Donnelly，J.P.，Constantinescu，S.，Filip，F.，Ovejanu，I.，Vespremeanu-Stroe，A.，Vespremeanu，E.，Duller，G.A. 2006. Young Danube delta documents stable Black Sea level since the middle Holocene: Morphodynamic，paleogeographic，and archaeological implications. Geology 34，757-760.

Guerin，G.，Mercier，N.，Adamiec，G. 2011. Dose rate conversion factors: update. Ancient TL 29，5-8.

Guerin，G.，Christophe，C.，Philippe，A.，Murray，A.S.，Thomsen，K.J.，Tribolo，C.，Urbanova，P.，Jain，M.，Guibert，P.，Mercier，N.，Kreutzer，S.，Lahaye，C. 2017. Absorbed dose，equivalent dose，measured dose rates，and implications for OSL age estimates: Introducing the Average Dose Model. Quaternary Geochronology 41，163-173.

Hall，A.M.，Hansom，J.D.，Williams，D.M.，Jarvis，J. 2006. Distribution，geomorphology and lithofacies of cliff-top storm deposits: Examples from the high-energy coasts of Scotland and Ireland. Marine Geology 232，131-155.

Henderson，G.M.，Anderson，R.F. 2003. The U-series Toolbox for Paleoceanography. Reviews in Mineralogy and Geochemistry 52，493-531.

Hesp，P.A. 1984. Foredune formation in southeast Australia. Coastal Geomorphology in Australia. Academic Press，Sydney 69-97.

Huntley，D.J.，Clague，J.J. 1996. Optical dating of tsunami-laid sands. Quaternary Research 46，127-140.

Huntley，D.J.，Godfrey-Smith，D.I.，Thewalt，M.L. 1985. Optical dating of sediments. Nature 313，105-107.

Huntley，D.J.，Prescott，J.R. 2001. Improved methodology and new thermoluminescence ages for the dune sequence in south-east South Australia. Quaternary Science Reviews 20，687-699.

Huntley，D.J.，Wintle，A.G. 1981. The use of alpha scintillation counting for measuring Th-230 and Pa-231 contents of ocean sediments. Canadian Journal of Earth Sciences 18，419-432.

Huntley，D.J.，Hutton，J.T.，Prescott，J.R. 1993. The stranded beach-dune sequence of south-east South Australia: A test of thermoluminescence dating，0-800 ka. Quaternary Science Reviews 12，1-20.

Huntley，D.J.，Hutton，J.T.，Prescott，J.R. 1994. Further thermoluminescence dates from the dune sequence in the southeast of South Australia. Quaternary Science Reviews 13，201-207.

Isla，F.I.，Bujalesky，G.G. 2000. Cannibalisation of Holocene gravel beach-ridge plains，northern Tierra del Fuego，Argentina. Marine Geology 170，105-122.

Jacobs，Z.，Roberts，D.L. 2009. Last Interglacial Age for aeolian and marine deposits and the Nahoon fossil human footprints，Southeast Coast of South Africa. Quaternary Geochronology 4，160-169.

Jakobsson，M.，Backman，J.，Murray，A.，Lovlie，R. 2003. Optically Stimulated Luminescence dating supports central Arctic Ocean cm-scale sedimentation rates. Geochemistry，Geophysics，Geosystems 4.

Kars，R.H.，Busschers，F.S.，Wallinga，J. 2012. Validating post IR-IRSL dating on K-feldspars through comparison with quartz OSL ages. Quaternary Geochronology 12，74-86.

Kars，R.H.，Reimann，T.，Ankjargaard，C.，Wallinga，J. 2014. Bleaching of the post-IR IRSL signal: new insights for feldspar luminescence dating. Boreas 43，780-791.

Kim，J.C.，Cheong，D.，Shin，S.，Park，Y.-H.，Hong，S.S. 2015. OSL chronology and accumulation rate of the Nakdong deltaic sediments，southeastern Korean Peninsula. Quaternary Geochronology 30，245-250.

Lamothe，M.，2016. Luminescence dating of interglacial coastal depositional systems: Recent developments and future avenues of research. Quaternary Science Reviews 146，1-27.

Lisiecki，L.E.，Raymo，M.E. 2005. A Pliocene-Pleistocene stack of 57 globally distributed benthic $\delta^{18}O$ records. Paleoceanography 20，PA1003.

Lopez，G.I.，Rink，W.J. 2007. Characteristics of the burial environment related to quartz SAR-OSL dating at St.

Vincent Island，NW Florida，USA. Quaternary Geochronology 2，65-70.

Madsen，A.T.，Murray，A.S. 2009. Optically stimulated luminescence dating of young sediments: A review. Geomorphology 109，3-16.

Madsen，A.T.，Murray，A.S.，Andersen，T.J.，Pejrup，M.，Breuning-Madsen，H. 2005. Optically stimulated luminescence dating of young estuarine sediments: A comparison with 210Pb and ^{137}Cs dating. Marine Geology 214，251-268.

Madsen，A.T.，Murray，A.S.，Andersen，T.J.，Pejrup，M. 2007a. Temporal changes of accretion rates on an estuarine salt marsh during the late Holocene-reflection of local sea level changes? The Wadden Sea，Denmark. Marine Geology 242，221-233.

Madsen，A.T.，Murray，A.S.，Andersen，T.J.，Pejrup，M. 2007b. Optical dating of young tidal sediments in the Danish Wadden Sea. Quaternary Geochronology 2，89-94.

Madsen，A.T.，Duller，G.A.T.，Donnelly，J.P.，Roberts，H.M.，Wintle，A.G. 2009. A chronology of hurricane landfalls at Little Sippewissett Marsh，Massachusetts，USA，using optical dating. Geomorphology 109，36-45.

Martin，L.，Mercier，N.，Incerti，S.，Lefrais，Y.，Pecheyran，C.，Guerin，G.，Jarry，M.，Bruxelles，L.，Bon，F.，Pallier，C. 2015. Dosimetric study of sediments at the beta dose rate scale: Characterization and modelization with the DosiVox software. Radiation Measurements 81，134-141.

Maselli，V.，Trincardi，F. 2013. Man made deltas. Sci Rep 3，1926.

Matthews，I.P.，Trincardi，F.，Lowe，J.J.，Bourne，A.J.，MacLeod，A.，Abbott，P.M.，Andersen，N.，Asioli，A.，Blockley，S.P.E.，Lane，C.S.，Oh，Y.A.，Satow，C.S.，Staff，R.A.，Wulf，S. 2015. Developing a robust tephrochronological framework for Late Quaternary marine records in the Southern Adriatic Sea: new data from core station SA03-11. Quaternary Science Reviews，Synchronising Environmental and Archaeological Records using Volcanic Ash Isochrons 118，84-104.

Mauz，B.，Hoffman，D. 2014. What to do when carbonate replaced water: Carb，the model for estimating the dose rate of carbonate-rich samples. Ancient TL 32，24-32.

Mauz，B.，Baeteman，C.，Bungenstock，F.，Plater，A.J. 2010. Optical dating of tidal sediments: Potentials and limits inferred from the North Sea coast. Quaternary Geochronology 5，667-678.

Mauz，B.，Vacchi，M.，Green，A.，Hoffmann，G.，Cooper，A. 2015. Beachrock: A tool for reconstructing relative sea level in the far-field. Marine Geology 362，1-16.

May，S.M.，Brill，D.，Leopold，M.，Callow，J.N.，Engel，M.，Scheffers，A.，Opitz，S.，Norpoth，M.，Bruckner，H. 2017. Chronostratigraphy and geomorphology of washover fans in the Exmouth Gulf（NW Australia）：A record of tropical cyclone activity during the late Holocene. Quaternary Science Reviews 169，65-84.

McKeever，S.W.S.，Botter-Jensen，L.，Agersnap Larsen，N.，Mejdahl，V.，Poolton，N.R.J. 1996. Optically stimulated luminescence sensitivity changes in quartz due to repeated use in single aliquot readout: experiments and computer simulations. Radiation Protection Dosimetry 65，49-54.

Murari，M.K.，Achyuthan，H.，Singhvi，A.K. 2007. Luminescence studies on the sediments laid down by the December 2004 tsunami event: Prospects for the dating of palaeo tsunamis and for the estimation of sediment fluxes. Current Science 92，367-371.

Murray，A.，Buylaert，J.-P.，Henriksen，M.，Svendsen，J.-I.，Mangerud，J. 2008. Testing the reliability of quartz OSL ages beyond the Eemian. Radiation Measurements 43，776-780.

Murray，A.，Buylaert，J.-P.，Thiel，C. 2015. A luminescence dating intercomparison based on a Danish beach-ridge sand. Radiation Measurements 81，32-38.

Murray，A.S.，Funder，S. 2003. Optically stimulated luminescence dating of a Danish Eemian coastal marine deposit: A test of accuracy. Quaternary Science Reviews 22，1177-1183.

Murray，A.S.，Olley，J.M. 2002. Precision and accuracy in the optically stimulated luminescence dating of sedimentary quartz: A status review. Geochronometria 21，1-16.

Murray，A.S.，Svendsen，J.I.，Mangerud，J.，Astakhov，V.I. 2007. Testing the accuracy of quartz OSL dating using a known-age Eemian site on the river Sula，northern Russia. Quaternary Geochronology，LED 2005 2，102-109.

Murray，A.S.，Thomsen，K.J.，Masuda，N.，Buylaert，J.-P.，Jain，M. 2012. Identifying well-bleached quartz using the different bleaching rates of quartz and feldspar luminescence signals. Radiation Measurements 47，688-695.

Murray-Wallace，C.V.，Woodroffe，C.D. 2014. Quaternary Sea-Level Changes: A Global Perspective. Cambridge University Press.

Murray-Wallace，C.V.，Banerjee，D.，Bourman，R.P.，Olley，J.M.，Brooke，B.P. 2002. Optically stimulated luminescence dating of Holocene relict foredunes，Guichen Bay，South Australia. Quaternary Science Reviews 21，1077-1086.

Nathan，R.P.，Mauz，B. 2008. On the dose rate estimate of carbonate-rich sediments for trapped charge dating. Radiation Measurements 43，14-25.

Nentwig，V.，Tsukamoto，S.，Frechen，M.，Bahlburg，H. 2015. Reconstructing the tsunami record in Tirua，Central Chile beyond the historical record with quartz-based SAR-OSL. Quaternary Geochronology 30，299-305.

Nichol，S.L.，Lian，O.B.，Carter，C.H. 2003. Sheet-gravel evidence for a late Holocene tsunami runup on beach dunes，Great Barrier Island，New Zealand. Sedimentary Geology 155，129-145.

Nielsen，A.，Murray，A.S.，Pejrup，M.，Elberling，B. 2006. Optically stimulated luminescence dating of a Holocene beach ridge plain in Northern Jutland，Denmark. Quaternary Geochronology 1，305-312.

Ollerhead，J. 2001. Light transmittance through dry，sieved sand: Some test results. Ancient TL 19，13-17.

Ollerhead，J.，Huntley，D.J.，Nelson，A.R.，Kelsey，H.M. 2001. Optical dating of tsunami-laid sand from an Oregon coastal lake. Quaternary Science Reviews 20，1915-1926.

Olley，J.M.，Murray，A.，Roberts，R.G. 1996. The effects of disequilibria in the uranium and thorium decay chains on burial dose rates in fluvial sediments. Quaternary Science Reviews 15，751-760.

Olley，J.M.，De Deckker，P.，Roberts，R.G.，Fifield，L.K.，Yoshida，H.，Hancock，G. 2004. Optical dating of deep-sea sediments using single grains of quartz: A comparison with radiocarbon. Sedimentary Geology 169，175-189.

Orford，J.D.，Murdy，J.M.，Wintle，A.G. 2003. Prograded Holocene beach ridges with superimposed dunes in north-east Ireland: Mechanisms and timescales of fine and coarse beach sediment decoupling and deposition.

Marine Geology 194，47-64.

Pietsch，T.J.，Olley，J.M.，Nanson，G.C. 2008. Fluvial transport as a natural luminescence sensitiser of quartz. Quaternary Geochronology 3，365-376.

Plater，A.J.，Stupples，P.，Roberts，H.M. 2009. Evidence of episodic coastal change during the Late Holocene: The Dungeness barrier complex，SE England. Geomorphology 104，47-58.

Prendergast，A.L.，Cupper，M.L.，Jankaew，K.，Sawai，Y. 2012. Indian Ocean tsunami recurrence from optical dating of tsunami sand sheets in Thailand. Marine Geology 295，20-27.

Preusser，F.，Muru，M.，Rosentau，A. 2014. Comparing different post-IR IRSL approaches for the dating of Holocene coastal foredunes from Ruhnu Island，Estonia. Geochronometria 41，342-351.

Reimann，T.，Tsukamoto，S. 2012. Dating the recent past（<500 years）by post-IR IRSL feldspar-Examples from the North Sea and Baltic Sea coast. Quaternary Geochronology，13th International Conference on Luminescence and Electron Spin Resonance Dating-LED 2011 Dedicated to J. Prescott and G. Berger 10，180-187.

Reimann，T.，Tsukamoto，S.，Harff，J.，Osadczuk，K.，Frechen，M. 2011 Reconstruction of Holocene coastal foredune progradation using luminescence dating-An example from the Świna barrier（southern Baltic Sea，NW Poland）. Geomorphology 132，1-16.

Rink，W.J. 1999. Quartz luminescence as a light-sensitive indicator of sediment transport in coastal processes. Journal of Coastal Research 148-154.

Rink，W.J.，Pieper，K.D. 2001. Quartz thermoluminescence in a storm deposit and a welded beach ridge. Quaternary Science Reviews 20，815-820.

Roberts，H.M.，Plater，A.J. 2007. Reconstruction of Holocene foreland progradation using optically stimulated luminescence (OSL) dating: an example from Dungeness，UK. The Holocene 17，495-505.

Robinson，L.F.，Belshaw，N.S.，Henderson，G.M. 2004. U and Th concentrations and isotope ratios in modern carbonates and waters from the Bahamas. Geochimica et Cosmochimica Acta 68，1777-1789.

Rodriguez，A.B.，Meyer，C.T. 2006. Sea-level variation during the Holocene deduced from the morphologic and stratigraphic evolution of Morgan Peninsula，Alabama，USA. Journal of Sedimentary Research 76，257-269.

Sanderson，D.C.，Murphy，S. 2010. Using simple portable OSL measurements and laboratory characterisation to help understand complex and heterogeneous sediment sequences for luminescence dating. Quaternary Geochronology 5，299-305.

Sanderson，D.C.W.，Bishop，P.，Stark，M.，Alexander，S.，Penny，D. 2007. Luminescence dating of canal sediments from Angkor Borei，Mekong Delta，Southern Cambodia. Quaternary Geochronology，LED 2005 2，322-329.

Sawai，Y.，Namegaya，Y.，Okamura，Y.，Satake，K.，Shishikura，M. 2012. Challenges of anticipating the 2011 Tohoku earthquake and tsunami using coastal geology. Geophysical Research Letters 39.

Sawakuchi，A.O.，Blair，M.W.，DeWitt，R.，Faleiros，F.M.，Hyppolito，T.，Guedes，C.C.F. 2011. Thermal history versus sedimentary history: OSL sensitivity of quartz grains extracted from rocks and sediments. Quaternary Geochronology 6，261-272.

Simms，A.R.，DeWitt，R.，Kouremenos，P.，Drewry，A.M. 2011. A new approach to reconstructing sea levels in Antarctica using optically stimulated luminescence of cobble surfaces. Quaternary Geochronology 6，50-60.

Sommerville，A.A.，Hansom，J.D.，Sanderson，D.C.W.，Housley，R.A. 2003. Optically stimulated luminescence dating of large storm events in Northern Scotland. Quaternary Science Reviews 22，1085-1092.

Spiske，M.，Piepenbreier，J.，Benavente，C.，Kunz，A.，Bahlburg，H.，Steffahn，J. 2013. Historical tsunami deposits in Peru: Sedimentology，inverse modeling and optically stimulated luminescence dating. Quaternary international 305，31-44.

Stokes，S.，Ingram，S.，Aitken，M.J.，Sirocko，F.，Anderson，R.，Leuschner，D. 2003. Alternative chronologies for Late Quaternary（Last Interglacial-Holocene）deep sea sediments via optical dating of silt-sized quartz. Quaternary Science Reviews 22，925-941.

Sugisaki，S.，Buylaert，J.-P.，Murray，A.，Tada，R.，Zheng，H.，Ke，W.，Saito，K.，Chao，L.，Li，S.，Irino，T. 2015. OSL dating of fine-grained quartz from Holocene Yangtze delta sediments. Quaternary Geochronology 30，226-232.

Sugisaki，S.，Buylaert，J.-P.，Murray，A.，Tsukamoto，S.，Nogi，Y.，Miura，H.，Sakai，S.，Iijima，K.，Sakamoto，T. 2010. High resolution OSL dating back to MIS 5e in the central Sea of Okhotsk. Quaternary Geochronology 5，293-298.

Sugisaki，S.，Buylaert，J.P.，Murray，A.S.，Harada，N.，Kimoto，K.，Okazaki，Y.，Sakamoto，T.，Iijima，K.，Tsukamoto，S.，Miura，H.，Nogi，Y. 2012. High resolution optically stimulated luminescence dating of a sediment core from the southwestern Sea of Okhotsk. Geochem，Geophys，Geosyst. 13.

Tamura，T. 2012. Beach ridges and prograded beach deposits as palaeoenvironment records. Earth-Science Reviews 114，279-297.

Tamura，T.，Horaguchi，K.，Saito，Y.，Nguyen，V.L.，Tateishi，M.，Ta，T.K.O.，Nanayama，F.，Watanabe，K. 2010. Monsoon-influenced variations in morphology and sediment of a mesotidal beach on the Mekong River delta coast. Geomorphology 116，11-23.

Tamura，T.，Cunningham，A.C.，Oliver，T.S.N. 2019. Two-dimensional chronostratigraphic modelling of OSL ages from recent beach-ridge deposits，SE Australia. Quaternary Geochronology 49，39-44.

Tamura，T.，Nicholas，W.A.，Oliver，T.S.N.，Brooke，B.P. 2018. Coarse-sand beach ridges at Cowley Beach，north-eastern Australia: Their formative processes and potential as records of tropical cyclone history. Sedimentology 65，721-744.

Tamura，T.，Saito，Y.，Bateman，M.D.，Nguyen，V.L.，Ta，T.O.，Matsumoto，D. 2012a. Luminescence dating of beach ridges for characterizing multi-decadal to centennial deltaic shoreline changes during Late Holocene，Mekong River delta. Marine Geology 326，140-153.

Tamura，T.，Saito，Y.，Nguyen，V.L.，Ta，T.O.，Bateman，M.D.，Matsumoto，D.，Yamashita，S. 2012b. Origin and evolution of interdistributary delta plains: Insights from Mekong River delta. Geology 40，303-306.

Tamura，T.，Sawai，Y.，Ito，K. 2015. OSL dating of the AD 869 Jogan tsunami deposit，northeastern Japan. Quaternary Geochronology 30，294-298.

Taylor，M.，Stone，G.W. 1996. Beach-ridges: a review. Journal of Coastal Research 12，612-621.

Thiel，C.，Buylaert，J.-P.，Murray，A.S.，Elmejdoub，N.，Jedoui，Y. 2012. A comparison of TT-OSL and post-IR IRSL dating of coastal deposits on Cap Bon peninsula，north-eastern Tunisia. Quaternary

Geochronology，13th International Conference on Luminescence and Electron Spin Resonance Dating-LED 2011 Dedicated to J. Prescott and G. Berger 10，209-217.

Thomsen，K.J.，Murray，A.S.，Jain，M.，Botter-Jensen，L. 2008. Laboratory fading rates of various luminescence signals from feldspar-rich sediment extracts. Radiation Measurements 43，1474-1486.

Truelsen，J.L.，Wallinga，J. 2003. Zeroing of the OSL signal as a function of grain size: investigating bleaching and thermal transfer for a young fluvial sample. Geochronometria 22，1-8.

van Heteren，S.，Huntley，D.J.，van de Plassche，O.，Lubberts，R.K. 2000. Optical dating of dune sand for the study of sea-level change. Geology 28，411-414.

Vespremeanu-Stroe，A.，Zăinescu，F.，Preoteasa，L.，Tătui，F.，Rotaru，S.，Morhange，C.，Stoica，M.，Hanganu，J.，Timar-Gabor，A.，Cardan，I.，Piotrowska，N. 2017. Holocene evolution of the Danube delta: An integral reconstruction and a revised chronology. Marine Geology 388，38-61.

Wintle，A.G.，Huntley，D.J. 1979. Thermoluminescence dating of a deep-sea sediment core. Nature 279，710-712.

Yang，L.，Long，H.，Yi，L.，Li，P.，Wang，Y.，Gao，L.，Shen，J. 2015. Luminescence dating of marine sediments from the Sea of Japan using quartz OSL and polymineral pIRIR signals of fine grains. Quaternary Geochronology 30，257-263.

Zander，A.，Degering，D.，Preusser，F.，Kasper，H.U.，Bruckner，H. 2007. Optically stimulated luminescence dating of sublittoral and intertidal sediments from Dubai，UAE: Radioactive disequilibria in the uranium decay series. Quaternary Geochronology 2，123-128.

9 在活动构造环境中的应用

埃德·罗兹[1]和理查德·沃克[2]

1. 英国谢菲尔德大学地理学 Email: ed.rhodes@sheffield.ac.uk

2. 英国牛津大学地球科学系

摘要：源于地球内部的构造作用会引起地震，这些地震有时与地表破裂有关。包括造山运动在内的多期地震事件导致了地表景观的显著改变。我们常通过将现代过程的直接测量和观测与过去地质数据相结合的手段来理解这些事件和过程。对与构造事件相关的沉积物进行释光测年可以很好地限定构造事件发生的时间。地震发生之前就已经存在的沉积物会因断层滑动和地面震动而发生变形或位移，在这种情况下，上述沉积物的释光测年可用于约束某次构造事件的最老年龄。或者，沉积物也可能直接响应于地面运动而形成，如在一个新近形成的断层崖附近堆积的小型崩积楔。碎屑物质也可能沉积在变形构造之上或地震产生的凹陷内，在这两种情况下，沉积物年龄可用于限定地震事件的最小年龄。对由于多次地震事件而发育的断错特征的测量，如阶地陡坎，可以帮助我们估计断层的滑动速率。尽管释光测年在构造活动相关的应用中存在一些问题，但最近的方法发展已经获得了对理解断层机制和地震灾害具有重要意义的结果。

关键词：地表破裂，古地震学，滑动速率，断层，阶地、陡坎，红外后红外释光

9.1 引言

本章的重点是介绍和讨论用于确定断层滑动速率或古地震事件（古地震学）年龄的释光测年方法，主要包括钾长石单颗粒红外后红外释光或石英光释光测年（术语解释和技术介绍见第 1 章）。与构造活动相关的其他应用，如对抬升的海岸阶地或海啸沉积物的年代测定（参见第 8 章），以及使用低温热年代学方法确定岩石剥露速率（见第 11 章），不作为本章重点。释光测年方法在地震导致地面运动过程中的地表地形和/或表层沉积物改造等方面的应用是本章要讨论的主要内容。

与应用于构造相关研究的其他测年技术相比，释光测年具有一些明显的优势，其中最明显的是可直接测定沉积物本身，无须寻找其他含量较低的测年材料，比如用于 ^{14}C 年测年的有机质。从构造事件后的地质演化给测年带来的不确定性这一角度来看（如地表侵蚀或沉积埋藏），释光测年方法比宇宙成因核素技术受到的局限更少一些。然而，由于下文所述的原因，这些方法在活动构造环境中的应用不如预期的广泛。无论是从沉积物来源还是沉积环境来看，诸多构造环境下的沉积物不太适用于释光测年。再加上保留明确的断层滑动或过去地震信息的地貌位置较少，限制了释光测年方法在活动构造环境中的应用。单颗粒钾长石红外后红外释光测年方法的新发展使释光测年在活动构造年代学研究，特别是在

克服石英光释光测年的局限性方面，具有更好的适用性（Brown et al.，2015；Reimann et al.，2012；Rhodes，2015；Smedley and Duller，2013；Smedley et al.，2015；Trauerstein et al.，2014）。

在构造背景下，有两个基本问题必须克服，这些问题并不局限于构造环境，但往往比在其他环境中的问题更显著。分别是：

（1）构造环境中沉积物矿物颗粒的释光特性；

（2）地形变化导致的高能搬运环境，以及相对较短的搬运距离，限制了释光信号被日光照射归零的机会。

这两个因素导致了释光测年专家对构造环境中的沉积物不那么感兴趣。在一些研究中，研究人员试图使用标准方法对活动构造环境中的沉积物进行年代测定，特别是使用常规的多颗粒石英 SAR（单片再生法；见第 1 章）程序，但是没有获得令人满意的结果。这些明显的不成功应用迫使人们倾向于把释光测年技术作为不得已而为之的方法。然而，单颗粒钾长石红外后红外释光测年的成功重新激发了人们将释光测年应用于活动构造研究的兴趣。

沉积物释光测年可以帮助我们从不同的角度理解构造地貌的发展、断层运动以及古地震的时间（Fattahi，2009）。释光技术在以下四个方面具有特殊意义：

时间尺度——常规 ^{14}C 测年（测年范围介于 250 年到 4 万年之间）不能满足实际的测年需求。在没有详细历史记录的地区，如美国西部和阿拉斯加，对过去 250 年内地震事件的测年有助于对这个时期内的地震灾害进行评估。更广的测年范围则对研究地震事件较少的缓慢活动的断层是有用的。

独立年龄估计——释光测年不依赖于 ^{14}C、宇宙成因核素和铀系测年的类似限制或参数，这为评估构造过程的年龄控制提供了独立的计时工具，特别是对测年可靠性要求较高时非常有用（如地震灾害评估）。

材料易得性——与其他测年方法相比，释光测年最重要的优势是可测年的地貌和沉积构造条件更为广泛；而且寻找适合采样的测年材料时通常只需要小规模的挖掘，比如一个手工挖的小坑即可，不像宇宙成因核素测年那样严格要求必须在自沉积以来保持不变的表面上采样。这些特点除了减少采样时间和成本之外，还拓宽了可能的应用范围。

附加信息——通过测量到的释光信号特征可以使我们深入理解每个年龄的可靠性及样点相关的沉积环境，特别是利用信号归零程度作为颗粒埋藏前搬运历史的指示。

同所有其他的释光研究一样，测年过程中经常会经常遇到一些问题（详见第 1 章）。此外，颗粒可能会在沉积后发生迁移，如通过生物扰动，包括在动物洞穴或植物根部的孔隙内移动。在所有的释光研究中都存在一种可能性，即在某个地点所测量的材料不能完全满足所应用的测试方法的所有要求。尽管可以通过一些测试来评估这一点（如剂量恢复试验；Wintle and Murray，2006），但是年龄估计中的错误及其相关的不确定性有可能并未被意识到。人们设计了不同的方法来评估释光测年方法的表现，但最重要一种的可能是与完全独立的年龄控制进行比较（如 Rhodes，2015）。

原则上，在活动构造环境中应用释光测年的潜力和局限性与在其他环境中遇到的相似。然而，以上提到的石英光释光信号灵敏度低的局限性是很重要的，这将在下文进一步详细讨论。通常情况下，可在 10 年～200 万年的时间尺度上对沉积事件进行测年，通常 1 σ 的不确定性为 5%～15%。值得注意的是，对于之前许多构造研究而言，较大的不确定性并不是一个显著缺陷，因为常缺乏其他可替代的年代控制。但随着研究的深入，这种情况正在改变，对测年精度的要求变得越来越高。最佳的释光测年材料主要是沙粒级级的石英或长石颗粒，但是在某些情况下极细的粉沙也可以用于测年（Rizza et al.，2011）。

许多不同的沉积环境已经成功地用光释光或红外释光信号进行了年代测定，这可为制定研究计划或采集样品提供一些灵活性。在活动构造测年应用中使用的典型沉积物是沙质河流沉积。沙质河流沉积分布广泛，可以为阶地和河道发育提供不连续的时间标记；沙粒级矿物还适用于单颗粒释光测量。其他常见的沉积物包括崩积物或坡积物，以及更少见的风成沉积物。单颗粒光释光或红外释光方法可用于解决沉积时释光信号不完全归零的问题（该方法不能用于粉沙级颗粒，并且当大多数颗粒释光信号对辐照剂量响应不灵敏时也不适用）。当多个样品来自同一序列或相互联系的沉积环境时，应用贝叶斯统计方法可显著降低单个年龄的不确定度（Rhodes et al.，2003；Zinke et al.，2017），这可以辅助优化采样策略（见第 2、3 章）。

9.2　释光测年在活动构造环境中的应用

沉积过程与构造事件有着千丝万缕的联系。本节将详细讨论两个最常见的应用，即在古地震学研究中确定特定地震事件的发生时间，以及使用断错地貌特征（如河流阶地陡坎）确定断层滑动速率。某些情况下，两种方法可以结合起来应用，以便确定地震发生时间、指示地震事件震级或局部位移。图 9.1 展示了几种常见应用，包括一个典型的判定走滑断层滑动速率的地点（图 9.1A）、一个理想化的古地震地点（图 9.1B），以及一个可以确定古地震和断层滑动细节的逆冲（隐伏逆冲）断层（图 9.1C），图中带编号的圆点代表可采集测年样品的位置。

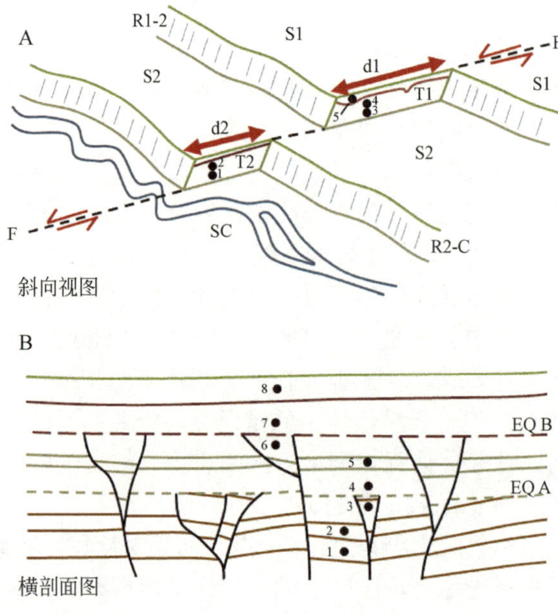

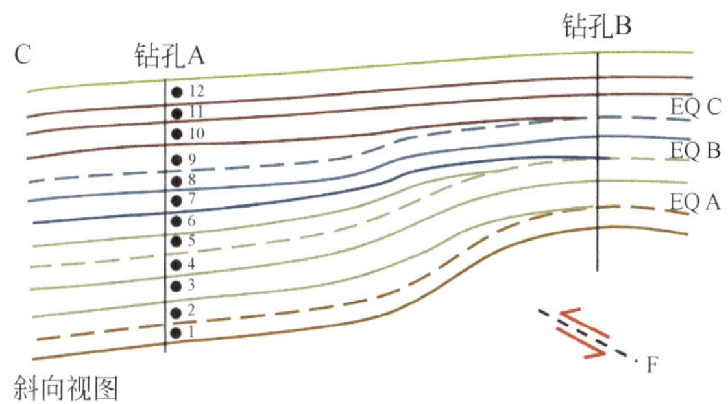

图 9.1　A-斜向视图典型且简单地用于确定左旋走滑断层（F-F）滑动速率的野外研究地点的斜向视图。T1、T2：河流阶地；S1、S2：阶地面；SC：现今河床；R1-2、R2-C：T1 和 T2 之间、T2 和现今地表之间由于下切形成的阶地陡坎；d1、d2：分别为 T1 和 T2 阶地边缘因断层滑动造成的位移。T1（较老）由于受地震事件影响较多而显示出较大的滑动位移。B-简化的古地震探槽横剖面图，显示了沉积地层被两次地震（EQ A 和 EQ B）扰动。黑色细线代表断错沉积物的小断层。C-断层弯曲褶皱或背斜上盘保存的地层记录横剖面。逆冲断层在深度 F 处消失，上覆软沉积层因褶皱而变形。褶皱前翼一侧的容纳空间持续沉积，直至形成相对平坦的地表。虚线：代表三次地震 EQ A、EQ B 和 EQ C 的地层位置。图中带编号的圆点表示光释光或红外释光测年样品的理想取样位置。

在图 9.1A 中，现今地面和活动河道用字母“SC”表示。S1 和 S2 是与阶地单元 T1 和 T2 对应的废弃河流阶地面（注意，此处使用了美国的阶地命名系统）。自 T1 单元沉积和阶地陡坎 R1-2 下切形成以来，断层滑动了位移 d1，如红色箭头所示。该阶地的年代可通过在河流沉积物中采集样品进行光释光或红外释光测年来确定，如样品 3 和 4 所示。请注意，较老的阶地面会继续接受侵蚀、成壤和河道废弃后再沉积如漫滩沉积物、局部衍生的河流沉积物和崩积物，以及风成输入等的影响。T1 暴露面的棕色线表示该覆盖层可通过样品 5 确定其年龄。T2 阶地面 S2 较年轻，是在 T1 阶地形成以来，河流再次下切后沉积形成的，且已被断错了较小的位移 d2（红色箭头）。T2 阶地的沉积年龄可通过样品 1 和 2 进行测定。阶地前缘 R2-C（位移 d2）的年龄比样品 1 和 2 年轻，阶地前缘 R1-2（位移 d1）的年龄必定比样品 3 和 4 年轻，但比样品 1 和 2 老。有关这一关键点的讨论，请参见第 9.2.2 节。

图 9.1B 是一个简化的古地震探槽横剖面图，显示了沉积地层被两次地震（EQ A 和 EQ B）扰动。黑色细线表示错段沉积单元的小断层，带编号的圆点示意光释光或红外释光测年样品的采样位置。样品 6 所在地层是被扰动的最年轻的沉积地层，样品 7 和 8 所在地层未受扰动。EQ B 发生时间早于样品 7 和 8 的年龄，但晚于样品 1～6 的年龄。同样，EQ A 的发生时间早于样品 4～8 的年龄，但晚于样品 1～3 的年龄。

图 9.1C 所示的横剖面上，断层弯曲褶皱或背斜上盘保存了不同的地层记录。冲断作用在深度 *F* 处消失，其上沉积物发生了变形。伴随着褶皱收紧和上盘地表抬升（图 9.1C 右侧）的地震事件发生后，褶皱前翼（图 9.1C 左侧）沉积速率增加，直到形成相对平坦的地表形态，该过程可通过岩心 A 的样品 10 所在地层的光释光或红外释光测年说明。但是，岩心 A 和岩心 B 之间的沉积单元对比显示，部分地层仅在岩心 A 中可见，如样品 9、5、6 和 2 所在的地层。这些地层对应于地震在深部冲断作用下新生成的容纳空间的填充，它们的厚度

与该地震事件造成的滑移量相关。每个事件（EQ A、EQ B 和 EQ C）的年龄可以根据仅保存在岩心 A 中的填充沉积物底部上下样品的年龄来确定；在图中沉积物边界用虚线表示。例如，对于事件 EQ C，其年龄必定大于样品 9～12 的年龄，但小于样品 1～8 的年龄。

9.2.1　古地震学

释光测年应用于古地震学研究时，需要寻找能够保存地震震动扰动或断层滑动直接错断地层的证据且靠近断层发育的沉积序列（如图 9.1B；图 9.2），这种情况通常出现在跨越断层或紧邻断层的小型湖盆或沼泽地区。在许多情况下，断层错动形成凹陷，凹陷随后发展成湖泊；在走滑断层情形下，这可能代表一个拉分盆地或一个被闸门脊堵塞的谷地。Dawson 等（2003）在美国加利福尼亚州埃尔帕索峰（El Paso Peaks）的研究就是一个例证。这是一个被围限在闸门脊和正在发育的冲积扇之间的小型季节性干盐湖（图 9.2），该研究点位于加洛克（Garlock）断层中部的左旋走滑带上，提供了极好的全新世中晚期地震记录，地震事件的年代通过保存在细沙和粉沙质沉积物中木炭的一系列放射性碳测年确定。该研究点由本章作者之一埃德·罗兹和同事重新挖掘采样，作为发展和评估新的释光测年方法的地点（Lawson et al.，2012；Roder et al.，2012）。通过该剖面上部沉积物钾长石的多颗粒等温热释光（Roder et al.，2012）和单颗粒红外后红外释光（$pIRIRSL_{225}$，激发温度 225℃）测年（Rhodes，2015）获得的年代结果与 ^{14}C 结果吻合。与长石红外释光测年表现不同，该地点石英的释光灵敏度较低，其年龄被低估。

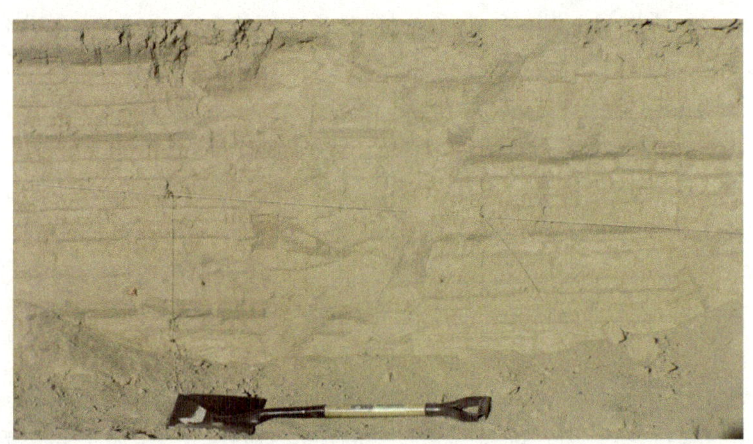

图 9.2　来自美国加利福尼亚州埃尔帕索峰古地震地点受扰动的季节性湖泊沉积物特写照片。Dawson 等（2003）曾使用 ^{14}C 进行测年，后来被用于发展钾长石释光测年方法（Roder et al.，2012）。在照片的中央可以观察到一个被严重扰动的沉积区。铲子长约 1m。照片由埃德·罗兹拍摄。

也许除了考虑释光测年之外，最大的问题是正确识别在单个层位上截断的扰动组合，这是识别地震事件所必需的。有时，保存不佳的沉积特征，或由洞穴、根系活动形成的扰动结构，使这项任务极具挑战性。当沉积速率低或呈现高度的幕式特征时，会导致其他复杂情况出现。沉积序列上部未扰动层的年龄为地震事件提供了年龄限制；也就是说，地震发生时间必定早于该沉积物的年龄（如图 9.1B 中样品 7 所在的地层）；因此地震后下一层沉积的显著延迟会导致年龄约束不确定性增加。在积累足够厚的沉积物之前，也有可能再发生一次或多次地震，在这种情况下，表观的古地震记录可能不完整。如果选定的地点靠近不止一个断层，沉积物可能会记录目标断层之外的其他断层引起的地面震动，从而导致获得地震事件的数量比目标断层引起的事件数量多。所能达到的分辨率取决于沉降速率、年龄精度以及用于约束每个事件的年龄数量。在这些情况下，贝叶斯统计分析可以很好地帮助我们约束地震事件的年龄。

与地震相关的沉积构造包括裂缝、断裂、起伏、水逃逸形成的火焰状构造和重荷模、球状和枕状构造以及褶皱等。在这种情况下可能会发生沉积层理的丢失，细长颗粒有时会旋转到接近垂直的位置。由于其他过程也可能形成上述部分构造（如冰川作用、冰缘作用、上覆物质的快速沉积等），因此在解释这些构造时必须谨慎。Rudersdorf 等（2015）很好地介绍了如何识别和解读这些构造。

一种常见的情况是，扰动的沉积物（可能包括以位移或截断沉积单元形式存在的断层的直接证据）上面覆盖着没有明显扰动的沉积物。应选择对尽可能接近无扰动层底界的沉积物进行测年，这样可以得到地震事件的最小年龄。而测定扰动层上部沉积物的年代则有助于确定这次地震事件的最大年龄。如果最小年龄和最大年龄很接近，那么此次地震事件发生的时代就得到了有效的约束。如果上述年龄间隔较大，就不能对这个地点的地震事件时代进行精确的约束，只能说地震发生时代必介于这些年龄之间（需要考虑到它们的不确定性）。可以通过增加地震事件上下层位的测年样品来提高地震事件年代的分辨率，如在确定图 9.1B 中 EQ B 的时代时，同时测量样品 4、5 和 8，以及样品 6 和 7。

9.2.2 断层滑动速率研究

当断层在地震中滑动时，或者当它们经历慢滑移或蠕滑事件时，通常会导致地表形变。考虑到可以影响地表的发震深度通常为 10～15km，以及地震震级（代表能量释放）与断层滑动区之间的比例关系（Scharer et al.，2014；Wells and Coppersmith，1994），通常只能在震级超过 5 级的地震中观察到地表破裂。然而，许多大震级的深源地震，如俯冲带下部的大逆冲地震，可能不会造成地表破裂。断层通常分为三类，即与地壳伸展和变薄有关的正断层、与地壳缩短和增厚有关的逆断层或逆冲断层，以及水平方向相对运动的地壳块体边界，即走滑断层。三类断层对应于地壳内三个主应力方向的垂直或水平姿态。然而，也存在这几种断层的组合。我们可以在单个断层面上观测到斜滑，如与 2016 年新西兰凯库拉（Kaikoura）地震相关的帕帕提（Papatea）断层，该断层发生了左旋走滑运动和逆冲（图 9.3）。或者不同的滑动方向可能被分配到不同断层上，如在美国加利福尼亚州的欧文斯谷（Owens Valley）；或者同一断层的不同部分具有不同的产状，表现出不同的滑动方式，如死亡谷-鱼湖（Death Valley-Fish Lake）断裂带。这些复杂的滑动组合通常位于受转换拉张或转换挤压构造体系影响的地区。值得注意的是，许多不同的断层类型都可以在距离相近的地方找到，如在南加州或新西兰的马尔伯勒（Marlborough 地区），并且也可以用其他方式表达地壳变形，如褶皱的发育或分布式变形。这意味着即使精准地确定了单个断层的滑动情况，它也可能与更广泛的构造体系存在复杂的联系，因此需要非常谨慎地了解每个区域的复杂性。

图 9.3　2016 年 11 月 14 日凯库拉 7.8 级地震期间，新西兰马尔伯勒的帕帕提断层附近河流阶地面破裂和下伏冲积物照片，拍摄于 2017 年 2 月下旬。在这一地点，阶地面由于逆冲作用被抬升了约 1.5m，在先前平坦的表面上产生了一个明显的断层崖，同时还经历了数米的左旋走滑运动（在这张照片上无法观察到）。注意由沙砾石基质以及中砾和巨砾组成的粗粒沉积结构。由于缺少沙质透镜体，很难通过水平打入不透明管的传统方法获得释光测年材料，但可以参阅后文的讨论了解解决该问题的方法。照片由埃德 •罗兹拍摄。

垂直运动由正断层或逆断层（逆冲断层）和倾斜走滑运动引起（图 9.3 和图 9.4），这可能会产生一个明显的断层崖（图 9.3），以及水平或近水平表面（如河流或海岸阶地）清晰的错断（图 9.4B）。在这种情况下，阶地沉积物（及其地貌面）形成于滑动事件之前，因此确定这些沉积物的年代可以为地震事件提供最大年龄。然后，结合沉积年龄和断层总滑移（由阶地的垂直偏移和断层的角度得出），可以得到滑动速率的最小估计（如 Dolan et al.，2016）。

即使在上述的相对简单的示例中，也存在很多潜在的复杂性。但是依然不清楚断错是在一次还是多次地震中产生的。注意，这在估计断层滑动速率时不一定重要，但当某个区域地震事件罕见、存在许多慢滑移断层时，或地震事件是在最近的地质历史发生时，断错与地震周期的关系可能很重要。下面将更深入地讨论这一点。在这种情况下，最重要的问题是观察到的近水平面在断层崖两侧是否代表相同的物质组成。例如，由于断层运动而相对降低的一侧可能经历了新的物质沉积，如更加频繁的漫滩沉积事件，而相对抬高的一侧，侵蚀作用可能增强。注意，“表面”（地貌面）本身不能通过沉积物释光测年技术直接测年（至少目前是这样，尽管正在开发通过光释光和红外释光对鹅卵石、巨砾和暴露的岩石表面进行表面暴露定年的程序；见第 11 章）。地貌面可能仅代表沉积单元的上边界，或由后期的面状剥蚀形成。它们的“年龄”一定老于沉积物的沉积年龄。还应注意的是，如果抬升面和下降面（在断层崖的两侧）遭受了不同的沉积和/或侵蚀（如由于地震事件发生后的漫滩洪水沉积），那么对断层滑移量（移动量）的估计可能是错误的。

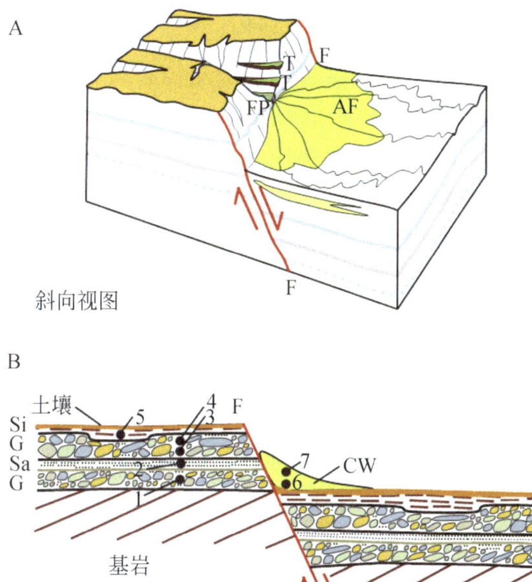

图 9.4 与大型正断层相关的地貌和沉积构造。A-更大尺度的斜向视图，显示了在剖面上和地表的地质构造（岩性层、标记为“F”的断层）。AF：冲积扇；FP：洪泛平原，或形成冲积扇沉积的现代河床面；T：两个由于下切而废弃的河流阶地。注意在近横截面可见埋藏的冲积扇沉积物。断层滑动速率可以通过测定废弃的阶地沉积物的年代来计算，其中隐含的前提假设见正文。该示意图说明断层每次错动时，左侧下盘受到的侵蚀和河谷下切增加，而右侧上盘一侧则产生了更多的容纳空间，沉积物可能在此沉积并得到保存。B-由近期正断层活动（F）错断河流阶地形成的典型沉积结构的横断面示意图。G：砾石；Sa：沙；Si：粉沙；CW：崩积楔，由再搬运的河流沉积序列和从其他地方搬运来的物质组成；黑色圆点代表可能的光释光或红外释光测年样品的位置。沙和砾石中的样品（1～4）为断层运动提供了可靠的最大年龄估计，而崩积楔中的两个样品（6 和 7）提供了最小年龄估计。样品 5 位于阶地面的粉沙质河道填充物中，与断层活动的关系不明确，可能代表断层作用后阶地面的改变。

在断层垂向运动发生的地方，断层运动可能直接产生沉积物，如在图 9.4B 中沿断层面发育的崩积楔。这些沉积物可能包括陡崖崩塌形成的沉积物，或代表因地震震动而释放或搬运的其他沉积物。它们也可以是沉积在断层面附近凹陷或断裂带内的沉积物。虽然原则上这些沉积物和地震有着密切的时序关系，但它们可能包含晒退程度很低的沉积物（如果地震发生在夜间，或者它们在很短的距离内坍塌），或者不明确它们是否为震后短时内沉积。一般认为这些沉积物是断层活动后形成的，因此任何由于不完全晒退而导致的释光残余信号，或错误地将之前就存在的沉积物解释为事件后沉积，都会导致不正确的结论。大多数情况下，垂直断层带方向挖掘的探槽和其中的沉积物可能会揭示不同地层单元和构造之间关系的更多细节。Middleton 等（2016）提供了一个这方面的研究案例。

在许多情况下可以选择断错的河流阶地来估算断层滑动速率，尤其是对于完全或主要为水平断错的走滑断层。然而，所采用的具体方法则存在着问题和争论，这既有测年方面的考虑，也与地貌问题有关。特别是上部阶地沉积物是在沉积后不久即被河流下切废弃，抑或是下部阶地沉积前不久河流下切形成了阶地前缘，这是长期并持续争论的问题（参考 Cowgill，2007）。实际上，在已有的滑动速率的误差估计过程中很少严格地考虑与这类问题相关的不确定性。下面将更详细地讨论这些争论。

在大多数滑动速率研究中，阶地陡坎等断错标志的数量通常受到地貌景观特征保存程度的限制。也就是说，在许多地方，地表逐渐的剥蚀最终会使河流阶地消失，如通过支流的下切或主河道的侧向侵蚀。这些侵蚀过程可能包括旋转滑动和坍塌、坡下崩积以及由河流作用产生的直接侵蚀。应当注意的是，松散的河流阶地沉积物通常由砾石、沙子和粉沙组成，其表面土壤发育，往往比它们所在的基岩山谷更容易受到侵蚀。即使在河道以一个很大的角度穿过断层而更有利于保存过去断层滑动标志的情况下，很少有超过两个保存完好的阶地可以做到这一点。

存在相对少见的情况，如地震事件频率没有明显超过地貌发展速度，以至于每一次地震产生不同的滑动位移并形成相应的断错地貌，则可以获得每个地震事件的滑动记录（Cowie et al.，2017；Dolan et al.，2016）。后一种类型的记录特别有价值，因为它为我们提供了评估断层活动模型的机会以及其他方法无法获得的认识。

9.3　释光测年

如第 1 章所述，单片再生法（SAR）的发展和单颗粒光释光测年方法的首次常规应用使得沉积物释光测年的适用范围显著增加，最初使用的是石英光释光，随后使用长石红外释光。单片再生法最主要的改进是提高了测试精度，并具备根据测片大小和单颗粒灵敏度分布特征检测是否存在不完全晒退问题的能力（Rhodes，2007，2011）。

第二个发展趋势是，在活动构造环境中使用贝叶斯统计方法来减少测量的不确定性，从而使得释光测年与其他测年方法相比具有竞争力（见第 3 章）。对已知地层关系的样品，且它们年龄不确定性相互重叠时，该方法非常有用。仅仅通过高密度测量多个沉积年龄接近的样品，就可以显著降低特定层位或事件（如河流下切期次）总体的年龄不确定性。需要注意的是，贝叶斯方法的“代价”是用于确定每个地貌或沉积对象年龄的样品数量将明显增加。年龄不确定性的改善程度与样品数量的平方根相关，也就是说，测量四倍数量样品的年龄可使事件年龄不确定性大致减半。

最后一个重要的释光测年进展是自 2012 年以来单颗粒钾长石红外后红外释光测年方法在活动构造环境中的广泛应用。该方法主要适用于石英光释光特性差而不适合测年的情况，它是将 Buylaert 等（2009）传统的单片红外后红外释光测年方法直接转换为单颗粒测量。两种方法都包括在 250℃下预热 60s 和两次红外释光测量，首次激发温度为 50℃，再次激发温度为 225℃（表 9.1）。

表 9.1　单颗粒红外后红外释光单片再生法（SAR）测量所用的典型参数

SAR 步骤	典型测量参数
1. β剂量辐射	依次为 0Gy（自然），20Gy，6.4Gy，64Gy，200Gy，640Gy，0Gy，20Gy
2. 预热	在 250℃下保持 60s
3. 红外释光 1	在 50℃下，用 90%功率的红外激光进行 2.5s 的激发

续表

SAR 步骤	典型测量参数
4. 红外释光 2（红外后红外释光）	在 225℃下，用 90%功率的红外激光进行 2.5s 的激发；释光信号为 0～0.5s 内的累积信号，背景值取 2.0～2.5s 内的累积信号
5. β试验剂量	8Gy
6. 预热	在 250℃下保持 60s
7. 红外释光 1 灵敏度测试	在 50℃下，用 90%功率的红外激光进行 2.5s 的激发
8. 红外释光 2 灵敏度测试	在 225℃下，用 90%功率的红外激光进行 2.5s 的激发；释光信号为 0～0.5s 内的累积信号，背景值取 2.0～2.5s 内的累积信号
9. 热退—返回到 1	在 290℃红外激发 40s（使用 LED 二极管）

注：用于年龄估计的红外后红外释光信号来自步骤 4 的初始 0.5s（225℃的红外释光）减去背景值（该测量的最后 0.5s），然后使用步骤 8 的相同信号校正红外后红外释光信号灵敏度变化。

Rhodes（2015）发现，在一些地点，使用比重为 2.565g/cm^3 的重液进行浮选，可以获得含钾量最高的钾长石颗粒，其发出信号的颗粒比例和总的光强度明显更高。然而，后续研究表明，在一些地点这种被 Rhodes（2015）称为"超钾颗粒"的方法制约了提供可用 IRSL 信号的颗粒数量。尽管这种单颗粒红外后红外释光测年方法与其他学者用于不同类型环境研究的方法没有什么实质性区别（如 Nian et al.，2012；Reimann et al.，2012），但其可靠性仍然通过与大量滑动速率、古地震和古环境研究的放射性碳和 ^{10}Be 深年龄的比较得到了检验（图 9.5）。

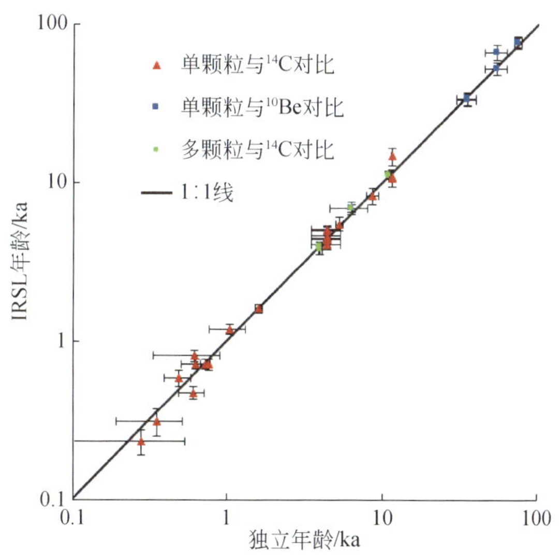

图 9.5 来自不同地点和环境中的 35 个红外后红外释光（pIRIRSL$_{225}$）年龄和独立年龄的比较（坐标轴为对数）。该数据集包括来自西藏的 3 个多颗粒年龄（圆形，与 ^{14}C 对比），来自美国加利福尼亚州多个地点的单粒年龄（三角形，与 ^{14}C 对比），以及来自墨西哥下加利福尼亚南部的 3 个单颗粒年龄和来自蒙古国的 2 个单颗粒年龄（正方形，与 ^{10}Be 对比）。图片更新自 Rhodes（2015）。可以看到，红外后红外释光年龄和独立年龄控高度一致。

9.3.1　释光特性

石英和长石都有可能存在较差的释光特性。对于石英，在某些沉积环境中遇到的主要问题是许多石英颗粒被直接从基岩中侵蚀出来，或在过去数百万年中经历了少量的浅层沉积旋回，因而光释光信号灵敏度低（Fitzsimmons et al.，2010；Pietsch et al.，2009；Preusser et al.，2009），尤其是在活动构造背景下的沉积环境。对于这个问题的机制人们尚未完全了解，但它会导致两个问题：

（1）每次测量的计数统计较差，导致自然光释光信号和附加剂量光释光信号的不确定性值较高（如 Porat et al.，2009）。

（2）不同成分的矿物包裹体（如石英颗粒中的长石）导致光释光信号污染的风险显著增加（如 Nissen et al.，2009）。

检验石英光释光信号的污染情况可以利用标准的石英光释光纯度测试，包括观察是否存在红外释光信号，或者观察样品红外激发导致的光释光信号耗损。使用 Lawson 等（2015）开发的专门针对构造环境的检验方法也可以很好地评估潜在污染的强度和影响，该方法结合了红外激发导致的光释光信号耗损以及热淬火和热辅助评估。Porat 等（2009）测量了一系列邻近断层的崩积楔年龄，这些崩积楔与以色列埃拉特（Elat）死海断裂的一个小的新鲜正断层崖有关。使用石英单颗粒和常规测片（5mg，约 1000～2000 个颗粒），采用 SAR 对这些样品进行了年龄测定。约 5%～10%的单颗粒提供了可用释光信号，但其中晒退充分的颗粒很少，这严重制约了最终可用于估算沉积年龄的石英颗粒数量。单颗粒光释光年龄没有严格遵循地层顺序，且不确定性较大，但与基于侵蚀陡崖后退模型的独立断层滑动年龄估计基本一致，证明了释光在这种环境中的应用潜力和可用性，同时也表明了低灵敏度信号的局限性。钾长石多颗粒小测片（150～200 个颗粒）在 50℃激发的红外释光信号测得的年龄是高估的，这被认为是信号不完全晒退引起（Porat et al.，2009）。

对于长石，不利的释光特性包括低灵敏度、高或复杂的异常衰减现象，以及 Rhodes（2015）在单颗粒测量中观察到的所谓“基线下降”现象。除此之外，我们还应注意到，长石中的红外后红外释光信号晒退的速度远低于石英光释光的快成分（Lawson et al.，2012；Smedley et al.，2015），这意味着来自任何沉积环境的样品都有红外后红外释光信号不完全晒退的风险，因此在进行常规多颗粒长石测量时应谨慎使用。然而，与石英相反，从基岩中提取的长石颗粒，或主要由基岩侵蚀形成的沉积物中提取的长石颗粒，通常显示出强的红外释光和红外后红外释光信号（如 Brown et al.，2015）。因为钾长石单颗粒红外后红外释光测年是目前构造背景下年代学研究的一个重要手段，所以需要注意这些潜在的局限性。

9.3.2　样品优选

与活动构造环境释光测年特别相关的一点是，沉积时的地质和环境因素已经确定了研究地点可获得测年材料的释光特性，但在取样和做准备时，测年专家和项目团队通常不知道这些特征。在某些情况下，明智的做法是增加采集样品的数量和范围，或根据实验室测量结果重新回到现场采集新样品，或为多种方法制备子样品（如光释光用石英颗粒，单颗粒红外后红外释光用钾长石）。关键的一点是石英（Preusser et al.，2009）和长石族矿物

（Krbetschek et al.，1997）的释光特性存在很大差异，在具体地点得到的结果的质量可能存在一定程度的不可预测性。通过采取合理的采样策略、充分的研究计划以及在实验室中根据初步测定结果仔细选择测年方法在一定程度上来减少这些问题。在构造环境中的释光测年尤其如此，因为经常会遇到许多不同的问题，这对测年技术产生严重的挑战，但是都可以通过不同的方法克服。

在选择详细的采样位置时，通常会考虑目标沉积物样品的特征沉积能量。然而，比这更重要的是每个沉积单元的释光年龄与地震或断层滑动事件的关联。广义上讲，低能环境沉积单元的特征是沉积物粒度更细、分选更好且层理更清晰的，这样的沉积物可能释光信号归零程度更高。如果测年地层与目标事件的相关性不明确，那么这对活动构造研究几乎没有帮助。之所以特别提到这一点，是因为我们通常会在阶地砾石上方的细粒材料中取样来限定阶地年龄，而不是在阶地砾石之间或之下。这在一定程度上源于尺度问题和术语“阶地”的不同用法。“阶地”一词既可指地貌单元（近似平坦的地面），也可指沉积物（此处即是河流沉积）。当河流阶地被断层运动错断，其侵蚀边缘的阶地陡坎立面往往被用作标志点，以评估断层滑动量的大小；因此更大尺度的砾石单元的断错量在评估断层滑动大小时很重要，而不仅是阶地表面。砾石阶地的表面在河流下切并被废弃后继续演变，这可能包括洪水事件引发的漫滩沉积、局地的次级河流摆动，以及风成和崩积物。地表也可能因次级河道的切割或其他方式（如冰川侵蚀）而遭受侵蚀；风化最终也会导致阶地表面逐渐降低；土壤的形成也会改变地表，这包括地表颗粒的混合、树木和动物洞穴的生物扰动。在图 9.1B 和图 9.4B 中，仅有样品 5 代表了对砾石以上的细粒覆盖沉积物进行采样，但是不建议采用这种方法，因为这些覆盖层沉积物的年龄往往明显比下伏砾石年轻（见 Zinke et al.，2017），所以有可能误导我们对断层滑动速率的估计。

9.3.3 不完全晒退

在应用单颗粒钾长石红外后红外释光测年时有一个令人惊讶的发现：即使沉积环境代表高能量事件，可能涉及搬运距离较短、在混浊条件下发生的快速沉积，许多样品的释光信号归零也较好。Zinke 等（2017）展示了在高能沉积物和低能覆盖层沉积物中采集的 34 个样品的数据：阶地砾石和沙质沉积物晒退良好颗粒的占比为 8%～92%（与最小表观年龄值一致），而覆盖层沉积物（粉沙）的比例在 15%～89%之间，但可能比下伏砾石沉积年轻 10000 年。许多情况下，用于确定沉积物年龄的颗粒在被裹挟进沉积物质流形成沉积物之前，它们的 $\mathrm{pIRIRSL}_{225}$ 信号很可能已经完全归零。可以想象，颗粒的晒退历史包括颗粒在活动河道内多次搬运事件导致的再沉积，在河道中间和岸边（水面之上和水下）沙坝表面的暴露等，这是许多样品中信号归零程度较高的原因。这一观察（相对较好的 $\mathrm{pIRIRSL}_{225}$ 信号归零）可以为石英光释光常规多颗粒测年应用于高能河流系统，如来自活动构造区和其他背景的河流时，提供更多的信心，因为石英光释光信号的晒退速度要比长石红外释光信号快得多。

9.4 释光测年适用的地貌环境

在古地震学中，光释光和红外释光测年可以作为其他沉积物测年方法的补充，特别是

^{14}C 测年。然而，在许多地方，沉积物中含有很少或者不含有机物质。如果在这种情况下能够证明释光测年是可靠的，这将非常有价值。这些地点主要包括沙漠环境，如莫哈韦沙漠、加利福尼亚、伊朗，以及中亚的部分地区，包括哈萨克斯坦、土库曼斯坦、蒙古国和中国。然而，在高山环境中，有机物质同样可能很少或保存得不好。

古地震学研究使用的典型方法是在靠近断层的沉积物中挖掘探槽，这些沉积物记录了破裂扩展和断错地层造成的强烈地面震动（图 9.6）。如上所述，古地震学家通常会选择季节性小湖泊或沼泽作为挖掘探槽的地点，因为这些湖泊或沼泽可能会提供一段较长时间内沉积物的半连续沉积记录：较长的时间有可能记录更多的地震事件，而相对更连续的沉积则减少了地震事件从记录中遗漏的可能性。在没有湖泊或池塘的地方，在陡坎上挖掘探槽有可能揭露出因断层运动而错位的土壤、沉积层或透镜体。每一次地震都可能对现有地层造成破坏（破裂、错动），但肯定不会影响尚未沉积的沉积物。延伸到特定层位的破裂特征组合（裂缝、小断层），被认为代表了单次地震事件。从未受上述破裂特征组合影响的首个水平沉积层采集的样品，可以用于估计地震发生的最小年龄，而受这组破裂特征影响的最上层或最年轻的沉积物则代表了地震事件发生前的沉积。

断层滑动速率与断层滑动产生位错形成的破裂特征相关。滑动速率可以由与断错结构直接相关的沉积物的光释光和红外释光测年确定（如 Fattahi et al.，2006，2007）。潜在的例子包括错断的河流阶地或海岸阶地及其建造阶段的沉积物，以及错断的沟道，有时包含错断的河道填充沉积物。根据断层类型和环境背景，可以从高分辨率地形数据［如使用激光雷达（LiDAR）或摄影测量数据构建的数字高程模型（DEM）］中确定合适的地点和沉积物。这些研究地点或沉积物可能位于大型沟谷中，或一系列紧密连接的沟谷中（Ferrater et al.，2016）。最常见的情况之一是河流阶地的侵蚀边缘（通常称为阶地陡坎）被错断；这些情况在走滑断层上比较常见，特别是断层其中一侧地形差异较大的地方，所造成的势能差使得河道以相对较大的角度穿过断层（如图 9.1A 所示）。例如，加利福尼亚州的加洛克断层（图 9.7；Dolan et al.，2016）和新西兰的阿瓦蒂里（Awatere）断层（Zinke et al.，2015，2017）。

图 9.6　捷克比拉 • 沃达（Bila Voda）的古地震探槽照片。光释光或红外释光样品使用直径约 5cm 的带黑色塑料盖的金属管采集，同时记录它们的准确位置。注意设备箱中装有便携式碘化钠伽马能谱仪，用于记录沉积物中的环境伽马剂量率。在照片的中央可以看到一个截断的沙质透镜体。照片由埃德 • 罗兹拍摄。

要获得有意义的断层滑动速率，有许多潜在的复杂性和细节需要考虑。其中之一是，当将阶地陡坎作为断错标志时，或是高阶地沉积物的年龄（较老），或是低阶地沉积物的年龄（较年轻）更接近形成阶地陡坎的侵蚀下切事件发生的时间，这取决于河流或溪流的性质，取决于可能导致地貌变化的气候波动，但也取决于构造事件发生的具体地质地貌条件。例如，主河道是否靠近此位置，并在低阶地废弃之前持续地侵蚀阶地边缘。在某些情况下，可以从高分辨率 DEM（如 LiDAR；图 9.7）或通过挖开的地层观测中获得其他的有用信息。探地雷达（GPR）测定有助于区分上述环境及其他活动构造环境中的埋藏沉积物单元或特征，如河道等。在缺乏其他信息的情况下，如果不考虑沉积年龄和下切事件的时间这两者之间隐含的不确定性，仅仅根据单一年龄的阶地来确定滑动速率是不合理的。

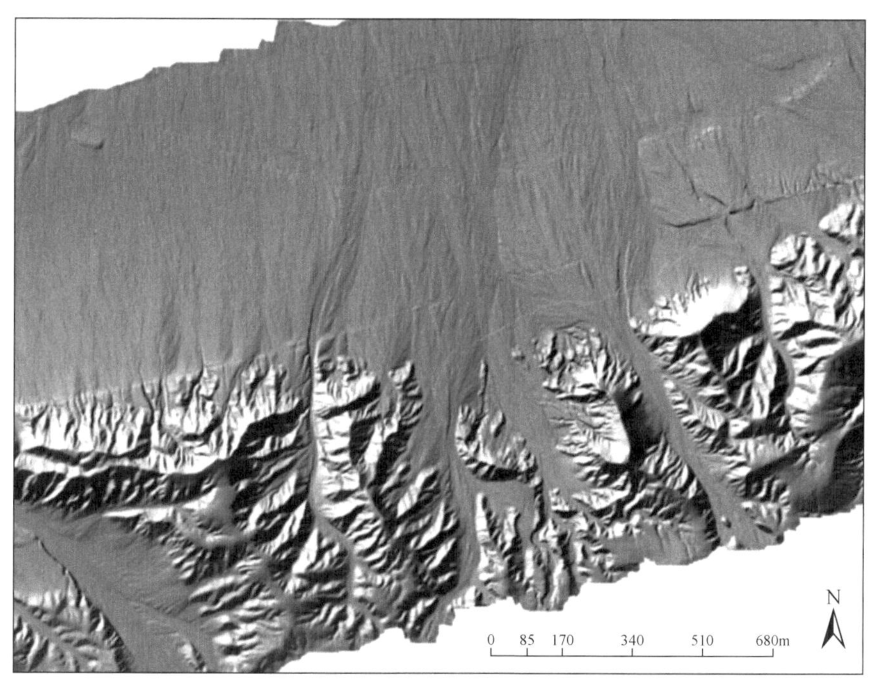

图 9.7　基于 LiDAR 数据的美国加利福尼亚州加洛克断层中部高分辨率数字高程模型（DEM），断层以大约 250～70° 方位角穿过该视图的中心。该区域被称为西圣诞峡谷（Christmas Canyon West），Dolan 等（2016）基于断错冲积扇沉积物单颗粒钾长石红外后红外释光（$pIRIRSL_{225}$）测年研究了该断层的滑动速率。在这张图的中央可以看到几个左旋断错。基于对断错阶地特征的最小二乘拟合，可利用数字地形数据估计滑动位移。利用挖掘的探槽，通过揭示地表与沉积物的地貌关系，对其中一个地貌特征的性质进行了详细研究，证明了小型阶地陡坎确实截断了河流沉积单元。红外释光测年样品是通过在手工挖掘的探坑中将钢管水平锤入沙质沉积物中采集的。数据来自 OpenTopography，数据处理和制图由 E・沃尔夫（E. Wolf）完成。

Cowgill（2007）的一个重要考虑是，断错阶地陡坎的不同部位如何保存位移记录。例如，当河道穿过走滑断层时，在断层的下游，河岸一侧被推入活动河道，而另一侧则离开河道原本占据的位置（图 9.8）。这部分河岸和相关阶地陡坎遭受侵蚀的风险会显著增加，如图 9.8 中 A、B 和 C 中虚线所示。凯库拉地震后的观测表明，这种侵蚀过程可能非常迅速，常常发生在数周至数月的时间尺度上，当然这取决于河流的水动力强度、水流的频率以及河岸的物质组成。如果穿过断层的河流位于地表平均坡度与河道不成 90° 的地形内，在更大尺度上看，下游凸岸的侵蚀风险会增加；尽管在上游的凸岸可以保留完整的位错滑移记录，但由于水流对对岸的侵蚀增加，下游的凸岸可能会被完全侵蚀。相反情形下，任何一侧的河岸都不能记录完整的位错滑移，因此滑移重建可能会很困难。总之，地貌对地形变化的响应本身就会改变地形，使得所有重建滑移历史的准确性受到限制。

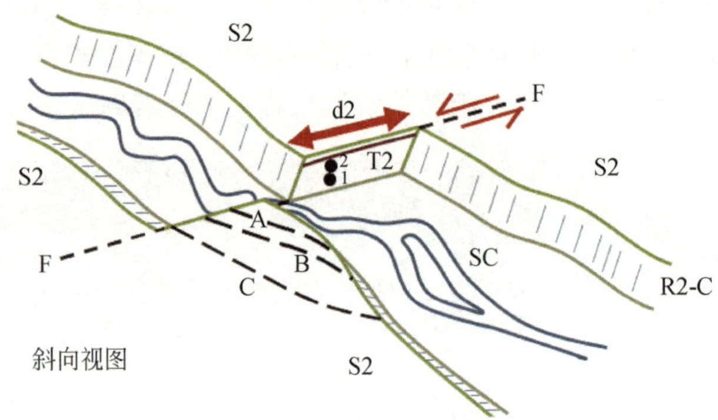

图 9.8　在发生大幅走滑位移后，河流阶地一侧易受侵蚀的示意图。在这个斜向视图中，阶地 T2 和地表 S2 最靠近观察者的部分被推入河道“SC”，几乎阻塞了河道。黑色虚线 A、B、C 表示阶地边缘被侵蚀时可能的顺序位置。值得注意的是，现在 S2 的上游部分突出到河道中，其中包括了 OSL 样品位置 1 和 2，也面临着增加的侵蚀风险，从而影响了对位移 d2 估计的有效性。

如果断层运动涉及垂直位移，如正断层、逆冲断层或逆断层，或斜滑断层，则所有地表过程的动力都会增加，包括溪流的侵蚀力以及通过滑动、滑塌和扩散过程输运物质的速率。这往往会加大重建总位错滑移的困难程度。

总之，需要非常仔细地寻找保存断层位移有用证据的地貌部位。此外，这些部位的选择需要考虑其中的沉积物是否适合光释光或红外释光测年，并且需要建立沉积过程和用于确定滑动位移的形貌特征之间的明确关系。释光的特殊优势在于，它能够使用几乎无处不在的材料对各种不同类型的沉积物进行测年，但我们依然需要寻找具有合适的地貌、沉积和构造关系的研究地点开展研究。

9.5　样品采集和结果分析

9.5.1　样品采集

活动构造环境中的采样一般不会在自然露头处进行，因为这种情况往往很少见，而且露头沉积物与目标地貌或沉积单元的关系有时很不明确。根据研究项目规模和性质的不同，通常采用手工挖掘（图 9.9）或机械挖掘，或开挖更大规模的探槽，以提高地层关系的可见度。在这些研究中，不同沉积单元之间的接触关系是非常重要的，地震扰动特征的细节也同样重要。由于目标材料通常为细沙至中沙，如果可能，采样时通常选择沙层或透镜体。但需要注意的是，其他粒级为主的沉积物中（如粉沙、壤土、粗沙、砾石）也含有足够的级颗粒可用于成功的释光测年。对不同搬运能量下的沉积物进行采样测年，有利于对结果的解释。同样，在一个出露地点对沉积物的完整序列进行采样，通常有助于减少年龄的不确定性，同时也使得我们对研究地点和释光结果的解释更加容易。

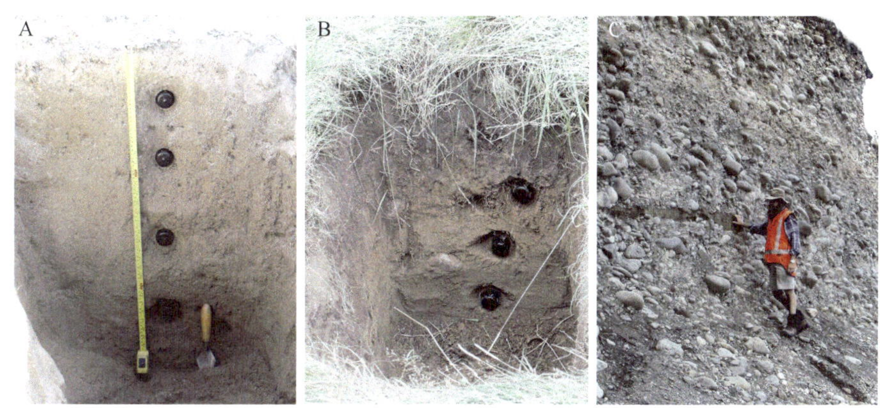

图 9.9 用于断层滑动速率研究的红外释光样品采集照片。A-美国加利福尼亚州加洛克断层的西圣诞峡谷一个大约 80cm 深的手掘探坑中，在沙质砾石中竖直采集了 4 个样品（Dolan et al., 2016）。B-新西兰瓦利（Wairau）断层布兰奇河（Branch）含卵石沙质粉沙中的三个样品。C-新西兰瓦利断层 B 布兰奇河粗砾石中的沙质透镜体。拉斯·迪森（Russ Van Dissen）博士为图中比例尺。照片由埃德·罗兹拍摄。

最近发展起来的单颗粒红外后红外释光方法的一个特点是，它能够为高能河流环境提供可靠的年龄估计（图 9.9）。通常是组成河流阶地的砾石层被侵蚀后形成阶地陡坎，而不是上覆的低能量沉积物，因此直接对砾石层进行采样很重要。然而，由于金属或塑料管很难在不弯曲或断裂的情况下插入砾石中层，所以很难采集光释光和红外释光样品，而且沉积期间的动力环境决定了砾石沉积物中合适的沙质透镜体相对较少。在这种情况下，有两种具体的解决方案，由于缺乏可用的替代名称，姑且称为“scrivelling”和“scrumbling”。前一种方法“scrivelling”指在黑暗环境中采样，要么在晚上，要么用一块大木板覆盖在一个探坑上。理论上也可以使用不透明的防水油布，但可能会难以避免风、雨和光线从侧面漏入的风险。使用安全灯（通常是红色 LED 循环尾灯装置或特制的过滤琥珀色或红色 LED 手电筒）来定位要采样的目标层位，并确保完全去除已曝光的表面（可以用喷漆标记），然后用小铲子小心地采集样品放入避光袋。不合适的材料如岩石等可以丢弃，但必须考虑到其对剂量率的影响。后一种方法“scrumbling”可用于某些沙质砾石沉积。具体方法为：将金属管平行于探坑或探槽内的砾石层表面打入砾石沉积中，但需要距离表面约 10cm。要做到这一点，需要在目标地层中挖一个小的辅助槽或沟，然后将采样管平行于探槽或探坑的内壁锤入次级槽或沟的一侧。当采样管被推进时，较大石块将被侧向推开，掉到探槽或探坑里。有时候，采集样品的操作人员可以用一只手拿着采样管，另一只手拿着锤子，同时用脚护持探槽壁上的砾石。这种方法可以避免探槽壁坍塌导致的采样管前端的暴露。通过这种方式，运气好的话，采样管中可能充满砾石沉积中较细的组分，并且没有曝光。

9.5.2 分析与解释

每一步对结果的分析都需要有一定程度的谨慎和经验。虽然对于每种方法都存在类似情况，但基于本节的目的，将考虑长石单颗粒红外后红外释光数据中出现的问题。采用单颗粒测量方法是为了解决样品存在多个等效剂量值的问题。多个等效剂量值可能是不完全归零导致一些（或可能所有）颗粒具有残余红外释光或光释光信号，或来自较年轻沉积物、表面的颗粒混合及其他原因，如差异性异常衰减等。由于上述提到的多种复杂机制，除了少量在测量不确定性和预期的离散度范围内呈现单一剂量的极少数样品，很少有样品的表观年龄具有明确地质意义。

以下部分是尝试定义一套可推荐的主要原则和方法，而非探讨多种可能的情景和解释。根据来自构造相关环境的约 400 个样品的经验，许多样品的最小剂量接近对沉积年龄的估计。然而，一些样品确实含有等效剂量值较低的颗粒，这可能是由于沉积后混合或不理想的颗粒释光特性（如高异常衰减速率），也不能排除实验室内极低水平的样品污染（可能非常少见）。当剂量值集中于若干个离散值时，其中的最低值可能代表沉积年龄，但不一定都是如此；颗粒可能在光线很弱的条件下（如在夜间）迅速沉积，而且可能主要来自单一源的混入，如坍塌的河岸，其中可能包含大部分晒退良好的颗粒。在这种情况下，少量的较低剂量值可能代表地层年龄，而不是混入颗粒的年龄。这个情景说明可能会出现无法确定的情形。

我们可通过两种主要方法来减小这种不确定性。第一种方法是可以测量更多的颗粒，以及评估低剂量在多大程度上能够在新的测试中被重复。虽然一致的较低剂量值不一定代表沉积年龄，但引起较低剂量出现的一些原因不太可能在重复测试中出现（如差异性异常衰减或实验室污染），因此低剂量值出现的概率可能会增加。第二种方法是将不确定样品的表观年龄结果与相近地层位置样品的表观年龄结果进行比较，如在同一剖面上方和下方的样品。一般很难遇见具有类似问题的不同样品，通过这种方式，通常可以解决上述不确定性。在测年中如果出现模棱两可的情况，这两种方法（测量更多的颗粒和额外的样品）都可以用来减少不确定性（图 9.10）。

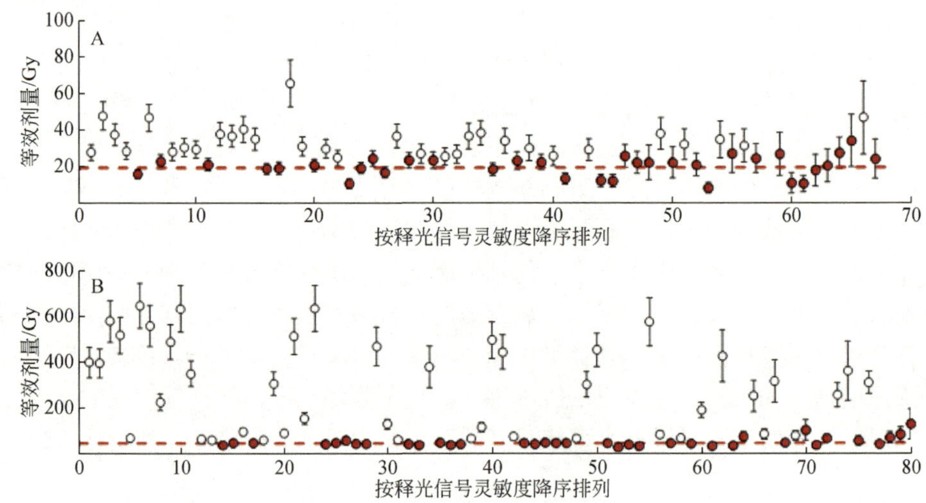

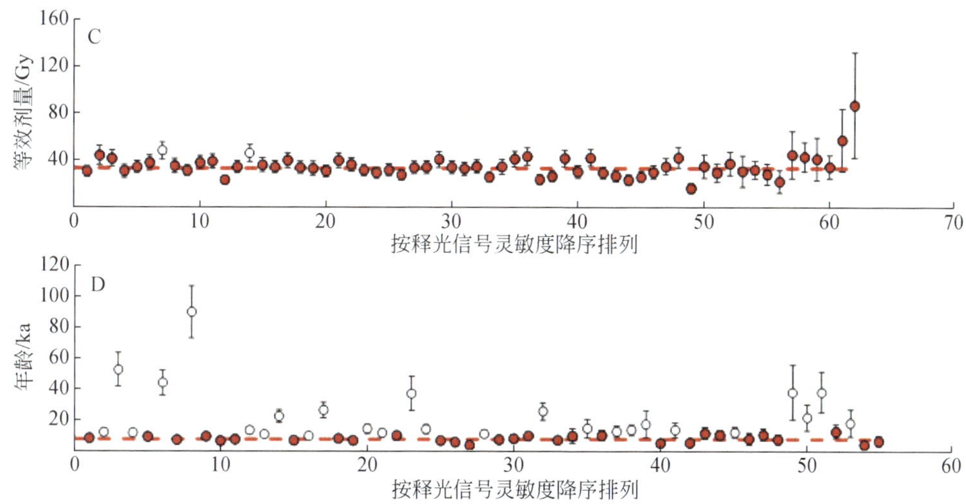

图 9.10 单颗粒红外后红外释光（pIRIRSL$_{225}$）等效剂量和年龄值示例，按颗粒释光信号灵敏度递减顺序绘制。基于测量不确定度，颗粒的等效剂量值与最小值一致，且在 15%的离散度之内的显示为红色，组合值为红色虚线。A-典型的部分晒退沉积物结果，来自美国加利福尼亚州卡里索（Carrizo）平原圣安德烈亚斯（San Andreas）断层的样品。B-极不完全晒退的实例，来自西班牙比利牛斯山脉（Pyrenees）冰碛细粒沉积物。C-来自中国昌马断层滑动速率研究的几乎完全晒退的样品。D-单颗粒等效剂量值除以平均剂量率，得到表观年龄值；53%的被测颗粒均很好的晒退，提供的综合年龄估计为 8460±610 年。其他结果见 Zinke 等（2017），所用方法见 Rhodes（2015）。

经验表明，与独立的年龄控制相比，使用 15%的散度似乎可以为许多样品提供可靠的年龄估计（Brown et al.，2015；Rhodes，2015）。对于具有 ^{10}Be 深度剖面控制的更新世样品，在利用红外后红外释光方法测年时需要进行衰减校正，但是对许多全新世样品则不需要。这一点有待进一步研究阐明，但我们建议在使用该方法时，利用同一个研究流域内或同一岩性的已知年龄样品评估红外后红外释光年龄的表现。此外，使用与主要基岩岩性相同的“无限老年龄”的鹅卵石或砾石可以提供一种独立的方法来评估任何信号的稳态衰减特性（Brown et al.，2015；Kars et al.，2008），并且在这些程序中通常包括对每个颗粒异常衰减行为的评估。Rhodes（2015）列出了进行衰减评估的五种方法，但应该强调的是，需要考虑在实验室中出现明显衰减而在自然界中很少或没有发生衰减的可能性。

9.6 研究计划备忘录

当计划一个活动构造相关的项目时，以下指南可能会很有用。首要考虑可能遇到的目标“事件”都有哪些，并为每个事件计划采集释光样品的数量。在构建详细的数字高程模型或在每个地点挖掘探槽之前，这些信息往往是不清楚的，因此要规划足够的工作时间和采样设备，以满足保存较好且具有全面测年潜力的研究地点的需要。并不是对采集的每个样品最终都进行测年，但如果出现不明确的情况，手边有额外的样品可能是非常有价值的。如果可能，可邀请测年专家参与采样。建议尽可能进行就地γ能谱测量。确保记录样品的经度、纬度、高程和埋藏深度，并在野外记录和照片中记录地层和样品位置的相关信息。

火山岩地区的石英和长石的释光特性往往都很差。这可能是火山岩中石英和长石在相对快速冷却的过程中结晶导致晶格更加无序（Daniels，2016）。在这些情况下，以及在碳酸盐岩地区，可能需要依赖远距离搬运的风成石英或长石颗粒，这些颗粒可能处于 75～100μm 左右的常规“粗颗粒”（就β剂量率而言）的最细端，所以可能需要对这些颗粒的单颗粒测年进行特殊考虑。如果沉积物中的目标颗粒相对稀少，采集更大份的样品或关键样品的备份可能会有所帮助。

在实验室中，测试一小部分样品作为“试点”，有助于确定石英颗粒的光释光信号是否有足够的灵敏度、超级钾长石或常规钾长石的分离是否能够提供更好的红外后红外释光信号、不同的粒径和矿物组分可能会得到什么样的结果，以及不同信号的归零程度。但是经验表明，在同一地点表观相似的样品之间，测年结果和归零程度可能相差很大。如果条件允许，采用单颗粒石英光释光测试是首选方法。

在可能的情况下，采集样品进行放射性碳测年，并利用一切机会交叉检验不同测年技术，包括宇宙成因核素和碳酸盐岩铀系测年。对于较大的项目，可以采集现代河道样品以评估该环境中释光信号的归零情况，并考虑采集基岩卵石用于长石红外释光信号异常衰减的测定。

9.7　与构造相关的其他应用

释光的其他一些应用与理解构造或大陆动力学过程之间的关系不是那么直接。这包括对许多不同地貌特征或沉积环境的研究，它们在某种程度上受到构造过程的影响，如抬升的海滩（Coutard et al.，2006；Ree et al.，2003）或由于抬升驱动的下切而被废弃的河流阶地（Bates et al.，2010；Lewis et al.，2017）。在这些方面，沉积物研究中遇到的测年问题通常不会超过本书其他章节讨论的释光测年应用中面临的问题和局限性。然而，在某些情况下，也发现了一些特别的问题，即矿物释光特性差和信号归零欠佳，这与本章内的讨论可能是相关的。在许多情况下，地貌和构造背景的解释依赖一个简单的模型，就像我们以下将要详细讨论的断层滑动速率和古地震学的具体应用一样。应该记住的是，无论沉积物测年方法多么可靠，其解释基本上取决于这些模型的准确性。在一些已发表的文章中对这些模型的介绍相当简短，特别是关于模型所依据的假设。

还有一些是尝试直接测定断层面的年代。这些研究大多基于对断层运动时摩擦加热或应力增加使释光信号归零的期望（Banerjee et al.，1999；Ding and Lai，1997；Mukul et al.，2007；Singhvi et al.，1994）。与释光测年类似的石英电子自旋共振测年的尝试取得的部分成功（如 Fukuchi，1996；Fukuchi and Imai，1998）和一些有希望的结果，说明了释光研究的潜力。然而，Lee 和 Schwartz（1994）认为石英电子自旋共振中心的陷阱深度相对较高，相当于其信号清零时上覆约 70m 的盖层。显然，这种方法不适用于在受到近几千年构造事件影响的当前地表附近采集的样品，因为这需要少见的、足够高的剥露速率。与石英热释光/光释光信号或长石热释光/红外释光/红外后红外释光信号相关的较低热稳定性信号的存在，使这一领域成为未来可能的研究方向。有研究对美国加利福尼亚州圣安德烈亚斯断裂深部观测站（San Andreas Fault Observatory at Depth，SAFOD）的长石释光信号进行了探索（Spencer et al.，2012），令人惊讶的是，约 2600m 深度的断层面上采集的颗粒在 112℃的环境温度下获得的热释光和红外释光的等效剂量值，都与 1906 年的最近一次大地震事件相符。在这些情况下，可能有三种基本机制在起作用：①断层面内或断层面附近颗粒的直接摩擦加热；②间接加热，即流体被加热并可能迁移到离断层一定距离的地方；③在断层面上或离断层面一定距离处的应力引起的陷阱排空。在不同研究中，作者探讨了这些机制，但结果似乎有一些差异，而且对于最佳方法或此类技术成功所需的环境需求尚未达成共识。事实上，很难在可能产生摩擦加热的固结物质中找到断层面露头，这使其成为一项很有潜力但应用起来却极具专业性的技术。

第三类应用与构造相关，对石英热释光/光释光或长石红外释光开展了低温热年代学研究。此类技术可以测量样品冷却至允许电荷捕获超过热损失的温度后所经历的时间。Brown 等（2017）总结了长石的早期研究，包括 Prokein 和 Wagner（1994）评估热释光热年代体系的早期尝试。石英光释光热年代学也被应用于新西兰的样品（Herman et al.，2010），尽管测量的 OSL 信号的矿物来源后来受到质疑（Guralnik et al.，2015a）。Guralnik 等（2015b）通过理论和数学处理对钠长石的红外释光（IRSL）信号体系进行了量化（Guralnik et al.，2013），从而对 Li 和 Li（2012）开发的方法进行了补充。最近 King 等（2016）应用了长石多步升温红外释光（MET-IRSL）测量方法来确定更复杂的冷却历史，而 Brown 和 Rhodes（2017）则探索了长石热释光体系，随后在 Brown 等（2017）的研究中得到了应用。

9.8 小结和结论

总体来说，许多技术发展促成了一套可应用于活动构造环境的测量技术。在石英释光特性合适的情况下，并且样品显示出具有快速衰减特征的快组分释光信号（Smith and Rhodes，1994），那么石英释光测年（OSL）将是首选方法；而在可能存在不完全归零问题的情况下，需要使用单颗粒测量。在石英灵敏度较差的情况下，通常可以使用单颗粒钾长石红外后红外释光很好地进行测年；在大多数活动构造环境中，该信号对光的敏感度太低，因而不能使用常规的多颗粒测片。该方法仍有一些方面需要进一步研究，如自然红外释光信号的异常衰减速率，但通过与独立年龄控制进行比较，通常可以克服这些问题。一些具有独立年龄控制的研究表明，全新世和某些晚更新世的测年结果很少需要对该信号进行衰减校正。更加深入的研究将有助于回答有关断层运动和地震发生的基本问题（Dolan et al.，2016；Zinke et al.，2017），如断层在几个地震周期内滑动速率的显著变化。

参考文献

Banerjee，D.，Singhvi，A.K.，Pande，K.，Gogte，V.D. and Chandra，B.P. 1999. Towards a direct dating of fault gouges using luminescence dating techniques e methodological aspects. Current Science 77，256-268.

Bates，M.R.，Briant，R.M.，Rhodes，E.J.，Schwenninger，J.-L. and Whittaker，J.E. 2010. A new chronological framework for Middle and Upper Pleistocene landscape evolution in the Sussex/Hampshire Coastal Corridor，UK. Proceedings of the Geologists' Association 121，369-392.

Brown，N.D. and Rhodes，E.J. 2017. Thermoluminescence measurements of trap depth in alkali feldspars extracted from bedrock samples. Radiation Measurements 96，53-61.

Brown，N.D.，Rhodes，E.J.，Antinao，J.L.，McDonald，E.V. 2015. Single-grain post-IR IRSL signals of

K-feldspars from alluvial fan deposits in Baja California Sur，Mexico. Quaternary International 362，132-138.

Brown，N.D.，Rhodes，E.J.，Harrison，T.M. 2017. Using thermoluminescence signals from K-feldspars for low-temperature thermochronology. Quaternary Geochronology 41，31-41.

Buylaert，J.P.，Murray，A.S.，Thomsen，K.J.，Jain，M. 2009. Testing the potential of an elevated temperature IRSL signal from K-feldspar. Radiation Measurements 44，560–565. Constraints from luminescence dating. Quaternary International 199，15-24.

Coutard，S.，Lautridou，J.-P.，Rhodes，E.J. and Clet，M. 2006. Tectonic，eustatic and climatic significance of raised beaches of Cotentin（Val de Saire，Normandy，France）. Quaternary Science Reviews 25，595-611.

Cowgill，E. 2007. Impact of riser reconstructions on estimation of secular variation in rates of strike–slip faulting: Revisiting the Cherchen River site along the Altyn Tagh Fault，NW China. Earth and Planetary Science Letters 254，239-255.

Cowie，P.A.，Phillips，R.J.，Roberts，G.P.，McCaffrey，K.，Zijerveld，L.J.J.，Gregory，L.C.，Faure Walker，J.，Wedmore，L.N.J.，Dunai，T.J.，Binnie，S.A.，Freeman，S.P.H.T.，Wilcken，K.，Shanks，R.P.，Huismans，R.S.，Papanikolaou，I.，Michetti，A.M.，Wilkinson，M. 2017. Orogen-scale uplift in the central Italian Apennines drives episodic behaviour of earthquake faults. Scientific Reports 7:44858.

Daniels，J.T.M. 2016. Mineralogic controls on the infrared stimulated luminescence of feldspars: An exploratory study of the effects of Al，Si order and composition on the behavior of a modified post-IR IRSL signal. Unpublished MS thesis，UCLA.

Dawson，T.E.，McGill S.F. and Rockwell，T.K. 2003. Irregular recurrence of paleoearthquakes along the central Garlock fault near El Paso Peaks，California: Jour. Geophys. Res. 108，2356-2385.

Ding，Y.Z.，Lai，K.W. 1997. Neotectonic fault activity in Hong Kong: evidence from seismic events and thermoluminescence dating of fault gouge. Journal of the Geological Society，London 154，1001-1007.

Dolan，J.F.，McAuliffe，L.J.，Rhodes，E.J.，McGill，S.F. and Zinke，R. 2016. Extreme multi-millennial slip rate variation on the Garlock fault，California: Strain super-cycles，potentially time-variable fault strength，and implications for system-level earthquake occurrence. Earth and Planetary Science Letters 446，123-136.

Fattahi，M. 2009. Dating past earthquakes and related sediments by thermoluminescence methods: A review. Quaternary International 199，104-146.

Fattahi，M.，Walker，R.，Hollingsworth，J.，Bahroudi，A.，Nazari，H.，Talebian，M.，Armitage，S. and Stokes，S. 2006. Holocene slip-rate on the Sabzevar thrust fault，NE Iran，determined using optically stimulated luminescence（OSL）. Earth and Planetary Science Letters 245，673-684.

Fattahi，M.，Walker，R. T.，Khatib，M. M.，Dolati，A. and Bahroudi，A 2007. Slip-rate estimate and past earthquakes on the Doruneh fault，eastern Iran. Geophysical Journal International 168，691-709.

Ferrater，M.，Ortuño，M.，Masana，E.，Pallàs，R.，Baize，S.，García-Meléndez，E.，Martínez-Díaz，J.J.，Echeverria，A.，Rockwell，T.K.，Sharp，W.D.，Medialdea，A. and Rhodes，E.J. 2016. Refining seismic parameters in low seismicity areas by 3D trenching: The Alhama de Murcia fault，SE Iberia. Tectonophysics 680，122-128.

Fitzsimmons，K.E.，Rhodes，E.J. and Barrows，T.T. 2010. OSL dating of southeast Australian quartz: A preliminary assessment of luminescence characteristics and behaviour. Quaternary Geochronology 5，91-95.

Fukuchi, T. 1996. Direct ESR dating of fault gouge using clay minerals and the assessment of fault activity. Engineering Geology 43, 201-211.

Fukuchi, T. and Imai, N. 1998. Resetting experiment of E' centers by natural faulting—the case of the Nojima Earthquake fault in Japan. Quaternary Geochronology 17, 1063-1068.

Guralnik, B., Ankjærgaard, C., Jain, M., Murray, A.S., Müller, A., Wälle, M., Lowick, S.E., Preusser, F., Rhodes, E.J., Wu, T.-S., Mathew, G., Herman, F. 2015a. OSL thermochronometry using bedrock quartz: a note of caution. Quaternary Geochronology 25, 37-48.

Guralnik, B., Jain, M., Herman, F., Ankjærgaard, C., Murray, A.S., Valla, P.G., Preusser, F., King, G.E., Chen, R., Lowick, S.E., Kook, M. and Rhodes, E.J. 2015b. OSL-thermochronometry of feldspar from the KTB borehole, Germany. Earth and Planetary Science Letters 423, 232-243.

Guralnik, B., Jain, M., Herman, F., Paris, R.B., Harrison, T.M., Murray, A.S., Valla, P.G. and Rhodes, E.J. 2013. Effective closure temperature in leaky or saturating thermochronometers. Earth and Planetary Science Letters 384, 209-218.

Herman, F., Rhodes, E.J., Braun, J. and Heinihger, J. 2010. Uniform erosion rates and relief amplitude during glacial cycles in the Southern Alps of New Zealand, as revealed from OSL thermochronology. Earth and Planetary Science Letters 297, 183-189.

Kars, R.H., Wallinga, J., Cohen, K.M. 2008. A new approach towards anomalous fading correction for feldspar IRSL dating-tests on samples in field saturation. Radiation Measurements 43, 786-790.

King, G.E., Herman, F. and Guralnik, B. 2016. Northward migration of the eastern Himalayan syntaxis revealed by OSL thermochronometry. Science 353, 800-804.

Krbetschek, M.R., Götze, J., Dietrich, A. and Trautmann, T. 1997. Spectral information from minerals relevant for luminescence dating. Radiation Measurements 27, 695-748.

Lawson, M.J., Roder, B.J., Stang, D.M. and Rhodes, E.J. 2012. Characteristics of quartz and feldspar from southern California, USA. Radiation Measurements 47, 830-836.

Lawson, M.J., Daniels, J.T.M., Rhodes, E.J. 2015. Assessing Optically Stimulated Luminescence (OSL) signal contamination within small aliquots and single grain measurements utilizing the composition test. Quaternary International 362, 34-41.

Lee, H.K. and Schwartz, H.P. 1994. Criteria for complete zeroing of ESR signals during faulting of the San Gabriel fault zone, southern California. Tectonophysics 235, 317-337.

Lewis, C.J., Sancho, C., McDonald, E.V., Peña-Monné, J.L., Pueyo, E.L., Rhodes, E.J., Calle, M., Soto, R. 2017. Post-tectonic landscape evolution in NE Iberia using a staircase of terraces: combined effects of uplift and climate. Geomorphology 292, 85-103.

Li, B. and Li, S.-H. 2012. Determining the cooling age using luminescence thermochronology. Tectonophysics 580, 242-248.

Middleton, T.A., Walker, R.T., Rood, D.H., Rhodes, E.J., Parsons, B., Lei, Q., Zhou, Y., Elliott, J.R., Ren, Z. 2016. The tectonics of the western Ordos Plateau, Ningxia, China: Slip rates on the Luoshan and East Helanshan Faults. Tectonics Tectonics 35, 2754-2777.

Mukul, M., Jaiswal, M., Singhvi, A.K. 2007. Timing of recent out-of-sequence active deformation in the frontal

Himalayan wedge: insights from the Darjiling sub-Himalaya，India. Geology 35，999-1002.

Nian，X，Bailey，R.M. and Zhou，L. 2012. Investigations of the post-IR IRSL protocol applied to single K-feldspar grains from fluvial sediment samples. Radiation Measurements 47，703-709.

Nissen E.，Walker，R. T.，Bayasgalan，A.，Carter，A.，Fattahi，M.，Molor，E.，Schnabel，C.，West，A.J.，Xu，S. 2009. The late Quaternary slip-rate of the Har-Us-Nuur fault (Mongolian Altai) from cosmogenic 10Be and luminescence dating. Earth and Planetary Science Letters 286，467-478.

Pietsch，T.，Olley，J.，and Nanson，G. 2008. Fluvial transport as a natural luminescence sensitiser of quartz. Quaternary Geochronology 3，365-376.

Porat，N.，Duller，G. A. T.，Amit，R.，Zilberman，E. and Enzel，Y. 2009. Recent faulting in the southern Arava，Dead Sea Transform: Evidence from single grain luminescence dating. Quaternary International 199: 34–44.doi:10.1016/j.quaint.2007.08.039

Porat，M.，Levi，T. and Weinberger，R. 2007. Possible resetting of quartz OSL signals during earthquakes: Evidence from late Pleistocene injection dikes，Dead Sea basin，Israel. Quaternary Geochronology 2，272-277.

Porat，N.，Duller，G.A.T.，Amit，R.，Zilberman，E. and Enzel，Y. 2009. Recent faulting in the southern Arava，Dead Sea Transform: Evidence from single grain luminescence dating. Quaternary International 199，34-44.

Preusser，F.，Chithambo，M.L.，Götte，T.，Martini，M.，Ramseyer，K.，Sendezera，E.J.，Susino，G.J. and Wintle，A.G. 2009. Quartz as a natural luminescence dosimeter. Earth-Science Reviews 97，184-214.

Prokein，J. and Wagner，G.A. 1994. Analysis of thermoluminescent glow peaks in quartz derived from the KTB-drill hole. Radiation Measurements 23，85-94.

Ree，J.H.，Lee，Y.J.，Rhodes，E.J.，Park，Y.，Kwon，S. T.，Chwae，U.，Jeon，J. S. and Lee，B. 2003. Quaternary reactivation of Tertiary faults in southeastern Korean peninsula: Age constraint by optically stimulated luminescence dating. Island Arc 12，1-12.

Reimann，T.，Thomsen，K.J.，Jain，M.，Murray，A.S. and Frechen，M. 2012. Single-grain dating of young sediment using the pIRIR signal from feldspar. Quaternary Geochronology 11，28-41.

Rhodes，E.J. 2007. Quartz single grain OSL sensitivity distributions: Implications for multiple grain single aliquot dating. Geochronometria 26，19-29.

Rhodes，E.J. 2011. Optically stimulated luminescence dating of sediments over the past 200,000 years. Annual Review of Earth and Planetary Sciences 39，461-488.

Rhodes，E.J. 2015. Dating sediments using potassium feldspar single-grain IRSL: Initial methodological considerations. Quaternary International 362，14-22.

Rhodes，E.J.，Bronk-Ramsey，C.，Outram，Z.，Batt，C.，Willis，L.，Dockrill，S. and Bond，J. 2003. Bayesian methods applied to the interpretation of multiple OSL dates: high precision sediment age estimates from Old Scatness Broch excavations，Shetland Isles. Quaternary Science Reviews 22，1231-1244.

Rizza，M.，Ritz，J.F.，Braucher，R.，Vassallo，R.，Prentice，C.，Mahan，S.A.，McGill，S.，Chauvet，A.，Marco，S.，Todbileg，M.，Demberel，S. and Bourlès，D. 2011. Slip rate and slip magnitudes of past earthquakes along the Bogd left-lateral strike-slip fault（Mongolia），Geophys. J. Int.186，897-927.

Roder，B.J.，Lawson，M.J.，Rhodes，E.J.，Dolan，J.F.，McAuliffe，L. and McGill，S.F. 2012. Assessing the potential of luminescence dating for fault slip rate studies on the Garlock fault，Mojave Desert，California，

USA. Quaternary Geochronology 10，285-290.

Rudersdorf，A.，Hartmann，K.，Yu，K.，Stauch，G.，Reicherter，K. 2015. Seismites as indicators for Holocene seismicity in the northeastern Ejina Basin，Inner Mongolia. In Landgraf，A.，Kuebler，S.，Hintersberger，E. and Stein，S. (eds)，Seismicity，Fault Rupture and Earthquake Hazards in Slowly Deforming Regions. Geological Society，London，Special Publications，432.

Scharer，K.，Weldon，R.，Streig，A.，Fumal，T. 2014. Paleoearthquakes at Frazier Mountain，California delimit extent and frequency of past San Andreas Fault ruptures along 1857 trace，Geophys. Res. Lett. 41，4527-4534.

Singarayer，J.S. and Bailey，R.M. 2004. Component-resolved bleaching spectra of quartz optically stimulated luminescence: Preliminary results and implications for dating. Radiation Measurements 38，111-118.

Singhvi，A.K.，Banerjee，D.，Pande，K.，Gogte，V.，Valdiya，K.S. 1994. Luminescence studies on neotectonic events in south-central Kumaun Himalaya: A feasibility study. Quaternary Science Reviews（Quaternary Geochronology）13，595-600.

Smedley，R.K. and Duller，G.A.T. 2013. Optimising the reproducibility of measurements of the post-IR IRSL signal from single-grains of feldspar for dating. Ancient TL 31，49-58.

Smedley，R.K.，Duller，G.A.T.，Roberts，H.M. 2015. Bleaching of the post-IR IRSL signal from individual grains of K-feldspar: Implications for single-grain dating. Radiation Measurements 79，33-42.

Smith，B.W，Rhodes，E.J. 1994. Charge movements in quartz and their relevance to optical dating. Radiation Measurements 23，329-333.

Spencer，J.Q.G.，Hadizadeh，J.，Jean-Pierre Gratier，J.-P. and Doan，M.-L. 2012. Dating deep? Luminescence studies of fault gouge from the San Andreas Fault zone 2.6 km beneath Earth's surface. Quaternary Geochronology 10，280-284.

Trauerstein，M.，Lowick，S.E.，Preusser，F.，Schlnegger，F. 2014. Small aliquot and single grain IRSL and post-IR IRSL dating of fluvial and alluvial sediments from the Pativilca valley，Peru. Quaternary Geochronology 22，163-174.

Wells，D.L.，and Coppersmith，K.J. 1994. New empirical relationships among magnitude，rupture length，rupture width，rupture area，and surface displacement. Bull. Seismol. Soc. Am.，94，974-1002.

Wintle，A.G.，Murray，A.S. 2006. A review of quartz optically stimulated luminescence characteristics and their relevance in single-aliquot regeneration dating protocols. Radiation Measurements 41，369-391.

Zinke，R.，Dolan，F.D.，Rhodes，E.J.，Van Dissen，R.，McGuire，C.P. 2017. Highly variable latest Pleistocene-Holocene incremental slip rates on the Awatere Fault at Saxton River，South Island，New Zealand，revealed by Lidar mapping and luminescence dating. Geophysical Research Letters 44，41-61.

Zinke，R.，Dolan，J.F.，Van Dissen，R.，Grenader，J.R.，Rhodes，E.J.，McGuire，C.P.，Langridge，R.M.，Nicol，A. and Hatem，A.E. 2015. Evolution and progressive geomorphic manifestation of surface faulting: A comparison of the Wairau and Awatere faults，South Island，New Zealand. Geology 43，1019-1022.

10　在考古环境中的应用

伊恩·贝利夫
英国杜伦大学考古系　Email: ian.bailiff@dur.ac.uk

摘要：作为一种测年方法，释光测年对于那些缺少有机质或者年代超出了广泛应用的放射性碳测年有效范围的考古遗址点具有重要意义。考古遗址以及人工制品的多样性和复杂性，以及测年技术的要求，意味着野外工作者和实验室研究人员之间的密切合作至关重要。选择最合适的实验室方法来确定特定的考古材料和/或过程的年代取决于各种技术因素，包括存在的矿物类型，计时器如何/何时重置（通过加热或日光照射），以及采集测年样品的沉积环境的预期年龄。该方法在考古材料中的成功应用取决于对实验以及为收集主要考古数据所开展的野外工作的真正理解；而且测年样品的完整性（或系统性）是构建可靠年代框架的必要条件。

关键词：考古遗存，旧石器时代，海岸遗址，农业特征，构筑物和建筑物，陶器

10.1　引言

尽管释光测年起源于其在考古学中的应用，但正如其他章节所述，其应用范围在近五十年中得到了极大的拓展，光释光技术的引入加快了这一拓展的速度。因此，在应用释光测年对第四纪的各种沉积过程进行定年的工作中，与考古学相关的测年仅占据了相对较小的比例。在考古研究中，尽管释光测年的应用与常规的放射性碳测年相比相形见绌，但是在缺乏有机质的情况下，特别是在旧石器考古领域，当其年代超出放射性碳的测年范围时，释光发挥了重要的作用。由于释光方法复杂且成本高昂，为了确保对遗址点以及实验室测年问题之间的相互理解，其应用通常需要野外调查人员和实验人员的通力合作。这样就可以对考古现场工作进行调整以获得最理想的样品（另见第 2 章）。

本章将选择性地重点介绍光释光和热释光在考古研究中的最新应用，这些释光测年结果所产生的影响越来越受到考古学家的关注。这里所讨论的案例研究涵盖了该方法适用的广泛的测年范围，从旧石器时代中期（Middle Palaeolithic，MP）（大约 30 万～4 万年前）古人类居住的洞穴和旷野遗址，到中世纪时期相对较新的建筑物。基于这些研究，将对释光在考古环境应用中特有的采样和技术问题进行补充说明。

10.2　旧石器时代洞穴、岩棚和旷野遗址

利用释光测年法对旧石器遗址的遗存材料进行测年，为我们理解人类演化及其迁徙历史做出了重要贡献。此类释光测年很少采用常规方法，而是需要开展更详细和专业的工作。许多古人类遗址点的沉积层中包含了数千年来人类制造和使用石器工具的文化证据，这些

石器打制技术的变化对于古人类演化研究具有特别重要的意义。当我们将上述变化过程置于一个年代学标尺上时，这类遗址点就会凸显出独特的研究价值。对于比旧石器时代中期（30 万～3 万年前）后段更古老的遗址来说，由于大多数超出了放射性碳的测年范围（约50ka），陷阱捕获电荷测年方法（释光和电子自旋共振）发挥着潜在的重要作用。基于大量旧石器遗址石器组合的类型学特征为后续人类进化研究中年代框架基础的建立发挥了重要作用。但是，由于不同遗址点的石器类型存在差异，因此对遗址点进行可靠的年代测定至关重要。例如，尼安德特人和早期解剖学上的现代人（anatomically modern human，AMH）被证明曾经在南黎凡特（Levant）生存（Porat et al.，2018）。当遗址点出现用火痕迹时（如火塘），该地点附近很可能存在人为或者意外造成的被烧过的燧石碎片，其中也可能包括各种卵石。由于经过加热的物质与人类活动有直接关系，因此通常被作为进行定年的首选材料。未经过加热的沉积物是文化遗存的埋藏介质，也是重建遗址点形成过程的载体。沉积物可以使用光释光技术进行测年，加热过的燧石则使用热释光技术，因为燧石的光释光特性通常不利于测年。然而，Schmidt 和 Kreutzer（2013）通过实验筛选发现，他们测试的一些燧石可能适用光释光方法进行测年。同时，已有研究表明可以使用光释光技术对埋藏前晒退完全的结晶卵石（石英和花岗岩）进行年代标定（见第 11 章），这进一步扩大了早期遗址中可用于释光测年材料的范围。以洞穴堆积物形式沉积的未加热方解石通常富集于岩溶洞穴中，在早期人们使用热释光对其进行测年，但由于过于复杂导致无法应用常规测年程序，已被铀系测年方法取代（Pike，2017；Pike et al.，2017)。

在对旧石器遗址中应用释光测年时经常会遇到一些挑战，这取决于测年材料的类型和所采用的技术。测年实验室将根据存在的矿物类型、是否受热（高于 400℃）以及根据测年样品所在沉积背景的预期年龄来选择测量等效剂量（D_E）的技术。尽管大多数已经发表的释光年龄来自旧石器时代的洞穴和岩穴遗址，但针对旷野遗址的研究正在增加。下述示例将说明在对洞穴、岩棚和旷野遗址进行测年时出现的一系列问题。在其他考古研究中应用释光技术需要强烈依赖地层学和遗址形成过程的解释时，这些问题也很常见。例如，对印度尼西亚弗洛勒斯（Flores）的梁布亚（Liang Bua）遗址的年代地层学开展的重新评估（Sutikna et al.，2016）表明，洞穴遗址存在潜在的不容低估的复杂性。

10.2.1 应用

10.2.1.1 杰贝尔·伊尔胡德洞穴

杰贝尔·伊尔胡德（Jebel Irhoud）洞穴遗址位于摩洛哥西部，因其旧石器时代中期石器组合而闻名，该遗址以勒瓦娄哇（Levallois）技术为特征，同时缺少任何阿舍利（Acheulean）或阿泰尔（Aterian）文化的石器类型（Hublin et al.，2017）。Richter 等（2017）利用与智人遗骸相关的加热燧石开展了热释光测年研究，结果表明，这些化石代表着目前已知最早的智人。该遗址文化层的第 7 层包含的考古遗存最丰富（包括最近发现的古人类化石），其热释光年龄为 315±34ka。这一结果也被其上覆文化层（第 6 层）中烘烤燧石约 302±32ka 的年龄所证实。尽管缺乏类似火山灰或者洞穴堆积物这种可以提供独立定年标记的材料，但其热释光年龄得到了经校正的铀系/电子自旋共振组合定年（286±32ka）的支持，这一年龄来自相当于第 7 层文化层的沉积物中出土的人类牙齿碎片（Irhoud 3；Smith et al.，

2007）。而该遗址的年龄超出了传统单片再生法的测年范围，因此没有尝试对第 6 层和第 7 层的沉积物进行光释光测年。虽然需要假设燧石的受热过程与智人的出现是同时发生的，但当我们将它看作前现代智人的早期阶段时，这种对化石的间接定年对于理解智人的演化具有重要意义（Stringer and Galway-Witham，2017）。

对考古遗址在其初次发掘多年之后再进行采样是一个问题。许多在 20 世纪早期发掘的重要旧石器遗址都存在这种问题，即在科学测年技术得到发展之前研究材料已被发掘出来。这种情况通常会造成测年数据达不到标准。而现在的野外调查工作通常包括对测年样品采集工作的前期规划，因此可以建立更为可靠的年代学框架。以杰贝尔·伊尔胡德为例，对该遗址开展再发掘工作时提前部署了 47 个剂量计，以获得其环境剂量率变化的详细信息（Richter et al.，2017）。在发掘过程中使用 3D 记录技术还可以准确地重建随后用于释光测年的文物在地层中的位置。这可以精确地记录测年石器与测定了γ剂量率（直接测量或根据放射性核素含量计算）的层位之间的空间关系，从而降低热释光年龄的整体不确定性。研究发现第 6 层［相对标准偏差（RSD）为 9%，n=4］和第 7 层（RSD 为 6%，n=6）的每个热释光年龄均具有与剂量计测量结果（RSD 为 8%～14%）相当的变异性。这种由于剂量率异质性导致的变异性（见第 10.2.3 节）通常出现在含有石灰岩的岩溶地貌中，如果要进一步提高遗址点热释光年龄的总体精度，就需要使用分辨率更高的方法来重建 γ 剂量率。

10.2.1.2　米斯利亚洞穴

米斯利亚洞穴（Misliya）遗址位于临近海法（Haifa）卡尔迈勒山（Carmel）的塔布洞（Tabun）附近，包含丰富的旧石器时代中期［莫斯特文化（Mousterian）］早段和旧石器时代早期（Lower Palaeolithic，LP）［阿舍利-亚布鲁甸文化（Acheuleo-Yabrudian）］的文化遗存序列，其中包括大型燧石石器组合和许多火塘，这表明该洞穴曾被长期频繁使用。Valladas 等（2013）对 LP 和 MP 早段人工制品所在地层中出土的烧过的燧石进行了测年，得到了 32 个热释光年龄（图 10.1）。根据年龄分析得出，在 244±27ka 至 212±27ka 之间，石器文化有一个从旧石器时代早期晚段向旧石器时代中期早段的快速转变，并且在后一阶段中古人类对该洞穴的使用持续了至少 75ka。该洞穴获得的热释光年龄与杰贝尔·伊尔胡德洞穴加热燧石的释光年龄具有类似的不确定性（误差为年龄的 12%～14%）。尽管在测量等效剂量（D_E）时使用了相似的实验方法，但本书在估算剂量率时还额外增加了对 LP 样品的等时线分析。等时线分析旨在提供一种独立于外部剂量率的年龄估计，可用于获得一组燧石样品的平均年龄。这组样品的内部剂量率要有一定的变化幅度，而外部剂量率在采样范围内是均一的。LP 样品（图 10.1 中的 Q28 和 Q29）所获得的等时线年龄为 244±30ka，与使用独立外部剂量率计算得到的每个样品的年龄具有良好的一致性，这增强了采样层位外部剂量率估算的可信度。然而值得注意的是，一些 MP 早段样品的热释光年龄可能存在着高估（图 10.1 中的空心圆），因为它们与年代地层学、燧石类型学和沉积物微形态方面的证据不一致。尽管上述这种结果仍然原因不明，但它们表明为了检测这类异常值的出现，获得足够数量的测年数据至关重要。如下文关于布伦峡谷 2 号遗址（Combe Brune 2）的情况所述，除了在技术层面更深入地检查 D_E 和剂量率估算的可靠性之外，在未来的工作中，利用新近发展起来的扩展测年范围的释光技术对沉积物开展测年（见第 1 章），可能有助于确定人工制品的年代。

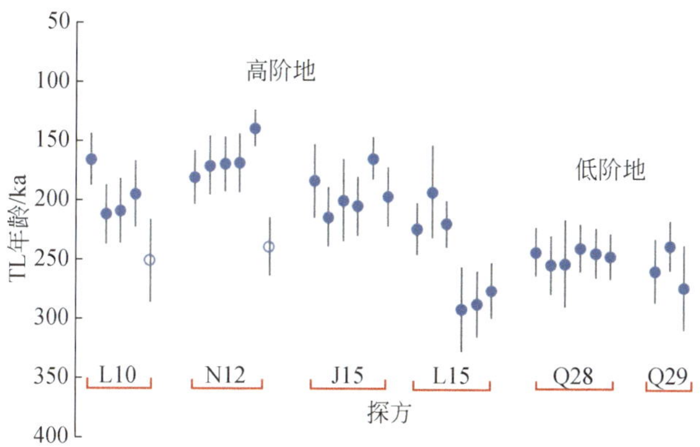

图 10.1 海法附近米斯利亚洞穴高阶地和低阶地沉积物中出土的烧过的燧石样品的热释光年龄；这两级阶地沉积物中分别包含了旧石器时代早期（LP）晚段和旧石器时代中期（MP）早段的石器组合。从同一地点发现这两个石器组合是很重要的，因为根据热释光年代学，它们显示了石器技术从阿舍利-亚布鲁甸文化向莫斯特文化的明确转变发生在约 25 万年前。如正文所述，高阶地沉积物的两个热释光年龄（空心圆）被认为是高估年龄。数据转自 Valladas 等（2013）。

10.2.1.3 迪克鲁夫岩棚

在为数不多的通过独立实验室测年结果直接对比以检验内部可靠性的工作中，对南非西开普省迪克鲁夫（Diepkloof）岩棚的研究就是一个有趣的案例。三个实验室对该地点的样品开展独立测年工作，其中有部分样品取自同一地层环境。迪克鲁夫岩棚被视为了解该地区旧石器时代中期文化的关键地点，其中保存的一个文化层，含有斯蒂尔湾（Still Bay）和豪伊森关（Howieson Poort，HP）两种文化类型的开始及演化过程的沉积序列，而根据目前的地层学解释其时间跨度约为十万年至四年前（Parkington et al.，2013）。沉积物[Jacobs et al.，2008；澳大利亚伍伦贡（Wollongong）实验室］和受热石英岩［Tribolo et al.，2009；法国波尔多（Bordeaux）实验室］的释光测年结果表明，不同实验室得到的年代存在一些差异。Tribolo 等（2013）随后报道了沉积物样品的单颗粒光释光年龄。Jacobs 和 Roberts（2015）也对他们的早期数据进行了详细的重新评估。Guérin 等（2013）（法国波尔多实验室）也参与了这项研究的讨论。接着 Feathers（2015）［美国西雅图（Seattle）实验室］公布了他们对 1995 年采集的样品（与 1973 年发掘的坑位有关）进行进一步单颗粒光释光测年的结果。

这些论文中提出的问题极具指导意义，这不仅揭示了一些同期地层沉积存在的年龄差异（图 10.2），还包括光释光测年方法的内部机制问题。尽管部分层位相同样品的光释光年龄一致，但波尔多实验室获得的序列下部的光释光年龄通常比伍伦贡实验室更老（图 10.2，DRS 11，DRS 13～DRS 16）。这种差异在样品 DRS 13 和 DRS 14 中达到最大，而这是确定斯蒂尔湾文化早期年代学的关键（Parkington et al.，2013）。Jacobs 和 Roberts（2015）在对年龄重新评估的工作中指出，不同实验室对β剂量率的测量差异是沉积物单颗粒光释光年龄差异的主要原因。在岩棚沉积序列这一特定环境中，^{40}K 的β粒子辐照对总剂量率起着主导作用。

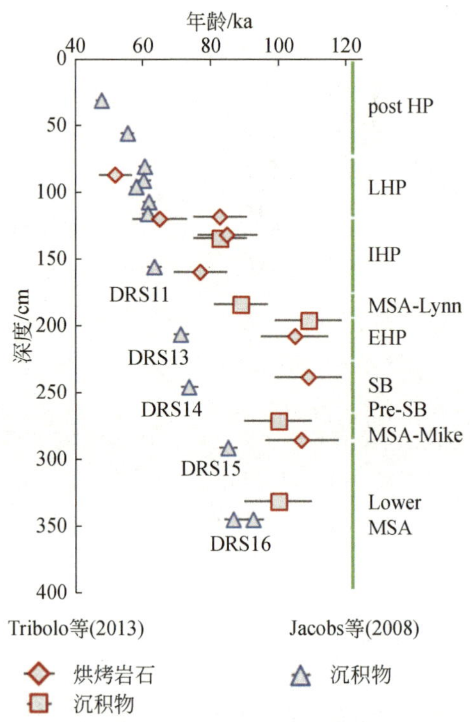

图 10.2 南非西开普省迪克鲁夫岩棚的释光年代地层学：波尔多实验室和伍伦贡实验室的数据对比。波尔多实验室获得了烘烤岩石（菱形）和沉积物（正方形）随深度变化的释光年龄（Tribolo et al.，2013）；伍伦贡实验室获得了沉积物（三角形，书中讨论的带 DRS 编号的样品）随深度变化的释光年龄(Jacobs et al.，2008)。Tribolo 等（2013）根据洞穴的地形对伍伦贡实验室提供的上面六个样品的埋藏深度进行了调整。主要的文化类型标注在右侧。修改自 Tribolo 等（2013）。

每个实验室都采用间接方法计算β剂量率，即通过确定沉积物中放射性核素的浓度（波尔多实验室，高分辨率γ能谱仪；伍伦贡实验室，β气体计数法），并应用已公布的换算系数获得无穷矩阵β剂量率。使用均质样品测量放射性核素浓度得到的必然是β剂量率的体积平均值。尽管这些实验室已经为仪器制定了完善的校准程序，但仍存在着尚未解决的差异，如两个实验室获得的 DRS13（DRS-OSL6）样品的β剂量率估值差异超出了它们的测量误差范围。西雅图实验室测量的三个沉积物样品虽然在地层学上与后来发掘的样品不存在直接的关联，但它们被解释为来自含有晚 HP/后 HP（UW247；73±5ka）、晚 HP/早 HP（UW 325；63±4ka）和早 HP（UW260；80±6ka）人工制品的旧石器时代中期石器技术的地层。与图 10.2 所示的波尔多实验室和伍伦贡实验室获得的释光年龄相比，这些额外的年龄更接近波尔多实验室为该特定地层测定的早期年龄。最终解决年龄差异的问题可能涉及与等效剂量和剂量率测定相关的因素。因此，目前研究迪克鲁夫岩棚的工作揭示了一个重要问题：现有的剂量率估算方法对于沉积样品的单颗粒测试来说是有缺陷的，因为在单颗粒水平上放射性核素的分布极有可能是不均匀的（见第 10.2.3 节）。

10.2.1.4 旷野遗址

文化遗存保存在河流或者崩积环境中（Chauhan et al.，2017）的旷野遗址的采样工作更加灵活。其中的沙和粉沙为释光测年提供了适宜的沉积物，更加均一的埋藏介质进一步简化了剂量率的估算。最近已有研究成功测定了旧石器时代中期旷野遗址沉积物的光释光年龄（如 Arnold et al.，2012，2015；Been et al.，2017；Bueno et al.，2013；Duller et al.，2015；Frouin et al.，2014；Zaidner et al.，2018），一些混合沉积物中包含了均匀晒退的颗粒，也有一些含有部分晒退的颗粒，这取决于遗址点形成时的特殊地貌过程和沉积过程。在上述情况下，单颗粒测量技术的应用发挥了重要的作用，但饱和效应通常会限制常规光释光方法在旧石器时代中期遗址中的应用。当样品出现饱和时，可以使用热转移光释光（TT-OSL）和红外后红外释光方法分别拓展石英和长石组分的测年范围（见第 1 章）。虽然热转移光释光可检测到的信号非常微弱（图 10.3），但使用该方法测量的释光信号饱和剂量更大。热转移光释光方法尽管还处于发展阶段，但已被应用于考古遗址材料以探索其测年潜力。如有可能，可同时使用热转移光释光和红外后红外释光技术以检测其“内部一致性”。为了使这些评估更加可信，应优先选择具有独立年龄控制的遗址点（Arnold et al.，2015）。

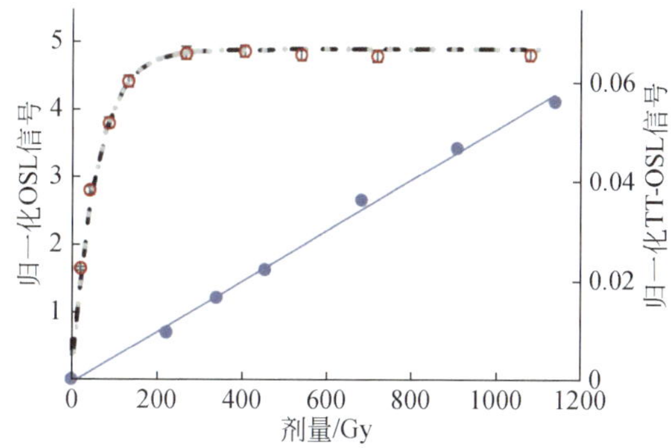

图 10.3 赞比亚卡兰博（Kalambo）瀑布旷野遗址的河流沉积物中提取的石英颗粒的剂量响应特征。归一化 OSL 信号（空心圆）大约在 100～250Gy 开始接近饱和。归一化 TT-OSL 信号（实心圆）在超过 1000Gy 时仍呈线性（修改自 Duller et al.，2015）。

通过对赞比亚北部卡兰博瀑布一处石器时代过渡时期的旷野遗址的发掘，发现了该时期一个重要的人工制品记录。据估计，该记录涵盖了非洲中南部地区自阿舍利文化晚期至旧石器中期早段的文化变迁（距今约 50 万～40 万年）。Duller 等（2015）通过河流沉积物的光释光测年，将该遗址的年代扩展到了 50 万年以上，并确定了四个不连续的河流沉积阶段（约 500～300ka、300～50ka、50～30ka 和 1.5～0.49ka）。他们将单颗粒石英测年技术用于较年轻的沉积物样，而利用热转移光释光测年技术测定较老沉积事件的年代（使用了多颗粒测片以获得足够强的光释光信号）。这项技术也被用于测定位于西班牙中北部布尔戈斯（Burgos）地区阿塔普埃尔卡（Atapuerca）山脉加州旅馆（Hotel California）附近的一处旧石器时代中期旷野遗址的河流阶地沉积物的年代（Arnold et al.，2012）。

位于喀斯特地貌岩溶漏斗中的旷野遗址也为旧石器时代早期和中期的人工制品提供了适宜的储存场所。在位于法国西南部贝尔热拉克（Bergerac）地区的布伦峡谷 2 号遗址中发现了一组勒瓦娄哇石器，这组连续的石器组合埋藏于两个合成的岩溶漏斗中沉积的黄土崩积层中（Frouin et al.，2014）。沉积物的填充以及保存良好的石制品表明该遗址点在废弃后存在着非常局部的沉积。研究人员采用多种技术对烧过的燧石（TL）和沉积物中的粗颗粒矿物（石英 TT-OSL；长石）进行了年代测定。四个燧石的热释光年龄分布集中（183±20ka，185±23ka，187±21ka，195±16ka），并与其下伏（234±25ka；pIRIRSL）和上覆（161±18ka，pIRIRSL；184±19ka，TT-OSL）地层中沉积物的释光年龄一致。其余四个较高层位的光释光年龄也符合地层顺序。此外，Zaidner 等（2018）报道称他们在内盖夫（Negev）西北部纳哈尔埃西（Nahal Hesi）遗址的一个发育较深的岩溶漏斗中发现了旧石器时代早期遗存。该研究通过上述扩展测年范围的释光技术获得了旧石器时代早期阿舍利类型的石灰岩人工制品所在的沉积层年龄，约为 430±35ka。然而，岩溶漏斗内的崩积过程并不总是有利的。Bailiff 等（2013）对英国肯特郡韦斯特克利夫（Westcliffe）遗址岩溶漏斗中的沉积物开展了光释光测年。根据人工制品和废片的类型学判断，该地点属于旧石器时代早期（大于 30 万年），而测年结果却显示人工制品所在的沉积环境的年代为 14 万～8 万年。研究者认为岩溶地貌的发展导致的崩积过程可能使文化遗存发生了再搬运，而这种再搬运的崩积过程可能发生在末次间冰期岩溶活动频繁时期。

10.2.2　洞穴、岩棚和旷野遗址的采样和现场测量问题

上述案例研究阐述了在考古环境中应用释光测年时一些需要考虑的重要问题。其中包括：

（1）人工制品从埋藏介质中分离。进行考古发掘时采集人工制品的一个潜在困难与恢复考古数据的基本过程有关，这通常需要对遗址的形成过程进行物理揭露（即通过挖掘）。这必然导致人工制品从它直接埋藏的介质中分离，而这一介质对释光测年中环境剂量率的估算最为重要。除了像火塘这种静置制品外，获取其他人工制品前必须先对其所在沉积进行挖掘并记录。在这种情况下，当识别出适合测年的样品时可能有至少一半的埋藏介质已经被移除。这与沉积物采样不同：在沉积物采样中，通过一个沟槽即可获得目标层位的样品，并且更容易确定地层关系。

（2）埋藏介质的结构组成也会影响到β剂量率的估算，尤其是在应用单颗粒技术的情况下。当沉积物均一时，常通过插入避光管来采集样品（第 2 章），但样品的前处理过程会造成分解以及单个颗粒所涉环境信息的丢失。提取结构保存完好的沉积物样品（如切开的沉积物块）是分析微观形态的常用方法（Goldberg and Berna，2010）。人们越来越能意识到，对于复杂的埋藏环境，光释光采样需要使用类似的方法，以便有机会在实验室进行更详细的检查和分析，这可能包括对沉积物微观结构的薄片分析以及剂量学测量。例如，根据单颗粒分析得到的 D_E 值对沉积物的放射性环境进行详细的空间分辨评估。这种测量β剂量率的方式（Jankowski and Jacobs，2018）的成熟，可能需要技术上的转变，相当于光释光从单片到单颗粒技术的发展。

（3）测年材料不足。在对烧过的燧石进行采样时，实验室普遍采用“粗颗粒”制备程序，以提取粒径范围为 100～200μm 的颗粒；为了在去除样品外层 2～3μm 的部分之后仍能留下足量的内部材料，一般需要 5～10g 的样品。这一要求可能会限制可用于测试的样品数量。

（4）剂量率的现场重建。在对人工制品或沉积物进行采样时，距样品约 30cm 内的埋

藏介质对于估算γ剂量率是最重要的。如果沉积物样品是通过采样管采集的，样品位置处的γ剂量率则通常使用剂量计或便携式γ能谱仪测量（见第 2 章）。然而，上述情况对于人工制品环境剂量率的确定来说比较少见。为重建人工制品的环境剂量率，实验室通常将剂量计或者将γ能谱仪探头放置在遗址的等效地层中进行测量。对于人工制品和沉积物样品，通常要从每个地层单元中采集样品（约 50g），然后在实验室中分析其放射性核素的浓度，包括使用高分辨率γ能谱仪检查是否存在放射性不平衡。如果埋藏介质包含一层或多层的均匀沉积物，并且沉积学分析表明没有明显的埋藏学变化，那么基于环境“代表性”的评估则有望对γ剂量率进行合理的估算。然而，在一些情况下γ剂量率的测量结果可能不能代表所测样品的埋藏环境。例如，对杰贝尔・伊尔胡德和迪克鲁夫遗址的研究表明，对于洞穴和岩棚等地层复杂的环境需要特别注意其细节（Mercier et al.，1995），尤其是含有不同浓度放射性核素的非均质混合沉积物。例如，当沉积物中存在放射性核素含量显著不同的物质时，如当含有极低放射性核素的碳酸盐岩碎片与含有黏土的冲积物混合时，γ剂量率可能会出现明显的空间变化。在早前的工作中，有研究者通过在多个点位插入无源/被动剂量计来测量γ和宇宙剂量率的空间变化，从而解决了这个问题（如 Mercier et al.，2007）。在发掘之前布置剂量计有助于提高γ剂量率估算的可靠性（如杰贝尔・伊尔胡德遗址）。同样，挖掘前使用便携式γ能谱仪在裸露的剖面上进行测量（Guérin and Mercier，2012），获得的数据可用于计算样品所在剖面内部的剂量率。

10.2.3 洞穴、岩棚和旷野遗址的相关技术问题

从上述案例研究中可以看出，多种释光测年方法均可应用于考古环境。由于每种方法各有其特点，且受遗址的形制、待测人工制品/材料以及遗址的潜在年代等影响，使得这些测年方法存在着不同的适用性。同样，还有各种技术问题需要考虑。其中包括：

（1）评估烧过的燧石样品的释光信号是否受到充分加热而重置。热释光发光曲线中（在蓝色/紫外波段检测到）通常包含有 300～400℃范围内的宽峰，该温度范围内记录的热释光信号是计算等效剂量的基础。用于检测燧石在埋藏前的加热是否足以消除其遗留信号的“坪”检测至关重要。在实验室条件下，实现这种信号重置可以通过在 360℃条件下对燧石样品加热 90min 来完成。对于通过坪测试的样品，通常采用多片附加剂量法（图 10.4; Richter and Krbetschek，2015；Mercier et al.，1992），并结合“滑移”法（Prescott et al.，1993）确定其等效剂量 D_E 值，在此过程中使用样品的热重置组分建立其剂量响应曲线。当样品的等效剂量（D_E）超过其特征剂量（D_0）两倍时，即被视为已接近饱和（见第 1 章），因此只能提供最小年龄估计。样品的剂量响应使用校准的实验室β辐射源测量，但也必须建立其对α辐射的响应，因为“内部”剂量率包含了来自成岩放射性核素发出的α辐射的贡献。

（2）环境剂量率的异质性。该术语指材料内成岩放射性核素的分布呈现明显的不均匀性，这通常与埋藏介质中物质的类型和组成有关（见 10.2.2）。这种类型的异质性可能造成 D_E 值和剂量率的离散，其离散程度取决于测量 D_E 的技术，并且需要在适当的空间尺度上开展评估（即定义一个特定的体量）。其中剂量率随成岩放射性核素发射的三种基本类型的辐射（α、β和γ）的范围（穿透力）而变化（分别为＜50mm、2～3mm 和约 30～50cm；见第 2 章）。因此，γ剂量率可以影响 50cm 以内的沉积物，可能穿透多个沉积层；而α和β剂

量率的分布则高度局部化。撇开技术细节不谈，这对烧过的燧石以及沉积物的年代测定有何影响呢？

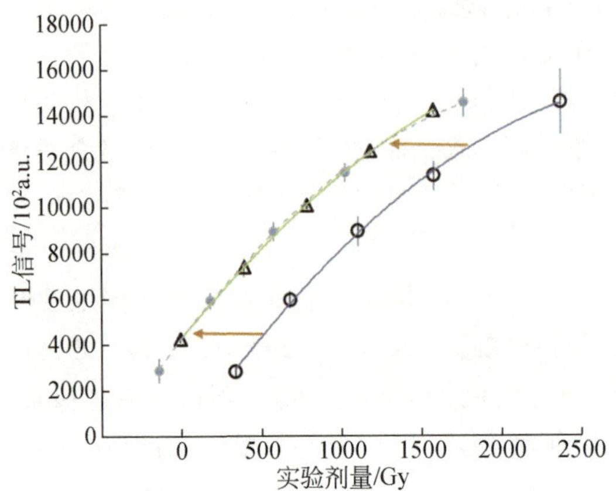

图 10.4　摩洛哥杰贝尔·伊尔胡德洞穴遗址烧过的燧石样品（LUM- 08/07）的剂量响应曲线；测得的热释光年龄为 328±28ka。这些曲线不是线性的，而是用饱和指数函数拟合的。为了确定烧过燧石的等效剂量，用两种方法对一系列样品进行测量：附加剂量法（空心三角形）和再生剂量法（空心圆）。实心数据点和拟合曲线（虚线）表示使用滑动法得到的沿剂量轴变化的再生剂量响应；等效剂量大致对应于再生剂量响应曲线和附加剂量响应曲线在剂量轴上的平移值。修改自 Richter 等（2017）。

就石器样品而言，总剂量率包括由石器内部放射源发射的α和β射线产生的“内部”组分，以及由周围介质内的放射源发射的β射线、γ射线和宇宙辐射组成的“外部”组分。通过在样品前处理过程中物理去除燧石外层，可以消除外部β剂量率的贡献。尽管燧石的放射性活度相对较低，但它会受到自然变化的影响，而且来自样品内部的辐射在总剂量率中所占比例相对较高（通常为 20%～30%），如在杰贝尔·伊尔胡德遗址的样品中，其范围在 20%～50%之间。原则上，内部γ剂量率占比越高，外部γ剂量率的不确定性对重建γ剂量率造成的影响越小。然而，只有当石器样品的内部放射性分布均匀时才能获得足够可靠的剂量率结果。此外，通常会避免选取放射性分布不均一的样品，如存在铀的聚集（Schmidt and Kreutzer，2013；Tribolo et al.，2013），此类样品测得的 D_E 值离散度较高。

对于沉积物样品，剂量率的不确定性可能主要来源于β剂量率。异质性对β剂量率的影响取决于测量 D_E 的技术。在使用粗粒组分的多颗粒单片技术测量 D_E 的情况下，只要分析与 OSL 测量所用粗颗粒组分相似的材料，就可以通过平均β剂量率来计算年龄。使用单颗粒技术时，每个测量 D_E 值的颗粒 2～3mm 内的环境决定了该颗粒的β剂量率，然而样品前处理过程中的分解会造成此信息的丢失。例如，对杰贝尔·伊尔胡德遗址的研究中，由实验室得出的β剂量率充其量是几立方厘米内的平均值，因此可能在单颗粒尺度上不具有代表性。然而，如果要在实验室中检验亚毫米尺度β剂量率异质性，那么必须保证样品的结构完好无损。

10.3　农业

考古记录提供了大量的证据，证明人类面对不利气候变化时的潜在脆弱性以及这些变化对人类长期定居于边缘栖息地的生存能力造成的影响，而边缘栖息地往往依赖于维持粮食生产的农业系统。包括山地梯田的建设和使用、边缘山区的灌溉地貌以及沿海地带的持续耕种等农业活动都是近期光释光研究的主题，在下面的章节中将介绍相关研究案例。已有研究表明使用光释光测年技术能够很好地测定由崩积、河流（第 7 章）以及海岸风沙活动（第 8 章）等自然过程形成的沉积物的年代；而且光释光测年在考古研究中也有着独特的应用，可用于人为活动（Lang and Wagner，1996；Liritzis et al.，2013；第 6 章）对上述自然过程改造后形成的沉积物的测年。

10.3.1　应用

10.3.1.1　农业梯田

干旱农业区的梯田对于许多山地定居点至关重要，在山坡上开垦的平地，可以减少土壤侵蚀，有助于保持土壤中的水分。使用传统的考古学方法很难获得其建造和后续使用的可靠年代。因此，在人类聚居研究中使用释光测年确定梯田土壤沉积的年龄尤为重要，如对黎凡特南部开展的一些研究取得了令人满意的结果（Avni et al., 2006; Beckers et al., 2013; Davidovich et al.，2012；Meister et al.，2017）。采样地点的选择是一个重要的问题，挖掘路堑所揭示的探坑或剖面对于可靠的地貌评估工作以及与农业活动相关沉积物的定性至关重要。修建梯田前后沉积物颗粒释光信号的重置程度取决于许多因素，包括梯田面填土的性质以及此后耕作导致的梯田土壤的混合过程。尤其是经历了河流搬运的梯田充填沉积物中的颗粒，很可能与露天土壤梯田中的沉积物具有不同的曝光历史。

Davidovich 等（2012）研究了耶路撒冷附近拉马特拉埃尔（Ramat Rahel）的一个梯田斜坡，在约 2hm^2 的区域内调查了 9 个梯田壁并挖掘了 11 个探坑。挖掘工作揭示了四种类型的立面结构（图 10.5，Ⅰ～Ⅳ）；在靠近梯田壁（立面）探坑的不同深度采集了光释光样品。对梯田面填土的分析表明，土壤源于当地的坡地沉积，其成分相对较细，为风成成因。本研究使用单片法测定相对较细的粗颗粒石英（75～125μm），等效剂量分布显示颗粒存在部分晒退（OD 为 5%～60%）。然而，几乎没有证据表明存在年轻石英颗粒的向下淋滤，或者与基岩上方的原位基底风化土壤的混合。各探坑的光释光埋藏年龄范围为距今约 1600～400 年。除一个例外值，按照立面类型进行分组的年龄显示（图 10.5），立面类型Ⅰ与拜占庭晚期/伊斯兰早期人类的定居相关，而立面类型Ⅱ出现在全部三个主要定居时期。在基岩上建造的双叶结构（立面类型Ⅲ）相对较新（奥斯曼时期），而具有土壤基础的类似坚固的立面结构形式则处于与类型Ⅰ同期的早期定居阶段。Davidovich 等（2012）详细讨论了该研究的结果后认为，对复杂的地貌演化历史的认识可能是调查耕作史的基础，而要获得满意的结果，还需要大量的光释光测年工作。

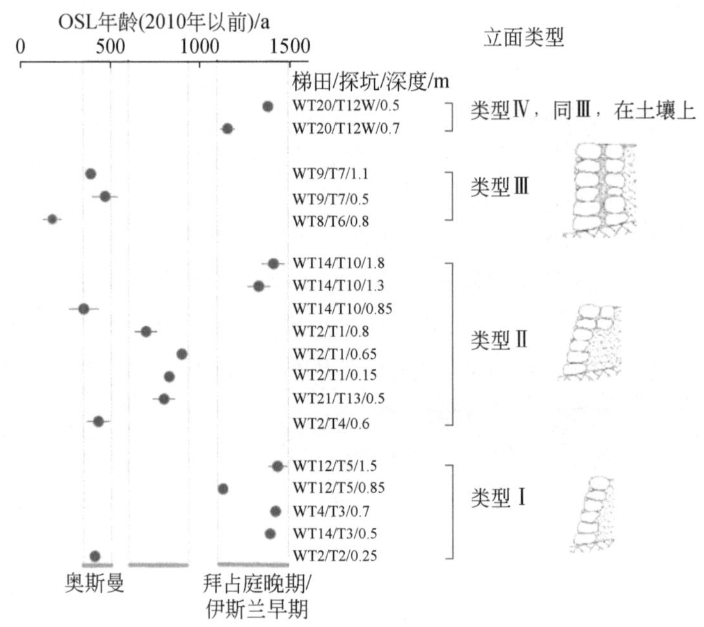

图 10.5　以色列拉马特拉埃尔遗址附近梯田地貌的光释光年龄。光释光年龄按立面类型分组（Ⅰ～Ⅳ），光释光年龄对应的编号表示了梯田、探坑以及采样深度（m）等信息。虚线框表示根据该地区定居点的考古证据划分的文化期。修改自 Davidovich 等（2012）。

Avni 等（2006）的研究提供了一个案例，说明在相同地理区域内，如何将更广泛的地貌调查应用于径流农业梯田的研究。此类梯田是通过在干谷中修建淤地坝将径流拦截在沙质-黄土质土壤中而形成的。这些梯田在罗马时期和伊斯兰早期被使用，而后被废弃。大多数土壤中的矿物颗粒为风成来源，符合释光信号被完全重置的假设，并且可以使用中心剂量模型分析单片法获得的等效剂量值。然而，研究发现现代耕地系统中地表沉积物的“残留”光释光年龄约为 380 年，这表明需要对现代土壤进行采样。尽管 Beckers 等（2013）在对径流梯田的研究中未采集现代土壤样品，但其基底和上部填土样品以及立面以下沉积物的光释光年龄与地层相符。研究结果表明该梯田在公元一千年以前修建并使用，与该地区定居点的考古证据一致［约旦佩特拉（Petra）］。

为了给梯田环境提供更有效的采样策略，Kinnaird 等（2017）开发了一种结合便携式释光仪和实验室测年的光释光分析法（Sanderson and Murphy，2010；第 12 章）。该方法旨在对发掘剖面的沉积物样品整体的释光特性开展现场评估，在获取大量数据的基础上，创建沉积物中石英和长石的释光信号强度曲线。这些信息被用于检测梯田内沉积过程的显著变化，并确定采样的最佳位置，以便在实验室中开展更详细的测年工作。根据释光信号强度曲线还可以进一步计算内插光释光年龄（使用一组简化的测量过程来估计等效剂量），并且获取与之相关的沉积过程方面信息。Kinnaird 等（2017）将这种方法应用于西班牙加泰罗尼亚（Catalonia）中世纪晚期的梯田，获得了公元 13～17 世纪之间三个梯田终止建造的时间。

10.3.1.2　灌溉地貌

多项研究表明，将释光方法应用于过去人类定居期间通过渠道进行灌溉而形成的地貌的年代测定是成功的(Berger et al.，2004，2009；Huckleberry and Rittenour 2014；Huckleberry et al.，2012)。尽管选择对在开凿及随后的清理阶段堆积在渠道两侧的沉积物进行测年是合理的，但已有研究发现这些沉积物中含有很大比例的释光信号未完全重置的颗粒（Rittenour，2008），这通常是因为样品采自于河道填充沉积地层。前人对与其他类型灌溉设施，如水井（Khasswneh et al.，2016）、竖井和廊道灌溉系统（如坎儿井）（Bailiff et al.，2018）等的修建相关的沉积物进行了成功的年代测定。尽管这些应用相对较新并且尚未得到更为广泛的检验，但释光为灌溉地貌提供了一种极具潜力的重要定年方法，而这是使用传统考古学方法很难做到的。以坎儿井为例，典型的通风竖井周围存在一个由修建和后期清理地下通道时倾倒的沉积物组成的小土丘（Manuel et al.，2018）。挖掘土丘可以观察沉积序列，并采样进行释光测年和微形态分析（图 10.6）。沉积物的沉积模式及其对信号重置过程的影响、下伏地质情况、沉积物粒度、矿物学和生物扰动等都可能是影响通风竖井土丘光释光测年能否成功的自然因素，这些因素在不同土丘之间可能有所不同。对土丘进行光释光采样的一个关键问题是确定古地表与上覆修建倾倒堆积物之间的接触面（图 10.6）。通过在该接触面之下的原始地层和之上的人工堆积物（修建和维护）中采集光释光样品，结合沉积物结构的微形态分析，就可以构建坎儿井修建和使用的年代地层学框架。

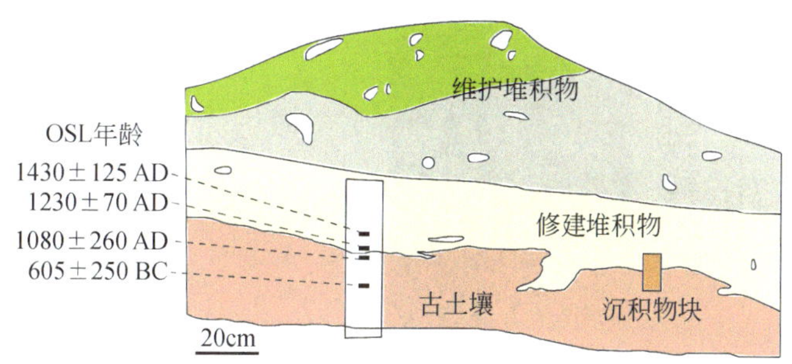

图 10.6　开挖的坎儿井土丘剖面图。图中显示了光释光样品的位置（白色矩形内）以及用于微形态分析的沉积物块（橙色矩形）。改绘自 Bailiff 等（2018 修改）。

10.3.1.3　沿海地带

如第 8 章所述，基于海岸带风沙活动的沙丘光释光年代学的发展为欧洲西北部沿海地带的气候变化研究做出了重要贡献（如 Madsen and Murray，2009）。而与全新世北大西洋地区风暴事件相关的风沙传输和沙丘形成，对研究史前和其后人类在沿海地带的定居具有特别重要的意义。在西部群岛（Western Isles）、奥克尼（Orkney）群岛、设得兰（Shetland）群岛和英格兰东北部海岸进行的各种光释光研究识别出了几次气候恶化期，在此期间严重的风沙活动导致了定居点的废弃。光释光方法近期被进一步应用于根西岛（Guernsey）海岸外的海峡群岛之一赫姆岛（Herm）景观演变的研究（Bailiff et al.，2014）。这个小岛上分布着相对集中的新石器时代重要的巨石纪念碑，其中一些已被沙丘完全掩埋。研究使用光释光结合地貌学分析来确定景观演变的关键阶段，包括固定沙丘的形成、与史前人类定居有关的地表埋藏以及史前古土壤序列中的主要层位。在几条挖掘的探槽中发现了保存下来的耕作证据，浅的线性犁沟和新石器时代的陶罐以及燧石碎片等遗迹散布在上覆土壤层中，表明该时期的人们曾通过强化施肥以提高土壤肥力。史前时期三次严重的风成活动导致了沙丘的形成（光释光年龄分别为约 4ka、3ka 和 2.3ka），其中第一次标志着持续了两千年的长期土壤退化的开始。

累积的风沙活动对土壤耕作能力的影响严重到一定程度时，导致该岛北部被废弃。人们在其中一条探槽中发现了上述变化的证据，通过光释光测年确定在公元前一千年期间（图 10.7）存在一段长期的风成活动，这导致耕作活动一直到罗马时期才逐渐恢复。采自七个地点沙丘底部的光释光年龄证实，当前覆盖该岛北部的沙丘堆积于 13 世纪早期持续到了 16 世纪晚期。其中一条探槽（探槽 E；比较最上面两个样品的光释光年龄）的沉积记录明显缺失了至少一千年，这反映了景观的不稳定性，这可能发生在中世纪早期。

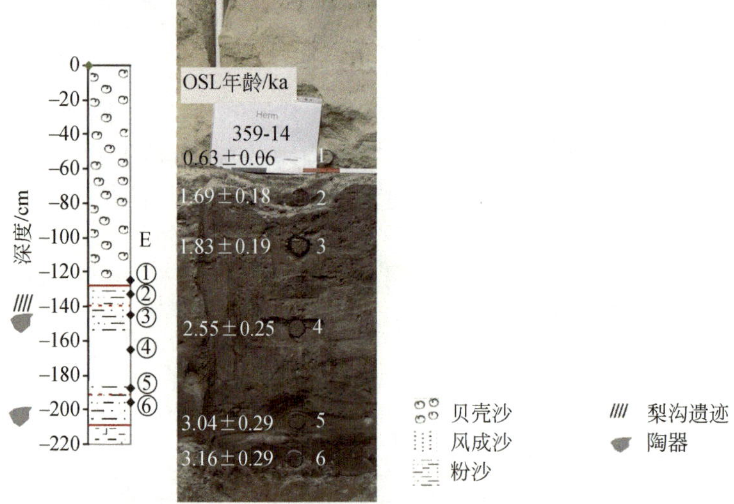

图 10.7　赫姆岛探槽 E 富沙海岸环境的光释光年龄序列。图中标明了采自于 4 个地表发育阶段的 6 个光释光样品的位置。1. 上覆沙丘沙的形成；2. 上部古土壤；3～5. 稳定持续的风成沙；6. 下部古土壤。上部古土壤含有类似犁沟的构造特征。根据样品③～⑤的光释光年龄，风沙的累积速率约为每一百年 4cm。修改自 Bailiff 等（2014）。

10.3.2　梯田的采样和现场测量问题

如果紧靠梯田壁后侧进行采样，则有必要仔细地检查地层，以避开因修复梯田壁而受到干扰的区域，因为修复梯田壁可能会导致在回填过程中较年轻的沉积物混入早期地层。Gibson（2015）认为，地貌学方法的应用对于确定光释光采样的最佳位置至关重要，包括采样前的地形分析和实地踏勘，以及根据人工制品的特征划分梯田上土地的不同耕作阶段。这些建议符合现代地学考古的野外工作实践（French，2015）。此外，如上所述，应用沉积物的微形态分析对采样环境中的沉积过程进行评估，可以建立一种可靠的方法来恢复特定遗址点的形成过程。

10.3.3 梯田的相关技术问题

在日照强烈的半干旱地区，样品的释光信号晒退完全，因此单片再生法可以获得令人满意的测年结果。然而，如果信号重置不理想（Kouki，2006），等效剂量的 OD 可能会明显偏大，造成年龄高估。在这种情况下，尽管需要更先进的仪器和更多的实验时间，单颗粒技术仍然是明智的选择。

在中心剂量模型不适用的情况下，有研究建议对梯田环境中的等效剂量值进行进一步的扩展分析。为了从那些不在最小剂量组分中的等效剂量值中提取信息（这些等效剂量值来自未完全晒退的颗粒，因此常被弃用），Porat（2017）等利用这些数据得到了先前农业活动沉积的“残余”颗粒的年龄估计值，其结构证据仍然保存在梯田沉积物中。应该注意的是，上述等效剂量的测量是用非常小的单片（直径为 1mm 和 2mm）进行的，而不是单颗粒。对现代表层土壤中的石英颗粒进行的测试以及对其现代年龄的确认（±40 年）说明，耕作区沉积物释光信号的完全晒退是此类分析产生可靠结果的关键。对约旦高地的一些古梯田的研究发现，大多数被耕种的梯田沉积物的年代可追溯到过去 600 年；但通过分析应用有限混合模型（FMM）得到的等效剂量组分后认为，与农业活动相关的释光信号重置可以追溯至更早的希腊化时代晚期，这与该地区人类定居的考古证据一致。

10.4 构筑物和建筑物

在过去两千年甚至更早的时候，陶瓷砖（通常指陶瓷建筑材料）在一些地区已被广泛用于构筑物和建筑物的施工。尽管用于砖（和瓷砖）测年的释光测年技术与应用于陶器的相似，但在过去的二十多年间，砖砌建筑的释光测年基本上没有什么进展。现在有一些释光在欧洲（如捷克、丹麦、英国、芬兰、法国、德国、意大利和波兰）、亚洲（如柬埔寨、印度、斯里兰卡、泰国和乌兹别克斯坦）以及南美洲（巴西）等地的单体砖砌建筑物和构筑物中的应用实例。根据文献记录及风格特征，过去千年内欧洲西北部地区的高级民用建筑和宗教建筑通常可以在几十年内建造完成。然而，建造时间在 50～100 年的地位较低的乡土建筑的建造年代通常难以确定，而释光方法有可能在此类研究中发挥作用。其他地区也有许多类型的砖砌结构，但由于缺乏特征类型，导致利用其风格特征进行定年存在问题。

10.4.1 应用

就精度而言，砖的释光特性可能因地区和建筑而异，甚至每块砖的释光特性都有所不同。而测年结果的准确度以及精度均受到测量所用释光矿物的特征和砖的质地性质的影响。已发表的使用粗颗粒和细粒石英测定中世纪和罗马砖的研究表明，如果质地均匀且是由沙回火工艺制成，那么获得的年龄不确定（$\pm1\sigma$）在释光测年的常规标准范围内（±5%～10%）。研究人员根据文献和风格特征对若干中世纪晚期的英国建筑进行验证，所得结果具有良好的一致性（Bailiff，2007）；从公元 1400～1720 年间建造的“对照”建筑中提取的六个样品的释光中值年龄与已知年龄之间的平均差值为 5±10 年（σ，n=6）。其他研究所关注的问题已经超出了对单个建筑的研究，表明该方法在应用于建筑研究的新领域时可能有用。在这些研究中包括对一个长期假设的检验，即公元 5 世纪初罗马帝国崩溃后，西北欧的制砖业停滞，直到至少 6 个世纪后的法国甚至后来的英国才恢复。这一假设在一定程度上得到了大量优质罗马砖被广泛开采和再利用的证据所支持。一些法国西北部和英格兰南部的教堂建筑用砖的释光年龄表明（尽管数量很少），法国在中世纪早期已恢复了制砖（图 10.8），而英国直到公元 11 世纪才恢复（Blain et al.，2007，2014）。通常认为，在中世纪晚期欧洲地区的砖产量大幅增加，建筑物是用新砖建造的。然而对一座英国建筑的调查发现，重复使用砖块的做法似乎仍在继续（Bailiff et al.，2010）。这一发现对于当地建筑的研究，特别是对建筑景观的变化和损毁的评估很有意义。这也为释光测年提供了一些启示，比如选择样品进行测试以确定建筑物的建造时间时，需要仔细地检查墙壁结构来判断是否存在砖的重复利用。

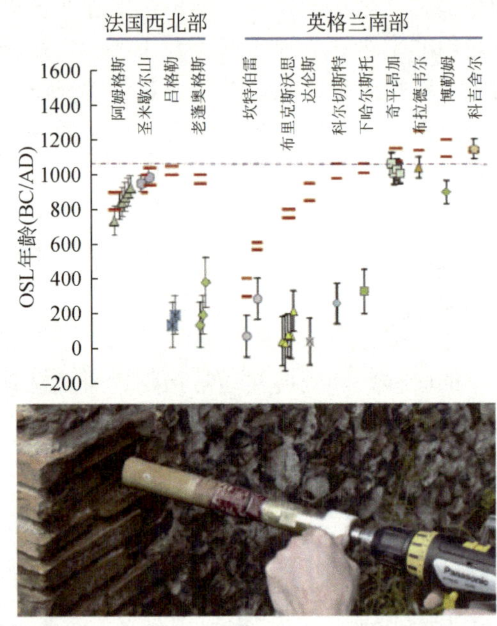

图 10.8　法国西北部和英格兰南部的一系列中世纪教会建筑用砖的光释光年龄汇总。建筑的年代范围根据其风格特征和文献证据确定（用红色棒表示）。正如正文中所讨论的，中间的一组年龄反映了罗马砖在建筑物中的再利用［吕格勒—下哈尔斯托（Rugles—Lower Halstow）］。数据来源于 Blain 等（2010）、Bailiff 等（2014）。水平虚线表示“诺曼征服”事件。下图为便携式钻机连接水润滑岩心钻头，用于对陶质墙砖进行采样。

在应用释光对中世纪晚期英国建筑的研究中发现了砖块的再利用，这为探索石匠的建筑实践以及砖贸易的发展研究提供了一个潜在的有趣工具。虽然有很多考古证据表明中世纪欧洲建筑中重复使用了罗马砖，且通常可以通过砖的类型和质地轻易地识别，但在其他地方，这种方法不太奏效。鉴于许多地区可能存在着砖块的再利用，这一现象引起了一些混乱（如 Stark et al.，2006），然而从经济成本的角度来说，释光方法不适合测试大量的砖块。通过测量砖表面见光后被砂浆覆盖的矿物（Vieillevigne et al.，2007），以及砂浆类黏结介质内的矿物（如 Feathers et al.，2008；Goedicke，2011；Solongo et al.，2014；Stella et al.，2013），可以更直接地测定砖的放置时间，而不是烧制年代。当砂浆混合物中含有沙子时，可以应用适用于部分晒退颗粒的释光测年技术，其中石英可能是更好的选择。单颗粒技术可以用来识别在混合和使用砂浆之前信号被彻底重置的颗粒组分（Urbanova and Guibert，2017）。值得注意的是，如果石灰砂浆在生石灰的制备过程中与破碎的石灰岩混合，它也可能含有受热导致信号重置的矿物。该方法正处于发展阶段，但显然不局限于在砖测年方面的应用。目前除了将当前技术用于测定砌石砌入建筑结构中的年代，还开发了用于确定将表面加工过的石材嵌入构筑物中的年代的技术（将在第 11 章讨论）。

10.4.2　构筑物和建筑物的采样和现场测量问题

除了第 2 章中介绍的一般采样指南外，在对建筑物进行采样时还需要考虑其他方面的问题。和建筑历史方面的专家开展密切的合作可以制定合理的采样策略。为避免产生与建筑物建造历史无关的结果，应仔细评估砖结构的修复和/或再利用的证据（Bailiff et al.，2010）。含有大块岩屑的砖可能存在明显的放射性核素的异质性分布，从而产生复杂的β剂量率空间变化，因此应谨慎处理此类质地的砖（Guibert et al.，2009）。

选择低平均含水量（＜5%）的样品，有望降低释光年龄总体的不确定性。因此，温带气候地区立墙样品测年结果的不确定性相比于地面以下的样品可能会较低。虽然大多数研究都是对采自立墙的砖开展释光测年，但同样能够为挖掘出的砖（如地基）提供释光年龄。对于从此类环境中采集的样品，调整含水量引起的剂量率变化会增加年龄的总体不确定性[如位于托伦（Toruń）的圣詹姆斯堂（St James）教堂；Chruścińska et al.，2014）]。然而，在某些情况下，来自地基的砖在干燥环境下的含水量可能接近于地窖所在位置的含水量。

对具有历史意义的建筑物进行采样时其范围可能仅限于对外观损坏最小的区域，除非该建筑物正在进行大规模的翻修。使用金刚石钻头（直径 38mm）通常足以提供一种对直立建筑物墙壁中的砖块进行取样的相对精确的方法，并且有适用于干式和湿式切割的取心钻头可以选择（图 10.8）。可以用石灰砂浆回填采样产生的空腔，并使用涂有砖灰的砂浆或切割自岩心的表层部分完成修复。另一种采样方法是通过清除砖块周围的砂浆来提取整块砖。这一方法允许从砖的后部切下一段，并在不损坏正面的情况下进行后续的更换。然而这是一个相当耗时的提取过程，通常需要专业的石匠来完成这项工作。深入砖块内部提取固体砖心（如距离表面约 8～10cm）降低了墙外来源（如地面或内部石质地板）剂量率的不确定性，因为其环境自最初建造以来可能发生了变化。

插入胶囊状剂量计（见第 2 章）可以直接测量采样位置处或附近的γ及宇宙剂量率，其中γ辐射来自墙壁和采样位置所在环境中的放射性核素。剂量计通常放置在砂浆层的钻孔中，选择砖的后半部并使其深度足以容纳剂量计（例如，对中世纪晚期欧洲西北部砖选择 10cm 深）。剂量率测量通常需要至少几个月的时间，有时也可以短一点。也可以使用便携式γ能谱仪进行现场测量（每个位置约 1～2 小时），测量时将测量探头紧靠墙壁，当探头足够小时也可以将其插入采样空腔。将仪器记录的谱信号转换为墙壁的剂量率，需要使用已校准探测器测量墙壁的剂量率分布。虽然与使用剂量计获得的剂量率相比，这类测量通常会造成更高的剂量率不确定性，但对短期研究来说，使用剂量计不太现实。还有一种方法是，对当地环境中的砖和其他相关材料的样品进行放射性核素含量分析，并使用已发表的换算系数和用于表明采样墙结构形式的几何系数计算剂量率。

已有研究发现同一墙内的不同砖含有的矿物具有明显不同的释光特征，其中有些粗颗粒组分释光信号过暗以至于无法测量，并且缺乏任何明亮颗粒（Bailiff，2007）。这可能是因为，矿物的释光灵敏度取决于地质来源和搬运历史（Pietsch et al.，2008），砖块的加热对释光特征也有很大的影响，并且在烧制过程中，受影响程度与其在砖窑中所处的位置有关。尽管人们尚未对砖块释光测年开展系统研究，但其释光灵敏度的降低可能与长时间的高温处理（Bøtter- Jensen et al.，1995）以及烧窑技术有关（Blain et al.，2014）。因此，在缺乏进一步研究之前，建议从目标区域的多块砖中采集样品。

10.4.3　构筑物和建筑物的相关技术问题

对于陶器，烧制良好的黏土砖可能含有释光信号完全重置的矿物颗粒用于等效剂量测定，热释光和光释光技术都可能适用。技术的选择通常取决于信号强度和剂量响应特性，当前应用中的首选可能是粗颗粒石英的光释光单片再生技术（OSL-SAR），或者对质地非常细的砖块采用细颗粒技术（4～11μm）。后者需要对混合矿物中长石颗粒的晒退特征进行评估（第 1 章），除非提前使用化学处理选择性地去除它们（Stella et al.，2013）。与粗颗粒石英相比，细颗粒技术具有一定优势，由于其等效剂量主要由采样砖心内部的放射性贡献，因此减少了砖块外部环境变化引起的 γ 剂量率变化的影响。

众所周知，在中世纪早期建筑的建造过程中，人们常在碎石墙的外表面涂抹灰泥，而灰泥往往无法保存。这种灰泥为外墙提供额外的屏障，阻挡来自地面的辐射。幸运的是，石灰基灰泥以及砂浆的放射性核素浓度通常极低；不过，尽管其对剂量率的影响很小，但这种屏蔽效应也应被考虑。

10.5　陶器

如第 1 章所述，陶器的年代测定是 20 世纪 60 年代释光方法最初形成发展时期关注的焦点（Aitken，1985；Wintle，2008），随后释光很快应用于其他类型的陶瓷制品，如精美的艺术品（Fleming，1979）以及陶瓷建筑材料。尽管新石器时代以来的许多遗址点普遍存在陶器，但考古学界对释光测年方法的应用通常有限（Orton et al.，1993）。最近的研究表明，已知最早的陶器起源于更新世晚期，并且在释光方法的测年范围内（Kuzmin et al.，2001），但释光测试过程具有破坏性这一特点促使发掘者倾向于寻找陶器上的碳残留物或相关有机沉积物进行放射性碳测年。在常规应用中，释光测年样品的采集需要一定的专业指导，这使得释光的应用没有放射性碳那么便捷。此外，典型的单个年龄不确定性水平（年龄的±5%～10%，1σ）通常被认为不足以改进基于陶器类型学的年代学，而这些陶器类型曾得到同期沉积物放射性碳测年的验证。然而，许多遗址的年代测定取决于陶器类型，特别是其质地组成。当陶器缺乏鉴别特征、没有合适的有机样品，或由于校正问题导致的时间分辨率有限时，释光将发挥潜在的作用。释光方法在陶器中的应用大致可分为如下三类：

（1）确定陶器出土层或出土地貌的沉积年代；

（2）检验为陶器类型学建立的年表；

（3）探索方法学问题（如对尚未测试的缺乏鉴定特征的陶器类型进行测年的可行性）。

第一类应用中的潜在风险是测试的陶器残片与关注的沉积事件无关。在遗址点地层中经常发现在时代和空间上分散的碎片，而沟渠、凹坑和贝丘（史前废物堆）等地貌填充物中的碎片可能会重新沉积。测试时这种制作过程与沉积过程发生在明显不同时期的样品可能会产生误导性的结果。在沉积前陶器使用寿命很短且封闭的环境中进行采样，可能会获得更可靠的结果。在先前没有开展释光研究的地区，通常会先对陶器中矿物的释光特征及其适用性进行初步评估，因为这可能会因矿物的地质来源和陶器制作过程中烧制条件不同而有所变化。已经出现的另一种应用是从沉积物发生形变的地表遗址中采集陶器进行年代测定，这曾是前人建议规避的方法（Aitken，1985）。

Barnett（2000）和 Feathers（2009）进行的详细测年研究为验证陶器释光测年的准确性提供了良好示例。Barnett（2000）将英国铁器时代特有陶器（约 800BC～100AD）的热释光年龄与独立的考古年龄进行了比较，发现释光年龄与认定年龄范围中值的平均差异约为 100 年。Feathers（2000，2003）测试了约 1700AD 北美洲东部短期存在的纳瓦霍（Navajo）遗址出土的陶器，其结果与树轮年代学提供的独立测年证据具有很好的可比性。

释光方法在陶器研究中显示出的建设性作用的一方面是测定缺乏鉴别特征器型的开始以及持续的时间。在对英国（Barnett，2000；Cramp et al.，2006）和北美洲（Feathers，2009）的遗址开展的几项陶器研究中所获得的释光年龄，对先前建立的器型年代学提出了质疑，尤其是羼贝壳陶器（shell-tempered pottery）。尽管密西西比地区羼贝壳陶器的释光年龄与其中的碳酸盐羼和料的加速器质谱放射性碳年龄的交叉检验受限于碳库效应的不确定性（Peacock and Feathers，2009），但该研究已经显示出释光测年在此类陶器测年工作中的潜在重要性。即使存在上述问题，独立测年技术的应用对于确定陶器和其他文物的年代仍然至关重要（Bonsall et al.，2002）。释光方法在其他地区史前陶器研究中的应用范围正在逐渐扩大，如最近的工作就来自罗马尼亚（Benea et al.，2007）、波兰（Czopek et al.，2013）以及叙利亚（Sanjurjo-Sánchez and Montero，2012）等地。

具有更广泛的地理意义的研究是将释光方法应用于有机物的放射性碳测年有明显问题的考古遗址点（Dunnell and Feathers，1994；Sampson et al.，1997），这些遗址点的关键考古证据就是散落在地表的陶器碎片，而且存在沉积后扰动。如果陶器采集于浅层环境或受到侵蚀的地表，那么陶器丢弃后的埋藏历史是未知的，因而其剂量率具有较高的不确定性，这与来自陶器外部的辐射有关（即 γ 射线和宇宙贡献）。然而，在陶瓷艺术品的真实性检测中（Fleming，1979），应用细颗粒技术通常可将外部来源产生的剂量率比例降低至总剂量率的约 20%，甚至更低（见第 1 章）。尽管细颗粒样品中的长石矿物通常存在异常衰退的问题，但可以应用 OSL/IRSL 组合程序来降低这种影响的程度。

Janz 等（2015）使用释光（陶器）和加速器质谱放射性碳（陶器和蛋壳中的有机材料）方法对蒙古国和中国戈壁沙漠地区地表发现的陶器和鸵鸟蛋壳进行了年代测定，这些材料是从 20 世纪 20～30 年代科学考察期间精心收集的地表散落物中获得的。对鸵鸟蛋壳的放射性碳分析表明，尽管碳含量充足，但来自测试地点的蛋壳并不是确定人类活动年代的可靠材料，因为所获得的分布范围很宽的年龄表面，该地区的新石器时代居民已经开始回收并重复使用古老的鸵鸟蛋壳。基于出土陶器的放射性碳和释光测年结果建立的戈壁沙漠地区遗址形成区域年表如图 10.9 所示，陶器的生产似乎比公认的该地区新石器时代开始时间（4200～4000BC）早得多，而沙拉卡塔井（Shara Kata Well）遗址的陶器代表了蒙古国和戈壁沙漠地区已知最早的陶器。从一些遗址点［如沙巴拉赫-乌苏（Shabarakh-Usu）和尹根-胡杜克（Yingen-Khuduk）］获得的陶器组合的年龄表明，人类在此生活了很长时间（数千年）。在本书中，仅对三个陶片使用两种测年方法进行直接比较，其中只有一个碎片的结果一致（图 10.9，用星号表示）。然而，由于其他两个碎片碳含量非常低（约 0.1%），其明显更早的加速器质谱放射性碳年龄［图 10.9，巴伦沙巴卡井（Barun Shabaka Well）和智利豪特加井（Chilian Hotoga Well）］被认为是不可靠的。如果能够识别出碳含量较高的陶器，那么进一步发展这种综合方法和直接比较的方法将为测试地表遗存的释光技术提供宝贵的机会。此外，该研究表明，在陶器上没有足够的有机物进行可靠的放射性碳测年的地区，即使其分辨率通常较低，释光也不失为一种切实可行的替代方法。

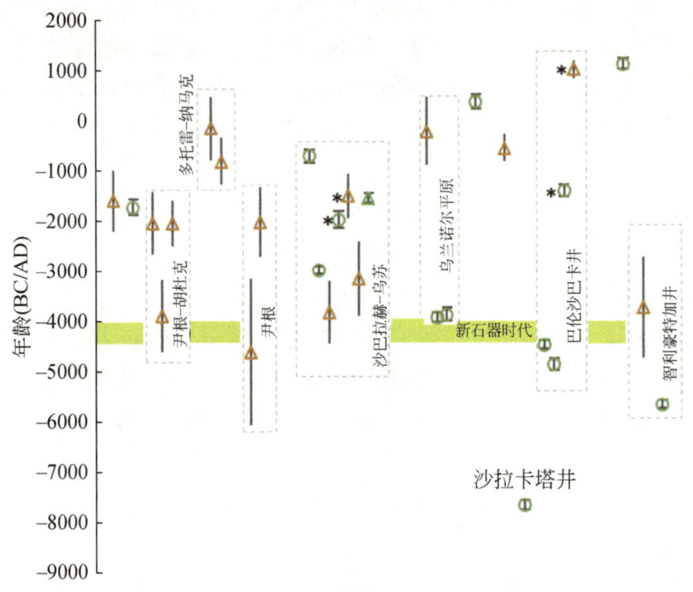

图 10.9　戈壁沙漠地区陶片的光释光（三角形）和校正的放射性碳年龄（圆形），不包括碳含量低于 0.1% 的样品的放射性碳年龄。所有年龄均表示为日历年龄，不确定性为 2σ。星号表示释光年龄和放射性碳年龄来自同一陶片。放射性碳样品包含了从陶瓷中提取的有机质和碳质残留物，结果根据遗址点进行了分组。根据 Janz 等（2015）的数据修改。

10.6　小结

本章讨论的测年应用范围反映了释光在考古研究中涉及的领域在逐步扩大。随着技术方面的进展，人们有望更好地理解在遇到复杂埋藏环境（如洞穴）时释光测年方法的表现。正如在其他文献中看到的一样，与放射性碳测年相比，释光测年方法很少有“常规的”操作步骤，因此已报道的释光年龄的数量还很有限。然而，受到解决具有挑战性的研究问题，如遗址形成、人类起源以及技术方法方面的推动，释光测年方法的应用必将得到进一步的发展。

参考文献

Aitken，M.J. 1985. Thermoluminescence Dating. Academic Press，Oxford.

Arnold，L.J.，Demuro，M.，Navazo，M.，Benito-Calvo，A.，Pérez-González，A. 2012. OSL dating of the Middle Palaeolithic Hotel California site，Sierra de Atapuerca，north-central Spain. Boreas 42，285-305.

Arnold，L.J.，Demuro，M.，Parés，J.M.，Pérez-González，A.，Arsuaga，J.L.，Bermúdez de Castro，J.M.，Carbonell，E. 2015. Evaluating the suitability of extended-range luminescence dating techniques over early and Middle Pleistocene timescales: Published datasets and case studies from Atapuerca，Spain. Quaternary International 389，167-190.

Avni，Y.，Porat，N.，Plakht，J.，Avni，G. 2006. Geomorphic changes leading to natural desertification versus anthropogenic land conservation in an arid environment，the Negev Highlands，Israel. Geomorphology 82，177-209.

Bailiff，I.K. 2007. Methodological developments in the luminescence dating of brick from English late-medieval and post-medieval buildings. Archaeometry 49，827-851.

Bailiff，I.K.，Blain，S.，Graves，C.P.，Gurling，T.，Semple，S. 2010. Uses and recycling of brick in medieval English buildings: Insights from the application of luminescence dating and new avenues for further research. The Archaeological Journal 167，165-196.

Bailiff，I.K. Lewis，S.，Drinkall，H.，White，M. 2013. Luminescence dating of sediments from a Palaeolithic site associated with a solution feature on the North Downs of Kent，UK. Quaternary Geochronology 18，135-148.

Bailiff，I.K.，French，C.A.，Scarre，C.J. 2014. Application of luminescence dating and geomorphological analysis to the study of landscape evolution，settlement and climate change on the Channel Island of Herm. Journal of Archaeological Science 41，890-903.

Bailiff，I.K.，Jankowski，N.，Gerrard，C.M.，Gutiérrez，A.，Snape，L.M.，Wilkinson，K.N. 2018. Luminescence dating of qanat technology: Prospects for further development. Water History 10，73-84.

Barnett，S.M. 2000. Luminescence dating pottery from later prehistoric Britain. Archaeometry 42，431-457.

Beckers，B.，Schütt，B.，Tsukamoto，S.，Frechen，M. 2013. Age determination of Petra's engineered landscape: Optically stimulated luminescence (OSL) and radiocarbon ages of runoff terrace systems in the Eastern Highlands of Jordan. Journal of Archaeological Science 40，333-348.

Been，E.，Hovers，E.，Ekshtain，R.，Malinsky-Buller，A.，Agha，N.，Barash，A.，Bar-Yosef，D.，Benazzi，S.，Hublin，J-J.，Levin，L.，Greenbaum，N.，Mitki，N.，Oxilia，G.，Porat，N.，Roskin，J.，Soudack，M.，Yeshurun，R.，Shahack-Gross，R.，Nir，N.，Barzilai，O. 2017. The first Neanderthal remains from an open-air Middle Palaeolithic site in the Levant OPEN. Scientific Reports 7.

Benea，V.，Vandenberghe，D.，Timar，A.，Van den Haute，P.，Cosma，C，Gligor，M.，Florescu，C. 2007. Luminescence dating of Neolithic ceramics from Lumea Noua，Romania. Geochronometria 28，9-16.

Berger，G.W.，Henderson，T.K.，Banerjee，D.，Nials，F.L. 2004. Photonic dating of prehistoric irrigation canals at Phoenix，Arizona，U.S.A. Geoarchaeology 19，1-19.

Berger，G.W.，Post，S.，Wenker，C. 2009. Single and multiple-grain quartz-luminescence dating of irrigation-channel features in Santa Fe，New Mexico. Geoarchaeology 24，383-401.

Blain，S.，Guibert，P.，Bouvier，A.，Vieillevigne，E.，Bechtel，F.，Sapin，C.，Baylé，M. 2007. TL dating applied to building archaeology: The case of the medieval church Notre-Dame-Sous-Terre （Mont-Saint-Michel，France）. Radiation Measurements 42，1483-1491.

Blain，S.，Bailiff，I.K.，Guibert，P.，Bouvier，A.，Baylé，M. 2010. An intercomparison study of luminescence dating protocols and techniques applied to medieval brick samples from Normandy（France）. Quaternary Geochronology 5，311-316.

Blain，S.，Lanos，P.，Bailiff，I.，Guibert，P.，Sapin，C. 2014. Early medieval brickmaking: a cross-Channel perspective based on recent luminescence and archaeomagnetic dating results. In Ratilainen，T.，Bernotas，R.，Herrmann，C. （eds）Fresh Approaches to the Brick production and Use in the Middle Ages. （Eds）Archaeopress，Oxford.

Bøtter-Jensen，L.，Agersnap Larsen，N.，Mejdahl，V.，Poolton，N.R.J，Morris，M.F.，McKeever S.W.S. 1995. Luminescence sensitivity changes in quartz as a result of annealing. Radiation Measurements 24，535-541.

Bonsall，C.，Cook，G.，Manson，J. L.，Sanderson，D. 2002. Direct dating of Neolithic pottery: progress and prospects. Documenta Praehistorica 29，47-59.

Bueno，L.，Feathers，J.，Plasis，P.D. 2013. The formation process of a paleoindian open-air site in Central Brazil: integrating lithic analysis，radiocarbon and luminescence dating. Journal of Archaeological Science 40，190-203.

Chauhan，P.，Bridgland，D.，Moncel，M.-H.，Antoine，P.，Bahain，J.-J.，Briant，R.，Cunha，P.P.，Locht，J.-L.，Martins，A.，Schreve，D.，Shaw，A.，Voinchet，P.，Westaway，R.，White，M.，White，T. 2017. Fluvial deposits as an archive of early human activity: progress during the 20 years of the Fluvial Archives Group. Quaternary Science Reviews 166，114-149.

Chruścińska，A.，Cicha，A.，Kijek，K.，Palczewski，P.，Przegiętka，K.，Sulkowska-Tuszyńska，K. 2014. Luminescence dating of bricks from the Gothic Saint James church in Toruń. Geochronology 41，352-360.

Cramp，R. J.，Bettess，G.，Bettess，F. 2006. Wearmouth and Jarrow Monastic Sites Vol II. English Heritage，Swindon.

Czopek，S.，Kusiak，J.，Trybała-Zawiślak，K. 2013. Thermoluminescent dating of the Late Bronze and Early Iron Age pottery on sites in Kłyżów and Jarosław（SE Poland）. Geochronometria 40，113-125.

Davidovich，U.，Porat，N.，Gadot，Y.，Avni，Y.，Lipschits，O. 2012. Archaeological investigations and OSL dating of terraces at Ramat Rahel，Israel. Journal of Field Archaeology 37，192-208.

Duller，G.A.T.，Tooth，L.，Barham，L.，Tsukamoto，S. 2015. New investigations at Kalambo Falls，Zambia: Luminescence chronology，site formation，and archaeological significance. Journal of Human Evolution 85，111-125.

Dunnell，R.C.，Feathers，J.K. 1994. Thermoluminescence dating of surficial archaeological material. In Beck，C. (ed)，Dating in Exposed and Surface Contexts，University of New Mexico Press，Albuquerque，115-137.

Feathers，J.K. 2000. Date List 7: Luminescence dates for prehistoric and protohistoric pottery from the American southwest. Ancient TL 18，51-61.

Feathers, J.K. 2003. Use of luminescence dating in archaeology. Measurement Science and Technology 14, 1493-1509.

Feathers, J.K., Johnson, J., Kembel, S.R. 2008. Luminescence dating of monumental stone architecture at Chavín De Huántar, Perú. Journal of Archaeological Method Theory 15, 266-296.

Feathers, J.K. 2009. Problems of ceramic chronology in the Southeast: Does shell-tempered pottery appear earlier than we think? American Antiquity 74, 113-142.

Feathers, J.K. 2015. Luminescence dating at Diepkloof Rock Shelter-new dates from single-grain quartz. Journal of Archaeological Science 63, 164-174.

Fleming, S.J. 1979. Thermoluminescence Techniques in Archaeology. Clarendon Press, Oxford.

French, C. 2015. A Handbook of Geoarchaeological Approaches for Investigating Landscapes and Settlement Sites. Studying Scientific Archaeoelogy 1, Oxbow Books, Oxford, UK.

Frouin, M., Lahaye, C., Hernandez, M., Mercier, N., Guibert, P., Brenet, M., Folgado-Lopez, M., Bertran, P. 2014. Chronology of the middle palaeolithic open-air site of Combe Brune 2 (Dordogne, France): A multi luminescence dating approach. Journal of Archaeological Science 52, 524-534.

Gibson, S. 2015. The archaeology of agricultural terraces in the Mediterranean zone of the southern Levant and the use of the optically stimulated luminescence dating method. In Lucke, B., Bäumler, R., Schmidt, M. (eds) Soils and Sediments as Archives of Environmental Change.

Geoarchaeology and Landscape Change in the Subtropics and Tropics. Erlanger Geographische Arbeiten Band 42, 295-314.

Goedicke, C. 2011. Dating mortar by optically stimulated luminescence: A feasibility study. Geochronometria 38, 42-49.

Goldberg, P., Berna, F. 2010. Micromorphology and context. Quaternary International 214, 56-62.

Guérin, G., Mercier, N. 2012. Field gamma spectrometry, Monte Carlo simulations and potential of non-invasive measurements. Geochronometria 39, 40-47.

Guérin, G., Murray, A.S., Jain, M., Thomsen, K.J., Mercier, N. 2013. How confident are we in the chronology of the transition between Howieson's Poort and Still Bay? Journal of Human Evolution 64, 314-317.

Guibert P., Bailiff I. K, Blain S., Gueli A. M., Martini, M., Sibilia, E., Stella, G., Troja, S. 2009. Luminescence dating of architectural ceramics from an early medieval abbey: The St-Philbert intercomparison (Loire Atlantique, France). Radiation Measurements 44, 488-493.

Hublin, J.J., Ben-Ncer, A., Bailey, S.E., Freidline, S.E., Neubauer, S., Skinner, M.M., Bergmann, I., Le Cabec, A., Benazzi, S., Harvati, K., Gunz, P. 2017. New fossils from Jebel Irhoud, Morocco and the pan-African origin of Homo sapiens. Nature 546, 289-292.

Huckleberry, G., Hayshida, F., Johnson, J. 2012. New insights into the evolution of an intervalley prehistoric irrigation canal system, north coastal Peru. Geoarchaeology 27, 492-520.

Huckleberry, G., Rittenour, T. 2014. Combining radiocarbon and single-grain optically stimulated luminescence methods to accurately date pre-ceramic irrigation canals, Tuscon, Arizona. Journal of Archaeological Science 41, 156-170.

Jacobs, Z., Roberts, R.G., Galbraith, R.F., Deacon, H.J., Grün, R., Mackay, A., Mitchell, P., Vogelsang,

R.，Wadley，L. 2008. Ages for the Middle Stone Age of Southern Africa: Implications for Human Behaviour and Dispersal. Science 322，733-735.

Jacobs，Z.，Roberts，R.G. 2015. An improved single grain OSL chronology for the sedimentary deposits from Diepkloof Rockshelter，Western Cape，South Africa. Journal of Archaeological Science 63，175-192.

Jankowski，N.R.，Jacobs，Z. 2018. Beta dose variability and its spatial contextualisation in samples used for optical dating: An empirical approach to examining beta microdosimetry. Quaternary Geochronology 44，23-37.

Janz L.，Feathers J.K.，Burr，G.S. 2015. Dating surface assemblages using pottery and eggshell: Assessing radiocarbon and luminescence techniques in Northeast Asia. Journal of Archaeological Science 57，119-129.

Khasswneh，S. A.，Murray，A. S.，Gebel，H. G.，Bonatz，D. 2016. First application of OSL dating to a chalcolithic well structure in Qulban Bani Murra，Jordan. Mediterranean Archaeology and Archaeometry 16，127-134.

Kinnaird，T.，Bolos，J.，Turner，A. 2017. Optically-stimulated luminescence profiling and dating of historic agricultural terraces in Catalonia（Spain）. Journal of Archaeological Science 78，66-78.

Kouki，P. 2006. Environmental change and human history in the Jabal Harun area，Jordan. Unpublished Licentiate thesis，University of Helsinki.

Kuzmin，Y.V.，Hall，S.，Tite，M.S.，Bailey，R.，O'Malley，J.M.，Medvedev，V.E. 2001. Radiocarbon and thermoluminescence dating of the pottery from the early Neolithic site of Gasya（Russian Far East）：initial results. Quaternary Science Reviews 20，945-8.

Lang，A.，Wagner，G.A. 1996. Infrared stimulated luminescence dating of archaeosediments. Archaeometry 38，129-141.

Liritzis，I.，Singhvi，A.K.，Feathers，J. K.，Wagner，G.A.，Kadereit，A.，Zacharias，N.，Li，S-H. 2013. Luminescence Dating in Archaeology，Anthropology，and Geoarchaeology. An Overview. SpringerBriefs in Earth System Sciences，97.

Madsen，A.T.，Murray，A.S. 2009. Optically stimulated luminescence dating of young sediments: A review. Geomorphology 109：3-16.

Manuel，M.，Lightfoot，D.，Fattahi，M. 2018. The sustainability of ancient water control techniques in Iran: an overview. Water History 10，13-20.

Meister J.，Krause J.，Müller-Neuhof B.，Portillo M.，Reimann T.，Schütt，B. 2017. Desert agricultural systems at EBA Jawa (Jordan): Integrating archaeological and paleoenvironmental records. Quaternary International 434，33-50.

Mercier，N.，Valladas，H.，Valladas，G.，Reyss，J.-L.，Jelinek，A.，Meignen，L.，Joron，J.-L. 1995. TL dates of burnt flints from Jelinek's excavations at Tabun and their implications. Journal of Archaeological Science 22，495-509.

Mercier，N.，Valladas，H.，Valladas，G. 1992. Observations on palaeodose determination with burnt flints. Ancient TL 10，28-32.

Mercier，N.，Valladas，H.，Froget，L.，Joron，J.-L.，Reyss，J.-L.，Weiner，S.，Goldberg，P.，Meignen，L.，Bar-Yosef，O.，Kuhn，S.L.，Stiner，M.C.，Tillier，A.-M.，Arensburg，B.，Vandermeersch，B. 2007. Hayonim Cave: A TL-based chronology for this Levantine Mousterian sequence. Journal of Archaeological

Science 34，1064-1077.

Orton，C.，Tyers，P.，Vince，A. 1993. Pottery in Archaeology. Cambridge Manuals in Archaeology. Cambridge University Press，Cambridge.

Parkington，J.E.，Rigaud，J.-Ph.，Poggenpoel，C.，Porraz，G.，Texier，P.-J. 2013. Introduction to the project and excavation of Diepkloof Rock Shelter (Western Cape，South Africa): A view on the Middle Stone Age. Journal of Archaeological Sciences 40，3369-3375.

Peacock，E，Feathers，J.K.2009. Accelerator mass spectrometry radiocarbon dating of temper in Shell-tempered ceramics: Test cases from Mississippi，southeastern United States. Amer. Antiquity 74，351-369.

Pietsch，T.J.，Olley，J.M.，Nanson，G.C. 2008. Fluvial transport as a natural luminescence sensitiser of quartz. Quaternary Geochronology 3，365-376.

Pike，A.W.G. 2017. Uranium–thorium dating of cave art. In David，B. and McNiven，I.J. （eds）The Oxford Handbook of the Archaeology and Anthropology of Rock Art. Oxford University Press，Oxford.

Pike，A.W.G.，Hoffmann，D.L.，Pettitt，P.B.，García-Diez，M.，Zilhão，J. 2017. Dating Palaeolithic cave art: Why U–Th is the way to go. Quaternary International 432，41-49.

Prescott，J.R.，Huntley，D.J.，Hutton，J.T. 1993. Estimation of equivalent dose in thermoluminescence dating–the Australian slide method. Ancient TL 11，1-5.

Porat，N.，Davidovich，U.，Avni，Y.，Avni，G.，Gadot，Y. 2017. Using OSL measurements to decipher soil history in archaeological terraces，Judean Highlands，Israel. Land Degradation and Development 29，643-650.

Porat，N.，Jain，M.，Ronen，A.，Horwitz，L.K. 2018. A contribution to late Middle Paleolithic chronology of the Levant: New luminescence ages for the Atlit Railway Bridge site，Coastal Plain，Israel. Quaternary International 464，32-42.

Richter，D.，Krbetschek，M. 2015. Luminescence dating of the Lower Palaeolithic occupation at Schöningen. Journal of Human Evolution 89，46-56.

Richter，D.，Grün，R.，Joannes-Boyau，R.，Steele，T.E.，Amani，F.，Rué，M.，Fernandes，P.，Raynal，J.，Geraads，D.，Ben-Ncer，A.，Hublin，J.，McPherron，S.P. 2017. The age of the hominin fossils from Jebel Irhoud，Morocco，and the origins of the Middle Stone Age. Nature 546，293-296.

Rittenour，T.M. 2008. Luminescence dating of fluvial deposits: applications to geomorphic，palaeoseismic and archaeological Research. Boreas 37，613-635.

Sampson，C.G.，Bailiff，I.，Barnett，S. 1997. Thermoluminescence dates from Later Stone Age pottery on surface sites in the Upper Karoo. South African Archaeological Bulletin 52，38-42.

Sanderson，D.C.W.，Murphy，S. 2010. Using simple portable OSL measurements and laboratory characterization to help understand complex and heterogeneous sediment sequences for luminescence dating. Quaternary Geochronology 5，299-305.

Sanjurjo-Sánchez，J.，Montero Fenollós，J.L. 2012. Chronology during the Bronze Age in the archaeological site Tell Qubr Abu Al-'Atiq，Syria. Journal of Archaeological Science 39: 163-174.

Schmidt，C.，Kreutzer，S. 2013. Optically stimulated luminescence of amorphous/microcrystalline SiO_2（silex）: Basic investigations and potential in archaeological dosimetry. Quaternary Geochronology 15，1-10.

Smith，T.M.，Tafforeau，P.，Reid，D.J.，Grün，R.，Eggins，S.，Boutakiout，M.，Hublin，J-J. 2007. Earliest vidence of modern human life history in north African early Homo sapiens. Proceedings of the National Academy of Sciences USA，104，6128-6133.

Solongo，S.，Ochir，A.，Tengis，S.，Fitzsimmons，K.，Hublin，J.-J. 2014. Luminescence dating of mortar and terracotta from a Royal Tomb at Ulaankhermiin Shoroon Bumbagar，Mongolia. STAR，2，235-242.

Stark，M.T.，Sanderson，D.，Bingham，R.G. 2006. Monumentality in the Mekong delta: Luminescence dating and implications. Indo-Pacific Prehistory Association Bulletin 26，110-120.

Stella，G.，Fontana，D.，Gueli，A.M.，Troja，S.O. 2013. Historical mortars dating from OSL signals of fine grain fraction enriched in quartz. Geochronometria 40，153-164.

Stringer，C.，Galway-Witham，J. 2017. On the origin of our species. Nature 546，212-214.

Sutikna，T.，Tocheri，M.W.，Morwood，M.J.，Saptomo，E.W.，Jatmiko，Awe R.D.，Wasisto，S.，Westaway，K.E.，Aubert，M.，Li，B.，Zhao，J.X.，Storey，M.，Alloway，B.V.，Morley，M.W.，Meijer，H.J.，van den Bergh，G.D.，Grün，R.，Dosseto，A.，Brumm，A.，Jungers，W.L.，Roberts，R.G. 2016. Revised stratigraphy and chronology for Homo floresiensis at Liang Bua in Indonesia. Nature 532，366-369.

Tribolo，C.，Mercier，N.，Valladas，G.，Joron，J.L.，Guibert，P.，Lefrais，Y.，Selo，M.，Texier，P.-J.，Rigaud，J.-P.，Porraz，G.，Poggenpoel，C.，Parkington，J.，Texier，J.-P.，Lenoble，A. 2009. Thermoluminescence dating of a Stillbay-Howiesons poort sequence at Diepkloof rock shelter（Western Cape，South Africa）. Journal of Archaeological Science 36，730-739.

Tribolo，C.，Mercier，N.，Douville，E.，Joron，J.-L.，Reyss，J.-L.，Rufer，D.，Cantin，N.，Lefrais，Y.，Miller，C.E.，Parkington，J.，Porraz，G.，Rigaud，J.-P.，Texier，P.-J. 2013. OSL and TL dating of the middle stone age sequence of Diepkloof rock shelter（Western Cape，South Africa）：A clarification. Journal of Archaeological Science 40，3401-3411.

Urbanova，P.，Guibert，P.，2017. Methodological study on single grain OSL dating of mortars: Comparison of five reference archaeological sites. Geochronometria 44，77-97.

Valladas，H.，Mercier，N.，Hershkovitz，I.，Zaidner，Y.，Tsatskin，A.，Yeshurun，R.，Vialettes，L.，Joron，J-L，Reyss，J-L.，Weinstein-Evron，M. 2013. Dating the Lower to Middle Paleolithic transition in the Levant: a view from Misliya Cave，Mount Carmel，Israel. Journal of Human Evolution 65，585-593.

Vieillevigne，E.，Guibert，P.，Bechtel，F. 2007. Luminescence chronology of the medieval citadel of Termez，Uzbekistan: TL dating of brick masonries. Journal of Archaeological Science 34，1402-1416.

Wintle，A. G. 2008. Fifty years of luminescence dating. Archaeometry 50，276-312.

Zaidner，Y.，Porat，N.，Zilberman，E.，Herzlinger，G.，Almogi-Labin，A.，Roskin，J. 2018. Geo-chronological context of the open-air Acheulian site at Nahal Hesi，northwestern Negev，Israel. Quaternary International 464，18-31.

11　岩石表面埋藏与暴露测年

乔治亚娜·金[1]，皮埃尔·瓦拉[2]，本杰明·莱曼[1]
1. 瑞士洛桑大学地表动力学研究所
2. 法国科学研究中心/格勒诺布尔-阿尔卑斯大学地球科学研究所

摘要：释光测年除了可以通过多种方式应用于沉积物外，还可以用于测定岩石表面的年龄。可以像测定沉积物埋藏年龄一样，通过提取岩石埋藏面的颗粒测量其最后一次曝光的年龄，也可以用于测定岩石表面在日光下的暴露年龄。本章中，我们讨论了应用释光技术测量岩石表面埋藏年龄与暴露年龄的可行性、岩石表面释光信号晒退的最新模型、不同的应用，以及这些方法在成为像沉积物释光测年一样的常规方法之前需要解决的一些问题。
关键词：岩石表面，晒退模型，非均匀剂量测定

11.1　引言

在地球科学和考古学中，有许多岩石表面的绝对年龄是未知的。在考古学中，测定未知年代的建筑、路面和人工制品，将有助于我们理解人类与环境的相互作用，以及社会和文化的出现；测定冰川磨光的基岩面、冰碛砾石和冰川漂砾的年代有助于我们深入了解冰的动力学；而测定岩崩落石碎屑的年龄则可以计算剥蚀速率和灾害事件发生的频率。此外，在某些环境中，松散的沉积物缺失或不能代表沉积环境和/或沉积过程，直接测定较大的碎屑（砾石）表面或基岩磨光面可以扩展释光测年的应用范围，从而解决一些新的研究问题。

11.1.1　基本原理

对于连续暴露在日光下的岩石表面，其释光信号的晒退不仅会发生在表面的矿物中，而且还会随着时间的推移逐渐传播到更深的地方（如 Habermann et al.，2000；Polikreti et al.，2002；Vafiadou et al.，2007）。当这个岩石表面被埋藏时，如在岩石坠落之后（Chapot et al.，2012）或在河道中（Sohbati et al.，2012a）或仅是在某地貌体中面朝下堆积下来，从而避免了曝光（Simms et al.，2011；Sohbati et al.，2011），释光信号就可以开始累积。通过与传统沉积物测年相同的方法，可以测量岩石表面的释光信号，从而得到其埋藏年龄，唯一的不同是岩石表层必须制备成厚度约 1mm 的岩片（如 Sohbati et al.，2011）或粉碎之后提取特定的矿物和粒度组分（如 Simms et al.，2011）。而在岩石表面暴露测年中，则是通过测试自岩石表面至一定深度的释光信号获得释光晒退曲线，并结合晒退速率随时间变化的模型来确定曝光的持续时间，从而确定表面暴露年龄（Sohbati et al.，2011；Lehmann et al.，2018）。

11.1.2 方法发展

岩石表面释光测年的潜力最初是在考古应用中发现的（如 Liritzis，1994；Richards，1994）。燧石等石制品的释光信号经过火烧可以归零，对这种石制品的埋藏年代测定已有广泛的研究（如 Aitken，1985；Gösku et al.，1974），但利用岩石表面在光照归零后累积起来的释光信号来测年则是相对较新的方法，并且最初主要是对考古遗迹（如巨石建筑）的研究。Richards（1994）对石英岩卵石手斧开展了光释光（OSL）测年，而另一些研究者（Liritzis，1994；Liritzis et al.，1996；Polikreti et al.，2003）认识到了使用热释光（TL）对钙质（石灰岩、大理岩）巨石建筑进行测年的潜力。这种方法的原理是，岩石表面的释光信号可以像沉积物一样被光照晒退，在随后的埋藏之后可再次累积释光信号。埋藏它的可以是沉积物，也可以是另一块岩石，例如在建筑物内。

在任何释光测年应用研究中，一个很重要的因素是释光信号在测定的事件之前/期间是否有效地归零。例如，要对巨石建筑测年，需确保样品在埋藏前接受了足够的日光照射；同样，如果要测定导致冰川/河流砾石沉积的搬运事件的年代，需确保日光照射足以晒退砾石表面的释光信号。由于热释光比光释光信号晒退慢，且热释光测年是多片法测试，不确定性相对较大，因此热释光测年有一定的局限（Tribolo et al.，2003）。Habermann 等（2000）、Greilich 等（2005），以及 Greilich 和 Wagner（2006）证实基岩的红外释光（IRSL）和光释光（OSL）信号可以在日光下完全归零，因此适用于岩石表面测年。这些观察结果为之后在石制品（Morgenstein et al.，2003）、泥土地面和上覆卵石（Vafiadou et al.，2007）、砾石表面（如 Simms et al.，2011；Sohbati et al.，2011；Jenkins et al.，2018；Rades et al.，2018）以及崩塌堆积物等（Chapot et al.，2012）中的应用铺平了道路（详见第 11.4 节）。

Richards（1994）首次研究了石英岩卵石手斧石英光释光信号随深度的变化（图 11.1A），运用“微地层”方法，通过若干次 30min 的氢氟酸（HF）刻蚀从卵石上去除若干层（250μm

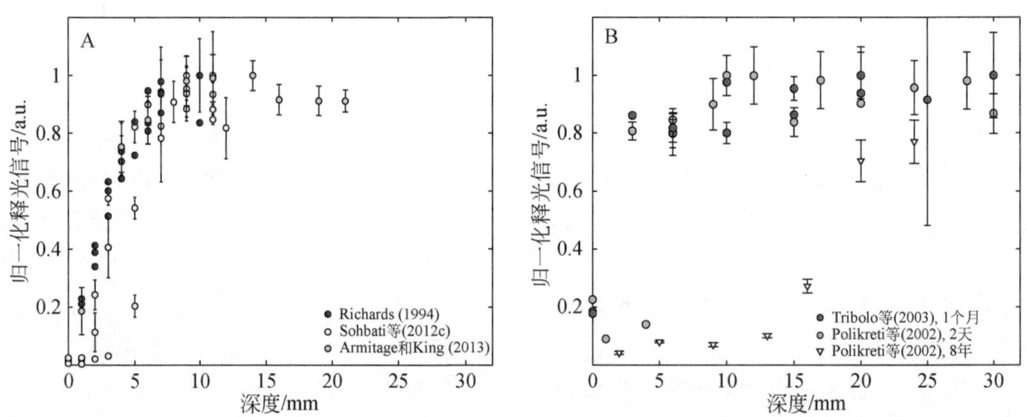

图 11.1 A-从石英岩（Richards，1994；Roberts，1997）和砂岩（Armitage and King，2013；Sohbati et al.，2012c）中提取的石英颗粒的 OSL 信号随深度的变化。请注意，样品暴露的时间不同，并且来自不同的地质和/或考古环境。B-暴露在日光下不同时长的大理岩（Polikreti et al.，2002）和石英岩（Tribolo et al.，2003）岩片的 TL 信号随深度的衰减。

厚）物质，得以确定透光率在 0.25～0.6mm 内降低至 1%～8%。Polikreti 等（2002，2003）通过将大理岩块放在日光下暴露不同时长（最长达 70 天），研究了 TL 信号在日光照射后随深度的变化。他们观察到，释光信号归零的深度随着晒退时间的增加而增加（图 11.1B）。Polikreti 等（2002，2003）认为这些晒退曲线可用于大理石雕塑的真伪鉴定，因为足够古老的岩石表面的最大晒退深度也较深（图 11.1B）。根据这些早期研究，Sohbati 等（2011）提出石英和长石的释光信号可用于岩石表面暴露测年。本章将介绍基岩中释光信号的晒退模型，以及基岩表面埋藏测年和暴露测年所需的各种方法学上的考虑。此外，还列举了一些详细的案例研究，并对这一发展中的技术进行了展望。

11.2 释光信号晒退模型

未被暴露在日光下的岩石表面具有释光信号，该信号是环境辐射（宇宙射线、高能太阳粒子流和岩石基质中的放射性衰变）导致的电子俘获和异常衰减和/或信号热损失引起的电子逃逸之间平衡的结果。这种情况通常被称为自然信号饱和或自然信号稳态，是暴露于日光后信号开始衰减的起点（即初始条件）。如果岩石表面持续暴露在日光下，释光信号晒退会随着时间扩展至表层更深处（Polikreti et al.，2002；Sohbati et al.，2011）。图 11.2 为冰川环境的示意图。Polikreti 等（2002）率先开发了日光照射后释光信号晒退随深度变化的模型。Sohbati 等（2011）提出了一个光释光信号衰减随深度变化的模型。尽管 Sohbati 等（2011）的模型最近受到了挑战（Laskaris and Liritzis，2011），但我们依然重点关注该模型，因为它仍然是近年应用中使用最广泛的方法。

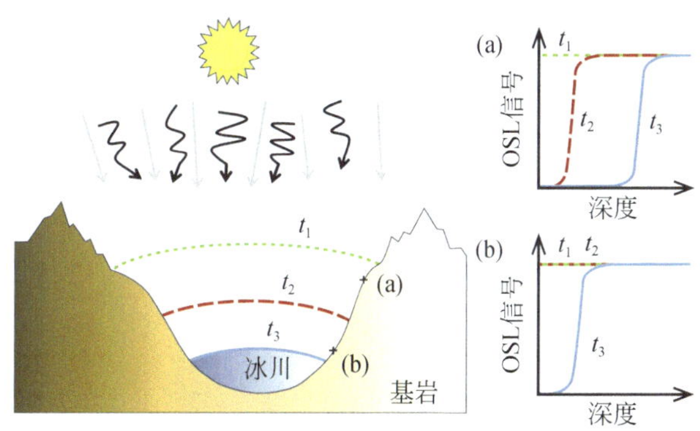

图 11.2 冰川退缩导致基岩暴露于日光下的释光信号变化示意图。修改自 Lehmann 等（2018）。在基岩表面暴露之前，当冰川处于其最大规模（时间 t_1）时，（a）和（b）两处表面的释光信号都处于天然饱和状态。随着冰川退缩（时间 t_2），表面（a）暴露出来，释光信号的晒退开始不断深入。然而，表面（b）仍然被覆盖，其释光信号保持不变。随着冰川进一步消退（时间 t_3），表面（a）依然暴露，其释光信号被晒退得更深，而表面（b）此时才暴露于日光下，其释光信号晒退较浅。灰色直箭头代表宇宙射线和高能太阳粒子流，它们与岩石基质中的放射性衰变一起贡献了潜在的释光信号。黑色弯曲箭头代表来自太阳的低能电磁辐射，它们在基岩暴露后晒退潜在的释光信号。

释光信号的强度可以被认为反映了俘获电子的数量 n。对于暴露于日光下的岩石表面，俘获电子的数量（也即释光信号的强度）是由日光照射导致的电子逃逸和环境辐射所致的电子俘获的竞争过程所控制。因此，在给定深度 x（mm）和时间 t（s）处俘获的电子数 n（x,t）可由以下微分方程表示（Sohbati et al.，2012b）：

$$\frac{\partial n(x,t)}{\partial t}=-E(x)n(x,t)+F(x)[N(x)-n(x,t)] \tag{11.1}$$

式中，N（x）为深度 x 处俘获电子的最大可能数量；E（x）（单位为 s^{-1}）和 F（x）（单位为 s^{-1}）分别为电子逃逸和俘获的速率。电子逃逸速率由下式给出：

$$E(x)=\overline{\sigma\varphi_0}e^{-\mu x} \tag{11.2}$$

式中，σ为释光光解离截面（cm^2）；φ_0为岩石最表面（x=0）的光子通量（是波长的函数）（单位为 $cm^{-2}s^{-1}$）。因此，这两项的乘积 $\overline{\sigma\varphi_0}$ 是暴露于特定光谱后岩石表面释光信号的有效衰减率（单位为 s^{-1}）。式（11.2）中最后一个参数μ是岩石的平均光衰减系数（单位为 mm^{-1}）。

除了电子逃逸之外，式（11.1）还包含描述电子俘获的项 F（x），这对于年轻（即＜10ka）地表来说不太重要，但对于辐射剂量率特别是宇宙射线更高的地外应用来说可能很重要（Sohbati et al.，2012b）。电离辐射引起的电荷俘获率由下式给出：

$$F(x)=\frac{\dot{D}(x)}{D_0} \tag{11.3}$$

式中，$\dot{D}$ 为环境剂量率（单位为 Gy/s）；D_0 为释光信号的饱和特征剂量（单位为 Gy）。

假设给定深度的俘获电子数 n（x）与测得的释光信号 L（x,t）成比例，因此假设 F（x）≈0，释光信号可以按照 Sohbati 等（2012c）描述如下：

$$L(x,t)=L_0e^{-\overline{\sigma\varphi_0}te^{-\mu x}} \tag{11.4}$$

式中，L_0 为自然饱和释光信号（即俘获电子数的平衡状态 N），假设在晒退之前（即 t=0），该值在所有深度都是相同的。对于 F（x）＞0 的情况，该公式变为（Sohbati et al.，2012b）：

$$L(x,t)=\frac{\overline{\sigma\varphi_0}e^{-\mu x_e-t\left(\overline{\sigma\varphi_0}e^{-\mu x}+\frac{\dot{D}}{D_0}\right)}+\frac{\dot{D}}{D_0}}{\overline{\sigma\varphi_0}e^{-\mu x}+\frac{\dot{D}}{D_0}} \tag{11.5}$$

或者表面已经完全晒退，即 L_0（x）=0，如在陨石撞击之后（Sohbati et al.，2012b）：

$$L(x,t)=\frac{\frac{\dot{D}(x)}{D_0}\left\{1-e^{-t\left[\overline{\sigma\varphi_0}\,e^{-\mu x}?+\frac{\dot{D}(x)}{D_0}\right]}\right\}}{\overline{\sigma\varphi_0}\,e^{-\mu x}?+\frac{\dot{D}(x)}{D_0}} \tag{11.6}$$

释光表面暴露测年在岩石表面暴露年龄小于 10ka 的陆地环境中的应用比较常见。因此，在讨论该模型时，我们将考虑式（11.4）。然而，对于较老的岩石表面，可能会出现日光照射导致的电子逃逸和环境辐射导致的电子俘获之间的平衡（Sohbati et al.，2012c）。式（11.4）包含三个未知参数：$\overline{\sigma\varphi_0}$ 为岩石表面的释光信号衰减率；μ为岩石衰减系数；t 为曝光时间。据报道，不同矿物和岩石样品的 $\overline{\sigma\varphi_0}$ 和μ值不同，这里为了方便讨论，我们采纳

Sohbati 等（2012c）使用的来自石英的参数来探索式（11.4）中描述的释光信号变化。

式（11.4）描述了释光信号的晒退随时间扩展到岩石内部一定深度的过程。图 11.3A 显示的是 $\overline{\sigma\varphi_0}$ 取 $6.8\times10^{-9}\ s^{-1}$、μ取 $1.01mm^{-1}$ 时，经历不同曝光时间后释光信号晒退的不同深度。随着曝光时间的增加，样品中释光信号归零的深度增加。为了计算暴露年龄，必须约束 $\overline{\sigma\varphi_0}$ 和μ，这仍然是释光表面暴露测年作为常规方法应用的最大障碍（Sohbati et al.，2011，2015）。在考虑解决这一问题之前，我们首先要考虑控制这两个参数的变量。

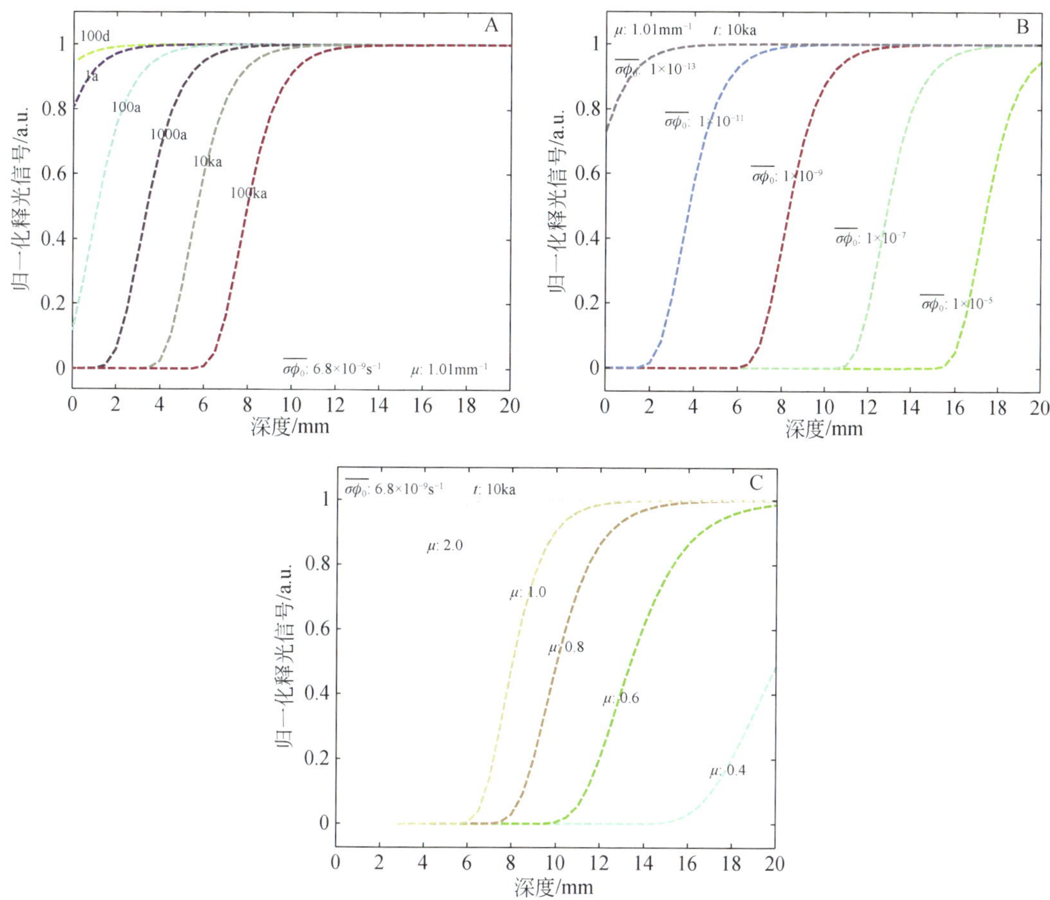

图 11.3　根据式（11.4）和 Sohbati 等（2012c）提供的石英 OSL 参数模拟的释光信号晒退曲线。A-参数μ和 $\overline{\sigma\varphi_0}$ 固定，随着曝光时间从 100 天增加到 100ka，释光信号晒退深度的变化。B-假设曝光时间为 10ka，并保持μ为 $1.01mm^{-1}$（据 Sohbati et al.，2012c），改变 $\overline{\sigma\varphi_0}$ 会引起释光信号晒退深度改变，较小的 $\overline{\sigma\varphi_0}$ 值对应较低的晒退速率，从而导致较浅的晒退曲线。C-假设曝光时间为 10ka，并保持 $\overline{\sigma\varphi_0}$ 为 $6.8\times10^{-9}\ s^{-1}$（据 Sohbati et al.，2012c），改变μ值会引起释光信号晒退深度和梯度改变，较大的μ值对应较高的衰减速率和较浅的信号晒退。

释光信号衰减率 $\overline{\sigma\varphi_0}$ 由样品所处位置的光子通量［即φ（λ，0）］控制，而光子通量又受日光光谱变化的影响。图 11.3B 显示了 $\overline{\sigma\varphi_0}$ 的变化对释光信号晒退曲线的影响。Spooner（1994）研究了不同波长光照下长石释光信号的光晒退。Sohbati 等（2011）利用这些数据，试图通过计算丹麦砾石所在经度和纬度地表不同波长入射光子的年通量来确定 $\overline{\sigma\varphi_0}$。不幸的是，他们获得的 $\overline{\sigma\varphi_0}$ 值约为 $1.2\times10^{-4}\ s^{-1}$，相当于约 30min 的曝光时间，比预期要短得多。他们将这种差异归因于这样一个事实，即对于小的残余信号来说，长石的晒退不是呈指数变化的（Kars et al.，2014），因此他们的计算值可能低估了释光信号晒退所需的时间。

岩石样品的衰减系数μ取决于其岩性。图 11.3C 显示了μ的变化对测得的释光信号晒退曲线的影响。含有大量暗色矿物的岩石类型（即暗色岩类，如玄武岩或富含云母的变质沉积物等）比主要由透明矿物组成的岩石（即浅色岩类，如砂岩或富含石英的岩类）的μ值高。平均粒径和密实程度也可能影响光的衰减。然而，Sohbati 等（2012c）和 Lehmann 等（2018）的 OSL 表面暴露测年获得了成功，他们认为可以假设相同岩性的岩石样品具有相似的衰减系数μ［译者注：这个假设对于非常理想的均质岩石可能是成立的，但是也有研究表明，即使是同一个样品，透光性也是不均匀的，详见 Ou 等（2018）中的图 1c］。

11.3　岩石表面释光测年

虽然迄今为止已发表的研究很有限，但所报道的μ和 $\overline{\sigma\varphi_0}$ 的变化范围比较大（如 Sohbati et al.，2012c；Lehmann et al.，2018）。特定地点的校准可能是约束 $\overline{\sigma\varphi_0}$ 的唯一途径，而μ有可能在实验室中确定，尽管最近的研究表明这具有挑战性（见 Gliganic et al.，2019；Meyer et al.，2018）。对这些参数的约束是影响岩石表面暴露测年广泛应用的关键。校准样品的特定地点可包括已知暴露时间的基岩，如在路堑（修路形成的基岩面）（Sohbati et al.，2012c）或采石场（Polikreti et al.，2002）或历史文献记录了年龄的岩石表面（Lehmann et al.，2018）。也可以像 Polikreti 等（2002）那样，通过将基岩样品暴露在日光下 2～70 天的已知时间，来确定大理岩 TL 信号的晒退参数（图 11.1B）。如果暴露年龄已知，则式（11.4）中的 t 得以确定，然后可以通过拟合数据和求解仅两个未知参数的方程推算出 $\overline{\sigma\varphi_0}$ 和μ。然而，应该注意的是，对于含有较大的非均质晶体的岩石，μ可能会在整个岩石表面和深度上发生空间变化（Meyer et al.，2018）。另外一种估算μ值的方法是使用数值建模。Sohbati 等（2015）在拟合相同岩心的释光信号晒退曲线时，即使对于不同晒退速率的信号，也用同一个μ值。一旦这些参数被约束，就可以通过拟合未知年龄样品的释光数据，以 t 作为唯一的未知数求解式（11.4）。这在图 11.4 中进行了说明，具体的案例研究详见下文。

Sohbati 等（2012c）使用岩石表面暴露测年来确定美国犹他州峡谷地国家公园（Canyonlands National Park）屏障峡谷风格（Barrier Canyon Style）岩画的年龄。他们通过拟合纳瓦霍人砂岩已知年龄样品的释光信号确定了 $\overline{\sigma\varphi_0}$ 和μ值（图 11.4A），然后将其输入式（11.4），得到了未知年龄样品暴露时间（图 11.4B）。Lehmann 等（2018）后来的工作也采用了类似的方法。为了对冰川基岩磨光面进行测年，他们从法国勃朗峰（Mont Blanc massif，France）大冰川（Mer de Glace）附近采集了一条已知暴露年龄样品的横断面。研究发现，至少需要 4 个不同的校准样品，才能精确地约束相同岩性的其他样品的参数。这两个案例研究的更多细节详见第 11.4 节。

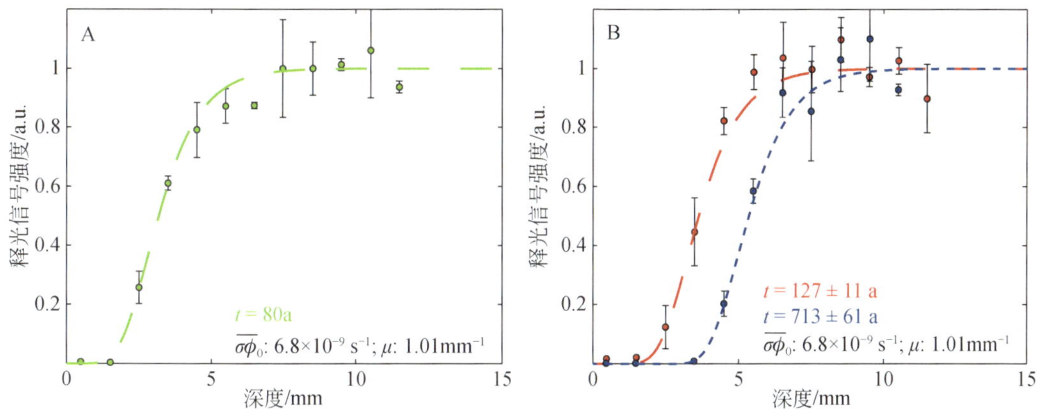

图 11.4　A-Sohbati 等（2012c）的已知年龄砂岩样品（HS-OSL-29）的石英 OSL 信号随深度增加。用式（11.4）和已知曝光时间 t 拟合这些数据，可以估算参数μ和 $\overline{\sigma\varphi_0}$ 。B-使用这些参数，拟合两个来自相同地点且岩性相同的样品的石英 OSL 数据，可以得到未知的暴露时间 t。样品 HS-OSL-25（t=713±61a）的原始数据已经去除了埋藏剂量（Chapot et al.，2012；Sohbati et al.，2012c）。

11.3.1　识别复杂的曝光历史和不完全晒退

与沉积物释光测年一样，岩石表面测年也要符合岩石表面的释光信号在埋藏前已经完全晒退的假设。这个假设是否成立可以通过多种不同的方式进行评估，包括实验室实验、现代相似型样品的测量（如 Simms et al.，2011），以及对比上覆沉积物和岩石表面的释光年龄（如 Chapot et al.，2012；Sohbati et al.，2012c）。也可以从同一沉积环境中不同岩石样品的表面年龄之间的一致性来评估（如 Simms et al.，2011）。另一种补充方法是模拟岩石样品的释光信号晒退曲线，并外推回信号重置的初始水平（Freiesleben et al.，2015；Sohbati et al.，2015）。

砾石或碎屑内部释光信号随深度的变化可能记录了多次晒退事件的证据（Freiesleben et al.，2015；Sohbati et al.，2012a）。这是因为在初始信号归零之后，如果碎屑或砾石表面再次被埋藏，新的释光信号将会累积，然后第二次曝光时又可以归零（前提是后一次的曝光时间比前一次短，使得前一次的信息得以保存）。这种多次曝光历史可以形成一系列的“阶梯式”释光信号坪（图 11.5）。Sohbati 等（2012a）运用石英 OSL 确定了来自葡萄牙中东部塔帕达多蒙提诺（Tapada do Montinho）考古遗址的一个砾石的两次晒退事件。单片再生剂量法测试显示，砾石内部>5mm 深度处的最大 D_E 值为 67Gy，还没有饱和。这表明砾石释光信号先前曾被晒退到这一深度，并且还可以检测到更近的一次仅影响砾石表层 2mm 的晒退事件。Freiesleben 等（2015）发展了 Sohbati 等（2012b）的模型［式（11.1）］，以拟合经历过多次曝光和埋藏事件的碎屑与岩石表面的释光信号晒退曲线。他们的新模型工作的前提是，一个事件的最终释光信号强度（L_1），可以认为是其最终条件（$n_{f,1}$），但同时也是随后埋藏或暴露事件的初始条件（$n_{i,2}$）；因此，图 11.5 中的事件序列可以描述为

$$n_{i,1} \overset{\text{Exposure}(t_{e1})}{\Rightarrow} n_{f,1} = n_{i,2} \overset{\text{Burial}(t_{b1})}{\Rightarrow} n_{f,2} = n_{i,3} \overset{\text{Exposure}(t_{e2})}{\Rightarrow} n_{f,3} = n_{i,4} \overset{\text{Burial}(t_{b2})}{\Rightarrow} n_{f,4} \tag{11.7}$$

据 Sohbati 等（2015）得到：

$$L(x)=\left\{\left[\left(e^{-t_{e1}\overline{\sigma\varphi_0}e^{-\mu x}}-1\right)e^{-\frac{\dot{D}(x)}{\mathcal{D}_0}t_{b1}}+1\right]e^{-t_{e2}\overline{\sigma\varphi_0}e^{-\mu x}}-1\right\}e^{-\frac{\dot{D}(x)}{\mathcal{D}_0}t_{b2}}+1 \tag{11.8}$$

式中，$t_{e1\,(2)}$ 和 $t_{b1\,(2)}$ 分别为暴露期和埋藏期 1（2）。

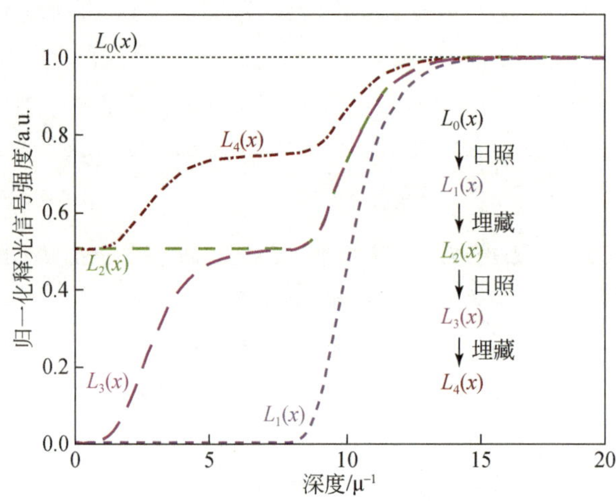

图 11.5　多次埋藏和暴露循环后释光信号的变化，修改自 Freiesleben 等（2015）。假设环境剂量率随深度不变，并且在暴露期间没有发生陷阱填充。所描述的埋藏/暴露历史包括：①样品埋藏足够长的时间，使得所有的电子陷阱饱和（L_0），②样品暴露在日光下足够长的时间，使得 8mm 深度的信号完全晒退（L_1），③样品被埋藏，产生电子俘获和信号累积（L_2），④样品再次暴露较短的时间，导致 2mm 深度的信号完全晒退（L_3），⑤样品再次被埋藏了与阶段③相同的时间，信号累积（L_4）。此前所有的暴露/埋藏期都会记录在最终的释光信号晒退曲线（L_4）中。

Freiesleben 等（2015）成功地运用该模型拟合了丹麦奥胡斯（Aarhus）附近考古遗址中花岗岩砾石切片的长石 $IRSL_{50}$ 和 post-$IRIRSL_{290}$ 信号。Sohbati 等（2015）应用这种方法也可以模拟并判断来自以色列内盖夫沙漠砾石样品的 $IRSL_{50}$ 和 post-$IRIRSL_{225}$ 信号是否完全晒退。因此，在确定样品是否完全晒退方面，测量基岩表面释光信号晒退深度曲线的方法比传统沉积物释光测年所用的方法更具优势。当然，通过等效剂量值的离散度（OD）（Duller，2008），或 IRSL 和 post-IRIRSL 信号比（Buylaert et al.，2013），沉积物测年也能反映沉积物晒退历史（见第 1 章）。

11.3.2　确定环境剂量率

岩石表面埋藏和暴露测年的一个主要挑战是环境剂量率的测定，它决定了释光信号的累积速率。在沉积物释光测年应用中，可以做出无穷矩阵假设（Aitken 1985；Durcan et al.，2015；第 1 章），这是因为样品的化学组成与周围沉积物相同；但对于砾石或岩石表面测年来说，这种情况几乎不存在［尽管 Simms 等（2011）这么假设］。因而，必须应用叠加原理，根据砾石/岩石表面和周围材料的几何形状来确定相对剂量贡献的比例。例如，Sohbati

等（2012a）根据 Aitken（1985）附录 H 的公式，为一系列几何形状的无穷矩阵确定了β和γ剂量率的比例，从而获得砾石的剂量率（图 11.6）。如果我们假设埋藏的岩石表面具有一定的厚度 h 和无限的横向范围，则β剂量对环境剂量率的贡献可以近似按照 Freiesleben 等（2015）的公式计算：

$$\dot{D}(x)_{\beta}^{\text{Cobble}} = \dot{D}_{\text{Rock},\beta}^{\text{inf}}\left[1-0.5(\mathrm{e}^{-bx}+\mathrm{e}^{-b(h-x)})\right]+\dot{D}_{\text{Sed},\beta}^{\text{inf}}0.5(\mathrm{e}^{-bx}+\mathrm{e}^{-b(h-x)}) \tag{11.9}$$

式中，b 为β剂量粒度衰减系数（如 Guérin et al.，2012）；$\dot{D}_{\text{Rock},\beta}^{\text{inf}}$ 和 $\dot{D}_{\text{Sed},\beta}^{\text{inf}}$ 分别为岩石和沉积

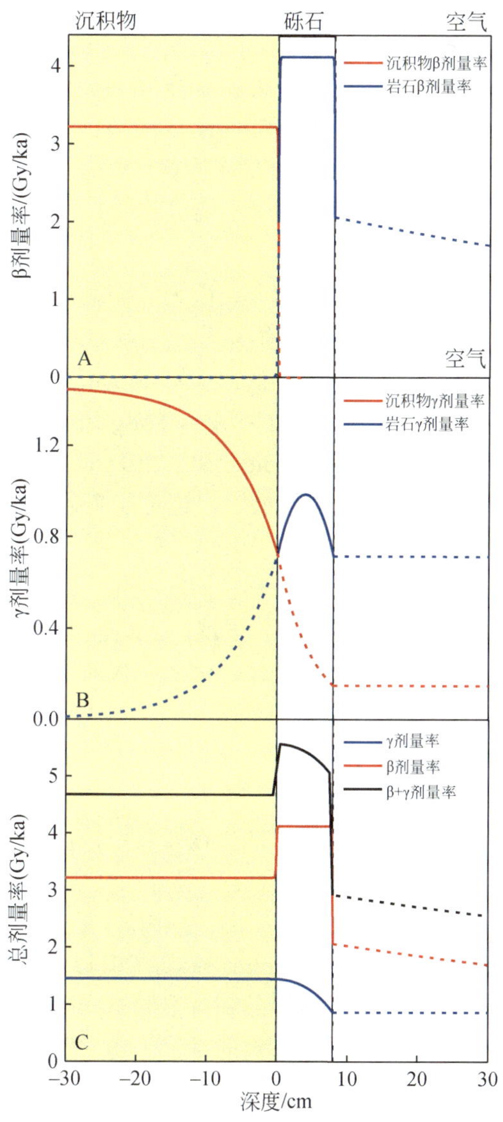

图 11.6　环境剂量率（$\dot{D}$）在沉积物、砾石和空气之间的变化示意图。修改自 Sohbati 等（2015）。A-β环境剂量率；B-γ环境剂量率；C-总（即β+γ）环境剂量率。三种介质中每一种的剂量率都用实线表示，由相邻介质贡献的剂量率用虚线表示。

物的经含水量校正的无穷矩阵β剂量率（关于环境剂量率计算的详细说明见 Durcan et al.，2015）。同样的方法可用于计算γ、α和宇宙辐射剂量率贡献。最终剂量率随深度的变化由下式给出：

$$\dot{D}(x)^{\text{Cobble}} = \dot{D}(x)_{\alpha}^{\text{Cobble}} + \dot{D}(x)_{\beta}^{\text{Cobble}} + \dot{D}(x)_{\gamma}^{\text{Cobble}} + \dot{D}_{\text{Cosmic}}^{\text{Cobble}} \tag{11.10}$$

这里假设宇宙辐射剂量率在岩石表面测年通常涉及的毫米级深度上没有显著变化。而铀、钍和钾含量以及粒度的变化可能导致环境剂量率随深度显著变化，必须进行校正。

贡献释光信号的矿物间的粒度差异是岩石样品释光测年应用中不确定性的主要来源（Simkins et al.，2016；Sohbati et al.，2013）。粒度增加会导致更大的外部辐射剂量衰减，因此对于没有显著内部剂量率的颗粒（见下文），总剂量会降低。为了有效地估计环境剂量率，必须知道贡献释光信号的矿物的粒度。Simms 等（2011）小心地压碎石英岩切片，避免颗粒破碎，获得了 90～250μm 组分用于剂量率计算。King 等（2016a）在应用 OSL 热年代测定法时，使用了能够从高分辨率薄片图像中确定粒度分布的软件（Buscombe，2013），并基于最大和最小粒度值计算环境剂量率。

长石矿物经常用于岩石表面（暴露）测年，因为它们相对于基岩中提取的石英颗粒，具有更高的释光灵敏度，且纯净的石英颗粒很难分离（如 Guralnik et al.，2015）。然而，由于化学成分的不同，长石的内部剂量率差异很大（如 Smedley and Pearce 2016；Smedley et al.，2012）。例如，同一岩石样品中提取的密度＜2.58g/cm^3 的长石的电子探针显微分析显示，其内部钾含量在 0.1%～15%之间（King et al.，2016b）。此外，对于具有显著内部剂量贡献的颗粒（如钾长石），剂量率随粒径增大，这可能会显著影响岩石表面的年龄计算（Greilich and Wagner，2006；Sohbati et al.，2011）。Sohbati 等（2013）认为，由于钠长石颗粒的内部钾含量低得多，从而避免了这种颗粒间的变化，因此它们可能是更适合岩石表面测年的目标矿物。然而，Sohbati 等（2013）发现，在发射光谱的蓝光波段检测到的 IRSL 信号可能来自钠长石提取物中的钾长石包裹体，因此建议对于钠长石，测量其黄光波段的释光信号。

11.3.3　样品制备和测量方法

岩石表面测年的样品制备和释光测量方法仍在发展中，流程不及沉积物测年成熟。岩石表面测年样品的制备也取决于所研究的岩性：砂岩可以轻微研磨（如 Sohbati et al.，2012c；Liritzis et al.，2013；Liritzis and Vafiadou，2015），花岗岩/变质岩需要钻孔取心，通常切成 1mm 厚的岩片（如 Vafiadou et al.，2007；Simms et al.，2011；Sohbati et al.，2011，2012a）。在对花岗岩或变质岩进行切片后，随后的样品制备根据不同研究目的有所不同。岩片可以压碎，然后按照传统的化学/物理流程提取特定的目标矿物（即石英或钾长石；Simms et al.，2011，2012；Sohbati et al.，2011，2012a），也可以不做任何进一步的处理直接测量整个岩片（如 Freiesleben et al.，2015；Sohbati et al.，2015；Lehmann et al.，2018）。Sohbati 等（2011）的结果显示，与从基岩中提取的钾长石相比，岩片 IRSL 等效剂量的可重复性更好，这与压碎或部分晒退无关。与此相反的是，Sobhati 等（2012a）发现，从同一石英岩中获得的岩片的等效剂量和释光特性与石英颗粒的一致性很好。这些不同的结果可以用长石微剂量学来解释（如 Smedley and Pearce，2016）。这是因为，岩片的释光信号可能平均了其中的许多颗粒，但在测试提纯的矿物时，矿物颗粒间的差异可能变得明显。然而，这两种实验方法之间的比较需要进一步研究，岩片破碎可能会导致原始粒度的分布信息丢失（见第 11.5 节）。

岩石表面测年测量方案是参考现有的沉积物测年程序制定的，因样品制备和要解决的科学问题而异。TL 多片附加剂量（MAAD）方案已应用于大理岩（Polikreti et al.，2003）和砂岩（Liritzis and Vafiadou，2015）。OSL 单片再生法（SAR）测量方案已应用于砾石中提取的石英矿物（Simms et al.，2011，2012；Sohbati et al.，2012a；Simkins et al.，2013），以及石英岩砾石岩片（Vafiadou et al.，2007；Sohbati et al.，2012a）。然而，基岩中石英矿物的释光灵敏度和测量可靠性通常较差（如 Guralnik et al.，2015），因而导致等效剂量的分散（如 Simms et al.，2011）。Simkins 等（2016）研究表明，D_E 值的这种分散可能源于含水量的变化和/或粒度效应以及结晶后的搬运历史（Sawakuchi et al.，2011）等所引起的环境剂量率的不均匀性。IRSL 单片再生法也已成功应用于岩片测年，用 50℃单次红外激发（Sohbati et al.，2011；Lehmann et al.，2018）或不同的 post-IRIRSL 方案，二次激发温度为 225℃（Sohbati et al.，2015）或 290℃（Freiesleben et al.，2015；Liu et al.，2016）。由于不同温度的红外信号具有不同的晒退速率（如 Sohbati et al.，2015），这种 post-IRIRSL 方案可以为岩石表面（暴露）测年提供两组数据。此外，在岩片的 IRSL 测量方案中，还可以使用蓝光（钾长石）或黄光（钠长石）激发光来研究特定的长石（Sohbati et al.，2013）。然而，IRSL 方案可能会导致较高的残留剂量（Vafiadou et al.，2007；post-IRIRSL 方案也可能因为红外激发后的回授剂量较高而存在问题，而回授似乎与第一次红外激发的温度有关（Liu et al.，2016）。

11.4 应用

11.4.1 考古研究

岩石表面测年已被广泛用于研究考古文物，特别是巨石建筑，它的首次尝试是用热释光测年。Liritzis（1994）通过实验研究了石灰岩中 TL 的光晒退特性（275℃的 TL 峰），并利用这些特性对希腊伯罗奔尼撒半岛（Peloponnese）的巨石结构进行了测年，得出的年龄约为 3ka，这与独立的考古年龄一致。Theocaris 等（1997）也成功地使用这种方法来确定两座古希腊金字塔的年龄，结果显示它们的确是史前的。Polikreti 等（2002，2003）研究了大理岩制品以鉴定真伪，通过实验确定了其 TL 晒退特性和日光照射后的晒退深度（图 11.7A）。他们建议使用 290℃的 TL 峰，因为大理岩文物具有良好的释光特性，而且其在历史上一直是常见的建筑材料。他们利用 MAAD 法测得一件神庙文物（古希腊的马其顿王国）的埋藏年龄为 2.6±0.4ka，与考古年龄相对一致。在这些研究的基础上，最近的考古研究开始应用 OSL 信号。

Vafiadou 等（2007）对考古遗址（希腊、丹麦和瑞典）中采集的花岗岩、超基性岩和石英变质岩样品的岩片进行了 OSL-SAR 测年。结果表明，OSL 信号的晒退特性良好，SAR 可成功用于岩片，获得的埋藏年龄与独立的考古估计一致。OSL-SAR 与 OSL 单片附加剂量（SAAD）法相结合，为埃及和沙特阿拉伯的巨石建筑提供了新的年龄（Liritzis et al., 2013）。Lirtizis 等（2013）从砂岩和花岗岩中提取了石英颗粒，测得这些建筑的埋藏年龄为 4～3ka，并建议在考古研究中应用岩石表面测年时，要用不同的 OSL 测年方法进行交叉检验。Liritzis 和 Vafiadou（2015）使用这种方法，获得了位于埃及的几个考古遗址的 8～3ka 的年龄。他们从各种岩石（花岗岩、石灰岩、砂岩、英安岩等）中提取颗粒，用不同的 OSL（SAR 和 SAAD）和 TL（MAAD）方法测试。这一策略使他们得以比较不同岩性和激发条件下释光信号的晒退特性（例如，OSL 信号在砂岩中比在花岗岩中晒退得更快，而 TL 信号则相反）。他们还证实了使用 TL 和 OSL 相结合的方法对雕刻过的花岗岩、砂岩或石灰岩组成的古老考古遗迹进行年代测定的潜力，而后者在测年的准确性和测量效率方面可能具有一些优势（石灰岩除外）。

岩石表面测年的另一个创造性应用，是对峡谷地国家公园（美国犹他州东南部；图 11.7B）大画廊的古老岩画的研究。画作的年龄一直备受争议，不同的推测年龄跨越了整个

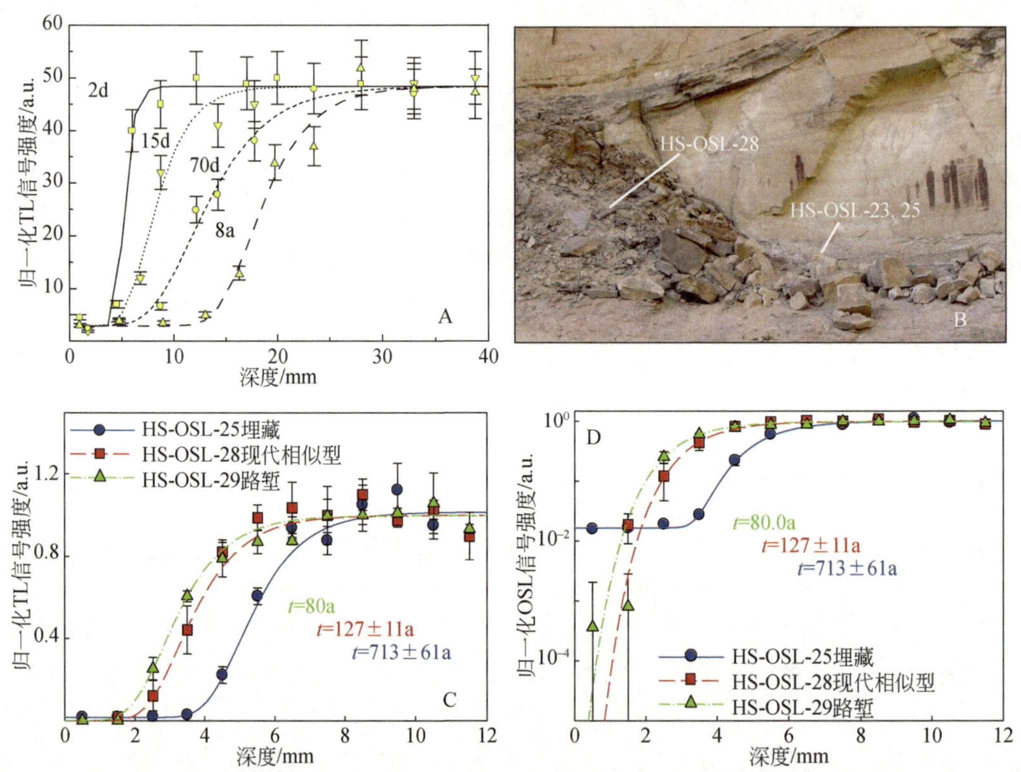

图 11.7　A-不同暴露时间下大理岩表面 TL 信号晒退的量化实验［潘泰列克（Pentelic）大理石］；修改自 Polikreti 等（2003）。B-大画廊（Great Gallery）岩画照片（美国犹他州东南部），图中显示了岩画、落石和相关样品的采样位置：埋藏岩画（HS-OSL-25，约 40cm 厚）、下伏沉积物（HS-OSL-23）和现代相似型样品（HS-OSL-28）；修改自 Chapot 等（2012）。C、D-来自不同样品的 OSL 数据（每个深度至少为三个测片的平均值，误差棒代表一个标准误差）和拟合晒退模型，用来约束晒退参数（路堑）和量化暴露时间（现代相似型和埋藏样品）。参见图 B 中的位置，并注意图 D 中的对数刻度，从中可以评估样品 HS-OSL-25 中的 OSL 信号累积，这与落石后的埋藏时间相关；改自 Sohbati 等（2012c）。

全新世（Pederson et al.，2014）。一些岩画因落石被损坏，埋在沉积物下（图 11.7B）。这种情形使得我们可以研究两个问题：①岩画所在岩石表面的暴露时间；②岩石和沉积物的埋藏时间（Chapot et al.，2012；Sohbati et al.，2012c）。通过研磨从岩画表面（HS-OSL-25，图 11.7B）和现代落石表面（HS-OSL-28，图 11.7B）之下不同深度提取砂岩中的石英颗粒。测量OSL信号后发现，暴露的岩石表面之下2～5mm存在晒退（图11.7C）。Sohbati等（2012c）使用已知年龄的路堑（HS-OSL-25，图 11.7C）来约束这一特定地点和岩性的岩石表面释光信号衰减率，从而计算现代相似型（约 130 年）和岩画表面（约 700 年）的暴露时间。通过进一步研究岩石表层以下约 2mm 范围内的剂量，他们还量化了落石后埋藏期间累积的有限的 OSL 信号（图 11.7D，注意 y 轴为对数坐标），这是路堑和现代样品所没有的（图 11.7D）。该样品的埋藏年龄约为 900 年，与下伏沉积物的 OSL 年龄一致（Chapot et al.，2012）。该方法为大画廊岩画的起源提供了一个精确的时间范围（即距今 1600～900 年），这与当地弗里蒙特（Fremont）文化的发展相吻合（Pederson et al.，2014）。

埋藏砾石的岩石表面 OSL 测年与周围沉积物的传统 OSL 测年相结合，已被成功应用于各种考古环境中。Sohbati 等（2012a）研究了考古遗址路面上由冲积作用形成的石英岩砾石（葡萄牙塔帕达多蒙提诺）。基于岩石表面 OSL 测年，他们识别出了可能存在的不同的晒退（即砾石的曝光）事件，其年龄在 45～40ka 之间和 20～14ka 之间。因此，Sohbati 等（2012a）认为这个路面的演化历史较为复杂，人为活动造成了表面侵蚀。他们进一步调查了这些路面砾石可能存在的多次暴露/埋藏的复杂历史，研究结果不仅解释了上覆沉积物 OSL 年龄比预期年轻的原因，而且为该考古遗址的演变提供了一个年表。

Freiesleben 等（2015）和 Sohbati 等（2015）开发并成功应用了一个数学模型， 通过对单个砾石的岩石表面 OSL 测年来量化多次暴露/埋藏事件（见第 11.4 节）。Freiesleben 等（2015）研究了从某考古遗址（丹麦奥胡斯）发掘的一个花岗岩砾石的横截面的 IRSL 信号（$IRSL_{50}$ 和 $pIRIRSL_{290}$）。贯穿整个砾石（总共约 70mm）的 IRSL 晒退曲线使他们能够识别出在 1.7～1.3ka 的埋藏，以及最近发掘之前有一次持续约 0.5ka 的首次暴露事件（砾石的使用）。此外，他们还发现，不同的砾石表面（即底面与顶面）有可能提供关于砾石全部暴露/埋藏历史的补充信息（Freiesleben et al.，2015）。

Sohbati 等（2015）调查了以色列内盖夫沙漠的一个史前宗教遗址，用路面砾石（图 11.8B）和下伏沉积物进行释光测年。他们用两种 IRSL 信号（图 11.8）首先测得表层岩片的等效剂量（图 11.8A），从而确定了约 4ka 的最新的埋藏事件，与来自下伏沉积物的 OSL 年龄一致。然而，这些约束良好的埋藏年龄与该考古遗址的预期建造年龄相差 3～4ka，表明该路面的暴露历史可能比较复杂。使用砾石的完整 IRSL 晒退曲线图（图 11.8B），Sohbati 等（2015）表明它经历了至少两次暴露事件（较早的一次比最近的一次持续时间长），其间的埋藏事件与最近的埋藏事件（5～4ka）持续时间相当。这一复杂的历史与遗址的预期建造年龄（约 8～7ka）相符，表明路面后来受到了人为影响（约 4ka 前）。上述案例说明，岩石表面 OSL 测年和释光-深度曲线在严格约束岩石表面晒退历史方面具有很大的潜力，这可能是下伏松散沉积物的常规 OSL 测年无法实现的。

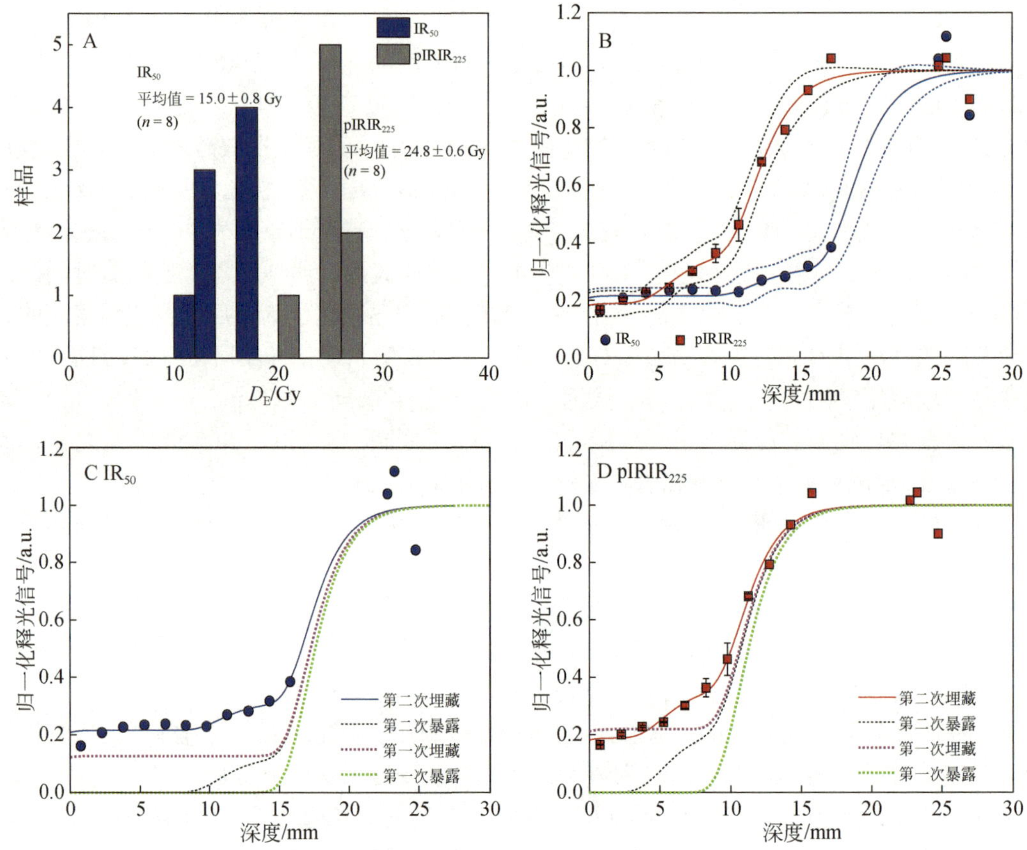

图 11.8　沙漠路面的岩石表面释光测年（暴露和埋藏）。A-路面埋藏砾石表层岩片的两种 IRSL 信号的等效剂量。B-埋藏砾石表面由表及里 IRSL 信号随深度的变化，显示出两种 IRSL 信号不同的晒退特性。包络线代表图 C、D 中所示的模型拟合。C、D-包括多次暴露/埋藏事件的模型拟合，能够再现其 IRSL 信号随深度的变化。修改自 Sohbati 等（2015）。

11.4.2　古环境研究

Simms 等（2011）将岩石表面 OSL 测年用于南极上升海滩以重建相对海平面变化（图 11.9），这是一个新颖且极具前景的应用。他们对海滩砾石中提取的石英矿物进行了 OSL 测年。Simms 等（2011）专门挑选花岗岩小砾石（最大 1dm^3，图 11.9A），以确保在海滩废弃之前砾石在潮间带翻滚过，因而其 OSL 信号在海滩废弃之前完全晒退。Simms 等（2011）获得了过去约 2ka 内古海滩的 OSL 年龄，这些年龄与独立 ^{14}C 年龄非常一致（图 11.9B），证实了该方法在研究海滩动力学方面的潜力，特别是在有机物稀少导致 ^{14}C 测年可能不适用的高纬度环境。

基于这些极具前景的探索，Simms 等（2012）确定了最近一次新冰期冰进即小冰期（约 300～500 年前）的时间，以及随后南极（南设得兰群岛）上升海滩的冰川均衡调整，揭示了冰退之后地表抬升速率的增加（从约 2mm/a 到 12mm/a）。Simkins 等（2013）也研究了南极［南极半岛西部的玛格丽特湾（Marguerite Bay）］的上升海滩，结果表明，高于海平面 21m 的上升海滩可能是 LGM 之前的，并且在晚更新世冰进期间被改造过。因此，他们提出，该地区全新世相对海平面下降值其实只有以前估算的一半。此外，他们的研究表明，由于砾石沉积后会被风暴浪改造，因而现代和新近上升海滩的释光测年具有潜在的复杂性。在利用古滩脊和现代海滩表面砾石来定量评估晒退程度及其相关埋藏年龄进行全新世海平面重建研究时，需要进一步关注风暴事件可能产生的影响。

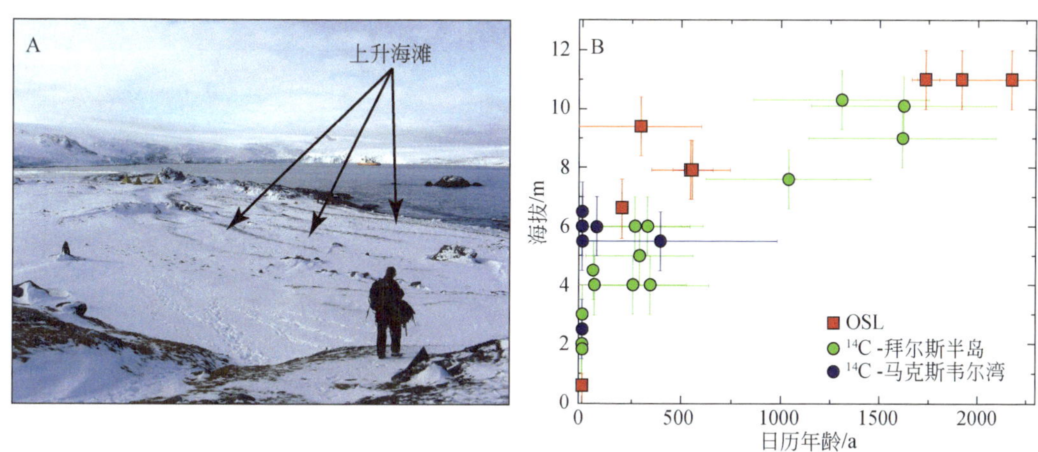

图 11.9 A-上升海滩照片（南极南设得兰群岛）。B-南设得兰群岛相对海平面重建，显示岩石表面 OSL 测年和独立的 ^{14}C 测年之间良好的一致性。修改自 Simms 等（2011）。

最近，也有研究开展了冰川和冰缘环境中的岩石表面 OSL 测年，显示了其在古冰川波动和相关沉积物测年方面的潜力和吸引力。由于传统的沉积物 OSL 测年在这种环境下极具挑战性（Fuchs and Owen，2008；第 6 章），因此这些应用颇有前景。Lehmann 等（2018）在大冰川的基岩磨光面（图 11.10）上探索了是否可以用岩石表面暴露 OSL 测年重建小冰期（LIA）后冰川的退缩。他们采集了有冰川侵蚀形态学证据（即冰川擦痕；图 11.10C）的冰川基岩磨光面样品，并测量了每个岩片的 50℃ IRSL 信号（见图 11.10B 中的示例）。结果显示不同深度 IRSL 信号的晒退程度取决于曝光时间（图 11.10A、B）。使用 Sohbati 等（2012c）提出的晒退模型，他们能够再现实际观察到的暴露了 3～137 年的冰蚀基岩表面的 IRSL 信号和晒退深度（图 11.10D）。他们的结果还证实了 IRSL 信号晒退与岩性的强烈相关性，暴露时间相似的片麻岩和花岗岩表面的晒退曲线存在显著差异（图 11.10D）。这项研究突显了使用岩石表面暴露 OSL 测年重建最近（即 LIA 后）冰川波动历史的潜力，这是因为该技术在基岩表面 1cm 范围非常灵敏（图 11.10），而这部分基岩，即使在非常短暂（几十年）的冰进期间，也会被侵蚀掉。评估将这种方法扩展到更长时间尺度（即晚更新世至全新世）的可能性需要更多研究，因为在这些时间尺度上，可能存在表面风化和侵蚀的问题（见 Sohbati et al.，2018）。

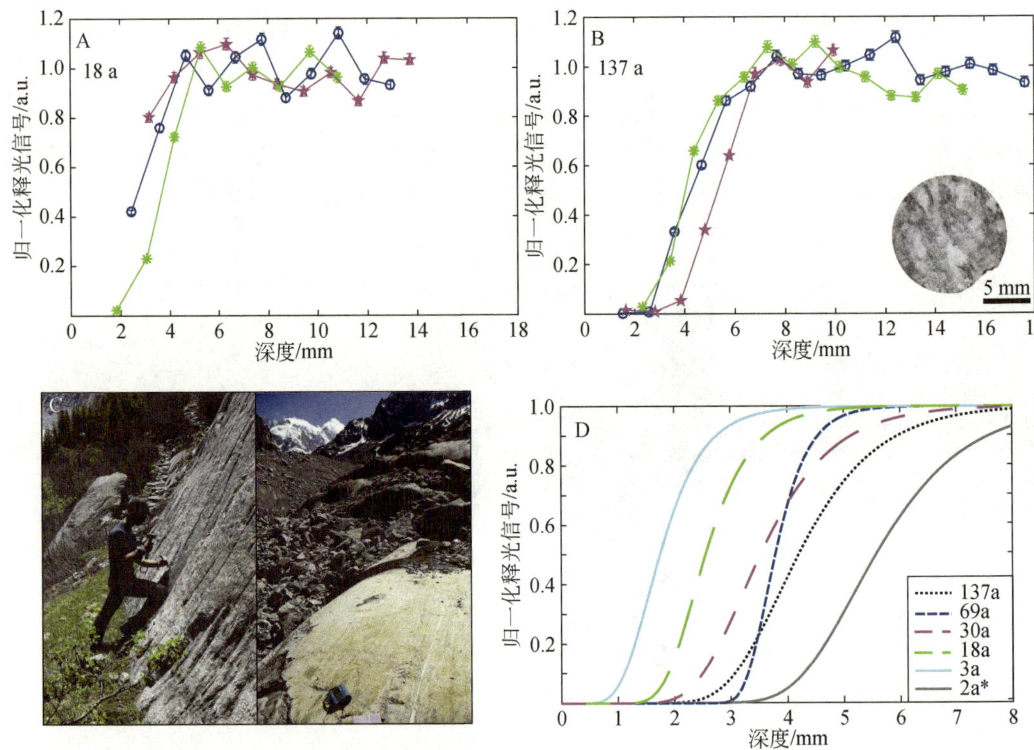

图 11.10　小冰期（LIA）以来大冰川的古冰川历史重建。A、B-曝光持续时间为 18 年（A）和 137 年（B）的两个样品的 IRSL 信号（测量温度为 50℃）随深度的变化；曝光时间是根据历史记录重建的（Vincent et al., 2014）；每个彩色数据点代表一个单独的岩片（如图 B 中的插图所示），每个样品有三个岩心。C-LIA（左）和现代（右）冰川基岩磨光面采样点照片。D-所有研究样品的 IRSL 数据的最佳拟合模型［完整的数据读者可参考文献 Lehmann 等（2018）］，显示随着暴露时间的增加（3～137 年），前 1～4mm 范围内出现晒退锋的递变。请注意，暴露 2 年的花岗岩样品（*）显示了完全不同的晒退曲线，凸显了岩性对岩石表面暴露 OSL 测年的影响。修改自 Lehmann 等（2018）。

冰川基岩磨光面的岩石表面暴露 OSL 测年也可以与冰川/冰前沉积物的岩石表面埋藏 OSL 测年相结合，为古冰川重建开辟新的方向。Rades 等（2018）对马耳他（Malta）谷地（奥地利阿尔卑斯山）的冰碛巨砾进行了采样，并测量了 $IRSL_{50}$ 曲线，发现 IRSL 信号在沉积前已完全晒退，从而证明了砾石表面释光测年在约束冰碛沉积时间方面的潜力。Jenkins 等（2018）用同样的方法，在晚冰期冰水沉积平原（马恩岛和苏格兰）采集了冰水砾石。他们测量了 $IRSL_{50}$ 和 post-$IRIRSL_{225}$ 的信号-深度曲线，结果显示部分砾石的 IRSL 信号被晒退的深度可以到达砾石表面之下大约 4～10mm，从而可以测量埋藏后接受的辐射剂量，进而计算这些砾石的沉积年龄。这两项初步研究揭示了岩石表面释光测年在冰川和冰缘环境中的潜力。这些环境中，沉积物的常规测年可能很困难，因为松散沉积物存在不完全晒退的问题（见第 6 章）。然而，这些环境下剂量率的确定仍需更多研究，因为沉积物粒度和含水量变化很大（见第 11.3.2 节）。

11.5 结论和展望

岩石表面埋藏和暴露释光测年技术仍处于早期发展阶段。它们在约束曾在测年上颇具挑战性的地表过程和考古事件年代方面具有潜力，预计这两种方法在未来几年将得到广泛发展和应用。在此之前，须建立更加成熟的样品制备方案，包括确认岩片和基岩颗粒等效剂量测量值之间存在差异的原因。如果做到这一点，就可以面对更大的挑战。对于岩石表面埋藏释光测年，需要发展可靠的环境剂量率计算方法，因为复杂的几何形状、不同的矿物粒径、变化的含水量以及微剂量都会影响年龄测定的准确度。对于岩石表面暴露释光测年，可靠地确定不同岩性和地点样品的光衰减和释光信号衰减率，是这种方法能被广泛应用的基础。此外，侵蚀对表面暴露释光年龄测定的影响也需要量化。尽管如此，岩石表面埋藏和暴露测年都有着很好的前景，代表了释光测年研究中令人振奋的新领域。

参 考 文 献

Aitken，M.J. 1985. Thermoluminescence Dating. Academic Press.

Armitage，S.J. and King，G.E. 2013. Optically stimulated luminescence dating of hearths from the Fazzan Basin，Libya: A tool for determining the timing and pattern of Holocene occupation of the Sahara. Quaternary Geochronology 15，88-97.

Buscombe，D. 2013. Transferable wavelet method for grain-size distribution from images of sediment surfaces and thin sections，and other natural granular patterns. Sedimentology 60，1709-1732.

Buylaert，J.P. Murray，A.S. Gebhardt，C. Sohbati，R. Ohlendorf，C. Thiel，C. and Zolitschka，B. 2013. Luminescence dating of the PASADO 5022-1D core using IRSL signals from feldspar. Quaternary Science Reviews 71，70-80.

Chapot，M.S. Sohbati，R. Murray，A.S. Pederson，J.L. Rittenour，T.M. 2012. Constraining the age of rock art by dating a rockfall event using sediment and rock-surface luminescence dating techniques. Quaternary Geochronology 13，18-25.

Duller，G.A. 2008. Single-grain optical dating of Quaternary sediments: Why aliquot size matters in luminescence dating. Boreas 37，589-612.

Durcan，J.A. King，G.E. and Duller，G.A. 2015. DRAC: Dose rate and age calculator for trapped charge dating. Quaternary Geochronology 28，54-61.

Freiesleben，T. Sohbati，R. Murray，A. Jain，M. Al Khasawneh，S. Hvidt，S. and Jakobsen，B. 2015. Mathematical model quantifies multiple daylight exposure and burial events for rock surfaces using luminescence dating. Radiation Measurements 81，16-22.

Fuchs，M. Owen，L.A. 2008. Luminescence dating of glacial and associated sediments: review，recommendations and future directions. Boreas 37，636-659.

Gliganic，L.A.，Meyer M.C.，Sohbati，R.，Jain，M.，Barrett，S. 2019. OSL surface exposure dating of a lithic quarry in Tibet: Laboratory validation and application. Quaternary Geochronology 49，199-204.

Gösku，H.Y. Fremlin，J.H. Irwin，H.T. and Fryxell，R. 1974. Age determination of burned flint by a thermoluminescent method. Science 183，651-654.

Greilich，S. Wagner，G. A. 2006. Development of a spatially resolved dating technique using HR-OSL. Radiation Measurements 41，738-743.

Greilich，S. Glasmacher，U.A. Wagner，G.A. 2005. Optical dating of granitic stone surfaces. Archaeometry 47，645-665.

Guérin，G. Mercier，N. Nathan，R. Adamiec，G. and Lefrais，Y. 2012. On the use of the infinite matrix assumption and associated concepts: A critical review. Radiation Measurements 47，778-785.

Guralnik，B. Ankjærgaard，C. Jain，M. Murray，A.S. Müller，A. Wälle，M. Lowick，S.E. Preusser，F. Rhodes，E.J. Wu，T.S. and Mathew，G. 2015. OSL-thermochronometry using bedrock quartz: A note of caution. Quaternary Geochronology 25，37-48.

Habermann，J. Schilles，T. Kalchgruber，R. Wagner，G.A. 2000. Steps towards surface dating using luminescence. Radiation Measurements 32，847-851.

Jenkins，G. T. H.，Duller，G. A. T.，Roberts，H. M.，Chiverrell，R. C. and Glasser，N. F. 2018. A new approach for luminescence dating glaciofluvial deposits: High precision optical dating of cobbles. Quaternary Science Reviews 192，263-273.

Kars，R.H. Reimann，T. Ankjærgaard，C. and Wallinga，J. 2014. Bleaching of the post - IR IRSL signal: New insights for feldspar luminescence dating. Boreas 43，780-791.

King，G.E. Herman，F. Lambert，R. Valla，P.G. and Guralnik，B. 2016a. Multi-OSL-thermochronometry of feldspar. Quaternary Geochronology 33，76-87.

King，G.E. Herman，F. and Guralnik，B. 2016b. Northward migration of the eastern Himalayan syntaxis revealed by OSL thermochronometry. Science 353，800-804.

Laskaris，N. Liritzis，I. 2011. A new mathematical approximation of sunlight attenuation in rocks for surface luminescence dating. Journal of Luminescence 131，1874-1884.

Lehmann，B. Valla，P.G. King，G.E. Herman，F. 2018. Reconstruction of glacier vertical fluctuation in the Western Alps using OSL surface exposure dating. Quaternary Geochronology 44，63-74.

Liritzis，I. 1994. A new dating method by thermoluminescence of carved megalithic stone building. Comptes rendus de l' Académie des sciences. Série 2. Sciences de la terre et des planets 319，603-610.

Liritzis，I. Vafiadou，A. 2015. Surface luminescence dating of some Egyptian monuments. Journal of Cultural Heritage 16，134-150.

Liritzis，I. Guibert，P. Foti，F. and Schvoerer，M. 1996. Solar bleaching of thermoluminescence of calcites. Nuclear Instruments and Methods in Physics Research Section B: Beam Interactions with Materials and Atoms 117，260-268.

Liritzis，I. Vafiadou，A. Zacharias，N. Polymeris，G.S. and Bednarik，R.G. 2013. Advances in surface luminescence dating: New data from selected monuments. Mediterranean Archaeology and Archaeometry 13，105-115.

Liu，J. Murray，A. Sohbati，R. and Jain，M. 2016. The effect of test dose and first IR stimulation temperature on post-IR IRSL measurements of rock slices. Geochronometria 43，179-187.

Meyer，M.C.，Gliganic，L.A.，Jain，M.，Sohbati，R.，Schmidmair，D. 2018. Lithological controls on light penetration into rock surfaces-Implications for OSL and IRSL surface exposure dating. Radiation

Measurements 120， 298-304.

Morgenstein，M. E. Luo，S. Ku，T. L. and Feathers，J. 2003. Uranium-series and luminescence dating of volcanic lithic artefacts. Archaeometry 45， 503-518.

Ou，X.J.，Roberts，H.M.，Duller，G.A.T.，Gunn，M.D.，Perkins，W.T.，2018. Attenuation of light in different rock types and implications for rock surface luminescence dating. Radiation Measurements 120， 305-311.

Pederson，J.L. Chapot，M.S. Simms，S.R. Sohbati，R. Rittenour，T.M. Murray，A.S. Cox，G. 2014. Age of Barrier Canyon-style rock art constrained by cross-cutting relations and luminescence dating techniques. Proceedings of the National Academy of Sciences， 111(36)， 12986-12991.

Polikreti， K. Michael， C.T. and Maniatis， Y. 2002. Authenticating marble sculpture with thermoluminescence. Ancient TL 20， 11-18.

Polikreti， K. Michael， C.T. and Maniatis， Y. 2003. Thermoluminescence characteristics of marble and dating of freshly excavated marble objects. Radiation Measurements 37， 87-94.

Rades，E.F.，Sohbati，T.，Lüthgens，C.，Jain. M. and Murray，A.S. 2018. First luminescence-depth profiles from boulders from moraine deposits: Insights into glaciation chronology and transport dynamics in Malta valley， Austria. Radiation Measurements.

Richards， M.P. 1994. Luminescence dating of quartzite from the Diring Yuriakh site. M.A. thesis， Simon Fraser University， unpublished.

Roberts， R.G. 1997. Luminescence dating in archaeology. Radiation Measurements 27， 819-892.

Sawakuchi， A.O. Blair， M.W. DeWitt， R. Faleiros， F.M. Hyppolito， T. Guedes， C.C.F. 2011. Thermal history versus sedimentary history: OSL sensitivity of quartz grains extracted from rocks and sediment. Quaternary Geochronology 6， 261-272.

Simkins，L.M. Simms，A.R. DeWitt，R. 2013. Relative sea-level history of Marguerite Bay，Antarctic Peninsula derived from optically stimulated luminescence-dated beach cobbles. Quaternary Science Reviews 77， 141-155.

Simkins，L.M. DeWitt，R. Simms，A.R. Briggs，S. and Shapiro，R.S. 2016. Investigation of optically stimulated luminescence behavior of quartz from crystalline rock surfaces: A look forward. Quaternary Geochronology 36， 161-173.

Simms， A.R. DeWitt， R. Kouremenos， P. and Drewry， A.M. 2011. A new approach to reconstructing sea levels in Antarctica using optically stimulated luminescence of cobble surfaces. Quaternary Geochronology 6， 50-60.

Simms，A.R. Ivins，E.R. DeWitt，R. Kouremenos，P. Simkins，L.M. 2012. Timing of the most recent Neoglacial advance and retreat in the South Shetland Islands， Antarctic Peninsula: Insights from raised beaches and Holocene uplift rates. Quaternary Science Reviews 47， 41-55.

Smedley，R.K. Duller，G.A.T. Pearce，N.J.G. and Roberts，H.M. 2012. Determining the K-content of single-grains of feldspar for luminescence dating. Radiation Measurements 47， 790-796.

Smedley， R.K. and Pearce， N.J.G. 2016. Internal U， Th and Rb concentrations of alkali-feldspar grains: Implications for luminescence dating. Quaternary Geochronology 35， 16-25.

Sohbati，R. Murray，A. Jain，M. Buylaert，J.P. and Thomsen，K. 2011. Investigating the resetting of OSL signals in rock surfaces. Geochronometria 38， 249-258.

Sohbati，R. Murray，A.S. Buylaert，J.P. Almeida，N.A. and Cunha，P.P. （2012a）. Optically stimulated luminescence（OSL）dating of quartzite cobbles from the Tapada do Montinho archaeological site（east-central Portugal）. Boreas 41，452-462.

Sohbati，R. Jain，M. Murray，A.S. (2012b). Surface exposure dating of non-terrestrial bodies using optically stimulated luminescence: A new method. Icarus 221，160-166.

Sohbati，R. Murray，A.S. Chapot，M.S. Jain，M. Pederson，J. 2012c. Optically stimulated luminescence（OSL）as a chronometer for surface exposure dating. Journal of Geophysical Research: Solid Earth 117（B9）.

Sohbati，R. Murray，A.S. Jain，M. Thomsen，K. Hong，S-C. Yi，K. Choi，J-H. 2013. Na-rich feldspar as a luminescence dosimeter in infrared stimulated luminescence（IRSL）dating. Radiation Measurements 51-52，67-82.

Sohbati，R. Murray，A.S. Porat，N. Jain，M. Avner，U. 2015. Age of a prehistoric 'Rodedian' cult site constrained by sediment and rock surface dating techniques. Quaternary Geochronology 30，90-99.

Sohbati，R.，Liu，J.，Jain，M.，Murray，A.，Egholm，D.，Paris，R.，Guralnik，B. 2018. Centennial- to millennial-scale hard rock erosion rates deduced from luminescence-depth profiles. Earth and Planetary Science Letters 493，218-230.

Spooner，N.A. 1994. The anomalous fading of infrared-stimulated luminescence from feldspars. Radiation Measurements，23，625-632.

Theocaris，P.S. Liritzis，I. Galloway，R.B. 1997. Dating of two Hellenic pyramids by a novel application of thermoluminescence. Journal of Archaeological Science，24，399-405.

Tribolo，C. Mercier，N. Valladas，H. 2003. Attempt at using the single-aliquot regenerative-dose procedure for the determination of equivalent doses of Upper Palaeolithic burnt stones. Quaternary Science Reviews 22，1251-1256.

Vafiadou，A. Murray，A.S. Liritzis，I. 2007. Optically stimulated luminescence（OSL）dating investigations of rock and underlying soil from three case studies. Journal of Archaeological Science 34，1659-1669.

Vincent，C. Harter，A. Gilbert，A. Berthier，E. Six，D. 2014. Future fluctuations of Mer de Glace，French Alps，assessed using a parameterized model calibrated with past thickness changes. Annals of Glaciology 55，15-24.

12 释光测年未来的发展

雅各布·瓦林加

荷兰瓦赫宁根大学土壤地理学和景观研究组，荷兰释光测年中心

Email: jakob.wallinga@wur.nl

摘要：释光测年是一项在方法和应用方面都在迅速发展的新技术。在本章中，我们试图在最新研究成果和专家讨论的基础上，预测释光测年未来的发展趋势。本章简要概述了最新的方法学进展以及对近期方法学发展的预期，这些发展将有助于开展更详细的地质年代学研究，并进一步扩展释光技术的测年范围。在这里我们将重点介绍两个令人振奋的发展方向，预计它们在未来会变得很重要。第一个是基于不同释光信号对光和热的敏感性差异重建岩石和沉积物的搬运路径；第二个是沉积物的原位测年，包括便携式释光仪和剂量率与等效剂量的空间分辨测量。这些发展将使得对露头、钻孔或岩心进行快速年龄扫描成为可能，并为其广泛的应用提供新的机会，包括重建土壤改造速率、沉积物搬运及其来源以及岩体抬升速率。

关键词：原位释光测年，空间分辨释光，沉积物来源，沉积物搬运，生物扰动

12.1 引言

在本章中，将简要总结释光测年界目前面临的主要挑战，讨论为克服这些挑战所进行的方法学探索，并考虑通过这些改进的方法还可以解决哪些研究问题。

最令人振奋的新发展预计将出现在以下三个方面。第一个与仪器的发展有关，这有助于野外和/或未扰动环境中沉积物的快速定年；这里将回顾野外测试设备的最新进展，以及剂量率与等效剂量的空间分辨测量；在此基础上我们将讨论这些方法的应用潜力。第二个与使用释光信号获取颗粒历史信息的新方法有关：它们是从哪里来的、在沉积之前颗粒是如何移动的，或者在沉积之后颗粒是如何在沉积物中移动的？在本章将概述这些方法的合理性，并讨论确定土壤改造速率、重建沉积物搬运过程和沉积物来源以及岩体抬升速率的初步应用。第三个应该被提及的新发展是岩石表面暴露测年，这一新方法及其应用在第11章中已经重点介绍，本章将不再讨论。

12.2 主要挑战

12.2.1 晒退不充分

释光测年中的一个关键假设是释光信号在沉积时被完全重置。如果不满足这一要求，可能会导致对埋藏年龄的高估。为避免这种年龄高估，采取了两种主要方法：一是使用在

曝光时快速重置的释光信号；二是选择那些信号重置最好的颗粒进行分析。目前这两方面都取得了进展并在未来继续发展。

自 Godfrey-Smith 等（1988）的开创性工作以来，石英光 OSL 信号比长石 IRSL 信号能更快速地归零已成为共识（图 6.2）。因此，在可能存在晒退不充分的情况下，石英将是大多数研究的首选矿物（如 Wallinga，2002）。但即使是石英的 OSL 信号，实际上也由多个信号组成；Singarayer 和 Bailey（2003）的研究表明，构成总的释光信号的每种信号都有自己的晒退特性（图 6.3）。快组分是理想的测年组分，因为它可以快速重置、在地质时间尺度上稳定，并且已经根据其特点设计了单片再生法（SAR）（Wintle and Murray，2006）。因此，提取快组分对于避免信号被较慢组分的信号污染很重要。尽管学者已经提出了几种方法（如 Cunningham and Wallinga，2009；Galbraith et al.，1999），但是这些方法由于工作量较大，尚未被广泛采用。在多数情况下，提取快组分信号的简单方法是使用早背景减除法（Cunningham and Wallinga，2010），即通过减去紧接在初始信号之后的信号来获得用于测年的 OSL 信号。已有研究表明，至少对于河流物沉积，该方法可以减少年龄高估（Shen and Mauz，2012），尤其是在确定年轻沉积的年龄时非常有用。随着计算能力的提高，快组分的自动分离可能很快变得可行，并将成为释光信号分析的新标准。

在选择信号重置最好的颗粒方面，通过将检测单颗粒释光信号的仪器（Duller et al.，2000）和分析等效剂量分布的先进统计方法（Galbraith et al.，1999；Thomsen et al.，2016）相结合，取得了重要进展。最新的解释模型包括蒙特卡罗和贝叶斯方法（如 Cunningham and Wallinga，2012；Guerin et al.，2017；另见第 3 章），利用这些模型可以考虑到所有的不确定性并获得可靠的结果（图 12.1）。尽管使用贝叶斯方法解释具有地层背景的释光年龄的应

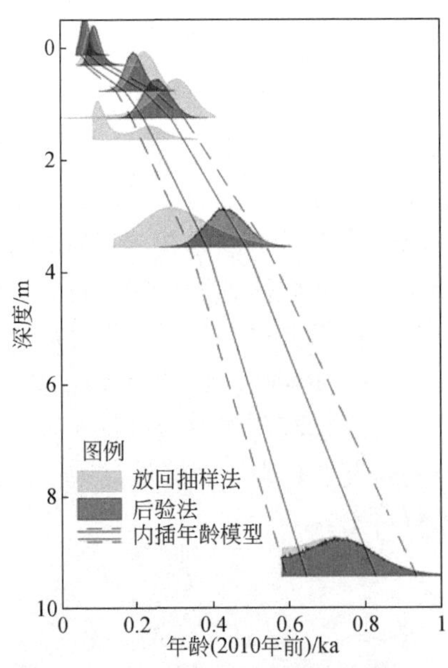

图 12.1　使用贝叶斯方法解释一组晒退不好的河流样品的示例。对于每个样品，使用最小年龄模型的放回抽样法构建年龄的概率密度函数。将结果与贝叶斯沉积模型（在本例中为 OxCal 模型）中的地层信息（沉积物向顶部变年轻）相结合，以确定最可能的沉积年龄。图片改绘自 Cunningham 和 Wallinga（2012）。

用在快速增多（如 Cunningham and Wallinga，2012；Nooren et al.，2017；Ramsey，2008；Rhodes et al.，2003），就像在放射性碳测年领域一样快速增长，但其潜力仍然没有被充分挖掘（Trachsel and Telford，2017）。

12.2.2 测年范围

尽管与大多数其他地质年代学方法相比，释光测年能够覆盖的范围已经很大，但依然存在明显的局限性。本节概述了在进一步扩展释光测年范围方面所面临的挑战和新进展。

12.2.2.1 年轻沉积物测年

测定年轻沉积物（<1000a）的年龄时，需要面对以下几个挑战。这里基于 Madsen 和 Murray（2009）给出了一个大致的总结。

（1）自然释光信号将是暗淡的，因为预期的吸收剂量很低。这一潜在问题可以通过测量大的测片（即许多颗粒的组合释光信号）来解决，但代价是丢失关于颗粒间差异的信息。

（2）沉积时残余的释光信号可能导致相对较大的误差。在对全新世以前的沉积物进行年龄测定时，100a 的残余年龄可能微不足道，但在对过去十年内形成的沉积物来说，结果就变得很不准确。解决方案是使用对光最敏感的释光信号，并选择晒退良好的颗粒相。

（3）在测量之前对颗粒进行加热（预热）可能导致电荷从非光敏陷阱（具有大的残余剂量）热转移到用于测年的光敏陷阱，其效果类似于上文讨论的残余剂量。通过使用较低但可以消除任何不稳定信号的预热温度，可以将此问题最小化。

12.2.2.2 老的沉积物测年

接近释光测年上限的沉积物的释光测年面临的挑战则完全不同。随着晶体中俘获电荷浓度的增加，积累的释光信号随时间增加。然而，在某一点之后，可用于电荷俘获的所有位点都用完了，于是不再进一步积累释光信号。这一特点可以反映在显示释光信号作为吸收剂量函数的曲线图中，即所谓的剂量响应曲线（图 5.4）。虽然可能需要更复杂的函数来拟合实验数据（如双饱和指数、指数加线性），但这些剂量响应曲线通常表现为饱和指数的形状。

如第 1 章所述，等效剂量是通过将自然释光信号投影在使用实验室辐照重建的剂量响应曲线上获得的。然而，对于剂量响应曲线的高值部分，测量的释光信号的小误差可能导致等效剂量产生巨大误差。为此，Wintle 和 Murray（2006）建议，可靠的测年仅限于剂量响应曲线的下部，使用 2 倍 D_0 值作为阈值。最近的研究信息表明，这一阈值可能过于乐观（如 Timar-Gabor et al.，2017；Wintle and Adamiec，2017）。基于此，尽管石英 OSL 特性和区域剂量率的组合决定了不同地区释光测年上限不同，但可靠的石英 OSL 测年上限通常在 100ka 左右（如 Schokker et al.，2005）。

有两种可能的方法来扩展释光测年的年龄范围。第一种方法是提高自然 OSL 测量和实验室构建的剂量响应曲线的准确性。如果消除了系统误差，原则上可以使用剂量响应曲线的高值部分来确定等效剂量。已有若干研究试图进一步改进单片再生法（SAR），以准确确定等效剂量（如 Timar-Gabor and Wintle，2013）。然而，这种改进即使成功，测年范围也只会略有扩大，因为信号一旦达到完全饱和，测年就不可能进行。

第二种方法试图使用饱和剂量较高的释光信号。首选是长石 IRSL 信号，它比石英 OSL

信号更不容易饱和。但是，长石 IRSL 信号因异常衰减（Wintle，1973）——由于量子隧道效应（Huntley and Lian，2006）导致电子从陷阱中逃逸——而不稳定。近年来，学者开发了新的方法（Thomsen et al.，2008；Li et al.，2014），并使用（更）稳定的红外后红外释光（pIRIRSL）信号进行了测试（Buylaert et al.，2012；Kars et al.，2012）。这可能会将测年上限延伸至约 400ka（如 Joordens et al.，2015），这同样取决于环境剂量率。最近的一个非常有前景的发展是使用红外光致释光（infrared photoluminescence，IRPL；Kumar et al.，2017）。初步研究表明，IRPL 信号表现出的异常衰减可以忽略不计；此外，可以实现信号的无损检测，因此允许长时间测量，从而获得更好的信噪比。

其他扩展释光测年的年龄范围的方法使用的也是石英释光信号，但这些信号来自大多数测年应用的快组分石英 OSL 信号之外的其他陷阱。这些备选方法包括热转移光释光（TT-OSL；Duller and Wintle，2012）、等温线热释光（Buylaert et al.，2006）和紫光释光（violet-stimulated luminescence，VSL；Ankjaergaard et al.，2016；Jain，2009）。到目前为止，这些方法都没有提供一种普遍适用的途径来将年龄上限延长到 400ka 以上。尽管如此，上述研究仍将继续，因为人们需要对覆盖整个第四纪的沉积物进行可靠的年代测定，以重建景观和人类的演化。

12.3 原位释光测年

如果能够直接获得野外沉积物的年龄，并且在矿物颗粒尺度上检验其晒退差异或沉积后混合，不是很好吗？这当然是每一位第四纪地质学家、考古学家和/或土壤学家都会喜欢的，而不是通过烦琐的取样程序获得样品，然后将其送到释光测年实验室进行长周期的、昂贵的分析。虽然开发必要的设备是一项巨大的挑战，但事实上人们已经在野外测试仪器和空间分辨测量方面取得了一些进展。本节将讨论这两方面的发展，并尝试预测未来的发展。

12.3.1 便携式仪器

对于野外沉积物的年龄测定，需要知道计算年龄方程的两边分别是什么。现场剂量率的估算相对简单，野外伽马谱仪已经使用了几十年，并广泛应用于释光领域（如 Hossain et al.，2002）。尽管获得的结果不如在受控实验室条件下精确，但这些仪器可以快速提供定量信息，并且在高度不均匀的环境中具有优势。

在野外确定等效剂量更具挑战性。尽管有人开发了简易和便携的释光仪（Kook et al.，2011；图 12.2），但这些仪器最终没有卖出去。便携式仪器的一个问题在于辐射源：健康和安全的要求限制了在便携式仪器上使用实验室仪器中常用的β源；使用 X 射线管进行照射是可能的，但其应用已被证明有问题。

Sanderson 和 Murphy（2010）开发了一种仪器，可以在连续波或脉冲波模式下测量红外释光（IRSL）和蓝光释光（BSL）（图 12.2）。该仪器不能对样品进行辐照或加热，但作者认为，自然信号的强度以及 IRSL 与 BSL 信号的比值可以为地层记录中的重要转变提供足够的信息。事实上，该仪器已被广泛使用，并且在一些情况下提供了上述信息（如 Bateman et al.，2015；Sanderson and Murphy，2010），这些信息为更好地选择代表性样品进行更全面的分析提供了支持（图 12.3）。然而，即使在非常均匀的环境中，测试结果可能更多地受到沉积物来源和/或组成的影响，而不是年龄的差异（Stone et al.，2015）。

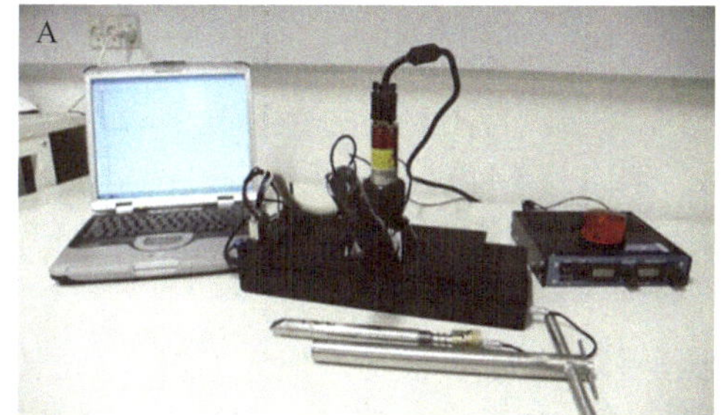

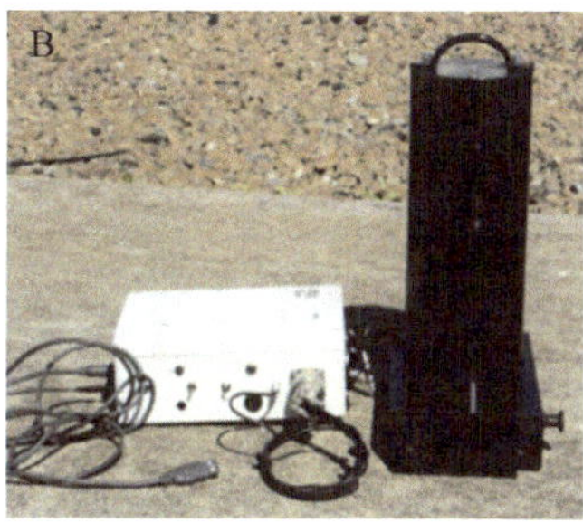

图 12.2 野外释光测量仪器。A-Risø 原型机，带有辐照和加热设备（Kook et al.，2011；照片由 DTU/Nutech 提供）；该仪器是多功能的，但尚未向释光界提供。B、C-Sanderson 和 Murphy（2010）描述的两种更简单的 SUERC 野外释光仪器，已被广泛使用；图 B 显示了 SUERC 在 2010～2015 年间提供的仪器；而图 C 显示了最新的“箱体设计”。照片由 SUERC 的大卫·桑德森（David Sanderson）拍摄。

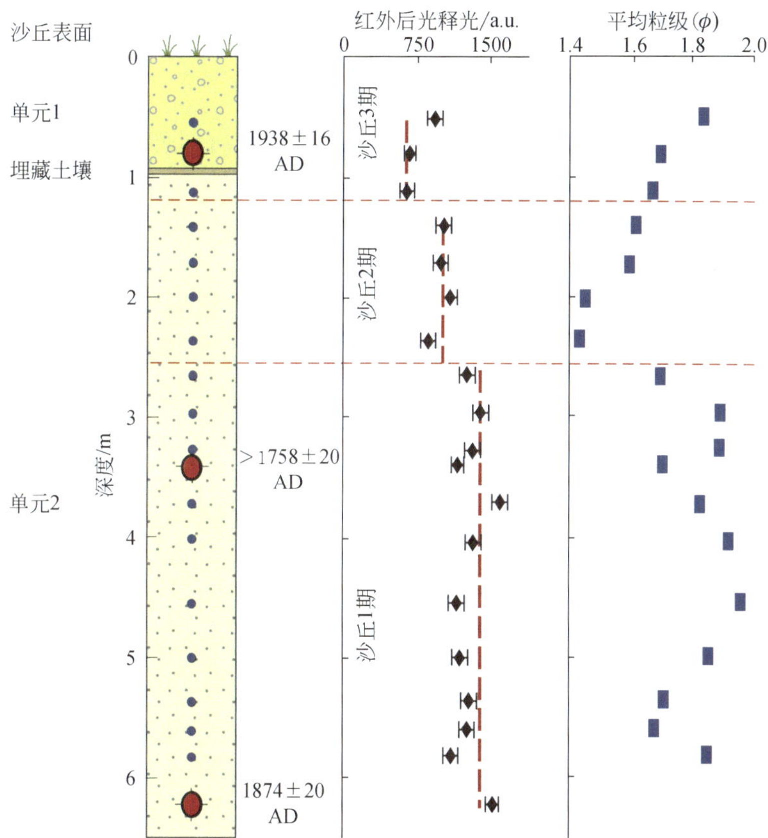

图 12.3 Sanderson 和 Murphy（2010）的野外释光仪的应用示例。根据便携式读取器（中图）的红外后光释光测量结果，结合平均粒径（右图），可以确定海岸沙丘的不同沉积单元（沙丘 1 期、2 期和 3 期）。使用完整的石英 SAR 获得了三个深度的年龄（左图）。图片改绘自 Bateman 等（2015）。

在更复杂的环境中，野外测试仪器的额外优势可能受限。在这种情况下，快速而直接的样品实验室分析或粗略年龄范围测试（Durcan et al.，2010；Reimann et al.，2015；Roberts et al.，2009）更有意义，因为这样可以提供对等效剂量的粗略估计。对于相对较老的样品，使用 Roberts 和 Duller（2004）提出的"标准生长曲线"（standardised growth curve，SGC）法也可以大幅缩短实验室测量时间。在该方法中，在每个测片上测量自然释光信号，并在归一化后投影到标准生长曲线上（得到等效剂量）。然而，不同区域（Telfer et al.，2008）、测片（Peng et al.，2016），甚至粒径之间（Timar-Gabor et al.，2017）生长曲线形状的差异都可能会影响结果的准确性。

尽管在许多情况下，释光测年的实验室测量比野外测量更具优势，但人们对今后原位（即使是粗略的）估算等效剂量的方法的发展依然非常感兴趣。这种测量需要辐射源（最可能是 X 射线）和各种激发光源；结合野外伽马谱仪或手持 XRF 设备对剂量率的粗略估计，可以为采样策略的选择提供支持，并使得在偏远地区进行地质年代学研究成为可能，因为在某些偏远地区无法对材料进行采样，或无法运送至实验室进行全面分析。当然，在多数没有合适设备的情况下，应首选实验室分析，因为在不了解样品剂量响应特征的情况下解释自然释光信号是很棘手的。

12.3.2 空间分辨释光测年

剂量率的颗粒间变化是放射性核素的不均匀分布以及沉积物中β粒子的有限辐照范围（2～3mm）造成的。特别是对于大部分剂量来自β辐射的沉积物，和/或对于放射性核素浓度有"热点"的沉积物，颗粒之间的剂量率差异可能很大。因此，即使是没有发生混合的完全晒退的沉积物，颗粒的等效剂量也会有所不同。

对于许多沉积物，由于非均一晒退或混合作用（如生物扰动），单颗粒古剂量可能显示出额外的离散。要全面了解单颗粒的等效剂量分布，需要了解样品在其原始环境中的剂量率分布和等效剂量分布。然而，这是一个巨大的挑战。本节概述了近年来取得的进展，并讨论了进一步发展的可能性。

12.3.2.1 剂量率成像

在分米尺度上，剂量率的变化可由岩性或沉积物来源的变化引起。在这种情况下，野外伽马光谱法（见第 1.6.2 节和第 10.2.2 节）或不同层位贡献的计算（Aitken，1985；Wallinga and Bos，2010）可以很好地估计样品位置的伽马剂量率。这里重点关注受β剂量异质性影响的沉积物在毫米尺度上的变化。最近提出的两种方法可能有助于了解原始样品的β剂量异质性。Rufer 和 Preusser（2009）展示了如何使用β射线放射自显影法估算岩石切片或松散沉积物的空间分辨总剂量率（图 12.4）。尽管该方法是在倒入成像板上并扩散形成单颗粒层的沙子样品上测试的，但它也可以应用于树脂中未受干扰的薄层沉积。Schmidt 等（2012）将硅质样品的β射线摄影与α射线摄影相结合，提出在空间分辨等效剂量估计中可以避免硅质样品中的高度异质区域。最近，Romanyukha 等（2017）尝试了一种更先进的使用时间像素（Timepix）探测器的方法；该方法可以区分不同的辐射类型，并可应用于树脂浸渍的沉积物样品；对人工分层样品的测试表明，该方法可以获得关于β剂量率的空间信息（图 12.5）。

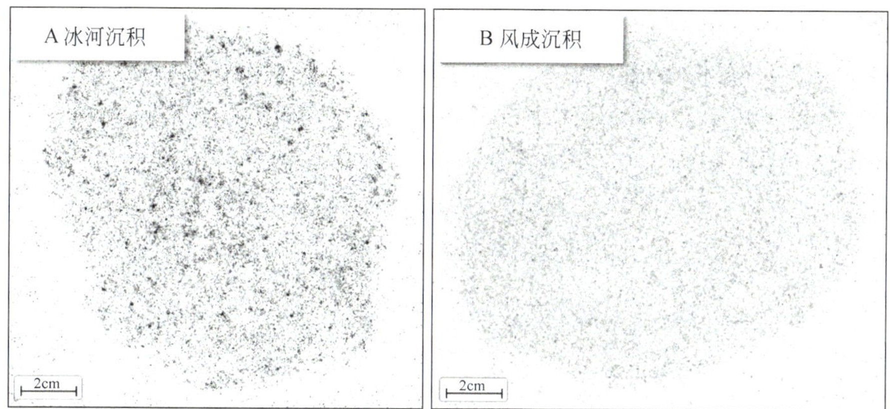

图 12.4　松散沙样的放射自显影图像显示了剂量率异质性，暗区表示高值；冰河沉积样品（A）显示出比风成沉积样品（B）具有更大的异质性。图片改绘自 Rufer 和 Preusser（2009）。

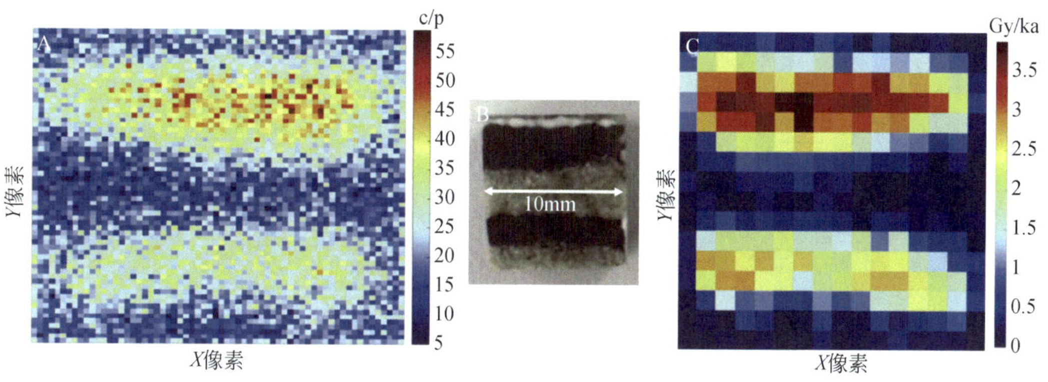

图 12.5　使用时间像素设备进行空间分辨剂量率估计的图像。通过对由放射性黑云母层和非放射性石英层（B）组成的实验室制备样品的测量，提供了用于对每个像素进行计数的图像（A），该图像可以转换为剂量率图像（C）。图片改绘自 Romanyukha 等（2017）。c/p 为计数/像素（counts/pixel）；Gy/ka 为剂量率单位。

上述研究提供了剂量率分布方面的认识，但也显示了需要克服的困难（如信噪比、测量时间、剂量率转化）。理想情况下，沉积物或岩石切片的成像应与等效剂量的空间分辨率估算相结合，从而将剂量率分布与等效剂量分布联系起来。然而，重要的是要意识到颗粒吸收的辐射来自球形空间，而这些成像方法只能提供二维的信息。已有学者开发了模型来帮助理解 3D 尺度的剂量率分布（Martin et al.，2015），但应用此类模型来确定特定颗粒位置的剂量率将需要放射性核素浓度的 3D 制图。Martin 等（2015）探索了牙釉质的 3D 建模，但他们的放射性核素分布是模拟的，而不是基于实际测量。

12.3.2.2　释光成像和空间分辨等效剂量估算

通常，释光信号是用光电倍增管检测的，不能提供空间方面的信息，也就是说，不提供样品被检测到的释光信号的信息。传统的单颗粒释光测量是基于逐个激发颗粒，即通过使用由单颗粒组成的测片（Lamothe et al.，1994），将颗粒放置在样品盘的网格上，并使用可控激光进行激发（Duller et al.，1999）。这种方法的缺点是效率不高，颗粒不再处于其原始环境中，并且无法了解颗粒的哪些部分在发光。成像技术有望解决这些问题，获得释光信号空间信息的首次尝试在 20 世纪 70 年代已经发表（Malik et al.，1973）。随着使用电荷耦合器件（charge coupled devices，CCD）的科学相机的发展，以及随后的技术进步，特别是电子倍增电荷耦合器件（electron multiplying charge coupled devices，EMCCD）的发展，检测天然材料典型的低强度释光成为可能，因而成像的可能性大大增加。最近，这种相机已经可以在自动释光仪中配置（Kook et al.，2015；Richter et al.，2013），并且被越来越多的测年团队使用。

尽管此类设备提供了高质量的图像（图 12.6），但由于图像分析（Greilich et al.，2015）和单个颗粒释光信号的量化（避免“串扰”问题；如 Gribenski et al.，2015）等相关问题，定量确定等效剂量是一个挑战。最可行的方法也许是保证被测颗粒之间有足够间距，或使用为传统单颗粒测年而开发的网格化单颗粒样品盘。Cunningham 和 Clark-Balzan（2017）展示了应用先进的信号采集和处理方法如何帮助克服这些问题。但是，使用未扰动沉积物（树脂浸渍）和岩石切片的空间分辨测量来精确确定等效剂量仍然有待方法学的重大进步。

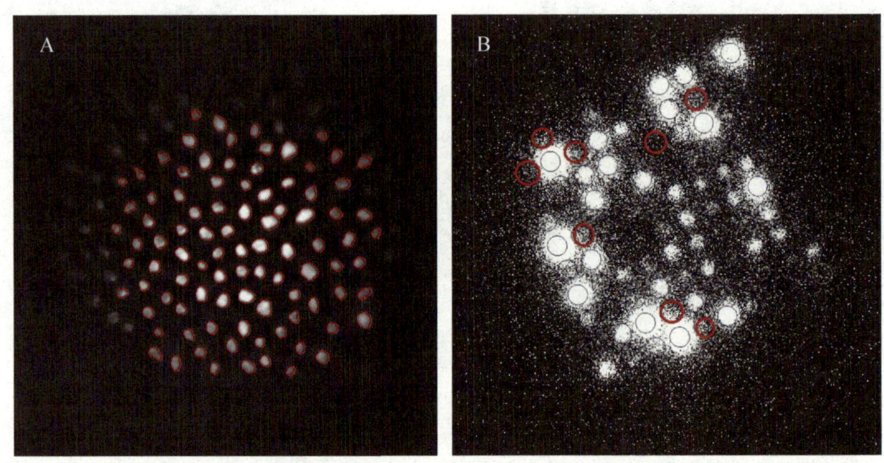

图 12.6　发光石英颗粒的 EMCCD 图像。A-放置在样品盘上，颗粒之间有间隔［据 Greilich 等（2015）修改］；B-放置在网格中［据 Thomsen 等（2015）修改］。

12.3.3　发展前景

野外原位释光测年依然充满希望，虽然缓慢但持续的进展正在使其成为可能。但是，它比使用近距离传感器的其他应用（如测定化学成分的手持 XRF；探测地下结构的探地雷达）要复杂得多。如果有一种可以辐照样品的便携式释光仪能够在野外定量估算等效剂量，将是一个巨大的进步。关于空间分辨释光测年的主要挑战似乎是信号处理，该领域有望取得进展，因为存在的问题并非释光测年所独有。此外，空间分辨红外光致释光（IRPL）测量（见第 12.2.2.2 节）将会非常有意义，因为无损测量技术也许能解决信噪比问题，从而提高测量精度。

12.4 不只是测年——通过释光理解景观演变

如本书前几章所述，释光技术现在已被广泛用于沉积物定年。近年来，人们越来越能认识到，释光信号还携带了许多关于沉积物来源、搬运路径、传输方式和岩体抬升速率甚至土壤混合过程的信息。本节将讨论上述方面的应用。岩石表面暴露测年这一令人兴奋的新研究领域（Sohbati et al.，2012）在第 11 章已经论及，此处不再赘述。

12.4.1 沉积物来源和搬运路径

为了理解景观演变，人们不仅对沉积地貌（可通过释光来测年）感兴趣，还想知道沉积物来自何处以及它们是如何移动的。获取这方面的约束条件极其困难，但可能极大地帮助景观演化概念模型和数值模型的构建。

释光技术可能有助于解决这一问题，因为人们早就知道，释光特性因地而异，与物源（母岩和沉积物）有关。而且，在沉积物传输过程中，释光信号被重置，重置的程度可以揭示传输方式方面的信息（如陆上与水下）。此外，晒退慢的释光信号的残余年龄可以提供关于物源的年龄信息。最后，释光灵敏度可能在搬运和沉积循环中发生变化，从而携带关于颗粒历史的额外信息。下面，我们将讨论最近有关这些方面的文献中的一些应用实例。

12.4.1.1 物源

石英的释光灵敏度变化很大，既与产生可用释光信号的颗粒百分比有关，也与颗粒的平均发光亮度有关（如 Preusser et al.，2009）。不同的源岩（如 Sawakuchi et al.，2011），石英的释光灵敏度不同，并且随着传输距离的增加而增加（如 Pietsch et al.，2008；Sawakuch et al.，2011；图 12.7）。尽管已经提出了一些解释机制（Sawakuchi et al.，2011），但灵敏度

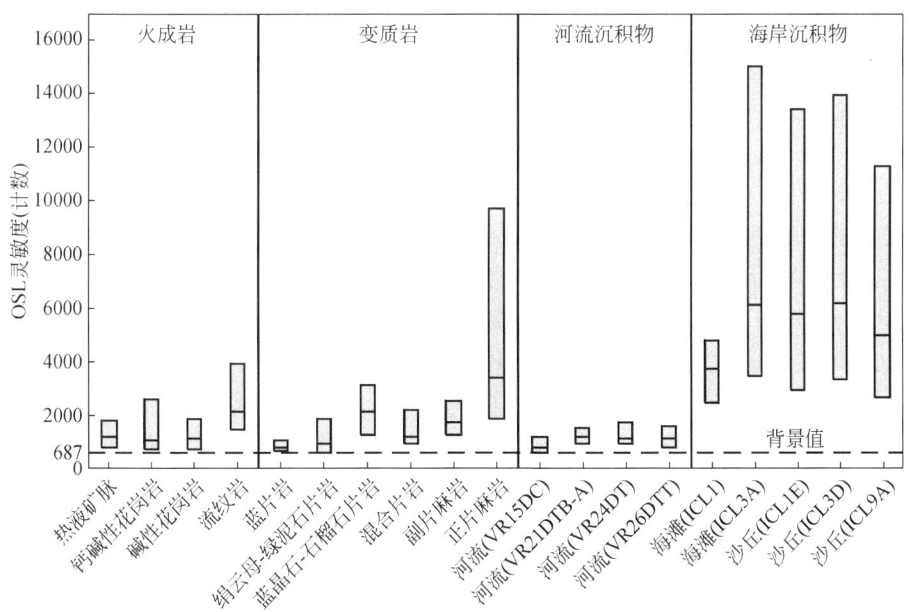

图 12.7 不同源岩和沉积物的石英光释光灵敏度。光释光灵敏度似乎随岩石形成温度（从左到右排序）和河流搬运距离（从左到右排序）而增加。图片改绘自 Sawakuchi 等（2011）。

差异和致敏的原因在很大程度上尚不清楚。长石的释光灵敏度似乎变化较小且不敏感（如 Reimann et al.，2017），因而对重建沉积物物源几乎没有价值。

利用释光灵敏度信息重建物源和搬运距离仍然是一种新颖的方法，已经发表的应用相对较少。关于海岸系统，Zular 等（2013）确定了巴西南部海岸沙堤沉积物物源的差异，并将其与晚全新世的气候变化联系起来。对于风成系统，应用主要来自黄土沉积。Lu 和 Sun（2011）报告了中国不同沙漠中石英的 TL 和 OSL 灵敏度差异，他们将其归因于附近岩石类型的区域差异。此外，发现古近纪—新近纪风成红黏土比第四纪黄土具有更高的释光灵敏度，这表明它们的来源不同。Lu 等（2014）报告称，古土壤的石英 OSL 灵敏度大于黄土层，作者将此归因于冰期-间冰期不同气候背景下的物源变化。对于河流系统，do Nascimento 等（2015）使用包括石英 OSL 灵敏度在内的多种方法来确定亚马孙河的沉积物来源。Chamberlain 等（2017）使用沙级石英的 OSL 灵敏度来确定恒河-布拉马普特拉（Ganges Brahmaputra）三角洲沉积物的物源。

尽管已经报道了释光灵敏度与传输距离的明显相关性，但更好地理解致敏过程和传输速率将有助于利用这些信息重建沉积物源。

12.4.1.2 搬运路径和传输速率

对于测年来说，光照后能够快速重置的释光信号是最有用的，因为这最大化了沉积和埋葬时信号完全清零的机会，从而最大限度地减少了晒退不完全导致年龄高估的可能性；而重置速度较慢的信号可能会有附加的剂量。如果具有不同晒退速率的两种信号提供了相同的年龄，这意味着最后一次曝光足以重置这两种信号（Murray et al.，2012）。因此，这些信息为年龄结果的可靠性提供了额外的证据。Buylaert 等（2013）采用了这种方法，他们比较了使用红外后红外释光（$pIR\text{-}IRSL_{290}$，下标表示测量温度，单位为℃，下同）信号得到的等效剂量与在 50℃ 下测量的晒退更快速的红外释光信号（IR_{50}）的等效剂量。尽管后者由于异常衰减而低估了埋藏剂量，但 $pIR\text{-}IRSL_{290}$ 和 IR_{50} 等效剂量之间的比值可以用来识别 $pIR\text{-}IRSL_{290}$ 信号未充分晒退的样品，这些样品中有一些与浊流沉积有关，晒退较差在意料之中。

晒退慢的释光信号可用于确定沉积环境和沉积物搬运路径。Forman 和 Ennis（1991）提出，残余的长石热释光（TL）信号反映了冰前沉积环境，在冰碛物和冰川近端沉积物中信号最高，而在远离冰峰的地方则信号较低。Keizars 等（2008）使用了类似的方法，并表明残余 TL 信号随着美国佛罗里达州圣约瑟夫（St Joseph）半岛的沿岸传输而减少。Liu 等（2009，2014）使用长石 TL 信号研究了日本风成、河流和海岸系统的输沙路径与沉积环境。长石 TL 信号晒退非常缓慢，因此只有在长时间曝光时才能归零。对于所研究的年轻沉积物，由于埋藏剂量低，TL 信号以残余信号为主；作者发现，河流沉积物的 TL 信号较高，而在支流中最高。沿着海岸，TL 信号随着远离河口而减少，这与沿岸沉积物搬运过程中接受的光照有关。风成沉积物则显示出最低的 TL 信号，而且可以通过与水成沉积物相比较低的高温峰值来识别。

Reimann 等（2015）提出了一种在多矿物样片上检测多种释光信号的方法。通过将快速晒退的石英 OSL 等效剂量与从不同的长石 IRSL 和 pIRIRSL 以及多矿物 TL 信号中获得的等效剂量进行比较，可以了解沉积前的曝光情况（图 12.8）。Reimann 等（2015）建议将上述获得的等效剂量与石英蓝光释光等效剂量的比值作为曝光程度的度量。该方法基于一个有大量沙源供给的海岸地点开发并经过了验证，结果表明，这一比值随着远离沙源而增加。作者进而建议，该方法可以用来快速估计样品的近似年龄并评估其晒退程度，从而选择样品进行全面分析。Chamberlain 等（2017）使用类似的多信号方法研究了恒河-布拉马普特拉三角洲泥沙样品的晒退程度。该技术在细颗粒中的应用更值得关注，因为基于测片间离散程度检测晒退不良的方法由于细颗粒测片的平均效应而无法应用。

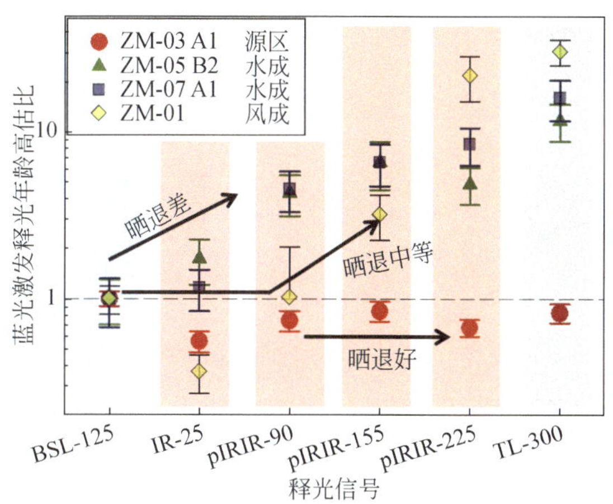

图 12.8 基于可晒退性不同的信号得到的等效剂量的比较可以获得关于晒退程度的信息，从而了解颗粒的沉积环境和搬运历史。信号的可晒退性从左到右逐渐变差。图片改绘自 Reimann 等（2015）。

McGuire 和 Rhodes（2015a，2015b）使用类似的方法研究了河流系统中的泥沙运移。他们利用单片和单颗粒长石 IRSL 和 pIRIRSL 信号不同的可晒退性开展研究，从莫哈韦河沿岸河床物质得到的结果表明，使用这些信号获得的等效剂量随着远离源头而减少，但这些趋势的特征也因信号的可晒退性而不同（图 12.9）。他们构建了一个概念模型来解释这些差异（图 12.10）。在随后的工作中，Gray 等（2017）开发了一个数学模型，用来从这些信息中获取泥沙传输速率。

12.4.2 土壤改造

根系生长和腐烂、动物和人类活动可能会导致地表沉积物的混合，这种过程被称为土壤改造或生物扰动。当要确定沉积物的沉积和埋藏时间时，这种混合可能是一种麻烦，因为它可能会导致年轻颗粒的混入，如果没有进行恰当的分析，则会导致年龄低估（Bateman et al.，2003，2007）。然而，当要研究土壤生成速率或生物扰动速率时，这些颗粒的释光信号可能提供有价值的信息。该研究领域最初由 Heimsath 等（2002）的工作开创，Wilkinson 和 Humphreys（2005）对该研究主题进行了介绍，其主要观点是：发现零年龄或年轻颗粒的最大深度指示了混合带的深度，而表观年龄随深度的变化趋势揭示了土壤改造速率的信息。

石英单颗粒 OSL 已成为基于释光研究潮滩（Madsen et al.，2011）和陆地土壤（Gliganic et al.，2016；Heimsath et al.，2002；Johnson et al.，2014；Kristensen et al.，2015；Stockmann et al., 2013）生物扰动的主要方法，当土壤在含有敏化石英颗粒的沉积物中发育时，这种方法效果良好。然而，最近的研究表明，对于土壤在风化基岩中发育的地方，生物扰动过程中石英颗粒的原地致敏化可能会导致结果出现偏差（Reimann et al., 2017；图 12.11）。在这种情况下，使用单颗粒长石具有优势，因为长石颗粒在改造过程中不会敏化。基于长石的方法的另一个优点是，与石英单颗粒 OSL 方法相比，长石的适用范围更广，且需要的工作时间相对更少，因为石英单颗粒 OSL 方法通常受到绝大多数颗粒灵敏度差的影响。

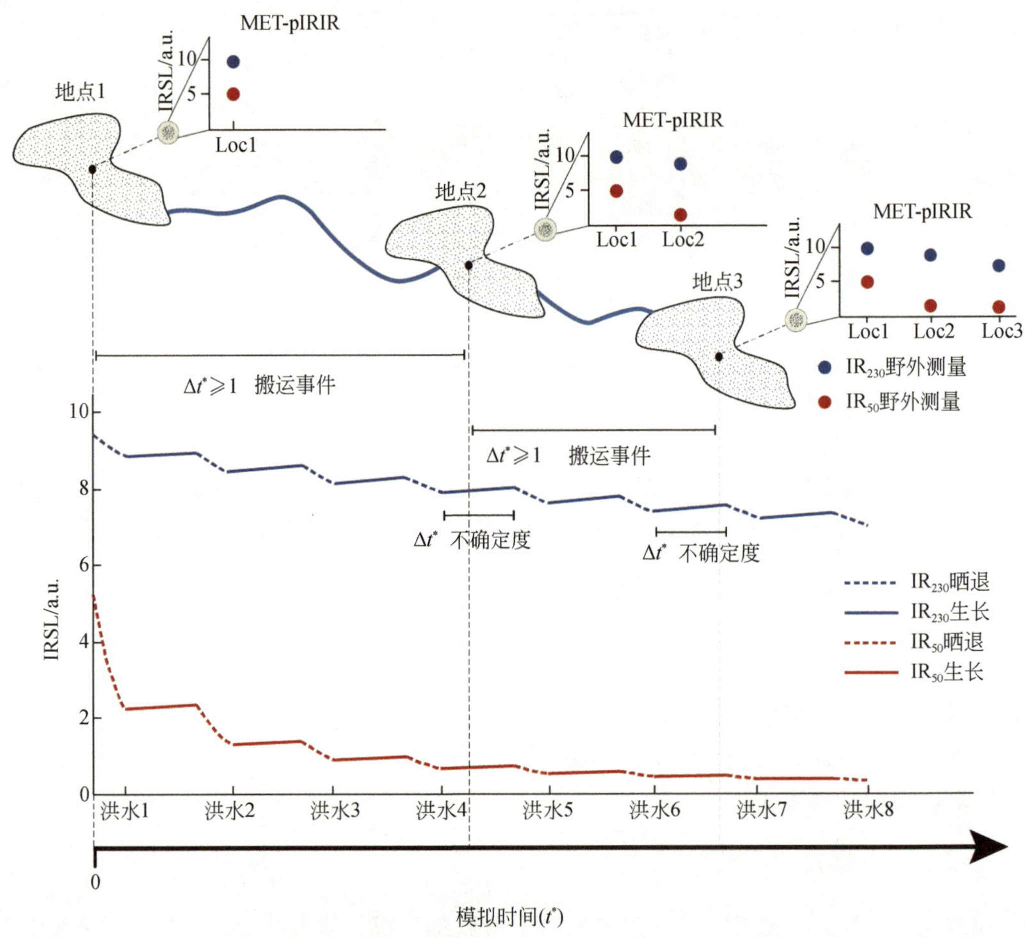

图 12.9 基于一系列红外释光和红外后红外释光信号获得的加利福尼亚州莫哈韦河沉积物的等效剂量向下游递减。图片改绘自 McGuire 和 Rhodes（2015b）。

12.4.3 岩体抬升

在第 12.3.1 节中，讨论了使用缓慢衰减的释光信号来推断过去的曝光历史，从而重建沉积物搬运路线和沉积环境。可以采取类似的方法，利用释光信号的热重置而不是光重置来重建过去的受热历史，该特性已被用于重建岩体抬升速率，即构造作用导致基岩从深部（温度较高）上升到地表（环境温度）。传统上，岩体抬升研究采用裂变径迹测年和 Ar/Ar

测年等方法，但相对较高的“闭合温度”使它们不能被用于重建最近的抬升速率。基于释光方法的优点是可以使用不同热稳定性的不同信号，并且它们可以覆盖相对较低的闭合温度范围（见 King et al.，2016a）。

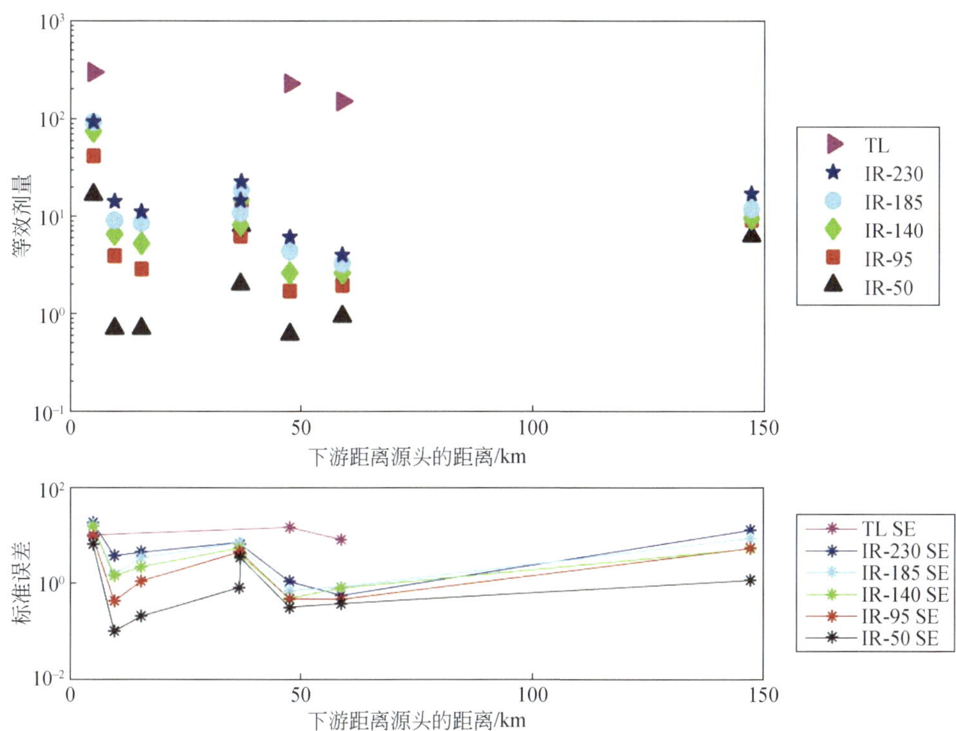

图 12.10 可晒退不同的信号如何在河流传输循环中演化的概念模型。图片改绘自 McGuire 和 Rhodes (2015a)。

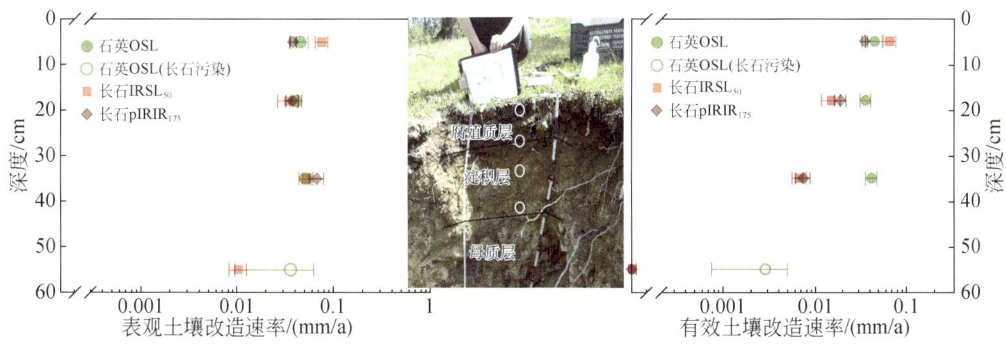

图 12.11 基岩风化形成的土壤剖面（中）的表观（左）和有效（右）土壤改造速率。传统的土壤改造速率分析基于沉积物的表观年龄除以样品深度（左）。然而，对于基岩中发育的土壤，其结果受到从未曝光的颗粒的影响，因此处于饱和状态（长石）或未敏化状态（石英）。如果考虑到这一点，就可以计算有效土壤改造速率（右），正如预期的那样，在这种环境中混合率随着深度的增加而显著降低。图片改绘自 Reimann 等（2017）。

Herman 等（2010）首先提出并应用释光热年代方法。根据石英 OSL 信号，他们推断新西兰南阿尔卑斯山在过去 100ka 期间保持了恒定的岩体抬升速率，很可能受构造驱动。在后来的工作中，发现应用的方法并不完全合理，石英 OSL 热年代学的应用因大多数基岩缺乏合适的信号而受到阻碍（Guralnik et al.，2015a）；后来有研究者提出了改进的解析解和数值解来推导有效闭合温度的一般表达式（Guralnik et al.，2013）。此外，该方法还被扩展到长石 IRSL 信号（Guralnik et al.，2015b；King et al.，2016c），用于识别东喜马拉雅构造结的向北迁移（King et al.，2016b）。

12.5 小结

释光方法仍在不断改进中，其精度在提高，适用范围在扩大。野外原位测年和空间分辨测年正在取得进展，但仍需要克服一系列重要挑战。近年来，释光信号在确定沉积时间之外的广泛应用已迅速引起人们的兴趣，但许多此类应用仍处于初级阶段，需要进一步发展和检验。然而，最近的进展表明，释光方法在测年领域之外还可提供很多其他方法无法获得的地表过程方面的信息，如沉积物搬运、土壤改造和岩体抬升等。预计这些应用在未来几年将会变得更重要，甚至可能比释光作为测年工具更重要。

参 考 文 献

Aitken，M.J. 1985. Thermo-luminescence dating–past progress and future trends. Nucl Tracks Rad Meas 10，3-6.

Ankjaergaard，C.，Guralnik，B.，Buylaert，J.P.，Reimann，T.，Yi，S.W.，Wallinga，J. 2016. Violet stimulated luminescence dating of quartz from Luochuan（Chinese loess plateau）：Agreement with independent chronology up to similar to 600 ka. Quaternary Geochronology 34，33-46.

Bateman，M.D.，Frederick，C.D.，Jaiswal，M.K.，Singhvi，A.K. 2003. Investigations into the potential effects of pedoturbation on luminescence dating. Quaternary Science Reviews 22，1169-1176.

Bateman，M.D.，Boulter，C.H.，Carr，A.S.，Frederick，C.D.，Peter，D.，Wilder，M. 2007. Preserving the palaeoenvironmental record in Drylands: Bioturbation and its significance for luminescence derived chronologies. Sedimentary Geology 195，5-19.

Bateman，M.D.，Stein，S.，Ashurst，R.A.，Selby，K. 2015. Instant luminescence chronologies? High resolution luminescence profiles using a portable luminescence reader. Quaternary Geochronology 30，141-146.

Buylaert，J.P.，Murray，A.S.，Huot，S.，Vriend，M.G.A.，Vandenberghe，D.，De Corte，F.，Van den haute，P. 2006. A comparison of quartz OSL and isothermal TL measurements on Chinese loess. Radiation Protection Dosimetry 119，474-478.

Buylaert，J.P.，Jain，M.，Murray，A.S.，Thomsen，K.J.，Thiel，C.，Sohbati，R. 2012. A robust feldspar luminescence dating method for Middle and Late Pleistocene sediments. Boreas 41，435-451.

Buylaert，J.P.，Murray，A.S.，Gebhardt，A.C.，Sohbati，R.，Ohlendorf，C.，Thiel，C.，Wastegard，S.，Zolitschka，B.，Team，P.S. 2013. Luminescence dating of the PASADO core 5022-1D from Laguna Potrok Aike（Argentina）using IRSL signals from feldspar. Quaternary Science Reviews 71，70-80.

Chamberlain，E.L.，Wallinga，J.，Reimann，T.，Goodbred，S.L.，Steckler，M.S.，Shen，Z.X.，Sincavage，R. 2017. Luminescence dating of delta sediments: Novel approaches explored for the Ganges-Brahmaputra-

Meghna Delta. Quaternary Geochronology 41，97-111.

Cunningham，A.C. and Clark-Balzan，L. 2017. Overcoming crosstalk in luminescence images of mineral grains. Radiation Measurements 106，498-505.

Cunningham，A.C.，Wallinga，J. 2009. Optically stimulated luminescence dating of young quartz using the fast component. Radiation Measurements 44，423-428.

Cunningham，A.C.，Wallinga，J. 2010. Selection of integration time intervals for quartz OSL decay curves. Quaternary Geochronology 5，657-666.

Cunningham，A.C.，Wallinga，J. 2012. Realizing the potential of fluvial archives using robust OSL chronologies. Quaternary Geochronology 12，98-106.

do Nascimento Jr. D.R.，Sawakuchi，A.O.，Guedes，C.F.C.，Giannini，P.C.F.，Grohmann，C.H.，Ferreira，M.P. 2015. Provenance of sands from the confluence of the Amazon and Madeira rivers based on detrital heavy minerals and luminescence of quartz and feldspar. Sedimentary Geology 316，1-12.

Duller，G.A.T.，Botter-Jensen，L.，Murray，A.S.，Truscott，A.J. 1999. Single grain laser luminescence（SGLL）measurements using a novel automated reader. Nuclear Instruments and Methods in Physics Research Section B-Beam Interactions with Materials and Atoms 155，506-514.

Duller，G.A.T.，Botter-Jensen，L.，Murray，A.S. 2000. Optical dating of single sand-sized grains of quartz: sources of variability. Radiation Measurements 32，453-457.

Duller，G.A.T.，Wintle，A.G. 2012. A review of the thermally transferred optically stimulated luminescence signal from quartz for dating sediments. Quaternary Geochronology 7，6-20.

Durcan，J.A.，Roberts，H.M.，Duller，G.A.T.，Alizai，A.H. 2010. Testing the use of range-finder OSL dating to inform field sampling and laboratory processing strategies. Quaternary Geochronology 5，86-90.

Forman，S.L.，Ennis，G. 1991. The effect of light-intensity and spectra on the reduction of thermoluminescence of near-shore sediments from Spitsbergen，Svalbard-Implications for dating Quaternary water-lain sequences. Geophysical Research Letters 18，1727-1730.

Galbraith，R.F.，Roberts，R.G.，Laslett，G.M.，Yoshida，H.，Olley，J.M. 1999. Optical dating of single and multiple grains of quartz from jinmium rock shelter，northern Australia，Part 1，Experimental design and statistical models. Archaeometry 41，339-364.

Gliganic，L.A.，Cohen，T.J.，Slack，M.，Feathers，J.K. 2016. Sediment mixing in aeolian sand sheets identified and quantified using single-grain optically stimulated luminescence. Quaternary Geochronology 32，53-66.

Godfrey-Smith，D.I.，Huntley，D.J.，Chen，W.H. 1988. Optical dating studies of quartz and feldspar sediment extracts. Quaternary Science Reviews 7，373-380.

Gray，H.J.，Tucker，G.E.，Mahan，S.A.，McGuire，C.，Rhodes，E.J. 2017. On extracting sediment transport information from measurements of luminescence in river sediment. Journal of Geophysical Research: Earth Surface 122，654-677.

Greilich，S.，Gribenski，N.，Mittelstrass，D.，Dornich，K.，Huot，S.，Preusser，F. 2015. Single-grain dose-distribution measurements by optically stimulated luminescence using an integrated EMCCD-based system. Quaternary Geochronology 29，70-79.

Gribenski，N.，Preusser，F.，Greilich，S.，Huot，S.，Mittestrass，D. 2015. Investigation of cross talk in single grain luminescence measurements using an EMCCD camera. Radiation Measurements 81，163-170.

Guerin，G.，Frouin，M.，Tuquoi，J.，Thomsen，K.J.，Goldberg，P.，Aldeias，V.，Lahaye，C.，Mercier，N.，Guibert，P.，Jain，M.，Sandgathe，D.，McPherron，S.J.P.，Turq，A.，Dibble，H.L. 2017. The complementarity of luminescence dating methods illustrated on the Mousterian sequence of the Roc de Marsal: A series of reindeer-dominated，Quina Mousterian layers dated to MIS 3. Quaternary International 433，102-115.

Guralnik，B.，Jain，M.，Herman，F.，Paris，R.B.，Harrison，T.M.，Murray，A.S.，Valla，P.G.，Rhodes，E.J. 2013. Effective closure temperature in leaky and/or saturating thermochronometers. Earth and Planetary Science Letters 384，209-218.

Guralnik，B.，Ankjaergaard，C.，Jain，M.，Murray，A.S.，Muller，A.，Walle，M.，Lowick，S.E.，Preusser，F.，Rhodes，E.J.，Wu，T.S.，Mathew，G.，Herman，F. 2015a. OSL-thermochronometry using bedrock quartz: A note of caution. Quaternary Geochronology 25，37-48.

Guralnik，B.，Li，B.，Jain，M.，Chen，R.，Paris，R.B.，Murray，A.S.，Li，S.H.，Pagonis，V.，Valla，P.G.，Herman，F. 2015b. Radiation-induced growth and isothermal decay of infrared-stimulated luminescence from feldspar. Radiation Measurements 81，224-231.

Heimsath，A.M.，Chappell，J.，Spooner，N.A.，Questiaux，D.G. 2002. Creeping soil. Geology 30，111-114.

Herman，F.，Rhodes，E.J.，Jean，B.C.，Heiniger，L. 2010. Uniform erosion rates and relief amplitude during glacial cycles in the Southern Alps of New Zealand，as revealed from OSL thermochronology. Earth and Planetary Science Letters 297，183-189.

Hossain，S.M.，De Corte，F.，Vandenberghe，D.，Van den haute，P. 2002. A comparison of methods for the annual radiation dose determination in the luminescence dating of loess sediment. Nuclear Instruments and Methods in Physics Research Section A: Accelerators Spectrometers Detectors and Associated Equipment 490，598-613.

Huntley，D.J.，Lian，O.B. 2006. Some observations on tunnelling of trapped electrons in feldspars and their implications for optical dating. Quaternary Science Reviews 25，2503-2512.

Jain，M. 2009. Extending the dose range: Probing deep traps in quartz with 3.06 eV photons. Radiation Measurements 44，445-452.

Johnson，M.O.，Mudd，S.M.，Pillans，B.，Spooner，N.A.，Fifield，L.K.，Kirkby，M.J.，Gloor，M. 2014. Quantifying the rate and depth dependence of bioturbation based on optically-stimulated luminescence (OSL) dates and meteoric Be-10. Earth Surface Processes and Landforms 39，1188-1196.

Joordens，J.C.A.，d'Errico，F.，Wesselingh，F.P.，Munro，S.，de Vos，J.，Wallinga，J.，Ankjaergaard，C.，Reimann，T.，Wijbrans，J.R.，Kuiper，K.F.，Mucher，H.J.，Coqueugniot，H.，Prie，V.，Joosten，I.，van Os，B.，Schulp，A.S.，Panuel，M.，van der Haas，V.，Lustenhouwer，W.，Reijmer，J.J.G.，Roebroeks，W. 2015. Homo erectus at Trinil on Java used shells for tool production and engraving. Nature 518，228-U182.

Kars，R.H.，Busschers，F.S.，Wallinga，J. 2012. Validating post IR-IRSL dating on K-feldspars through comparison with quartz OSL ages. Quaternary Geochronology 12，74-86.

Keizars，K.Z.，Forrest，B.M.，Rink，W.J. 2008. Natural Residual Thermoluminescence as a Method of Analysis of Sand Transport along the Coast of the St. Joseph Peninsula，Florida. Journal of Coastal Research 24，500-507.

King，G.E.，Guralnik，B.，Valla，P.G.，Herman，F. 2016a. Trapped-charge thermochronometry and thermometry:

A status review. Chemical Geology 446，3-17.

King，G.E.，Herman，F.，Guralnik，B. 2016b. Northward migration of the eastern Himalayan syntaxis revealed by OSL thermochronometry. Science 353，800-804.

King，G.E.，Herman，F.，Lambert，R.，Valla，P.G.，Guralnik，B. 2016c. Multi-OSL thermochronometry of feldspar. Quaternary Geochronology 33，76-87.

Kook，M.H.，Murray，A.S.，Lapp，T.，Denby，P.H.，Ankjaergaard，C.，Thomsen，K.，Jain，M.，Choi，J.H.，Kim，G.H. 2011. A portable luminescence dating instrument. Nuclear Instruments and Methods in Physics Research Section B-Beam Interactions with Materials and Atoms 269，1370-1378.

Kook，M.，Lapp，T.，Murray，A.S.，Thomsen，K.J.，Jain，M. 2015. A luminescence imaging system for the routine measurement of single-grain OSL dose distributions. Radiation Measurements 81，171-177.

Kristensen，J.A.，Thomsen，K.J.，Murray，A.S.，Buylaert，J.P.，Jain，M.，Breuning-Madsen，H. 2015. Quantification of termite bioturbation in a savannah ecosystem: Application of OSL dating. Quaternary Geochronology 30，334-341.

Kumar，A.，Srivastava，P.，Meena，N.K.，2017. Late Pleistocene aeolian activity in the cold desert of Ladakh: A record from sand ramps. Quaternary International 443，13-28.

Lamothe，M.，Balescu，S.，Auclair，M. 1994. Natural IRSL intensities and apparent luminescence ages of single feldspar grains extracted from partially bleached sediments. Radiation Measurements 23，555-561.

Li，B.，Jacobs，Z.，Roberts，R.G.，Li，S.H. 2014. Review and assessment of the potential of post-IRIRSL dating methods to circumvent the problem of anomalous fading in feldspar luminescence. Geochronometria 41，178-201.

Liu，H.，Kishimoto，S.，Takagawa，T.，Shirai，M.，and Sato，S. 2009. Investigation of the sediment movement along the Tenryu–Enshunada fluvial system based on feldspar thermoluminescence properties. Journal of Coastal Research 25，1096-1105.

Liu，H.，Takagawa，T.，Sato，S. 2014. Sand Transport and Sedimentary Features Based on Feldspar Thermoluminescence: A Synthesis of the Tenryu-Enshunada Fluvial System，Japan. Journal of Coastal Research 30，120-129

Lu，T.，Sun，J. 2011. Luminescence sensitivities of quartz grains from eolian deposits in northern China and their implications for provenance. Quaternary Research 76，181-189.

Lu，T.，Sun，J.，Li，S-H.，Gong，Z.，Xue，L. 2014. Vertical variations of luminescence sensitivity of quartz grains from loess/paleosol of Luochuan section in the central Chinese Loess Plateau since the last interglacial. Quaternary Geochronology 22，107-115.

Madsen，A.T.，Murray，A.S. 2009. Optically stimulated luminescence dating of young sediments: A review. Geomorphology 109，3-16.

Madsen，A.T.，Murray，A.S.，Jain，M.，Andersen，T.J.，Pejrup，M. 2011. A new method for measuring bioturbation rates in sandy tidal flat sediments based on luminescence dating. Estuarine Coastal and Shelf Science 92，464-471.

Malik，S.R.，Durran，A.，Fremlin，H. 1973. A comparative study of the spatial distribution of uranium and of TL-producing minerals in archaeological materials. Archaeometry 15，249-253.

Martin，L.，Mercier，N.，Incerti，S.，Lefrais，Y.，Pecheyran，C.，Guerin，G.，Jarry，M.，Bruxelles，L.，Bon，F.，Pallier，C. 2015. Dosimetric study of sediments at the beta dose rate scale: Characterization and modelization with the DosiVox software. Radiation Measurements 81，134-141.

McGuire，C.，Rhodes，E.J. 2015a. Determining fluvial sediment virtual velocity on the Mojave River using K-feldspar IRSL: Initial assessment. Quaternary International 362，124-131.

McGuire，C.，Rhodes，E.J. 2015b. Downstream MET-IRSL single-grain distributions in the Mojave River，southern California: Testing assumptions of a virtual velocity model. Quaternary Geochronology，30，239-244.

Murray，A.S.，Thomsen，K.J.，Masuda，N.，Buylaert，J.P.，Jain，M. 2012. Identifying well-bleached quartz using the different bleaching rates of quartz and feldspar luminescence signals. Radiation Measurements 47，688-695.

Nooren，K.，Hoek，W. Z.，Winkels，T.，Huizinga，A.，Van der Plicht，H.，Van Dam，R. L.，Van Heteren，S.，Van Bergen，M. J.，Prins，M. A.，Reimann，T.，Wallinga，J.，Cohen，K. M.，Minderhoud，P.，Middelkoop，H. 2017. The Usumacinta–Grijalva beach-ridge plain in southern Mexico: A high-resolution archive of river discharge and precipitation. Earth Surface Dynamics 5，529-556.

Peng，J.，Pagonis，V.，Li，B. 2016. On the intrinsic accuracy and precision of the standardised growth curve (SGC) and global-SGC（gSGC）methods for equivalent dose determination: A simulation study. Radiation Measurements 94，53-64.

Pietsch，T.J.，Olleya，J.M.，Nanson，G.C. 2008. Fluvial transport as a natural luminescence sensitiser of quartz. Quaternary Geochronology 3，365-376.

Preusser，F.，Chithambo，M.L.，Gotte，T.，Martini，M.，Ramseyer，K.，Sendezera，E.J.，Susino，G.J.，Wintle，A.G. 2009. Quartz as a natural luminescence dosimeter. Earth-Science Reviews 97，184-214.

Ramsey，C.B. 2008. Deposition models for chronological records. Quaternary Science Reviews 27，42-60.

Reimann，T.，Notenboom，P.D.，De Schipper，M.A.，Wallinga，J. 2015. Testing for sufficient signal resetting during sediment transport using a polymineral multiple-signal luminescence approach. Quaternary Geochronology 25，26-36.

Reimann，T.，Roman-Sanchez，A.，Vanwalleghem，T.，Wallinga，J. 2017. Getting a grip on soil reworking: Single-grain feldspar luminescence as a novel tool to quantify soil reworking rates. Quaternary Geochronology 42，1-14.

Rhodes，E.J.，Ramsey，C.B.，Outram，Z.，Batt，C.，Willis，L.，Dockrill，S.，Bond，J. 2003. Bayesian methods applied to the interpretation of multiple OSL dates: High precision sediment ages from Old Scatness Broch excavations，Shetland Isles. Quaternary Science Reviews 22，1231-1244.

Richter，D.，Richter，A.，Dornich，K. 2013. Lexsyg-A new system for luminescence research. Geochronometria 40，220-228.

Roberts，H.M.，Duller，G.A.T. 2004. Standardised growth curves for optical dating of sediment using multiple-grain aliquots. Radiation Measurements 38，241-252.

Roberts，H.M.，Durcan，J.A.，Duller，G.A.T. 2009. Exploring procedures for the rapid assessment of optically stimulated luminescence range-finder ages. Radiation Measurements 44，582-587.

Romanyukha，A.A.，Cunningham，A.C.，George，S.P.，Guatelli，S.，Petasecca，M.，Rosenfeld，A.B.，

Roberts，R.G. 2017. Deriving spatially resolved beta dose rates in sediment using the Timepix pixelated detector. Radiation Measurements 106，483-490.

Rufer，D.，Preusser，F. 2009. Potential of autoradiography to detect spatially resolved radiation patterns in the context of trapped charge dating. Geochronometria 34，1-13.

Sanderson，D.C.W.，Murphy，S. 2010. Using simple portable OSL measurements and laboratory characterisation to help understand complex and heterogeneous sediment sequences for luminescence dating. Quaternary Geochronology 5，299-305.

Sawakuchi，A.O.，Blair，M.W.，DeWitt，R.，Faleiros，F.M.，Hyppolito，T.，Guedes，C.C.F. 2011. Thermal history versus sedimentary history: OSL sensitivity of quartz grains extracted from rocks and sediments. Quaternary Geochronology 6，261-272.

Schmidt，C.，Pettke，T.，Preusser，F.，Rufer，D.，Kasper，H.U.，Hilgers，A. 2012. Quantification and spatial distribution of dose rate relevant elements in silex used for luminescence dating. Quaternary Geochronology 12，65-73.

Schokker，J.，Clevering，P.，Murray，A.S.，Wallinga，J.，Westerhoff，W.E. 2005. An OSL dated Middle and Late Quaternary sedimentary record in the Roer Valley Graben（southeastern Netherlands）. Quaternary Science Reviews 24，2243-2264.

Shen，Z.X.，Mauz，B. 2012. Optical dating of young deltaic deposits on a decadal time scale. Quaternary Geochronology 10，110-116.

Singarayer，J.S.，Bailey，R.M. 2003. Further investigations of the quartz optically stimulated luminescence components using linear modulation. Radiation Measurements 37，451-458.

Sohbati，R. Murray，A.S. Chapot，M.S. Jain，M. Pederson，J. 2012. Optically stimulated luminescence（OSL）as a chronometer for surface exposure dating. Journal of Geophysical Research: Solid Earth 117（B9）.

Stockmann，U.，Minasny，B.，Pietsch，T.J.，McBratney，A.B. 2013. Quantifying processes of pedogenesis using optically stimulated luminescence. European Journal of Soil Science 64，145-160.

Stone，A.E.C.，Bateman，M.D.，Thomas，D.S.G. 2015. Rapid age assessment in the Namib Sand Sea using a portable luminescence reader. Quaternary Geochronology 30，134-140.

Telfer，M.W.，Bateman，M.D.，Carr，A.S.，Chase，B.M.2008. Testing the applicability of a standardized growth curve（SGC）for quartz OSL dating: Kalahari dunes，South African coastal dunes and Florida dune cordons. Quaternary Geochronoly 3，137-142.

Thomsen，K.J.，Murray，A.S.，Jain，M.，Botter-Jensen，L. 2008. Laboratory fading rates of various luminescence signals from feldspar-rich sediment extracts. Radiation Measurements 43，1474-1486.

Thomsen，K.J.，Kook，M.，Murray，A.S.，Jain，M.，Lapp，T. 2015. Single-grain results from an EMCCD-based imaging system. Radiation Measurements 81，185-191.

Thomsen，K.J.，Murray，A.S.，Buylaert，J.P.，Jain，M.，Hansen，J.H.，Aubry，T. 2016. Testing singlegrain quartz OSL methods using sediment samples with independent age control from the Bordes-Fitte rockshelter（Roches d'Abilly site，Central France）. Quaternary Geochronology 31，77-96.

Timar-Gabor，A.，Wintle，A.G. 2013. On natural and laboratory generated dose response curves for quartz of different grain sizes from Romanian loess. Quaternary Geochronology 18，34-40.

Timar-Gabor，A.，Buylaert，J. P.，Guralnik，B.，Trandafir-Antohi，O.，Constantin，D.，Anechitei-Deacu，V.，Jain，M.，Murray，A.S.，Porat，N.，Hao，Q.，Wintle，A. G. 2017. On the importance of grain size in luminescence dating using quartz. Radiation Measurements 106，464-471.

Trachsel，M.，Telford，R.J. 2017. All age-depth models are wrong，but are getting better. Holocene 27，860-869.

Wallinga，J. 2002. Optically stimulated luminescence dating of fluvial deposits: a review. Boreas 31，303-322.

Wallinga，J.，Bos，I.J. 2010. Optical dating of fluvio-deltaic clastic lake-fill sediments-A feasibility study in the Holocene Rhine delta（western Netherlands）. Quaternary Geochronology 5，602-610.

Wilkinson，M.T.，Humphreys，G.S. 2005. Exploring pedogenesis via nuclide-based soil production rates and OSL-based bioturbation rates. Aust J Soil Res 43，767-779.

Wintle，A.G. 1973. Anomalous Fading of Thermoluminescence in Mineral Samples. Nature 245，143-144.

Wintle，A.G.，Adamiec，G. 2017. Optically stimulated luminescence signals from quartz: A review. Radiation Measurements 98，10-33.

Wintle，A.G.，Murray，A.S. 2006. A review of quartz optically stimulated luminescence characteristics and their relevance in single-aliquot regeneration dating protocols. Radiation Measurements 41，369-391.

Zular，A.，Sawakuchi，A.O.，Guedes，C.C.F.，Mendes，V.R.，do Nascimento，D.R.，Giannini，P.C.F.，Aguiar，V.A.P.，DeWitt，R. 2013. Late Holocene intensification of colds fronts in southern Brazil as indicated by dune development and provenance changes in the Sao Francisco do Sul coastal barrier. Marine Geology 335，64-77.

术语对照表

"暗淡"石英——'dim' quartz
"遗产"释光年龄——'legacy' luminescence age
β 计数——beta counting
β 剂量率——beta dose rate
γ 剂量率——gamma dose rate
贝叶斯建模——Bayesian modelling
背景/本底辐射——background radiation
便携式释光仪——portable luminescence reader
标准剂量响应/生长曲线——standardised dose response/growth curve，SGC
冰川-风成的——glacio-aeolian
冰川环境——glacial environment
冰盖——ice sheet
冰进——ice advance
冰碛垄——moraine
冰碛物——till
冰前的——proglacial
冰前湖泊沉积——proglacial lacustrine deposit
冰水沉积物——glaciofluvial sediment
冰下湖泊——subglacial lake
冰缘的——periglacial
冰缘活动——periglacial activity
不均一性——heterogeneity
不平衡——disequilibrium
不确定性——uncertainty
不透明管——opaque tube
采样地点——sampling site
采样分辨率——sampling resolution
参数化——parametrisation
残余剂量——residual dose
测量方案——measurement protocol
测年下限/测年上限——lower/upper age limit
测片——aliquot
策略——strategy

查询——query
超小的——ultra-small
潮间带沉积物——intertidal sediment
沉积后混合——post-depositional mixing
沉积后作用——post-depositional process
沉积速率——accumulation rate
沉积物含水量——water content of sediment
沉积物混合——sediment mixing
沉积物脱水——dewatering of sediment
成壤作用——pedogenesis
成像剂量率——imaging dose rate
成像释光——imaging luminescence
冲击——percussion
冲积扇——alluvial fan
冲积物——alluvium
次生充填——secondary infilling
次生结构——secondary structure
粗略年龄范围——range-finder age
单颗粒——single-grain
单颗粒测年——single-grain dating
单片再生剂量——single-aliquot regenerative-dose，SAR
地表——land surface
地层层序律——Law of Superposition
地层（学）——stratigraphy
地貌演化——landscape evolution
地震——earthquake
等温线热释光——isothermal TL
等效剂量——equivalent dose，D_E
底碛——subglacial till
电感耦合等离子质谱——inductively coupled plasma mass spectrometry，ICP-MS
电荷热转移——thermal transfer of charge
冻融扰动——cryoturbation
冻融土流舌——solifluction lobe
洞穴——cave
断层——fault
多边形土——patterned ground
多片附加剂量——multiple aliquot additive dose，MAAD
放射性不平衡——radioactive disequilibrium

放射性核素——radionuclide
放射自显影法——autoradiography
非系统性的——nonsystematic
分布——distribution
分析仪器一致性——analytical instrument consistency
粉尘——dust
风成（风沙）沉积（物）——aeolian deposit/sediment
风成岩——aeolianite
辐射源——radiation source
改造——reworking
概率密度函数——probability density function，PDF
锆石——zircon
构造——tectonic
构造背景——tectonic context
构造活跃区——tectonically active area
古冰川重建——palaeo-glacier reconstruction
古地震学——palaeoseismology
古环境——palaeoenvironment
古人类化石——hominin fossil
古土壤——palaeosols
灌溉功能——irrigation feature
光释光——optically stimulated luminescence，OSL
光释光可重复性——OSL reproducibility
光释光特性——OSL characteristics
过饱和的——oversaturated
海岸沉积物——coastal sediment
海岸环境——coastal environment
海岸沙丘——coastal dune
海平面变化——sea-level change
海洋沉积物——marine sediment
含水量——moisture content
耗损比——depletion ratio
河岸——river bank
河道——channel
河口——estuary
河流阶地——fluvial terrace
河流物质/沉积——fluvial material/deposit
核素浓度——nuclide concentration

横向的——transverse
红外光致释光——infrared photoluminescence
红外后红外释光——post-infrared infrared-stimulated luminescence，pIRIRSL
红外释光——infrared-stimulated luminescence，IRSL
湖泊沉积物——lacustrine sediment
滑塌——slump
荒漠砾幂——desert pavement
黄土——loess
火山地区——volcanic area
基岩释光——bedrock luminescence
剂量恢复实验——dose recovery test
剂量计——dosimeter
剂量率——dose rate，D_{R}
剂量相关——dose dependent
剂量响应曲线——dose response curve
剂量学——dosimetry
胶结——cementation
阶地——terrace
精度——precision
旧石器时代（的）——Palaeolithic
卷曲——involution
考古材料——archaeological material
考古沉积物——archaeological sediment
考古遗址——archaeological site
壳体——shell
可靠性——reliability
空间分辨释光测年——spatially resolved luminescence dating
孔隙水分——pore moisture
块体运动——mass movement
块状沉积物——blocks of sediment
快组分——fast component
旷野遗址——open-air site
来源——provenance
离散度——overdispersion，OD
粒度效应——grain size effect
流域——fluvial catchment
露头——exposure
埋藏暴露循环——burial and exposure cycle

埋藏过程——taphonomic processes
漫滩——floodplain
慢组分——slow component
模型——model
内外不确定性标准——internal-external uncertainty criterion，IEU
泥炭——peat
年代框架——chronological framework
年龄报告——reporting age
年龄不确定性——age uncertainty
年龄低估——age underestimation
年龄模型——age model
年龄输入——age input
年轻沉积物测年——young deposits dating
偏差——bias
偏态/多模态分布——skewed/multi-modal distribution
平沙地（覆沙）——sand sheet（coversands）
坡地环境——hillslope environment
坡积物/崩积物——colluvial deposit
曝光——light exposure
气候变化——climate change
取样偏差——sampling bias
缺氧或低氧条件——anoxic or suboxic condition
扰动——disturbance
热释光——thermoluminescence，TL
热收缩开裂——thermal contraction cracking
热转移光释光——thermally transferred optically stimulated luminescence，TT-OSL
热转移实验——thermal transfer test
人工探坑——hand-dug pit
人工制品——artefact
三角洲——delta
沙坡——sand ramp
沙楔——sand wedge
沙钻——sand drill
晒退——bleaching
晒退曲线——bleaching profile
上升海滩——raised beach
深海——deep sea
深海沉积物——deep-sea sediment

生物扰动——bioturbation
石冰川——rock glacier
石英——quartz
实验室编号——lab code
释光测年——luminescence dating
释光灵敏度——luminescence sensitivity
释光信号——luminescence signal
数据库——database
数字高程模型——digital elevation model，DEM
随机不确定性——random uncertainty
塌砾——talus
滩脊——beach ridge
碳酸盐——carbonate
陶片——pottery sherd
陶器——pottery
梯田——agricultural terrace
同位素——isotope
统计模型——statistical model
透镜状沙丘——lunette dune
土壤——soil
土壤侵蚀——soil erosion
土壤扰动——pedoturbation
土壤蠕动——soil creep
微剂量学——microdosimetry
污染——contamination
无限矩阵——infinite matrix，IM
物理基础——physical basis
物质累积速率——mass accumulation rates，MAR
误差——error
系统性的——systematic
细粉沙——fine silt
细沙——fine sand
先验——priors
线形沙丘——linear dune
新月形沙丘——barchan
信号优化——signal optimisation
岩画测年——rock art dating
岩棚——rock shelter

岩石表面测年——rock surface dating
岩体抬升——rock uplift
岩心分析——core analysis
样品材料——sample material
样品采集——collecting sample
样品制备——sample preparation
异常衰减——anomalous fading
异常值分析——outlier analysis
永久冻土——permafrost
有机质含量——organic content
有限混合模型——finite mixture model，FMM
有氧条件——oxic condition
宇宙射线剂量率——cosmic dose rate
预热——preheating
预热坪实验——preheat plateau test
源区——source region
约束——constraint
早背景减除——early background subtraction
长石——feldspar
整合分析——meta-analyses
质量保证测试——quality assurance test
质量评估——quality assessment
中等的——medium
中世纪的欧洲——Medieval European
中值年龄模型——central age model，CAM
中子活化分析——neutron activation analysis，NAA
中组分——medium component
重复——replicate
重新计算——recalculation
重置——resetting
准确度——accuracy
紫光释光——violet-stimulated luminescence，VSL
自然露头——natural exposure
钻孔——drill/drilling
钻孔取心——coring
最小年龄模型——minimum age model，MAM

译 后 记

至少是五年前，我还在中国科学院西北生态环境资源研究院工作，当时在英国谢菲尔德大学做访问学者的同事罗万银博士告诉我，他的合作导师马克•贝特曼教授正在编写一本释光测年方面的工具书。听到这个消息，我既兴奋又有一点点失落，兴奋的是终于有人去做这件事了，失落的是做这件事的不是我们的中国同行。不久，罗万银博士又告诉我这本 *Handbook of Luminescence Dating* 已经出版了，这次他郑重其事地问我，能不能把它翻译成中文……于是，就有了今天大家看到的这本《释光测年：方法与应用》。所以，我首先要感谢罗万银博士，是他给我布置了这个“作业”，并且不定期地敦促我、鼓励我，直至完成。

其次要感谢我的好友、中国科学院南京地理与湖泊研究所的隆浩博士。当我把翻译这本书的想法告诉他的时候，得到了他的赞同和支持。他在第一时间为我推荐了其他几位合作者，并建议我们一起完成这项工作。不出所料，隆浩博士推荐的几位同行毫不犹豫地接受了邀请，愉快地加入了本书的翻译团队，我们可谓一拍即合。在这里，我要感谢中国地质大学（北京）的李琰博士（第 1、8、9、10 和 12 章译者）、南京师范大学的张静然博士（第 2、3 章译者）、嘉应学院的欧先交博士（第 6、11 章译者）以及隆浩博士（第 7 章译者），感谢你们克服种种困难，高质量地完成了书稿翻译以及相关的诸多工作，是你们让我体会到了“与有肝胆人共事”的意义和乐趣。

同时，我还要代表翻译团队感谢参与译稿审阅的同行，他们是中国地震局地质研究所的覃金堂博士、湖南科技大学的彭俊博士、中国科学院地球环境研究所的康树刚博士、嘉应学院的刘向军博士、南京大学的徐志伟博士、河北师范大学的郭玉杰博士、中国地震局地质研究所的胡钢博士、南京大学的孙雪峰博士以及中国科学院南京地理与湖泊研究所的高磊博士。他们从专业的角度对译稿提出了宝贵的修改建议，帮助我们避免了许多谬误和疏漏，极大地提升了译稿的质量。另外，我们还要感谢博士研究生张爱敏同学和胡菁菁同学、硕士研究生黄小凌同学以及科学出版社的孟美岑编辑在书稿翻译、校阅和出版过程中付出的劳动。

最后，希望这本《释光测年：方法与应用》对需要了解和应用释光测年的人有所帮助，并期待有更多的人加入到释光测年的大家庭，让我们一起寻找光、追逐光、成为光！

是为记。

杨林海

2024 年 11 月于陕西师范大学